Adams 2024 虚拟样机从入门到精通

胡仁喜　李永建　孙立明　编著

本书以当前最新版的 Adams 2024 为对象，系统介绍了包括新增功能在内的 Adams 的基本功能和一些简单的建模与仿真实例，主要包括 Adams 分析基本理论、Adams 模块介绍、建立模型、创建约束、施加载荷、计算结果后处理、建模与仿真实例、参数化建模及优化设计，并在此基础上介绍了机械工程开发中最常用的几个专业模块，即 Adams Insight（试验优化设计模块）、Adams Vibration（振动分析模块）、Adams Controls（控制仿真模块）、Adams Car（车辆仿真模块）。

由于 Adams 属于比较难掌握的高端 CAE 软件，而且其最新版本在界面风格、工具栏设置、操作步骤等方面都比以往版本有较大变化，所以本书专门提供了配套资源，包括全书实例源文件和所有实例的操作过程动画文件，可以帮助读者更加形象、直观地学习本书内容。

本书适合从事机械设计的人员学习使用，也可供动力系统分析的专业技术人员参考，还可用作职业培训、职业教育的教材。

图书在版编目（CIP）数据

Adams 2024 虚拟样机从入门到精通 / 胡仁喜，李永建，孙立明编著. -- 北京：机械工业出版社，2025. 6.
ISBN 978-7-111-78065-6

Ⅰ. TP391.9

中国国家版本馆 CIP 数据核字第 2025A20C15 号

机械工业出版社（北京市百万庄大街 22 号　邮政编码 100037）
策划编辑：黄丽梅　　　　责任编辑：黄丽梅　王春雨
责任校对：贾海霞　张　征　　责任印制：单爱军
北京中兴印刷有限公司印刷
2025 年 6 月第 1 版第 1 次印刷
184mm × 260mm · 23.5 印张 · 567 千字
标准书号：ISBN 978-7-111-78065-6
定价：89.00 元

电话服务　　　　　　　　网络服务
客服电话：010-88361066　　机　工　官　网：www.cmpbook.com
010-88379833　　机　工　官　博：weibo.com/cmp1952
010-68326294　　金　　书　　网：www.golden-book.com
封底无防伪标均为盗版　　机工教育服务网：www.cmpedu.com

前　言

Preface

虚拟样机技术（Virtual Prototyping Technology）通过 CAD/CAM/CAE 等技术手段把产品资料集成到一个可视化环境中，实现产品的仿真、分析。使用 Adams（Automatic Dynamic Analysis of Mechanical Systems）等系统仿真软件，可以在各种虚拟环境中真实地模拟系统的运动，不断修改设计缺陷以改进系统，直至获得最优设计方案，最终做出比较理想的物理样机。

Adams 软件是由美国机械动力公司（Mechanical Dynamics Inc.，已并入美国 MSC 公司）开发的优秀的机械系统动态仿真软件，是目前世界上使用广泛的机械系统动力学分析软件之一。Adams 软件广泛应用于航空航天、汽车工程、铁路车辆及装备、工业机械等领域。国外的一些著名大学也已开设了介绍 Adams 软件的课程，将三维 CAD 软件、有限元软件和虚拟样机软件作为机械专业学生必须了解的工具软件。一方面，Adams 是机械系统动态仿真软件的应用软件，用户可以运用该软件非常方便地对虚拟样机进行静力学、运动学和动力学分析；另一方面，Adams 又是机械系统动态仿真分析开发工具，其开放性的程序结构和多种接口，可以成为特殊行业用户进行特殊类型机械系统动态仿真分析的二次开发工具。Adams 与先进的 CAD 软件（UG、Pro/ENGINEER）和 CAE 软件（ANSYS）可以通过计算机图形交换格式文件相互交换以保持数据的一致性。Adams 软件支持并行工程环境，可节省大量的时间和经费。利用 Adams 软件建立参数化模型可以进行设计研究、试验设计和优化分析，为系统参数优化提供了一种高效开发工具。

本书以当前最新版的 Adams 2024 为对象，系统介绍了包括新增功能在内的 Adams 的基本功能和一些简单的建模与仿真实例，主要包括 Adams 分析基本理论、Adams 模块介绍、建立模型、创建约束、施加载荷、计算结果后处理、建模与仿真实例、参数化建模及优化设计，并在此基础上介绍了机械工程开发中最常用的几个专业模块，即 Adams Insight（试验优化设计模块）、Adams Vibration（振动分析模块）、Adams Controls（控制仿真模块）、Adams Car（车辆仿真模块）。

一、编写目的

鉴于 Adams 强大的功能和深厚的工程应用底蕴，我们力图编写一本全方位介绍 Adams 在工程中实际应用情况的书籍。我们不求将 Adams 知识点全面讲解清楚，而是针对工程设计的需要，以 Adams 大体知识脉络作为线索，以实例作为“抓手”，帮助读者掌握利用 Adams 进行动力学分析与仿真的基本技能和技巧。

二、本书特点

☑ 专业性强

本书作者拥有多年计算机辅助设计领域的工作经验和教学经验，他们总结多年的设计经验以及教学中的心得体会，历时多年精心编著，力求全面、细致地展现出 Adams 2024 在动力学分析与仿真应用领域的各种功能和使用方法。在具体讲解的过程中，作者严格遵守动力学分析与仿真相关规范和国家标准，这种一丝不苟的细致作风融入字里行间，目的是培养读者严谨细致的工程素养，传播规范的工程分析理论与应用知识。

☑ 实例丰富

全书包含多个常见的、不同类型和大小的实例，可让读者在学习案例的过程中快速了解 Adams 2024 的用途，并加深对知识点的理解和掌握，力求通过实例的演练帮助读者找到一条学习 Adams 2024 的捷径。

☑ 涵盖面广

本书在有限的篇幅内，包罗了 Adams 2024 常用的全部功能讲解，涵盖了 Adams 分析基本理论、Adams 模块介绍、建立模型、创建约束、施加载荷、计算结果后处理、建模与仿真实例、参数化建模及优化设计、Adams Insight（试验优化设计模块）、Adams Vibration（振动分析模块）、Adams Controls（控制仿真模块）、Adams Car（车辆仿真模块）等知识。可以说，读者只要有本书在手，就能对 Adams 知识全精通。

☑ 突出技能提升

本书中有很多实例本身就是工程分析项目案例，经过作者精心提炼和改编，不仅保证读者能够学好知识点，更重要的是能帮助读者掌握实际的操作技能。全书结合实例详细讲解了 Adams 知识要点，让读者在学习案例的过程中潜移默化地掌握 Adams 软件的操作技巧，同时也培养读者工程分析实践能力。

三、本书的配套资源

扫描封底或者下面二维码可获取本书的配套资源（提取码 SWSW），其内容极为丰富，可以帮助读者在最短的时间内学会并精通 Adams。

☑ 19 集高清教学微视频

为了方便读者学习，作者专门为本书中部分实例制作了教学视频，共 19 集，读者可以看视频，像看电影一样轻松愉悦地学习本书内容。

☑ 全书实例的源文件

本书附带了很多实例，配套资源中包含实例的源文件和个别用到的素材，读者可以安装 Adams 2024 软件，打开并使用它们。

四、关于本书的服务

1. Adams 2024 安装软件的获取

按照本书的实例进行操作练习，以及使用 Adams 2024 进行分析，需要事先在计算机

上安装 Adams 2024 软件。Adams 2024 安装软件可以登录官方网站联系购买正版软件，或者使用其试用版。

2. 关于本书的技术问题或有关本书信息的发布

读者朋友遇到有关本书的技术问题，可以扫描封底和上页二维码查看是否已发布相关勘误 / 解疑文档。如果没有，可在说明文档中找到相关联系方式，我们将及时回复。

五、关于作者

本书由军械工程学院的胡仁喜博士和陆军工程大学石家庄校区的两位老师李永建与孙立明编写。其中胡仁喜执笔编写了第 1 ~ 6 章，李永建执笔编写了第 7 ~ 9 章，孙立明执笔编写了第 10 ~ 12 章以及附录。

由于作者水平有限，编写过程中难免出现错误，请广大读者联系 714491436@qq.com 批评指正。也可以加入读者 qq 服务群 907734003 交流探讨。

作 者

2024 年 11 月

目 录

Contents

Adams 分析基本理论

本章将分别详细介绍多刚体系统动力学和多柔体系统动力学的建模方法，并在此基础上介绍 Adams 求解多体系统动力学模型的原理、方法，最后对 Adams 的计算流程进行说明。

- ☑ 多体系统动力学基础理论
- ☑ 多刚体系统动力学模型
- ☑ 多柔体系统动力学模型
- ☑ Adams 动力学建模与求解

任务驱动和项目案例

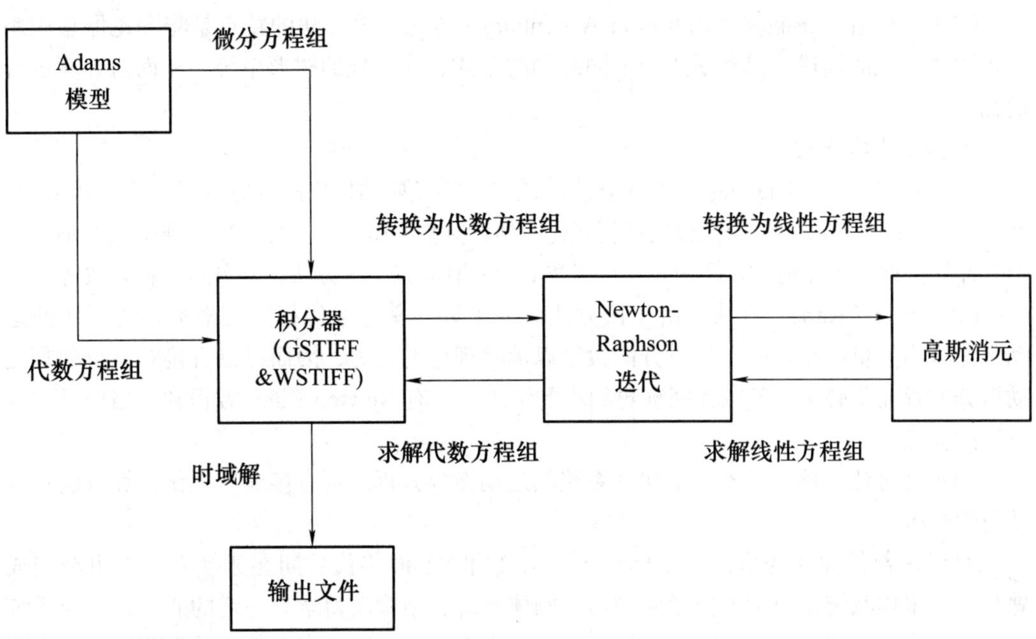

1.1 多体系统动力学基础理论

多体系统动力学的核心问题是建模和求解，其系统研究开始于20世纪60年代。从20世纪60年代到80年代，侧重于多刚体系统动力学的研究，主要是研究多刚体系统动力学的自动建模和数值求解；到了20世纪80年代中期，多刚体系统动力学的研究已经取得了一系列的成果，尤其是建模理论趋于成熟，但更稳定、更有效的数值求解方法仍然是研究的热点；20世纪80年代以后，多体系统动力学的研究更偏重于多柔体系统动力学，这个领域也正式被称为计算多体系统动力学，并且至今仍然是力学研究中较有活力的分支之一，但已经远远地超过了一般力学的涵义。

1.1.1 多体系统动力学研究进展

多体系统动力学研究的两个最基本的理论问题是建模方法和数值求解。多体系统动力学的早期研究对象是多刚体系统，这部分内容到20世纪80年代已发展得比较完善。多刚体系统动力学建模的出发点涉及了许多矢量力学和分析力学方法。

1. 矢量力学方法

（1）牛顿 – 欧拉（Newton-Euler）方法。该方法将单个刚体的Newton-Euler方程推广到多刚体系统，物理概念鲜明，建立方程直接。在分析过程中，若需要增加体的数目，只需续增方程数目，无须另建动力学方程组。有些文献称之为“具有良好的开放性”。但它的一个极大的弱点是消除约束力十分困难。后来人们又发现，在采用递推形式时，递推的Newton-Euler方法运算量较小。因此，Newton-Euler方法一直受到关注。近年来，有影响的是Schiehlen以及Schwertassek等人的工作；刘延柱采用矩阵记法列写旋量形式的Newton-Euler方程，使动力学方程具有极简明的表达形式。

（2）罗伯森 – 维滕堡（Roberson-Wittenburg）方法。该方法的特点是将图论原理应用于多刚体系统的描述，得到适用于不同结构的公式、易处理的树形系统，从而对计算进行简化。

2. 分析力学方法

（1）拉格朗日（Lagrange）方程方法。该方法将经典的拉格朗日方程用于多刚体系统，使未知变量的个数减小到最低程度且程式化，但计算动能函数及其导数的工作极其烦琐，而引入计算机符号运算则会方便一些。与之类似的还有海默方程方法、阿贝尔方程方法等。

（2）凯恩（Kane）方法。由于该方法引入了以广义速率代替广义坐标描述系统的运动，并将力矢量向特定的基矢量方向投影以消除理想约束力，因而可以直接对系统列写运动微分方程而不必考虑各刚体间理想约束的情况，兼有Newton-Euler方程和拉格朗日方程方法的优点。

（3）变分法。该方法不需要建立系统的运动微分方程，可直接应用优化计算方法进行动力学分析。

对考虑部件弹性变形的多柔体系统，自20世纪80年代后期在建模方法上也渐趋成熟。柔性多体系统动力学的数学模型与多刚体系统、结构动力学有一定的兼容性。当系统中的柔性变形可以不计时，柔性多体系统退化为多刚体系统；当部件间的大范围运动不存

在时，退化为结构动力学问题。对柔性多体系统，通常用浮动坐标系描述物体的大范围运动，弹性体相对于浮动坐标系的离散将采用有限单元法与现代模态综合分析方法，这就是 P. W. Likins 最早采用的描述柔性多体系统的混合坐标法。据此再根据力学基本原理进行推导，就可将多刚体系统动力学方程拓展到多柔体系统。

根据各种力学基本原理得到的形式不同的动力学方程，尽管在理论上方程等价，但其数值形态的优劣却不尽相同。

1.1.2　多体系统动力学方程的结构形式

对多刚体系统，自 20 世纪 60 年代以来，从各自研究对象的特征出发，航天与机械两大工程领域分别提出了不同的建模策略，主要区别是对刚体位形的描述。

在航天领域，以系统每个铰的一对邻接刚体为单元，以一个刚体为参考物，另一个刚体相对该刚体的位形由铰的广义坐标（拉格朗日坐标）来描述。这样树系统的位形完全可由所有铰的拉格朗日坐标阵 $\boldsymbol{q}$ 所确定。其动力学方程形式为拉格朗日坐标阵的二阶微分方程组，即

$$\boldsymbol{A}\ddot{\boldsymbol{q}}=\boldsymbol{B} \tag{1-1}$$

这种形式的优点是方程个数最少，但方程呈严重非线性，$\boldsymbol{A}$、$\boldsymbol{B}$ 矩阵形式相当复杂，程式化时要包含描述系统拓扑的信息，对非树形系统，须求解约束方程。对于需要求出约束反力的系统来说，这种形式反而不理想。在有些文献中，称这种形式为第一类方法（模型）。由于反馈控制变量一般是相对坐标变量，在带控制的多体系统动力学分析中一般采用第一类方法，在传统的火炮与自动武器动力学分析中一般也采用第一类方法。

机械领域是以系统每一个物体为单元，建立固接在刚体上的坐标系，刚体的位形均相对于一个公共参考基进行定义，其位形坐标统一为刚体坐标系基点的笛卡儿坐标[⊖] 与坐标系的姿态坐标，一般情况下为 6 个。由于铰的存在，这些位形坐标不独立，系统动力学方程的一般形式为

$$\begin{cases}\boldsymbol{A}\ddot{\boldsymbol{q}}+\boldsymbol{\Phi}_q^{\mathrm{T}}\boldsymbol{\lambda}=\boldsymbol{B}\\ \boldsymbol{\Phi}(\boldsymbol{q},t)=0\end{cases} \tag{1-2}$$

式中，$\boldsymbol{\Phi}$ 为位形坐标阵 $\boldsymbol{q}$ 的约束方程；$\boldsymbol{\Phi}_q$ 为约束方程的雅可比（Jacobi）矩阵；$\boldsymbol{\lambda}$ 为拉格朗日乘子。

式（1-2）是一个维数相当大的代数 - 微分混合方程组。但由于此时方程组的系数矩阵呈稀疏状，可利用稀疏矩阵的特点进行快速数值计算，提高数值算法的效率。在约束方程以约束库形式存入计算机的情况下，这种形式便于对复杂系统的自动建模，适用于大型通用软件的编程，Haug 称之为动力学分析的基本方法。利用该方法可根据需要求出任何约束的约束反力。在有些文献中，也称这种形式为第二类方法（模型）。

将多刚体系统动力学方程拓展到多柔体系统，方程的结构形式也如同上述两种形式。

1.1.3　多体系统动力学方程的数值求解

由多体系统动力学方程的结构形式可知，多体力学仿真数值求解的核心通常是对常微

⊖ 标准术语为笛卡儿坐标，Adams 2024 中均为笛卡尔坐标，因此图中笛卡尔坐标即指笛卡儿坐标。

分方程初值问题的处理。其公式如下：

$$\begin{cases} \dot{y} = f(t,y) \\ y(t=t_0) = y(t_0) \end{cases} \tag{1-3}$$

求解式（1-3）的基本途径有以下 3 种：

（1）化导数为差商的方法，即用差商来近似代替导数，从而得到数值解序列。具有代表性的是各种欧拉方法。

（2）数值积分法，将方程化成积分形式，利用梯形、龙贝格、高斯等数值积分方法得到解序列。

（3）利用泰勒公式的近似求解。典型的方法是各阶龙格 – 库塔（Runge-Kutta）公式。另外，为了充分利用有用信息，进一步提高计算结果的精度，还提出了线形多步法来代替单步法的思想，典型的如亚当姆斯（Adams）法和哈明（Hamming）法。

由于在方程求解时经常会遇到系统的特征值在数值上相差若干个数量级的情况，描述这种系统的微分方程，称为刚性（Stiff）方程。对这种方程的处理必须采用特殊的方法，现在常用的方法有隐式或半隐式 Runge-Kutta 法、自动变阶变步长的 Gear 法、隐式或显式 Adams 法等，而且对于线性病态系统，还可以用增广矩阵法和蛙跳算法等。

多柔体系统在数值计算时，慢变大幅变量与快变微幅变量的耦合会导致方程严重的病态，这个问题已成为多柔体系统动力学发展的一个“瓶颈”，引起了学者们的普遍关注。Gear 法被认为是求解刚性微分方程的很有效的办法，但用到多柔体系统动力学方程上很不方便，即 Gear 法须计算方程右端项的雅可比矩阵，这对复杂多柔体系统动力学方程而言，几乎是难以做到的。

1.2 多刚体系统动力学模型

随着多体系统动力学的发展，目前应用于多刚体系统动力学的方法主要有 Newton-Euler 法、拉格朗日乘子法、Roberson-Wittenburg 法、凯恩法、变分法、旋量法等。在求解机械系统（多体系统）动力学控制方程时，常常（如 Adams 软件等）采用三种功能强大的变阶和变步长积分求解程序，即 BDF、Gstiff 和 Dstiff 来求解稀疏耦合的非线性微分 – 代数方程。Adams 用刚体 i 的质心笛卡儿坐标和反映刚体方位的欧拉角（或广义欧拉角）作为广义坐标，即$\boldsymbol{q}_i = [x, y, z, \psi, \theta, \varphi]_i^{\mathrm{T}}$，$\boldsymbol{q} = [q_1^{\mathrm{T}}, \cdots, q_n^{\mathrm{T}}]^{\mathrm{T}}$。采用拉格朗日乘子法建立的系统运动方程为

$$\frac{\mathrm{d}}{\mathrm{d}t}\left(\frac{\partial T}{\partial \dot{\boldsymbol{q}}}\right)^{\mathrm{T}} - \left(\frac{\partial T}{\partial \boldsymbol{q}}\right)^{\mathrm{T}} + \boldsymbol{f}_q^{\mathrm{T}} \boldsymbol{\rho} + \boldsymbol{g}_{\dot{q}}^{\mathrm{T}} \boldsymbol{\mu} = \boldsymbol{Q} \tag{1-4}$$

完整约束方程时：$\boldsymbol{f}(\boldsymbol{q},t) = 0$。

非完整约束方程时：$\boldsymbol{g}(\boldsymbol{q},\dot{\boldsymbol{q}},t) = 0$。

式中，T 为系统动能；$\boldsymbol{Q}$ 为系统广义坐标列阵；$\boldsymbol{\rho}$ 为对应于完整约束的拉格朗日乘子列阵；$\boldsymbol{\mu}$ 为对应于非完整约束的拉格朗日乘子列阵；$\dot{\boldsymbol{q}}$ 为系统广义速度列阵。

定义 1 系统动力学方程 对于有 N 个自由度的力学系统，确定 N 个广义速率以后，即可计算出系统内各质点及各刚体相应的偏速度及偏角速度，以及相应的 N 个广义主动力及广义惯性力。令每个广义速率所对应的广义主动力与广义惯性力之和为零，所得到的 N 个标量方程即称为系统的动力学方程，也称为凯恩方程，即

$$F^{(r)}+F^{*(r)}=0 \quad (r=1,2,\cdots,N) \tag{1-5}$$

写成矩阵形式为

$$\boldsymbol{F}+\boldsymbol{F}^{*}=0 \tag{1-6}$$

式中，$\boldsymbol{F}$、$\boldsymbol{F}^{*}$ 为 N 阶列阵。

定义为：$\boldsymbol{F}=[F^{(1)},\cdots,F^{(N)}]^{\mathrm{T}}$，$\boldsymbol{F}^{*}=[F^{*(1)},\cdots,F^{*(N)}]^{\mathrm{T}}$。

在系统运动方程（1-4）中，令 $\boldsymbol{u}=\dot{\boldsymbol{q}}$，$\dot{\boldsymbol{u}}=\ddot{\boldsymbol{q}}$，则系统运动方程可化成动力学方程

$$\boldsymbol{F}(\boldsymbol{q},\boldsymbol{u},\dot{\boldsymbol{u}},\boldsymbol{\lambda},t)=0 \tag{1-7}$$

$$\boldsymbol{G}(\boldsymbol{u},\dot{\boldsymbol{q}})=\boldsymbol{u}-\dot{\boldsymbol{q}}=0 \tag{1-8}$$

$$\boldsymbol{\Phi}(\boldsymbol{q},t)=0 \tag{1-9}$$

式中，$\boldsymbol{u}$ 为广义速度列阵；$\boldsymbol{\lambda}$ 为约束反力及作用力列阵；$\boldsymbol{G}$ 为描述广义速度的代数方程列阵；$\boldsymbol{\Phi}$ 为描述约束的代数方程列阵。

定义 2 Gear 预估－校正多步算法 它继承 Adams 四阶预估－校正变阶算法，采用变步长法，步骤如下。

（1）$f(x,t)$ 的雅可比矩阵的计算。

（2）校正的迭代运算。本步骤运行时要适当给出迭代精度与单步积分精度，否则会出现迭代收敛所要求的步长小于单步积分精度要求的步长，造成计算步长反复放大缩小。

定义系统的状态矢量 $\boldsymbol{y}=[\boldsymbol{q}^{\mathrm{T}},\boldsymbol{u}^{\mathrm{T}},\boldsymbol{\lambda}^{\mathrm{T}}]$，用 Gear 法求解系统运动方程，根据当前时刻的系统状态矢量值，用泰勒（Taylor）级数预估下一个时刻系统的状态矢量值，有

$$y_{n+1}=y_n+\frac{\partial y_n}{\partial t}h+\frac{1}{2!}\frac{\partial^2 y_n}{\partial t^2}h^2+\cdots \tag{1-10}$$

式中，时间步长 $h=t_{n+1}-t_n$，这种预估算法得到的新时刻的系统状态矢量值通常不准确，可由 Gear 法 $K+1$ 阶积分进行校正，即

$$y_{n+1}=-h\beta_0\dot{y}_{n+1}+\sum_{i=1}^{k}\alpha_i y_{n-i+1} \tag{1-11}$$

式中，y_{n+1} 是 $y(t)$ 在 $t=t_{n+1}$ 时的近似值，β_0、α_i 为 Gear 积分系数值，也可写成

$$\dot{y}_{n+1}=\frac{-1}{h\beta_0}\left(y_{n+1}-\sum_{i=1}^{k}\alpha_i y_{n-i+1}\right) \tag{1-12}$$

则系统动力学方程在 $t=t_{n+1}$ 时刻展开，得

$$F(q_{n+1},u_{n+1},\dot{u}_{n+1},\lambda_{n+1},t_{n+1})=0 \tag{1-13}$$

$$G(u_{n+1},\dot{q}_{n+1}) = u_{n+1} - \dot{q}_{n+1} = u_{n+1} - \left(\frac{-1}{h\beta_0}\right)\left(q_{n+1} - \sum_{i=1}^{k}\alpha_i q_{n-i+1}\right) = 0 \tag{1-14}$$

$$\Phi(q_{n+1},t_{n+1}) = 0 \tag{1-15}$$

定义 3　Newton-Raphson 算法　求解非线性方程组 $\boldsymbol{\Phi}(\boldsymbol{x}) = 0$，其中共有 n 个方程，即 $\boldsymbol{\Phi} = (\Phi_1 \cdots \Phi_n)^{\mathrm{T}}$，变量 $\boldsymbol{x}$ 为 n 阶列阵。Newton-Raphson 算法的关键是如何选取适当的初值，如果矩阵为非奇异，则解是唯一的。使用修正的 Newton-Raphson 算法求解上述非线性方程组，其迭代校正公式为

$$F_j + \frac{\partial \boldsymbol{F}}{\partial \boldsymbol{q}}\Delta q_j + \frac{\partial \boldsymbol{F}}{\partial \boldsymbol{u}}\Delta u_j + \frac{\partial \boldsymbol{F}}{\partial \dot{\boldsymbol{u}}}\Delta \dot{u}_j + \frac{\partial \boldsymbol{F}}{\partial \boldsymbol{\lambda}}\Delta \lambda_j = 0 \tag{1-16}$$

$$G_j + \frac{\partial \boldsymbol{G}}{\partial \boldsymbol{q}}\Delta q_j + \frac{\partial \boldsymbol{G}}{\partial \boldsymbol{u}}\Delta u_j = 0 \tag{1-17}$$

$$\Phi_j + \frac{\partial \boldsymbol{\Phi}}{\partial \boldsymbol{q}}\Delta q_j = 0 \tag{1-18}$$

式中，j 表示第 j 次迭代，$\Delta q_j = q_{j+1} - q_j$，$\Delta u_j = u_{j+1} - u_j$，$\Delta \lambda_j = \lambda_{j+1} - \lambda_j$。

由式（1-12）知

$$\Delta \dot{u}_j = -\left(\frac{1}{h\beta_0}\right)\Delta u_j$$

由式（1-14）知

$$\frac{\partial \boldsymbol{G}}{\partial \boldsymbol{q}} = \left(\frac{1}{h\beta_0}\right)\boldsymbol{I},\ \frac{\partial \boldsymbol{G}}{\partial \boldsymbol{u}} = \boldsymbol{I}$$

则写成矩阵形式为

$$\begin{bmatrix} \dfrac{\partial \boldsymbol{F}}{\partial \boldsymbol{q}} & \left(\dfrac{\partial \boldsymbol{F}}{\partial \boldsymbol{u}} - \dfrac{1}{h\beta_0}\dfrac{\partial \boldsymbol{F}}{\partial \dot{\boldsymbol{u}}}\right) & \left(\dfrac{\partial \boldsymbol{\Phi}}{\partial \boldsymbol{q}}\right)^{\mathrm{T}} \\ \left(\dfrac{1}{h\beta_0}\right)\boldsymbol{I} & \boldsymbol{I} & \boldsymbol{0} \\ \dfrac{\partial \boldsymbol{\Phi}}{\partial \boldsymbol{q}} & \boldsymbol{0} & \boldsymbol{0} \end{bmatrix}_j \begin{bmatrix} \Delta \boldsymbol{q} \\ \Delta \boldsymbol{u} \\ \Delta \boldsymbol{\lambda} \end{bmatrix}_j = \begin{bmatrix} -\boldsymbol{F} \\ -\boldsymbol{G} \\ -\boldsymbol{\Phi} \end{bmatrix}_j \tag{1-19}$$

式中，左边的系数矩阵称为系统的雅可比矩阵；$\dfrac{\partial \boldsymbol{F}}{\partial \boldsymbol{q}}$ 是系统的刚度矩阵；$\dfrac{\partial \boldsymbol{F}}{\partial \boldsymbol{u}}$ 是系统的阻尼矩阵；$\dfrac{\partial \boldsymbol{F}}{\partial \dot{\boldsymbol{u}}}$ 是系统的质量矩阵。通过分解系统雅可比矩阵求解 Δq_j、Δu_j、$\Delta \lambda_j$，计算出 q_{j+1}、u_{j+1}、λ_{j+1}、$\dot{q}_{j+1}$、$\dot{u}_{j+1}$、$\dot{\lambda}_{j+1}$，重复上述步骤，直到满足收敛条件，判定积分误差限，确定是否接受该解。

1.3 多柔体系统动力学模型

1.3.1 任意点的位置、速度和加速度

柔体系统中的坐标系如图 1-1 所示，包括惯性坐标系（e^r）和动坐标系（e^b）。前者不随时间变化，后者建立在柔体上，用于描述柔体的运动。动坐标系可以相对惯性坐标系进行有限的移动和转动。动坐标系在惯性坐标系中的坐标（移动、转动）称为参考坐标。

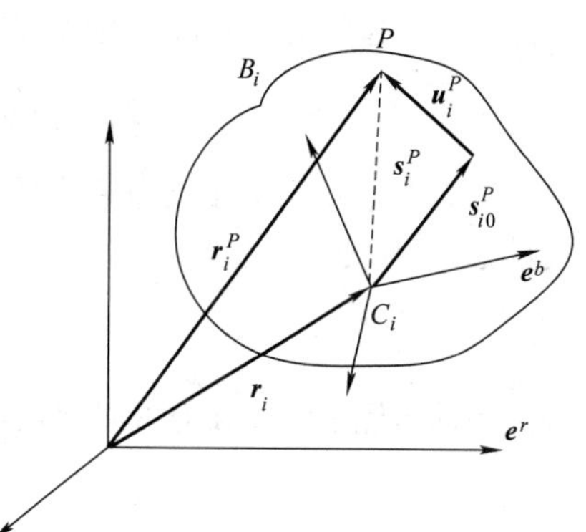

图 1-1 柔体上节点 P 的位置

与刚体不同，柔体是变形体，体内各点的相对位置时时刻刻都在变化，只靠动坐标系不能准确描述该柔体在惯性坐标系中的位置，因此，引入弹性坐标来描述柔体上各点相对动坐标系统的变形。这样柔体上任一点的运动就是动坐标系的“刚性”运动与弹性变形的合成运动。由于柔体上各点之间有相对运动，所以动坐标系的选择不是采用连体坐标系，而是采用随着柔体形变而变化的坐标系，即浮动坐标系。

在研究多柔体系统时，合适的坐标系是非常重要的。在确定浮动坐标系时有两个准则：一是便于方程建立求解；二是柔体刚体运动与变形运动的耦合尽量小。目前，常见的浮动坐标系大致有五种：局部附着框架、中心惯性主轴框架、蒂斯拉德框架、巴克凯恩斯框架以及刚体模态框架。采用哪一种视实际情况而定。

在分析刚体平面运动时，把复杂的刚体平面运动分解为几种简单的运动。在分析柔体运动时，尤其是在小变形的情况下，也可以采用类似的方法。如某柔体从位置 L1 运动到位置 L2，其间运动可以分解为：刚性移动→刚性转动→变形运动。对于柔体上任意一点 P，其位置向量为

$$\boldsymbol{r} = \boldsymbol{r}_0 + \boldsymbol{A}(\boldsymbol{s}_P + \boldsymbol{u}_P) \tag{1-20}$$

式中，$\boldsymbol{r}$ 为 P 点在惯性坐标系中的向量，$\boldsymbol{r}_0$ 为浮动坐标系原点在惯性坐标系中的向量；$\boldsymbol{A}$ 为方向余弦矩阵；$\boldsymbol{s}_P$ 为柔体未变形时 P 点在浮动坐标系中的向量；$\boldsymbol{u}_P$ 为相对变形向量，$\boldsymbol{u}_P$ 可以用不同的方法离散化，与讨论平面问题相同，对于点 P，该单元的变形采用模态坐标来描述，有

$$\boldsymbol{u}_P = \boldsymbol{\Phi}_P \boldsymbol{q}_f \tag{1-21}$$

式中，$\boldsymbol{\Phi}_P$ 为点 P 满足里兹基向量要求的假设变形模态矩阵；$\boldsymbol{q}_f$ 为变形的广义坐标。

柔体上任一点的速度向量及加速度向量，可以对式（1-20）求对时间的一阶导数和二阶导数得到，即

$$\dot{\boldsymbol{r}}^P = \dot{\boldsymbol{r}}_0 + \dot{\boldsymbol{A}}(\boldsymbol{s}_P + \boldsymbol{u}_P) + \boldsymbol{A}\boldsymbol{\Phi}_P \dot{\boldsymbol{q}}_f \tag{1-22}$$

$$\ddot{\boldsymbol{r}}^P = \ddot{\boldsymbol{r}}_0 + \ddot{\boldsymbol{A}}(\boldsymbol{s}_P + \boldsymbol{u}_P) + 2\dot{\boldsymbol{A}}\boldsymbol{\Phi}_P \dot{\boldsymbol{q}}_f + \boldsymbol{A}\boldsymbol{\Phi}_P \ddot{\boldsymbol{q}}_f \tag{1-23}$$

1.3.2 多柔体系统动力学方程

1. 外加载荷

在 Adams 软件中，外加载荷包括单点力与扭矩、分布式载荷以及残余载荷三部分。

（1）单点力与扭矩。施加于柔体上某一标记点的单点力和扭矩必须投影到系统的广义坐标上才能起作用，力和扭矩以矩阵形式写出，在标记点 K 的局部坐标系下表示为

$$\boldsymbol{F}_K=[f_x \quad f_y \quad f_z]^{\mathrm{T}}，\boldsymbol{T}_K=[t_x \quad t_y \quad t_z]^{\mathrm{T}} \tag{1-24}$$

广义力 $\boldsymbol{Q}$ 由广义平动力、广义扭矩（以欧拉角表示的广义力）和广义模态力组成，可表示为

$$\boldsymbol{Q}=[\boldsymbol{Q}_T \quad \boldsymbol{Q}_R \quad \boldsymbol{Q}_M]^{\mathrm{T}} \tag{1-25}$$

平动坐标下的广义力可以通过转换单点力 $\boldsymbol{F}_K$ 到全局坐标基 $\boldsymbol{e}^r$ 下来获得，即

$$\boldsymbol{Q}_T=\boldsymbol{A}\boldsymbol{F}_K \tag{1-26}$$

式（1-26）中，$\boldsymbol{A}$ 为标记点 K 上的坐标系相对于全局坐标的欧拉角变换矩阵，可以表示为 $\boldsymbol{A}_{GK}=\boldsymbol{A}_{GB}\boldsymbol{A}_{BP}\boldsymbol{A}_{PK}$，如图 1-2 所示，$\boldsymbol{A}_{GB}$ 为局部坐标系 B 点相对于全局坐标系的转换矩阵，即方向余弦阵；$\boldsymbol{A}_{BP}$ 为因节点 P 的小变形引起的标记坐标的方位变化而引入的转换矩阵；$\boldsymbol{A}_{PK}$ 为定义在柔体上标记点处的坐标系相对于 P 点坐标系的常值变换矩阵。

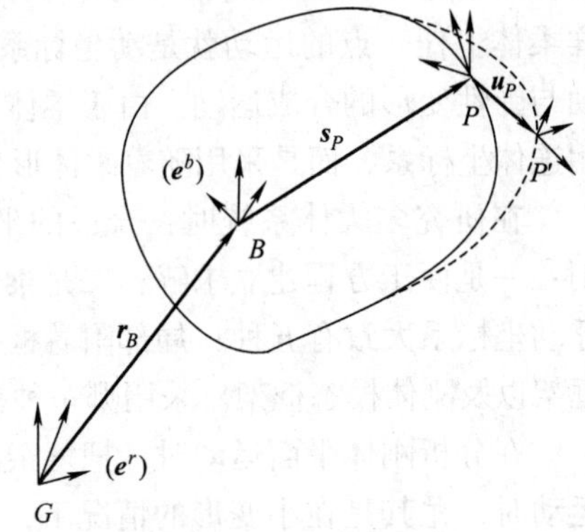

图 1-2 柔体变形模型

作用在柔体标记点处的合力矩，可用相对于全局坐标的矢量矩阵表达为

$$\boldsymbol{T}_{\mathrm{tot}}=\boldsymbol{A}_{GK}\boldsymbol{T}_K+\boldsymbol{p}\times\boldsymbol{A}_{GK}\boldsymbol{F}_K \tag{1-27}$$

式中，$\boldsymbol{p}$ 为从局部坐标基 $\boldsymbol{e}^b$ 到受力点处的位移矢量，用斜方阵表示，式（1-27）可改写为

$$\boldsymbol{T}_{\mathrm{tot}}=\boldsymbol{A}_{GK}\boldsymbol{T}_K+\tilde{\boldsymbol{p}}\boldsymbol{A}_{GK}\boldsymbol{F}_K \tag{1-28}$$

将物理坐标系下的力矩向基于欧拉角的坐标系转换，并利用式 $\boldsymbol{\omega}_B=\boldsymbol{B}\dot{\boldsymbol{\psi}}$，可得广义合力矩为

$$\boldsymbol{Q}_R=[\boldsymbol{A}\boldsymbol{B}]^{\mathrm{T}}[\boldsymbol{A}_{GK}\boldsymbol{T}_K+\tilde{\boldsymbol{p}}\boldsymbol{A}_{GK}\boldsymbol{F}_K] \tag{1-29}$$

通过投影单点力和单点力矩到模态坐标上，可得到 P 点处的广义模态力。

如在标记点 K 处施加力 $\boldsymbol{F}_K$ 和力矩 $\boldsymbol{T}_K$，通过转换到全局坐标上，即有：$\boldsymbol{F}_I=\boldsymbol{A}_{GK}\boldsymbol{F}_K$，$\boldsymbol{T}_I=\boldsymbol{A}_{GK}\boldsymbol{T}_K$，并将 $\boldsymbol{F}_I$ 投影到平动模态坐标上，将 $\boldsymbol{T}_I$ 投影到角模态坐标上，可得广义模态力为

$$\boldsymbol{Q}_F=\boldsymbol{\Phi}_P^{\mathrm{T}}\boldsymbol{F}_I+\boldsymbol{\Phi}_P^{*\mathrm{T}}\boldsymbol{T}_I \tag{1-30}$$

式中，$\boldsymbol{\Phi}_P$ 和 $\boldsymbol{\Phi}_P^*$ 对应于节点 P 处的平动和转动自由度的模态斜方阵。由于模态矩阵 $\boldsymbol{\Phi}$ 只定义在节点，故单点力和单点力矩只能施加于节点处。

（2）分布式载荷。在 Adams 软件中，分布式载荷可以通过 MFORCE 的方式来创建。通常在 FEM 软件中有运动方程

$$\boldsymbol{M}\ddot{\boldsymbol{x}}+\boldsymbol{K}\boldsymbol{x}=\boldsymbol{F} \tag{1-31}$$

式中，$\boldsymbol{M}$ 和 $\boldsymbol{K}$ 为柔体上有限单元的质量和刚度矩阵；$\boldsymbol{x}$ 和 $\boldsymbol{F}$ 为物理节点的自由度矢量和载荷矢量。

利用模态矩阵 $\boldsymbol{\Phi}$ 将式（1-31）转换到模态坐标 $\boldsymbol{q}$ 下，有

$$\boldsymbol{\Phi}^{\mathrm{T}}\boldsymbol{M}\boldsymbol{\Phi}\ddot{\boldsymbol{q}}+\boldsymbol{\Phi}^{\mathrm{T}}\boldsymbol{K}\boldsymbol{\Phi}\boldsymbol{q}=\boldsymbol{\Phi}^{\mathrm{T}}\boldsymbol{F} \tag{1-32}$$

式（1-32）可简化为

$$\hat{\boldsymbol{M}}\ddot{\boldsymbol{q}}+\hat{\boldsymbol{K}}\boldsymbol{q}=\boldsymbol{f} \tag{1-33}$$

式中，$\hat{\boldsymbol{M}}$ 和 $\hat{\boldsymbol{K}}$ 分别为广义质量和刚度矩阵；$\boldsymbol{f}$ 为模态载荷矢量。

节点力矢量在模态坐标上的投影为

$$\boldsymbol{f}=\boldsymbol{\Phi}^{\mathrm{T}}\boldsymbol{F} \tag{1-34}$$

式中，如果 $\boldsymbol{F}$ 是时间的函数，则求解时计算开销太大，一种替代的方法是假设空间依赖性和时间依赖性可以分开，把载荷 $\boldsymbol{F}$ 看成一系列依赖于时间的静态载荷的线性组合，即

$$F(t)=s_1(t)F_1+\cdots+s_n(t)F_n \tag{1-35}$$

载荷在模态坐标上的投影计算可在有限元文件 MNF 过程中完成，而不必在 Adams 仿真中重复进行。如果定义一系列静载荷为载荷矢量，并使其与系统响应显性相关，即表示成 $f(\boldsymbol{q},t)$ 的形式，则模态力又可表示为

$$f(\boldsymbol{q},t)=s_n(\boldsymbol{q},t)f_1+\cdots+s_n(\boldsymbol{q},t)f_n \tag{1-36}$$

（3）残余载荷。先前的假设是施加的载荷向模态坐标的投影已实现，即式（1-34）成立。然而由于模态截断，很多情况下施加的力并不能进行投影，这些力被称为残余载荷，可以将其看为已投影到了被截断的高阶模态坐标上。残余载荷可表示为

$$\Delta\boldsymbol{F}=\boldsymbol{F}-[\boldsymbol{\Phi}^{\mathrm{T}}]^{-1}\boldsymbol{f} \tag{1-37}$$

与残余载荷相关的是残余矢量，可看成是把残余载荷施加于柔体时产生的变形。残余矢量可被当作模态振型加入 Craig-Bampton 模态基中，增强的模态基完全能够捕捉残余载荷，否则，残余力的丢失不可避免。

2. 多柔体系统的能量

（1）动能和质量矩阵。考虑节点 P 变形前后的位置、方向和模态，柔体的广义坐标可以表示为

$$\xi=[x \quad y \quad z \quad \psi \quad \theta \quad \phi \quad q_i(i=1,\cdots,M)]^{\mathrm{T}}=[\boldsymbol{r} \quad \boldsymbol{\psi} \quad \boldsymbol{q}]^{\mathrm{T}} \tag{1-38}$$

速度表达式（1-22）在系统广义坐标式（1-38）的时间导数 $\dot{\xi}$ 中表示为

$$v_P=[\boldsymbol{I} \quad -\boldsymbol{A}(\boldsymbol{s}_P\tilde{+}\boldsymbol{u}_P)\boldsymbol{B} \quad \boldsymbol{A}\boldsymbol{\Phi}_P]\dot{\xi} \tag{1-39}$$

柔体的动能为

$$T=\frac{1}{2}\int_V \rho v^{\mathrm{T}} v \mathrm{d}V \approx \frac{1}{2}\sum_P m_P v_P^{\mathrm{T}} v_P + \omega_P^{GBT} \boldsymbol{I}_P \omega_P^{GB} \tag{1-40}$$

式中，m_P 和 $\boldsymbol{I}_P$ 分别为节点 P 的节点质量和节点惯性张量；$\omega_P^{GB}=\boldsymbol{B}_P\dot{\boldsymbol{\psi}}$，为点 B 相对于全局坐标基的角速度在局部坐标基中的斜方阵表示。将式（1-39）和关系式 $\omega_P=\boldsymbol{B}_P\dot{\boldsymbol{\psi}}$ 代入式（1-40），得到动能的广义表达式为

$$T=\frac{1}{2}\dot{\xi}^{\mathrm{T}}\boldsymbol{M}(\xi)\dot{\xi} \tag{1-41}$$

式（1-41）中的质量矩阵 $\boldsymbol{M}(\xi)$ 为 3 阶方阵，表示为

$$\boldsymbol{M}(\xi)=\begin{bmatrix} M_{tt} & M_{tr} & M_{tm} \\ M_{tr}^{\mathrm{T}} & M_{rr} & M_{rm} \\ M_{tm}^{\mathrm{T}} & M_{rm}^{\mathrm{T}} & M_{mm} \end{bmatrix} \tag{1-42}$$

其中下标 t、r、m 分别表示平动、旋转和模态自由度。质量矩阵的 6 个独立分量分别表示为

$$\begin{cases} M_{tt}=\boldsymbol{\tau}^1\boldsymbol{I} \\ M_{tr}=-\boldsymbol{A}[\boldsymbol{\tau}^2 \tilde{+} \boldsymbol{\tau}_j^3\boldsymbol{q}_j]\boldsymbol{B} \\ M_{tm}=\boldsymbol{A}\boldsymbol{\tau}^3 \\ M_{rr}=\boldsymbol{B}^{\mathrm{T}}[\boldsymbol{\tau}^7-[\boldsymbol{\tau}_j^8+\boldsymbol{\tau}_j^{8\mathrm{T}}]\boldsymbol{q}_j-\boldsymbol{\tau}_{ij}^9\boldsymbol{q}_i\boldsymbol{q}_j]\boldsymbol{B} \\ M_{rm}=\boldsymbol{B}^{\mathrm{T}}[\boldsymbol{\tau}^4+\boldsymbol{\tau}_j^5\boldsymbol{q}_j] \\ M_{mm}=\boldsymbol{\tau}^6 \end{cases} \tag{1-43}$$

从式（1-43）中可以明显看出质量矩阵与模态坐标显性相关，而且由于引入转换矩阵 $\boldsymbol{A}$ 和 $\boldsymbol{B}$，质量矩阵也与系统的方向坐标显性相关。质量矩阵中的 9 个惯性时不变矩阵 $\boldsymbol{\tau}^1$~$\boldsymbol{\tau}^9$ 可通过计算有限元模型的 N 个节点信息在预处理过程中一次性得到，从而简化运动微分方程的求解。节点信息包括每个节点的质量 m_P、未变形时的位置矢量 $\boldsymbol{s}_P$ 以及模态矩阵 $\boldsymbol{\Phi}_P$。

其中 9 个惯性时不变矩阵如表 1-1 所示。

表 1-1　9 个惯性时不变矩阵列表

惯性时不变矩阵	模态坐标数	维　　数
$\boldsymbol{\tau}^1=\sum_{P=1}^{N} m_P$		标量
$\boldsymbol{\tau}^2=\sum_{P=1}^{N} m_P\boldsymbol{s}_P$		（3×1）
$\boldsymbol{\tau}_j^3=\sum_{P=1}^{N} m_P\boldsymbol{\Phi}_P$	$j=1,\cdots,M$	（3×M）
$\boldsymbol{\tau}^4=\sum_{P=1}^{N} m_P\tilde{\boldsymbol{s}}_P\boldsymbol{\Phi}_P+\boldsymbol{I}_P\boldsymbol{\Phi}'_P$		（3×M）
$\boldsymbol{\tau}_j^5=\sum_{P=1}^{N} m_P\tilde{\boldsymbol{\Phi}}_{Pj}\boldsymbol{\Phi}_P$	$j=1,\cdots,M$	（3×M）

（续）

惯性时不变矩阵	模态坐标数	维　数
$\boldsymbol{\tau}^6=\sum_{P=1}^{N} m_P \boldsymbol{\Phi}_P^{\mathrm{T}}\boldsymbol{\Phi}_P+\boldsymbol{\Phi}_P'^{\mathrm{T}}\boldsymbol{I}_P\boldsymbol{\Phi}_P'$		$(M\times M)$
$\boldsymbol{\tau}^7=\sum_{P=1}^{N} m_P \tilde{\boldsymbol{s}}_P^{\mathrm{T}}\tilde{\boldsymbol{s}}_P+\boldsymbol{I}_P$		(3×3)
$\boldsymbol{\tau}_j^8=\sum_{P=1}^{N} m_P \tilde{\boldsymbol{s}}_P\tilde{\boldsymbol{\Phi}}_{Pj}$	$j=1,\cdots,M$	(3×3)
$\boldsymbol{\tau}_{jk}^9=\sum_{P=1}^{N} m_P \tilde{\boldsymbol{\Phi}}_{Pj}\tilde{\boldsymbol{\Phi}}_{Pk}$	$j,k=1,\cdots,M$	(3×3)

（2）势能和刚度矩阵。势能一般分为重力势能和弹性势能两部分，可用下列二次项表示：

$$W=W_g(\xi)+\frac{1}{2}\xi^{\mathrm{T}}\boldsymbol{K}\xi \tag{1-44}$$

在弹性势能中，$\boldsymbol{K}$ 是对应于模态坐标 $\boldsymbol{q}$ 的结构部件的广义刚度矩阵，通常为常量。重力势能 W_g 表示为

$$W_g=\int_W \rho\boldsymbol{r}_P\cdot\boldsymbol{g}\mathrm{d}W=\int_W \rho[\boldsymbol{r}_B+\boldsymbol{A}(\boldsymbol{s}_P+\boldsymbol{\Phi}_P\boldsymbol{q})]^{\mathrm{T}}\boldsymbol{g}\mathrm{d}W \tag{1-45}$$

式中，$\boldsymbol{g}$ 表示重力加速度矢量，重力 $\boldsymbol{f}_g$ 可对 W_g 求导得到，即

$$\boldsymbol{f}_g=\frac{\partial W_g}{\partial\xi}=\begin{bmatrix}\left[\int_W \rho\mathrm{d}W\right]\boldsymbol{g}\\ \dfrac{\partial\boldsymbol{A}}{\partial\xi}\left[\int_W \rho(\boldsymbol{s}_P+\boldsymbol{\Phi}_P\boldsymbol{q})^{\mathrm{T}}\mathrm{d}W\right]\boldsymbol{g}\\ \boldsymbol{A}\left[\int_W \rho\boldsymbol{\Phi}_P^{\mathrm{T}}\mathrm{d}W\right]\boldsymbol{g}\end{bmatrix} \tag{1-46}$$

（3）能量损失和阻尼矩阵。阻尼力依赖于广义模态速度并可以从下列二次项中推导得出：

$$\boldsymbol{\Gamma}=\frac{1}{2}\dot{\boldsymbol{q}}^{\mathrm{T}}\boldsymbol{D}\dot{\boldsymbol{q}} \tag{1-47}$$

式（1-47）称为 Rayleigh 能量损耗函数。矩阵 $\boldsymbol{D}$ 包含阻尼系数 d_{ij}，它是常值对称阵。当引入正交模态振型时，阻尼矩阵可用对角线为模态阻尼率 c_i 的对角阵来表示。对于每一个正交模态的阻尼率都可以取不同值，而且还能以该模态的临界阻尼 c_i^{cr} 比值形式给出。

3. 多柔体动力学方程

柔体的运动方程从下列拉格朗日方程导出：

$$\begin{cases}\dfrac{\mathrm{d}}{\mathrm{d}t}\left(\dfrac{\partial L}{\partial\dot{\xi}}\right)-\dfrac{\partial L}{\partial\xi}+\dfrac{\partial\boldsymbol{\Gamma}}{\partial\dot{\xi}}+\left[\dfrac{\partial\boldsymbol{\Psi}}{\partial\xi}\right]^{\mathrm{T}}\boldsymbol{\lambda}-\boldsymbol{Q}=\boldsymbol{0}\\ \boldsymbol{\Psi}=\boldsymbol{0}\end{cases} \tag{1-48}$$

式中，$\boldsymbol{\Psi}$ 为约束方程；$\boldsymbol{\lambda}$ 为对应于约束方程的拉格朗日乘子；ξ 为如式（1-38）定义的广义

坐标；$\boldsymbol{Q}$ 为投影到 ξ 上的广义力；L 为拉格朗日项，定义为 $L=T-W$，T 和 W 分别表示动能和势能；$\boldsymbol{\Gamma}$ 为能量损耗函数。

将求得的 T、W、Γ 代入式（1-48），得到最终的运动微分方程为

$$\boldsymbol{M}\ddot{\xi}+\dot{\boldsymbol{M}}\dot{\xi}-\frac{1}{2}\left[\frac{\partial \boldsymbol{M}}{\partial \xi}\dot{\xi}\right]^{\mathrm{T}}\dot{\xi}+\boldsymbol{K}\xi+\boldsymbol{f}_g+\boldsymbol{D}\dot{\xi}+\left[\frac{\partial \boldsymbol{\Psi}}{\partial \xi}\right]^{\mathrm{T}}\boldsymbol{\lambda}=\boldsymbol{Q} \tag{1-49}$$

式中，ξ、$\dot{\xi}$、$\ddot{\xi}$ 为柔体的广义坐标及其时间导数；$\boldsymbol{M}$、$\dot{\boldsymbol{M}}$ 为柔体的质量矩阵及其对时间的导数；$\dfrac{\partial \boldsymbol{M}}{\partial \xi}$ 为质量矩阵对柔体广义坐标的偏导数，是 $(M+6)\times(M+6)\times(M+6)$ 维张量；M 为模态数。

1.4 Adams 动力学建模与求解

1.4.1 Adams 采用的建模方法

Adams 采用的是欧拉－拉格朗日方法，其结构形式属于第二类模型。拉格朗日方法广泛应用于多刚体力学，Chace 选取系统内每个刚体的质心在惯性参考系中的 3 个直角坐标和欧拉角为笛卡儿广义坐标，编制了 Adams 程序。Haug 选取系统内每个刚体的质心在惯性参考系中的 3 个直角坐标和欧拉参数为笛卡儿广义坐标，编制了 DADS 程序。由于在选定坐标后，利用带乘子的拉格朗日方程处理后导出的以笛卡儿广义坐标为变量的动力学方程是与广义坐标数目相同的带乘子的微分方程，所以所得的多刚体动力学模型是混合的微分－代数方程组，特点是方程数目相当大，且常为刚性的。Chace 在 Adams 中用了 Gear 等的刚性积分算法，并采用了稀疏矩阵技术提高了计算效率。

1. Adams 多刚体方程基础

（1）动能。平动动能为

$$K_t=\frac{1}{2}(\dot{x}\quad \dot{y}\quad \dot{z})M\begin{pmatrix}\dot{x}\\ \dot{y}\\ \dot{z}\end{pmatrix}=\frac{1}{2}M\{\dot{x}^2+\dot{y}^2+\dot{z}^2\}=\frac{1}{2}M\dot{\boldsymbol{r}}^2 \tag{1-50}$$

式中，M 为刚体质量；$\dot{\boldsymbol{r}}$ 为刚体质心速度矢量。

转动动能为

$$K_r=\frac{1}{2}\left(\omega_x\quad \omega_y\quad \omega_z\right)\begin{bmatrix}I_{xx} & 0 & 0\\ 0 & I_{yy} & 0\\ 0 & 0 & I_{zz}\end{bmatrix}\begin{pmatrix}\omega_x\\ \omega_y\\ \omega_z\end{pmatrix}=\frac{1}{2}\left(I_{xx}{\omega_x}^2+I_{yy}{\omega_y}^2+I_{zz}{\omega_z}^2\right) \tag{1-51}$$

式中，ω 为刚体角速度；I 为刚体转动惯量。

总动能为

$$K=K_t+K_r \tag{1-52}$$

（2）动量。与广义坐标 q_j 相关联的广义动量为

$$P_{qj}=\frac{\partial K}{\partial \dot{q}_j} \tag{1-53}$$

平动动量 P_x、P_y、P_z 为

$$P_x=\frac{\partial K}{\partial \dot{x}}=M\dot{x},\ P_y=\frac{\partial K}{\partial \dot{y}}=M\dot{y},\ P_z=\frac{\partial K}{\partial \dot{z}}=M\dot{z}$$

转动动量 P_ψ、P_ϕ、P_θ 为

$$P_\psi=\frac{\partial K}{\partial \dot{\psi}}=I_{xx}\omega_x S_\theta S_\phi+I_{yy}\omega_y S_\theta S_\phi+I_{zz}\omega_z C_\theta$$

$$P_\phi=\frac{\partial K}{\partial \dot{\phi}}=I_{zz}\omega_z$$

$$P_\theta=\frac{\partial K}{\partial \dot{\theta}}=I_{xx}\omega_x C_\phi-I_{yy}\omega_y S_\phi$$

式中，S、C 分别代表正、余弦函数；ψ、ϕ、θ 为欧拉角。

（3）笛卡儿广义坐标。Adams 采用 6 个笛卡儿广义坐标描述一个刚体的位形，利用其质心的 3 个直角坐标 x、y、z 确定位置，连体基的 3 个欧拉角 ψ、ϕ、θ 确定方位，这 6 个量称为笛卡儿广义坐标，可以完全描述系统内各个刚体的位形。

2. Adams 软件的多刚体方程

Adams 根据机械系统的模型，自动建立系统的拉格朗日运动方程，对于每个刚体，列出对应于 6 个广义坐标带乘子的拉格朗日方程及相应的约束方程为

$$\begin{cases}\dfrac{\mathrm{d}}{\mathrm{d}t}\left(\dfrac{\partial K}{\partial \dot{q}_j}\right)-\dfrac{\partial K}{\partial q_j}+\sum\limits_{i=1}^{n}\dfrac{\partial \varPhi_i}{\partial q_j}\lambda_i=F_i \\ \varPhi_i=0\end{cases} \tag{1-54}$$

式中，$i=1,\cdots,n$，$j=1,\cdots,m$；q_j 为描述系统的广义坐标；$\varPhi_i$ 为系统的约束方程；F_j 为广义坐标方向上的广义力；λ_i 为拉格朗日乘子。

式（1-54）可写作如下形式：

$$\begin{Bmatrix}\boldsymbol{F}\\ \boldsymbol{\varPhi}\end{Bmatrix}=\{0\} \tag{1-55}$$

式中，$\boldsymbol{F}=\boldsymbol{f}(\ddot{\boldsymbol{q}},\dot{\boldsymbol{q}},\boldsymbol{q},\boldsymbol{\lambda},t)$；$\boldsymbol{\varPhi}=\boldsymbol{f}(\ddot{\boldsymbol{q}},\dot{\boldsymbol{q}},t)$。

动能的定义为

$$K=\frac{1}{2}\dot{\boldsymbol{r}}^{\mathrm{T}}m\dot{\boldsymbol{r}}+\frac{1}{2}\boldsymbol{\omega}^{\mathrm{T}}m\boldsymbol{\omega}$$

代入式（1-55），合并成简洁的矩阵形式为

$$\boldsymbol{M}\ddot{\boldsymbol{x}}=\boldsymbol{\varPhi}_x{}^{\mathrm{T}}\boldsymbol{\lambda}=\boldsymbol{Q}^{*} \tag{1-56}$$

式中，$\ddot{\boldsymbol{x}}=[\ddot{x}_1 \quad \ddot{x}_2 \quad \cdots \quad \ddot{x}_n]$；$\boldsymbol{\Phi}_x=[\Phi_{x1} \quad \Phi_{x2} \quad \cdots \quad \Phi_{xn}]$；$\boldsymbol{M}=\mathrm{diag}[M_1 \quad M_2 \quad \cdots \quad M_n]$；$\boldsymbol{Q}^*=[Q_1^{*\mathrm{T}} \quad Q_2^{*\mathrm{T}} \quad \cdots \quad Q_n^{*\mathrm{T}}]$。

对上述代数－微分方程，Adams 将二阶微分方程降阶为一阶微分方程来求解。即 Adams 将所有拉格朗日方程均写成一阶微分方程形式，并引入 $\boldsymbol{u}=\dfrac{\mathrm{d}\boldsymbol{q}}{\mathrm{d}t}$，得到

$$\begin{Bmatrix} \boldsymbol{F} \\ \dot{\boldsymbol{q}}-\boldsymbol{u} \\ \boldsymbol{\Phi} \end{Bmatrix}=\{0\} \tag{1-57}$$

式中，$\boldsymbol{F}=\boldsymbol{f}(\dot{\boldsymbol{u}},\boldsymbol{u},\boldsymbol{q},\boldsymbol{\lambda},t)$。

综上所述，对多刚体系统 Adams 将列出以下方程。

（1）刚体运动方程。6 个一阶动力学方程（力和加速度关系）为

$$\frac{\mathrm{d}}{\mathrm{d}t}\left(\frac{\partial K}{\partial u_j}\right)-\frac{\partial K}{\partial q_j}+\sum_{i=1}^{n}\frac{\partial \Phi_i}{\partial q_j}\lambda_i=F_i,\ q=(x,y,z,\psi,\phi,\theta)$$

6 个一阶运动学方程（位置和速度关系）为

$$\begin{aligned}\dot{x}-V_x&=0\\ \dot{y}-V_y&=0\\ \dot{z}-V_z&=0\\ \dot{\psi}-\omega_\psi&=0\\ \dot{\phi}-\omega_\phi&=0\\ \dot{\theta}-\omega_\theta&=0\end{aligned}$$

3 个转动动量的定义方程为

$$P_\psi=\frac{\partial K}{\partial \dot{\psi}}=I_{xx}\omega_x S_\theta S_\phi+I_{yy}\omega_y S_\theta S_\phi+I_{zz}\omega_z C_\theta$$

$$P_\phi=\frac{\partial K}{\partial \dot{\phi}}=I_{zz}\omega_z$$

$$P_\theta=\frac{\partial K}{\partial \dot{\theta}}=I_{xx}\omega_x C_\phi-I_{yy}\omega_y S_\phi$$

（2）约束代数方程。

（3）外力的定义方程（重力除外）。

（4）自定义的代数－微分方程。写成矩阵形式如下：

刚体运动方程为

$$\boldsymbol{M}(\dot{\boldsymbol{u}},\boldsymbol{u},\boldsymbol{q},\boldsymbol{\lambda},\boldsymbol{f},t)=0$$

系统约束方程为

$$\boldsymbol{\Phi}(\dot{\boldsymbol{q}},\boldsymbol{q},t)=0$$

系统外力方程为

$$\boldsymbol{F}(\dot{\boldsymbol{u}},\boldsymbol{u},\boldsymbol{q},\boldsymbol{f},t)=0$$

自定义代数－微分方程为

$$\mathbf{DIFF}(\dot{\boldsymbol{u}},\boldsymbol{u},\boldsymbol{q},\boldsymbol{f},t)=0$$

式中，$\boldsymbol{q}$ 为笛卡儿广义坐标；$\boldsymbol{u}$ 为广义坐标的微分；$\boldsymbol{f}$ 由外力和约束力组成；t 为时间。

令 $\boldsymbol{y}=\begin{bmatrix}\boldsymbol{q}\\ \dot{\boldsymbol{q}}\end{bmatrix}$ 为状态向量，系统方程可写为

$$\boldsymbol{G}(\boldsymbol{y},\dot{\boldsymbol{y}},t)=0 \tag{1-58}$$

1.4.2　Adams 的方程求解方案

运动学、静力学分析需求解一系列的非线性代数方程，Adams 采用修正 Newton-Raphson 迭代算法迅速准确地求解。对动力学微分方程，根据机械系统的特性，可选择不同的积分算法。对刚性系统，采用变系数的 BDF（Backwards Differentiation Formula）刚性积分程序，它是自动变阶、变步长的预估矫正法，在积分的每一步采用了修正的 Newton-Raphson 迭代算法；对高频系统，采用坐标分配法和 ABAM（Adams-Bashforth-Adams-Moulton）方法。与之相应，Adams Solver 中包含了 3 个功能强大的求解器。

ODE 求解器（求解微分方程）采用刚性或非刚性积分算法；非线性求解器（求解代数方程）采用 Newton-Raphson 迭代算法；线性求解器（求解线性方程组）采用高斯消元法，并引入稀疏矩阵技术。其求解过程如图 1-3 所示。

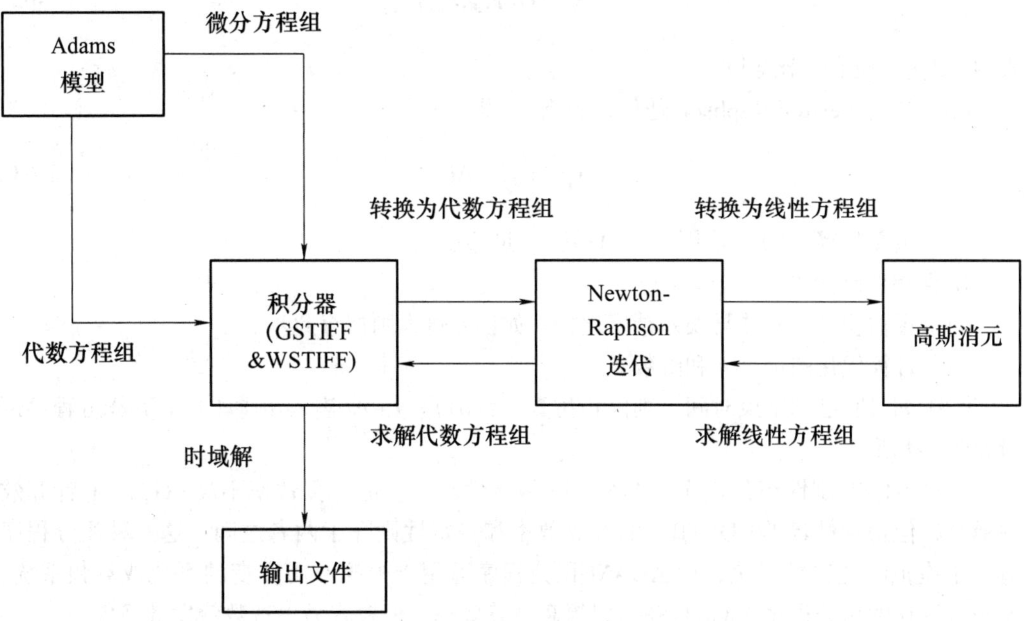

图 1-3　Adams 求解过程

Adams Solver 有 5 个强大的数值积分程序，其中 4 个为变阶、变步长的刚性积分程序（GSTIFF、SI2_GSTIFF、DSTIFF、WSTIFF），使用最多的是变系数的 BDF 方法，它是自动变阶、变步长的预估矫正法；1 个为非刚性积分程序，采用了 Adams-Bashforth-Adams-Moulton 算法。对于常用的 4 个 BDF 积分程序，其预估矫正求解过程分 3 个阶段实现。

1. 预估阶段

根据泰勒展开式预估在 t_{n+1} 时刻 $\boldsymbol{y}$ 及 $\dot{\boldsymbol{y}}$ 的值，即

$$y_{n+1} = y_n + hy^{(1)}{}_n + \frac{h^2}{2}y^{(2)}{}_n + \cdots + \frac{h^k}{k!}y_n{}^{(k)} \tag{1-59}$$

式中，$h = t_{n+1} - t_n$ 为步长。

对于 Gear Stiff 积分程序的格式为

$$y_{n+1} = \sum_{i=1}^{k} \alpha_i y_{n-i+1} - h\beta_0 \dot{y}_{n+1} \tag{1-60}$$

$$\dot{y}_{n+1} = \frac{1}{h\beta_0}\left(\sum_{i=1}^{k} \alpha_i y_{n-i+1} - y_{n+1}\right) \tag{1-61}$$

式中，β_0、α_i 为 Gear 积分系数。

2. 校正阶段

（1）求解微分方程 $\boldsymbol{G}$，如 $\boldsymbol{G}(\boldsymbol{y},\dot{\boldsymbol{y}},t)=0$，则方程成立，此时 $\boldsymbol{y}$ 为方程解，否则继续。

（2）求解 Newton-Raphson 线性方程得到 $\Delta\boldsymbol{y}$，以更新 $\boldsymbol{y}$，使微分方程 $\boldsymbol{G}$ 更近于成立。

$$\boldsymbol{J}\Delta\boldsymbol{y} = \boldsymbol{G}(\boldsymbol{y},\dot{\boldsymbol{y}},t_{n+1}) \tag{1-62}$$

式中，$\boldsymbol{J}$ 为系统雅可比矩阵。

（3）利用 Newton-Raphson 迭代，更新 $\boldsymbol{y}$，即

$$\boldsymbol{y}_{k+1} = \boldsymbol{y}_k + \Delta\boldsymbol{y}_k \tag{1-63}$$

（4）重复步骤（1）~ 步骤（3）直到 $\Delta\boldsymbol{y}$ 足够小。

3. 误差控制阶段

（1）预估积分误差并与误差精度比较，如误差过大则摒弃此步。

（2）计算优化的步长 h 和阶数 k。

（3）如时间已到结束时间，则停止仿真，否则 $t = t + \Delta t$ 进入步骤（1）。其积分程序逻辑如图 1-4 所示。

三种 STIFF 刚性积分程序中 WSTIFF 稳定性最好，但计算效率不高；GSTIFF 计算效率最高，但稳定性最差；DSTIFF 的计算效率和稳定性则介于两者之间，这三种积分程序适用于模拟刚性机械系统，而 ABAM 积分程序适用于模拟经历突变的系统或高频系统。Adams 默认的积分程序为 GSTIFF，以提高计算效率，但较容易出现数值发散现象。

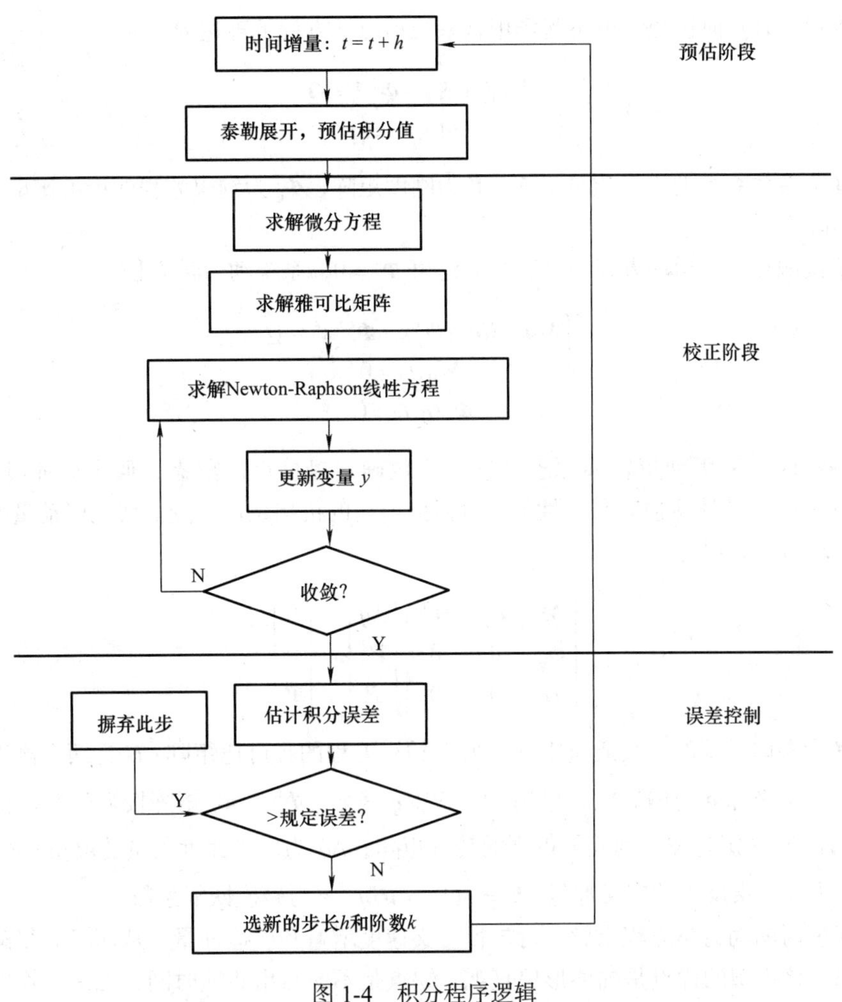

图 1-4　积分程序逻辑

1.4.3　Adams 采用的碰撞模型

碰撞是常见的一种力学现象。特点是在极短的时间（万分之几秒到千分之几秒）内，使物体的速度发生突然变化，同时产生巨大的碰撞力（或称瞬时力）。

多刚体系统的碰撞动力学是实际工程技术中一个重要的研究课题和方向。带拖车车辆或列车与人或其他障碍物的碰撞、车辆驾驶员在车辆碰撞时的响应、航天器入轨后太阳帆板展开到位时与定位销的碰撞、跳伞运动员的落地、拳击运动员的受击、体操运动员的落地、武器发射系统所受脉冲动力学响应等均可归结为多刚体碰撞动力学问题。

碰撞过程可以认为是一个变结构的动力学问题。碰撞发生前后的系统与碰撞阶段是两种拓扑结构状态。两种状态切换的问题与变结构问题相同，可用识别方程的实施来解决，但碰撞问题又有特殊性，即须解决碰撞阶段的动力学模型。对碰撞接触过程的描述目前主要有两种：经典碰撞模型和接触碰撞模型。

1. 经典碰撞模型

在系统运动过程中，碰撞体间的相对运动关系存在“分离－碰撞－接触”三种状态。

处于分离状态时几何接触约束不起作用，系统动力学方程可表达为

$$\begin{cases} \boldsymbol{M}\ddot{\boldsymbol{q}}+\boldsymbol{K}\boldsymbol{q}+\boldsymbol{\Phi}_q^{\mathrm{T}}\lambda=\boldsymbol{Q} \\ \boldsymbol{\Phi}(\boldsymbol{q},t)=0 \end{cases} \tag{1-64}$$

式中，$\boldsymbol{M}$ 为多体系统的广义质量矩阵，$\boldsymbol{K}$ 为刚度矩阵，$\boldsymbol{\Phi}_q$ 为约束方程的雅可比矩阵，$\boldsymbol{Q}$ 为广义力矩阵。

对于接触状态，运动方程中含有几何约束 $\boldsymbol{\Phi}^a=0$，系统动力学方程为

$$\begin{cases} \boldsymbol{M}\ddot{\boldsymbol{q}}+\boldsymbol{K}\boldsymbol{q}+\boldsymbol{\Phi}_q^{\mathrm{T}}\boldsymbol{\lambda}+\boldsymbol{\Phi}_q^{a\mathrm{T}}\boldsymbol{\lambda}^a=\boldsymbol{Q} \\ \boldsymbol{\Phi}(\boldsymbol{q},t)=0 \\ \boldsymbol{\Phi}^a(\boldsymbol{q},t)=0 \end{cases} \tag{1-65}$$

在碰撞时，采用动量转换原理和恢复系数确定碰撞后的状态，假定碰撞过程极短，$\Delta t=t^+-t^-\to 0$，两体碰撞时是刚性的，且碰撞前后的机构位形不变。代之以动量方程，可推得系统动力学方程为

$$\begin{bmatrix} \boldsymbol{M} & \boldsymbol{\Phi}_q^{\mathrm{T}} & \boldsymbol{H}^{\mathrm{T}} \\ \boldsymbol{\Phi}_q & 0 & 0 \\ \boldsymbol{H} & 0 & 0 \end{bmatrix} \begin{Bmatrix} \Delta\dot{\boldsymbol{q}} \\ \boldsymbol{P}^{\lambda} \\ \boldsymbol{P} \end{Bmatrix} = \begin{Bmatrix} 0 \\ 0 \\ \boldsymbol{\Psi} \end{Bmatrix} \tag{1-66}$$

式中，$\boldsymbol{M}$ 为多体系统的广义质量矩阵；$\boldsymbol{\Phi}_q$ 为约束方程的雅可比矩阵；$\boldsymbol{H}$ 为两个碰撞点间的距离 S 对广义坐标 $\boldsymbol{q}$ 的偏导数，可用 $\boldsymbol{H}=\partial S/\partial \boldsymbol{q}$ 表示；$\boldsymbol{\Phi}_q^{\mathrm{T}}$ 为 $\boldsymbol{\Phi}_q$ 矩阵按行列互换得到的转置矩阵；$\boldsymbol{H}^{\mathrm{T}}$ 为 $\boldsymbol{H}$ 矩阵按行列互换得到的转置矩阵；$\Delta\dot{\boldsymbol{q}}$ 为广义速度矢量的增量；$\boldsymbol{P}$ 和 $\boldsymbol{P}^{\lambda}$ 分别为广义力和约束反力的广义冲量；$\boldsymbol{\Psi}=-(1+e)\boldsymbol{H}\dot{\boldsymbol{q}}$，$e$ 为碰撞恢复系数。

对碰撞时的动力学方程求解，可求得广义速度增量和碰撞冲量，从而可获得碰撞后的初始状态。该模型的优点是描述形象直观，缺点是不能给出碰撞时间，无法计算出碰撞时的冲击力，只能用冲量衡量冲击造成的严重程度，建模和计算都比较复杂。

2. 接触碰撞模型

接触碰撞模型将碰撞过程归结为“自由运动－接触变形”两种状态，它通过计入碰撞体接触表面的弹性和阻尼，建立了描述碰撞过程中力和接触变形之间的本构关系。目前，这种间隙模型有三种类型：基于 Dubowsky 线形化的碰撞铰模型、基于 Hertz 接触理论的 Herts 接触模型和基于非线性的等效弹簧阻尼模型。其中，基于非线性的等效弹簧阻尼模型的广义形式可表示为

$$F=K\delta^e+C_1\dot{\delta}+C_2\dot{\delta}\delta \tag{1-67}$$

式中，F 为法向接触力；K 为 Hertz 接触刚度；C_1、C_2 为阻尼因子；δ 为接触点法向穿透距离；e 为不小于 1 的指数。

通过对 K、C_1、C_2 的取值，可得到不同类型的间隙模型。

在自由运行阶段，系统动力学方程与经典模型中分离阶段相同。在接触碰撞阶段，两碰撞体由自由运动状态到接触变形，产生了约束条件的变化，解除系统的运动学约束，代之以约束力。在碰撞物体间引入等效弹簧阻尼模型，则系统运动学方程为

$$
\begin{cases} \boldsymbol{M}\ddot{\boldsymbol{q}} + \boldsymbol{K}\boldsymbol{q} + \boldsymbol{\Phi}_q^{\mathrm{T}}\lambda = \boldsymbol{Q} + \boldsymbol{F}_I \\ \boldsymbol{\Phi}(\boldsymbol{q}, t) = 0 \end{cases} \tag{1-68}
$$

式中，$\boldsymbol{F}_I$ 为接触力 F 相对于广义坐标 $\boldsymbol{q}$ 的广义力阵列。

采用接触变形模型建立的动力学方程，系统自由度与碰撞副状态无关。从这点看，这种方法是将变拓扑结构系统动力学问题转换为无拓扑结构变化的系统动力学问题处理，但由于系统的接触力为时变的，须判断其接触分离的切换点。与经典模型相比，该模型建模过程简单，可描述碰撞过程中的冲击力，易于实现对系统运动过程的全局仿真。

在 Adams 中常采用的模型为

$$
F = K\delta^e + C(\delta)\dot{\delta} \tag{1-69}
$$

在 Adams 中还可通过静摩擦因数和动摩擦因数引入摩擦力，这样法向碰撞力和摩擦力就构成了碰撞副中总的相互作用力。

第2章 Adams模块介绍

Adams是美国MSC公司开发的机械系统动力学自动分析软件。Adams软件由基本模块、扩展模块、接口模块、专业领域模块及工具箱5类模块组成，用户不仅可以采用通用模块对一般的机械系统进行仿真，还可以采用专用模块对特定领域的问题进行快速有效的建模与仿真分析。

☑ Adams基本模块

☑ Adams扩展模块

☑ Adams专业领域模块

任务驱动和项目案例

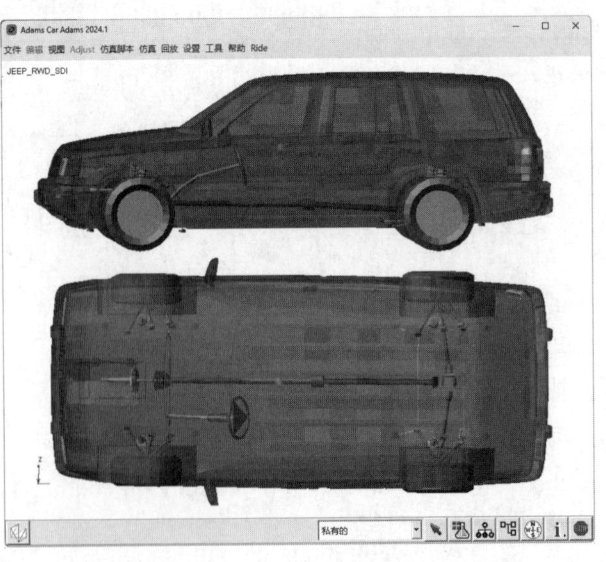

2.1 虚拟样机技术

虚拟样机技术是指在产品设计开发过程中，将分散的零部件设计和分析技术融合在一起，在计算机上建造出产品的整体模型，并针对该产品在投入使用后的各种工况进行仿真分析，预测产品的整体性能，进而改进产品设计、提高产品性能的一种新技术。虚拟样机技术源于对多体系统动力学的研究。尽管它的核心是机械系统运动学、动力学和控制理论，但没有成熟的三维计算机图形技术和基于图形的用户界面技术，虚拟样机技术也不会成熟。虚拟样机技术在技术与市场两个方面的成熟也与 3C（计算机、通信和消费电子产品）技术的成熟及大规模推广应用分不开。首先，CAD 中的三维几何造型技术能够使设计师们的精力集中在创造性设计上，把绘图等繁琐的工作交给计算机去做，这样设计师就有额外的精力关注设计的正确和优化问题。其次，三维造型技术使虚拟样机技术中的机械系统描述问题变得简单。最后，由于 3C 强大的三维几何编辑修改技术，使机械系统设计的快速修改变为可能。在此基础上，基于计算机的设计、试验、设计的反复过程才有时间上的意义。

虚拟样机技术在工程中的应用是通过界面友好、功能强大、性能稳定的商品化虚拟样机软件实现的。国外虚拟样机技术软件的商品化过程早已完成。

虚拟制造技术（Virtual Manufacturing Technology，VMT）首先在飞机、汽车等领域获得成功的应用。飞机制造业对虚拟样机的需求最为迫切，因为飞机制造成本非常高，系统复杂，因此不可能制造多台物理样机或多台飞机子系统物理样机。此外飞机实地试验耗资巨大，危险系数高，且受到安全法规的严格限制，还必须满足产品安全性、性能和可靠性的标准。

目前，虚拟样机技术除了应用到飞机、汽车制造业外，已经广泛地应用到工程机械、航天航空业、国防工业等领域，所涉及的产品从庞大的卡车到照相机的快门，从上天的火箭到远洋轮船的锚链。在各个领域里，针对各种产品，虚拟样机技术都为用户节省了开支和时间，并通过仿真分析、试验设计、改进优化等最终给用户提供了满意的设计方案。

制造领域中虚拟样机技术在下面几个方面的作用尤为明显。

（1）产品的外形设计。以前，汽车外形造型设计多采用泡沫塑料制作外形模型，通过多次修改完成，既费工又费时，最终的结果也未必使人满意。采用虚拟技术的外形设计，可随时修改、评价，确定后方案的建模数据可直接用于设计、仿真和加工，甚至用于广告和宣传。

（2）产品装配仿真。机械产品的配合性和可装配性是设计人员容易出现错误的地方，以往要到产品最后装配时才能发现，从而导致零件的报废和工期的延误，造成巨大的经济损失。采用虚拟装配技术可以在设计阶段就进行验证，确保设计的正确性，避免损失。

（3）产品的运动和动力学仿真。运用虚拟样机技术在产品设计阶段就能展示出产品的行为、动态的表现以及产品的性能。在产品设计阶段就能解决运动构件工作时的运动协调关系、运动范围、可能的运动干涉检查、产品动力学性能、强度、刚度等问题。

（4）虚拟样机与产品工作性能评测。首先进行产品的立体建模，然后将这个模型置于虚拟环境中控制、仿真和分析，可以在设计阶段就对设计的方案、结构等进行仿真，解决大多数问题，提高一次试验成功率。采用虚拟现实技术，还可以方便、直观地进行工作性

能检查。

虚拟样机技术的核心部分是多体系统运动学与动力学建模理论及其技术实现，而计算机可视化技术及动画技术的发展为这项技术提供了友好的用户界面。

2.2 多学科分析技术

多学科（MD）技术为用户提供了能够满足需求的缩小测试与仿真差距的技术，真正实现了多学科仿真，所建立的公共平台大大缩短了传统的单学科间数据传递的时间。

在工程实践中，单个解决方案允许多学科分析，但不能考虑多学科之间的交互作用和耦合。只有对关键学科之间复杂交互作用的准确表述才能保证真实地模拟物理现象。即使借用目前的前后处理器、计算力量和自动运行能力，单个学科专家仍然要通过许多离散的分析步骤来手工模拟仿真学科之间的复杂交互作用。对于某一学科的多步分析，相当耗费时间。另外，通过处理大量的分析数据来确定如何将结果从一个学科传递到另外一个学科，工程师有时手工传递计算信息，或者将运动信息作为静态施加到对系统进行的有限元分析中，这往往会带来人为的错误，降低模拟精度，而且这个过程也没有可重复性。

多学科技术将它们连接在一起，使数据变得动态实时，也就是将它们放在一个开放的循环环境中。无论是线性、非线性、运动、CFD（计算流体力学）还是显式非线性动力学，多学科技术允许多学科集成仿真，而不是仅仅简单地相互之间连接。这意味着相互之间能够在极其适当的时候提供正确的工程和力学反馈，有别于传统的多物理系统。

在多体运动和有限元分析之间的多学科集成，有助于多学科模拟仿真在企业产品的早期就进行指导设计，有限元分析和 CFD 之间的集成，也是同样的方式。例如，Adams 分析汽车在颠簸路面上如何引起噪声和车辆的振动时，MD Nastran 能够把 Adams 的模型以数学表述的形式和 Nastran 的 NVH 模型完全集成到一起，工程师使用一个模型仿真车内的噪声，同时集成到真实的颠簸路况的 NVH 研究中，而 NVH 仿真生成的载荷又为后续的碰撞分析所用。在另外一个多学科耦合的例子中，汽车工程师在运行 Adams 分析悬架系统的同时，可以把悬架的数据作为有限元分析模型的一部分，通过 Nastran 评估部件的寿命。

相比将多个独立的仿真工具捆绑在一起分析的方法，多学科技术使用户可以用一个模型完成仿真。需要说明的是，这并不意味着所有的学科都用完全一样的模型，而是从一个模型中提取出共同的载荷和约束来做系统级仿真。同时，一个方程也不能解决所有的仿真问题，因此需要一系列的方程来表述一个模型才可能给出非常切合实际的方程结果。用户可以在仿真分析的任何层面上进行优化，拓扑和形状优化应用于不同的学科，概率优化用于确定设计的稳定性，工程师可以解算系统方程并在所有的层面上确定制造过程带来的大量不确定因素的影响。

如果考虑到产品的寿命问题，工程师在制造之前就要仿真整个产品系统。即使先不考虑多学科的集成，模型的大小和复杂程度显然也是惊人的。如果考虑学科之间的交叉，尤其考虑到优化分析，计算资源就要承受严峻的考验，这在前些年极大地制约了系统仿真的效率和准确度。现在来看，随着计算机运算性能的大幅度提高，利用极其庞大的模型数据来分析越来越复杂的仿真模型已经成为可能。多学科技术是跨学科的优化和集成，其价值

在于大大拓展了数字分析的能力，可以充分利用现有的高性能计算技术解决大量大规模的问题。

多学科仿真功能允许制造行业的用户可以准确分析一系列的多学科耦合问题，对产品的性能有一个准确的预测，使得用户距离将来的虚拟产品开发环境更进一步。多学科技术聚焦于提升仿真效率，保证初期设计的有效性，提升品质并加快产品投放市场的速度。由于生产商需要对开发的部件和装配体进行多学科的细致分析以继续满足客户的高需求，全球领先的虚拟产品开发技术供应商 MSC.Software 历经数载潜心开发，终于推出了业界期待已久的多学科联合仿真引擎 MD 系列软件，为相关领域的企业提供了非常好的大规模仿真平台。

2.3 Adams 基本模块

2.3.1 Adams View（用户界面模块）

Adams View 是 Adams 系列产品的核心模块之一，采用以用户为中心的交互式图形环境，将图标操作、菜单操作、鼠标拾取操作与交互式图形建模、仿真计算、动画显示、优化设计、X-Y 曲线图处理、结果分析、数据打印等功能集成在一起。

Adams View 采用简单的分层方式完成建模工作。采用 Parasolid 内核进行实体建模，并提供了丰富的零件几何图形库、约束库和力 / 力矩库，并且支持布尔运算，支持 FORTRAN/77 和 FORTRAN/90 中的函数。除此之外，还提供了丰富的位移函数、速度函数、加速度函数、接触函数、样条函数、力 / 力矩函数、合力 / 力矩函数、数据元函数、若干用户子程序函数、常量、变量等。

自 2.0 版本后，Adams View 采用了用户熟悉的 Motif 界面（UNIX 系统）和 Windows 界面（NT 系统），从而大大提高了快速建模能力。在 Adams View 中，用户利用 TABLE EDITOR，可以像用 Excel 一样方便地编辑模型数据，同时还提供了 PLOT BROWSER 和 FUNCTION BUILDER 工具包。DS（设计研究）、DOE（实验设计）及 OPTIMIZE（优化）功能可使用户方便地进行优化工作。Adams View 有自己的高级编程语言，支持命令行输入命令和 C++ 语言，有丰富的宏命令及方便快捷的图标按钮、菜单、对话框和修改工具包，还具有在线帮助功能。最新的 Adams 2024 采用了全新的用户界面但还保留了经典的模式，Adams View 模块界面如图 2-1 所示。

Adams View 2024 采用了改进的动画 / 曲线图窗口，能够在同一窗口内同步显示模型的动画和曲线图，具有丰富的二维碰撞副，用户可以对具有摩擦的二维点 – 曲线、圆 – 曲线、平面 – 曲线、曲线 – 曲线、实体 – 实体等碰撞副自动定义接触力；具有实用的 Parasolid 输入 / 输出功能，可以输入 CAD 中生成的 Parasolid 文件，也可以把单个构件、整个模型，或者在某一指定仿真时刻的模型输出到一个 Parasolid 文件中；具有新型数据库图形显示功能，能够在同一图形窗口内显示模型的拓扑结构，选择某一构件或约束（运动副或力）后显示与此项相关的全部数据；具有快速绘图功能，绘图速度是原版本的 20 倍以上；采用合理的数据库导向器，可以在一次作业中利用一个名称过滤器修改同一名称中多个对象的属性，便于修改某一个数据库对象的名称及说明内容；具有精确的几何定位功能，可以在创建模型的过程中输入对象的坐标、精确地控制对象的位置。它在多种平台上采用统一的用户界面，提供合理的软件文档，支持 Intel Windows NT 平台的快速图形加速卡，确保用户可以利用高性能 OpenGL 图形卡提高软件的性能，命令行可以自动记录各种操作命令，进行自动检查。

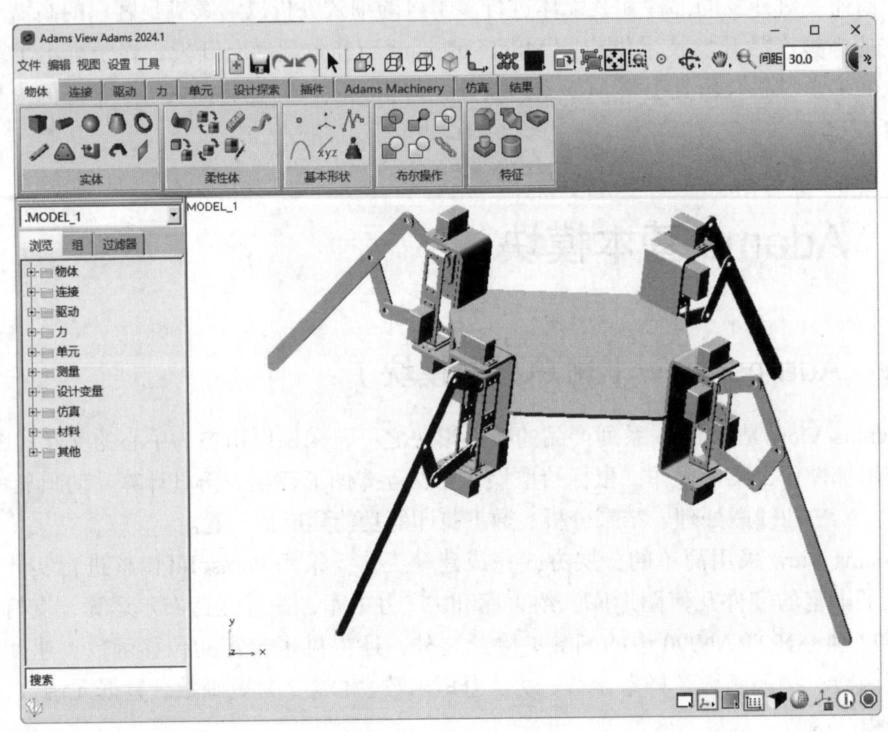

图 2-1 Adams View 模块界面

2.3.2 Adams Solver（求解器模块）

Adams Solver 是 Adams 系列产品的核心模块之一，是 Adams 产品系列中处于核心地位的仿真器。该模块自动形成机械系统模型的动力学方程，提供静力学、运动学和动力学的解算结果。Adams Solver 有各种建模和求解选项，以便精确有效地解决各种工程应用问题。

Adams Solver 可以对刚体和弹性体进行仿真研究。为了进行有限元分析和控制系统研究，用户除要求软件输出位移、速度、加速度和力外，还可要求模块输出用户自己定义的数据。用户可以通过运动副、运动激励、高副接触、用户定义的子程序等添加不同的约束，同时可求解运动副之间的作用力和反作用力，或者施加单点外力。

Adams Solver 2024 中对校正功能进行了改进，使得积分器能够根据模型的复杂程度自动调整参数，仿真计算速度提高了 30%；采用新的 SI2 型积分器（Stabilized Index 2 Intergrator），能够同时求解运动方程组的位移和速度，显著增强了积分器的鲁棒性，提高了复杂系统的解算速度。采用适用于柔性单元（梁、衬套、力场、弹簧−阻尼器）的新算法，可提高 SI2 型积分器的求解精度和鲁棒性；可以将样条数据存储成独立文件使之管理更方

便，并且 spline 语句适用于各种样条数据文件，样条数据文件子程序还支持用户定义的数据格式；具有丰富的约束摩擦特性功能，在 Translational、Revolute、Hooks、Cylindrical、Spherical、Universal 等约束中可定义各种摩擦特性。

Adams View 的运行函数能够表明定义系统行为的仿真状态之间的数学关系。在 Adams View 中将这些运行函数与其他不同元素一同创建各种系统变量，这些函数大多数都以施加力和产生运动为目的。在仿真中进行解算时，Adams Solver 会用到变量函数并进行计算更新，在仿真过程中这些系统状态会发生改变，如随时间的改变而改变、随零件的移动而改变、施加的力以不同方式改变等。Adams View 和 Adams Solver 用到的函数见附录 A。

2.3.3 Adams PostProcessor（后处理模块）

Adams PostProcessor 是 Adams 软件的后处理模块，绘制曲线和仿真动画的功能十分强大，既可在 Adams View 环境中运行，也可脱离环境独立运行，如图 2-2 所示。

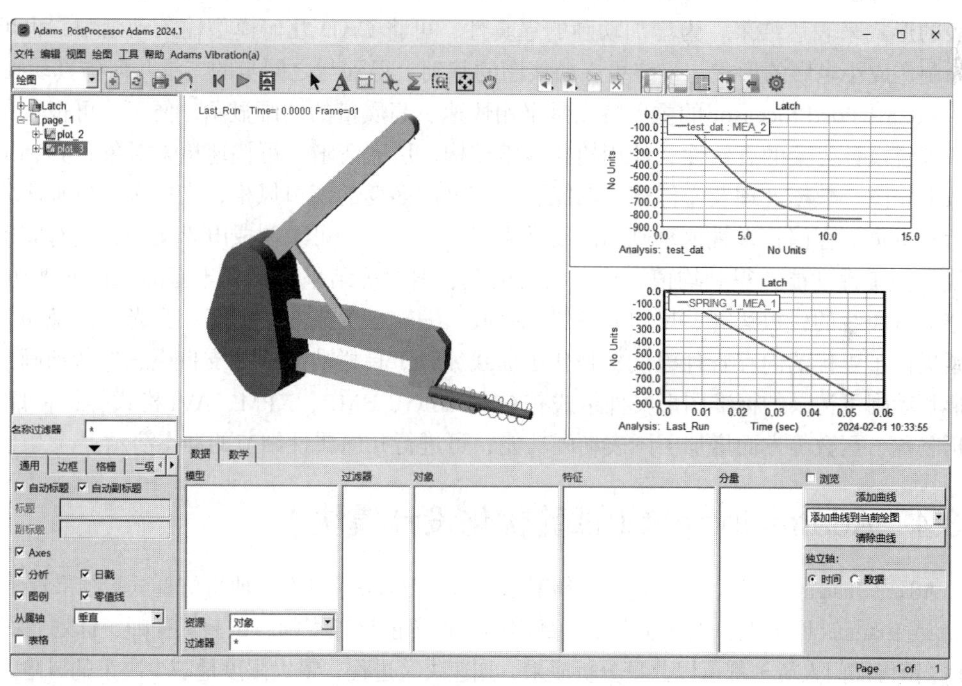

图 2-2 Adams PostProcessor

利用 Adams PostProcessor 可以使用户更清晰地观察其他 Adams 模块（如 Adams View、Adams Car 或 Adams Engine）的仿真结果，也可将所得到的结果转换为动画、表格、HTML 等形式，能够更确切地反映模型的特性，便于用户对仿真计算的结果进行观察和分析。Adams PostProcessor 在模型的整个设计周期中都发挥着重要的作用，其用途有以下 4 个方面。

1. 模型调试

在 Adams PostProcessor 中，用户可选择最佳的观察视角来观察模型的运动，也可向前、向后播放动画，有助于对模型进行调试。还可从模型中分离出单独的柔性部件，以确定模型的变形。

2. 试验验证

如果需要验证模型的有效性，可输入测试数据并以坐标曲线图的形式表达出来，然后将其与 Adams 仿真结果绘于同一坐标曲线图中进行对比，并可以在曲线图上进行数学操作和统计分析。

3. 设计方案改进

在 Adams PostProcessor 中，可在图表上比较两种以上的仿真结果，从中选出合理的设计方案。另外，通过单击鼠标，可更新绘图结果。如果要加速仿真结果的可视化过程，可对模型进行多种变化，也可以进行干涉检验，并生成一份关于每帧动画中构件之间最短距离的报告，帮助改进设计。

4. 结果显示

Adams PostProcessor 可显示运用 ADMAS 进行仿真计算和分析研究的结果。为增强结果图形的可读性，可以改变坐标曲线图的表达方式，或者在图中增加标题和附注，或者以图表的形式来表达结果。为增加动画的逼真性，可将 CAD 几何模型输入动画中，也可将动画制作成小电影的形式，最终可在曲线图的基础上得到与之同步的三维几何仿真动画。

Adams PostProcessor 的主要特点是采用快速、高质量的动画显示，便于从可视化角度深入理解设计方案的有效性；使用树状搜索结构，层次清晰，可快速检索对象；具有丰富的数据作图、数据处理及文件输出功能；具有灵活多变的窗口风格，支持多窗口画面分割显示及多页面存储；多视窗动画与曲线结果同步显示，并可录制成电影文件；具有完备的曲线数据统计功能，得到均值、均方根、极值、斜率等结果；具有丰富的数据处理功能，能够进行曲线的代数运算、反向、偏置、缩放、编辑、生成波特图等；为光滑消隐的柔体动画提供了更优的内存管理模式；强化了曲线编辑工具栏功能；能支持模态形状动画，模态形状动画可记录的标准图形文件格式有 GIF、JPG、BMP、XPM、AVI 格式等；在日期、分析名称、页数等方面增加了图表动画功能；可进行几何属性细节的动态演示。

2.3.4 Adams Insight（试验优化设计模块）

Adams Insight 是基于网页技术的新模块，利用该模块可以方便地将仿真试验结果置于 Intranet 或 Extranet 网页上，以使企业不同部门的人员（设计工程师、试验工程师、计划 / 采购 / 管理 / 销售部门人员）都可以共享分析成果，加速决策进程，最大限度地减少决策的风险。

Adams Insight 提供了对试验结果进行各种专业化统计分析的工具，工程师利用它可以规划和完成一系列仿真试验，从而精确地预测所设计的复杂机械系统在各种工作条件下的性能。Adams Insight 是选装模块，既可在 Adams View、Adams Car、Adams/Pre 环境中运行，也可脱离 Adams 环境单独运行，如图 2-3 所示。工程师在拥有这些工具后，就可以对任何一种仿真进行试验方案设计，精确地预测设计产品的性能，得到高品质的设计方案。

Adams Insight 采用的试验设计方法包括全参数法、部分参数法、对角线法、Box-Behnkn 法、Placket-Bruman 法和 D-Optimal 法等。当采用其他软件设计机械系统时，工程师可以直接输入或通过文件输入系统矩阵对设计方案进行试验设计；可以通过扫描识别影响系统性能的灵敏参数或参数组合；可以采用响应面法（Response Surface Methods）对试

验数据进行数学回归分析，帮助工程师更好地理解产品的性能和系统内部各个零部件之间的相互作用。试验结果采用工程单位制，可以方便地输入其他试验结果进行工程分析。通过网页技术可以将仿真试验结果通过网页进行交流，便于企业各个部门评价和调整机械系统的性能。

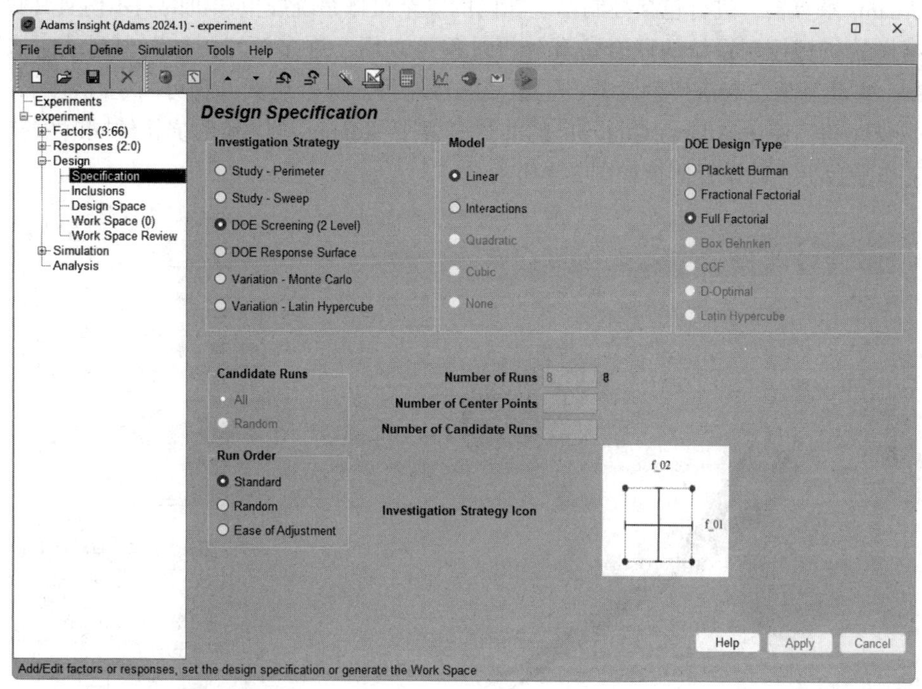

图 2-3　Adams Insight

Adams Insight 能帮助工程师更好地了解产品的性能，能有效地区分关键参数和非关键参数；能根据客户的不同要求提出各种设计方案，以便清晰地观察对产品性能的影响；在产品制造之前，可综合考虑各种制造因素的影响（如公差、装配误差、加工精度等），以提高产品的实用性；能加深对产品技术要求的理解，强化企业各部门之间的合作。应用 Adams Insight，工程师可以将许多不同的设计要求有机地集成为一体，提出最佳的设计方案，并保证试验分析结果具有足够的工程精度。

2.4　Adams 扩展模块

2.4.1　Adams Controls（控制仿真模块）

Adams Controls 是 Adams 软件包中的一个集成可选模块。在 Adams Controls 中，工程师既可以通过简单的继电器、逻辑与非门、阻尼线圈等创建简单的控制机构，也可利用通用控制系统软件（如 MATLAB、MATRIX、EASY5）建立的控制系统框图，创建包括控制系统、液压系统、气动系统和运动机械系统的仿真模型。

在仿真计算过程中，Adams 采取以下两种工作方式。

（1）机械系统采用 Adams 解算器，控制系统采用控制软件解算器，二者通过状态方程进行联系。

（2）利用控制软件书写描述控制系统的控制框图，然后将该控制框图提交给 Adams，应用 Adams 解算器，进行包括控制系统在内的复杂机械系统虚拟样机的同步仿真计算。

这样的机械控制系统的联合仿真分析过程可以用于许多领域，如汽车制动防抱装置（ABS）、主动悬架、起落架助动器、卫星姿态控制等。联合仿真计算可以是线性的，也可以是非线性的。使用 Adams Controls 的前提是需要 Adams 与控制系统软件同时安装在相同的工作平台上，其设置面板如图 2-4 所示。

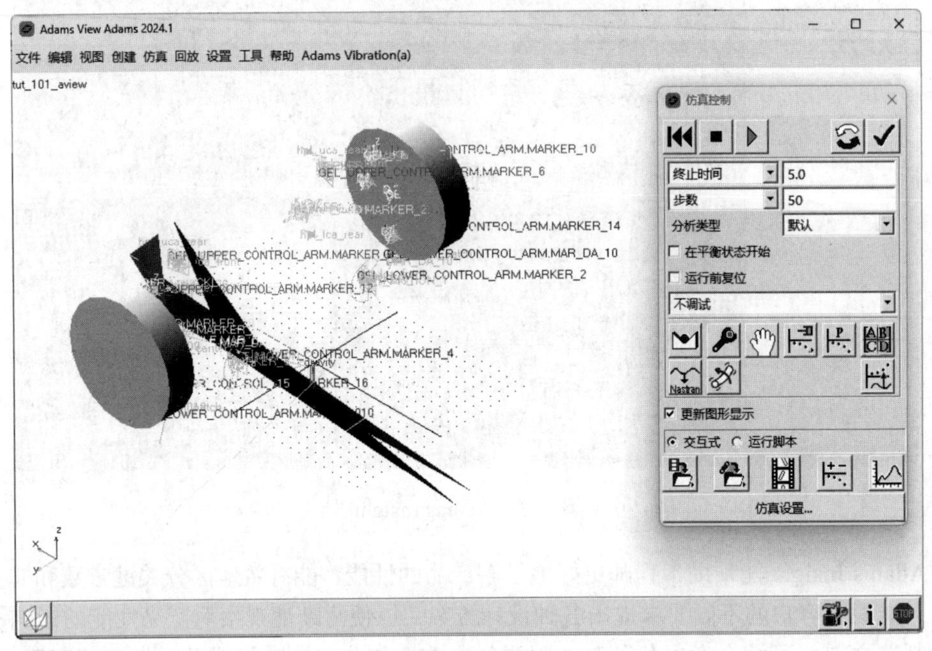

图 2-4　设置面板

2.4.2　Adams Vibration（振动分析模块）

Adams Vibration 是进行频域分析的工具，可用来检测 Adams 模型的受迫振动，如检测汽车虚拟样机在颠簸不平的道路上行驶时的动态响应。所有输入、输出都将在频域内以振动形式描述，该模块可作为 Adams 运动仿真模型从时域向频域转换的桥梁。

通过运用 Adams Vibration 可以实现各种子系统的装配并进行线性振动分析，利用功能强大的后处理模块 Adams PostProcessor 可进一步做出因果分析与设计目标设置分析。

采用 Adams Vibration，可以在模型的不同测试点，进行受迫响应的频域分析。频域分析中可以包含液压、控制、用户系统等结果信息，能够快速准确地将 Adams 线性化模型转入 Adams Vibration 中；能够为振动分析开辟输入、输出通道，定义频域输入函数，产生用户定义的力频谱；能够求解所关注的频带范围的系统模型，评价频率响应函数的幅值大小及相位特征；能够动画演示受迫响应及各模态响应；能够把系统模型中有关受迫振动响

应的信息以数据方式列出；能够把 Adams 模型中的状态矩阵输出到 MATLAB 及 MATRIX 中，以便做进一步的分析；能够运用设计研究、试验设计及振动分析结果和参数化的振动输入数值优化系统综合性能。

运用 Adams Vibration 使工作变得快速简单，运用虚拟检测振动设备可方便地替代实际振动研究中复杂的检测过程，从而避免了实际检测只能在设计后期进行而且费用高昂的弊病，缩短了设计时间，降低了设计成本。Adams Vibration 输出的数据还可被用来研究预测汽车、火车、飞机等机动车辆的噪声对驾驶员及乘客的影响，体现了以人为本的现代设计趋势。

2.4.3　Adams Flex（柔性分析模块）

Adams Flex 是 Adams 软件包中的一个集成可选模块，提供了与 ANSYS、MSC/NASTRAN、ABAQUS、I-DEAS 等软件的接口，可以方便地考虑零部件的弹性特性，创建多体动力学模型，以提高系统仿真的精度，其窗口如图 2-5 所示。Adams Flex 支持有限元软件中的 MNF（模态中性文件）格式。结合 Adams Linear，可以对零部件的模态进行适当地筛选，去除对仿真结果影响极小的模态，并可以人为控制各阶模态的阻尼，进而提高仿真的速度。同时，利用 Adams Flex，还可以方便地向有限元软件输出系统仿真后的载荷谱和位移谱信息，利用有限元软件进行应力、应变及疲劳寿命的评估分析和研究。

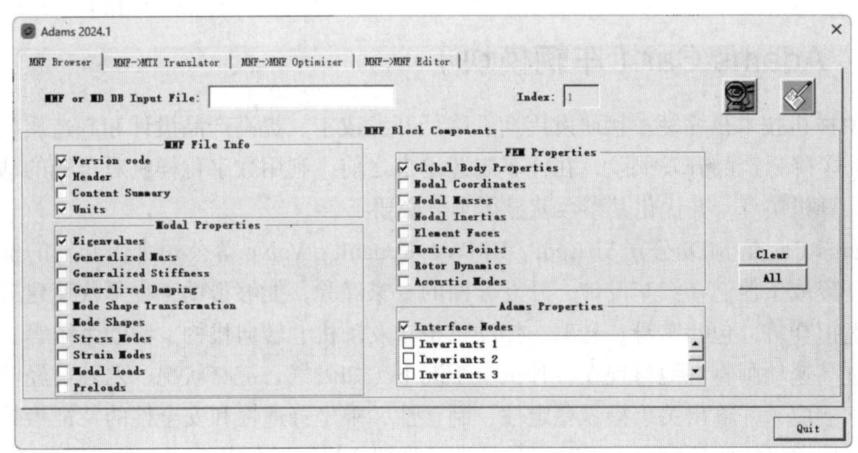

图 2-5　Adams Flex 窗口

2.4.4　Adams Durability（耐久性分析模块）

耐久性试验是产品开发的一个关键步骤，耐久性试验能够解答“机构何时报废或零部件何时失效”这个问题，它对产品零部件性能和整机性能都具有重要影响。MDI 公司已经与 MTS 公司及 nCode 公司合作，共同开发了 Adams Durability，使之成为耐久性试验的完整解决方案。

Adams Durability 按工业标准的耐久性文件格式对时间历程数据接口进行了一次全新的扩展。目前，该模块支持两种时间历程文件格式，即 nSoft 和 MTS 的 RPC3。Adams

Durability 可以把上述文件格式的数据直接输入 Adams 仿真模块中，也可以把 Adams 的仿真分析结果输出到这种文件格式中。

Adams Durability 集成了 VTL（Virtual Test Lab）技术，VTL 工具箱是由 MTS 与 MDI 公司设计并创建的标准机械检测系统，通过 MTS 的 RPC 图形，用户接口可实施检测，并保留检测配置及操作问题，VTL 的检测结果将返回工业标准的 RPC 格式文件中。一旦得到实际检测结果，标准分析应用程序便可以执行预测分析及验证。

nCode 公司的 nSoft 耐久性分析软件可以进行应力寿命、局部应变寿命、裂隙扩展状况、多轴向疲劳及热疲劳特征、振动响应、各种焊接机构强度等分析。Adams Durability 把以上技术集成在一起，从而使虚拟样机检测系统耐久性分析成为现实。

Adams Durability 的主要功能是，可以从 nSoft 的 DAC 及 RPC3 文件中提取时间记载数据，并将其插入 Adams 仿真模块中进行分析；可以把 REQUEST 数据存储在 DAC 及 RPC3 文件中，把 Adams 仿真结果及测量数据输出到 DAC 及 RPC3 文件中；可以查看 DAC 及 RPC3 文件的信息与数据；可以提取 DAC 及 RPC3 文件中的数据并绘图，以此与 Adams 仿真结果相对照。

2.5 Adams 专用领域模块

2.5.1 Adams Car（车辆模块）

虚拟样机技术是缩短车辆研发周期、降低开发成本、提高产品设计和制造质量的重要途径。为了降低产品开发风险，在样车制造出来之前，利用数字化样机对车辆的动力学性能进行计算机仿真，并优化其参数就显得十分必要了。

Adams Car 是 MDI 公司与 Audi、BMW、Renault、Volvo 等公司合作开发的整车设计软件包，集成了他们在汽车设计、开发方面的专家经验，能够帮助工程师快速建造高精度的整车虚拟样机，包括车身、悬架、传动系统、发动机、转向机构、制动系统等。工程师可以通过高速动画直观地再现在各种试验工况下（如天气、道路状况、驾驶员经验）整车的动力学响应，并输出关于操纵稳定性、制动性、乘坐舒适性和安全性的特征参数，从而减少对物理样机的依赖，而仿真时间只是进行物理样机试验的几分之一。

Adams Car 采用的用户化界面是根据汽车工程师的习惯而专门设计的。工程师不必经过任何专业培训，就可以应用该软件开展卓有成效的开发工作。Adams Car 中包括整车动力学模块（Vehicle Dynamics），如图 2-6 所示，还有悬架设计模块（Suspension Design），如图 2-7 所示。其仿真工况包括方向盘角阶跃、斜坡和脉冲输入、蛇行穿越试验、漂移试验、加速试验、制动试验、稳态转向试验等，同时还可以设定试验过程中的节气门开度、变速器档位等条件。

Suspension Design 中包括以特征参数（前束、定位参数、速度）表示的概念式悬架模型。通过这些特征参数，工程师可以快速确定在任意载荷和轮胎条件下的轮心位置和方向。在此基础上，可快速创建包括橡胶衬套等在内的柔体悬架模型。

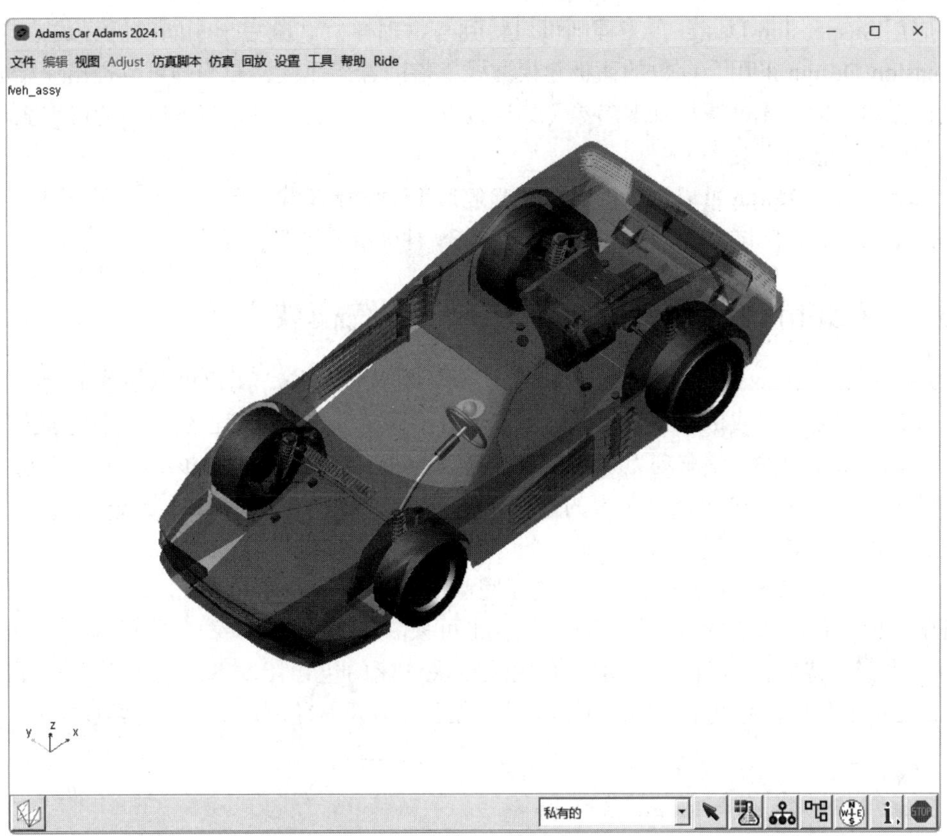

图 2-6 Vehicle Dynamics

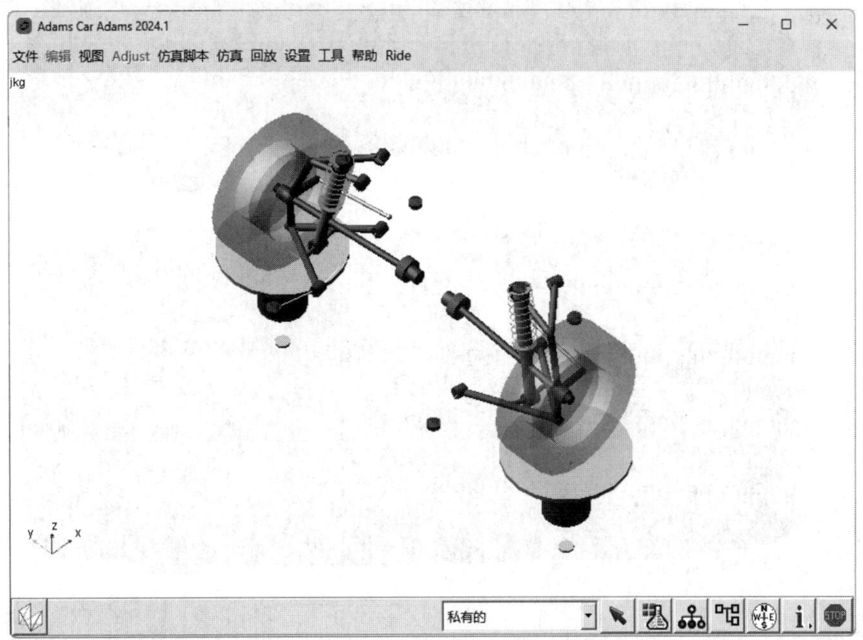

图 2-7 Suspension Design

应用 Suspension Design，工程师可以得到与物理样机试验完全相同的仿真试验结果。Suspension Design 采用全参数的面板建模方式，借助悬架面板，工程师可以提出原始的悬架设计方案，然后通过调整悬架参数（如连接点位置和衬套参数）就可以快速确定满足理想悬架特性的悬架方案。

Suspension Design 可以进行的悬架试验包括单轮激振试验、双轮同向激振试验、双轮反向激振试验、转向试验、静载试验等，输出 39 种标准悬架特征参数。

2.5.2 Adams Driveline（动力传动系统模块）

Adams Driveline 是 Adams 推出的全新模块，利用此模块，用户可以快速地创建、测试具有完整传动系统或传动系统部件的数字化虚拟样机，也可以把创建的数字化虚拟样机加入 Adams Car 中进行整车动力学性能的研究。Adams Driveline 从 Adams Car 中继承了关键的特征，如模板、参数及可扩展的仿真环境，与 Adams Car 和 Adams Engine 一起构成完整的车辆仿真工具。

使用 Adams Driveline，可以快速创建完整的、参数化的传动系统，研究扭矩的传递及分配，模拟传动系统的装配及振动分析，也可预测部件的疲劳寿命，获得 NVH（振动、噪声、冲击）特性，如图 2-8 所示。利用该模块创建的包含传动系统的虚拟样机可加入 Adams Car 中分析研究整车（如前轮驱动、后轮驱动以及全轮驱动）的动力学性能。

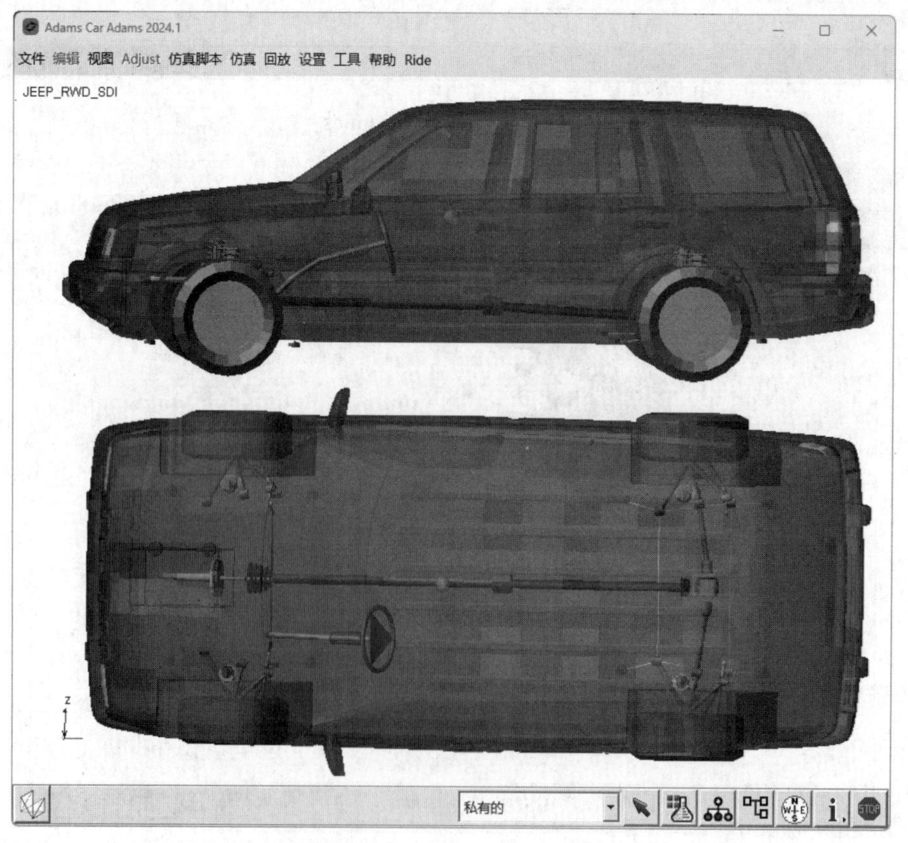

图 2-8 Adams Driveline

建立模型

本章将详细讲解 Adams View 的启动及界面，然后介绍 Adams View 的几何建模过程。通过学习几何建模工具，熟悉如何建构几何体、实体几何体、复杂几何图形、柔性梁等，以及如何修改几何体及构件特性。最后结合一个实例操作达到学以致用的目的。

☑ Adams View 命令操作　　☑ 几何建模

任务驱动和项目案例

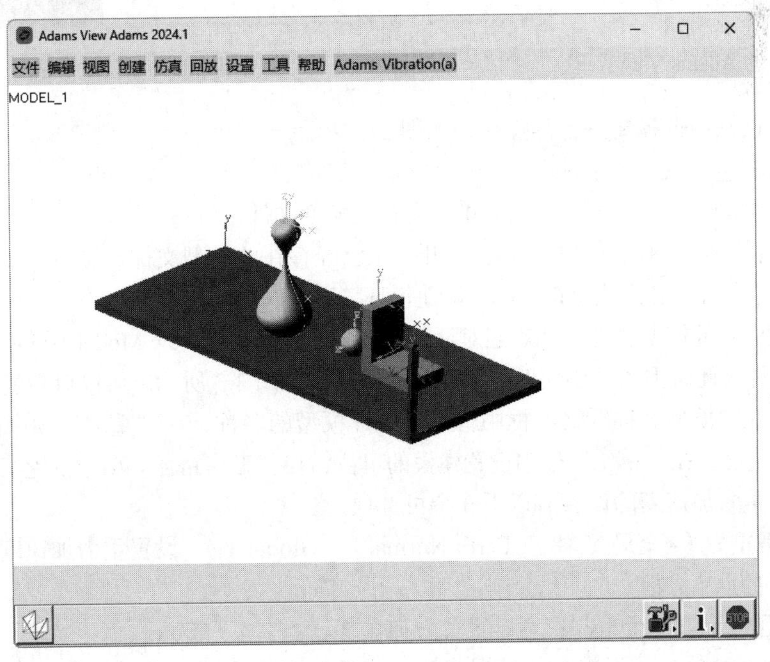

3.1 Adams View 命令操作

3.1.1 启动 Adams View

启动 Adams View 有如下两种方式。

（1）Windows“开始”菜单启动。选择“开始”→“所有应用”→ Adams 2024.1 → Adams View 命令，如图 3-1 所示。

（2）双击桌面上的快捷方式 Adams View 2024。Adams View 启动之后会出现“欢迎使用 Adams...”对话框，如图 3-2 所示。

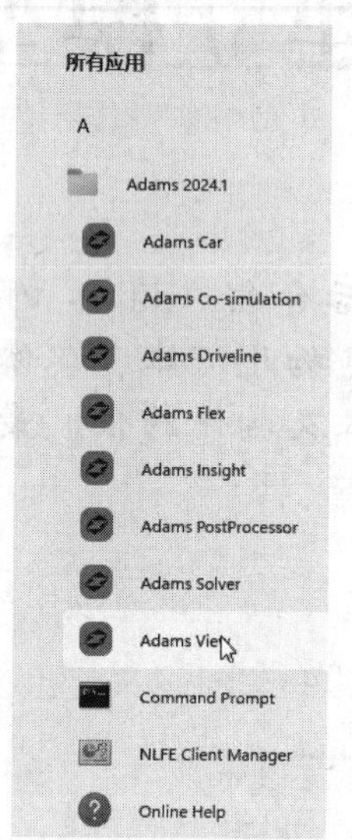

图 3-1 启动 Adams View

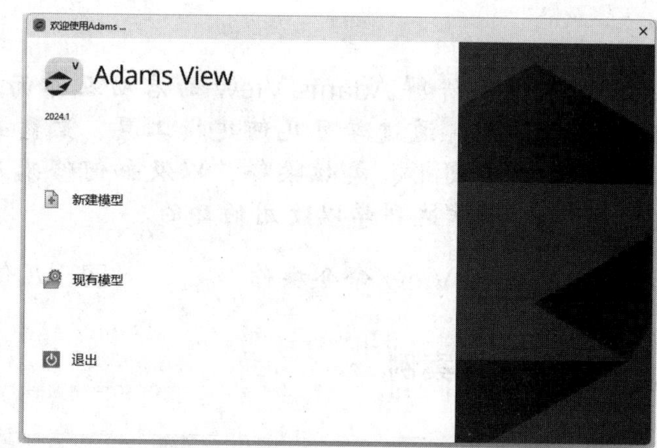

图 3-2 “欢迎使用 Adams...”对话框

在该对话框中选择要进行的操作，如图 3-2 所示。

该对话框包括以下 3 个选项。

☑ 新建模型（New Model）：创建一个新的模型文件。

☑ 现有模型（Existing Model）：打开一个已经存在的模型文件。

☑ 退出（Exit）：退出 Adams View 建模环境。

（1）建立新的模型文件。在欢迎对话框中选择新建模型（New Model）选项，创建一个新的模型文件。此时弹出“创建新的模型”对话框，如图 3-3 所示。可以对新建的模型环境进行设置，在“模型名称”文本框中输入新创建模型的名称，在“重力”项中设置建模环境的重力加速度，在“单位”项中设置建模的单位，在“工作路径”项中设置工作目录。

其中，重力加速度的设置有以下 3 个可选项。

☑ 正常重力（- 全局 Y 轴）（Earth Normal）（-Global Y）：设置重力加速度大小为 1g，方向为 -Y 方向。

☑ 无重力（No Gravity）：不设置重力加速度。

☑ 其他（Other）：根据具体情况自定义设置重力加速度。此时，单击“创建新的模

型”对话框中的“确定”按钮后，将显示“设置重力加速度”对话框。

Adams 为建模的单位设置提供了 4 种常用的预定。

☑ MMKS：毫米、千克、秒。

☑ MKS：米、千克、秒。

☑ CGS：厘米、克、秒。

☑ IPS：英寸、磅、秒。

在工作目录指定区按▭按钮可选择工作目录，以后所有操作都将默认为在此指定工作目录下进行。

如果不对上述各选项进行设置，Adams View 将使用默认的模型名称、默认加速度和单位设置。

（2）打开一个已经存在的模型文件。在“欢迎使用 Adams...”对话框中选择“现有模型”选项，弹出“打开存在的模型”对话框，可以打开一个已经存在的模型文件，如图 3-4 所示。

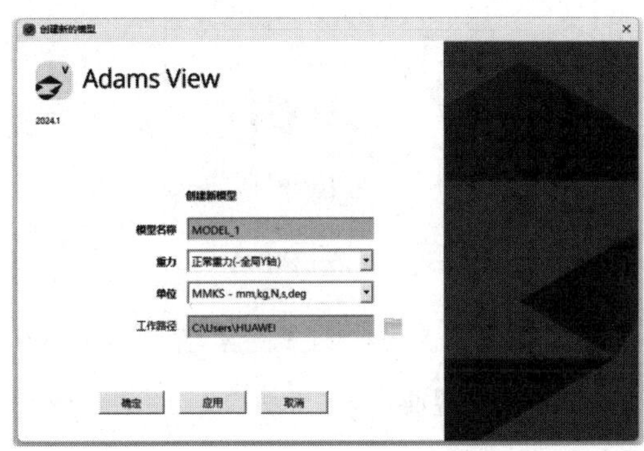

图 3-3 “创建新的模型”对话框

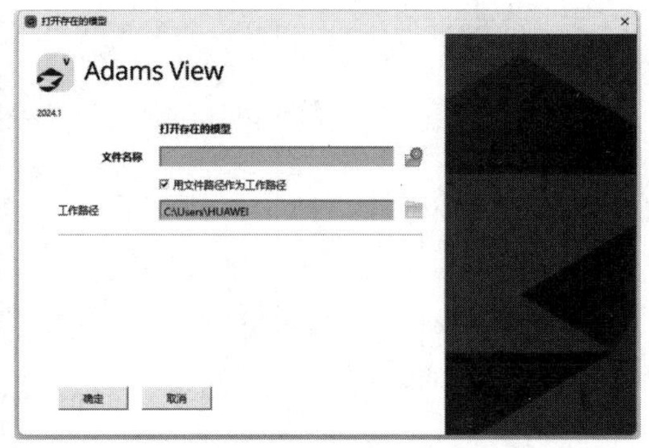

图 3-4 “打开存在的模型”对话框

单击⚙按钮显示模型文件浏览对话框，如图 3-5 所示。选择要打开的模型文件，Adams View 将自动加载该模型及其相关的设置。

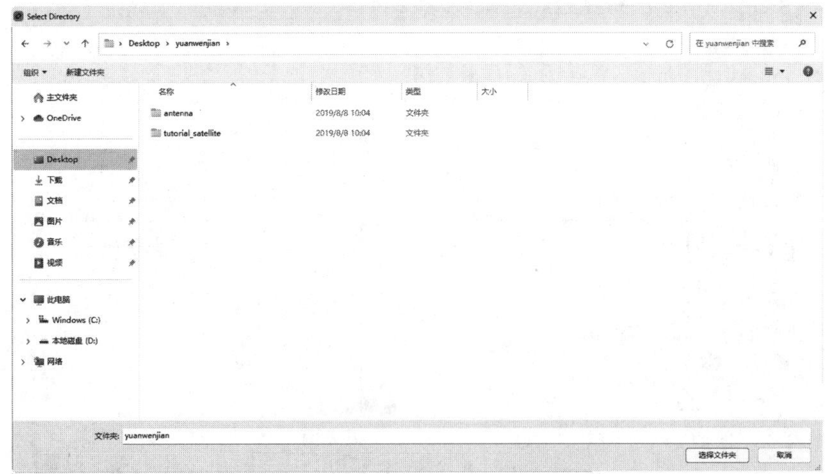

图 3-5 模型文件浏览对话框

3.1.2 Adams View 界面

Adams View 启动后，“欢迎使用 Adams...”对话框将关闭，进入 Adams View 主窗口的默认界面，如图 3-6 所示。

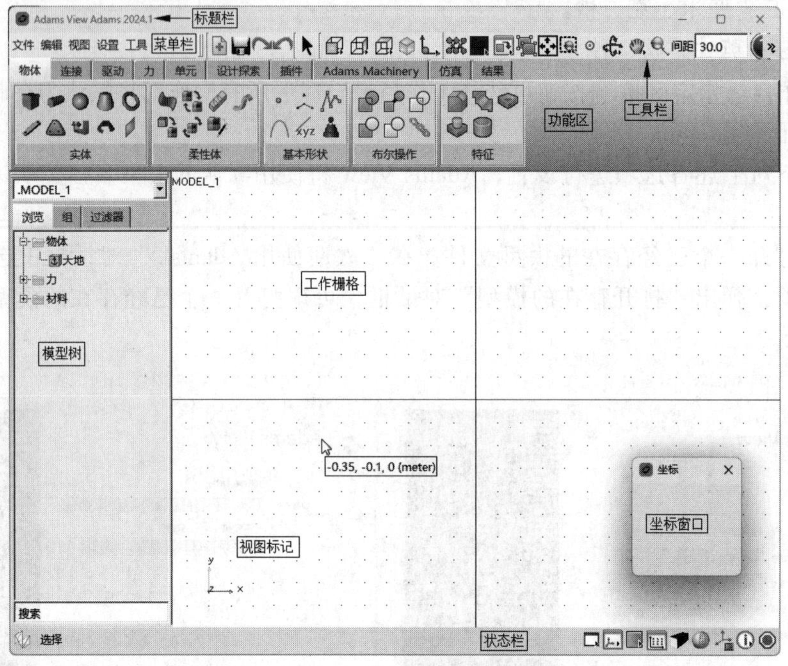

图 3-6 Adams View 主窗口的默认界面

在菜单栏中选择设置→界面风格→经典命令，可以将主窗口界面切换为经典界面，如图 3-7 所示。在经典界面操作要比默认界面简单便捷，以后的讲解将以经典界面为主。

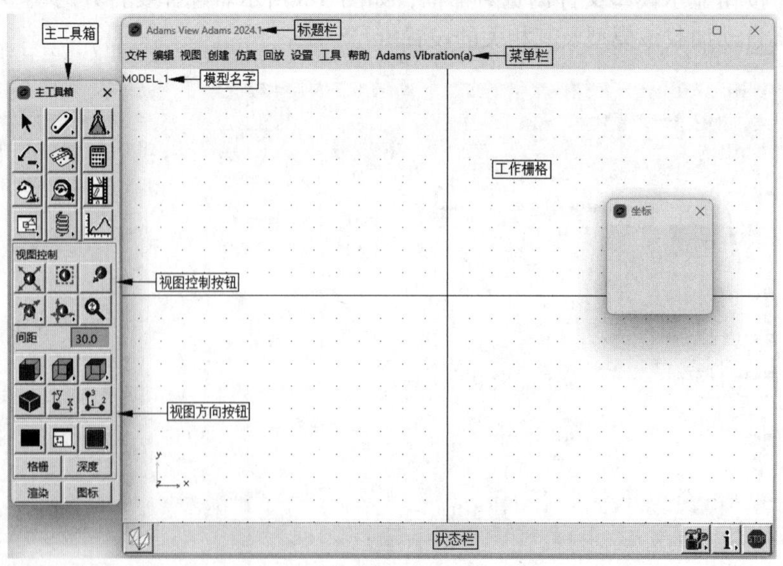

图 3-7 主窗口经典界面

可以用设置菜单中的命令对操作界面进行设置，设置完成后选择设置→保存设置命令，对设置后的界面进行保存。Adams View 界面内容介绍如下。

（1）标题栏：显示 Adams 的功能模块名字及版本信息。

（2）菜单栏：Adams View 的菜单栏采用了 Windows 菜单栏的风格，包括了 Adams View 的所有主菜单名称，每个主菜单都有下拉菜单，其下拉菜单中包括了相应的子菜单和操作命令，将鼠标移动到相应的菜单上就会自动显示其下一级子菜单。菜单栏几乎包括了 Adams View 的所有命令，如编辑、视图、建模、仿真分析、回放仿真分析结果、各种设置、各种工具、帮助等。

子菜单会根据不同的功能分成几组，组与组之间用线分开，每个菜单命令一般由两部分组成：一是命令名称，二是相应命令的快捷键。可以通过选择菜单命令来执行命令，也可以通过快捷键来执行。部分常用命令的快捷键如表 3-1 所示。

表 3-1　部分常用命令的快捷键

快捷键	功能说明	快捷键	功能说明
Ctrl+N	创建一个新的数据库	Ctrl+X	删除对象
Ctrl+O	打开一个已经存在数据库	Ctrl+V	粘贴对象
Ctrl+S	保存当前数据库	F1	显示帮助窗口
Ctrl+P	打印	F3	显示命令窗口
Ctrl+Q	退出 Adams View	F4	显示坐标窗口
Ctrl+Z	放弃最后一步操作	F8	进入后处理
Ctrl+E	修改对象	g	工作栅格的显示切换
Ctrl+C	复制对象	f	显示整个样机的视图

（3）主工具箱：Adams View 的主工具箱中包含了各种常用命令的快捷图标，如图 3-8 所示。主工具箱分成两大部分，第一部分为上部的 12 个图标——几何建模图标、添加约束图标、施加载荷图标、设置对象颜色图标、设置视图方向图标、仿真分析图标、动画播放图标、绘制曲线图快捷图标等。剩下的为第二部分，这部分随当前所处的选项不同而不同，例如，当选中上部的选择图标时，下部将显示为视图控制图标。当选中其他图标时，则为相应命令图标的参数设置栏。在这些图标中，有的图标的右下角有一个小三角标志，表示这是一个命令集，还包含子图标。将鼠标移到这种图标上，右击，会弹出该图标包含的所有子图标。在相应的子图标上单击，即可以选定该子图标，进行相应命令的执行，如果双击，则可以重复执行该命令。

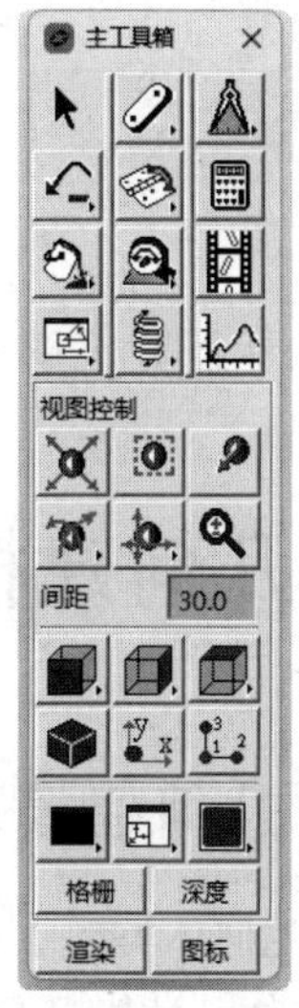

图 3-8　主工具箱

主工具箱上部的 12 个图标所代表的功能说明如表 3-2 所示。

表 3-2 主工具箱上部的 12 个图标代表的功能说明

图　标	功能说明	图　标	功能说明
	选择命令		添加运动命令集
	取消或再做一次命令集		添加力命令集
	颜色设置命令集		测量距离和角度命令集
	旋转和移动命令集		仿真分析命令
	几何建模命令集		仿真结果回放命令
	添加约束命令集		调用后处理模块命令

（4）工作栅格⊖：在工作屏幕区可以设置显示工作栅格，以利于建模，也可以设置不显示。工作栅格的形状和栅格点之间的距离也可以进行设置。在菜单栏中选择设置→工作栅格命令，弹出“工作栅格设置”对话框，如图 3-9 所示。

（5）状态栏：显示操作过程中的各种信息和提示。

（6）坐标窗口：按 F4 键可以显示坐标窗口，显示当前光标所在位置处的三维坐标值，如图 3-10 所示。

（7）视图标记：通常在工作屏幕区的左下方，如图 3-11 所示。可以显示一个表示当前系统的地面坐标系方向的三维坐标。若要调整视图方向，可以通过单击视图工具箱中的视图按钮，如图 3-12 所示。

选择视图→工具栏命令，显示“工具设置”对话框，可以设置打开或关闭主工具箱、标准工具栏和状态工具栏，如图 3-13 所示。

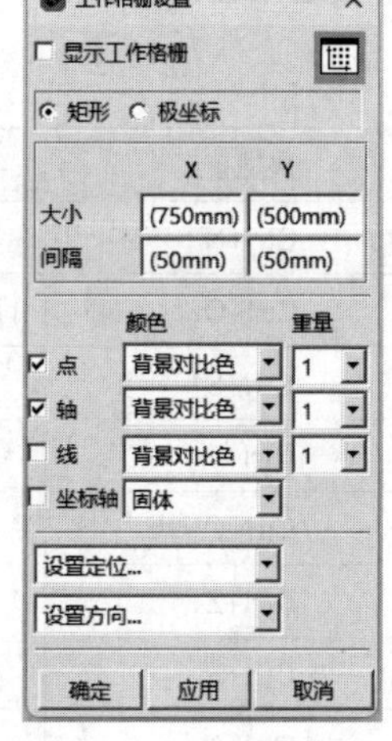

图 3-9 “工作栅格设置”对话框

图 3-10 坐标窗口

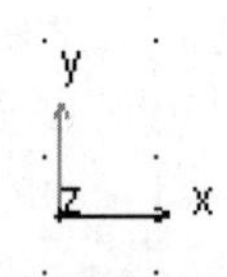

图 3-11 视图标记

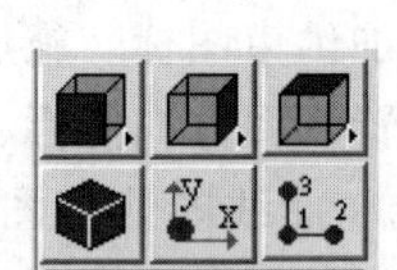

图 3-12 视图工具箱

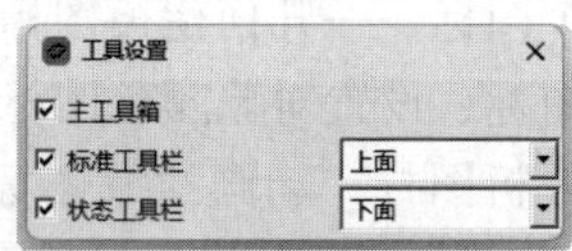

图 3-13 “工具设置”对话框

3.2 几何建模

3.2.1 几何建模基础知识

（1）几何体类型。Adams View 提供了以下四种类型的零件。

☑ 刚体。这类几何体具有质量特性和转动惯量特性。其几何形状在任何时候都不会

⊖ 标准术语为栅格，Adams 2024 中为格栅，因此图中的格栅均指栅格。

发生改变。它们是 Adams View 中最常用的一类几何体，默认创建的几何体都为刚体。刚体可以相对于其他零件运动，且可以作为测量其他零件的速度和加速度的参考。

☑ 柔体。这类几何体也具有质量特性和转动惯量特性，它们在受力的情况下会发生弯曲。在 Adams View 中，可以创建离散的柔性连杆，从而获得柔体。要获得更多的柔体功能，可以购买 Adams 的柔性模块 Adams Flex。

☑ 点质量。这类几何体只具有质量特性，因为不具有几何外形，所以没有转动惯量特性。

☑ 大地。这类几何体没有质量和速度，并且其自由度为零。大地是模型中唯一在任何时候都静止的零件。在创建模型时，Adams View 会自动创建一个大地零件。大地零件定义了地面坐标系的位置，在默认状态下，大地是所有几何体的速度和加速度的惯性参考坐标，还可以定义一个新的大地或指定已经存在的几何体为大地。如果建立了一个模型，而这个模型只是实际系统中的一个小子系统，那么这个功能就变得非常有用。例如，想建立一个车门把手模型，这时就可以将门作为大地零件建立一个简单模型。如果想扩展模型，使门可以在车上旋转，就必须指定一个新的几何体来代表车体作为大地，并且把原来的大地用一个转动副连接到车体上。

（2）几何体坐标系。当新创建几何体时，Adams View 会为它们分配一个坐标系，即几何体的局部坐标系。在仿真过程中，局部坐标系会随着几何体的运动而运动，零件的尺寸和形状相对于该局部坐标系静止不变。

零件局部坐标在地面坐标系中的位置和方向，确定了几何体所在的位置和方向。

（3）几何体的自由度。创建的每个刚体都可以在它的所有自由度移动或转动，点质量可以在 3 个自由度上移动。可以通过以下方法来约束几何体的运动。

☑ 把几何体加到大地上：这意味着几何体和大地固结在一起，在任何方向都不能运动。

☑ 给几何体加约束：如加铰链，铰链定义了几何体之间的连接方式以及它们之间的相对运动方式。

（4）几何体的命名。创建几何体时，Adams View 会根据它的类型和模型中同类几何体的数量而自动为几何体取一个名称。例如，当创建第一个点质量时，Adams View 命名它为 POINT_1，创建第二个点质量时，命名为 POINT_2。

除点和坐标标记点外的各种形状的刚体，Adams View 都用 PART 来命名，并且始终将 Adams View 自动创建的大地作为第一个构件，因此创建的构件都是从 PART_2 开始命名的。例如，先创建了一个球体，Adams View 用 PART_2 命名它，接着又创建了一个圆柱体时，Adams View 用 PART_3 命名，依此类推。

可以根据需要，对零件和几何体重新命名。

（5）鼠标的应用。鼠标是最常用的程序操作工具，Adams View 的鼠标应用有两种方式，分别为鼠标左键和鼠标右键。

Adams View 使用鼠标左键选择样机模型中的各种对象，选择菜单栏中的命令和对话框中的有关命令。

在 Adams View 中，鼠标右键是非常有用的，在不同的地方单击鼠标右键有不同的作用。使用鼠标右键的主要场合如下：

☑ 显示建模过程中屏幕上的各种对象弹出式菜单，如构件、标记、约束、运动和力等。

☑ 在各种输入对话框中的参数文本输入栏，显示输入参数的弹出式菜单。

☑ 在后处理过程中，显示曲线图中各种对象的弹出式菜单，如曲线、标题、坐标、符号标记等。

☑ 主工具箱等有工具图标集的场合，显示其二级图标。

打开弹出式菜单或工具集以后，按住鼠标右键，拖动鼠标至有关命令项，可以打开下一层弹出式菜单或选择命令。

3.2.2 建模前的准备工作

（1）工作栅格的设置。工作栅格是非常有用的建模辅助工具。Adams View 启动之后，程序会默认显示一个工作栅格平面，在建模、移动和修改模型零件时，程序会自动捕捉到栅格点上。栅格的设置方法如下。

❶ 在菜单栏中选择设置→工作栅格命令，打开“工作栅格设置”对话框，如图 3-14 所示。说明如下。

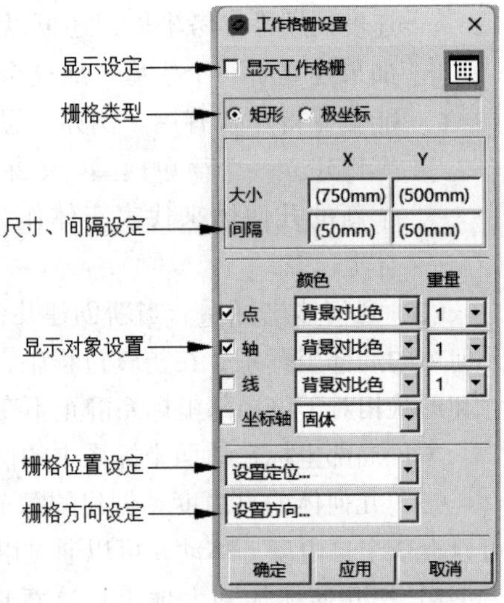

显示设定区：设置是否显示栅格。选中显示工作栅格复选框，则显示栅格，否则不显示。

栅格类型区：设置栅格形状，有矩形和极坐标形式。

尺寸、间隔设定区：设置栅格的大小和栅格点间距。大小设定栅格的尺寸，间隔设定栅格点之间的距离。当栅格形状为矩形时，大小设定栅格在 X、Y 方向的尺寸，间隔设定栅格点之间在 X、Y 方向的间隔。

图 3-14 “工作栅格设置”对话框

显示对象设置区：选择显示对象及其颜色和重量。

☑ 点：设置栅格点的显示及其颜色和大小。

☑ 轴：设置栅格轴的显示及其颜色和轴线的线宽。

☑ 线：设置栅格以网格形式显示，及其网格线的颜色和网格线的线宽。

☑ 坐标轴：设置是否在工作栅格中心设置坐标图标。

栅格位置设定区：设定工作栅格中心所在的位置，可以定义在全局坐标的原点，也可以选择放置的位置。

栅格方向设定区：设置工作栅格平面的方向。可以设定为全局坐标的 3 个坐标面，也可以通过选择两个轴来定义栅格平面的方向或通过定义几个通过工作栅格平面的点的方法来定义栅格平面的方向。

❷ 单击“确定”按钮，应用设置并关闭工作栅格设置对话框；单击“应用”按钮，应用设置但不关闭工作栅格设置对话框。

（2）坐标系设置。Adams View 提供了三种坐标系：笛卡儿坐标系、圆柱坐标系和球坐标系。在默认情况下，Adams View 采用笛卡儿坐标系作为地面坐标系。为了建模的方便，可以根据需要设置地面坐标系的形式。

在菜单栏中选择设置→坐标系命令，打开“坐标系系统设置”对话框，如图 3-15 所示。

☑ 位置坐标系：选择要使用的坐标系类型，包括笛卡儿坐标系、圆柱坐标系和球坐标系。

☑ 旋转顺序区：设置绕坐标轴旋转的先后顺序。Adams View 用 1、2、3 分别表示 x、y、z 轴，定义对象的旋转，除了需要定义绕坐标轴旋转的 3 个方向角之外，还要指出绕坐标轴旋转的先后顺序。例如，旋转顺序 313 表示，首先绕 z 轴旋转，然后绕 x 轴旋转，最后再绕 z 轴旋转。Adams View 提供了 24 种不同的旋转顺序序列供选择。默认状态下，Adams View 采用 313 旋转顺序序列。

☑ 方向坐标类型区：设置方向坐标的类型。有两种类型的方向坐标：一种是定位于构件的旋转（物体固定）；另一种是定位于空间的旋转（空间固定）。各项设置完后单击“确定”或“应用”按钮完成坐标系的设置。

（3）单位设置。建模前要对模型所使用的单位进行设置，Adams View 中单位的设置可以在 Adams View 启动时的“欢迎使用 Adams...”对话框中进行设置，还可以进入 Adams View 的主窗口后进行设置，设置方法如下。

❶ 在菜单栏中选择设置→单位命令，打开“单位设置”对话框，如图 3-16 所示。从图中可以看出 Adams View 有长度、质量、力、时间、角和频率 6 个基本度量单位。

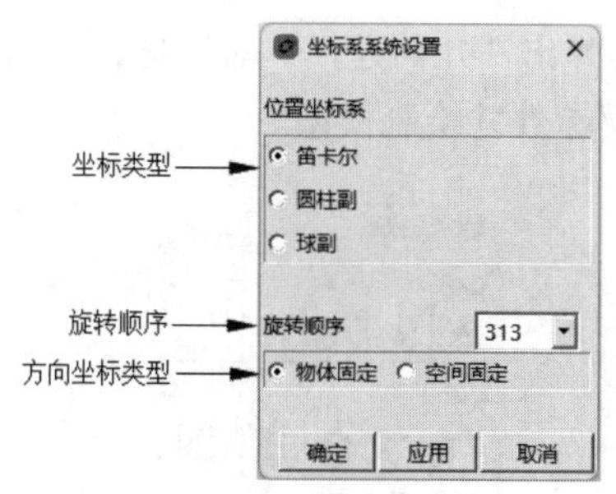

图 3-15 “坐标系系统设置”对话框

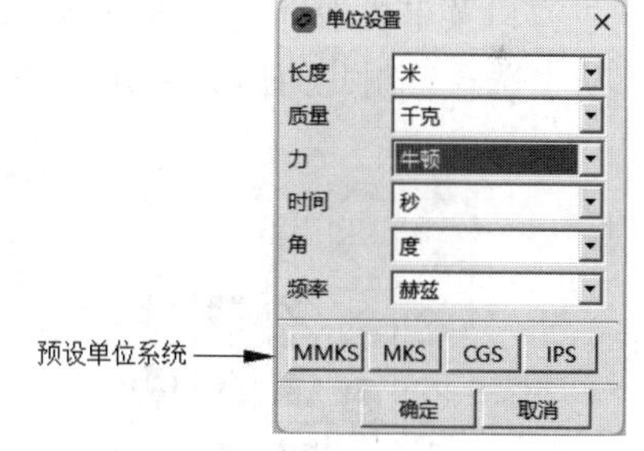

图 3-16 “单位设置”对话框

❷ 在“单位设置”对话框中，Adams View 预设了 4 个单位系统，如果要采用这 4 个预设的单位系统中的任何一个，单击相应的按钮即可。如果这些预设的单位系统不满足要求，可以在每个度量单位的单位选择栏中直接选择要使用的单位，定义自己的单位系统。预设单位系统如表 3-3 所示。

表 3-3 预设单位系统

单位系统	长度单位	质量单位	力单位	时间单位	角度单位	频率单位
MMKS	mm（毫米）	kg（千克）	N（牛顿）	s（秒）	°（度）	Hz（赫兹）
MKS	m（米）	kg（千克）	N（牛顿）	s（秒）	°（度）	Hz（赫兹）
CGS	cm（厘米）	g（克）	dyn（达因）	s（秒）	°（度）	Hz（赫兹）
IPS	in（英寸）	lb（磅）	lbf（磅力）	s（秒）	°（度）	Hz（赫兹）

3.2.3 几何建模工具

Adams View 提供了非常丰富的基本几何建模工具，调用几何建模工具有两种方法：在主工具箱上单击几何建模工具图标，或通过菜单栏选择几何建模工具命令。

1. 利用几何建模工具图标建模

（1）在主工具箱中，用鼠标右击几何建模工具集图标，展开如图 3-17a 所示的所有几何建模工具图标。

（2）在几何建模工具集中用鼠标单击相应的图标，或按住鼠标右键不放，将鼠标移动到所要选择的建模图标上，然后释放鼠标右键，即可选中相应的建模工具。

（3）此时，主工具箱下部显示内容发生变化，显示与所选建模工具相对应的基本参数设置选项，可以通过设置这些基本参数来控制创建的几何体。例如，图 3-17b 中为选中连杆建模工具时，主工具箱的下部显示与创建连杆相关的参数设置项——连杆的长度、宽度和深度。设置好这些参数后，Adams View 就会按照设定的尺寸来创建连杆，而忽略鼠标拖动的作用。

（4）如果希望显示更为详细的浮动建模工具和基本参数设置对话框，可以单击几何建模工具集中的图标。

（5）按照 Adams View 主窗口中状态栏的提示，绘制几何图形。

启动 Adams View 后，主工具箱中几何建模按钮图标的默认值为连杆工具图标。以后自动保持上一次所用的建模工具图标。如果选用主工具箱中的默认图标，可以直接在默认图标上单击完成选取。

2. 通过菜单命令建模

在主窗口菜单栏中选择创建→物体 / 形状命令，弹出“几何建模”对话框，如图 3-17c 所示。从中选择绘制几何体的工具，再选择输入建模参数并绘制模型。

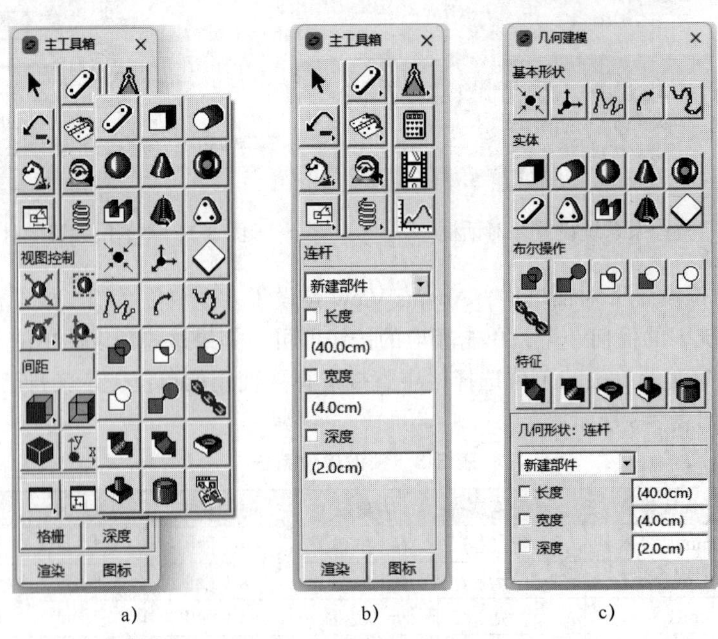

图 3-17　几何建模工具

3.2.4　创建基本几何体

Adams View 中基本几何形状包括：点、标记点、直线和多段线、圆弧和圆、样条曲线。这些几何体没有质量，主要用于定义其他几何形状和几何体。其中点和标记点是最常用的几何建模辅助工具。

1. 创建关键点

几何建模时，通过预先设置的若干三维空间关键点，可以确定不同构件的连接点和位置。此外，对点坐标进行参数化是进行参数化仿真分析的基础。

关键点不能定义方向，只能定义位置。当创建关键点时，可以将它建在大地上或其他零件上。此外还可以指定是否将关键点附近的其他零件放到这个关键点上。如果其他零件放到关键点上，这些零件的位置就由这个关键点的位置决定。当改变这个关键点的位置时，所有加到这个关键点上的零件的位置都会随之改变。

创建关键点的步骤如下：

（1）从主工具箱中的几何建模工具集中，单击点图标。

（2）在主工具箱下方出现设置关键点选项，如图 3-18 所示。

☑ 选择关键点是添加到地面，还是添加到现有部件。

☑ 选择是否要将附近的对象同关键点关联，不能附着参数表示不关联，邻近附着参数表示关联。

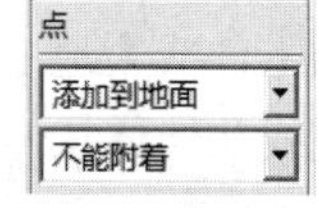

图 3-18　设置关键点

（3）如果选择了将关键点放置到另一个零件上，此时状态栏显示选择物体，则选择要放置点的零件。

（4）根据状态栏提示，在希望放置的位置单击，完成关键点的创建。

提示：

☑ 不能将零件的质心标记点加到关键点上。如果将质心标记点加到关键点上，Adams View 会时刻计算零件的质心位置，除非事先定义好了零件的质量特性。

☑ 如果想将关键点放置在另一个零件的位置上，可以在那个零件附近右击，Adams View 会显示鼠标附近零件的列表，选择想放置关键点的零件。

☑ 如果想指定精确的坐标，离开零件，右击，此时会弹出一个设置关键点位置的对话框。

2. 创建坐标标记点

可以通过创建坐标标记点的方式建立局部坐标系。标记点具有位置和方向。Adams View 会在所有实体的质心和决定实体空间位置的地方自动创建标记点。例如，一个连杆有 3 个标记点，两个位于连杆的端点，一个位于它的质心。当为零件施加约束时，如在零件间加铰链，Adams View 也会自动创建标记点。要通过指定标记点的位置和方向来创建标记点。可以使标记点的方向与全局坐标系、当前视图坐标系或自定义的坐标系对齐。

创建标记点的步骤如下：

（1）在主工具箱中的几何建模工具集中，单击标记点图标。

（2）在主工具箱下方出现设置标记点选项，如图 3-19 所示。

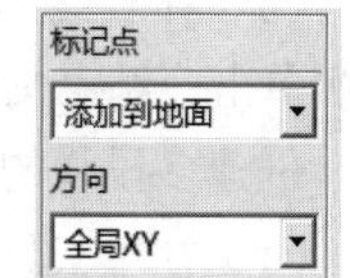

图 3-19　设置标记点

☑ 选择关键点是添加到地面，还是添加到现有部件。

☑ 定义标记点方向的方法。从方向选项中选择一种定义方向的方法。

（3）如果选择了将标记点放置到一个零件上，则选择那个零件。

（4）将鼠标移到希望的位置单击。

（5）如果想利用除全局坐标系或视图坐标系之外的参数来定义标记点的方向，则选择标记点坐标轴所应对齐的方向，每个坐标轴都要指定对齐的方向。

3. 创建直线和多段线

可以创建一段直线或多段线。多段线可以是开口的，也可以是封闭的（多边形），如图 3-20 所示为在 Adams View 中创建的直线、开口多段线和封闭多段线。在创建直线或多段线之前，可以指定直线或多段线中每段线段的长度，这样就可以更快地创建确定尺寸的直线和多段线。创建直线时，可以设定直线的倾角，这个倾角为直线与全局坐标或工作栅格的 x 轴所成的角度。

创建直线几何体时，可以创建由直线组成的新零件或将直线几何体放置到一个已经存在的零件或大地上。当创建一个新零件时，由于新零件由直线组成，故没有质量，也可以将直线几何体拉伸成具有质量的几何实体。

Adams View 在创建的几何体的每段线段的端点设置了热点。可以通过拖动这些热点，方便地改变几何体的形状。如果创建的为一个封闭的多段线图形，无论如何拖动热点，图形仍保持为封闭。

创建直线的步骤如下：

（1）在主工具箱中的几何建模工具集中，单击多段线图标。

（2）在工具箱下方出现设置多段线选项，如图 3-21 所示。

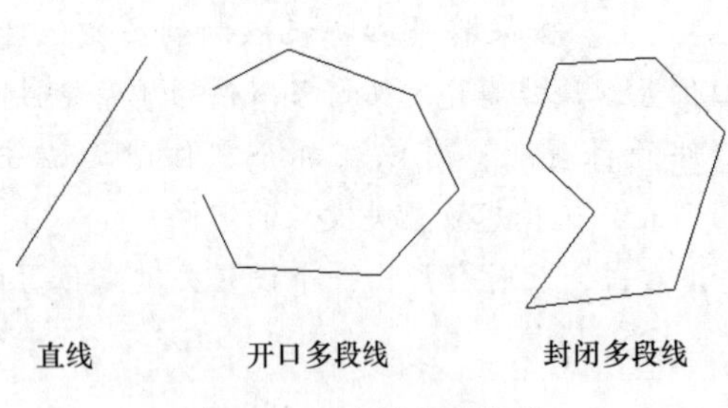

图 3-20　直线和多段线

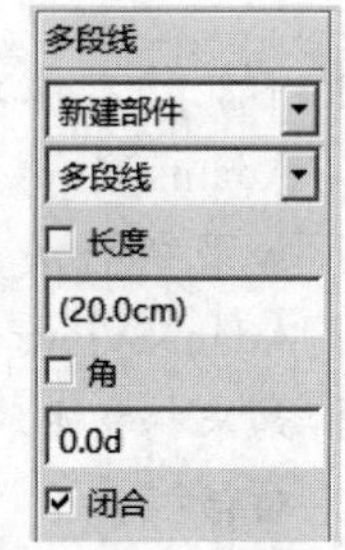

图 3-21　设置多段线

☑ 选择创建一个由直线几何体组成的新建部件、将几何体放置在地面上或者添加到现有部件。

☑ 设置直线类型为直线，同时可以设置直线的长度和角。

（3）在直线的起点处单击，在希望的方向移动鼠标，当直线的长度和角满足要求时，再次单击，结束画线。

创建多段线的步骤如下：

（1）在主工具箱中的几何建模工具集中，单击多段线图标。

（2）在设置多段线选项中，选择创建一个由多段线几何体组成的新建部件、将几何体放置在地面上或者添加到现有部件。设置直线类型为多段线，同时可以设置每段线段的

长度。

（3）在多段线的起点处单击，拖动鼠标，选择线段的端点，完成第一段线段的创建。如要继续画线段，可以再拖动，再选择线段端点，重复动作可以创建多段线段。

（4）要结束多段线的创建，可以右击选择退出。如果设定了创建封闭多段线，Adams View 会自动在第一点和最后一点创建一段线段使图形封闭。

提示：

☑ 右击不会创建新的点。

☑ 可以单击最后创建的线段的终点来删除这段线段。按照与创建时相反的顺序单击线段的端点可以将各线段删除。

4. 创建圆弧和圆

可以建立以某个位置为圆心的圆弧和圆。创建圆弧时，要指定圆弧的起始角和终止角、圆心位置、圆弧半径和 x 轴的方向。Adams View 以指定的 x 轴按逆时针方向所成的角来确定圆弧的起始角和终止角。

创建圆弧或圆形几何体时，可以创建由它组成的新零件或将几何体放置到一个已经存在的零件或大地上。创建一个新零件时，由于新零件由线组成，故没有质量，也可以将圆拉伸成具有质量的几何实体。

创建圆弧的步骤如下：

（1）在主工具箱中的几何建模工具集中，单击圆弧图标。

（2）在设置圆弧选项中设置参数。

☑ 选择创建一个由直线几何体组成的新建部件、将几何体放置在地面上或者添加到现有部件，默认为新建部件。

☑ 设定圆弧半径。

☑ 设定圆弧的起始角和终止角。默认为创建一个由 0° 开始的 90° 的圆弧。

（3）在圆弧的圆心单击，然后拖动鼠标到希望的半径处和 x 轴方向。Adams View 会在屏幕上显示一条线来表示 x 轴。如果在设置栏里指定了圆弧的半径，Adams View 会采用这个设定值，而忽略鼠标的拖动。

（4）在半径达到要求时单击。

创建圆的步骤如下：

（1）在主工具箱中的几何建模工具集中，单击圆弧图标。

（2）在主工具箱下方出现设置圆弧选项，如图 3-22 所示。

☑ 选择创建一个新建部件、将几何体在地面上或者添加到现有部件，默认为新建部件。

☑ 设定圆的半径。

☑ 选中“圆”复选框。

（3）在圆的圆心单击，然后拖动鼠标来定义圆的半径。如果在设置栏里指定了圆的半径，Adams View 会采用这个设定值而忽略鼠标的拖动。

（4）在半径达到要求时单击。

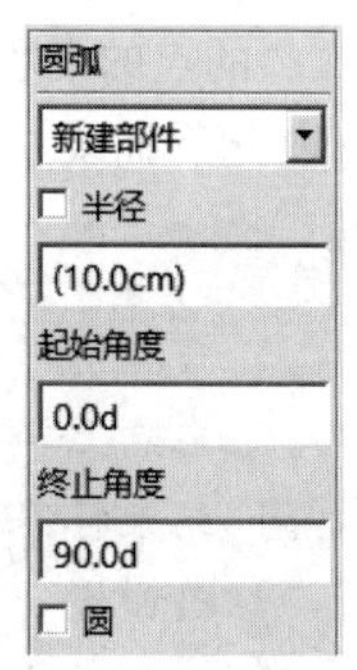

图 3-22　设置圆弧选项

5. 创建样条曲线

样条曲线是通过一系列位置坐标的光滑曲线。样条曲线可以是开口的，也可以是封闭的。创建一条封闭的样条曲线至少要指定 8 个点，而创建一条开口的样条曲线则至少要指定 4 个点。

创建样条曲线几何体时，可以创建由样条曲线组成的新零件或将样条曲线几何体放置到一个已经存在的零件或大地上。当选择了创建一个新零件时，由于新零件由样条曲线组成，故没有质量，也可以将封闭的样条曲线拉伸成具有质量的几何实体。

Adams View 在创建的样条曲线的点位置上设置了热点，可以通过拖曳这些热点，方便地改变几何体的形状。

可以通过定义样条曲线所通过点的坐标来创建样条曲线，或者选择一条已经存在的曲线，并指定用于定义样条曲线的点的个数，下面详细进行说明。

（1）通过在屏幕上选择点定义样条曲线。

❶ 在主工具箱中的几何建模工具集中，单击样条曲线图标。

❷ 在主工具箱下方出现设置样条曲线选项，如图 3-23 所示。

☑ 选择创建一个新建部件、将几何体放置在地面上或者添加到现有部件，默认为新建部件。

☑ 定义创建的样条曲线为封闭的或开口的。

❸ 在起始点单击。

❹ 选择样条曲线要通过的其他点。封闭的样条曲线至少要指定 8 个点，开口的样条曲线则至少要指定 4 个点。

图 3-23　设置样条曲线选项

❺ 样条曲线要通过的点选择结束后，右击，结束样条曲线的创建。

（2）通过选择一条已经存在的曲线来创建样条曲线。

❶ 在主工具箱中的几何建模工具集中，单击样条曲线图标。

❷ 在设置曲线选项中设置参数。

☑ 选择创建一个新建部件、将几何体放置在地面上或者添加到现有部件，默认为新建部件。

☑ 定义创建的样条曲线为封闭的或开口的。

☑ 选择通过选择曲线的方式创建样条曲线。

☑ 在移动点文本框中设置点的个数，或者取消移动点选项，Adams View 会计算所要的点的个数。

❸ 选择曲线。

提示：

☑ 当指定样条曲线通过的点时，如果发现定义有错误，可以以创建时相反的顺序在点上单击来删除错误的点。

☑ 结束样条曲线的创建后，有时屏幕上只是显示一些热点，而不能显示光滑的样条曲线。此时，可以轻轻拖动任意热点，屏幕上将显示出样条曲线。

☑ 可以通过编辑点的坐标来创建精确的样条曲线。

6. 创建二维平面

在 Adams View 中，平面用一个二维矩形表示，可以在屏幕上或工作栅格上画出平面的长和宽。在定义物体间的碰撞力时，平面非常有用。平面只是由线框组成，没有质量。平面具有一个热点，通过拖动热点，可以改变平面的长和宽。

创建平面的步骤如下：

（1）在主工具箱中的几何建模工具集中，单击平面图标◇。

（2）在主工具箱下方出现设置平面选项，如图 3-24 所示。可选择创建一个新建部件、将几何体放置在地面上或者添加到现有部件。

图 3-24 设置平面选项

（3）在矩形的一个顶点按住鼠标左键不放并拖动鼠标，当矩形的大小满足要求时释放左键。

3.2.5 创建实体几何模型

实体几何模型是三维零件，可以利用 Adams View 的实体建模库创建实体零件或将封闭的曲线拉伸成实体几何模型。此外还可以将简单零件组合成形状复杂的零件或在零件上创建其他的特征，如圆角、导角等。下面介绍如何利用 Adams View 的实体建模库创建实体零件。

1. 创建矩形块

在屏幕或工作栅格上画出矩形块的长和宽，Adams View 会创建一个三维实体矩形块，其厚度为矩形的长和宽尺寸中最短尺寸的两倍，也可以预先设定好矩形的长、宽和厚。矩形块的尺寸在屏幕坐标上，向上为宽度，向左为长度，向外为厚度。矩形块有一个热点，通过拖动热点，可以改变矩形块的长、宽和厚。

创建矩形块的步骤如下：

（1）在主工具箱中的几何建模工具集中，单击矩形块图标。

（2）在主工具箱下方出现设置矩形块选项，如图 3-25 所示。

☑ 选择创建一个新建部件、将几何体放置在地面上或者添加到现有部件。默认为创建一个新建部件。

☑ 可以设置矩形块的长、宽和厚。

（3）在矩形的一个顶点按住鼠标左键不放并拖动鼠标。

（4）当矩形的大小满足要求时释放鼠标左键。如果已经指定了矩形块的长、宽和厚，则 Adams View 按照设定创建矩形块。

图 3-25 设置矩形块选项

2. 创建圆柱体

圆柱体是截面形状为圆形的实体，默认情况下，只要画出圆柱体的中心线，Adams View 就会创建半径为中心线长的 25% 的圆柱体，也可以事先指定圆柱体的长和截面半径大小。

圆柱体有两个热点：一个控制圆柱体的长度；另一个控制圆柱体的截面半径。

创建圆柱体的步骤如下：

（1）在主工具箱中的几何建模工具集中，单击圆柱体图标。

（2）在主工具箱下方出现设置圆柱体选项，如图 3-26 所示。

图 3-26 设置圆柱体选项

☑ 选择创建一个新建部件、将几何体放置在地面上或者添加到现有部件。

☑ 设置圆柱体的长和截面半径。

（3）在合适点单击，然后按住鼠标不放并拖动。

（4）当尺寸满足要求时释放鼠标左键。如果指定了圆柱体的长和截面半径，Adams View 按照设定值创建圆柱体。

3. 创建球体

通过指定球体的中心和半径值创建球体。球体有 3 个热点，分别控制球体的 3 个半径大小。可以通过拖动不同热点改变球体形状的方法生成椭球体。创建球体的步骤如下：

（1）在主工具箱中的几何建模工具集中，单击球体图标。

（2）在主工具箱下方出现设置球体选项，如图 3-27 所示。

☑ 选择创建一个新建部件、将几何体放置在地面上或者添加到现有部件。

☑ 设置球的半径。

图 3-27　设置球体选项

（3）在球心单击，然后按住鼠标不放并拖动。

（4）当尺寸满足要求时释放鼠标左键。如果指定了球体的半径，Adams View 按照设定值创建球体。

4. 创建锥台

锥台为圆锥体去掉顶部剩下的部分，默认情况下，只要画出锥台长度，Adams View 会创建底部半径为长度的 12.5%，顶部半径为长度的 50% 的锥台。锥台有 3 个热点，一个控制锥台的长度，一个控制锥台顶部半径，另一个控制锥台底部半径。创建锥台的步骤如下：

（1）在主工具箱中的几何建模工具集中，单击锥台图标。

（2）在主工具箱下方出现设置锥台选项，如图 3-28 所示。

☑ 选择创建一个新建部件、将几何体放置在地面上或者添加到现有部件。

☑ 设定锥台的长度和两端半径。

（3）在起点单击，然后按住鼠标不放并拖动。

（4）尺寸满足要求时释放鼠标左键。如果指定了锥台的长度和两端半径，Adams View 按照设定值创建锥台。

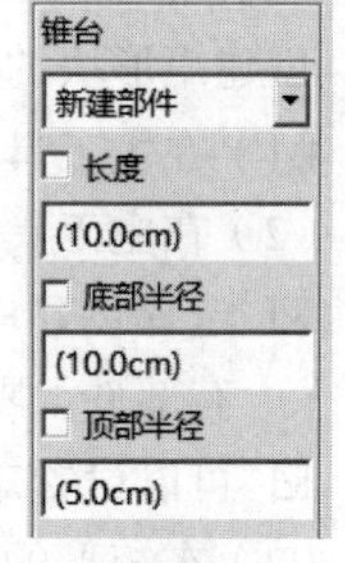

图 3-28　设置锥台选项

5. 创建圆环

圆环是环形实体，由圆心和主半径决定，主半径为圆环圆形截面的圆心到圆环圆心的距离。默认情况下，Adams View 按照圆环的次半径（即圆环圆形截面的半径）为主半径的 25% 创建圆环，也可以指定圆环的主、次半径。圆环有两个热点，一个控制圆环的圆形截面的中心线，另一个控制圆环的圆形截面半径。创建圆环的步骤如下：

图 3-29　设置圆环选项

（1）在主工具箱中的几何建模工具集中，单击圆环图标。

（2）在主工具箱下方出现设置圆环选项，如图 3-29 所示。

☑ 选择创建一个新建部件、将几何体放置在地面上或者添加到现有部件。

☑ 指定圆环的主、次半径。

（3）在圆环圆心单击，然后按住鼠标不放并拖动。

（4）当尺寸满足要求时释放鼠标左键。如果指定了圆环的主、次半径，Adams View 按照设定值创建圆环。

6. 创建连杆

Adams View 允许通过指定一条描述连杆长度的直线来创建连杆。默认情况下，Adams View 指定连杆的宽度为长度的 10%，厚度为长度的 5%，端部半径为宽度的一半，也可以设定连杆的长度、宽度和厚度。创建连杆的步骤如下：

（1）在主工具箱中的几何建模工具集中，单击连杆图标。

（2）在主工具箱下方出现设置连杆选项，如图 3-30 所示。

☑ 选择创建一个新建部件、将几何体放置在地面上或者添加到现有部件。

☑ 指定连杆的长度、宽度和厚度。

（3）在起点单击，然后按住鼠标不放并拖动。

（4）当尺寸满足要求时释放鼠标左键。如果指定了连杆的长度、宽度和厚度，Adams View 按照设定值创建连杆。

图 3-30 设置连杆选项

7. 创建平板

平板是具有圆角的拉伸而成的多边形实体。通过定义各拐角的位置来创建平板，至少指定 3 个拐角。Adams View 会在每个拐角位置设置标记点。定义的第一个拐角位置作为一个固定点来定义平板在空间中的位置和方向。默认情况下，Adams View 设定平板的厚度和拐角半径值为当前长度单位的一个单位，也可以事先指定平板的厚度和拐角处的圆角半径。创建平板的步骤如下：

（1）在主工具箱中的几何建模工具集中，单击平板图标。

（2）在主工具箱下方出现设置平板选项，如图 3-31 所示。

☑ 选择创建一个新建部件、将几何体放置在地面上或者添加到现有部件。

☑ 指定平板的厚度或拐角处的圆角半径。

（3）在第一个拐点处单击。

（4）在其他拐点处单击。

（5）拐点定义结束后右击，结束平板的创建。

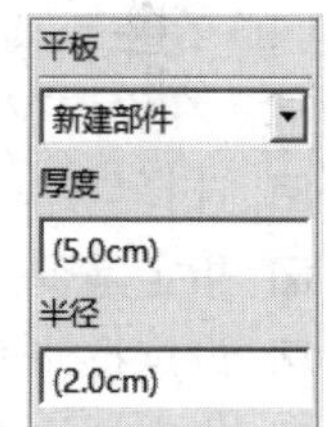

图 3-31 设置平板选项

提示：如果两相邻拐点间的距离小于拐角半径的 2 倍，Adams View 不能创建此平板。

8. 创建拉伸实体

拉伸是通过定义拉伸剖面和拉伸长度而生成几何体的一种方法。要创建拉伸实体，首先要定义拉伸剖面的形状，然后沿屏幕或工作栅格的 z 轴方向拉伸剖面。

拉伸前可以做如下设定：

（1）通过选择点创建拉伸剖面时，可以指定其为封闭的或开口的。如果为封闭的剖面，Adams View 拉伸生成一个实体。如果为开口的剖面，Adams View 拉伸生成一个没有质量的壳体。

（2）拉伸的长度。

（3）剖面相对于全局坐标系或工作栅格拉伸的方向。可按下列方式的一种进行设置。

☑ Forward：沿 z 轴正向拉伸。

☑ About Center：沿 z 轴正向和负向分别拉伸，且每个方向的拉伸长度为总拉伸长度的一半。

☑ Backward：沿 z 轴负向拉伸。

提示： 也可以选择沿路径方式拉伸。这种方式可以利用拉伸工具使剖面沿线性几何体拉伸。拉伸后，Adams View 会在截面的每个顶点设置热点（顶点热点），并在定义剖面的第一个点的相反方向处设置热点（反向热点）。顶点热点用来控制剖面的形状，反向热点用来控制拉伸的长度。

根据拉伸剖面的生成方式，拉伸可以分为两种：由已经存在的曲线创建拉伸和通过选择点创建拉伸。

由已经存在的曲线创建拉伸的步骤如下：

（1）在主工具箱中的几何建模工具集中，单击拉伸图标。

（2）在主工具箱下方出现设置拉伸选项，如图 3-32 所示。

☑ 选择创建一个新建部件、将几何体放置在地面上或者添加到现有部件。

☑ 设置拉伸的长度。

☑ 指定拉伸方向。

（3）选择曲线。

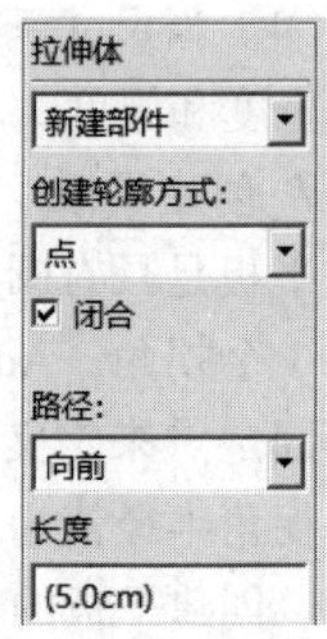

图 3-32 设置拉伸选项

通过选择点创建拉伸的步骤如下：

（1）在主工具箱中的几何建模工具集中，单击拉伸图标。

（2）在设置拉伸选项中，设置下列参数。

☑ 选择创建一个新建部件、将几何体放置在地面上或者添加到现有部件。

☑ 指定是否生成封闭的拉伸。

☑ 设定拉伸长度。

☑ 指定拉伸方向。

（3）在起点单击。

（4）选取剖面的其他点。

（5）剖面定义结束后右击，结束拉伸的创建。

9. 创建旋转体

旋转体是指定旋转剖面和旋转轴，通过剖面的旋转而生成的几何体，旋转剖面不能是已经存在的基本几何体。Adams View 设定剖面按逆时针（右手定则）绕轴线旋转。旋转剖面可以是开口的，也可以是封闭的。如果选择了封闭的形式，Adams View 会用一条线段将剖面的起点和终点连接，形成封闭的剖面，并且利用此封闭剖面生成实体旋转体。如果是开口的，Adams View 会创建一个没有质量的壳体。Adams View 会在剖面的每个顶点设置热点，通过这些热点可以改变剖面的形状和尺寸。创建旋转体的步骤如下：

（1）在主工具箱中的几何建模工具集中，单击旋转图标。

（2）在主工具箱下方出现设置旋转选项，如图 3-33 所示。

☑ 选择创建一个新建部件、将几何体放置在地面上或者添加到现有部件。

☑ 指定是否创建封闭的旋转体。

（3）在屏幕或工作栅格上选择两点，定义旋转轴线。

（4）选择剖面点，用鼠标右键结束剖面点的选取，完成旋转体的创建。

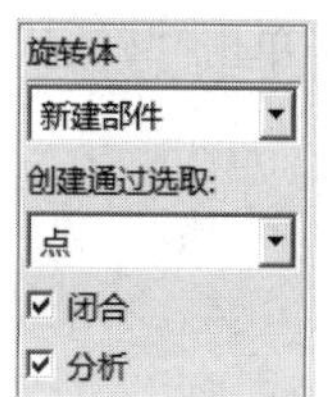

图 3-33　设置旋转选项

提示：不能使剖面和旋转轴线相交。

3.2.6　实例——平面桁架

本例绘制平面桁架模型，该模型由 7 根连杆组成，该模型文件为 Bin 格式，文件名为 Truss，在本书附带资源包的 yuanwenjian\ 目录下，下面介绍建模的操作过程。

（1）通过"开始"程序菜单运行 Adams View 2024，或直接双击桌面上的快捷方式 Adams View 2024。

（2）在"欢迎使用 Adams..."对话框中选择"新建模型"选项，弹出"创建新的模型"对话框。设置好工作路径，在"模型名称"栏输入 Truss，"重力"设置选择正常重力，"单位"设置选择 MKS-m,kg,N,s,deg，如图 3-34 所示。设置完毕单击"确定"按钮。

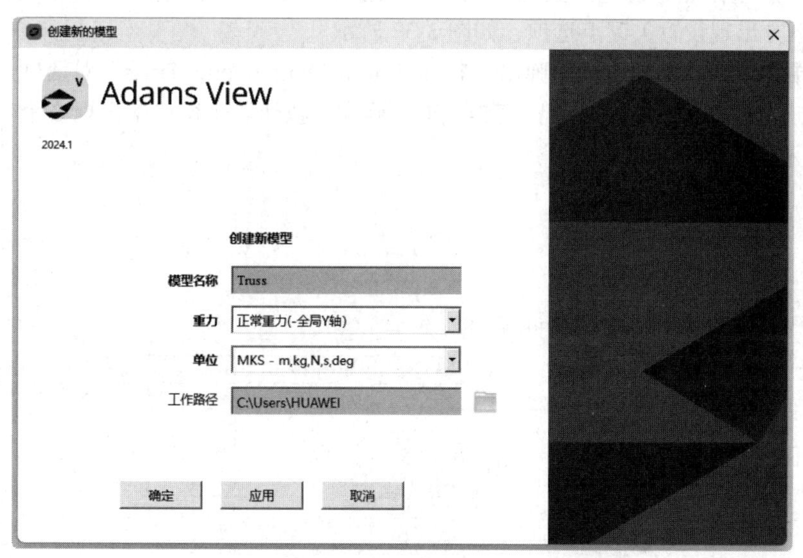

图 3-34　"创建新的模型"对话框

（3）选择菜单栏中的设置→界面风格→经典命令，将界面切换为经典界面。

（4）选择设置→工作栅格命令，设置工作栅格，"大小"在 X 和 Y 方向分别为 4m 和 2m，"间隔"在 X 和 Y 方向均为 1m，确认"显示工作栅格"复选框是选中状态，如图 3-35 所示，设置完毕单击"确定"按钮。

（5）选择设置→图标命令，设置图标大小，新的尺寸为 0.25m，如图 3-36 所示，设置完毕单击“确定”按钮。

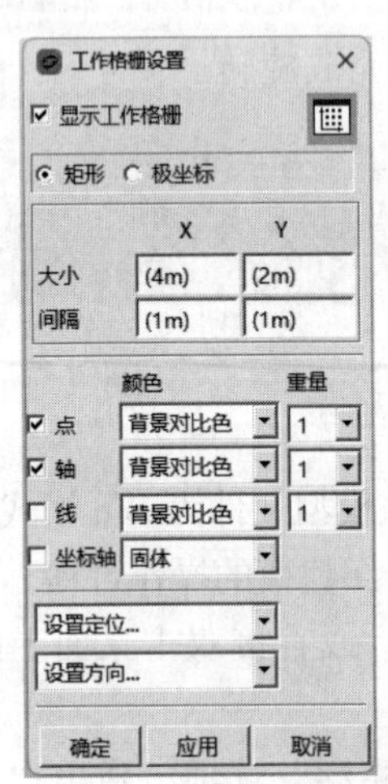

图 3-35 设置工作栅格

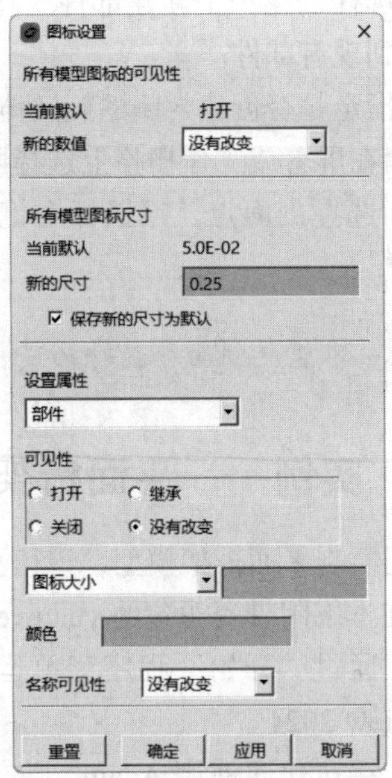

图 3-36 设置图标大小

（6）创建坐标点。在主工具箱中的几何建模工具集中，单击点（Point）图标。在主工具箱下方出现设置关键点选项，如图 3-37 所示。

（7）单击“点表格”按钮，弹出“Table Editor Markers on，Truss”对话框，依次创建 8 个坐标点，如图 3-38 所示，设置完毕单击“确定”按钮。主窗口中出现 8 个坐标点，如图 3-39 所示。

图 3-37 设置关键点选项

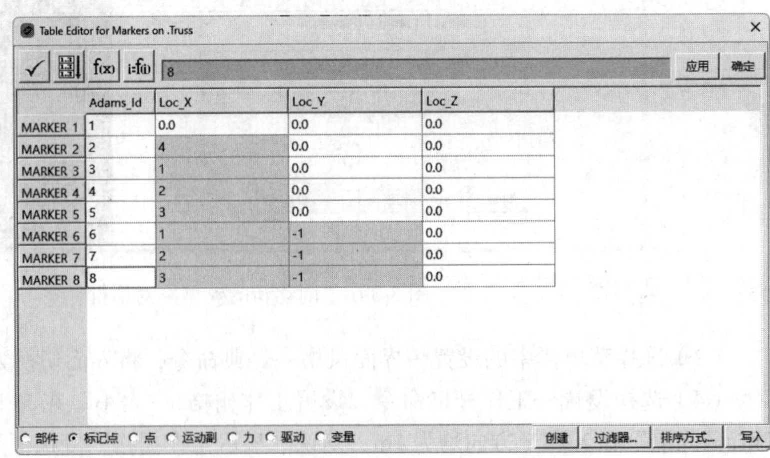

	Adams_Id	Loc_X	Loc_Y	Loc_Z
MARKER 1	1	0.0	0.0	0.0
MARKER 2	2	4	0.0	0.0
MARKER 3	3	1	0.0	0.0
MARKER 4	4	2	0.0	0.0
MARKER 5	5	3	0.0	0.0
MARKER 6	6	1	-1	0.0
MARKER 7	7	2	-1	0.0
MARKER 8	8	3	-1	0.0

图 3-38 创建 8 个坐标点

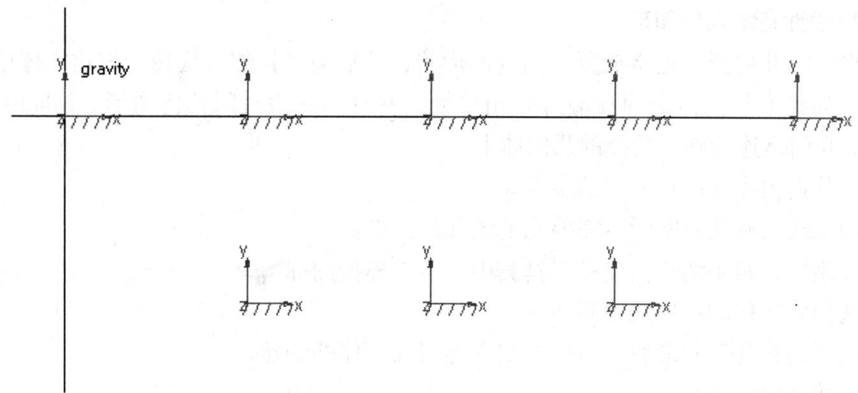

图 3-39　8 个坐标点

（8）创建连杆。在主工具箱中双击几何建模工具图标，设置新建部件参数，宽度为 0.1m，深度为 0.1m，如图 3-40 所示，依次单击各个标记点，得到平面桁架，如图 3-41 所示。

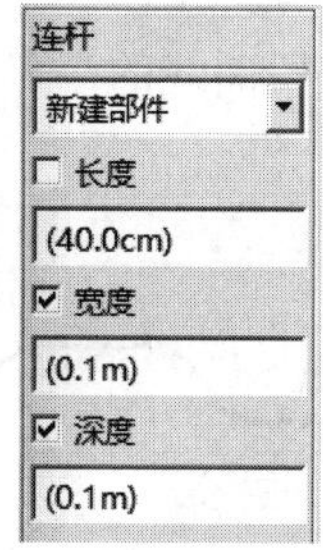

图 3-40　设置新建部件参数

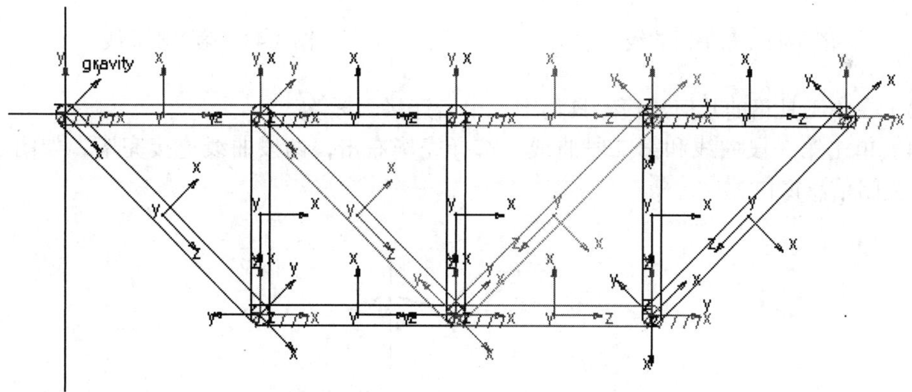

图 3-41　平面桁架

3.2.7　创建复杂几何图形

Adams View 提供了许多由简单几何体创建复杂几何体的方法，可以由线框几何图形创建有质量的实体或无质量的形状复杂的开口几何体。创建方法如下：

☑ 连接线性基本几何图形。

☑ 拉伸基本几何图形。

☑ 组合几何体。

1. 连接线性基本几何图形

可以将线框几何图形连接成复杂的剖面形状，然后通过拉伸或旋转，创建实体或开口几何体。被连接的几何体必须在端点处相接触，并且不能为封闭几何图形。Adams View将后选择的几何体连接到先选择的几何体上。

将线性几何图形连接在一起的步骤如下：

（1）如果还没有几何图形，需要先创建几何图形。

（2）在主工具箱中的几何建模工具集中，单击连接图标。

（3）选择要连接的线框几何图形。

（4）选择连接几何图形后，右击，结束连接几何体的创建。

下面连接两段曲线。

（1）通过多段线命令绘制第一段曲线，如图3-42所示，弹出信息窗口，该物体无质量，关闭信息窗口。

（2）在第一段曲线的端点处开始绘制第二段曲线，如图3-43所示，关闭信息窗口。

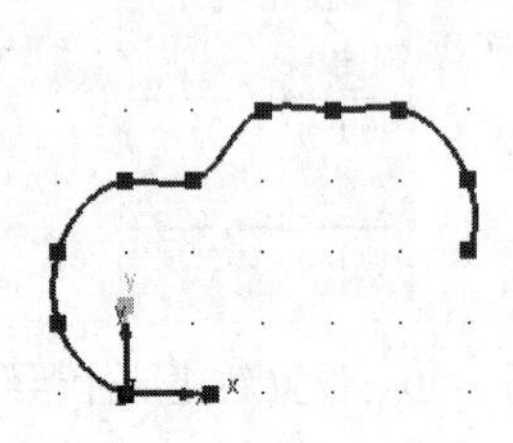

图3-42　第一段曲线

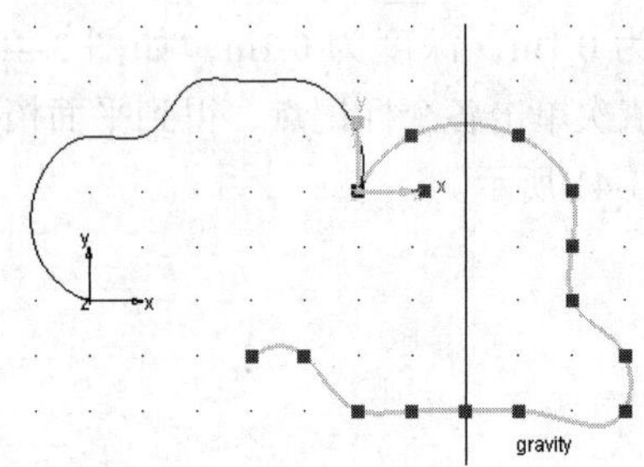

图3-43　第二段曲线

（3）在主工具箱的几何建模工具集中，单击连接图标。

（4）单击第一段曲线和第二段曲线，选择完毕右击，两段曲线连接完毕，如图3-44所示，关闭信息窗口。

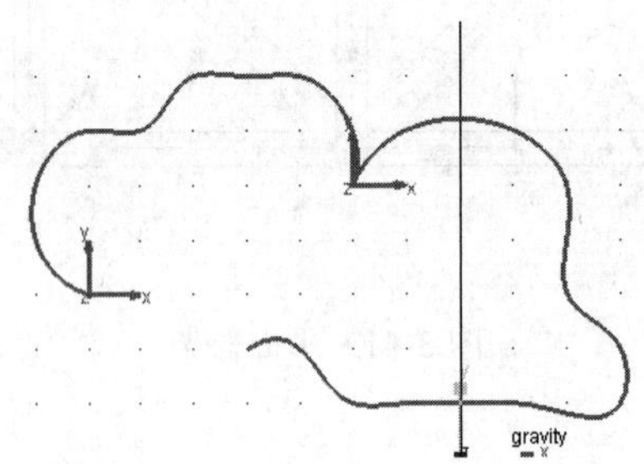

图3-44　连接完毕的曲线

2. 拉伸基本几何图形

可以将线框几何图形拉伸成具有厚度的三维几何体。可以拉伸直线、多段线、多边形和连接在一起的线框几何图形，但不能拉伸点。如果拉伸的几何图形是封闭的，Adams View创建具有质量的实体几何体。拉伸创建几何体时，要指定拉伸剖面和定义拉伸路径的轨迹线。拉伸基本几何图形的步骤如下：

（1）如果还没有几何图形，需要先创建几何图形。

（2）在主工具箱的几何建模工具集中，单击拉伸图标。

（3）在设置拉伸选项中设置下列参数。

☑ 选择创建一个新建部件、将几何体放置在地面上或者添加到现有部件。

☑ 选择沿路径选项。

（4）选择要拉伸的线框。

（5）选择定义拉伸路径的轨迹线。

3. 组合几何体

当创建了单独的零件之后，可以通过 Adams View 提供的布尔运算工具，将它们组合成复杂的几何实体，如两个零件求和或交。

（1）两个实体零件通过求和创建新零件。Adams View 允许将两个相交的实体连接在一起，从而形成复杂的几何体。Adams View 将后选择的零件并入先选择的零件上，生成新的零件。求和后的质量根据新零件体积进行计算，任何重叠的体积只计算一次。

通过求和布尔运算生成零件的步骤如下：

❶ 在主工具箱的几何建模工具集中，单击求和图标。

❷ 选择求和的实体，后选择的零件并入先选择的零件上，新生成的零件以先选择的零件名命名。例如，先选择的零件为 Part_1，后选择的为 Part_2，求和后的零件名称为 Part_1。

（2）通过两个实体求交创建新零件。可以在 Adams View 中对两个相交的实体求交，求交后生成的新零件为它们的共同部分。默认情况下，Adams View 用后选择的实体与先选择的实体进行求交运算。运算后新生成的零件为先选择实体的一部分，且以先选择的零件名命名。

通过求交布尔运算生成零件的步骤如下：

❶ 在主工具箱的几何建模工具集中，单击求交图标。

❷ 选择要求交的实体。

（3）用一个实体切另一个实体。Adams View 允许用一个实体切掉另一个实体中的相交部分，先选择的实体为被切的实体。新生成的零件以先选择的零件名命名。

用一个实体切另一个实体的步骤如下：

❶ 在主工具箱的几何建模工具集中，单击切除图标。

❷ 选择被切的实体。

❸ 选择另一个实体。

提示：

☑ 当一个小零件完全被包在一个大零件里时，不能用大的零件来切小的零件。

☑ 如果用一个实体切完另一个实体后，另一个实体变成了两部分，则这种操作也不允许。

（4）重生成求交或切割前的各零件。这个操作就是将经过求交或切割操作的零件，重生成求交或切割前的各零件，操作步骤如下：

❶ 在主工具箱的几何建模工具集中，单击图标。

❷ 选择实体。

（5）合并几何体。Adams View 允许不经过任何布尔运算将两个不相交的实体合并成一个实体。几何体包括任何类型的几何实体、线框图形或复杂图形，也可以属于同一零件。如果几何体属于不同的零件，Adams View 会将它们合并成一个。由于不执行布尔操作，所以重合的体积的质量为两部分的和，因此这个命令只能对不相交的实体进行，不相交的实体不能用布尔运算中的求和命令。Adams View 将后选择的几何体合并到先选择的几何体上。合并几何体的步骤如下：

❶ 在主工具箱的几何建模工具集中，单击合并图标。

❷ 选择要合并的几何体。

4. 添加几何体细节特征

可以在创建的几何实体上加一些特征。这些特征包括倒直角、倒圆角、打孔、生成凸台和抽壳。下面详细介绍这些特征的创建方法。

（1）几何体的倒直角和倒圆角。可以将创建的模型的边和拐角边进行倒直角和倒圆角。倒直角时，要指定倒角的宽度；倒圆角时，可以创建等半径的圆角，还可以指定起始半径和终止半径来创建可变半径的圆角。Adams View 先创建可变半径圆角的起始半径，然后圆角半径逐渐增大或减小，直到终止半径。

> **提示：**
>
> 一次只对一个边进行倒直角或倒圆角和一次对多个边进行倒直角或倒圆角所得的结果可能会不同。甚至如果相邻的边已经进行了倒直角或倒圆角，对这个边进行倒直角或倒圆角时，可能会失败，这取决于倒直角或倒圆角的复杂程度。

倒直角和倒圆角的步骤如下：

❶ 在主工具箱的几何建模工具集中，单击下列图标。

☑ 倒直角时，单击图标。

☑ 倒圆角时，单击图标。

❷ 在设置选项中设置下列参数。

☑ 在步骤❶中选择了创建倒直角时，设置直角的宽度。

☑ 在步骤❶中选择了创建倒圆角时，设置圆角的半径。也可以创建可变半径圆角。选择终端半径选项，并设置圆角终止半径。Adams View 用 Radius 项中设置的半径为起始半径。

❸ 选择边或顶点。当选择边时，将所选边进行相应的倒角；当选择顶点时，Adams View 会将与所选顶点相连的边全部进行倒角。

❹ 右击，结束倒角的创建。

下面对一个立方体进行倒直角和圆角。

❶ 在主工具箱中单击立方体图标。

❷ 绘制立方体，如图 3-45 所示。

❸ 在主工具箱中单击视角度图标，显示立方体，如图 3-46 所示。

❹ 在工具箱中单击倒直角图标。

❺ 设置倒角宽度为 2.0cm。

❻ 选择立方体上欲倒直角的边，如图 3-47 所示。

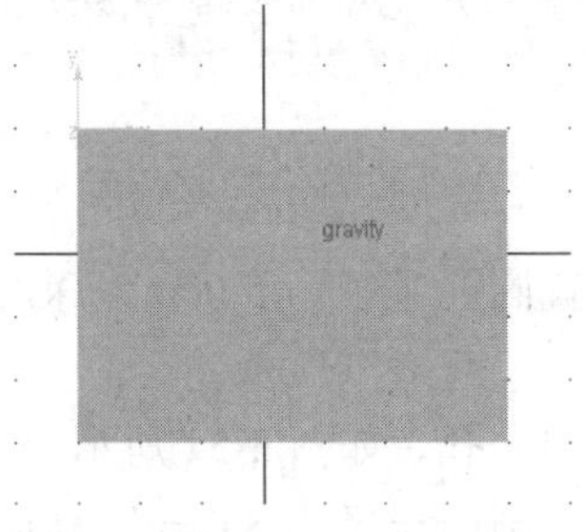

图 3-45　绘制立方体

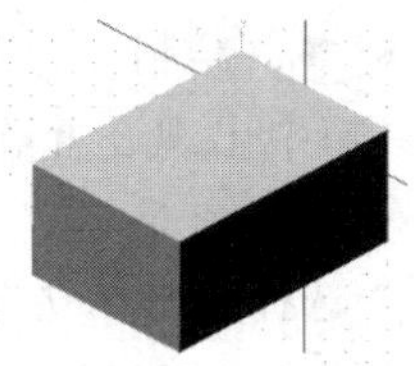
图 3-46　显示立方体

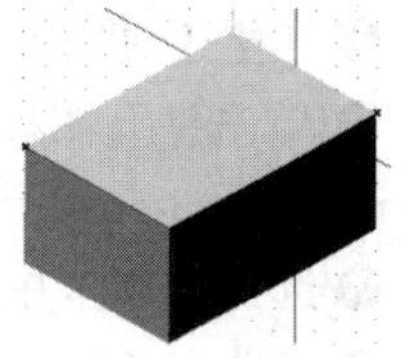
图 3-47　选择欲倒直角的边

❼ 选择完毕，右击，完成倒直角，如图 3-48 所示。

❽ 在工具箱中单击倒圆角图标。

❾ 设置圆角半径为 2.0cm。

❿ 选择立方体上欲倒圆角的边。

⓫ 选择完毕，右击。

⓬ 在主工具箱中单击透视角度图标，查看立方体倒圆角效果，如图 3-49 所示。

（2）在实体上打孔或生成凸台。利用打孔图标和凸台图标可以在实体上创建圆孔和在实体表面上创建凸台。

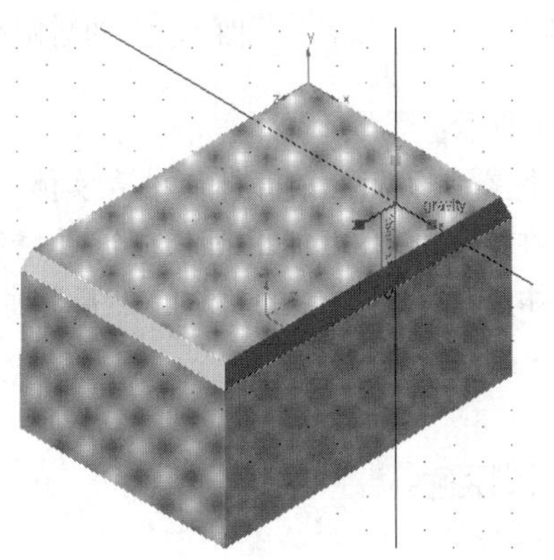

图 3-48　完成倒直角

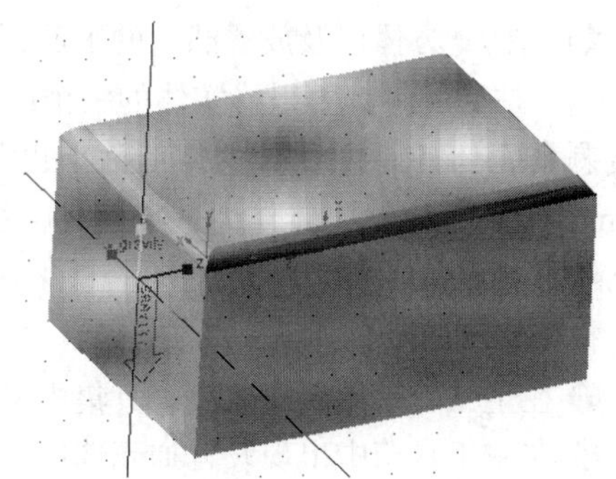

图 3-49　倒圆角效果

打孔和生成凸台的步骤如下：

❶ 在主工具箱中的几何建模工具集中，单击下列图标。

☑ 打孔时，单击打孔图标。

☑ 创建凸台时，单击凸台图标。

❷ 在设置选项中设置下列参数。

☑ 在步骤❶中选择了创建打孔特征时，设置孔的半径和深度。

☑ 在步骤❶中选择了创建凸台特征时，设置凸台的半径和高度。

❸ 选择孔或凸台放置的面。

❹ 选择孔或凸台的中心位置。

提示：为了对孔或凸台进行精确定位，可以在创建孔或凸台之前先在希望的位置创建标记点，然后在步骤❹时选择标记点。也可以创建完后对孔或凸台进行修改。

下面对一立方体进行钻孔和生成凸台操作。

❶ 在主工具箱中单击立方体图标，绘制一立方体。

❷ 单击钻孔图标，在主工具箱中出现设置选项，设置圆孔半径为 5.0cm，深度为 5.0cm，如图 3-50 所示。

❸ 选择立方体并选择钻孔的面，选择完毕在立方体上钻出一孔，如图 3-51 所示。

❹ 单击凸台图标，在主工具箱中出现设置选项，设置圆凸半径为 5.0cm，高度为 5.0cm，如图 3-52 所示。

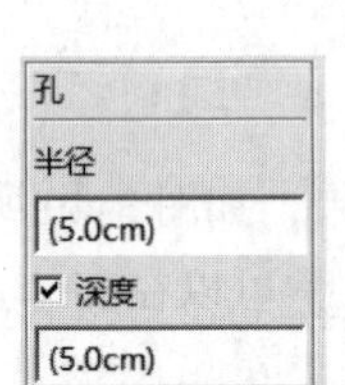

图 3-50 设置钻孔

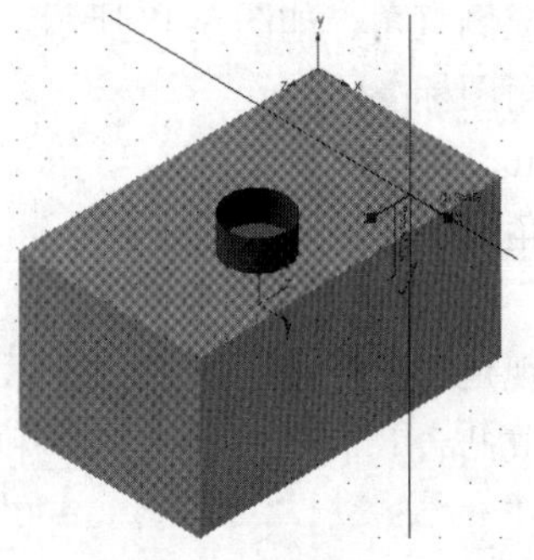

图 3-51 钻孔

图 3-52 设置圆凸

❺ 选择立方体以及放置凸台的平面，如图 3-53 所示。

（3）抽壳实体。可以将实体的一个或多个平面挖空，从而形成壳体。抽壳实体时，要指定剩余壳体的厚度和被挖空的面。也可以指定在实体的外边加材料，在这种情况下，Adams View 把原始实体作为一个模具，往原始实体上加指定厚度的材料，然后将原始实体删除，剩下壳体。

抽壳实体的步骤如下：

❶ 在主工具箱的几何建模工具集中，单击抽壳图标。

❷ 在主工具箱中出现设置抽壳选项，如图 3-54 所示。

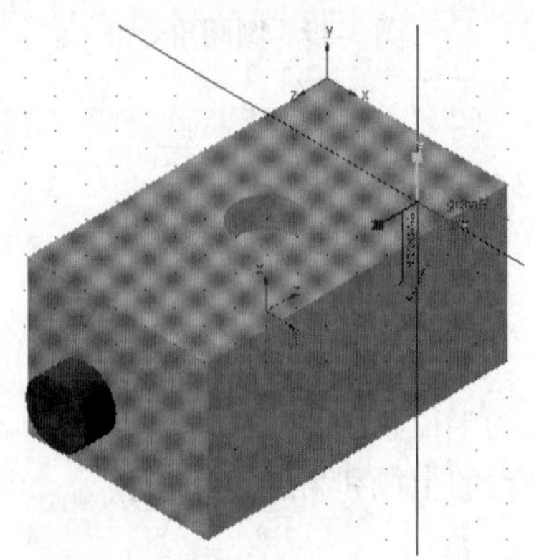

图 3-53 选择立方体以及放置凸台的平面

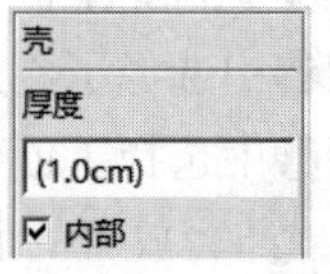

图 3-54 设置抽壳选项

☑ 设置剩余壳的厚度。

☑ 选择抽壳的方式。选中“内部”复选框时，将实体内部挖空。

❸ 选择要抽壳的实体。

❹ 选择要抽壳的平面。

❺ 右击结束操作。

3.2.8 创建柔性梁

Adams View 中可以创建两种形式的柔性梁，离散梁和由有限元软件计算后导入的柔体，这里只介绍在 Adams View 中如何创建离散梁。离散梁由两个或多个刚体组成，刚体间通过梁力单元连接。

创建一个离散梁需要指定下列参数：

☑ 梁的端点。

☑ 刚体的个数和材料特性。

☑ 梁的特性。

☑ 梁端部的连接方式（柔性、刚性或自由连接）。

（1）柔性梁的种类。为了方便创建离散的柔性梁，Adams View 提供了一系列的几何形状作为梁的截面形状。也可以设置参数来定义梁的截面，如图 3-55 所示。

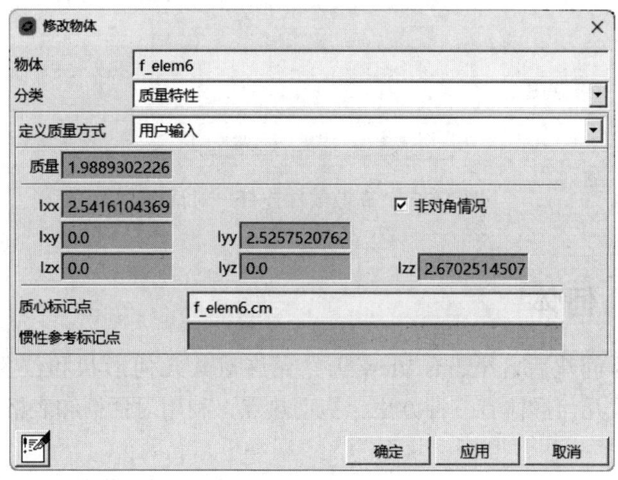

图 3-55 设置参数对话框

预定义的几何截面形状包括实心矩形、实心圆、空心矩形、空心圆和 I 形梁。

Adams View 用截面形状来计算下列各量：

☑ 梁的面积和面积矩（I_{xx}，I_{yy}，I_{zz}）。

☑ 质量、惯性质量和刚体的质心标记点。

（2）柔性梁的定位。Adams View 用两个或 3 个标记点来定义离散梁的位置和方向，即两个标记点和方向标记点。方向标记点只取决于截面几何形状的类型，两个标记点确定了柔性梁的长度和梁力单元的 x 轴方向。

创建柔性梁的步骤如下：

（1）在菜单栏中选择创建→柔体→离散柔性连杆命令，弹出如图 3-56 所示的“离散柔性连杆”对话框。

（2）定义连杆名称、材料、段数、阻尼系数和柔性梁的参数。

（3）选择柔性梁的端点标记点和端点连接方式。

（4）选择或定义梁的截面形状。

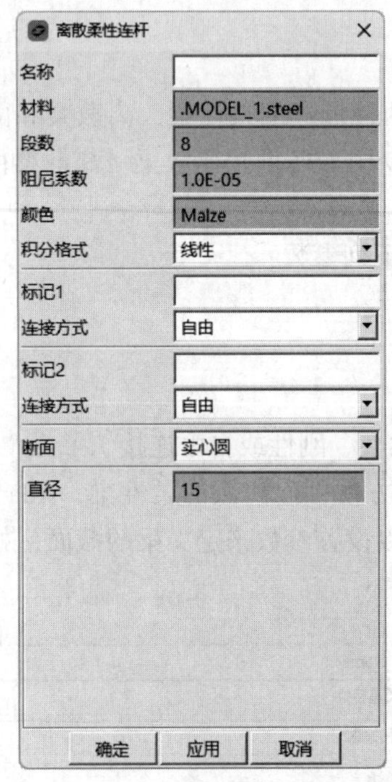

图 3-56 “离散柔性连杆”对话框

3.2.9 修改几何体

完成几何体的创建后，Adams View 仍然允许对其几何形状和位置等进行修改。在 Adams View 中修改几何形体有三种方法：拖动热点、利用对话框和表格编辑器。

1. 拖动热点

完成几何体的建模后，Adams View 会在所绘几何图形上设置若干热点。热点以实心的正方形为标志，当选中几何体时，热点会高亮显示。拖动这些热点，可以修改几何体的形状，如图 3-57 所示。

2. 利用对话框

如果需要精确修改几何体，可以利用弹出的对话框输入尺寸，方法如下：

（1）将鼠标移到要修改的几何体上，右击显示快捷菜单，选择需要修改的几何体对象。在快捷菜单中列出了鼠标附近的全部对象列表，所显示的对象按数据库结构排列，对于构件（Part），一般首先列出构件的名称，然后在构件的下方，列出属于该构件的对象，包括几何体、坐标标记等。例如，对于名称为 Part_2 的构件的矩形块 Box_1，可以在快捷菜单的对象列表中选择位于 Part_2 下面的矩形块 Box_1。

（2）在下一层的快捷菜单中选择修改命令，显示如图 3-58 所示的修改长方体几何形状对话框。

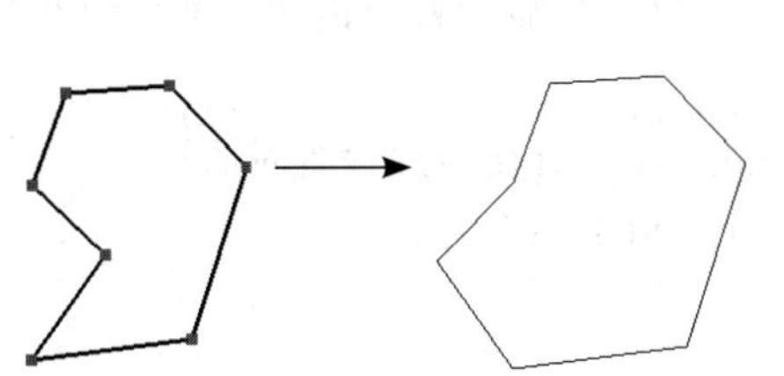

图 3-57　拖动热点修改几何体的形状

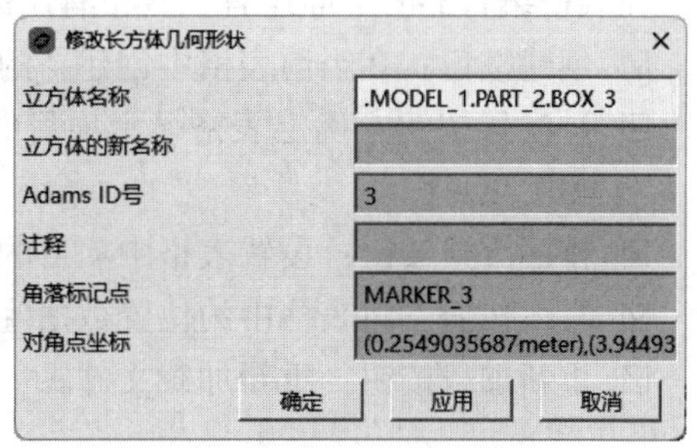

图 3-58　修改长方体几何形状对话框

（3）根据修改对话框的提示修改或输入有关参数。例如，对矩形块，可以输入或修改矩形块的名称、注释、标记点以及矩形的长、宽和高。

（4）单击“OK”按钮，完成修改。

3. 表格编辑器

通过表格编辑器可以非常方便地修改构件、标记点、关键点、铰、驱动和参变量。在菜单栏中选择工具→表格编辑器命令，可以显示如图 3-59 所示的表格编辑器（Table Editor）。在表格编辑器的下面可以选择编辑对象的类型。选中不同的类型，表格将显示相关的项目。其操作方法如下。

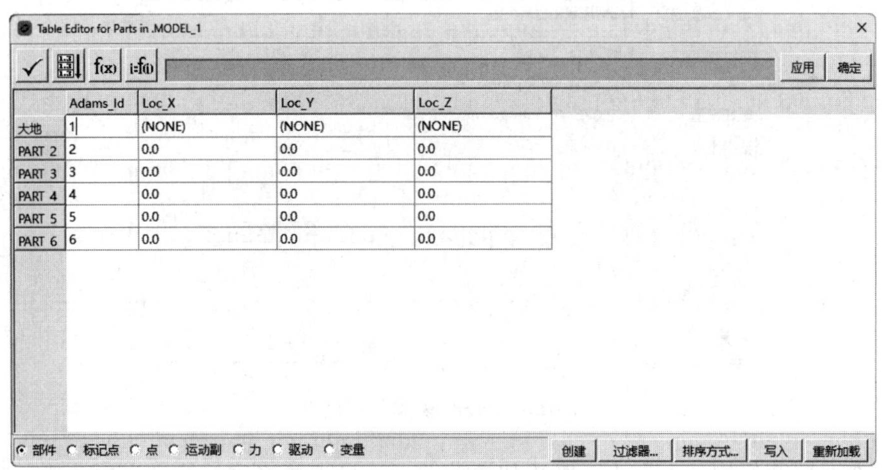

图 3-59　表格编辑器

（1）用鼠标选择表格中的单元，可以输入或修改单元值。

（2）用 Tab、Shift+Tab、↑、↓键可以分别向后、向前、向上、向下移动所选单元。

（3）按住 Shift 或 Ctrl 键，拖动鼠标可以同时选择多个单元。

（4）选择行或列的标题，可以选择一行或一列。

（5）在选择的单元中，右击显示快捷菜单，可以从中选择剪切、复制和粘贴单元值等命令。

（6）如果希望在多个单元内同时输入某个相同的值，将单元选中，然后在输入框中输入参数值，最后单击图标。

在表格编辑器的下面还有一些很有用的按钮，其功能如下：

☑ 创建按钮：在当前表格中创建新的项。
☑ 过滤器按钮：确定表格显示项目的范围。可以选择显示整个模型、某个构件等的相关项目。
☑ 排序方式按钮：设置表格中项目的分类方式。单击弹出排序设置对话框。
☑ 写入按钮：将表格中的位置数据输出到一个 ASCII 文件中。
☑ 重新加载按钮：重新加载文件。

3.2.10 修改构件特性

（1）修改物体。除了构件的几何形状外，进行仿真分析时所需的构件特性还包括质量、转动惯量和惯性积、初始速度、初始位置和方向等，这些特性往往在分析中比几何形状更加重要。Adams View 几何建模时，程序根据设置的默认值自动确定构件的有关特性，如果需要修改物体，可以通过“修改物体”对话框进行，如图 3-60 所示。有以下两种方式进入“修改物体”对话框。

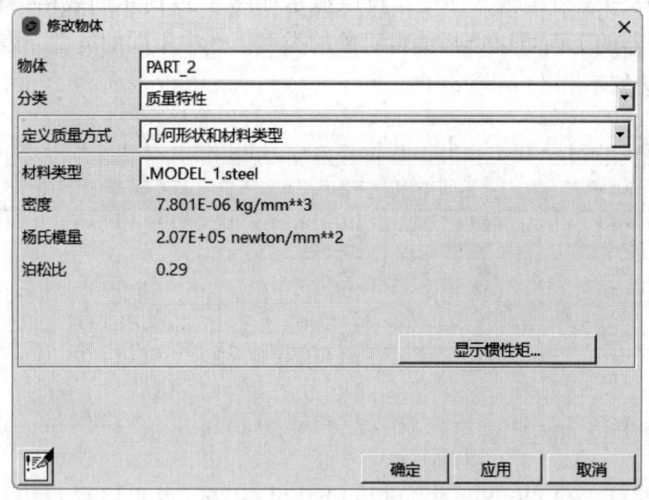

图 3-60 “修改物体”对话框

❶ 在要修改的构件上右击，弹出快捷菜单，选择需要修改的构件，再选择下级菜单中的修改命令。

❷ 在菜单栏中选择编辑→修改命令。如果选择修改命令时已经选择了构件，程序将直接显示该构件的“修改物体”对话框。否则程序将显示数据库浏览器，可以在数据库浏览器中选择修改的对象。

（2）修改构件质量、转动惯量和惯性积。在几何建模时，Adams View 自动计算构件的体积，并根据体积和材料的密度自动计算出构件的质量、转动惯量和惯性积。

Adams View 提供了以下三种修改构件质量和惯性矩的方法。

❶ 几何形状和材料类型选项。此时程序要求输入构件材料的名称，Adams View 根据输入的材料名称，自动到材料数据库中查找该材料的密度，然后根据材料的密度和几何形状，计算质量和惯性矩。可以在材料输入栏显示快捷菜单，从中选择材料→浏览命令，显示材料数据库浏览器，从中选择材料。

❷ 选择几何形状和密度选项。此时程序要求输入材料密度，Adams View 根据输入的密度和构件的几何形状计算质量和惯性矩。

❸ 选择用户输入选项。此时输入构件的质量和惯性矩。

当选择用户输入选项时，除了要输入构件的质量和惯性矩外，还要求输入构件的质心标记点和惯性参考标记点。惯性参考标记点定义了计算惯性矩时的参考坐标。如果不输入惯性参考标记点，Adams View 将使用质心标记点作为构件的惯性参考标记点。

注意不能将构件的质量设置为零，零质量的可运动构件将导致分析失败，因为根据牛顿定律公式 $a = F/m$，零质量将导致无穷大的加速度。因此，建议为所有的运动构件设置一定的质量和惯性矩，可以设置为一个非常小的值。

参数设置好后，单击显示惯性矩按钮，可以显示根据设定参数计算的质量和惯性矩的结果。

（3）修改初始速度。几何建模时，Adams View 根据相邻构件的情况，自动计算出构件的初始速度，如果不满足要求可以进行修改。

在“修改物体”对话框中选择“速度初始条件”选项，显示初始速度设置，如图 3-61 所示。根据对话框中的各项提示，设置构件的初始平移速度和初始角速度。

初始平移速度和初始角速度设置包括 3 项内容：参考坐标系、方向和速度值。

这里定义的初始线速度为构件质心的速度，定义的初始角速度为对于质心标记坐标的旋转速度。

（4）修改初始位置和方向。在“修改物体”对话框中选择“位置初始条件”选项，显示初始位置和方向设置对话框，如图 3-62 所示。根据对话框中的各项提示，设置构件的初始位置和方向。

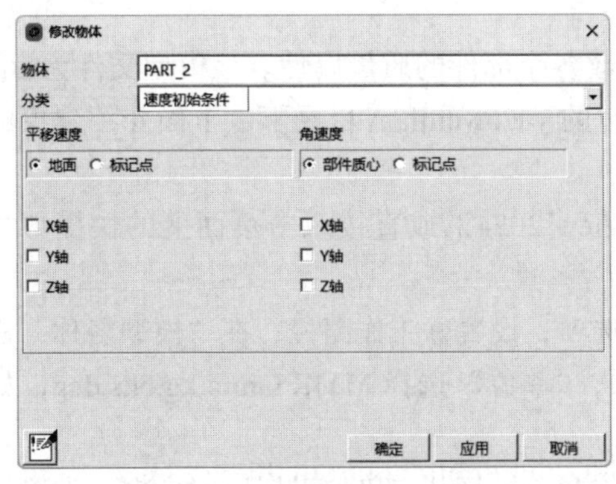

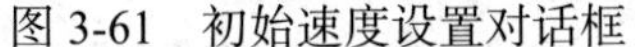
图 3-61 初始速度设置对话框

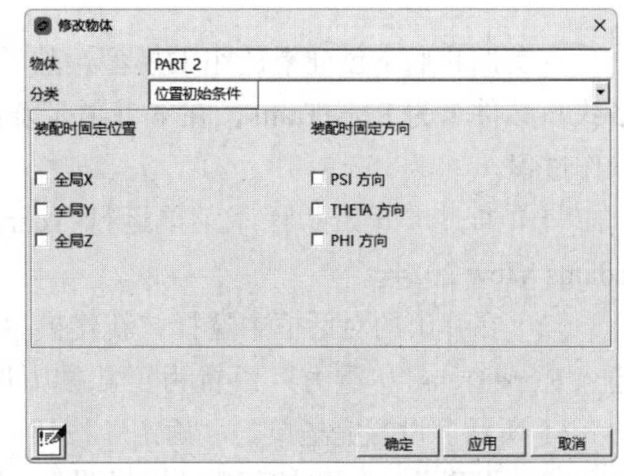

图 3-62 初始位置和方向设置对话框

（5）设置材料。Adams View 有一个材料库，包括了常用材料。库中数据包括了材料的摩擦系数、弹性模量、泊松比和密度等。在默认状态下，构件材料设置为钢。可以在材料库中选择其他材料，也可以自行输入材料的特性。

建立或设置材料物理特性的方法如下：

❶ 在菜单栏中选择创建→材料命令，然后选择新建或修改命令。

❷ 如果选择了修改命令，弹出“数据库导航”对话框，从中选择需要修改的材料，修改材料的名称、杨氏模量、泊松比和密度，如图 3-63 所示。如果选择了新建命令，弹出“创建材料”对话框，设置材料的名称、杨氏模量、泊松比和密度，如图 3-64 所示。

❸ 单击“确定”按钮，完成材料的修改或创建。

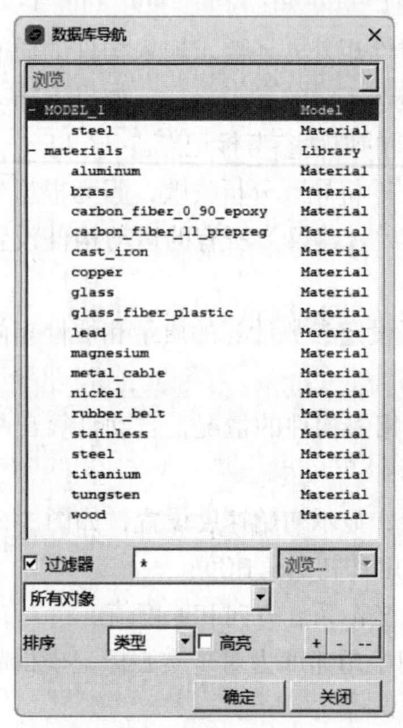

图 3-63 “数据库导航”对话框

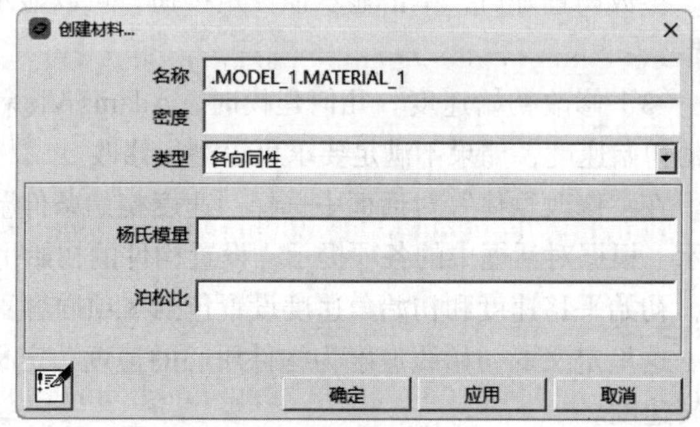

图 3-64 “创建材料”对话框

3.2.11 实例——滑轮组模型

本实例我们来创建滑轮组的模型，然后修改各个部件的质量属性。该模型文件为 Bin 格式，文件名为 RopeTrans，在本书附带资源包的 yuanwenjian\ 目录下，下面介绍建模的操作过程。

（1）通过“开始”程序菜单运行 Adams View 2024，或直接双击桌面上的快捷方式 Adams View 2024。

（2）在弹出的对话框中选择“新建模型”选项；设置好工作路径，在“模型名称”栏输入 RopeTrans，“重力”设置为正常重力选项，“单位”选择 MMKS-mm,kg,N,s,deg，如图 3-65 所示。设置完毕单击“确定”按钮。

（3）设置单位。选择菜单栏中的设置→单位命令，打开“单位设置”对话框，设置长度单位是毫米，角度单位是弧度。设置如图 3-66 所示。设置完毕单击“确定”按钮。

（4）在主工具箱的几何建模工具集中，单击圆弧图标，在主工具箱下方出现设置圆弧选项，选中半径和圆复选框，设置圆的半径为 100mm，如图 3-67 所示。

（5）用同样的方法绘制半径为 200mm 的同心圆，如图 3-68 所示。

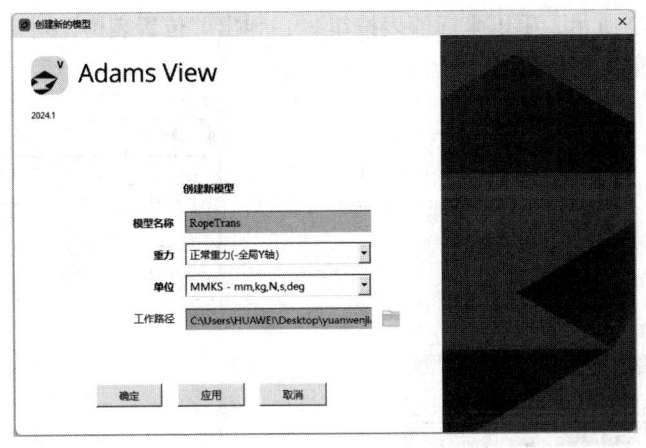

图 3-65 设置新模型的属性

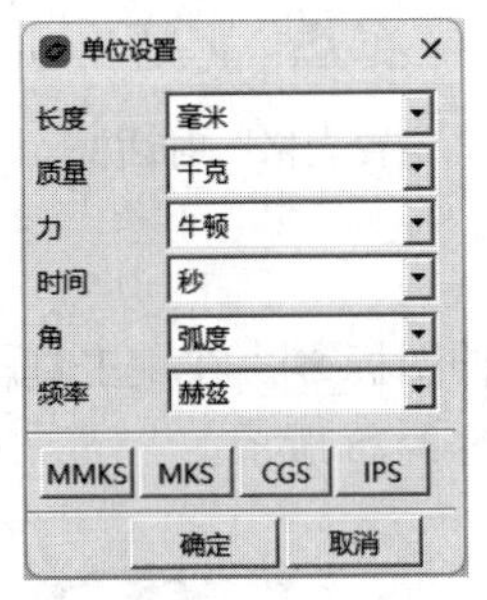

图 3-66 设置单位

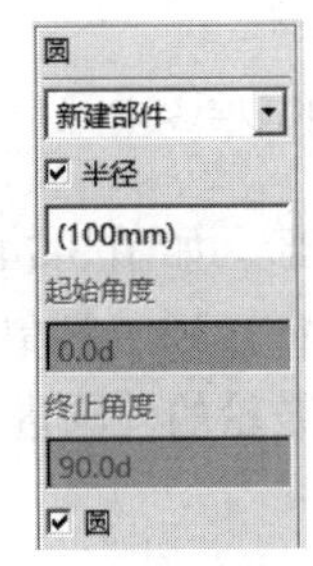

图 3-67 设置圆弧选项

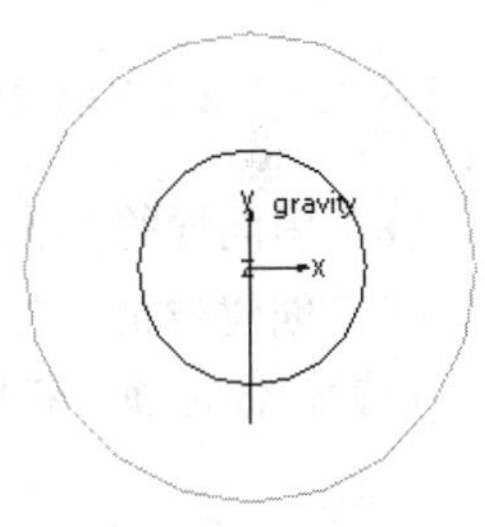

图 3-68 绘制同心圆

（6）在主工具箱的几何建模工具集中，单击多段线图标。设置多段线类型为直线，同时可以设置直线的长度和角，如图 3-69 所示，在图形区右击，弹出“位置坐标”对话框，如图 3-70 所示，分别输入直线起点坐标（–200,0,0）和（100,0,0），单击“应用”按钮，绘制结果如图 3-71 所示。

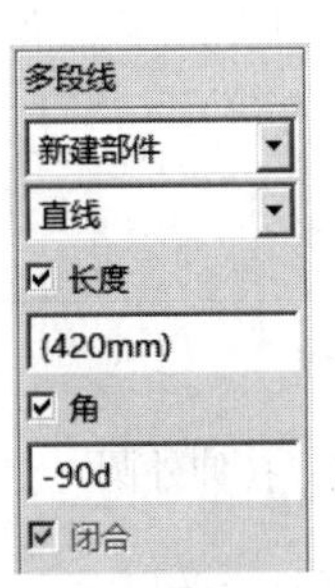

图 3-69 设置直线

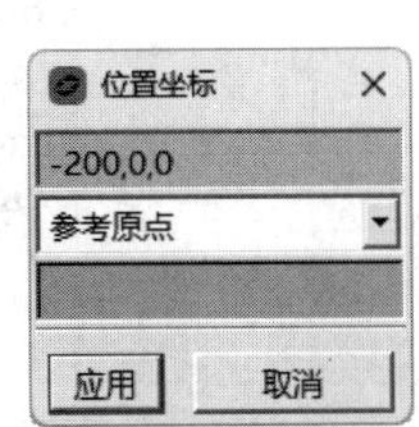

图 3-70 “位置坐标”对话框

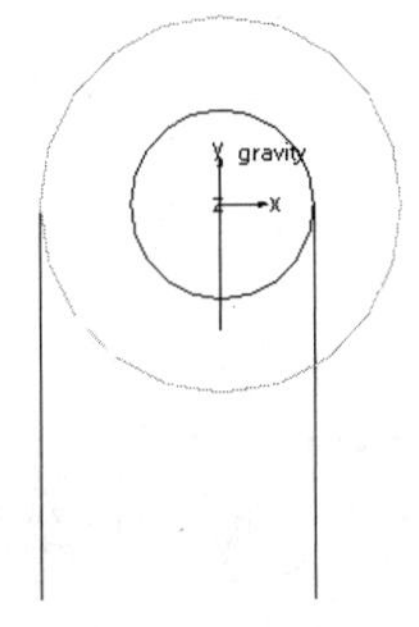

图 3-71 绘制结果

（7）在主工具箱的几何建模工具集中，单击多段线图标。设置多段线类型为直线，同时可以设置直线的长度，依次拾取四个点，绘制封闭矩形，右击选择绘制的矩形，在弹出的快捷菜单中选择 Polyline：POLYLINE5 →修改命令，弹出“修改多段线的几何形状”

对话框，如图 3-72 所示，单击坐标值表按钮...，弹出“位置表格”对话框，修改坐标值，如图 3-73 所示，单击“确定”按钮。

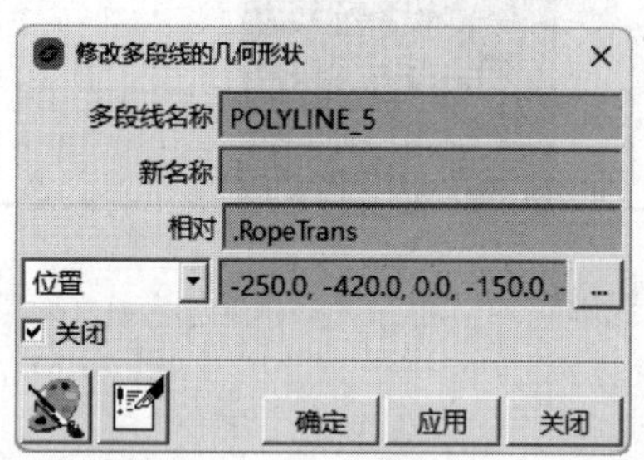

图 3-72 “修改多段线的几何形状”对话框

位置表格

	X	Y	Z
1	-250.0	-420.0	0.0
2	-150.0	-420.0	0.0
3	-150.0	-520.0	0.0
4	-250.0	-520.0	0.0
5	-250.0	-420.0	0.0

图 3-73 “位置表格”对话框

（8）用同样的方法绘制另一个矩形，如图 3-74 所示。

（9）创建鼓轮。在主工具箱的几何建模工具集中，单击拉伸图标。在主工具箱下方出现设置拉伸选项，在图形区域选择鼓轮的外圆进行拉伸，如图 3-75 所示。

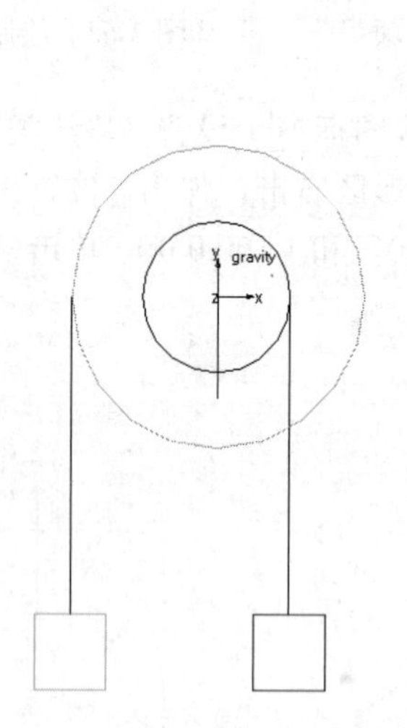

图 3-74 绘制另一个矩形

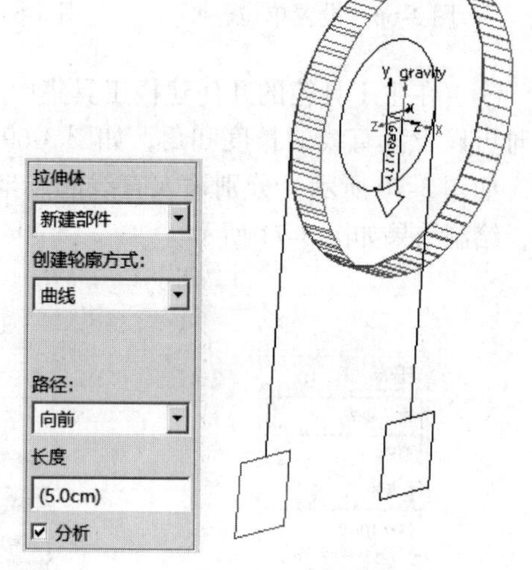

图 3-75 拉伸外圆

（10）创建重物。在主工具箱的几何建模工具集中，单击拉伸图标。在主工具箱下方出现设置拉伸选项，在图形区域选择矩形进行拉伸，如图 3-76 所示。用同样的方法拉伸另一个重物，最终模型如图 3-77 所示。

（11）为了在后处理中能够直观地看到圆柱体的转动，可以在鼓轮上的任意位置钻一个通孔，以便直观地看到鼓轮的运动。在主工具箱的几何建模工具集中，单击钻孔图标

。在主工具箱下方出现孔选项，设置孔的半径，接着在图形中选择鼓轮以确定钻孔的对象，然后在鼓轮上合适的位置处单击，则以该位置为圆心钻了一个通孔，如图 3-78 所示。

（12）在左边的矩形构件上右击，弹出快捷菜单，选择需要修改的构件，再选择下级菜单中的重命名命令，弹出“重命名”对话框，修改物体名称为 Part_A，如图 3-79 所示，用同样的方法命名另一重物为 Part_B，鼓轮为 Part_C。

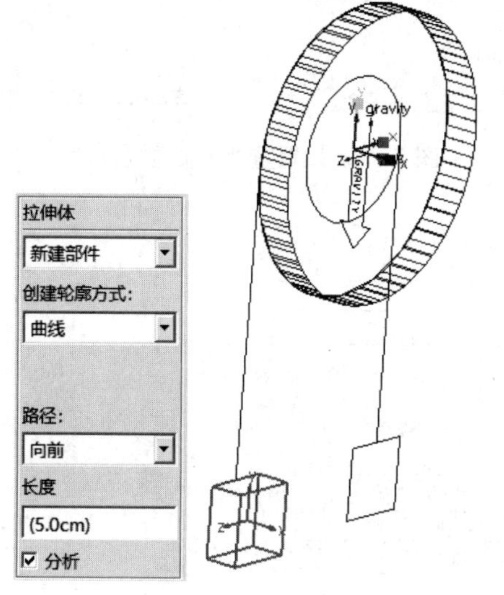

图 3-76　拉伸矩形

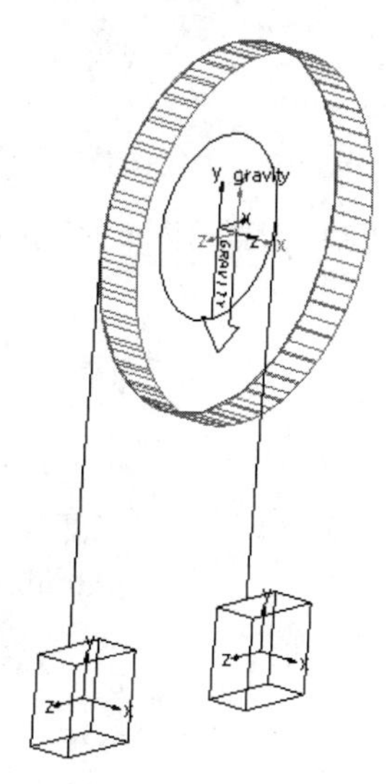

图 3-77　最终模型

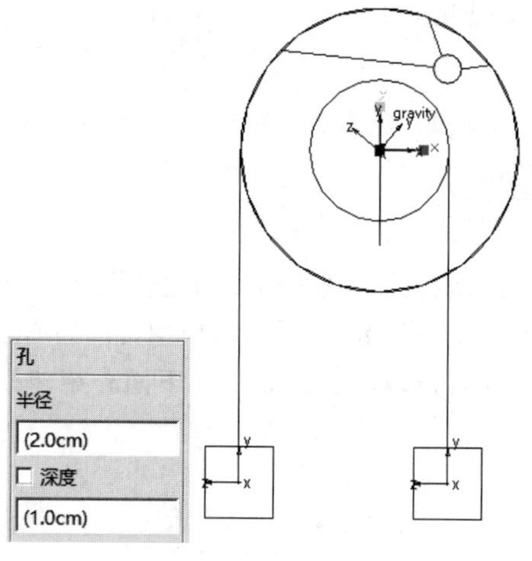

图 3-78　创建通孔

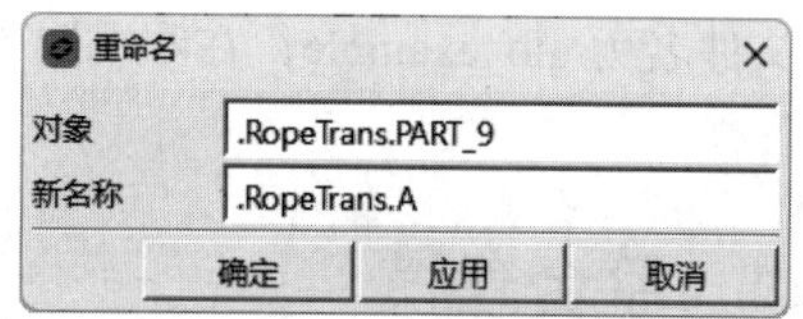

图 3-79　重命名对话框

（13）在重物 A 上右击，弹出快捷菜单，选择需要修改的构件，再选择下级菜单中的修改命令，弹出“修改物体”对话框，设置“定义质量方式”为用户输入，重物 A 的质量是 2kg，其他的惯性量采用默认值，如图 3-80 所示。用同样的方法设置重物 B 和鼓轮 C 的质量特性，分别如图 3-81 和图 3-82 所示。

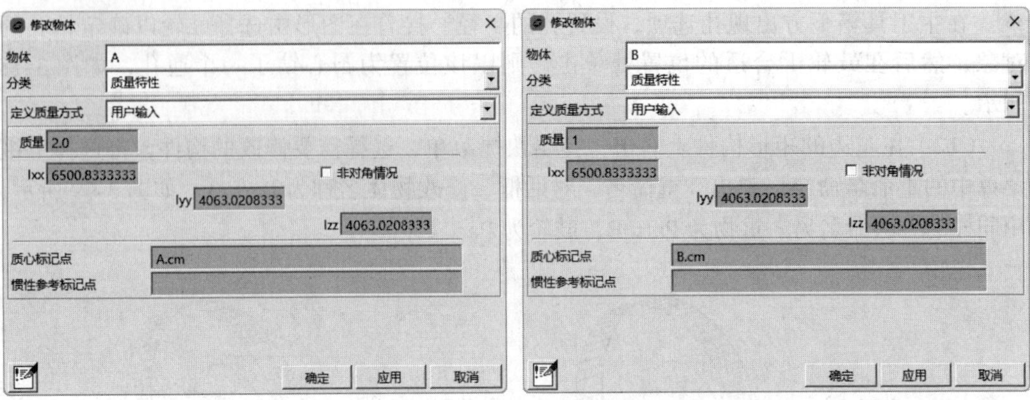

图 3-80　设置重物 A 的质量特性　　图 3-81　设置重物 B 的质量特性

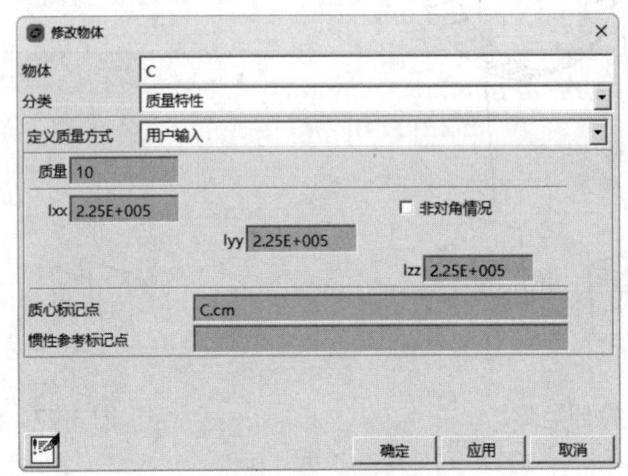

图 3-82　设置鼓轮 C 的质量特性

3.3　应用实例——小球碰撞

本例将对一个空间曲柄滑块机构推动小球使之与球瓶发生碰撞的情形进行建模，包含的物体包括平台、小球、滑块、球瓶、曲柄、连杆，如图 3-83 所示。该模型文件为 Bin 格式，文件名为 glo_example，在本书附带资源包的 yuanwenjian\ 目录下，下面介绍建模的操作过程。

3.3.1　平台建模

在本例中，用以作为机架的平台是一个立方体，其建模过程如下。

（1）设置工作栅格间距。为了交互式建模自动捕捉数据更准确，将 Adams 工作栅格的 x 和 y 方向间距从默认值 50mm 改为 10mm，如图 3-84 所示。

（2）在主工具箱中右击几何建模工具集图标，展开所有的几何建模工具图标，单击立方体建模图标，在主工具箱下方出现设置立方体选项，会出现指定立方体长宽高

的 3 个数据编辑框，选中深度复选框，输入 40.0cm，将立方体的深度定为 40.0cm，如图 3-85 所示。

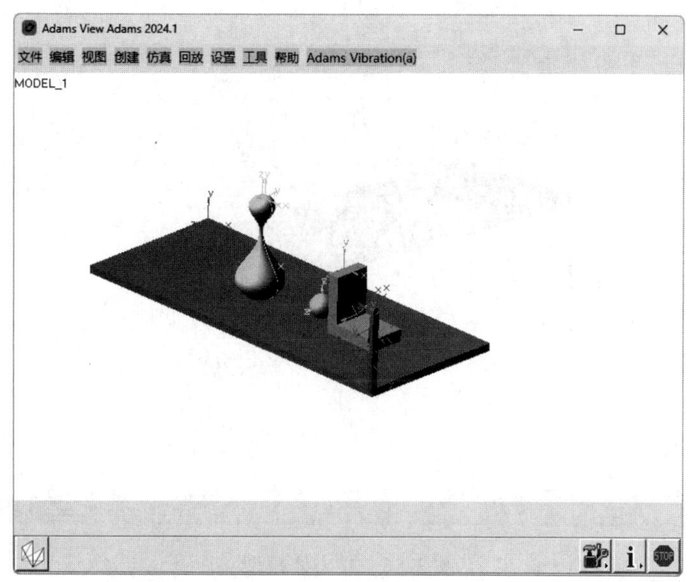

图 3-83　模型的组成

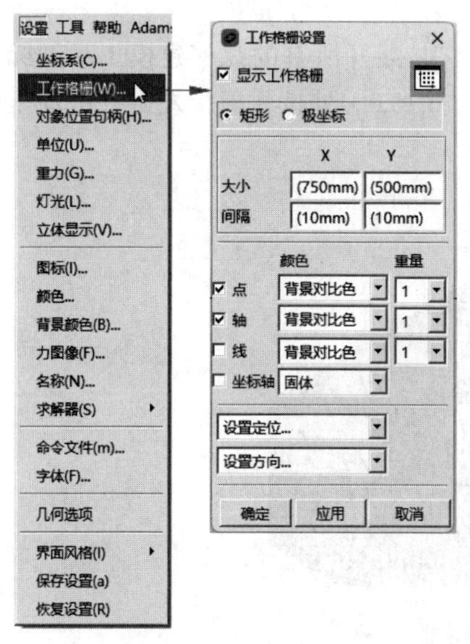

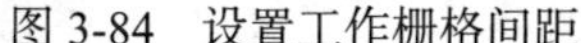

图 3-84　设置工作栅格间距　　　　图 3-85　设置立方体选项

（3）在菜单栏中选择视图→坐标窗口命令打开坐标窗口，然后在图形区的栅格坐标为（–650,0,0）的点附近右击，出现位置坐标窗口，在其中输入坐标（–650.0,0.0,–200.0），单击“应用”按钮确定立方体左角点。继续在图形区的栅格坐标为（300,–20,0）的点附近右击，输入坐标（300.0,–20.0,–200.0），单击“应用”按钮确定立方体右角点并创建立方体模型，如图 3-86 所示。在本例中，此立方体模型将作为机构支撑平台使用。

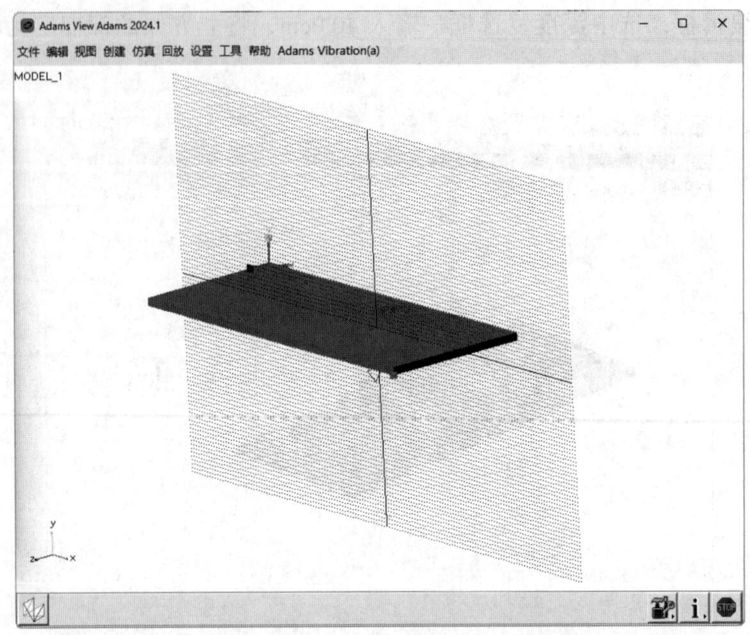

图 3-86　立方体模型

3.3.2　小球建模

（1）在主工具箱中右击几何建模工具集图标，展开所有的几何建模工具图标，单击球体建模图标，然后在图形区栅格坐标为（–70,30,0）处按住鼠标左键并拖动至坐标（–70,0,0）处松开，创建的小球模型如图 3-87 所示。

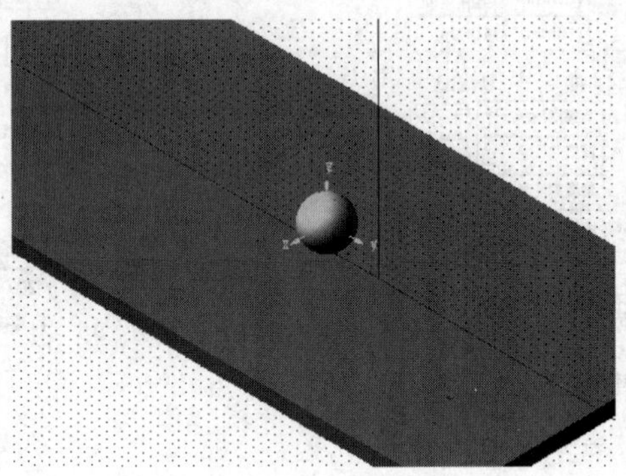

图 3-87　小球模型

（2）调整小球质量。在 Adams View 中，默认情况下物体的质量是根据物体几何实体的体积计算出来的，物质密度在默认情况下采用钢材的密度，但有时为了仿真计算的需要，也可以人为指定物体的质量。

在本例中，调整小球质量至 5.0kg，具体操作步骤是，先将光标移至小球位置右击，在弹出的快捷菜单中选择 Part: PART_3 →修改命令，打开“修改物体”对话框，在“定义质量方式”下拉列表框中选择“用户输入”选项，然后在“质量”文本框中输入 5.0，单

击“确定”按钮，完成对小球质量的修改，如图 3-88 所示。

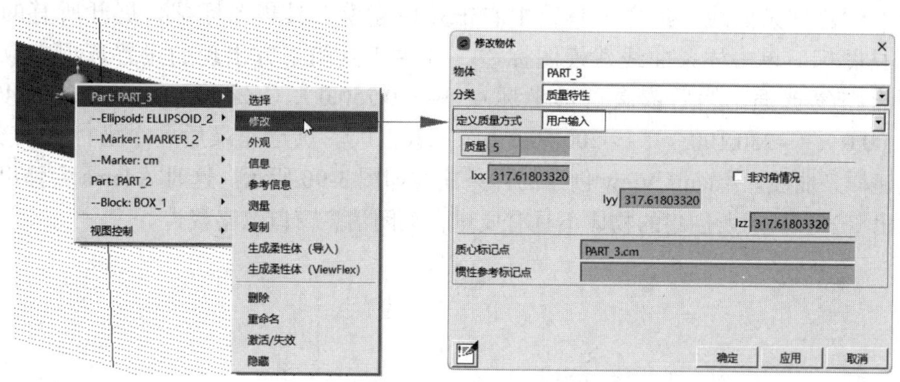

图 3-88 修改小球质量

3.3.3 滑块建模

在本例中，滑块作为一个拉伸体，其建模过程如下。

（1）在主工具箱中右击几何建模工具集图标，展开所有的几何建模工具图标，单击拉伸建模图标，在主工具箱下方出现的设置选项中选中“闭合”复选框，将路径设置为圆心，以确保所完成的拉伸体位置是关于工作栅格平面对称的，在长度文本框中输入 10.0cm，用来确定拉伸体的厚度。

（2）完成以上设置后，在绘图区栅格上依次点选坐标点（0,150,0）、（30,150,0）、（30,30,0）、（150,30,0）、（150,0,0）、（0,0,0）。点选完最后一个点后右击，Adams View 将自动完成滑块建模，如图 3-89 所示。

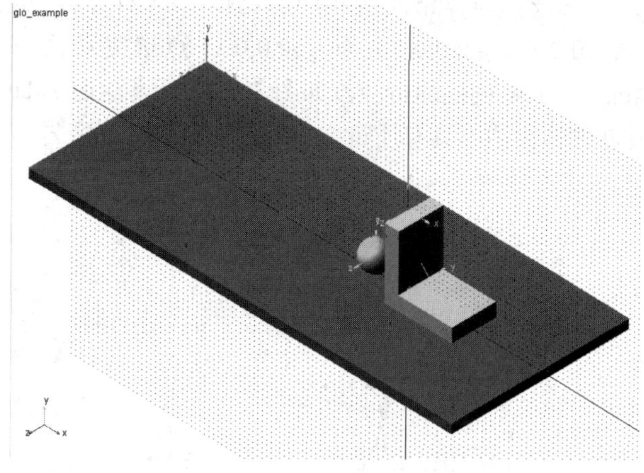

图 3-89 滑块建模

3.3.4 球瓶建模

在本例中，球瓶是由曲多边形旋转而成的复杂实体，其相应的曲多边形是由一段样条曲线和一段折线组成的封闭多边形，其建模过程如下。

（1）创建样条曲线。在主工具箱中右击几何建模工具集图标，展开所有的几何建模工具图标，单击样条曲线建模图标，在主工具箱下方出现的设置选项中取消选中“闭合”复选框，然后依次点选坐标点（–250,250,0）、（–240,250,0）、（–230,240,0）、（–240,200,0）、（–230,100,0）、（–200,50,0）、（–230,0,0）。点选完最后一个坐标点后右击，结束创建样条曲线。Adams View 创建的样条曲线如图 3-90 所示。这时 Adams 会弹出消息窗口给出警告，提示所创建的物体不具有质量，关闭消息窗口忽略警告。

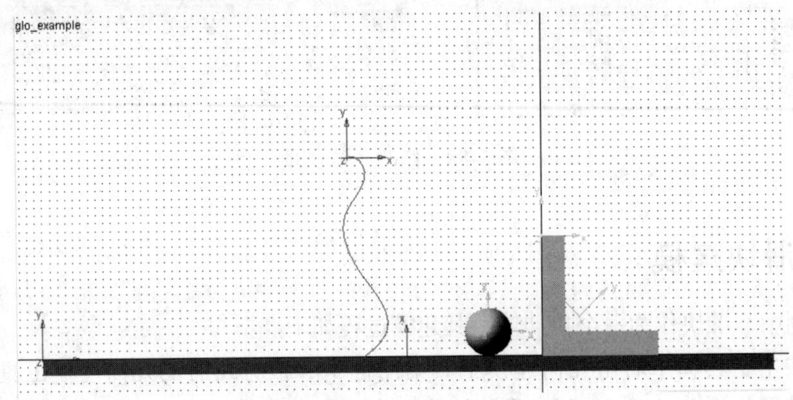

图 3-90　创建的样条曲线

（2）创建折线段。在主工具箱中右击几何建模工具集图标，展开所有的几何建模工具图标，单击折线段建模图标，在主工具箱下方出现的设置选项中取消选中“闭合”复选框，一定注意选择“添加到现有部件”以确保折线段和样条曲线属于同一个物体。完成以上设置后，将光标移到绘图区，这时窗口下的提示栏提示选择物体，将光标移动到样条曲线上，单击选择与样条曲线相同的物体（PART_5），然后依次点选坐标点（–250,250,0）、（–260,250,0）、（–260,0,0）、（–230,0,0）。点选完最后一个坐标点后右击，结束创建折线段，Adams View 创建的折线段如图 3-91 所示。这时 Adams 也会弹出消息窗口给出警告，提示所创建的物体不具有质量，关闭消息窗口忽略警告。

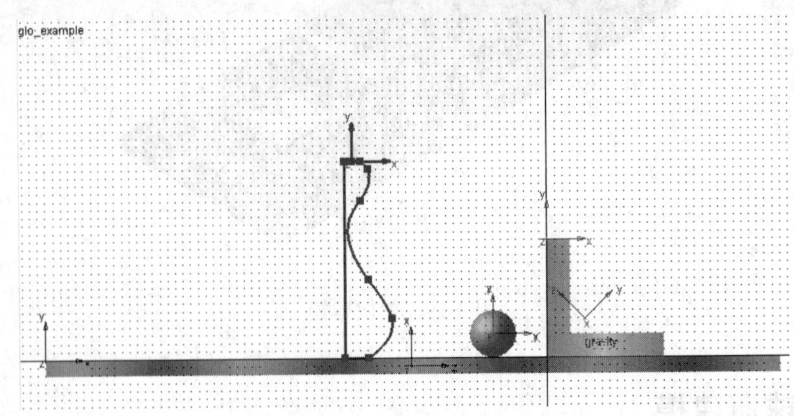

图 3-91　创建的折线段

（3）创建旋转坐标。球瓶是一个旋转体，必须为其创建一个旋转坐标。为此，在主工具箱中右击几何建模工具集图标，展开所有的几何建模工具图标，单击标记点图标，并在主工具箱下方出现的设置选项中选择“添加到现有部件”和 Z 轴选项，即创建坐标系时指定 z 轴方向。完成以上设置后，在绘图区选择曲边多边形所在物体（PART_5），在坐标点（–260,250,0）处创建旋转坐标，坐标 z 轴方向竖直向上，如图 3-92 所示。

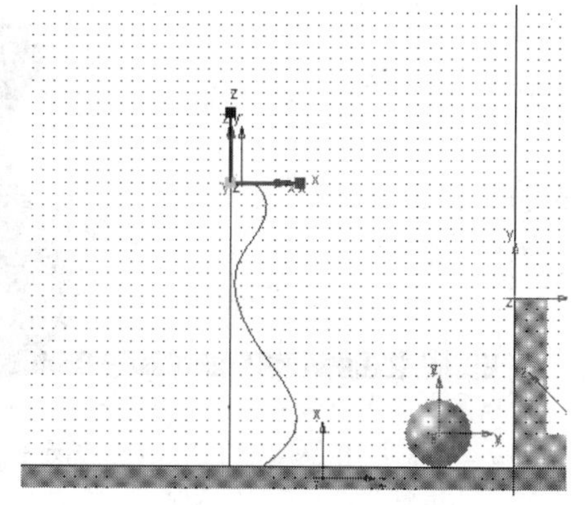

图 3-92　创建的旋转坐标

（4）生成旋转体。球瓶由曲多边形绕上面坐标系的 z 轴旋转而成，具体创建过程如下。

选择菜单栏中的工具→浏览器命令，弹出“Command Navigator”对话框，如图 3-93 所示。单击 geometry/creat/shape 前的“+”，展开命令集，双击 revolution 命令，弹出如图 3-94 所示的“几何创建（形状）：旋转体”对话框。在参考标记点文本框中右击，在弹出的快捷菜单中选择标记点→选取命令，在绘图区单击旋转坐标，在轮廓曲线后面的文本框中右击，在弹出的快捷菜单中选择线型几何体→选取命令，在绘图区选择样条曲线和折线段，在相对文本框中右击，在弹出的快捷菜单中选择参考坐标系→选取命令，在绘图区单击旋转坐标。完成以上操作后，单击“确定”按钮，Adams 自动生成球瓶旋转体，如图 3-95 所示。

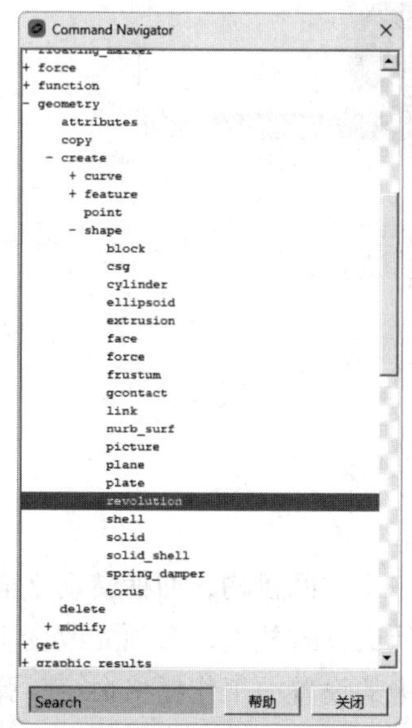

图 3-93　“Command Navigator”对话框

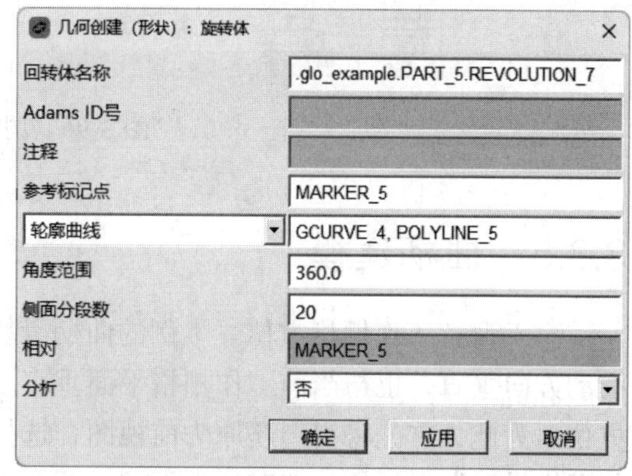

图 3-94　“几何创建（形状）：旋转体”对话框

（5）调整球瓶位置。在本例中，要想使小球和球瓶之间发生斜碰，需要将球瓶沿 z 轴正向移动 2cm。先将视图转换为右视图，在球瓶上单击选中它，然后在主工具箱中单击移动图标，在距离文本框中输入 2cm，单击向左移动图标，将球瓶向左（z 轴正向）移动 2cm，如图 3-96 所示。

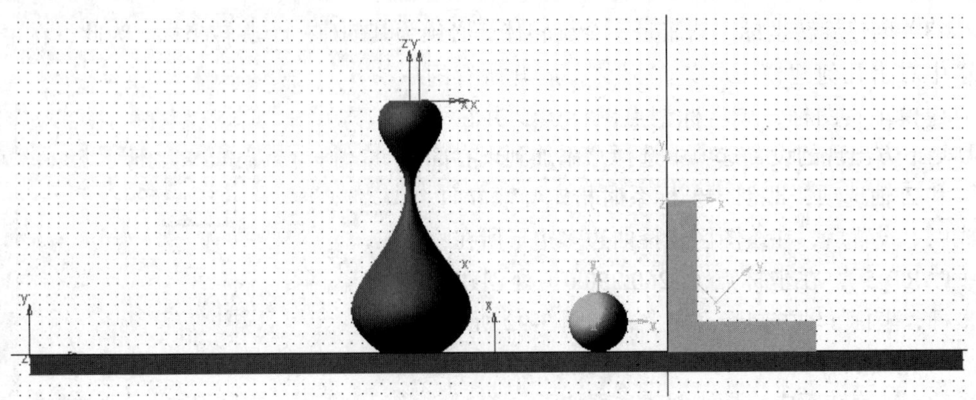

图 3-95　生成球瓶旋转体

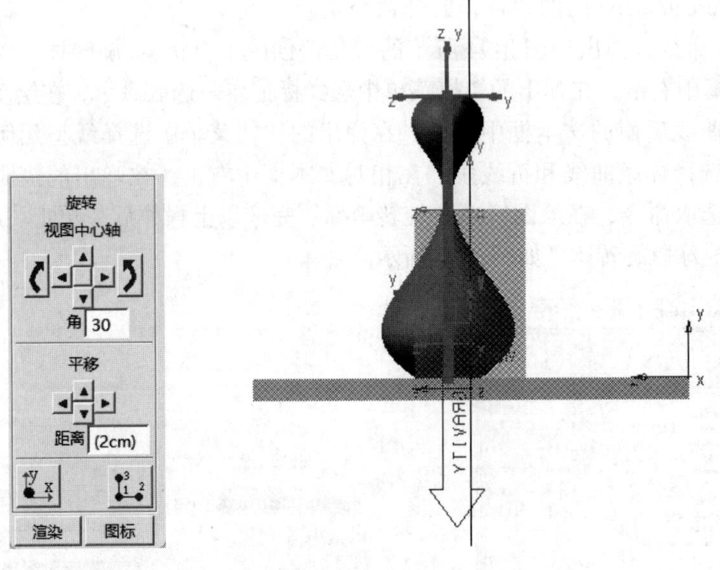

图 3-96　调整球瓶位置

3.3.5　曲柄建模

（1）调整工作栅格方位。本例的曲柄滑块机构是一个空间机构，曲柄转动平面与滑块滑动方向垂直，也与当前工作栅格平面垂直。为了方便交互式建模，必须先改变工作栅格方位。为此，首先将视图还原为前视图，选择菜单栏中的设置→工作栅格命令，弹出“工作栅格设置”对话框，在对话框下部有两个选项栏，分别用于设定工作栅格原点位置和栅格平面方位，调整栅格原点到坐标点（300,0,200）处，调整方向到全局坐标的 yz 平面，如图 3-97 所示。

（2）创建曲柄。将视图转换为右视图，单击主工具箱中的创建连杆图标，然后在绘图区的栅格原点按住鼠标左键并拖动至坐标点（0,200,0）处松开，创建的曲柄如图 3-98 所示。

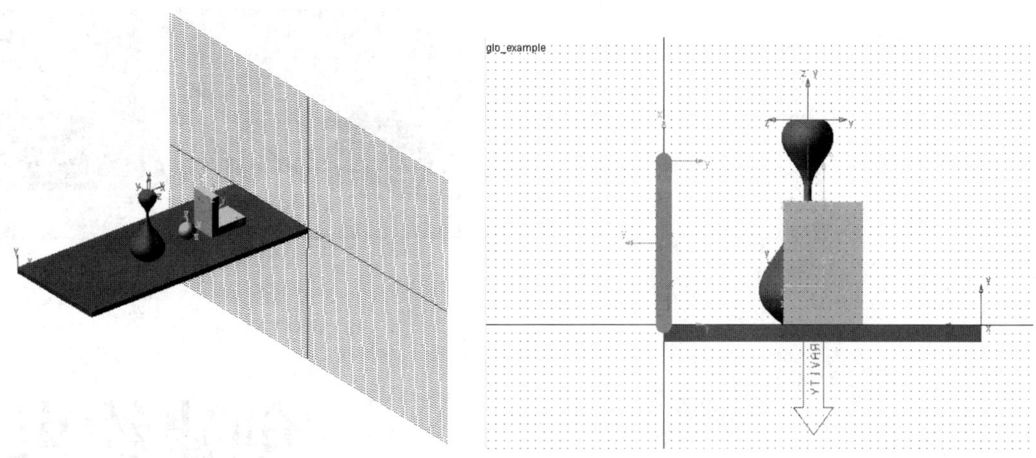

图 3-97　调整工作栅格方位　　　　图 3-98　创建的曲柄

3.3.6　连杆建模

适当调整视图方位到如图 3-99 所示的位置，在主工具箱中右击几何建模工具集图标，展开所有的几何建模工具图标，单击圆柱体建模图标，在主工具箱下方出现的设置选项中选中半径复选框，并输入半径值 1.0cm，然后在绘图区中点选曲柄上端的坐标点按住鼠标左键并拖动至滑块的角点处第二次单击，完成连杆（圆柱体）的建模，如图 3-99 所示。

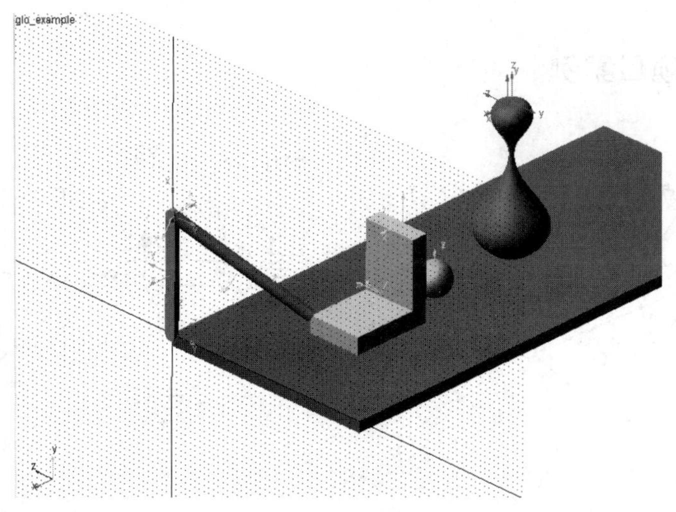

图 3-99　调整视图方位

至此，本例所包含的物体全部创建完成，每个物体各自的几何和物理信息都被储存到数据库中，但物体之间是彼此分离的，还必须建立相互的约束关系，才能构成一个完整的机构。

第4章 创建约束

本章将详细讲解 Adams 中物理模型约束构件的类型、自由度、命名以及常用的约束工具，并介绍虚约束和创建高副，以及如何定义机构的运动，最后通过实例进行说明。

- ☑ 约束类型、约束和自由度、约束的命名、约束工具
- ☑ 常用约束、虚约束
- ☑ 创建高副
- ☑ 定义机构驱动

任务驱动和项目案例

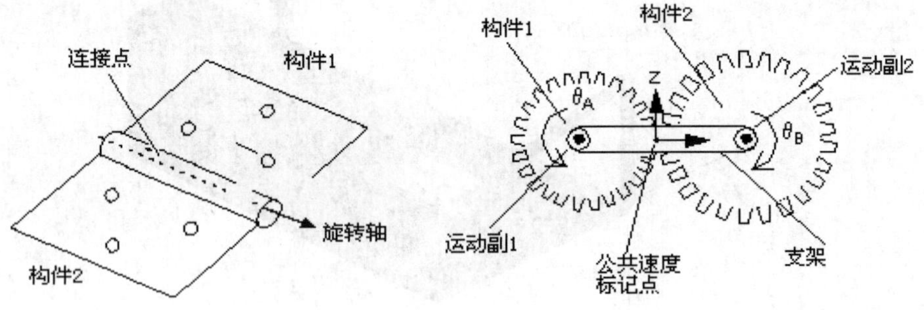

4.1　约束类型

Adams View 中约束定义了构件（刚体、柔体和点质量）间的连接方式和相对运动方式。Adams View 为用户提供了一个非常丰富的约束库，主要包括以下四种类型的约束。

（1）理想约束。包括转动副、移动副和圆柱副等。

（2）虚约束。限制构件某个运动方向，例如，约束一个构件始终平行于另一个构件运动。

（3）运动产生器。驱动构件以某种方式运动。

（4）接触限制。定义两构件在运动中发生接触时，是怎样相互约束的。

4.2　约束和自由度

构件独立运动的数目称为自由度。一个空间自由体有 6 个自由度——3 个转动自由度和 3 个移动自由度。每个自由度至少对应一个运动方程。当在两个零件间施加约束后，约束消除了零件的某些自由度。无论零件受力如何和如何运动，一个零件始终和另一个零件保持一定的位置关系。

Adams View 中不同的约束去除不同的自由度。例如，一个转动副消除了两个零件间的 3 个移动自由度和 2 个转动自由度。模型的总自由度数等于所有活动构件的自由度的和与所有运动副引入约束数目和的差。当进行模型仿真分析时，Adams Solver 计算模型的总自由度，并确定求解模型的代数方程。用户也可以在仿真前通过模型分析工具计算模型自由度。

4.3　约束的命名

创建约束时，Adams View 根据约束的类型和当前模型中这类约束的数量，自动为约束生成一个名字。对于理想约束，以 JOINT 加下划线“_”加约束号命名（如 JOINT_1）；对于虚约束，以 PRIM 加下划线“_”加约束号命名（如 PRIM_1）。

4.4　约束工具

Adams View 中允许通过两种方式启动约束工具，一种是在主工具箱中，选择添加约束工具集图标或运动工具集图标，如图 4-1a 和图 4-1b 所示，然后选择约束工具。另一种方法是在菜单栏中选择创建→运动副命令，可显示约束浮动对话框，如图 4-1c 所示。

主工具箱中的添加约束和运动工具集中包含大部分常用约束命令，而由创建（Build）菜单中的运动副（Joints）命令打开的约束浮动对话框包含所有约束命令。

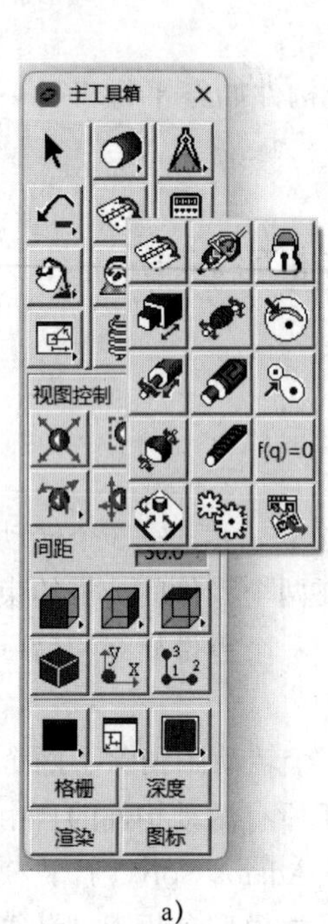

a)

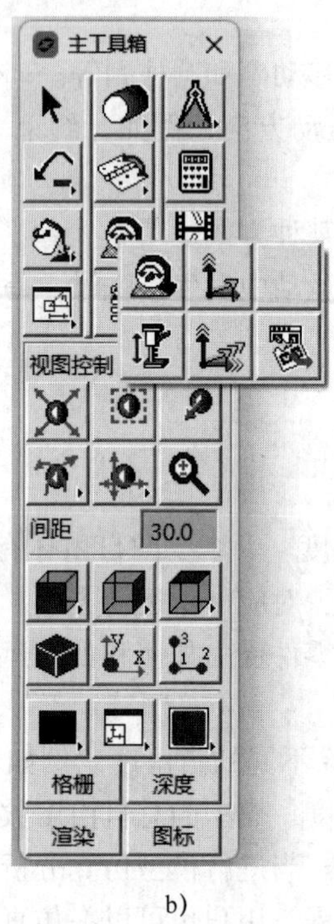

b)

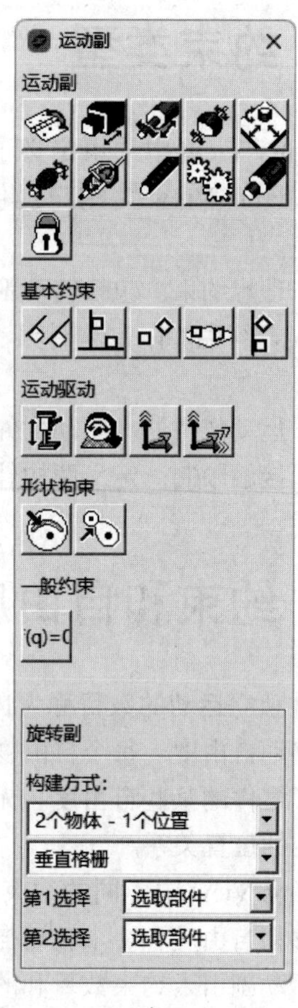

c)

图 4-1　约束工具集

4.5　常用约束

4.5.1　常用理想约束

Adams View 为用户提供了 12 个常用的理想约束工具，如表 4-1 所示。表中列出了约束的工具图标和约束的自由度数。通过这些运动副，可以将两个构件连接起来，约束它们的相对运动。被连接的构件可以是刚性构件、柔性构件或者是点质量。

对于表 4-1 中序号 1～10 的约束，施加的方法如下：

（1）在如图 4-1a 所示主工具箱中添加约束工具集，或在约束浮动窗口，选择约束工具图标。

（2）在设置栏选择连接构件的方法，一共有以下三种方式。

☑ 一个位置（1 Location）。选择一个连接位置，由 Adams View 确定连接的构件，此时 Adams View 自动选择最靠近所选连接位置的构件进行连接，如果所选连接点附

近只有一个构件，则该构件将同地面连接。只有在两个构件的连接位置非常接近时，才可以由 Adams View 确定连接构件，而且由 Adams View 确定连接的构件时，Adams View 并不区分第一个构件与第二个构件。因此对于要求明确指出第一个构件与第二个构件的约束，这种方法不适用。

表 4-1　常用的理想约束工具

1. 旋转副	2. 移动副	3. 圆柱副
约束 2 个旋转和 3 个移动自由度	约束 3 个旋转和 2 个移动自由度	约束 2 个旋转和 2 个移动自由度
4. 球副	5. 平面副	6. 等速度副
约束 3 个移动自由度	约束 2 个旋转和 1 个移动自由度	约束 1 个旋转和 3 个移动自由度
7. 虎克铰	8. 万向副	9. 螺旋副
约束 1 个旋转和 3 个移动自由度	约束 1 个旋转和 3 个移动自由度	约束 2 个旋转和 2 个移动自由度
10. 齿轮副	11. 耦合副	12. 固定副

☑ 两个物体一个位置（2 Bod-1 Loc）。选择需连接的两个构件和一个连接位置，此时约束固定在第一个构件上（即先选择的构件），第一个构件相对于第二个构件运动。

☑ 两个物体两个位置（2 Bod-2 Loc）。选择需连接的两个构件，以及两个构件上的约束连接位置。

（3）选择连接方向。连接方向决定了构件间相对运动的轴线方向，有以下两种选择方法。

☑ 垂直栅格（Normal to Grid）。当工作栅格显示时，约束方向垂直于栅格平面。否则约束方向垂直于屏幕。

☑ 选取几何特性（Pick Feature）。通过选择一个在栅格平面或屏幕内的方向矢量确定约束的方向。

（4）根据状态栏提示，依次选择相互连接的构件 1、构件 2、连接位置和约束方向。

4.5.2 施加螺旋副

螺旋副使一个构件绕着另一个构件旋转，并沿其轴线移动。螺旋副不要求两个构件相对旋转和移动的轴线平行，但要求第一个构件上标记点的 z 轴和第二个构件上标记点的 z 轴始终平行和同向。创建螺旋副后，要求指定螺距值。它定义了第一个构件绕着第二个构件每旋转一周第一个构件位移的大小。默认情况下，Adams View 将螺距值设为 1，单位为长度单位。输入正的螺距值，表示螺旋副为右旋，负值表示左旋。

4.5.3 施加齿轮副

齿轮副由两个齿轮、一个连接支架和两个约束组成，如图 4-2 所示。齿轮副通过一个公共速度标记点建立起了 3 个构件和两个约束之间的运动关系。

公共速度标记点在支架上，为两齿轮接触点，它的 z 轴方向定义了齿轮啮合点的速度和啮合力的方向。公共速度标记点到两个约束的距离决定了齿轮的传动比。

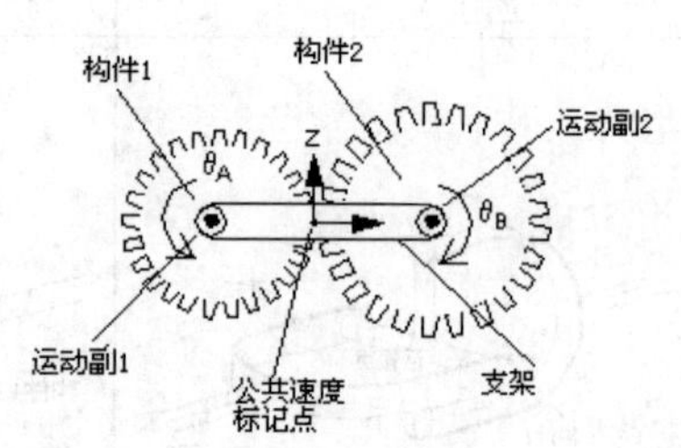

图 4-2　齿轮副

齿轮副中的约束可以为旋转副、移动副或圆柱副，可以选择不同类型的连接，模拟不同的齿轮连接形式，如直齿圆柱齿轮、斜齿轮、行星齿轮、锥齿轮、齿条齿轮等。

创建齿轮副的方法如下：

（1）创建两个构件作为齿轮，并在齿轮上施加约束。

（2）在主工具箱的几何建模工具集中单击标记点图标，作为公共速度标记点。注意：公共速度标记点应建在连接支架上，并且标记点的 z 轴方向应该指向齿轮副啮合点的运动方向。

（3）在主工具箱的约束工具集中单击齿轮副图标，显示“创建复杂的齿轮副”对话框，如图 4-3 所示。

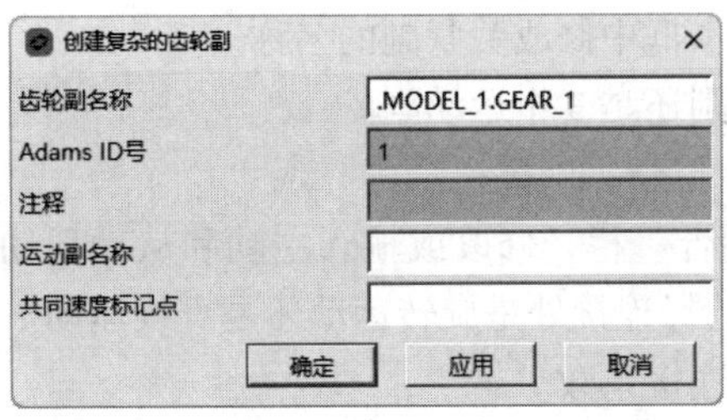

图 4-3 “创建复杂的齿轮副”对话框

设置创建齿轮副的各项参数。

☑ 在“齿轮副名称”栏，输入或修改齿轮副名称。

☑ 在“Adams ID 号”栏，输入齿轮副的整数标号。

☑ 在“注释”栏，可以输入有助于管理的任何注释内容。

☑ 在“运动副名称”栏，输入齿轮副的两个约束的名称，Adams View 自动在两个名称之间添加一个“,”号。也可以选择约束，在输入文本框中单击鼠标右键，在弹出的快捷菜单中选择选取命令，然后拾取约束。

☑ 在“共同速度标记点”栏，输出齿轮副的公共速度标记点名称，也可以采取与选择约束同样的方式选择标记点。如果没有公共速度标记点，可以右击显示快捷菜单，从中选择创建命令，产生一个新的标记点。

（4）单击“确定”按钮，完成齿轮副创建。

4.5.4　施加耦合副

耦合副可以将 2 个或 3 个运动副的运动关联起来。如果模型中有带轮、链轮和滑轮，耦合副就用来传递运动和能量。可以使用多个关联副将许多运动副相互联系起来，组成一个复杂的带轮系统，如图 4-4 所示。创建耦合副前，应先创建耦合的运动副。

创建耦合副的方法如下：

（1）在主工具箱的约束工具集中单击耦合副图标。

（2）先选择主动运动副，然后选择从动运动副，完成耦合副的创建。这时的耦合副的各参数为 Adams View 的默认值。

（3）可以对耦合副的各参数进行如下操作进一步完成设置。

❶ 在耦合副上右击，在弹出的快捷菜单中选择修改命令，弹出“修改耦合副”对话框，如图 4-5 所示。

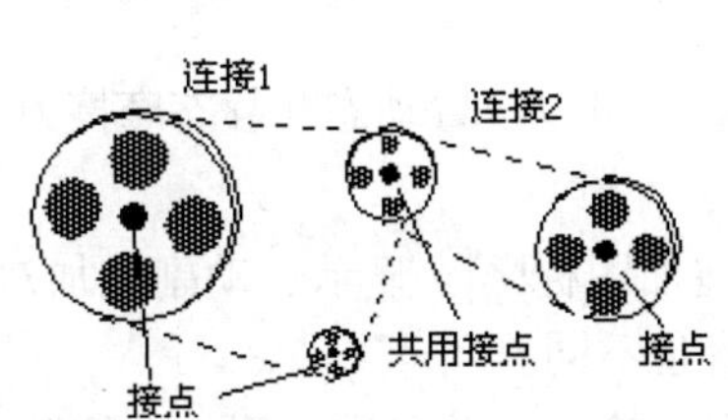

图 4-4　耦合副

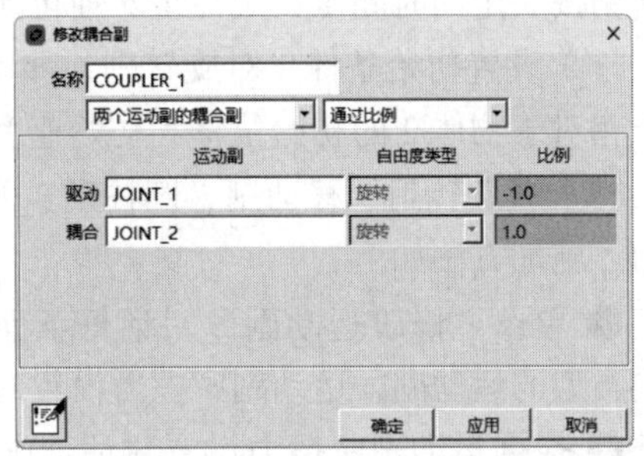

图 4-5 “修改耦合副”对话框

❷ 可以在“名称”文本框中修改关联副的名称。

❸ 选择连接两个运动副还是 3 个运动副。

❹ 选择连接关系是线性还是非线性。

❺ 在“驱动”和“耦合”栏，修改或输入主动和从动运动副及其类型。对圆柱副约束，需要在自由度类型栏选择连接处是旋转运动还是直线运动。

❻ 在“比例”栏输入连接系数。

4.5.5 修改理想运动副

Adams View 允许对已经创建的运动副进行修改，可以通过以下两种方法显示修改运动副对话框。

☑ 通过快捷菜单。选择要修改的运动副，在运动副上右击，在弹出的快捷菜单中选择修改命令，Adams View 显示“修改运动副”对话框。

☑ 通过命令菜单。通过选择菜单栏中的编辑→修改命令，如果事先已经选择了要修改的运动副，Adams View 弹出“修改运动副”对话框；如果事先没有选择任何对象，Adams View 弹出数据库浏览器，可以在数据库浏览器中选择要修改的运动副，并单击数据库浏览器下边的确定按钮，Adams View 显示“修改运动副”对话框。表 4-1 中除了耦合运动副和齿轮副之外的所有理想运动副的“修改运动副”对话框如图 4-6 所示。

通过“修改运动副”对话框，可以修改和设置以下已经建立的运动副的相关参数。

（1）运动副名称。如果不想使用 Adams View 为运动副设置的名称，在这项可以为运动副设置名称。

（2）相互连接的第 1 个物体和第 2 个物体。通过此项可以改变构件间的相互运动关系。

（3）运动副类型。通过此项可以将当前的运动副类型直接改成其他满足要求的运动副。此项中可以选择 Adams View 为用户提供的所有运动副类型。

（4）力显示。设置仿真分析时是否显示连接力，其中：

☑ 无（None）——不显示连接力。

☑ 在第 1 个物体上——在物体 1 上显示连接力。

☑ 在第 2 个物体上——在物体 2 上显示连接力。

（5）设置运动副的运动。可以指定运动副中可以活动轴的运动规律。例如，可以设置旋转副按一定的时间函数规律绕 z 轴转动。

（6）设置初始条件。对旋转副、移动副和圆柱副可以设置初始条件，包括物体 1 的连接点相对于物体 2 的初始位移和初始速度等。

（7）对旋转副、移动副、圆柱副、万向副和球副，可以设置动态和静态摩擦力以及预紧力。施加方法如下。

❶ 单击“修改运动副”对话框下面的摩擦力施加图标，显示运动副施加对话框。不同类型的运动副，运动副摩擦力设置对话框的内容也不同。

❷ 根据运动副摩擦力设置对话框中的各项要求，输入有关参数。例如，旋转副的摩擦力施加对话框如图 4-7 所示。

图 4-6　“修改运动副”对话框

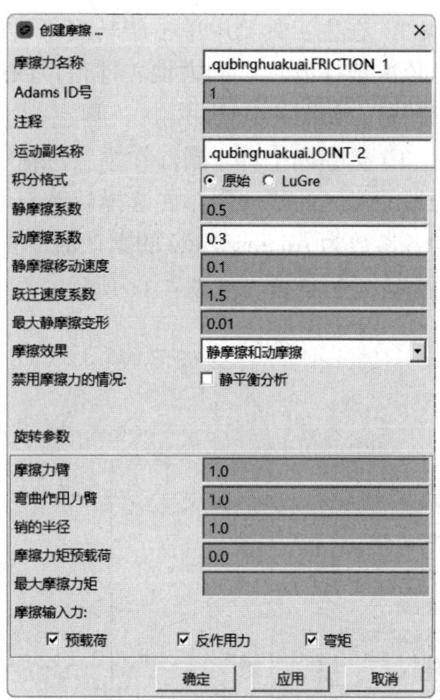

图 4-7　旋转副的摩擦力施加对话框

4.5.6　实例——为滑轮组模型添加约束

本实例为前面绘制的滑轮组模型创建运动副，鼓轮 C 与 A 之间的连接采用耦合副的方式，与 B 之间的连接也使用耦合副的方式。

（1）创建 3 个基本的运动副。在主工具箱中单击移动副工具图标，设置参数为 2 个物体 -1 个位置，选取特征，依次选择重物 A 和大地（即窗口内空白位置处），点的位置选择重物 A 的质心，并沿竖直方向定义运动箭头，创建重物 A 的移动副，如图 4-8 所示。

（2）用同样的方法创建重物 B 的移动副，如图 4-9 所示。

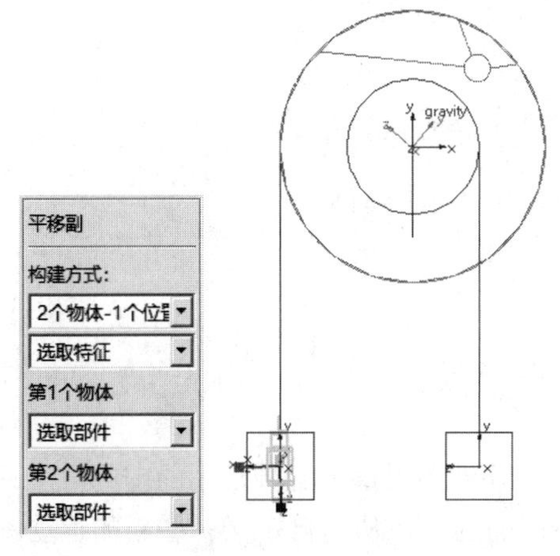

图 4-8　创建重物 A 的移动副

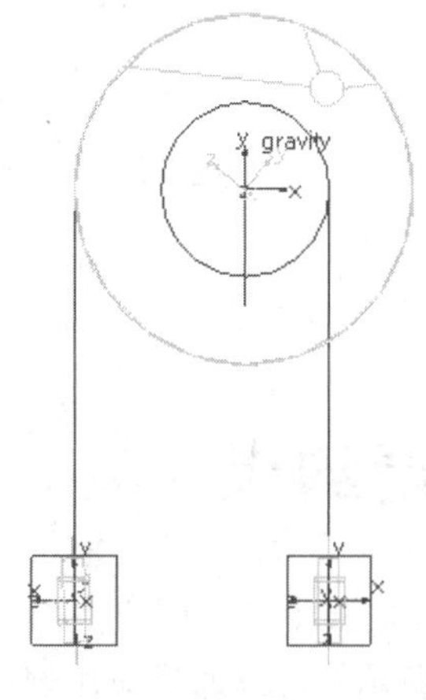

图 4-9　创建重物 B 的移动副

（3）在主工具箱中单击旋转副工具图标，设置参数为 2 个物体 -1 个位置，选取特征，依次选择鼓轮 C 和大地（即窗口内空白位置处），点的位置选择鼓轮 C 的质心，方向垂直栅格，如图 4-10 所示。

（4）创建两个耦合副。在主工具箱的约束工具集中单击耦合副图标，首先选择重物 A 与地面之间的移动副，再选择鼓轮与地面之间的转动副，则耦合副被创建，这时的耦合副的各参数为 Adams View 的默认值。在图形区域双击耦合副的图标，弹出“修改耦合副”对话框，进行设置，如图 4-11 所示。

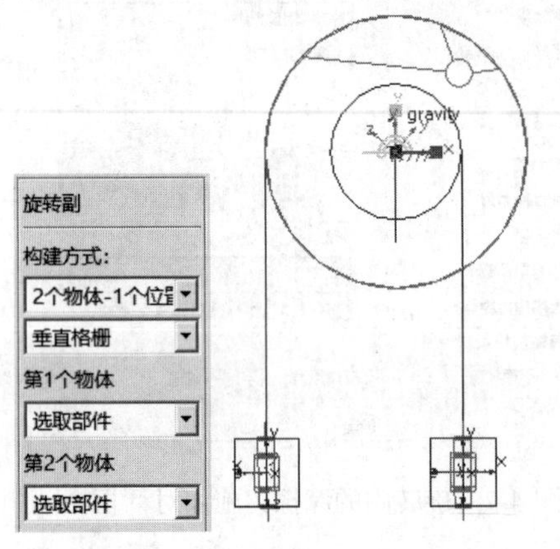

图 4-10　创建鼓轮 C 的移动副

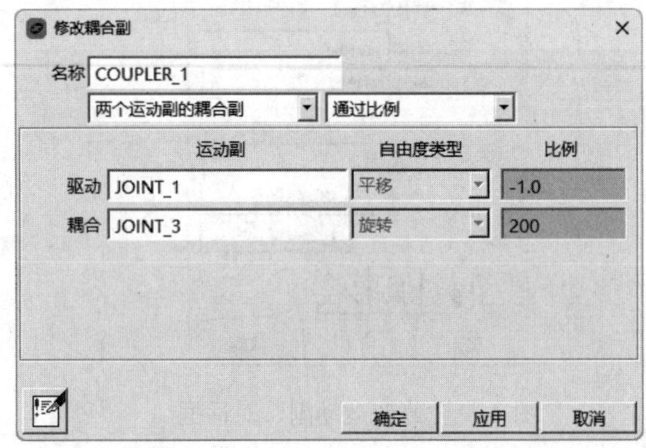

图 4-11　设置重物 A 和鼓轮 C 之间的耦合副

（5）用同样的方法创建重物 B 和鼓轮 C 之间的耦合副并修改属性，如图 4-12 所示。

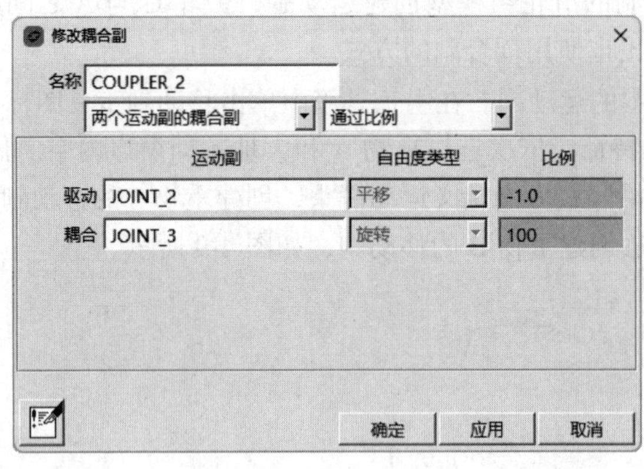

图 4-12　创建重物 B 和鼓轮 C 之间的耦合副

4.6　虚约束

Adams View 除为用户提供了丰富的常用约束之外，还提供了五种常用的虚约束工具，如图 4-13 所示。可以通过应用这些虚约束组成不同的约束，从而自定义一些新的运动副，或者组合不同的运动副，实现更复杂的运动约束。

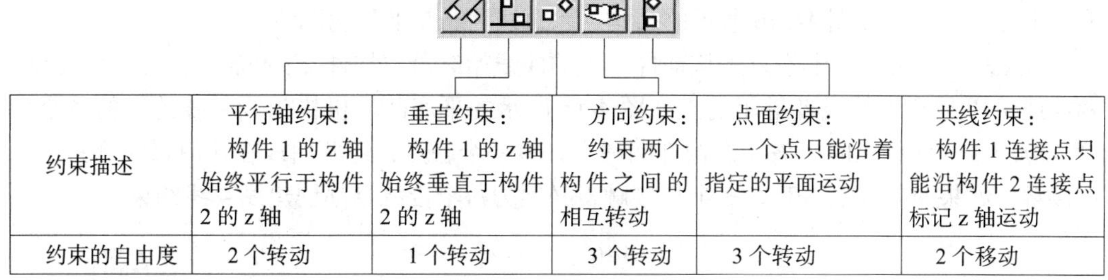

	平行轴约束：	垂直约束：	方向约束：	点面约束：	共线约束：
约束描述	构件 1 的 z 轴始终平行于构件 2 的 z 轴	构件 1 的 z 轴始终垂直于构件 2 的 z 轴	约束两个构件之间的相互转动	一个点只能沿着指定的平面运动	构件 1 连接点只能沿构件 2 连接点标记 z 轴运动
约束的自由度	2 个转动	1 个转动	3 个转动	3 个转动	2 个移动

图 4-13　五种常用的虚约束工具

创建虚约束的方法如下：

（1）单击约束工具集中的浮动图标，显示约束浮动窗口，选择虚约束工具。

（2）在设置栏选择连接构件的方法，一共有以下三种方式。

☑ 一个位置（1 Location）。选择一个连接位置，由 Adams View 确定连接的构件。此时 Adams View 自动选择最靠近所选连接位置的构件进行连接，如果所选连接点附近只有一个构件，则该构件将同地面连接。只有在两个构件的连接位置非常接近时，才可以由 Adams View 确定连接构件，并且由 Adams View 确定连接构件时，Adams View 并不区分第一个构件与第二个构件。因此对于要求明确指出第一个构件与第二个构件的约束，这种方法不适用。

☑ 两个物体一个位置（2 Bod-1 Loc）。选择需连接的两个构件和一个连接位置。此时约束固定在第一个构件上（即先选择的构件），第一个构件相对于第二个构件运动。

☑ 两个物体两个位置（2 Bod-2 Loc）。选择需连接的两个构件以及两个构件上的约束连接位置。

（3）选择连接方向。连接方向决定了构件间相对运动的轴线方向，有以下两种选择方法。

☑ 垂直栅格。当工作栅格显示时，约束方向垂直于栅格平面，否则约束方向垂直于屏幕。

☑ 选取几何特性。通过选择一个在栅格平面或屏幕内的方向矢量确定约束的方向。

（4）根据状态栏提示，选择一个或两个构件。

（5）确定连接点的位置。

（6）如果在选择连接方向时选择了选取几何特性选项，可以拖动鼠标绕对象移动，此时显示表示连接方向的箭头。当方向满足要求时，单击，完成指定约束的设置。

4.7　创建高副

Adams View 为用户提供了两种形式的高副：点 – 线约束（见图 4-14）和线 – 线约束（见图 4-15）。

在点 – 线约束中，定义构件 1 为从动件，可以做旋转运动，同时构件 1 上的触点始终沿着构件 2（凸轮）上的轮廓曲线运动。构件 2（凸轮）上的轮廓曲线可以为平面曲线，也可以为空间曲线，可以为开口的或封闭的。对于如图 4-14a 所示的结构，轮廓线为导向槽的中心线；对于如图 4-14b 所示的结构，轮廓线为凸轮的外轮廓线。

在线－线约束中，构件 1（从动件）上的曲线始终沿着构件 2（凸轮）的轮廓线运动，两曲线可以是开口的或者封闭的。如图 4-15 所示的平底凸轮机构为线－线约束的一个特例。应用线－线约束时应该注意构件间只允许有一个触点，即两曲线在任何瞬时都只在一点接触，如果两曲线在瞬时有多个点接触，必须为每个接触点都创建线－线约束。

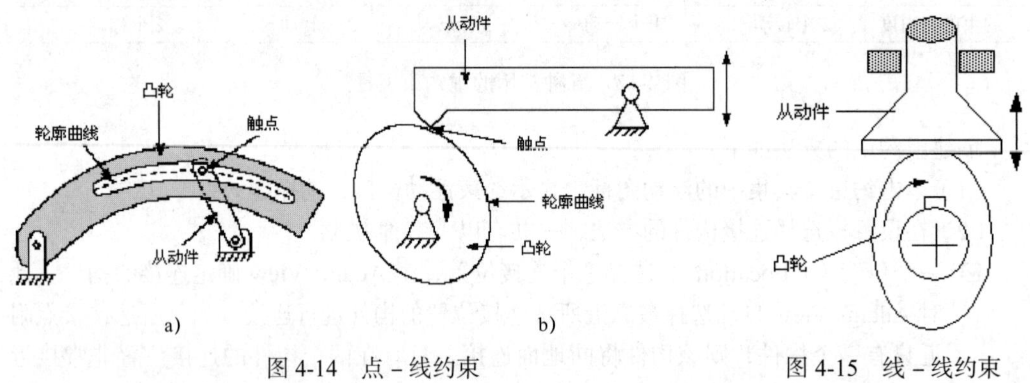

图 4-14　点－线约束　　图 4-15　线－线约束

创建高副的方法如下：

（1）在主工具箱的约束工具集中单击点－线约束工具图标或线－线约束工具图标。

（2）对于点－线约束选择从动件上的触点；对于线－线约束选择从动件上的曲线。

（3）选择凸轮的轮廓曲线。

> **提示：**
>
> 创建高副应注意以下几点。
>
> ☑ 使用足够多的点来定义曲线。
>
> ☑ 尽可能地使用封闭曲线。
>
> ☑ 所定义的曲线应该包括凸轮运动的全部范围。
>
> ☑ 避免将初始触点定义在曲线的节点附近。
>
> ☑ 避免线－线约束具有多个触点。
>
> ☑ 可以利用一条曲线定义多个接触约束。

高副创建完成后，可以对两种约束进行修改或设置初始条件。修改凸轮机构的方法如下：

（1）右击要修改的高副，在弹出的快捷菜单中选择修改命令，显示修改高副对话框。“修改接触副点曲线”对话框如图 4-16 所示，“强制修改线线高副接触”对话框如图 4-17 所示。

（2）可以改变高副的名称（在“新的点曲线名称”文本框中输入高副的新名称）和 Adams ID 号。

（3）在注释栏可以输入对高副的注释。

（4）输入和修改高副的基本参数。

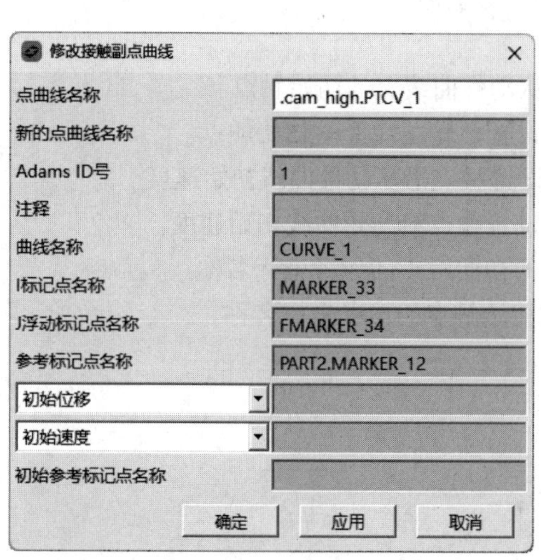

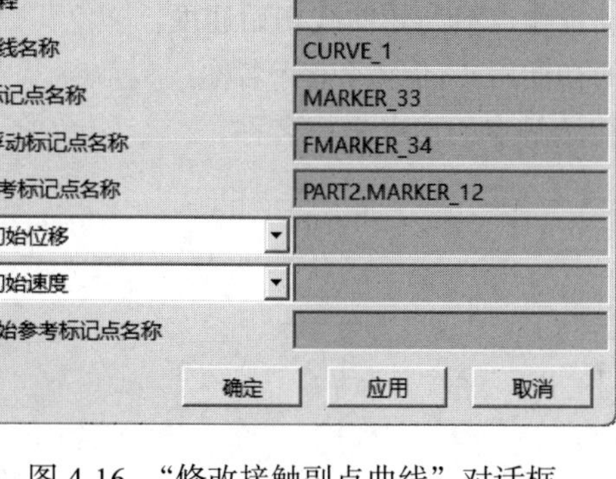

图 4-16 “修改接触副点曲线”对话框

图 4-17 “强制修改线线高副接触”对话框

点 – 线约束基本参数如下：

☑ 点曲线名称：凸轮的曲线名称，触点将沿该曲线运动。

☑ I 标记点名称：定义从动件上的触点的点标记名称。

☑ J 浮动标记点名称：浮动标记名称，浮动标记位于运动过程中的接触点，其 y 轴指向接触点处凸轮的法向，x 轴指向触点处凸轮切向，z 轴指向触点处凸轮次法向。

☑ 参考标记点名称：凸轮机架参考坐标的名称。

线 – 线约束基本参数如下：

☑ I 曲线名称：从动件曲线的名称。

☑ J 曲线名称：凸轮的曲线名称。

☑ I 参考标记点名称：从动件曲线参考坐标名称。

☑ J 参考标记点名称：凸轮机架参考坐标的名称。

☑ I 浮动标记点名称：从动件浮动标记名称，该标记位于从动件的触点，其 y 轴指向触点处从动件曲线的法向，x 轴指向触点处从动件曲线的切向，z 轴指向触点处从动件曲线的次法向。

☑ J 浮动标记点名称：凸轮浮动标记名称，浮动标记位于凸轮的触点，其 y 轴指向触点处凸轮曲线的法向，x 轴指向触点处凸轮曲线的切向，z 轴指向触点处凸轮曲线的次法向。

（5）修改和设置初始条件。

凸轮的初始条件包括：初始位移和初始速度。

点 – 线约束基本参数如下：

☑ 初始位移或无初始位移：设置或不设置在凸轮上的初始触点，如果初始触点不在凸轮曲线上，Adams View 将使用凸轮曲线上距离初始触点最近的一点作为触点。

☑ 初始速度或无初始速度：设置或不设置初始接触的初始速度。

☑ 初始参考标记点名称：初始触点的参考坐标名称，如果不设置坐标，Adams View 将取凸轮曲线的参考坐标为初始触点的参考坐标。

线 – 线约束基本参数如下：

☑ I 初始位移或无 I 初始位移：是否设置从动件曲线上的初始触点。

☑ J 初始位移或无 J 初始位移：设置或不设置凸轮曲线上的初始触点。

☑ I 初始速度或无 I 初始速度：设置或不设置触点沿从动件曲线初始速度。

☑ J 初始速度或无 J 初始速度：设置或不设置触点沿凸轮曲线初始速度。

☑ I 初始参考标记点名称：从动件曲线上的初始触点的参考坐标名称。

☑ J 初始参考标记点名称：凸轮曲线上的初始触点的参考坐标名称。

（6）单击“确定”按钮结束对高副的修改。

4.8 定义机构驱动

4.8.1 机构驱动类型

机构都是以一定的驱动规律运动的，通过定义机构的驱动规律，一方面可以约束机构的某些自由度，另一方面也决定了是否需要施加力来维持所定义的驱动。

Adams View 为用户提供了以下两种类型的驱动。

（1）运动副驱动：运动副驱动定义了移动副、转动副或圆柱副中的移动或转动运动，每一个运动副驱动去除一个自由度。

（2）点驱动：点驱动定义两个零件之间的运动规律。定义点驱动规律时，要指明驱动的方向。点驱动可以应用于任何典型的驱动副，如圆柱副、球副等。通过定义点驱动可以在不增加额外约束和构件的情况下，构造复杂的运动。

驱动可以定义为整个过程中的加速度、位移或速度。在默认状态下，通过定义整个过程的恒定运动速度定义运动。可以通过下面三种方法中的任一种定义运动值。

（1）直接输入移动或转动的速度值。默认情况下，转速的单位为 °/s，移动速度的单位为长度单位 / 时间单位（如 mm/s）。

（2）函数表达式。可以利用 Adams View 为用户提供的以时间为变量的函数表达式来精确定义运动副的驱动。

（3）输入自编子程序的传递参数。可以自编一个子程序来定义非常复杂的驱动，此时在参数栏输入的是传递给子程序的有关参数。

在定义驱动时应注意以下几点：

☑ 对任何已经定义驱动的运动副，不要设置所定义的驱动方向的初始条件。

☑ 可以定义运动值为零，此时等价于将两个构件固定起来。

☑ 如果定义的驱动导致非零的初始加速度，Adams Solver 在运动学仿真的最初 2 ~ 3 步积分分析中，可能会产生不可靠的加速度和速度，Adams Solver 在输出时，会

自动纠正这些错误。但是，如果设置了同初始速度有关联的加速度或力传感器，则可能会发生错误，此时应该修改初始条件，使初始加速度为零。

☑ 如果使用速度和加速度定义驱动，在动力学仿真分析时不能用 ABAM 法积分。

4.8.2 创建运动副驱动

Adams View 中有两种运动副驱动：移动和转动。对于移动驱动，Adams View 约束构件 1 沿构件 2 的 z 轴移动，对于旋转驱动，约束构件 1 按右手定则绕构件 2 的 z 轴旋转，要求构件 1 的 z 轴必须始终同构件 2 的 z 轴保持平行。当夹角为零时，构件 1 的 x 轴同构件 2 的 x 轴平行。

创建运动副驱动的方法如下：

（1）在驱动工具集或约束浮动对话框中单击运动副移动工具图标或运动副转动驱动工具图标。

（2）在设置栏输入速度值。Adams View 的旋转驱动默认值为 30.0°/s，移动驱动默认值为 10.0mm/s，如图 4-18 所示。

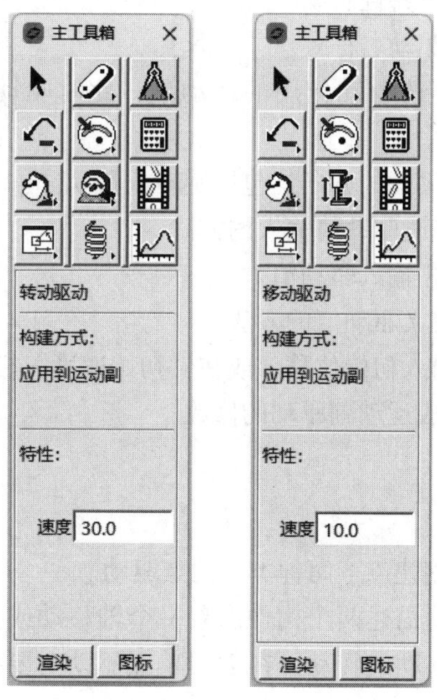

图 4-18 设置运动副驱动

如果想用函数表达式或自编子程序定义驱动值，可以右击“速度”输入栏，在弹出的快捷菜单中选择参数化→表达式生成器命令，此时显示“函数编辑器”对话框，如图 4-19 所示。利用“函数编辑器”对话框可以输入各种函数。

（3）鼠标左键选择要施加驱动的运动副，完成连接驱动设置。

Adams View 允许对创建的运动副驱动进行修改。选中要修改的运动副驱动，右击，在弹出的快捷菜单中选择修改命令，弹出驱动修改对话框。以转动驱动为例，修改对话框如图 4-20 所示。

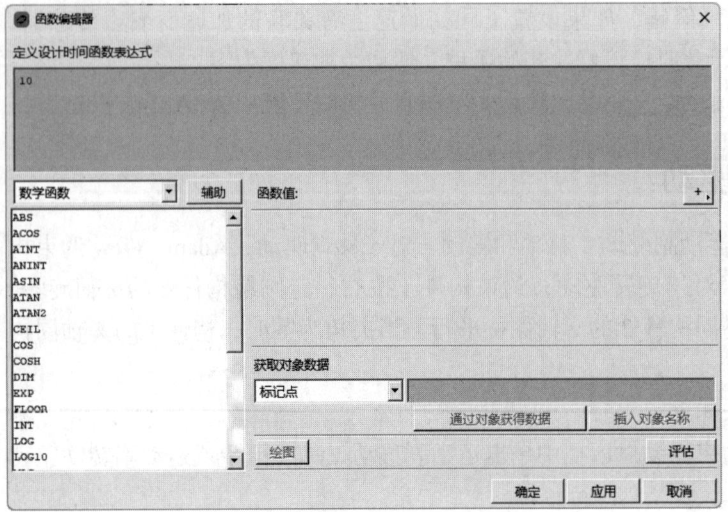

图 4-19 “函数编辑器”对话框

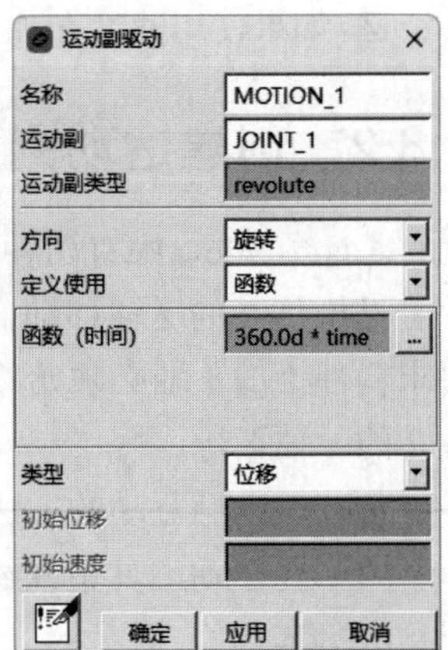

图 4-20 修改转动驱动对话框

可以修改运动副驱动以下特性：

☑ “名称”栏可以修改驱动名称。

☑ “运动副”栏可以修改驱动作用的运动副，此时驱动类型也随运动副的改变而变化。

☑ “方向”栏可以修改驱动的方向，包括旋转或移动。

☑ 在“定义使用”栏修改驱动值输入的方法。

☑ 在“函数（时间）”栏输入驱动值。

☑ 在“类型”栏选择定义驱动值的方法。

☑ 在“初始位移”栏输入初始位移，或在“初始速度”栏输入初始速度。

单击“确定”按钮，完成运动副驱动的修改。

4.8.3 创建点驱动

在 Adams View 中可以创建以下两种类型的点驱动。

☑ 单点驱动。单点驱动描述两个构件沿着一个轴移动或绕着一个轴转动，默认状态下为沿着 z 轴方向移动或转动。在创建单点驱动时要指定 z 轴的方向，还可以改变驱动的参考轴。

☑ 一般点驱动。一般点驱动描述两个构件沿着 3 个轴（6 个自由度）移动或转动。

创建点驱动时，需要指定驱动的类型、驱动作用的位置和驱动的方向。Adams View 在驱动作用的位置为每个构件创建标记点。Adams View 在首先选择的构件上创建的标记点称为动点，在第二个构件上创建的标记点称为参考点，动点相对于参考点移动或转动。根据右手定则，参考点的 z 轴方向为正方向。

创建点驱动的方法如下：

（1）在驱动工具集或约束浮动对话框中，单击单点驱动工具图标或一般点驱动工具图标。

（2）在设置栏选择连接构件的方法、连接方向、驱动类型和速度值，如图 4-21 所示。

（3）根据状态栏的提示选择构件、连接位置和方向等。

可以通过快捷菜单打开修改驱动对话框，修改有关参数。

（1）驱动作用的构件或运动副。如果点驱动在两个构件之间定义，可以通过修改定义驱动位置和方向的标记点来改变驱动的位置和方向，也可以指定动点和参考点。如果点驱动作用在运动副上，也可以改变点驱动作用的运动副。

（2）点驱动的参考轴或自由度。

（3）一般点驱动特性参数如下。

☑ 驱动的定义方式（位移、速度或加速度）。

☑ 驱动数值的输入方式（数值、函数表达式或传递给用户自定义子程序的参数）。

（4）初始位移或初始速度。

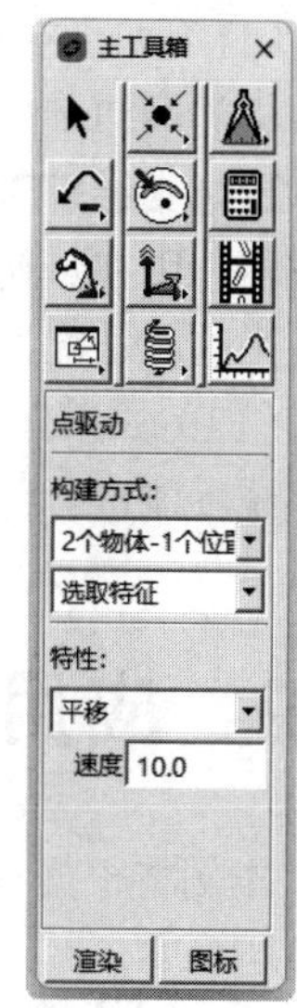

图 4-21 设置点驱动

4.8.4 添加约束的技巧

下面是一些有利于正确地约束构件的技巧，这些技巧有利于正确地建立模型。

（1）在创建样机模型时，应该逐步地对构件施加各种约束，并且不断地对施加的约束进行仿真，检查是否有约束错误，通过这种方法可以比较容易地发现约束错误。

（2）在创建运动约束时，要注意选择对象的顺序，正确选择对象。Adams View 规定在两个相互连接的构件中，构件 1 被连接到构件 2 上。

（3）要注意约束的方向是否正确。错误的约束方向，会导致某些自由度没有被约束，或者约束了不应该约束的方向。

（4）注意约束类型是否正确。

（5）尽量使用一个运动副来完成所需的约束，如果用多个运动副来约束两个构件，每个运动副实现的自由度约束可能重复，这样会导致无法预料的结果。

（6）定期检查样机模型的自由度。选择工具→模型拓扑命令，可以显示当前样机模型的相关信息（包括自由度信息）。

（7）在没有作用力的状态下，通过运行系统的运动学分析来检验样机。如果可能的话，建议在进行样机的动力学分析之前先进行运动学分析，通过运动学分析，可以确定样机在施加作用力之前，各种约束是否正确。有时为了进行运动学分析，需要添加一些临时约束。

（8）去除样机模型中的多余约束，即使在进行仿真分析时程序运行良好，也应该将多余约束去除。

（9）对于任何已经施加了驱动的运动副，不要设置初始条件。对已经设置了运动和初始条件的运动副，Adams Solver 在求解时，将使用设置的运动条件，而忽略设置的初始条件。

（10）可以定义一个不随时间变化的零值速度，零值速度的定义等价于将两个构件固定在一起。

（11）如果在初始状态，所定义的速度产生非零的加速度，Adams Solver 在进行动力学分析的最初 2～3 步内部迭代运算过程中将无法得到可靠的加速度和速度。Adams Solver 在输出仿真结果时，可以自动纠正这一错误。但是，如果此时对有关加速度和速度设置了传感器，则在最初的内部迭代运算过程中，传感器就会检测到错误结果而产生误动作，如果发生这种情况，可以修改初始条件。

（12）如果样机系统的自由度为零，而且含有用速度或加速度表达式定义的速度，则该系统不能进行运动学分析，只能进行动力学分析。

4.9 应用实例——曲柄滑块机构

本例将根据本章内容建立一个曲柄滑块机构。

4.9.1 启动 Adams View

（1）通过“开始”程序菜单运行 Adams View 2024，或直接双击桌面上的快捷方式 Adams View 2024。

（2）在“欢迎使用 Adams...”对话框中选择新建模型选项；设置好工作路径，在“模型名称”栏输入 qubinghuakuai，“重力”设置选择正常重力选项，“单位”设置选择 MKS-m, kg,N,s,deg，如图 4-22 所示。

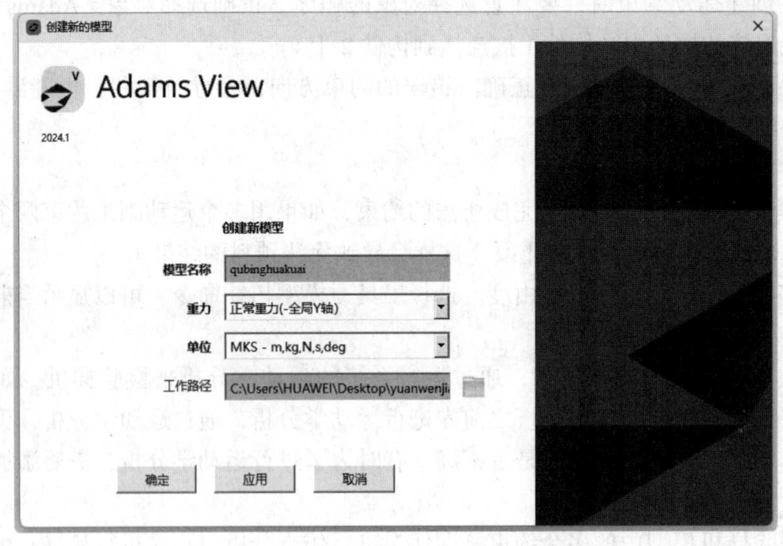

图 4-22 “创建新的模型”对话框

（3）设置完毕单击“确定”按钮。

4.9.2 设置建模环境

（1）选择菜单栏中的设置→界面风格→经典命令，将界面切换为经典界面。

（2）选择设置→工作栅格命令，设置工作栅格，大小在 X 和 Y 方向分别为 1750mm 和 1500mm，间隔在 X 和 Y 方向均为 50mm，确认“显示工作栅格”复选框是选中状态，如图 4-23 所示，设置完毕单击“确定”按钮。

（3）在主工具箱中单击缩放工具图标，在窗口内上下拖动鼠标，使之能够显示整个工作栅格。

（4）选择设置→重力命令，设置“重力设置”对话框，X = 0.0，Y = –9.80665，Z = 0.0，如图 4-24 所示，设置完毕单击“确定”按钮。

（5）按 F4 键，打开坐标窗口，如图 4-25 所示。

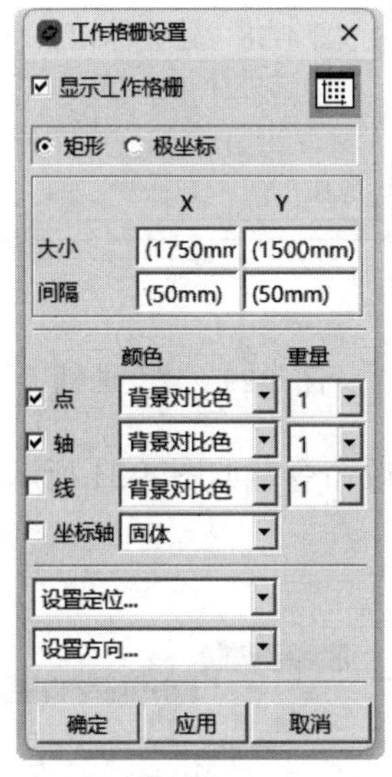

图 4-23 设置工作栅格

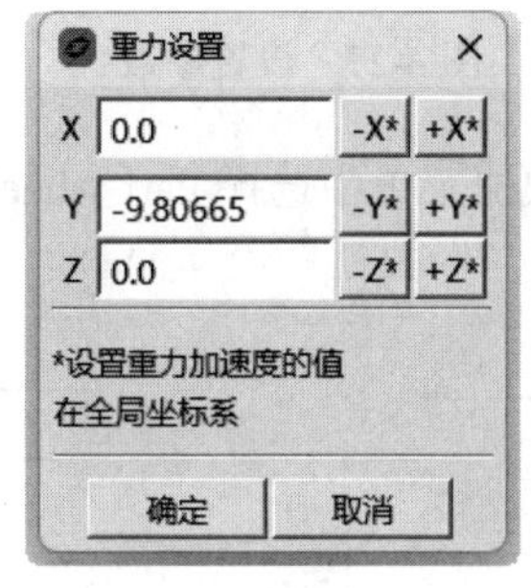

图 4-24 “重力设置”对话框

图 4-25 坐标窗口

（6）选择文件→选择路径命令，指定保存文件的目录。

4.9.3 几何建模

（1）在主工具箱中右击几何建模工具图标，在展开的所有几何建模工具图标中单击定义点工具图标，如图 4-26 所示。

（2）在主工具箱下方的参数设置中，选择默认设置：添加到地面和不能附着，如图 4-27 所示。

（3）在（0,0,0）位置处单击，窗口中显示建立一个标记点，系统自动命名为 Point_1，如图 4-28 所示。

（4）重复步骤（1）~ 步骤（3），在（0.5,0,0）和（1.5,0,0）位置处建立两个标记点，分别为 Point_2 和 Point_3。

（5）在主工具箱中单击几何建模工具图标，设置参数新建部件，分别单击 Point_1 和 Point_2，建立曲柄如图 4-29 所示。

（6）右击曲柄，在弹出的快捷菜单中选择 Part: PART_2 →重命名命令，如图 4-30 所示，重命名为 wheel。

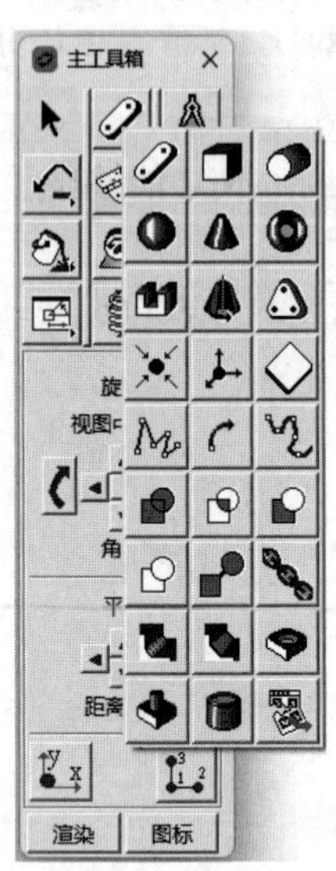

图 4-26　几何建模工具图标

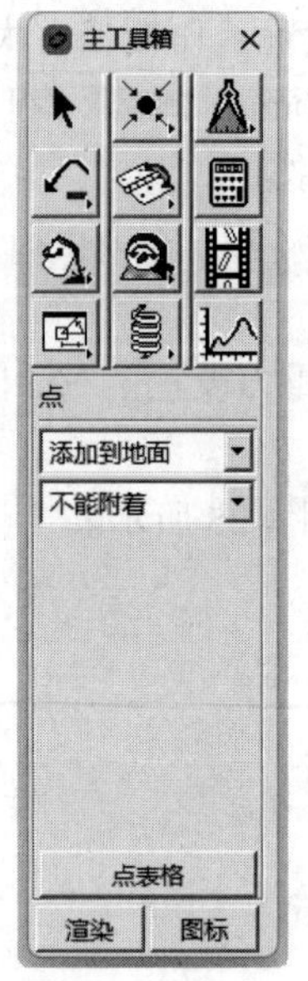

图 4-27　设置参数

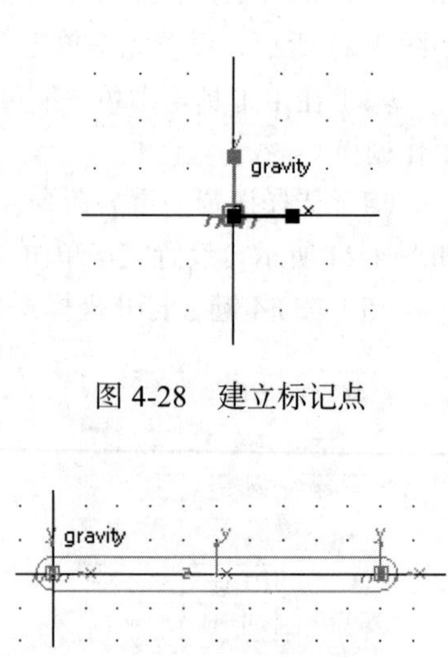

图 4-28　建立标记点

图 4-29　建立曲柄

（7）右击曲柄，在弹出的快捷菜单中选择 Part wheel →修改命令，如图 4-31 所示，设置曲柄的物理特性。

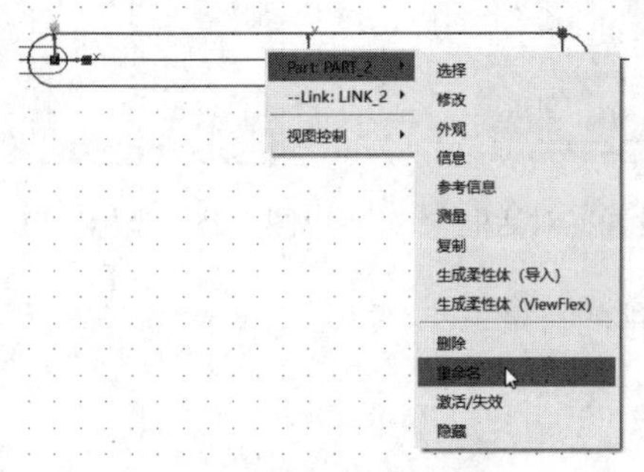

图 4-30　给部件重命名

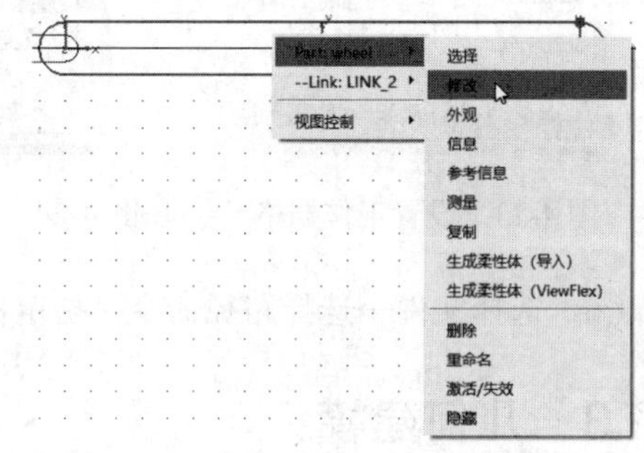

图 4-31　设置曲柄的物理特性

（8）在“修改物体”对话框中可以接受默认设置：“定义质量方式”项选择几何形状和材料类型，“材料类型”项选择 materials. steel，如图 4-32 所示。

（9）绘制完毕，在主工具箱中单击按钮，出现视图按钮工具。

（10）在主工具箱中单击移动视图工具按钮，在窗口内向左拖动鼠标，为后面建立滑块留出位置。

（11）重复步骤（5）~ 步骤（7），在 Point_2 和 Point_3 之间建立连杆，如图 4-33 所示。

（12）右击连杆，在弹出的快捷菜单中选择 handle →修改命令，设置连杆的物理特性。在“修改物体”对话框中，“定义质量方式”项选择用户输入，设置质量为 42，I_{xx} 为 4.1，I_{yy} 为 4.0，I_{zz} 为 4.3，如图 4-34 所示。

（13）在几何建模工具集中单击 Box 工具图标，设置参数新建部件，在窗口中选择点（1.35,0.15,0），拖动鼠标到点（1.65,–0.15,0），建立滑块如图 4-35 所示。

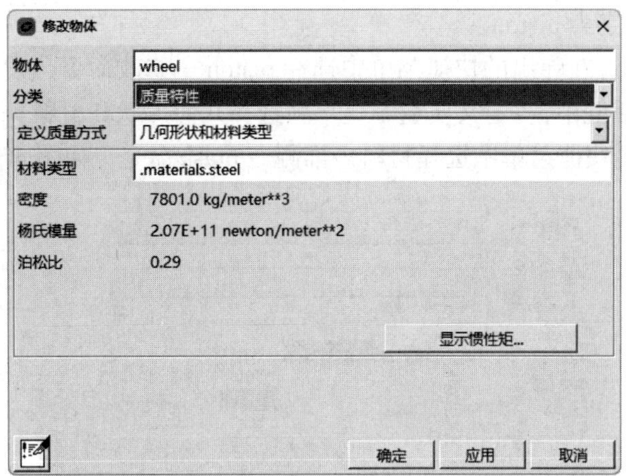

图 4-32　“修改物体”对话框

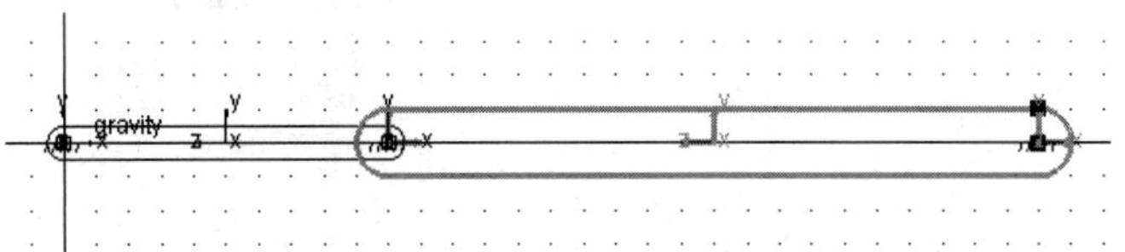

图 4-33　建立连杆

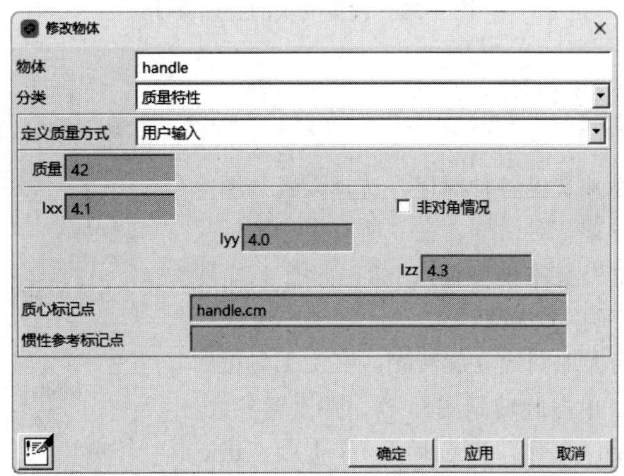

图 4-34　设置连杆的物理特性

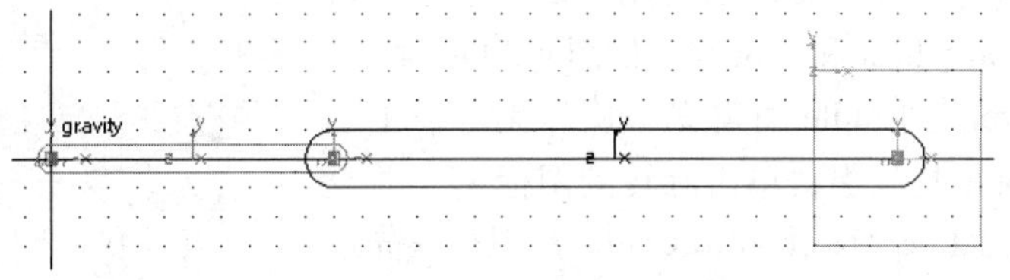

图 4-35　建立滑块

（14）改滑块名字为 piston。

（15）右击滑块，在弹出的快捷菜单中选择 piston→修改命令，设置滑块的物理特性。在“修改物体”对话框中，“定义质量方式”项选择几何形状和材料类型，在“材料类型”项中右击，在弹出的快捷菜单中选择材料→推测→ brass 命令，如图 4-36 所示。

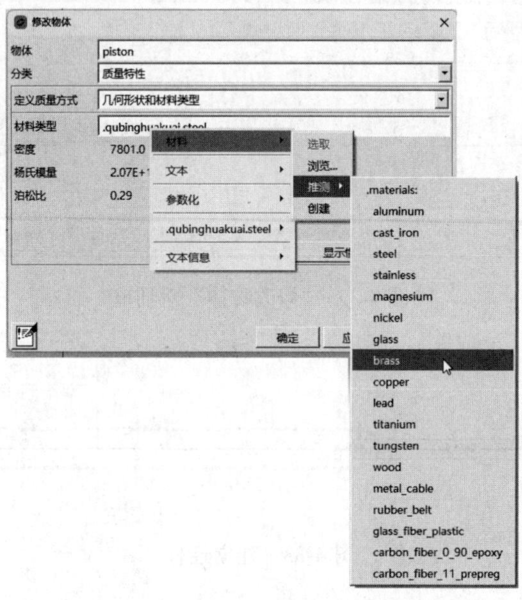

图 4-36　设置滑块的物理特性

4.9.4　添加约束

（1）为了更清楚地看见各种标记，选择设置→图标命令，弹出“图标设置”对话框，在“所有模型图标尺寸”栏的“新的尺寸”文本框中输入 0.2，如图 4-37 所示，设置完毕单击“确定”按钮。

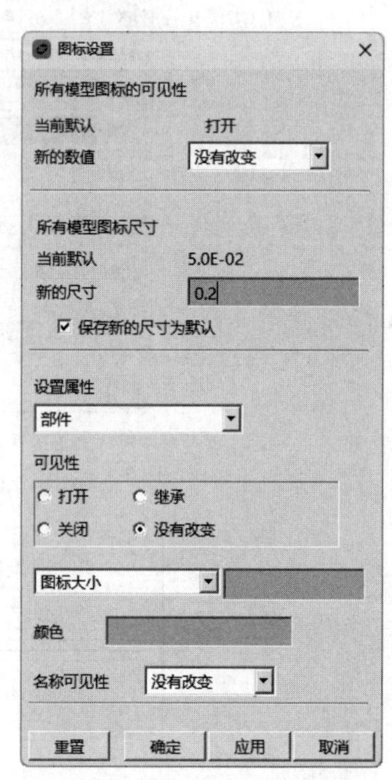

图 4-37　设置图标大小

（2）在 wheel 与大地间建立旋转副。在主工具箱的添加约束工具集中，单击旋转副图标，并设置参数：1 个位置，垂直栅格。在窗口内选择 Point_1 点，建立旋转副，如图 4-38 所示，系统自动命名为 JOINT_1。

（3）右击 JOINT_1，在弹出的快捷菜单中选择 Joint_1→修改命令，在“修改运动副”对话框中确认连接的两个物体是 wheel 和 ground，如图 4-39 所示。

（4）在 wheel 与 handle 间建立一旋转副。在主工具箱的添加约束工具集中，单击旋转副图标，并设置参数：2 Body-1 Loc，Normal to Grid。用鼠标首先选择 wheel，再选择 handle，然后选择 Point_2，建立旋转副，系统自动命名为 JOINT_2。

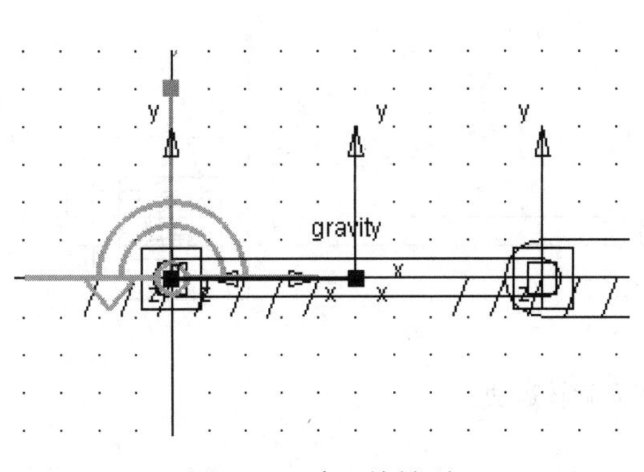

图 4-38　建立旋转副

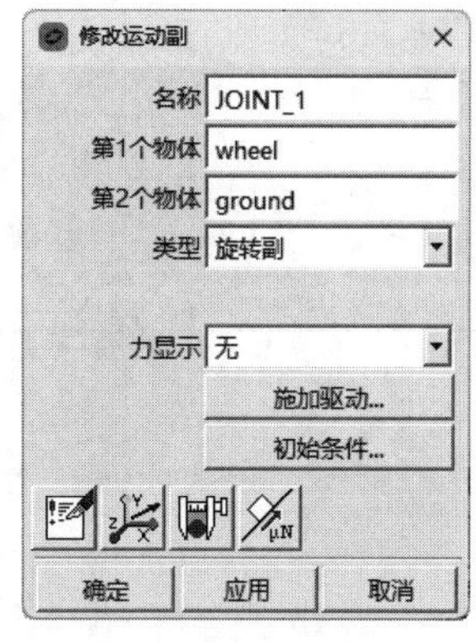

图 4-39　“修改运动副”对话框

（5）在 handle 与 piston 间建立一旋转副。在主工具箱的添加约束工具集中，单击旋转副图标，并设置参数：2 个物体 -1 个位置，垂直栅格。用鼠标首先选择 handle，再选择 piston，然后选择 Point_3，建立旋转副，系统自动命名为 JOINT_3，如图 4-40 所示。

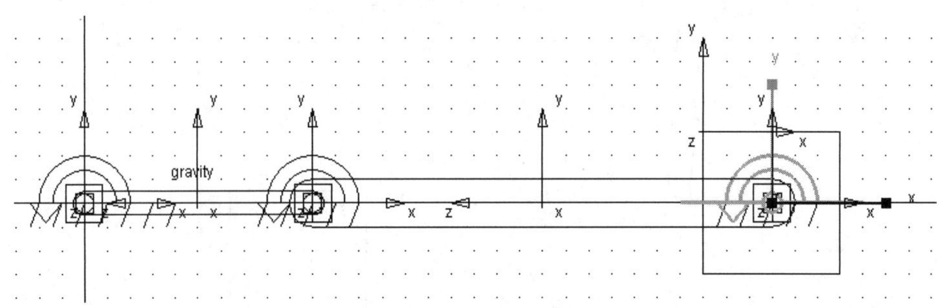

图 4-40　建立旋转副

（6）设定滑块只能水平移动。在主工具箱中单击移动副工具图标，设置参数为 2 个物体 -1 个位置，选取特征，依次选择 piston 和大地（即窗口内空白位置处），并沿水平方向定义运动箭头，建立移动副，如图 4-41 所示。

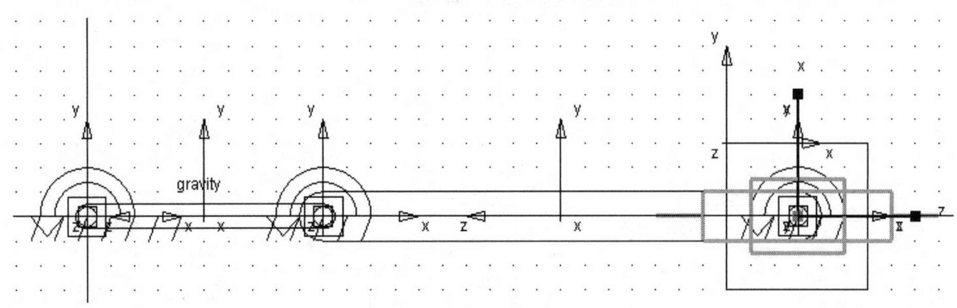

图 4-41　建立移动副

（7）给曲柄添加运动约束，使之逆时针 360° 旋转。在主工具箱中单击旋转运动工具图标，设置参数：在速度栏输入 360.0，即每秒转动 360°。选择 JOINT_1，建立旋转运动，窗口内出现标志转动的大箭头，如图 4-42 所示。

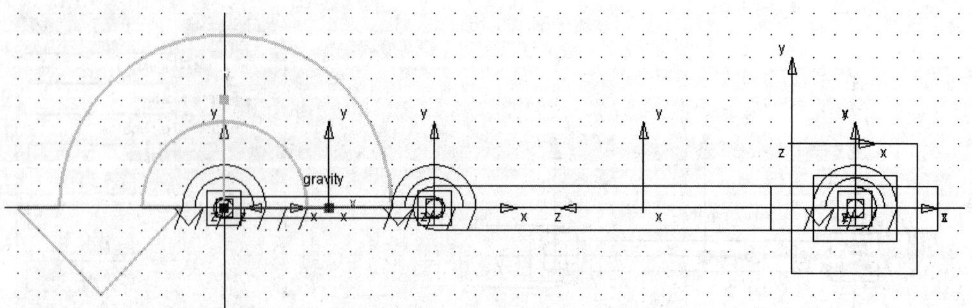

图 4-42　建立旋转运动

4.9.5　运动仿真

（1）在主工具箱中单击仿真工具图标，设置参数：终止时间（End Time）= 3.0，步数（Steps）= 200。单击开始仿真按钮，模型开始运动，如图 4-43 所示。

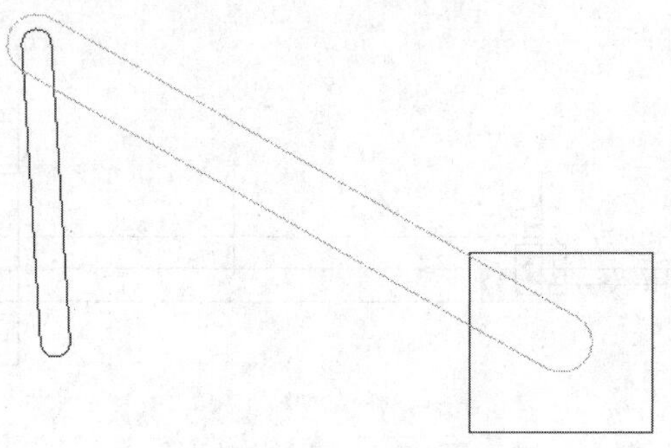

图 4-43　运动仿真

（2）在仿真过程中，可以单击停止按钮结束仿真。

（3）仿真结束后，可以单击返回按钮返回至开始状态。

（4）仿真结束后，可以单击重放按钮回放仿真过程。

第5章 施加载荷

本章将详细讲解Adams如何对模型施加载荷。首先介绍可施加的载荷类型以及定义力值的方法，如何施加载荷，并详尽介绍弹簧阻尼器、轴套力、力场等柔性连接，最后学习如何创建并设置接触载荷。

- ☑ 载荷类型及定义方法
- ☑ 柔性连接
- ☑ 施加载荷
- ☑ 创建接触

任务驱动和项目案例

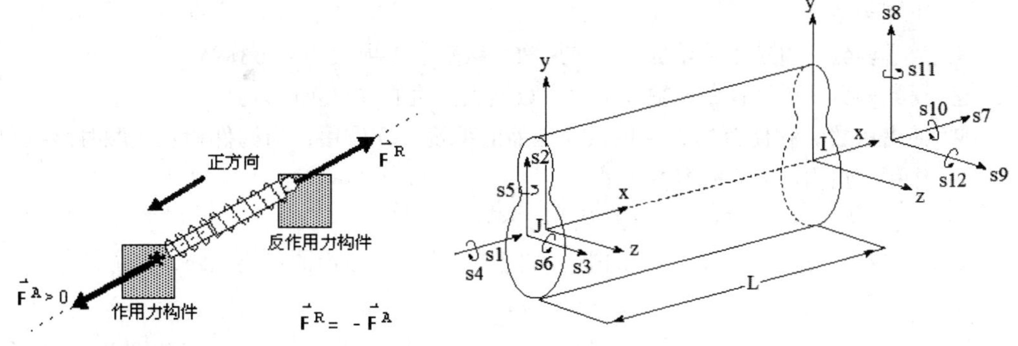

5.1　载荷类型及定义方法

5.1.1　基本载荷类型

载荷并不完全阻止或描述运动，因此并不会使系统自由度增加或减少。一些载荷阻止运动的进行，如弹簧阻尼器，还有一些载荷促进运动的进行。Adams View 提供的载荷如下：

（1）作用力。它可以直接改变系统的运动状态。

（2）柔性连接。柔性连接阻碍运动的进行，用户只需提供产生柔性连接力的常系数，因此柔性连接比作用力更简单易用。这种力包括梁、轴衬、移动弹簧阻尼器和扭矩弹簧。

（3）特殊力。特殊力是经常会遇到的，如轮胎力和重力等。

（4）接触。接触定义了运动模型中相互接触构件间的相互作用关系。

5.1.2　定义载荷值和方向的方法

定义力的数值时，可以定义沿某方向的矢量值，也可以定义力在 3 个坐标轴方向的分量。Adams View 允许采取以下方式定义载荷的值。

（1）输入阻尼和刚度系数，在这种情况下，Adams View 会自动根据两点之间的距离和速度确定力的值。

（2）利用 Adams View 的函数库，输入函数表达式，可以为各类型的力输入函数表达式。下面列出了各类型的函数。

☑ 位移、速度和加速度函数。它们使力与点或构件的运动相关。

☑ 力函数。它取决于系统中其他的力。如库仑力，它的大小和两构件间的法向力成正比关系。

☑ 数学函数。包括正弦函数、余弦函数、级数、多项式和 step 函数。

☑ 样条函数。借助样条函数，可以由数据表插值的方法获得力值。

☑ 冲击函数。它使力的作用像只受压缩的弹簧一样作用，当构件相互接触时函数起作用，当构件分开时函数失效。

（3）输入传递给用户自定义的子程序的参数。

定义力方向方法：沿坐标标记的坐标轴定义力方向，或沿两点连线的方向定义力。

5.2　施加载荷

在 Adams View 中施加的作用力，可以是单方向的作用力，也可以是 3 个方向的力和力矩分量，或者是 6 个方向的分量（3 个力的分量、3 个力矩的分量）。单方向的作用力可以用施加单作用力的工具来定义，而组合作用力工具可以同时定义多个方向的力和力矩分量。

在定义力时，需要指明是力还是力矩、力作用的构件和作用点、力的大小和方向。可以指定力作用在一对构件上，构成作用力和反作用力，也可以定义一个力作用在构件和地

基之间，此时反作用力作用在地基上，对样机没有影响。

5.2.1 施加单方向作用力

在定义单方向作用力和力矩时，需要说明表示力的方式（参照的坐标系），力作用的构件和作用点、力的大小和方向，施加方法如下。

（1）根据施加单方向力还是单方向力矩，在作用力工具集中单击单方向力工具图标或单方向力矩工具图标。

（2）系统打开设置栏，设置如图 5-1 所示。

❶ 在“运行方向”设置栏，选择力的作用方式。

☑ 空间固定。此时力的方向不随构件的运动而变化，力的反作用力作用在地面框架上，在分析时将不考虑和输出反作用力。

☑ 物体运动。此时力的方向随作用构件的运动而变化，但是相对于指定的构件参考坐标始终没有变化。如果反作用力作用在地面框架上，分析时将不考虑。

☑ 两个物体。此时 Adams View 沿两个构件的力作用点，分别作用两个大小相同方向相反的力。

如果以上选择了采用空间固定或物体运动方式定义力，需要在“构建方式”栏选择力方向的定义方法：垂直于栅格（定义力垂直于栅格平面，如果工作栅格没有打开，则垂直于屏幕）或选取特征（利用方向矢量定义力的方向）。

❷ 在“特性”栏，选择定义力值的方法：常数选项输入力或力矩数值。如果要采用自定义函数或自定义子程序定义力，选择定制选项。

（3）根据状态栏的提示，首先选择力或力矩作用的构件，然后选择力或力矩作用的作用点。注意，如果选择了两个物体的力作用方式，首先选择的构件是产生作用力的构件，其次选择的构件是产生反作用力的构件。

（4）如果选择采用方向矢量定义力的方向，需定义方向矢量。环绕力作用点移动鼠标，此时可以看见一个方向矢量随鼠标的移动而改变方向，选择合适的方向然后按鼠标左键完成施加力。

（5）如果选择了使用自定义函数或自定义子程序定义力，此时将显示“修改力”对话框，如图 5-2 所示，可以利用“修改力”对话框，输入自定义函数或自定义子程序的传递参数。

图 5-1 单方向力及力矩设置栏

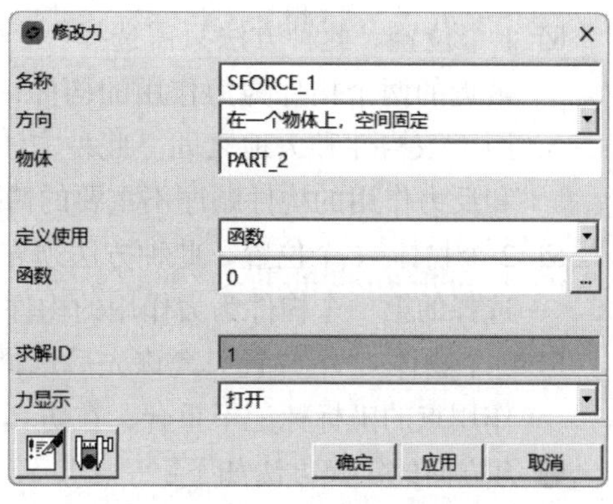

图 5-2 “修改力”对话框

5.2.2 施加分量作用力

任何力都可以用沿着 x、y、z 轴方向的 3 个力分量来表示，任何扭矩也都可以用绕 x、y、z 轴方向的 3 个扭矩分量来表示，Adams View 为用户提供了通过施加分力和分力矩的方法施加载荷的工具。Adams View 允许施加分力的类型有 3 个力分量、3 个扭矩分量和 6 个分量的一般载荷（3 个力分量和 3 个扭矩分量）。

在施加作用力时，先选择的构件为力作用的构件，其次是反力作用的构件。Adams View 在两个构件上分别建立一个标记点，力作用的构件上的标记点称为作用力标记点，记为 I 标记点，反力作用的构件上的标记点称为反作用力标记点，记为 J 标记点。J 标记点是浮动的，始终随 I 标记点一起运动。Adams View 同时还创建第三个标记点称为参考标记点，它指定力的方向。在施加作用力时，可以指定参考标记点的方向。

下面介绍施加分量作用力的方法。

（1）在作用力工具集中单击分量作用力工具图标：施加 3 个分力工具图标、施加 3 个分力矩工具图标、同时施加 3 个分力和 3 个分力矩工具图标。

（2）系统打开设置栏，设置各项参数，如图 5-3 所示。

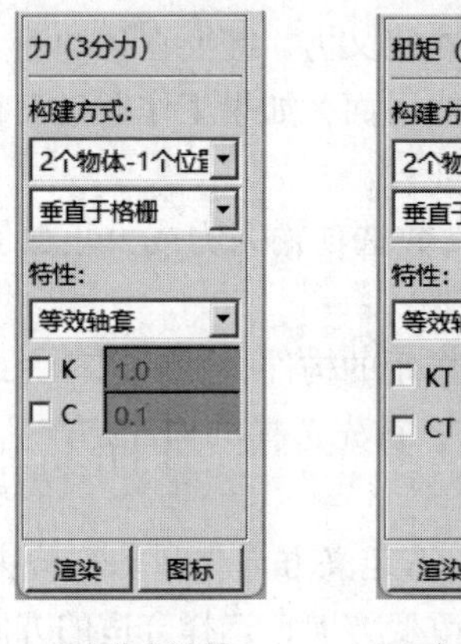

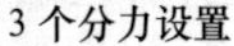

3 个分力设置

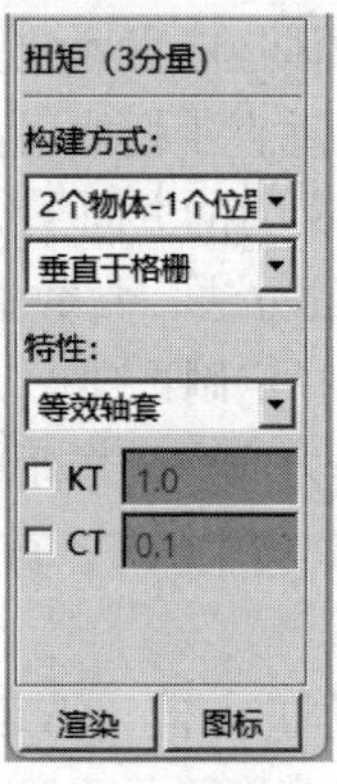

3 个分力矩设置

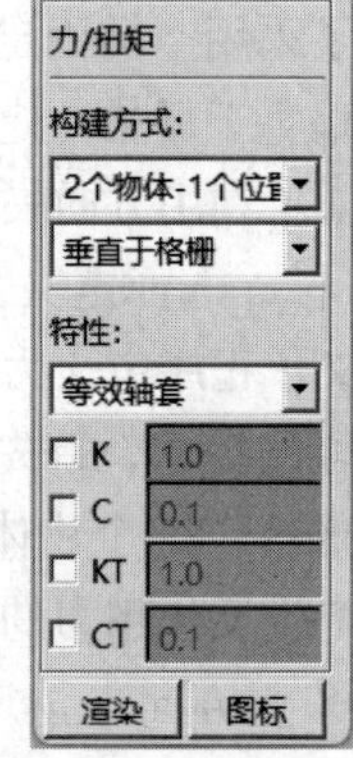

3 个分力和 3 个分力矩设置

图 5-3　分量作用力设置栏

❶ 力的定义方式如下：

☑ 1 个位置。此种方法只需选择一个力的作用点，Adams View 自动选择距力作用点最近的两个构件为力作用的构件，如果在力作用点附近只有一个构件，这时力作用于该构件和大地之间。此种方法只适合相距很近的两构件，并且力作用的构件和反力作用的构件顺序不重要的情况。

☑ 2 个物体 -1 个位置。此种方法须先后选择两个构件和力在两构件上的公共作用点。选择的第一个构件为力作用的构件，第二个为反力作用的构件。

☑ 2 个物体 -2 个位置。允许先后选择两个构件和不同的两个力作用点。如果两个力作用点的坐标标记不重合，在仿真开始时可能会出现力不为零的现象。

❷ 力方向的定义方法如下：

☑ 垂直于栅格。力或力矩矢量的分量方向垂直于工作栅格或屏幕。

☑ 选取特征。使力或力矩矢量的分量方向沿着某一方向，例如，沿着构件的一个边，或垂直于构件的一个面。

❸ 定义力值的方法如下：

☑ 常数。直接输入力值的大小。选中 Force Value，在后面的文本输入框中输入力值。

☑ 等效轴套。输入刚度系数 K 和阻尼系数 C。

☑ 定制。自定义。Adams View 不设置任何值，力创建以后，可以通过输入函数表达式或传递给用户自定义子程序的参数来修改力。

（3）根据状态栏的提示，选择作用力和反作用力作用的构件、力的作用点和力的方向，完成力的施加。

（4）如果希望用函数表达式或自定义子程序定义力，可以利用“Modify Force Vector”对话框，输入函数表达式或自定义子程序的传递参数。

通过“Modify Force Vector”对话框，可以改变力作用的构件、参考标记点、力的各分量值和力的显示与否。以 3 个力分量为例，其修改如图 5-4 所示。

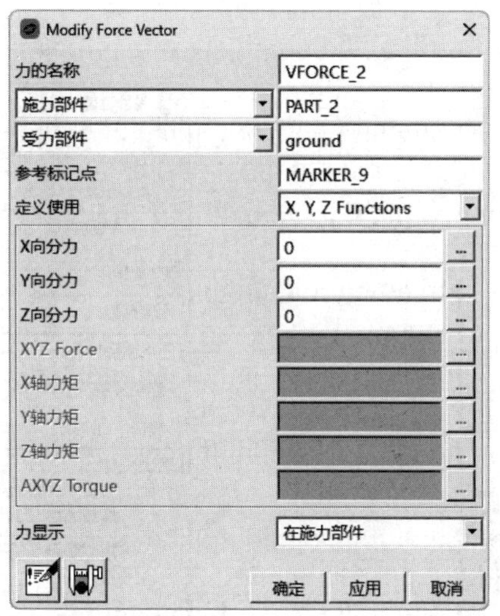

图 5-4　修改 3 个力分量对话框

5.3　柔性连接

5.3.1　拉压弹簧阻尼器

拉压弹簧阻尼器可以在具有一定距离的两构件间，施加一对带有阻力的弹簧力。力的大小线性地取决于弹簧阻尼器两端点间的相对位移和相对速度，其力学模型如图 5-5 所示。

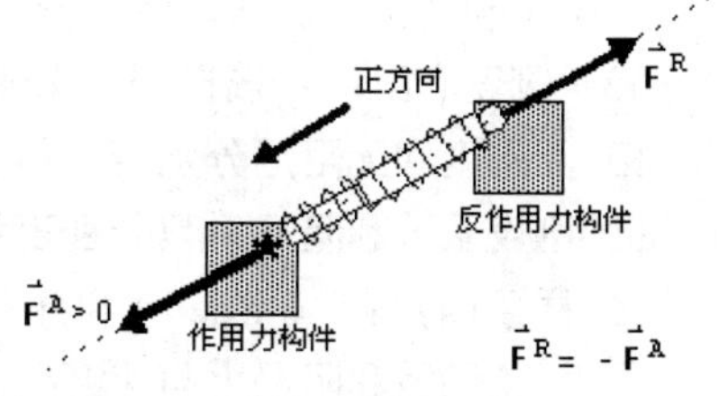

图 5-5　拉压弹簧阻尼器力学模型

作用力的数学表达式如下：

$$force = -C(\mathrm{d}r/\mathrm{d}t) - K(r - r_0) + f_0 \tag{5-1}$$

式中，r 为弹簧两端的相对位移；r_0 为弹簧两端的初始相对位移；$\mathrm{d}r/\mathrm{d}t$ 为弹簧两端的相对速度；C 为黏滞阻尼系数；K 为弹簧刚度系数；f_0 为弹簧的预作用力。

施加弹簧阻尼器要求在两构件上指定弹簧阻尼器两端点的位置，作用力作用在先选择的位置上，Adams Solver 自动在后选择的位置施加一个和作用力大小相等方向相反的反作用力。施加弹簧阻尼器的方法如下：

（1）在作用力工具集中单击拉压弹簧阻尼器工具图标。

（2）系统打开弹簧阻尼器设置栏，如图 5-6 所示，在设置栏输入弹簧刚度系数 K 的值和黏滞阻尼系数 C 的值。当 $C = 0$ 时，弹簧阻尼器变为一个没有阻尼的纯弹簧器；当 $K = 0$ 时，弹簧阻尼器变为一个纯阻尼器。

（3）根据状态栏的提示，选择弹簧阻尼器的第一个端点和第二个端点，完成创建。

如果弹簧阻尼器有初始作用力，可以通过修改弹簧阻尼器来施加初始作用力。选择设置好的弹簧阻尼器对象，右击打开快捷菜单，打开“修改弹簧－阻尼力”对话框修改弹簧阻尼器，如图 5-7 所示。

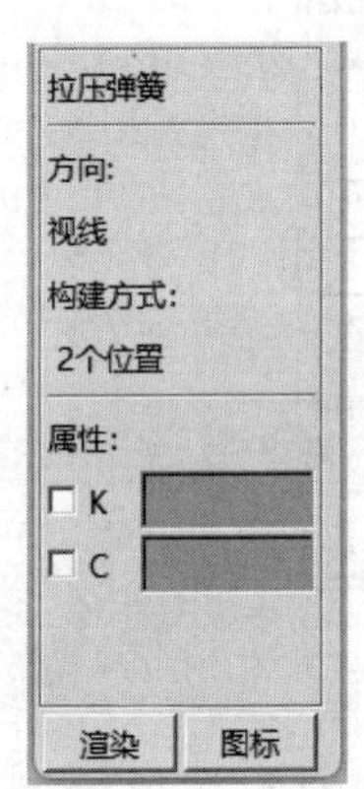

图 5-6　弹簧阻尼器设置栏

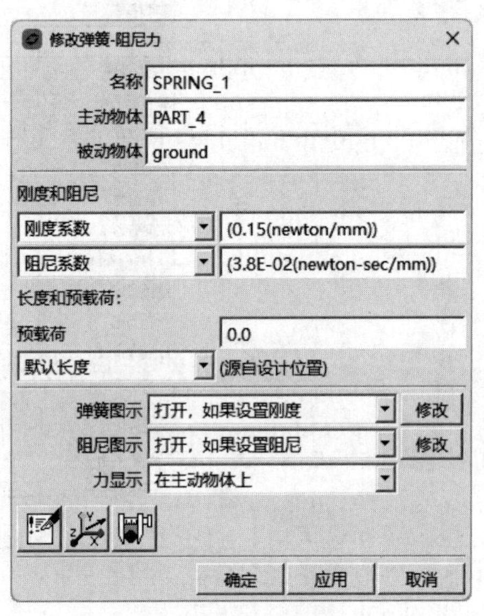

图 5-7　“修改弹簧－阻尼力”对话框

可以修改的参数如下：

（1）名称：修改拉压弹簧阻尼器的名称。

（2）主动物体和被动物体：分别为拉压弹簧阻尼器作用力和反作用力作用的构件。

（3）刚度和阻尼：选择和定义弹簧刚度系数和黏滞阻尼系数，其中：

☑ 无刚度和无阻尼分别表示不考虑弹簧力和黏滞阻尼力。

☑ 刚度系数和阻尼系数分别表示输入弹簧刚度系数和黏滞阻尼系数。

☑ 样条函数：F = f(defo) 和样条函数：F = f(velo) 分别表示输入弹簧力与变形关系的样条函数和阻尼力与速度关系的样条函数。

（4）预载荷：输入拉压弹簧阻尼器的预作用力。

（5）初始位移的定义方式如下：

☑ “默认长度”选项表示初始位移为创建拉压弹簧阻尼器时的位移。

☑ 预载荷时长度选项表示输入初始位移。

（6）弹簧图示、阻尼图示和力显示：分别为弹簧力图、阻尼力图和力图的显示方式。

5.3.2 扭转弹簧阻尼器

扭转弹簧阻尼器在两构件间施加一个大小相等方向相反的扭矩，根据右手定则确定扭矩的正方向。Adams View 在每个位置创建一个标记点，分别为 I 标记点和 J 标记点，I 标记点和 J 标记点的 z 轴始终保持一致。计算扭矩数学表达式如下：

$$torque = -C_{\mathrm{T}}(\mathrm{d}\alpha/\mathrm{d}t) - K_{\mathrm{T}}(\alpha - \alpha_0) + t_0 \tag{5-2}$$

式中，α 为弹簧的扭转角；C_{T} 和 K_{T} 为扭转阻尼系数和弹簧扭转刚度系数；α_0 为初始扭转角；t_0 为初始扭矩。

Adams Solver 自动计算 $\mathrm{d}\alpha/\mathrm{d}t$ 和 α，α 为 I 标记点和 J 标记点的 x 轴之间的夹角。

施加扭转弹簧阻尼器的方法如下：

（1）在作用力工具集中单击扭转弹簧阻尼器工具图标。

（2）系统打开扭转弹簧阻尼器设置栏，如图 5-8 所示，在设置栏定义如下各项。

☑ 扭矩定义方式：1 个位置、2 个物体 -1 个位置或 2 个物体 -2 个位置。

☑ 扭矩方向定义方式：垂直于栅格或选取特征。

☑ 输入弹簧扭转阻尼系数 C_{T} 和扭转刚度系数 K_{T}。

（3）根据状态栏的提示，选择扭矩和反作用扭矩的构件、扭矩的作用点和扭矩的方向，完成扭转弹簧阻尼器的施加。

可以利用“修改扭转弹簧”对话框，如图 5-9 所示，修改有关设置。可以修改的内容包括扭转弹簧阻尼器作用的构件、刚度系数和阻尼系数、扭转弹簧阻尼器的初始扭矩值、是否显示弹簧力和阻尼力图等。

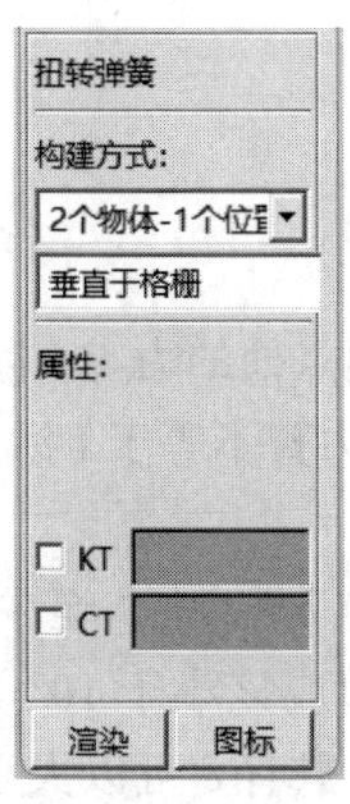

图 5-8 扭转弹簧阻尼器设置栏

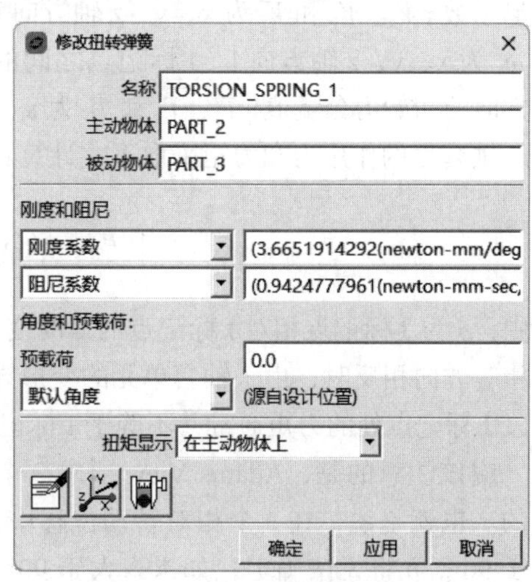

图 5-9 “修改扭转弹簧”对话框

5.3.3 轴套力

轴套力是一种两构件相互作用的弹簧和阻尼力，通过定义 6 个笛卡儿坐标的力和力矩分量（F_x,F_y,F_z,T_x,T_y,T_z）在两构件间施加柔性力，力是移动位移和速度的线性函数；力矩是转动位移和速度的线性函数。

施加轴套力时，Adams View 在两构件的用户所选位置创建两个标记点，先选择的构件上的标记点为 I 标记点，后选择构件上的标记点为 J 标记点。

Adams Solver 采用下面的公式计算轴套力：

$$\begin{bmatrix} F_x \\ F_y \\ F_z \\ T_x \\ T_y \\ T_z \end{bmatrix} = -\begin{bmatrix} K_{11} & 0 & 0 & 0 & 0 & 0 \\ 0 & K_{22} & 0 & 0 & 0 & 0 \\ 0 & 0 & K_{33} & 0 & 0 & 0 \\ 0 & 0 & 0 & K_{44} & 0 & 0 \\ 0 & 0 & 0 & 0 & K_{55} & 0 \\ 0 & 0 & 0 & 0 & 0 & K_{66} \end{bmatrix} \begin{bmatrix} x \\ y \\ z \\ a \\ b \\ c \end{bmatrix} - \begin{bmatrix} C_{11} & 0 & 0 & 0 & 0 & 0 \\ 0 & C_{22} & 0 & 0 & 0 & 0 \\ 0 & 0 & C_{33} & 0 & 0 & 0 \\ 0 & 0 & 0 & C_{44} & 0 & 0 \\ 0 & 0 & 0 & 0 & C_{55} & 0 \\ 0 & 0 & 0 & 0 & 0 & C_{66} \end{bmatrix} \begin{bmatrix} V_x \\ V_y \\ V_z \\ \omega_x \\ \omega_y \\ \omega_z \end{bmatrix} + \begin{bmatrix} F_1 \\ F_2 \\ F_3 \\ T_1 \\ T_2 \\ T_3 \end{bmatrix} \tag{5-3}$$

式中，F_x、F_y 和 F_z 为 x、y、z 轴方向的力分量值；T_x、T_y 和 T_z 为 x、y、z 轴方向的力矩分量值；x、y 和 z 为 x、y、z 轴方向 I、J 标记点之间的相对移动位移分量值；a、b 和 c 为 x、y、z 轴方向 I、J 标记点之间的相对转动位移分量值；K 和 C 为刚度系数和阻尼系数；V_x、V_y 和 V_z 为 x、y、z 轴方向 I、J 标记点之间的相对移动速度分量值；ω_x、ω_y 和 ω_z 为 x、y、z 轴方向 I、J 标记点之间的相对转动速度分量值；F_1、F_2 和 F_3 为 x、y、z 轴方向的初始力分量值；T_1、T_2 和 T_3 为 x、y、z 轴方向的初始力矩分量值。

轴套力的作用力和力矩采取下式计算：

$$F_j = -F_i\text{，}\ T_j = -T_i - \delta F_i \tag{5-4}$$

式中，δ 为 J 标记点相对 I 标记点的瞬时变形矢量。当 J 标记点处的力与 I 标记点处的力大小相等方向相反时，由于轴套单元的变形导致 J 标记点处的力臂不等于 I 标记点处的力臂，所以 J 标记点处的力矩通常并不等于 I 标记点处的力矩。

应该注意的是，Adams View 要求 3 个转动位移分量 a、b、c 中，至少有 2 个是非常小的。也就是说，在 3 个相对转动位移中，至少有 2 个的值应该小于 10°。此外，如果 a 大于 90°，b 将无法确定；如果 b 大于 90°，a 将无法确定。只有 c 可以大于 90°，而且不会引起收敛问题的出现。因此在定义轴套力时，应该保证 a 和 b 取小值。

轴套力的施加方法如下：

（1）在作用力工具集中单击轴套力工具图标。

（2）系统打开轴套力设置栏，如图 5-10 所示。在设置栏定义如下各项。

☑ 轴套力构建方式：1 个位置、2 个物体 -1 个位置或 2 个物体 -2 个位置。

☑ 轴套力方向定义方式：垂直于栅格或选取特征。

☑ 输入拉压和扭转阻尼系数 C_T 和刚度系数 K_T。

（3）根据状态栏的提示，选择轴套力作用和反作用的构件、轴套力的作用点和轴套力的方向，完成轴套力的施加。

可以利用轴套力修改对话框，修改轴套力的设置。其方法同 5.3.1 节中修改弹簧阻尼器的方法。

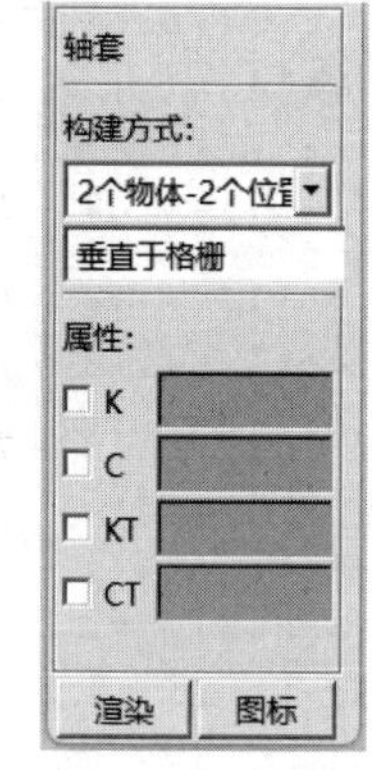

图 5-10　轴套力设置栏

5.3.4　无质量梁

无质量梁在梁的两端点间产生拉压力和扭转力矩。无质量梁为等截面梁。在施加无质量梁时，Adams View 在梁的两个端点创建两个标记点，先选择的构件上的标记点为 I 标记点，后选择构件上的标记点为 J 标记点。无质量梁产生的力和力矩的大小和梁端点处两标记点之间的相对位移和速度呈线性关系。J 标记点的 x 轴定义了梁的中心轴，y 轴和 z 轴定义了梁横截面的主轴。当梁处于未偏转的位置时，I 标记点和 J 标记点有相同的角速度方向。如图 5-11 所示，在梁的两端点之间，作用有线性的拉伸力和扭转力矩，包括如下：

☑ 轴向力（s1、s7）。

☑ y 轴和 z 轴方向的转矩（s5、s6、s11 和 s12）。

☑ x 轴方向的转矩（s4、s10）。

☑ 剪切力（s2、s3、s8 和 s9）。

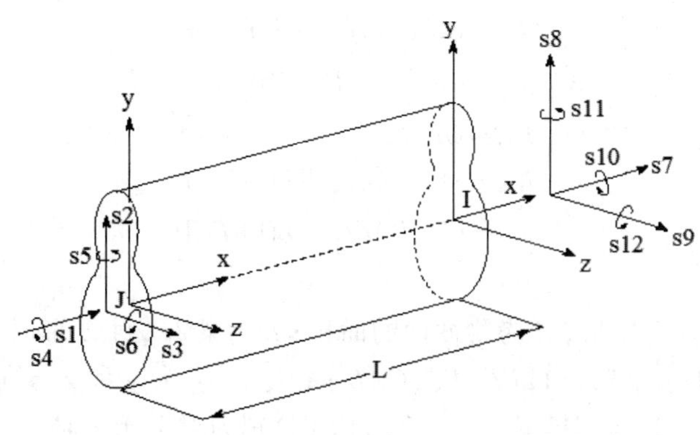

图 5-11　无质量梁

Adams Solver 采用下面的公式计算梁中力和力矩：

$$\begin{bmatrix} F_x \\ F_y \\ F_z \\ T_x \\ T_y \\ T_z \end{bmatrix} = -\begin{bmatrix} K_{11} & 0 & 0 & 0 & 0 & 0 \\ 0 & K_{22} & 0 & 0 & 0 & K_{26} \\ 0 & 0 & K_{33} & 0 & K_{35} & 0 \\ 0 & 0 & 0 & K_{44} & 0 & 0 \\ 0 & 0 & K_{53} & 0 & K_{55} & 0 \\ 0 & K_{62} & 0 & 0 & 0 & K_{66} \end{bmatrix} \begin{bmatrix} x-L \\ y \\ z \\ a \\ b \\ c \end{bmatrix} - \begin{bmatrix} C_{11} & C_{21} & C_{31} & C_{41} & C_{51} & C_{61} \\ C_{21} & C_{22} & C_{23} & C_{24} & C_{25} & C_{26} \\ C_{31} & C_{32} & C_{33} & C_{34} & C_{35} & C_{36} \\ C_{41} & C_{42} & C_{43} & C_{44} & C_{45} & C_{46} \\ C_{51} & C_{52} & C_{53} & C_{54} & C_{55} & C_{56} \\ C_{61} & C_{62} & C_{63} & C_{64} & C_{65} & C_{66} \end{bmatrix} \begin{bmatrix} V_x \\ V_y \\ V_z \\ \omega_x \\ \omega_y \\ \omega_z \end{bmatrix} \tag{5-5}$$

式中，F_x、F_y 和 F_z 为 x、y、z 轴方向的拉压力；T_x、T_y 和 T_z 为 x、y、z 轴方向的转矩；x、y 和 z 为 x、y、z 轴方向 I、J 标记点之间的相对移动位移分量值；a、b 和 c 为 x、y、z 轴方向 I、J 标记点之间的相对转动位移分量值；K 和 C 为刚度系数和阻尼系数；L 为梁 I、J 标记点之间的距离（梁的长度）；V_x、V_y 和 V_z 为 x、y、z 轴方向 I、J 标记点之间的相对移动速度分量值；ω_x、ω_y 和 ω_z 为 x、y、z 轴方向 I、J 标记点之间的相对转动速度分量值。

式（5-5）中刚度矩阵（***K*** 矩阵）和阻尼矩阵（***C*** 矩阵）均为对称矩阵，Adams Solver 采用下面的公式确定刚度矩阵中的各 K 值：

$$\begin{aligned} K_{11} &= EA/L \\ K_{22} &= 12EI_{zz}/[L^3(1+P_y)] \\ K_{26} &= -6EI_{zz}/[L^2(1+P_y)] \\ K_{33} &= 12EI_{yy}/[L^3(1+P_z)] \\ K_{35} &= 6EI_{yy}/[L^2(1+P_z)] \\ K_{44} &= GI_{xx}/L \\ K_{55} &= (4+P_z)EI_{yy}/[L(1+P_z)] \\ K_{66} &= (4+P_y)EI_{zz}/[L(1+P_y)] \end{aligned} \tag{5-6}$$

式中，E 为材料的弹性模量；A 为梁截面的面积；L 为梁未发生变形时 x 轴方向的长度；$P_y = 12EI_{zz}A_{sy}/(GAL^2)$；$P_z = 12EI_{yy}A_{sz}/(GAL^2)$；$A_{sy}$、$A_{sz}$ 为 y 和 z 方向的铁木辛柯梁剪切变形修正系数；G 为剪切模量；I_{xx}、I_{yy} 和 I_{zz} 分别为梁关于 x 轴、y 轴和 z 轴的截面惯性矩。

Adams Solver 采用下式计算反作用力构件 J 标记点处的反作用力和转矩：

$$F_j = -F_i$$
$$T_j = -T_i - L \times F_i \quad (5\text{-}7)$$

创建无质量梁的方法如下：

（1）在作用力工具集中单击无质量梁工具图标。系统打开无质量梁设置栏，如图 5-12 所示。

（2）在第一个构件上，选择梁的端点位置，第一个构件为作用力作用的构件。

（3）在第二个构件上，选择梁的端点位置，第二个构件为反作用力作用的构件。

（4）选择梁截面的向上方向（y 方向）。

在施加无质量之后，可以通过弹出式菜单，显示无质量的“修改梁”对话框。通过该对话框，如图 5-13 所示，可以修改无质量梁的坐标系、刚度系数和阻尼系数、杨式模量和剪切模量、梁的长度和面积等。

图 5-12　无质量梁设置栏

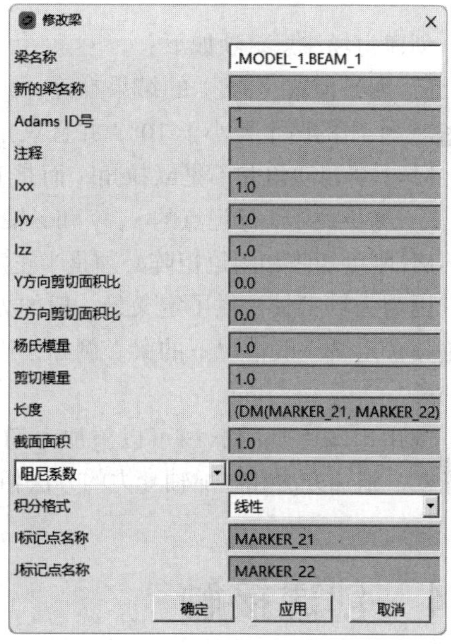

图 5-13　“修改梁”对话框

5.3.5　力场

力场一般是在两位置间施加拉压作用力、转矩和反作用力的力施加工具。可以根据输入值来施加线性力场和非线性力场。

（1）施加线性力场。要输入一个 6×6 的刚度矩阵、初始拉压力和初始扭矩、一个 6×6 的阻尼矩阵。刚度矩阵和阻尼矩阵必须为半正定的，但可以是非对称的，也可以通过指定阻尼率来代替阻尼矩阵。

（2）施加非线性力场。通过用户自定义子程序来定义 3 个力分量和 3 个转矩分量来施加力场。

Adams Solver 采用下式计算力场。

$$\begin{bmatrix}F_x\\F_y\\F_z\\T_x\\T_y\\T_z\end{bmatrix}=-\begin{bmatrix}K_{11}&K_{12}&K_{13}&K_{14}&K_{15}&K_{16}\\K_{21}&K_{22}&K_{23}&K_{24}&K_{25}&K_{26}\\K_{31}&K_{32}&K_{33}&K_{34}&K_{35}&K_{36}\\K_{41}&K_{42}&K_{43}&K_{44}&K_{45}&K_{46}\\K_{51}&K_{52}&K_{53}&K_{54}&K_{55}&K_{56}\\K_{61}&K_{62}&K_{63}&K_{64}&K_{65}&K_{66}\end{bmatrix}\begin{bmatrix}x-x_0\\y-y_0\\z-z_0\\a-a_0\\b-b_0\\c-c_0\end{bmatrix}-\begin{bmatrix}C_{11}&C_{21}&C_{31}&C_{41}&C_{51}&C_{61}\\C_{21}&C_{22}&C_{23}&C_{24}&C_{25}&C_{26}\\C_{31}&C_{32}&C_{33}&C_{34}&C_{35}&C_{36}\\C_{41}&C_{42}&C_{43}&C_{44}&C_{45}&C_{46}\\C_{51}&C_{52}&C_{53}&C_{54}&C_{55}&C_{56}\\C_{61}&C_{62}&C_{63}&C_{64}&C_{65}&C_{66}\end{bmatrix}\begin{bmatrix}V_x\\V_y\\V_z\\\omega_x\\\omega_y\\\omega_z\end{bmatrix}+\begin{bmatrix}F_1\\F_2\\F_3\\T_1\\T_2\\T_3\end{bmatrix} \tag{5-8}$$

创建力场注意事项如下：

☑ 为了使式（5-8）的结果准确，3 个转动位移中至少两个的值比较小，也就是说 3 个中的两个要小于 10°，并且只允许 C 的值大于 90°。

☑ 3 个转动角并不是欧拉角，而是 I 标记点相对于 J 标记点的投影角，Adams Solver 测量关于 J 标记点的 x、y 和 z 轴的夹角来定义 3 个转动角。

☑ 刚度矩阵和阻尼矩阵必须是半正定的，但不一定对称。

因为力场工具提供了定义最一般的力的方法，因此也可以利用力场工具来定义一般情况下的梁，例如，边截面梁或者是使用非线性材料的梁。

利用力场工具图标可以施加力场，系统打开如图 5-14 所示的设置栏，施加方法和施加轴套力的方法相似。

图 5-14　设置栏

5.4　创建接触

接触定义了仿真过程中，自由运动物体间发生碰撞时物体间的相互作用。接触分为两种类型：平面接触和三维接触。

Adams View 允许下面的几何体间发生平面接触。

☑ 圆弧。

☑ 圆。

☑ 曲线。

☑ 作用点。

☑ 平面。

Adams View 允许下面的几何体间发生三维接触。

☑ 球体。

☑ 圆柱体。

☑ 圆锥体。

☑ 矩形块。

☑ 一般三维实体，包括拉伸实体和旋转实体。

☑ 壳体（具有封闭体积）。

Adams View 为用户提供了 10 种接触类型，如表 5-1 所示。可以通过这些接触类型的不同组合仿真复杂的接触情况。

表 5-1 10 种接触类型

序号	接触类型	第一个几何体	第二个几何体	应用实例
1	内球与球	椭圆体	椭圆体	具有偏心和摩擦的球铰
2	外球与球	椭圆体	椭圆体	三维点－点接触
3	球与平面	椭圆体	标记点（z 轴）	壳体的凸点与平面接触
4	圆与平面	圆	标记点（z 轴）	圆锥或圆柱与平面接触
5	内圆与圆	圆	圆	具有偏心和摩擦的转动副
6	外圆与圆	圆	圆	二维点与点接触
7	点与曲线	点	曲线	尖点从动机构
8	圆与曲线	圆	曲线	凸轮机构
9	平面与曲线	平面	曲线	凸轮机构
10	曲线与曲线	曲线	曲线	凸轮机构

Adams Solver 采用两种方法计算接触力（法向力）：恢复系数法和碰撞函数法。恢复系数法要定义两个参数，即惩罚参数和恢复系数。惩罚参数起加强接触中单边约束的作用，恢复系数起控制接触过程中能量消耗的作用。Adams Solver 采用的碰撞函数法，接触力实际上相当于一个弹簧阻尼器产生的力。

下面介绍接触施加的方法。

（1）在作用力工具集中单击接触工具图标 ，打开如图 5-15 所示对话框。

（2）在“接触类型”栏选择接触的类型：实体对实体、曲线对曲线、点对曲线、点对平面、曲线对平面和球对平面。

（3）可以在“接触类型”栏下方，根据对话框提示分别输入第一个几何体和第二个几何体的名称；可以通过弹出式菜单来选择相互接触的几何体，方法为：在文本输入框中右击，选择接触实体命令下的选取命令，然后用鼠标在屏幕上选择已经创建好的接触几何体；也可以用浏览命令，显示数据库导航，从中选择几何体；还可以用推测命令直接选择相互接触的力和体的名称。

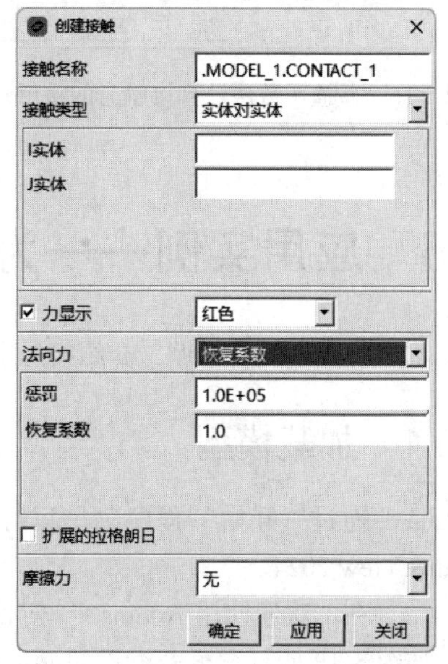

图 5-15 恢复系数法计算接触力的接触对话框

（4）设置是否在仿真过程中显示接触力，选中“力显示”复选框则显示接触力，否则不显示。

（5）选择接触力（法向力）计算方法：恢复系数或碰撞。当选择恢复系数时，要输入惩罚参数和恢复系数，如图 5-15 所示；当选择碰撞时，要输入刚度、力指数、阻尼、穿透深度，如图 5-16 所示。

（6）设置摩擦力。

（7）单击“确定”按钮，完成接触的创建。

施加接触之后，可以利用弹出式菜单，显示 Modify Contact（修改接触）对话框，如图 5-17 所示。修改接触对话框和施加接触对话框相似，各设置参数和施加时的参数相同。

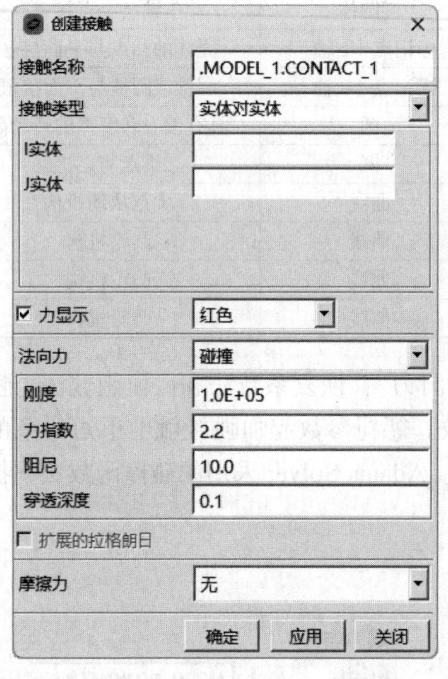

图 5-16　碰撞函数法计算接触力的接触对话框

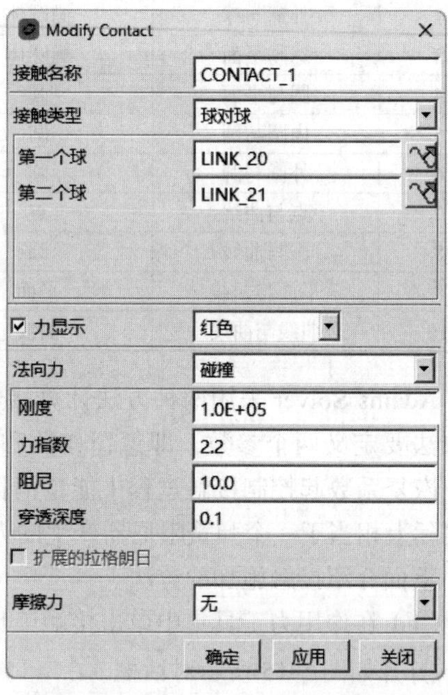

图 5-17　修改接触对话框

5.5　应用实例——为配气机构创建力元

本节以配气机构为例，介绍接触力和柔性连接弹簧阻尼器的添加过程。

5.5.1　加载模型

（1）通过“开始”程序菜单运行 Adams View 2024，或直接双击桌面上的快捷方式 Adams View 2024。

（2）在“欢迎使用 Adams...”对话框中选择现有模型，弹出“打开存在的模型”对话框，如图 5-18 所示，单击按钮显示模型文件浏览对话框，选择要打开的模型文件 valve.cmd，单击“打开”按钮和“确定”按钮，打开的配气机构模型如图 5-19 所示。

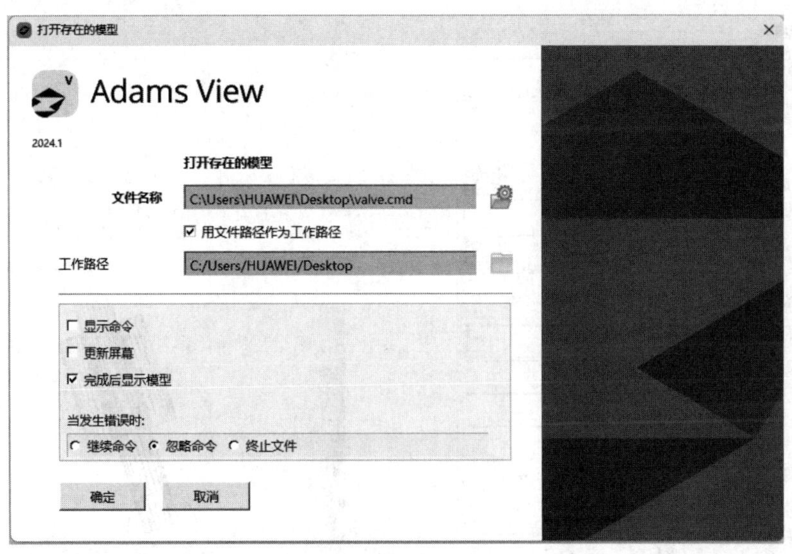

图 5-18　“打开存在的模型”对话框

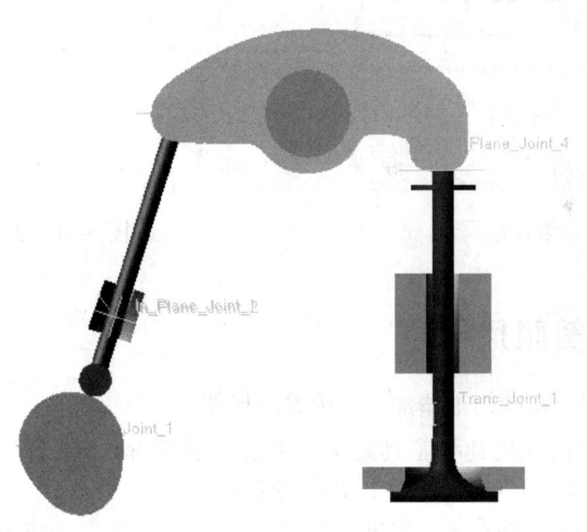

图 5-19　配气机构模型

5.5.2　添加接触力

在作用力工具集中单击接触工具图标，打开“创建接触”对话框，设置“接触名称”为 rod_cam_contact，“接触类型”栏选择曲线对曲线，分别选择 I 曲线和 J 曲线，通过单击方向按钮确认正交矢量的箭头指向曲线的外部，“法向力”为碰撞，“刚度”为 1e6，“力指数”为 1.5，“阻尼”为 10，“穿透深度”为 1e-3，其余选项设置如图 5-20 所示，设置完成单击“确定”按钮，创建的接触如图 5-21 所示。

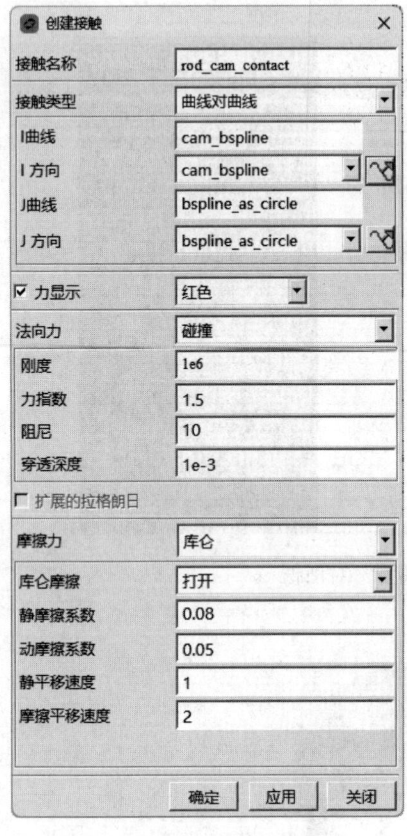

图 5-20　设置接触属性

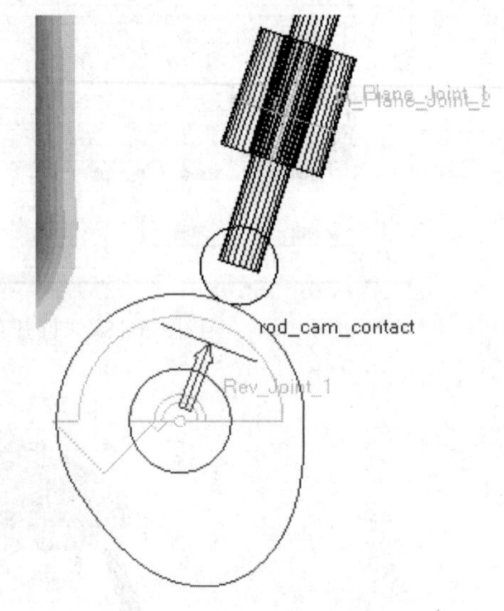

图 5-21　创建的接触

5.5.3　添加弹簧阻尼器

为防止阀门脱开，在阀门上增加一个弹簧阻尼器。

（1）在主工具箱的几何建模工具集中，单击标记点图标，在主工具箱下方出现设置标记点选项，选择添加到现有部件，首先选择阀门valve，然后选择valve.CYL28处创建一个标记点。

（2）在作用力工具集中单击拉压弹簧阻尼器工具图标，系统打开设置栏，设置K为20，C为0.002，如图5-22所示，在图形区域选择valve上的标记点和设计点Ground_Point（该点属于大地，在导轨guide的顶部），完成创建。

（3）选择设置好的弹簧阻尼器对象，右击打开快捷菜单，打开“修改弹簧－阻尼力”对话框修改弹簧阻尼器，设置预载荷为100，如图5-23所示。

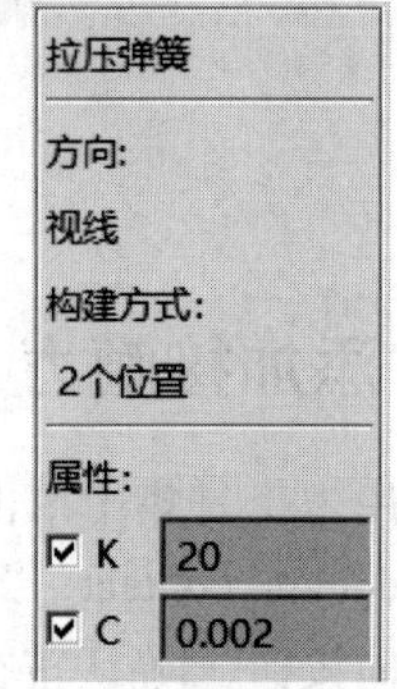

图 5-22　设置弹簧阻尼器

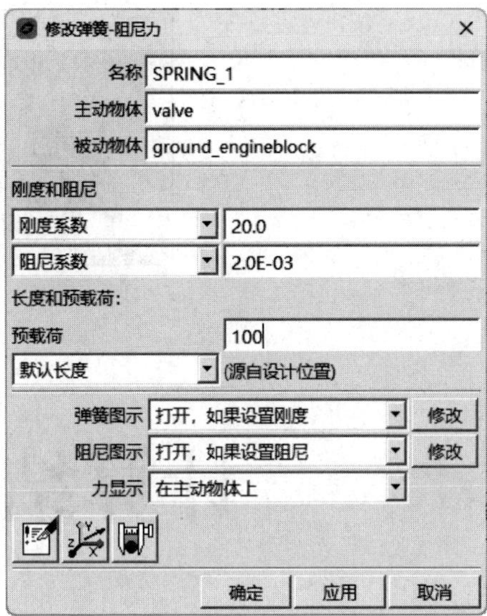

图 5-23 “修改弹簧－阻尼力”对话框

第6章 计算结果后处理

后处理模块PostProcessor是Adams针对View、Vibration、Control、Car等模块添加的后处理功能插件，利用此模块可以对模型进行仿真分析，并根据分析结果优化虚拟样机。本章将详细讲解PostProcessor模块的使用过程，主要包括基本操作、输出仿真动画、绘制仿真曲线及对曲线图进行处理。

- ☑ Adams PostProcessor基本操作
- ☑ Adams PostProcessor输出仿真动画
- ☑ Adams PostProcessor绘制仿真曲线
- ☑ 曲线图的处理

任务驱动和项目案例

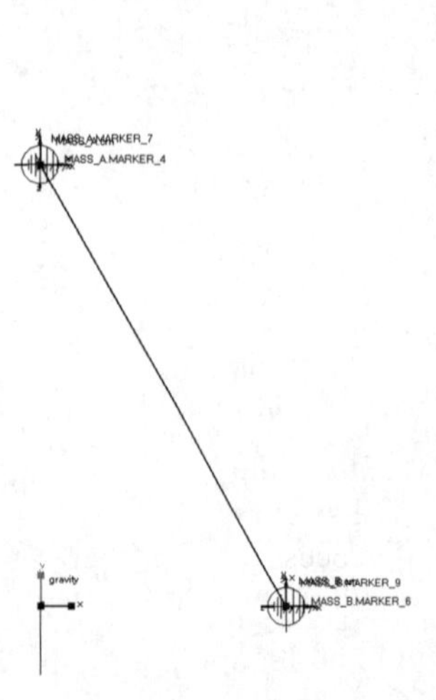

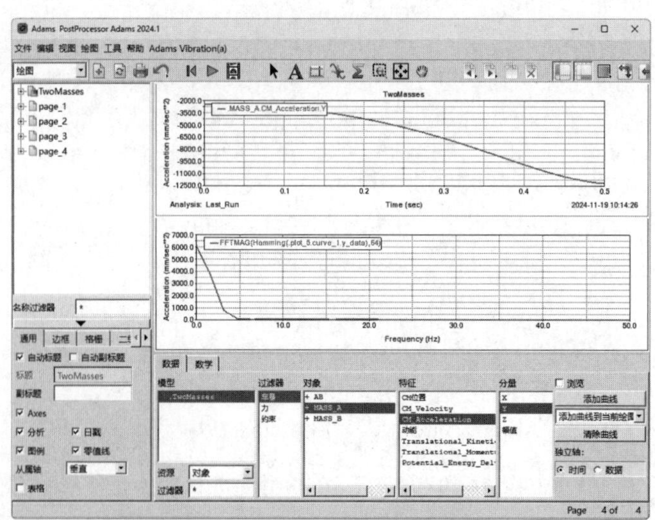

6.1　Adams PostProcessor 简介

6.1.1　Adams PostProcessor 的用途

Adams PostProcessor 是 Adams 软件的后处理模块，绘制曲线和仿真动画的功能十分强大，利用 Adams PostProcessor 可以使用户更清晰地观察其他 Adams 模块（如 Adams View、Adams Car）的仿真结果，也可将所得到的结果转换为动画、表格或者 HTML 等形式，能够更确切地反映模型的特性，便于对仿真计算的结果进行观察和分析。Adams PostProcessor 在模型的整个设计周期中都发挥着重要的作用，其用途主要如下。

1. 模型调试

在 Adams PostProcessor 中，可选择最佳的观察视角来观察模型的运动，也可向前、向后播放动画，从而有助于对模型进行调试。也可从模型中分离出单独的柔性部件，以确定模型的变形。

2. 试验验证

如果需要验证模型的有效性，可输入测试数据并以坐标曲线图的形式表达出来，然后将其与 Adams 仿真结果绘于同一坐标曲线图中进行对比，并可以在曲线图上进行数学操作和统计分析。

3. 设计方案改进

在 Adams PostProcessor 中，可在图表上比较两种以上的仿真结果，从中选择出合理的设计方案。另外，可通过单击鼠标操作更新绘图结果。如果要加速仿真结果的可视化过程，可对模型进行多种变化。也可以进行干涉检验，并生成一份关于每帧动画中构件之间最短距离的报告，帮助改进设计。

4. 结果显示

Adams PostProcessor 可显示运用 Admas 进行仿真计算和分析研究的结果。为增强结果图形的可读性，可以改变坐标曲线图的表达方式，或者在图中增加标题和附注，或者以图表的形式表达结果。为增加动画的逼真性，可将 CAD 几何模型输入动画中，也可将动画制作成小电影的形式。最终可在曲线图的基础上得到与之同步的三维几何仿真动画。

6.1.2　启动与退出 Adams PostProcessor

Adams PostProcessor 可单独运行，也可从其他模块（如 Adams View、Adams Car 等）中启动。下面将介绍如何启动和退出 Adams PostProcessor。

1. Adams PostProcessor 的启动方法

（1）直接启动 Adams PostProcessor。在 Windows 中，选择“开始”→“所有应用”→ Adams 2024.1 → Adams PostProcessor 命令，可直接启动进入 Adams PostProcessor 窗口。

（2）在 Adams View 或其他 Adams 模块中启动 Adams PostProcessor。在 Adams View 的菜单栏中选择回放→后处理命令或按 F8 键。另外一种方法是在主工具箱中单击绘图图

标 。

（3）在其他 Adams 模块中启动 Adams PostProcessor，可以参考这些模块的使用手册。

2. Adams PostProcessor 的常用退出方法

（1）如需从 Adams PostProcessor 退回到 Adams View，可按 F8 键。

（2）单击 Adams PostProcessor 窗口右上角的 × 按钮。

6.1.3　Adams PostProcessor 窗口介绍

启动 Adams PostProcessor 后，进入 Adams PostProcessor 窗口，如图 6-1 所示。

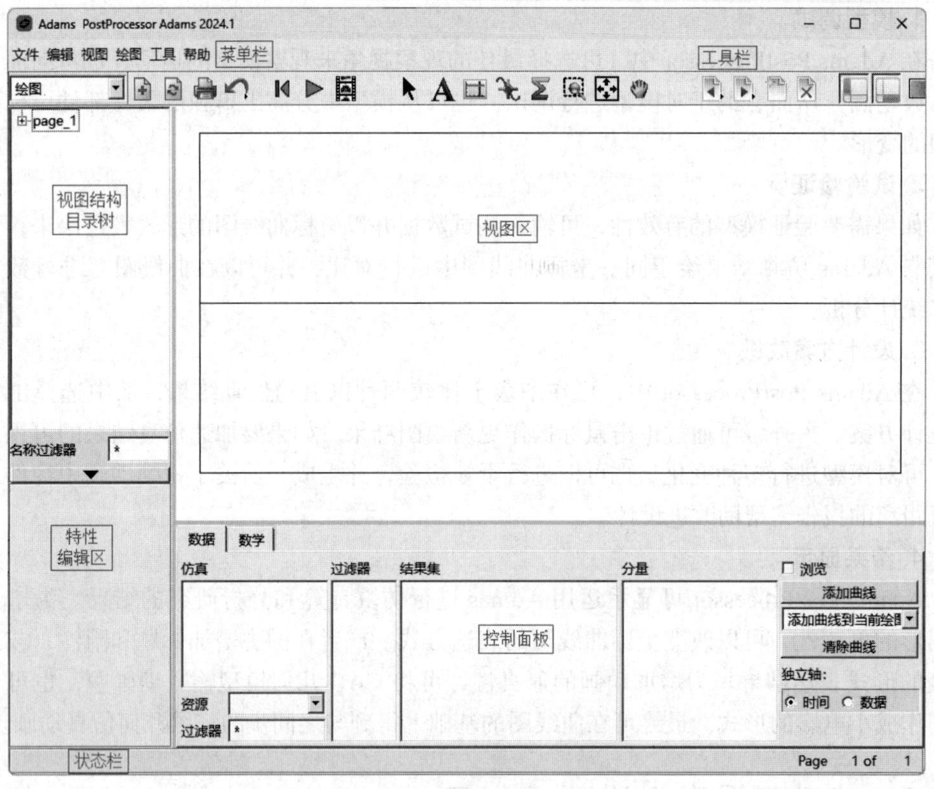

图 6-1　Adams PostProcessor 窗口

Adams PostProcessor 窗口中各部分的功能如下：

（1）视图区。显示当前页面，可在多个视图同时显示不同的曲线、动画和报告。

（2）菜单栏。包含几个下拉式菜单，完成后处理的操作。

（3）工具栏。包含常用后处理功能的图标，可自行设置需显示哪些图标。

（4）视图结构目录树。显示模型或页面等级的树形结构。

（5）特性编辑区。改变所选对象的特性。

（6）状态栏。在操作过程中显示相关的信息。

（7）控制面板。提供对结果曲线和动画进行控制的功能。

6.2 Adams PostProcessor 基本操作

启动 Adams PostProcessor 后可建立新任务的“记录”并操作，创建任务和添加数据。Adams PostProcessor 使用单一窗口界面，可以更方便、快捷地输入信息，界面随所选择项目自动变化，界面操作包括工具栏、页面、窗口模式等。

6.2.1 创建任务和添加数据

启动 Adams PostProcessor 后就创建了一个新任务，称为“记录”。要把仿真结果导入记录中，需要先输入相应的结果数据。如果采用直接启动 Adams PostProcessor 的方式，当对仿真结果进行操作之后，可保存记录并输出数据以供其他程序使用。

1. 创建新任务

每次单独启动 Adams PostProcessor 时，自动创建一个新任务以进行工作，也可以随时创建新的任务。创建新任务的方法是选择文件→新建命令。

2. 保存记录

在单独启动模式下，Adams PostProcessor 可将当前任务保存在记录里，以二进制文件的格式保存所有的仿真结果动画和绘制的曲线。

（1）保存已存在并已命名的任务是选择文件→保存命令。

（2）保存一个新的未命名的文件或者以新的名字来保存文件是选择文件→另存为命令，然后输入记录的名字。在不同的目录中保存文件时，右击文件名称文字栏，选择浏览，然后选择想要保存的目录，最后单击“确定”按钮。

3. 输入数据

将不同文件格式的形式输入数据到 Adams PostProcessor 中以生成动画、曲线图和报告，输入的数据出现在视图结构目录树顶端。不同文件格式的输入数据形式如表 6-1 所示。

表 6-1　不同文件格式的输入数据形式

文件格式	描　述
Adams View Command（.cmd）	一套 Adams View 的命令，包含模型信息。用它调入分析文件
Adams Solver dataset（.adm）	用 Adams Solver 数据语言描叙模型信息
Adams Solver analysis（.req，.res，.gra）	3 种分析文件： Graphics——包含来自仿真的图形输出，并包含能描述模型中各部件位置和方向的时间序列数据，可使 Adams PostProcessor 生成模型动画。 Request——包含使 Adams PostProcessor 产生仿真结果曲线的信息，也包含基于用户自定义信息的输出数据。 Result——包含在仿真过程中 Adams PostProcessor 计算得出的一套基本的状态变量信息。 可导入整套或者单个数据文件
Numeric data	按列编排的 ASCII 文件，包含其他应用程序输出的数据
Wavefront objects，Stereolithgraphy，Render，and shell	曲面
Report	以 HTML 或 ASCII 格式表示的报告数据

4. 输出数据

以数据电子表格的形式输出动画或曲线信息，并可用表格的形式输出曲线数据，以 html 或者 spreadsheet（电子表格）的形式，或者输出 DAC 和 RPC Ⅲ数据（仅适用于 Adams Durability）。也可将动画记录为 AVI 电影、TIFF 文件或其他形式。

以表格形式输出曲线步骤如下：

（1）选择一条曲线。

（2）选择文件→导出→电子表格命令。

（3）输入该文件的名字。

（4）输入包含数据的曲线的名字。

（5）在 html 或 spreadsheet（电子表格）中任选一个。

（6）单击“确定”按钮。

6.2.2 工具栏的使用

Adams PostProcessor 包含若干工具栏，位于菜单栏下面。选择特定工具栏能完成相关的操作，使用特定的功能。

（1）主工具栏（见图 6-2 和表 6-2）。

图 6-2 主工具栏

表 6-2 主工具栏功能说明

工具	功　能
	输入文件
	重新载入更新的仿真结果，以及最新的数据报告
	显示打印对话框以便打印该页面
	撤销上次操作
	重置动画到第一帧（仅在动画模式）
	播放动画（仅在动画模式）

（2）页面与视图工具栏（见图 6-3 和表 6-3）。

图 6-3 页面与视图工具栏

（3）动画工具栏（见图 6-4 和表 6-4）。

动画工具栏只有在 Adams PostProcessor 的动画模式下才显示出来。

（4）图表工具栏（见图 6-5 和表 6-5）。

图表工具栏只有在 Adams PostProcessor 的图表模式下才显示出来。

表 6-3　页面与视图工具栏说明

工具	功　能
	显示前页或第一页
	显示下一页或最后一页
	以当前布局创建新页
	删除显示页
	打开或关闭目录树
	打开或关闭控制板
	从 12 个标准页面布局中选择一个新的布局
	将所选择的视图扩展至覆盖整个页面
	将当前视窗的数据交换到其他数据窗口

图 6-4　动画工具栏

表 6-4　动画工具栏说明

工具	功　能
	选择模式
	旋转视图
	移动视图并设置比例
	将模型放到中间位置
	缩放视图
	将整个动画放置到适应整个窗口大小
	设置动画视图方位的工具
	线框模式与实体模式的切换开关
	光标默认显示的切换开关

图 6-5　图表工具栏

表 6-5　图表工具栏说明

工具	功　能
	设置选择模式
	增加文本
	显示曲线的统计值，包括曲线上数据点的最大值、最小值和平均值
	显示曲线编辑工具栏
	放大曲线图的一部分
	将曲线图以合适大小放在视窗内

（5）工具栏的设置与显示。工具栏可以通过开关设置是否显示，也可以设置工具栏的位置是放在菜单下窗口的顶端还是底部，还可以打开或者关闭控制面板和目录树，默认情况是显示控制面板和目录树。主工具栏显示在窗口的顶端，曲线编辑和统计工具栏是关闭的，状态栏出现在窗口底部。

选择视图→工具栏命令，然后选择需要打开或关闭的工具栏。设置工具栏的位置如下：

❶ 选择视图→工具栏→设置命令，打开工具栏设置对话框。

❷ 选择工具栏项目的可见性以及所选工具栏的位置，所做的设置会立刻生效。

（6）工具栏的展开。在主工具栏中有些工具是下拉式的，出现在顶部的是默认的工具或最近用过的工具，这样的工具栏在其右下角有一个小三角标记。要选择这样工具栏中的工具时，右击这样的下拉式工具栏（其右下角有一个小三角标记），在展开的工具栏中选择需要采用的工具。

6.2.3　窗口模式的设置

Adams PostProcessor 有三种不同的窗口模式：动画、曲线绘制和报告模式。其模式改变依赖于当前视图的内容，例如，加载动画模式时在窗口顶端工具栏中的工具就会相应改变。也可手动切换视图模式。

手动切换视图模式，可采用下面三种方法中的任一种。

（1）单击包含动画、绘图或报告的视图。

（2）在主工具栏的选项菜单中选择所需要的模式选项。

（3）右击视图窗口，再选择 Load Animation、Load Plot 或者 Load Report。

6.2.4　Adams PostProcessor 的页面管理

可以通过创建新页来达到显示动画和曲线图的目的。Adams PostProcessor 中的一页最多有 6 个区，称为视图，在每个区中都可以显示动画和曲线。

（1）创建页面。选择视图→页→新建命令，Adams PostProcessor 将自动为新页分配一个名字。

（2）重命名页面。在目录树中选中需要重命名的页，再选择编辑→重命名命令，输入

该页的新名字，最后单击“确定”按钮。

（3）显示页面。如需显示特定页面，可在目录树中选择需要显示的页面，或者选择视图→页→显示命令，再从页面列表中选择需要显示的页面。用上一页、第一页或最后一页定位到前一页、首页或末页。

（4）显示页眉和页脚。选中有关页面后，在特性编辑区中选择页眉或页脚，再分别选择左侧、右侧或中心，然后在特性编辑区相关区域输入有关信息，就可在页眉或页脚的相应区域加入文本或图形。

6.3　Adams PostProcessor 输出仿真动画

Adams PostProcessor 的动画功能可以将其他 Adams 产品中通过仿真计算得出的动画画面重新播放，有助于更直观地了解整个物理系统的运动特性。当加载动画或者将 Adams PostProcessor 设置为动画模式时，Adams PostProcessor 界面改变为允许对动画进行播放和控制。

6.3.1　动画类型

Adams PostProcessor 可以加载两种类型的动画：时域动画和频域动画（在 Adams Vibration 中的一种正则模态动画）。如果在 Adams 产品中使用 Adams Vibration 插件，可以使用 Adams PostProcessor 来观察受迫振动的动画。

1. 时域动画

当在 Adams 产品中以时间为单位进行仿真，如在 Adams View、Adams Solver 中进行动力学仿真分析时，分析引擎将对仿真的每一个输出步创建一个动画，画面随输出时间步长而依次生成，称为时域动画。例如，在 0.0 ~ 10.0s 的时间内完成仿真，以 0.1s 作为输出的步长，Adams Solver 将记录 101 步或帧的数据。它在 10s 中的每十分之一秒创建一帧动画。

2. 频域动画

使用 Adams PostProcessor 时，可观察到模型以其固有频率中的某个频率进行振动。它以特征值中的某个固有频率为操作点，将模型的变形动画循环地表现出来，动画中可以看到柔体中阻尼的影响，并显示特征值的列表。

当对模型进行线性化仿真时，Adams Solver 在指定工作点对模型进行线性化，并计算特征值和特征向量。Adams PostProcessor 利用这些信息来显示通过特征解预测的动画变形形状。通过在正的最大变形量和负的最大变形量之间插值生成一系列动画。动画循环地显示了柔体的变形过程，与频域参数有关，称为频域动画。

6.3.2　加载动画

在单独启动的 Adams PostProcessor 中演示动画，必须导入一些相应的文件，或者打开已存在的记录文件（.bin），然后导入动画。如果在使用其他 Adams 的产品（如 Adams View 等）时使用 Adams PostProcessor，已经运行了交互式的仿真分析，所需的文件在 Adams PostProcessor 中就已经是可用的了，只需直接导入动画即可。

对于时域动画，必须导入包含动画的图形文件（.gra）。该图形文件可由其他 Adams 产品如 Adams View 和 Adams Solver 创建。对于频域模型，必须导入 Adams Solver 模型定义文件（.adm）和仿真结果文件（.res）。

1. 导入动画

选择文件→导入命令，然后输入相关的文件。

2. 在视窗中载入动画

右击视窗背景，弹出载入动画选项菜单，如图 6-6 所示。然后选择加载动画命令载入时域仿真动画，或选择加载模态动画命令载入频域仿真动画。

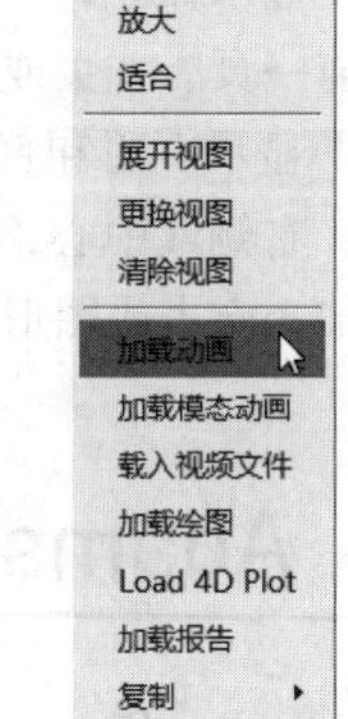

图 6-6　载入动画选项菜单

6.3.3　动画演示

当演示时域动画时，Adams PostProcessor 按默认设置尽快显示每帧动画，默认状态下循环播放动画直到终止播放，也可设置只播放一次或者先向前再向后播放动画。

（1）播放动画：在控制面板单击▶图标。

（2）反向播放动画：在控制面板单击◀图标。

（3）一次播放一帧动画：在控制面板滑动杆两端单击向左或向右箭头按钮。

（4）暂停动画：在控制面板单击⏸图标。

（5）重置动画：在控制面板单击⏮图标。

设置动画的播放选项是在控制面板设置循环为：

☑ 永远：不断地循环播放动画。

☑ 一次：只播放动画一次。

☑ 循环播放（1 周期）：先向前播放动画，然后向后播放动画（如在 100 帧动画中，先从 1 ~ 100 播放，然后再从 100 ~ 1 播放）。

☑ 循环播放（连续）：重复地向前或向后播放动画。

6.3.4　时域动画的控制

1. 播放部分时域动画

默认状况下，Adams PostProcessor 采用基于时间的动画画面。可以选择跳过一定数量的帧，仅仅播放以时间或帧数为单位的一部分动画。例如，要查看在 3.0 ~ 5.5s 的动画，可设定开始时间为 3.0s，结束时间为 5.5s。

（1）跳过帧数。在控制面板上选择动画，在帧增量填入要跳过的帧数，然后播放动画。

（2）播放动画的一部分。在控制面板上选择动画，选择显示单位为帧或时间，在开始填入开始的帧数或时间，并在结束填入结束的帧数或时间，然后播放动画。

2. 设置动画速度

可以通过改变时域动画中每帧动画之间的时间延迟来改变动画速度，通过使用控制

面板上的滑动杆来引入时间延迟。默认状况下，当滑动杆向右时就是将动画尽可能快地播放；向左移动滑动杆可引入时间延迟，最大可达到 1s。

需要设置动画速度时，在控制面板上选择动画，单击并拖动速度控制滑动杆至达到所需的时间延迟。

3. 演示特定动画帧

Adams PostProcessor 提供了播放特定动画帧的几个选项。可以一次播放一帧，或播放某特定时间的某一帧。此外还可用动画帧表示模型输入——表示模型仿真前的状态，不表达模型部件的初始条件和静态解；静平衡状态；构件之间的接触。

（1）在动画中演示某一帧。在控制面板上选择动画，然后执行以下任一操作。

☑ 单击并拖动最上端的控制条直至要演示的帧数或者时间。

☑ 在滑动条右端的输入框里填入要演示的帧数或者时间。

（2）演示代表模型输入的帧。在控制面板上选择动画，然后选择模型输入。

（3）演示代表静平衡状态的帧。在控制面板上选择动画，然后选择包括静分析，选择下一静态查看所有的静平衡状态位置。

（4）演示代表接触的帧。在控制面板上选择动画，然后选择包括接触，继续选择下一接触查看构件之间的所有接触。

4. 追踪点的轨迹

在基于时间的动画过程中，可以在屏幕上描绘代表模型运动轨迹的点。这些有助于设计某些具有特殊运动规律的机械系统，了解机构是否按预期的方式运动。追踪点的轨迹对于包络线（面）的研究也非常有用，可以检查机械系统完成一个典型工作循环的过程中，是否有构件运动到特定的工作包络线（面）之外。在屏幕上勾画点的轨迹，需要定义一个以上的标记点来生成轨迹，Adams PostProcessor 勾勒出通过标记点轨迹的曲线。

要在动画中追踪点的轨迹，首先在控制面板上选择动画，然后在“轨迹标记点”栏内输入要追踪轨迹的标记点的名字。如果要在视窗内选择一个标记点，需要右击“文字”栏，然后在弹出的快捷菜单中选择合适的命令。

5. 重叠动画帧

可以将基于时间的连续动画帧重叠起来。当选择叠加切换按钮时，Adams PostProcessor 将各动画帧重叠显示。在控制面板上选择动画，然后选择叠加即可。

6.3.5 频域动画的控制

1. 在动画中显示特定模态和频率

（1）选择观察模态和频率。在控制面板上选择 Mode Shape Animation，然后设置选项菜单为以下任一个：选择 Mode 并输入要使用的模态数字；选择 Frequency 并输入模态频率。如果指定的是输入频率，Adams PostProcessor 将使用最接近该频率的模态。如果既没有指定模态也没有定义频率，Adams PostProcessor 将使用模型变形的第一阶模态。

（2）使用滑动条演示动画中的画帧。在控制面板中选择 Mode Shape Animation，然后执行以下任一步骤：单击并拖动最上端的滑动条直到达到指定模态和频率；在滑动条右端的文字输入栏输入指定模态和频率。

2. 控制每次循环的画帧的数目

对于线性化模态形状动画，可以控制每次循环画帧的数目。在控制面板上选择 Mode Shape Animation，在 Frames Per Cycles（每次循环帧数）栏中填入每次循环将演示的帧数，然后演示动画即可。

3. 设置线性化模态形状的显示

当演示频域动画时，可以设置构件从未变形位置开始平移或旋转变形比例的最大值，可以显示变形幅值是否随时间衰减，可以将一个模态重叠到另一个模态，还可以显示未变形的模型。在设置频域显示控制参数时，在控制面板上选择 Mode Shape Animation，然后按需要选择如表 6-6 所示的选项。

表 6-6　设置线性化模态形状的显示

功能	操　　作
设置从未变形位置平移或旋转变形比例的最大值	在 Maximum Translation（最大平移）和 Maximum Rotation（最大旋转）栏中输入所需数据
显示时间衰减	选择 Show time decay（显示时间衰减）
重叠模式	选择 Superimpose（重叠）

4. 查看特征值

可以在一个信息窗口中显示预测特征解所有特征值的信息。一旦在信息窗口中显示了该信息，就可以将其以文件的形式保存。这些信息包括：模态数——预测特征解的模态序号数；频率——相应于模态的自然频率；阻尼——模态的阻尼比；特征值——列出特征值的实部和虚部。为查看特征值，从控制面板上选择 Table of Eigenvalues（特征值表），出现信息窗口，在查看了信息之后，选择 Close（关闭）。

6.3.6　记录动画

可以将动画以一系列文件的形式保存下来，每份文件包含动画的一帧。Adams PostProcessor 在当前工作目录保存文件。一旦录制下了动画，就可以采用其他多媒体工具进行编辑。

（1）在创建动画之前，可以选择的格式有 AVI、TIF、JPG、BMP 和 XPM（AVI 格式仅适用于 Windows）。

（2）给文件命名一个前缀。Adams PostProcessor 将为该文件分配一个唯一的数字以形成该文件的名字。例如，定义一个 BLOCK 的前缀，以 TIF 格式保存，则该文件名为 BLOCK_001.tif、BLOCK_002.tif 等。如果没有定义文件名字，则前缀为 frame（如 frame_001.tif）。

（3）对于 AVI 格式，不压缩以保证图片质量，并设置关键画帧的间隔，默认情况下采用 1/5000 的压缩率。

（4）记录动画。在控制面板上，单击记录图标Ⓡ，并单击播放图标▶。

（5）设置记录选项。在控制面板上选择 Record，然后选择保存画帧的文件格式，在文件名称（Filename）栏输入文件名字的前缀，如果选择 AVI 格式，须设置每秒的画帧数目、压缩率，如有可能须设置关键画帧之间的间隔时间。

6.4 Adams PostProcessor 绘制仿真曲线

将仿真结果用曲线图的形式表达出来，能让我们更深刻地了解模型的特性。Adams PostProcessor 能够绘制仿真自动生成结果的曲线图，包括间隙检查等，还可将结果以定义的量度或需求绘制出来，甚至可以将输入的测试数据绘制成曲线。绘制出的曲线由数据点组成，每个数据点代表在仿真中每个输出步长上创建的输出点的数据。在创建了曲线之后，可以在曲线上进行后处理操作，例如，通过信号处理进行数据过滤以及数学运算等，也可以手动改变数值或者写表达式来定义曲线上的数值。

6.4.1 曲线图的类型

Adams 提供了由几种不同类型仿真结果绘制曲线图的功能。

1. 对象（Object）

模型中物体的特性，如某个构件的质心位置等。如果要查看物体的特性曲线图，必须先运行 Adams View 后再进入 Adams PostProcessor，或者导入一个命令文件（.cmd）。

2. 量度（Measure）

模型中可计量对象的特性，如施加在弹簧阻尼器上的力或物体之间的相互作用。也可以直接在 Adams 产品中创建量度，或者导入测试数据作为量度。要查看量度，需要先运行 Adams View 后运行 Adams PostProcessor，或导入一个模型和结果文件（.res）。

3. 结果（Result）

Adams 在仿真过程中计算出的一套基本状态变量。Adams 在每个仿真输出步长上输出数据。一个结果的构成通常是以时间为横坐标的特定量（如构件的 x 方向位移或者铰链上 y 方向的力矩）。

4. 请求（Request）

要求 Adams Solver 输出的数据。可以得到要考查的位移、速度、加速度或者力的信息。

5. 系统模态

查看线性化仿真得到的离散特征值。

6. 间隙分析

查看动画中的物体之间的最小距离。

6.4.2 曲线图的建立

在绘制曲线图模式下，用控制面板选择需要绘制的仿真结果。在选择了仿真结果以绘制曲线后，可以安排结果曲线的布局，包括增加必要的轴线、确定量度单位的标签、曲线的标题、描叙曲线数据的标注等。

1. 控制面板的布局

绘制曲线图模式下的控制面板如图 6-7 所示。

2. 绘制物体特性曲线

物体特性的曲线可以直接绘制，而不必重新创建量度来绘制特性曲线，并可选择同时显示一条以上的特性曲线。绘制特性曲线，必须在运行 Adams View 后进入 Adams PostProcessor 或者导入模型和结果。

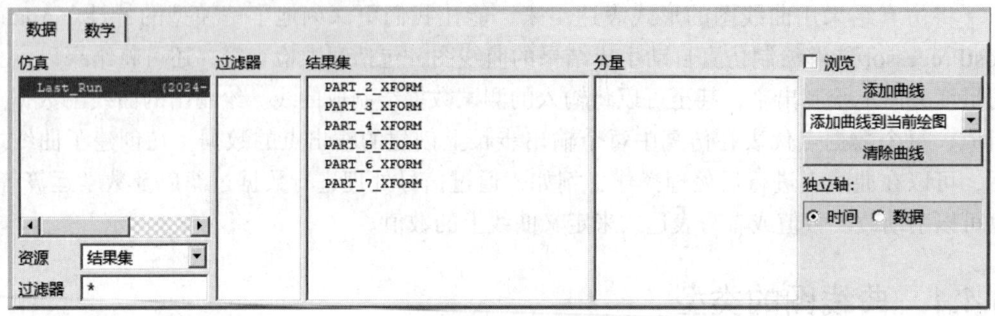

图 6-7　绘制曲线图模式下的控制面板

绘制物体特性数据的曲线，在控制面板上设置资源为对象，控制面板将显示所有绘制曲线图时可用的结果。再选择要绘制特性曲线的模型，从对象菜单中选择要绘制特性的物体，对象菜单中包含了模型中所有构件的清单。从特征菜单中选择要绘制曲线的特性，从分量菜单中选择一种或多种需要绘制特性的分量。选择添加曲线将数据曲线添加到当前曲线上。

3. 绘制量度曲线

在控制面板上设置资源为量度，控制面板将显示所有绘制曲线图时可用的量度。再从仿真菜单中选择一次仿真结果，该菜单中包含所有可以绘制成曲线的数据资源，当调入额外的仿真结果时也会添加到仿真菜单中。选择想要绘制的量度，在控制面板上选择添加曲线将曲线添加到当前页。

4. 绘制请求或结果曲线

在控制面板上设置资源为请求（绘制请求的分量）或结果（绘制来自仿真结果的分量），控制面板变为显示所有绘制曲线图时可用的结果。再从仿真菜单中选择一次仿真结果，该菜单中包含了所有可以创建曲线的数据资源，当调入额外的仿真结果时也会添加到仿真菜单中。然后从结果集或请求菜单中选择一个结果或者请求，再从分量菜单中选择要绘制的分量，并选择添加曲线将数据曲线添加到当前曲线图。

5. 绘制系统模态

在控制面板上设置资源为系统模态，然后从特征菜单中选择一个特征值，再选择添加曲线。

6. 查看测试数据

通过选择文件→导入命令读入 ASCII 格式的文件，可以很方便地导入测试数据。Adams PostProcessor 将测试数据以栏式文件的格式导入，并以量度的形式保存数据。一旦 Adams PostProcessor 将测试数据以量度的形式导入，就可像其他形式的量度一样对其进行绘图、显示和修改。

7. 快速浏览仿真结果

可以快速地浏览仿真结果而不用创建大量的曲线图页面。在控制面板的右端选中“浏览”复选框，然后选择想要绘制的仿真结果，在做出选择后，Adams PostProcessor 能够在

当前页面上自动清除当前曲线而显示新的仿真结果。继续选择仿真结果就可以在同一张页面上陆续绘制不同的曲线，而不用不断生成新的页面。

8. 在曲线图页面上添加多条曲线

可以在一个曲线图页面上添加多条曲线，也可以选择在每次添加曲线时创建一个新的曲线图页面，或者对每个不同的物体、请求和结果创建不同的曲线图页面。Adams PostProcessor 允许将一个物体的速度、加速度和位移自动绘制在一个曲线图页面上，当针对不同的物体绘制曲线时，可以设置 Adams PostProcessor 自动为这些数据创建新的曲线图页面。

如果选择在当前曲线图页面上添加多条曲线，Adams PostProcessor 将为每条新曲线分配不同的颜色和线型，以便将不同曲线区分开来。对于所定义的颜色、线型和符号可以改变默认定义的属性。

Adams PostProcessor 为每种单元类型创建一个纵坐标轴。例如，如果在同一个曲线图内绘制位移和速度两条曲线，Adams PostProcessor 将自动显示两个纵坐标轴（一个对应位移，一个对应速度）。

添加曲线时首先要选择需要绘制的结果，然后从位于添加曲线下面的选项菜单中选择希望采用何种方式添加曲线。

☑ 添加曲线到当前绘图：添加曲线到当前曲线图页面上。
☑ 每个绘图一个曲线：在一张新页面上创建该曲线。
☑ 每个对象一个绘图：针对一项特定的物体、请求或结果创建一条新曲线（对于量度不可用）。

9. 使用除时间值外的横坐标轴

曲线图中用于绘制横坐标轴的默认数据是仿真时间，也可选择除仿真时间外的其他数据。在控制面板右端横坐标轴区域选中“数据”单选按钮，出现横坐标轴浏览器，然后选择想要作为横坐标轴的数据再单击“确定”按钮。

6.4.3　曲线图上的数学计算

可以对任一曲线上的数据进行数学计算，这些操作如下：

（1）将一条曲线上的值与另一条曲线上的值进行加、减、乘运算。

（2）计算曲线数值的绝对值或对称值。

（3）对曲线上的值进行插值以创建一条均匀分布采样点的曲线。

（4）按特定比例将曲线进行缩放。

（5）按特定值平移曲线，平移曲线就是沿相应轴转换数据。

（6）将一条曲线与另一条曲线的开始点对齐，或者将曲线的开始点挪至零点，将曲线对齐有助于比较曲线上的数据。

（7）从曲线上的值创建样条曲线。

（8）手动改变曲线上的值。

（9）过滤曲线数据。

也可以在计算的基础上创建新的曲线，或者对所选操作的第一条曲线进行修改。

选择进行数学计算，Adams PostProcessor 显示出曲线编辑工具栏，如图 6-8 所示。切换是否显示曲线编辑工具栏，须选择视图→工具栏→曲线编辑工具栏命令，曲线编辑工具栏将会出现在窗口上方的主工具箱下面。

图 6-8　曲线编辑工具栏

1. 在曲线数据上进行简单的数学计算

通过在曲线上进行简单的数学计算可以对曲线进行修改，可以使用包含在另一条曲线中的值或重新指定一个值，进行操作的曲线必须属于同一个曲线图。如果想改变基于数值的曲线而不创建新的曲线，须在曲线编辑工具栏的最右端清空 Create New Curve 选项。Adams PostProcessor 有时需要两条曲线完成这些操作而修改第一条曲线（如求减运算）。

将一条曲线的值与另一条曲线的值进行加、减、乘。按照要进行的操作在曲线编辑工具栏中选择工具，如增加两条曲线、从另一条曲线减去曲线或两条曲线相乘。然后选择要被加、减、乘的曲线，再选择第二条曲线。

找出数据点绝对值或对称点。在曲线编辑工具栏中选择将要进行操作的工具，如绝对值工具或求反曲线工具。然后选择一条曲线进行操作。

产生采样点均匀分布的曲线（曲线插值）。在曲线编辑工具栏中选择差补曲线工具，然后从工具栏右端的选项菜单中选择用于插值的样条曲线类型，继而输入需要生成的插值点的数目（默认的为 1024，必须输入一个正整数），再选择需要进行操作的曲线。

按特定值缩放或平移曲线。在曲线编辑工具栏中选择缩放曲线工具或偏移曲线工具，然后在曲线编辑工具栏右端出现的文字栏中输入缩放或平移值，再选择需要进行操作的曲线。

将一条曲线与另一条曲线的开始点对齐。在曲线编辑工具栏中选择对齐曲线到另一曲线的起点工具，然后选择要对齐的曲线，再选择第二条曲线。

将曲线的开始点移至零点。在曲线编辑工具栏中选择对齐曲线的起点到原点工具，然后选择需要进行操作的曲线。

2. 计算曲线的积分或微分

可进行已存在数据点的积分和微分操作。在曲线编辑工具栏中选择积分曲线工具或微分曲线工具，然后选择要进行该运算的曲线，再选择第二条曲线。

3. 由曲线生成样条

可从一条曲线上提取数据点，然后由这些点生成样条。在曲线编辑工具栏中选择从曲线上创建样条数据元素工具，在出现于曲线编辑工具栏左边的样条名称文本框中输入样条的取名，然后选择曲线即可由曲线生成样条。

4. 手工修改数据点数值

对于已经生成的任何曲线都可手工修改数据点的数值，手工修改数据点的数值时各顶点处的点以高亮显示。首先选择需要高亮显示的曲线，然后在特性编辑器中设置移动数据点的方向为水平、垂直还是任意方向，再将光标置于高亮显示的点上将其拖动到所需位置。

6.5　曲线图的处理

Adams PostProcessor 提供了若干对曲线图进行处理的工具，包括进行滤波以消除噪声信号、进行快速傅里叶变换和生成博德图等。

6.5.1　曲线数据滤波

对曲线数据进行滤波操作可以消除时域信号中的噪声，或者强调时域信号中特定的频域分量。Adams PostProcessor 提供两种类型的滤波，一种是由 The Math Works 公司开发的 MATLAB 软件中采用的 Butterworth 滤波，另一种是直接指定传递函数。

1. Adams PostProcessor 提供两种滤波的方法

（1）连续滤波。将时域信号通过快速傅里叶变换转化到频域，然后将结果函数与滤波函数相乘，再进行逆傅里叶变换。

（2）离散（数值）滤波。直接针对时域信号进行离散滤波操作，这时在某一特定时间步长上滤波后的信号是由前面的输入、输出信号和离散传递函数经计算得到的。

2. 产生滤波函数

采用曲线编辑工具栏，可产生滤波函数。

（1）产生 Butterworth 滤波函数。先从曲线编辑工具栏中选择曲线滤波工具，在过滤器名称文本框中右击后在弹出的快捷菜单中选择 Filter Function→创建命令，打开“创建滤波器函数”对话框，然后在对话框中输入滤波的名字，选择 Butterworth 滤波器，并选择滤波的方法是连续的还是离散的，是低通、高通、带通还是带阻，还要指定滤波阶数以及阻断频率。

（2）产生基于传递函数方式的滤波函数。同样先从曲线编辑工具栏中选择曲线滤波工具，在 Filter Name 文本框中右击后弹出的快捷菜单中选择 Filter Function→创建命令，打开“创建滤波器函数”对话框，在对话框中输入滤波的名字，并选择传递函数，然后选择滤波的方法是连续的还是离散的，还要指定传递函数分子、分母的系数，系数可直接输入数值，或者由 Butterworth 滤波转换生成。还可利用检查格式和生成曲线图按钮来检查格式、生成增益和相位的曲线图。

3. 执行滤波函数

生成滤波函数后即可对滤波曲线进行滤波操作，先选择需要滤波的曲线，再从曲线编辑工具栏中选择曲线滤波工具，然后在滤波名称文本框内输入要采用的滤波函数的名称，并通过名称文本框后面的复选框选择是否执行 0 相位操作。

6.5.2　快速傅里叶变换

快速傅里叶变换（FFT）是一种有效的数学算法，可将时域函数映射到正弦分量。FFT 在模型中以时间为自变量，可将函数转换为频域形式，分离出以正弦分量表达的频率成分。

1. FFT 表示法

Adams PostProcessor 包含三种表示频域数据的方法：FFTMAG、FFTPHASE 和 PSD（Power Spectral Density）。

（1）FFTMAG。FFTMAG 确定 FFT 算法返回复数值的绝对值的大小，Adams PostProcessor 以频率为自变量 x 轴、以复数值大小为 y 轴绘制出频率数据的左半边频谱，而右半边频谱是左半边的镜像。

（2）FFTPHASE。FFTPHASE 确定标准 FFT 算法返回复数值的相位角，在给定频率处给出时域数据中等效正弦函数表达的相位差。

（3）PSD（Power Spectral Density）。任何基于时间的模型信号在时域和频域中都有相同的总功率，在谱分析中感兴趣的就是在频率间隔中所包含功率的分布，PSD 表达的就是信号在其频率成分上的功率分布。PSD 曲线通常看上去和 FFTMAG 曲线相似，但具有不同比例。

2. Window 函数

FFT 算法假定时域数据是来自连续无限数据系列中的周期性样本，开始和结束的条件假定是能够匹配的。Window 函数能过滤掉因为开始和结束的条件不匹配而引起的不连续，并确保 FFT 的周期性。Window 函数类似于单位阶跃输入，能保持 FFT 输出的幅值，但容许微小的不连续。Window 函数趋向于减小峰值频率幅值的准确性，也可以类似地显著减少因为终点条件不连续而引起的负面影响。

采用何种 Window 函数应根据实际情况确定，可供选用的 Window 函数有矩形、三角、Hanning、Hamming、Welch、Parzen、Bartlett、Blackman 等。

3. 构造 FFT 曲线

选择要进行信号处理的曲线，再选择绘图→FFT 命令，打开 FFT 对话框。选择要使用的 window 函数类型，输入要进行信号处理曲线的开始时间和结束时间，指明插值点的数目（点的数目必须为正整数），并将 y 轴设置为幅值、相位或者 PSD，然后单击“添加曲线”按钮执行 FFT 操作。

6.5.3 生成博德图

博德图提供了一种研究线性系统频率响应函数（FRF）及对非线性系统进行线性化的工具。频率响应函数测量的是采用不同频率单位简谐振动作为输入时的输出响应。博德图可以显示线性系统所有输入、输出组合的幅值增益和输入、输出间的相位差。

1. 构造博德图的方法

Adams PostProcessor 提供了三种构造博德图的方法，主要是基于线性系统的不同表达方式。这三种方法是传递函数表达、线性状态空间矩阵（A、B、C、D 矩阵）表达和输入输出对表达。

2. 生成博德图

选择绘图→Bode 图命令，打开博德图对话框。在对话框中选择不同的输入类型，对话框根据不同输入类型又要求输入不同的数据，数据输入完成后单击“确定”按钮生成博德图。

6.6　应用实例——质点系动力学仿真

Adams PostProcessor 应用于生成曲线图及其数据统计和数据处理时十分方便。下面介绍对一个简单质点系模型进行仿真后，采用 Adams PostProcessor 进行数据的后处理、研究仿真分析结果的实例。

6.6.1　动力学模型的建立和仿真分析

创建一个质点系模型，如图 6-9 所示。这个模型可用来模拟一个二力杆由 60° 时自由释放，用于研究此杆 *AB* 所受的力。

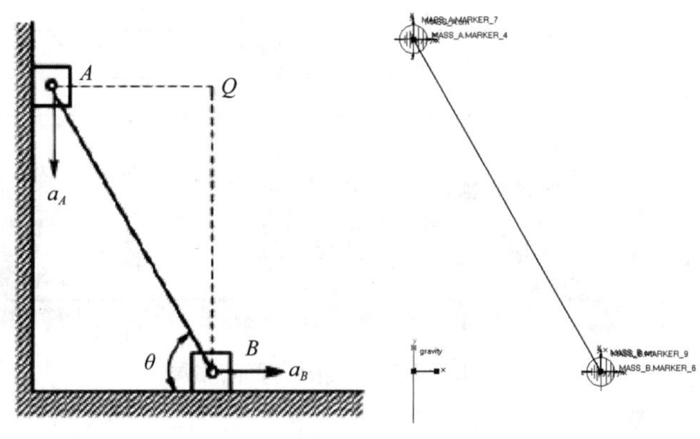

图 6-9　质点系模型

质量皆为 1kg 的 *A*、*B* 两物块以长 1m 的无重杆光滑铰接，置于光滑的水平及铅垂面上，当 $\theta = 60°$ 时自由释放，要求此瞬时杆 *AB* 所受的力。显然，这属于质点系的动力学问题。由于 *AB* 是无重杆，所以可以考虑成为二力杆，且不需要对之进行分析。从未知数来看，*A*、*B* 两处都有支持力，还受到二力杆件 *AB* 的力，而 *A*、*B* 两个滑块的加速度也是未知数，因此一共是五个未知数。从问题的类型来看，本例是因为物块 *A* 的重力导致了质点系的运动，因此只需要合理设置重力的方向，就可以进行动力学的仿真。在后处理中可以直接查看质点 *A* 和质点 *B* 的加速度，也可以通过球铰的合力查看二力杆所受力的大小。

模型建立之后进行仿真，在仿真控制对话框中设定仿真时间和步数，仿真后得到结果，然后采用 Adams PostProcessor 工具进行结果分析，有助于将仿真分析的数值结果与实际物理量的物理意义结合起来。

6.6.2　采用 Adams PostProcessor 生成曲线图

在完成建模与仿真分析后，在 Adams View 的主工具栏中单击图标，进入 Adams PostProcessor 界面，即可进行后处理建立曲线图并对其进行设置，以便更好地研究仿真结果、预测产品性能。

1. 创建曲线图的页面布局

在创建曲线之前可以设置页面布局，默认的页面布局为该页上只有一张曲线图，如有需要可将其设置为一页上有多个曲线图。这时须在页面布局工具里选择相应的页面布局形式，页面布局工具为下拉式，右击后可以展开，然后选择所需的布局形式。例如，要生成具有 4 张曲线图的页面，就单击▦图标。这样生成的页面布局如图 6-10 所示。

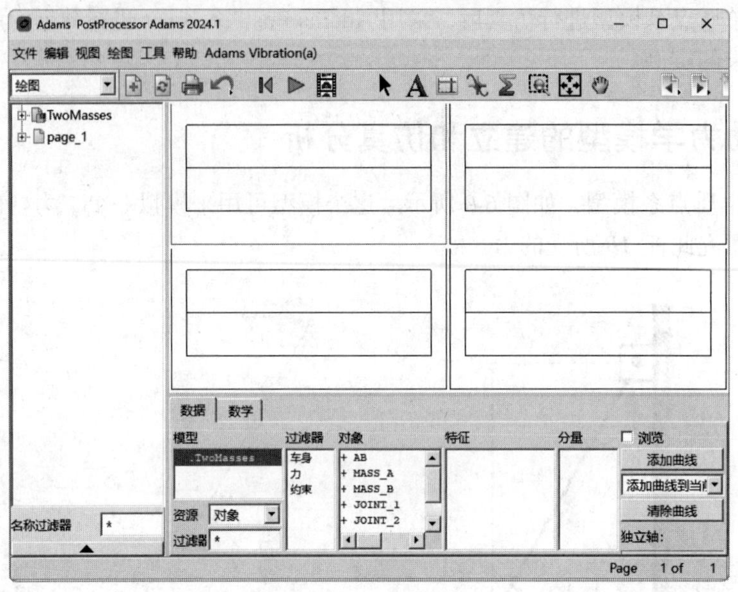

图 6-10　创建曲线图的页面布局

2. 生成曲线

（1）查看 *AB* 杆件在端点的受力。依次在资源栏中选择对象，在仿真栏中选择 .TwoMasses，在过滤器栏中选择车身，在对象栏中选择 MARKER_3，在特征栏中选择 Total_Force_At_Location，在分量栏中选择幅值，然后单击“添加曲线”按钮，就可得出 *AB* 杆件在端点的受力，如图 6-11 所示。

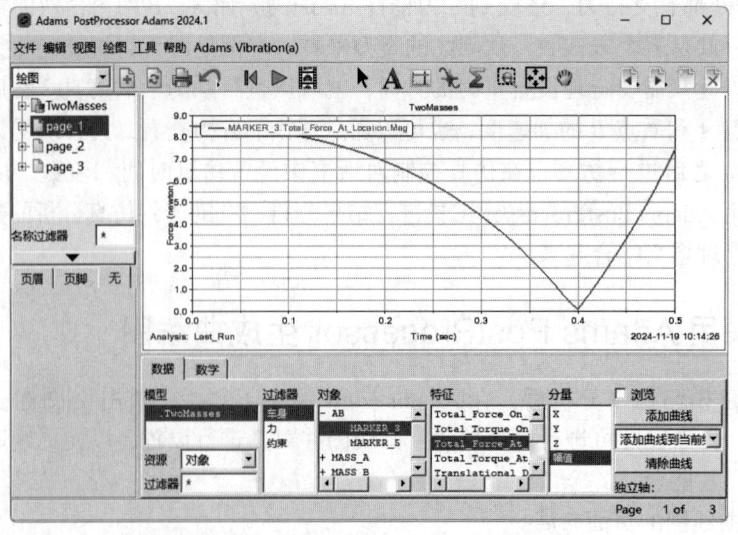

图 6-11　*AB* 杆件端点的受力－时间曲线

（2）采用同样的方法还可以得到所关心的 A、B 两点的加速度曲线，分别如图 6-12 和图 6-13 所示。

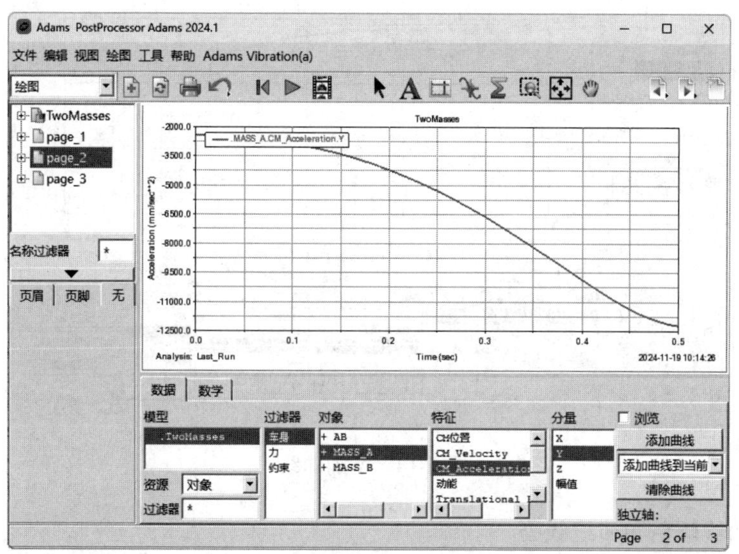

图 6-12　质量 A 的加速度曲线

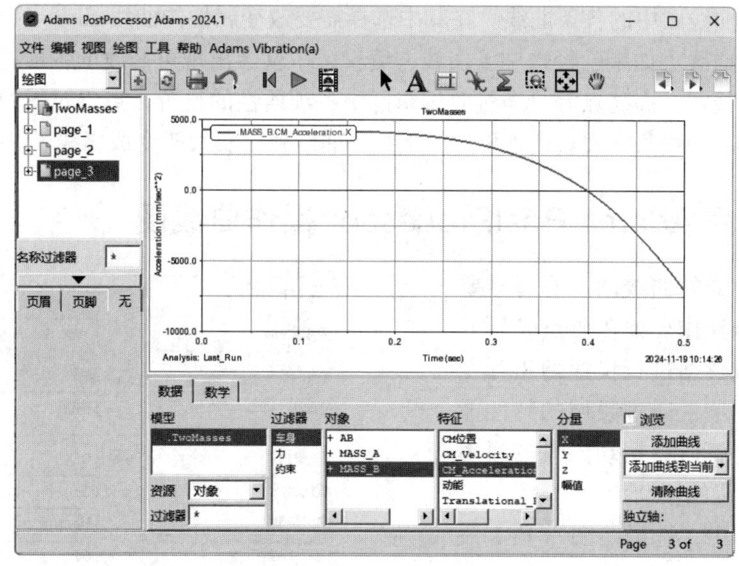

图 6-13　质量 B 的加速度曲线

3. 增加曲线

有时需要将不同曲线放在同一张曲线图中，对两者所反映的性能进行对比研究，这需要在已生成的曲线图中添加另一条曲线。这时保留第一条曲线（不单击“清除曲线”按钮将其清除），然后再生成第二条曲线并添加进来即可。生成第二条曲线的方法与第一条相同，如本例中将水平方向加速度与垂直方向加速度画在同一个图中，如图 6-14 所示。采用同样方法还可以在同一张曲线图中添加更多曲线。

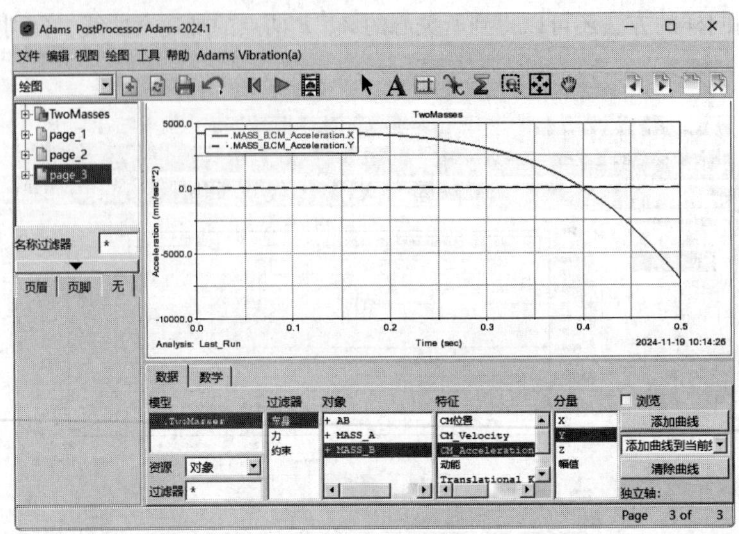

图 6-14　增加曲线

4. 改变曲线颜色和曲线线型

如果需要更清晰地显示曲线图，可以改变曲线的颜色和线型。首先要在目录树中单击 page_* 前的“+”号，展开页面中的各个曲线图，然后在目录树中单击 plot_* 前的“+”号，可以展开曲线图中的各条曲线。在其中选择需要改变属性的曲线 curve-*，可以同时选择一条或多条曲线。如果已经选中了曲线，编辑区中就会出现可修改的各项属性，如曲线颜色、线型、线宽、高亮点等。通过对编辑区中各项属性的设置，可以对图像属性进行修改，如在编辑区的线条样式对话框里选择虚线，曲线就由实线改变成虚线了。

6.6.3　采用 Adams PostProcessor 操作曲线图

对于所生成的曲线图，有时需要进行一些特殊操作。如在质点 *A* 研究中可以对时域数据进行快速傅里叶变换以转化到频域，通过频域的特性能够更直观地了解质点振动能量的频率分布，掌握系统的振动特性。

具体操作中，选择绘图→ FFT 命令，打开如图 6-15 所示的对话框。

参考 6.5.2 小节对 FFT 对话框进行设置，然后单击“添加曲线”按钮。最后得到 *A* 点加速度的 FFT 曲线，如图 6-16 所示。

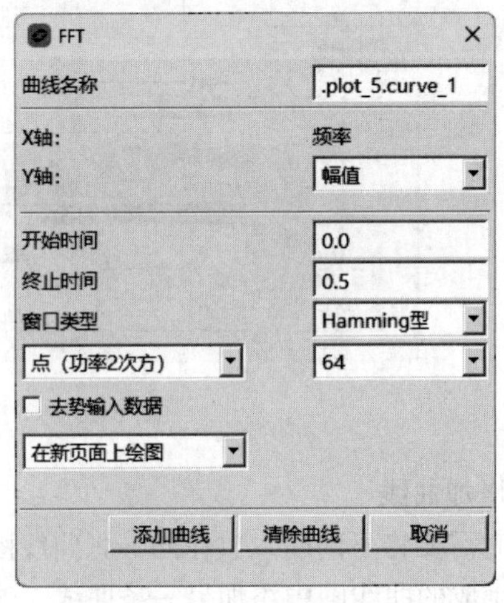

图 6-15　FFT 对话框

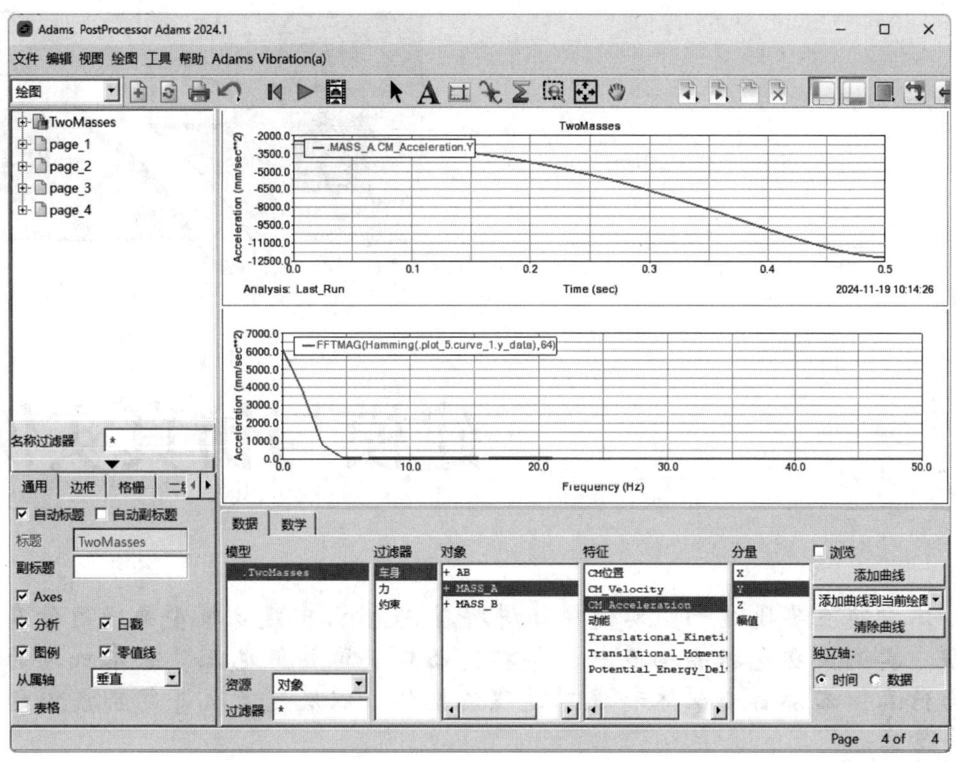

图 6-16　*A* 点加速度的 FFT 曲线

第7章 建模与仿真实例

本章将主要通过一些实例详细讲解在Adams中建立模型并进行仿真的过程。实例主要包括曲柄连杆、单摆、凸轮、弹簧阻尼器等基本机构的建模与仿真，石块自由落体和投射过程的模拟，以及起重机等复杂模型的建立与仿真。

- ☑ 曲柄连杆机构和单摆机构
- ☑ 凸轮机构
- ☑ 自由降落的石块和投射石块
- ☑ 斜面上的滑块
- ☑ 起重机和弹簧阻尼器

任务驱动和项目案例

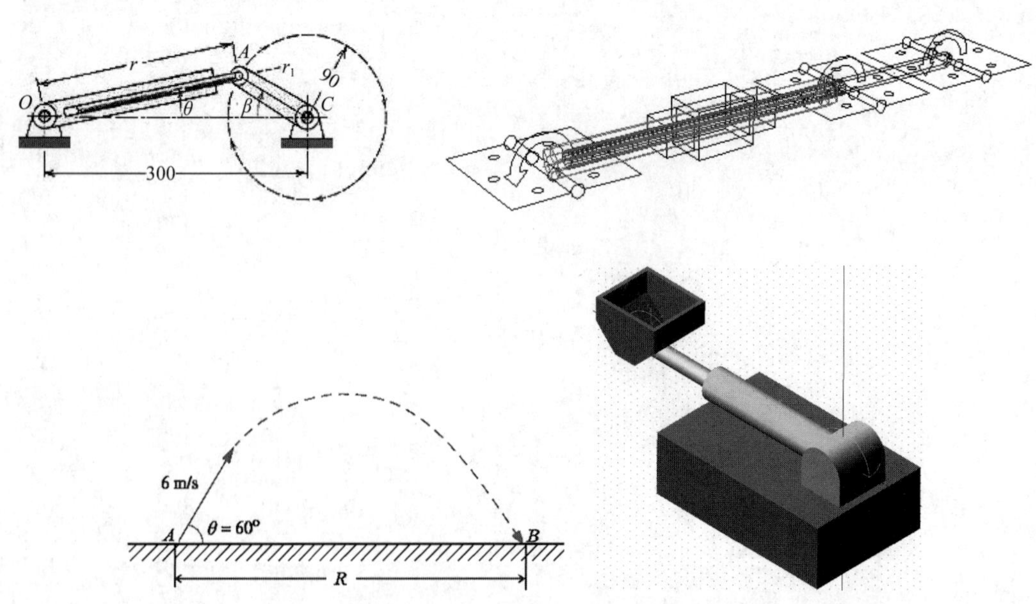

7.1 曲柄连杆机构

本实例主要分为以下几个步骤。

（1）建立模型，设置单位和重力。

（2）建立零件和链接。

（3）建立和运行仿真。

（4）绘制结果。

曲柄连杆机构如图 7-1 所示，曲柄 AC 长为 90mm，OC 距离为 300mm。计算 $\beta = 30°$ 时的 $\dot{r}$、$\ddot{r}$、$\dot{\theta}$、$\ddot{\theta}$。

通过 Adams View 将建立如图 7-2 所示的模型。

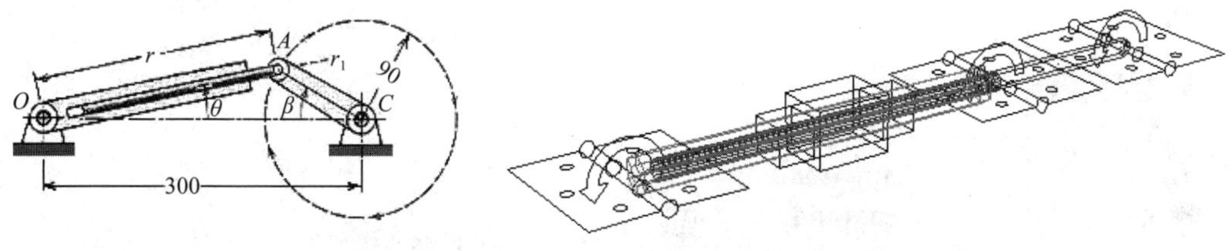

图 7-1 曲柄连杆机构

图 7-2 曲柄连杆模型

7.1.1 运行 Adams

（1）通过“开始”→“所有程序”运行 Adams View 2024，或直接双击桌面上的快捷方式 Adams View 2024，运行 Adams 2024。

（2）出现“欢迎使用 Adams...”对话框，如图 7-3 所示。

（3）选择新建模型选项，打开如图 7-4 所示的“创建新的模型”对话框。确认“重力”为正常重力（- 全局 Y 轴），“单位”为 MMKS -mm，kg，N，s，deg。确认后单击“确定”按钮。

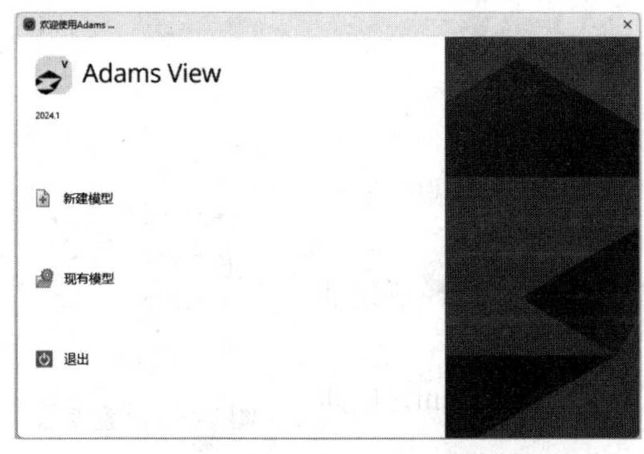

图 7-3 “欢迎使用 Adams...”对话框

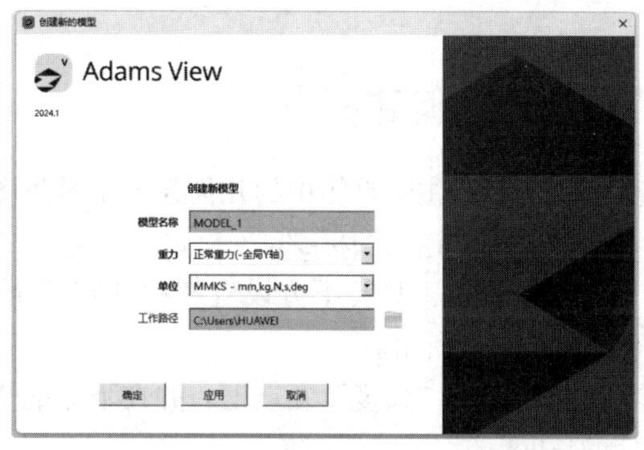

图 7-4 “创建新的模型”对话框

（4）创建新的模型后，在 Adams View 工作窗口的左上角显示有模型的名称。如果 Adams View 中没有默认设置为经典界面，选择菜单栏中的设置→界面风格→经典命令，可以将界面切换为经典界面。

7.1.2 设置建模环境

（1）启动 Adams 后，选择设置→工作栅格命令，如图 7-5 所示。

（2）打开“工作栅格设置”对话框，在“大小”栏的 X 和 Y 项都输入 300mm。

（3）在“间隔”栏的 X 和 Y 项都输入 5mm，如图 7-6 所示。确认后单击“确定”按钮。

（4）单击主工具箱中的选择图标。

（5）单击缩放图标，上下移动鼠标使栅格占据整个屏幕。

（6）选择视图→坐标窗口命令，如图 7-7 所示。在屏幕右下角弹出坐标窗口，如图 7-8 所示，随时显示光标的位置。

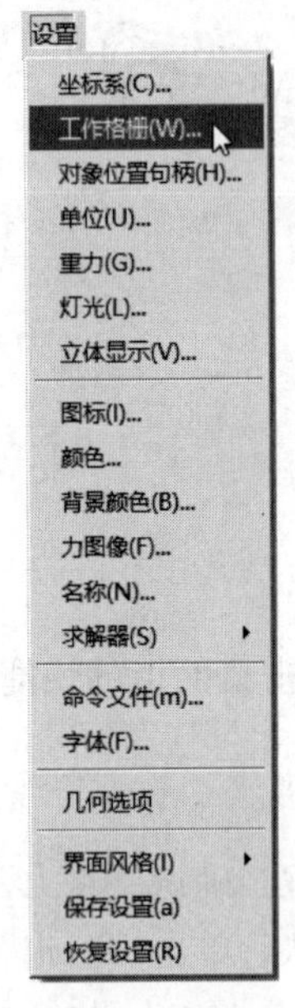

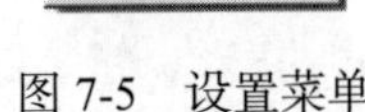

图 7-5 设置菜单

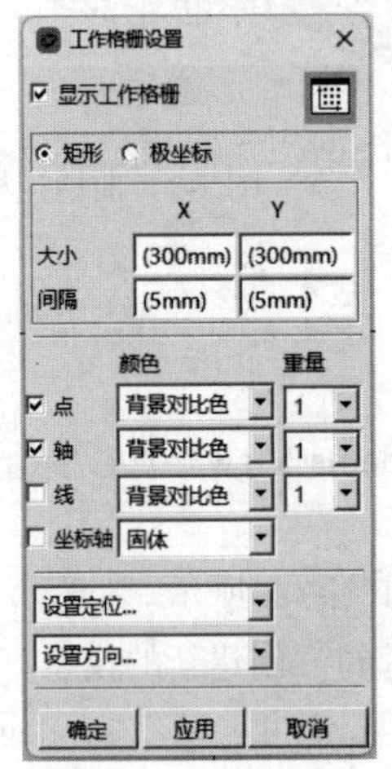

图 7-6 设置栅格

图 7-7 选择命令

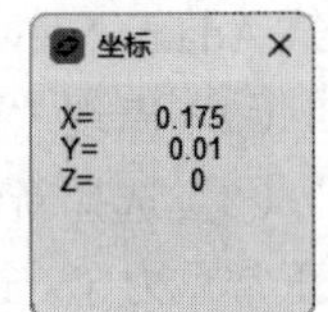

图 7-8 坐标窗口

7.1.3 几何建模

（1）右击主工具箱中的几何建模工具集图标，弹出级联图标。

（2）单击连接图标。

（3）在主工具箱下方设置栏中的连杆下拉列表框中选择新建部件，如图 7-9 所示。

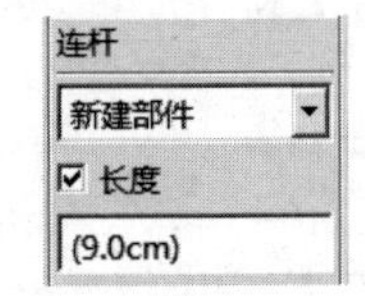

图 7-9 设置参数

（4）选中“长度”复选框，并在下面的文本框中输入 9cm，即曲柄的长度。

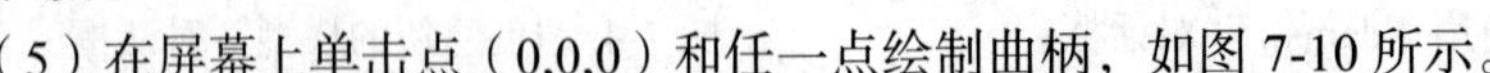

（5）在屏幕上单击点（0,0,0）和任一点绘制曲柄，如图 7-10 所示。

（6）若要调整曲柄的长度尺寸参数，可以右击曲柄的右端标记点 MARKER_2 弹出快捷菜单，选择修改命令，打开“标记点修改”对话框，然后输入修改值，如图 7-11 所示。

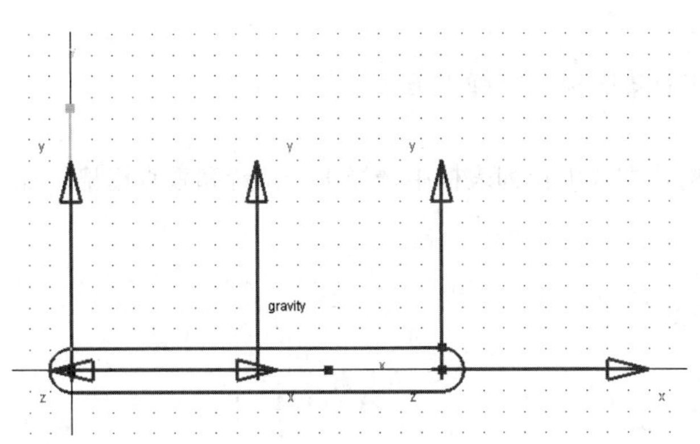

图 7-10　绘制曲柄

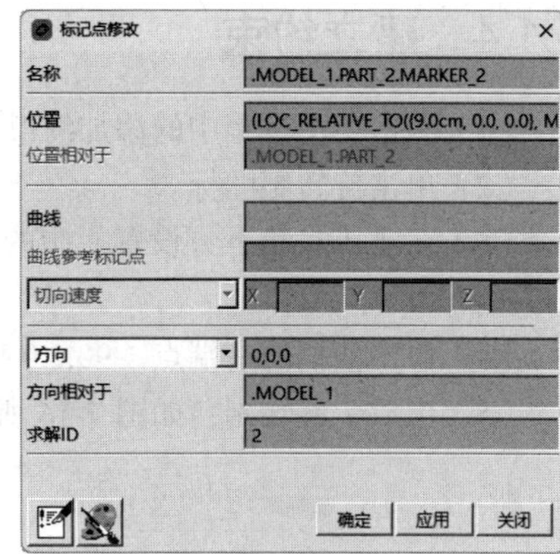

图 7-11　输入修改值

（7）右击主工具箱中的几何建模工具集图标，弹出级联图标。

（8）单击回转件图标。

（9）在主工具箱下方设置栏中的旋转体下拉列表框中选择新建部件。

（10）分别在屏幕上（0,0,0）处和（–120,0,0）处单击，建立回转中心线。

（11）用鼠标分别在（0,5,0）、（0,10,0）、（–210,10,0）、（–210,5,0）、（0,5,0）绘制出圆柱体的轮廓。如果 Adams View 设置了自动捕捉，难以精确定位时，按住 Ctrl 键再单击以上各点。

（12）绘制完成以上各点后，右击完成滑块建模，如图 7-12 所示。

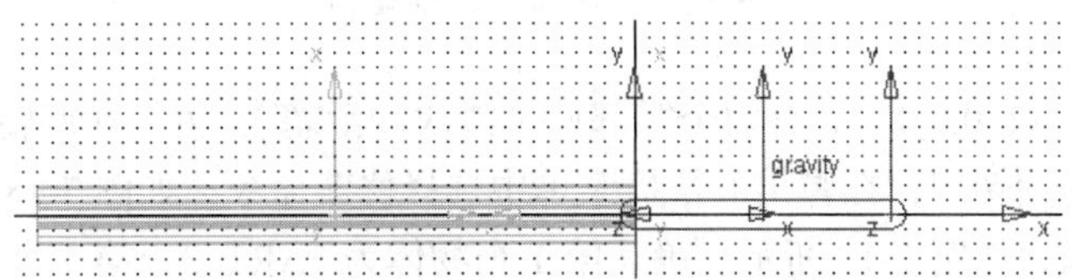

图 7-12　滑块建模

（13）右击主工具箱中的几何建模工具集图标，弹出级联图标。

（14）单击圆柱图标。

（15）在主工具箱下方设置栏中的圆柱下拉列表框中选择新建部件。

（16）分别选中“长度”和“半径”复选框，设置圆柱体的长度和半径分别为 21cm 和 0.5cm，如图 7-13 所示。

（17）单击（0,0,0），并在（0,0,0）左侧单击，活塞建模自动完成，如图 7-14 所示。

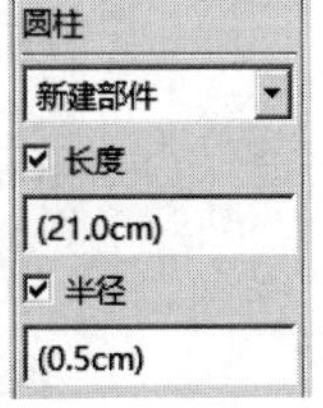

图 7-13　设置参数

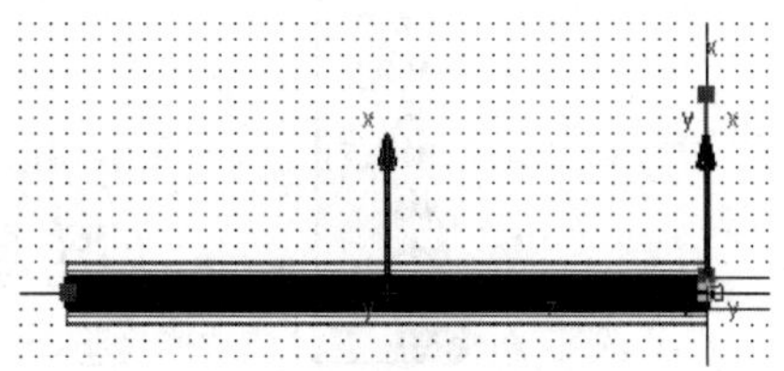

图 7-14　活塞建模

7.1.4 建立约束

（1）右击主工具箱中的添加约束工具集图标，弹出级联图标。

（2）单击旋转副图标。

（3）在主工具箱下方设置栏中的构建方式下拉列表框中选择 1 个位置和垂直栅格，如图 7-15 所示。

（4）单击曲柄的右端点（90,0,0）。

（5）生成一旋转副，如图 7-16 所示。

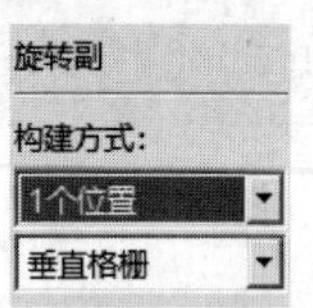

图 7-15　设置参数

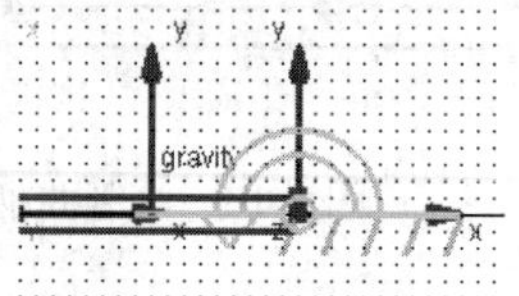

图 7-16　生成旋转副

（6）重复步骤（1）~ 步骤（3），在（–210,0,0）处生成另一旋转副，如图 7-17 所示。

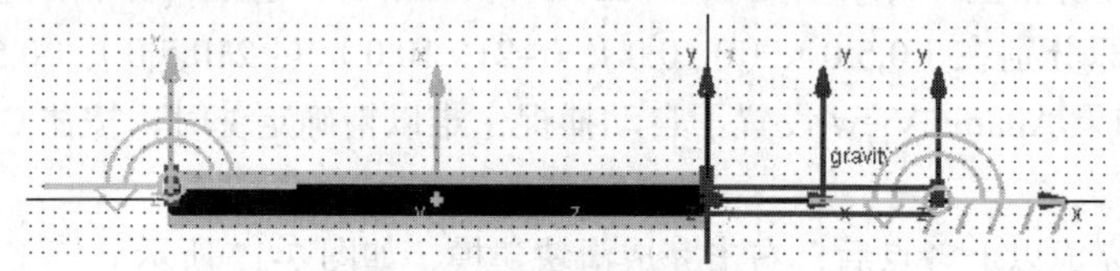

图 7-17　生成另一旋转副

（7）由于在（–210,0,0）处有两个零部件（滑块和活塞），为了让旋转副只连接大地和滑块，右击新建的旋转副，在弹出的快捷菜单中选择修改命令，如图 7-18 所示。打开“修改运动副”对话框，如图 7-19 所示。确认第 1 个物体为 PART_3，第 2 个物体为 ground。

下面在两个部件间建立旋转副。

（8）重复步骤（1）和步骤（2）。

（9）在主工具箱下方设置栏中的“构建方式”下拉列表框中选择 2 个物体 -1 个位置和垂直栅格，如图 7-20 所示。

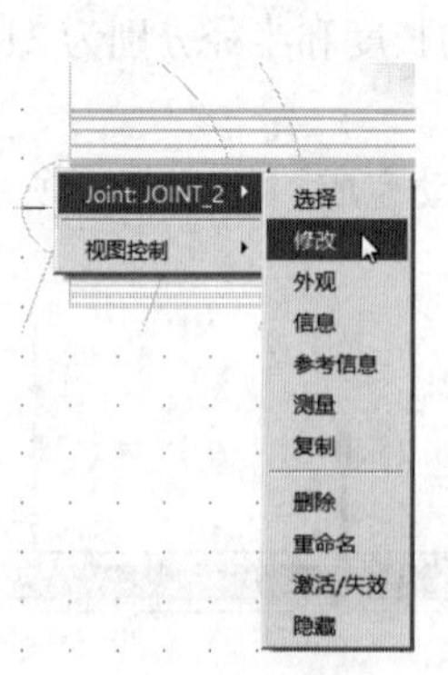

图 7-18　快捷菜单

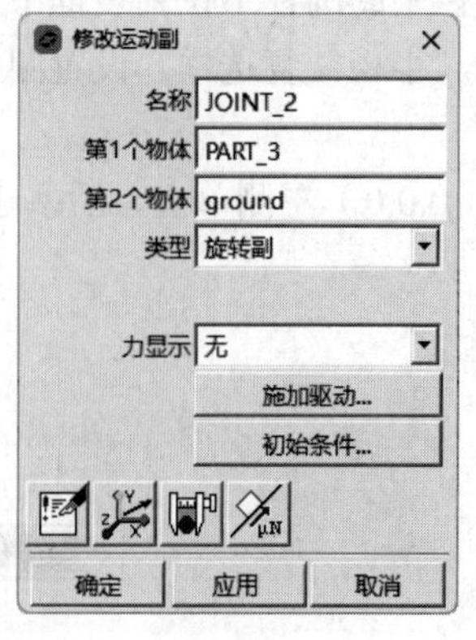

图 7-19　“修改运动副”对话框

图 7-20　设置参数

（10）先单击曲柄，再单击活塞，然后单击两者结合处，完成旋转副建模，如图 7-21 所示。

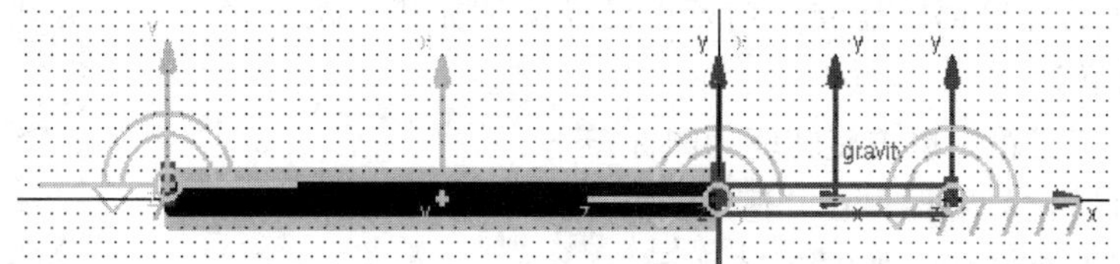

图 7-21　旋转副建模

（11）重复步骤（7），确认新建的旋转副连接曲柄（PART_2）和活塞（PART_4）。

（12）右击主工具箱中的添加约束工具集图标，弹出级联图标。

（13）单击平移副图标。

（14）在主工具箱下方设置栏中的“构建方式”下拉列表框中选择 2 个物体 -1 个位置和选取特征，如图 7-22 所示。

（15）单击活塞和滑块确定相对运动的部件。因为两者有重叠部分，选择活塞时，可以在活塞位置处右击，在弹出的“选择”对话框中选择 PART_4，如图 7-23 所示。同样，在选择滑块时，也可以在滑块位置处右击，在弹出的“选择”对话框中选择 PART_3，如图 7-24 所示。

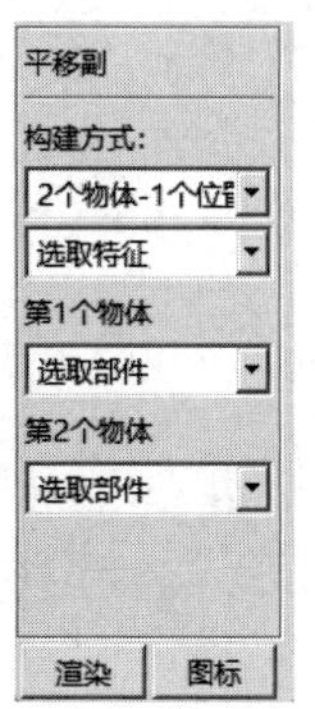

图 7-22　设置参数

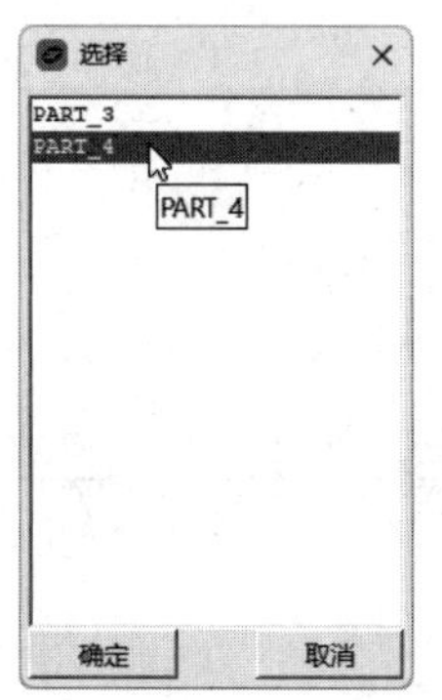

图 7-23　“选择”对话框 1

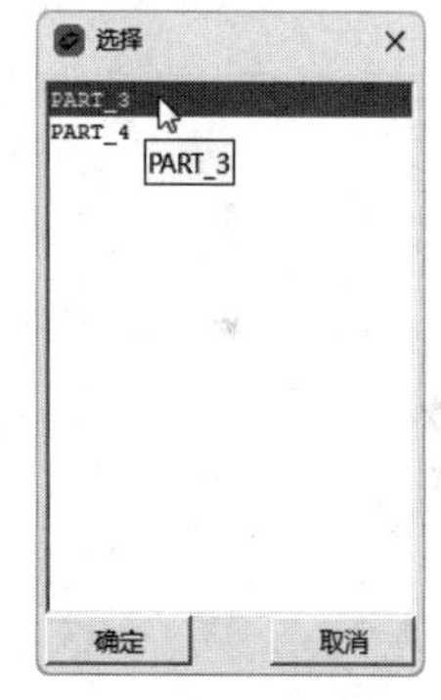

图 7-24　“选择”对话框 2

（16）在滑块中心位置单击，确定运动副位置。

（17）移动鼠标使箭头呈水平方向，确定运动方向。

（18）完成平移运动副建模，如图 7-25 所示。

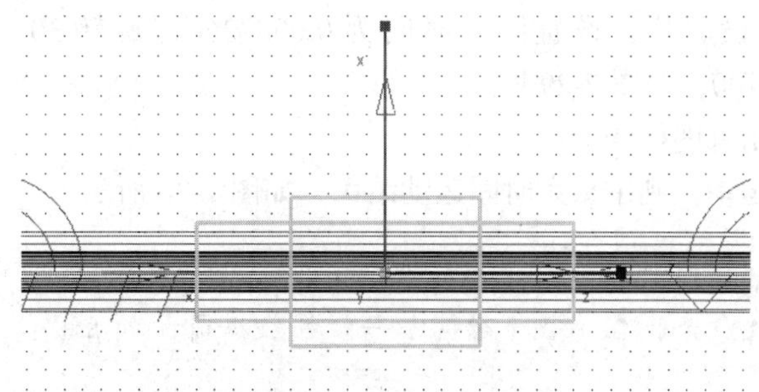

图 7-25　平移运动副建模

7.1.5 设置初始状态

现在所有的部件都已建立，约束也已经添加完毕，接下来指定曲柄的旋转速度。

（1）在主工具箱中单击旋转驱动图标。

（2）打开特性设置栏，在“速度”文本框中输入 60r，设置曲柄转动速度为 60rad/s，如图 7-26 所示。

（3）单击曲柄右侧的旋转副产生旋转运动，如图 7-27 所示。

（4）在该旋转副位置处出现一较大的运动方向箭头，如图 7-28 所示。

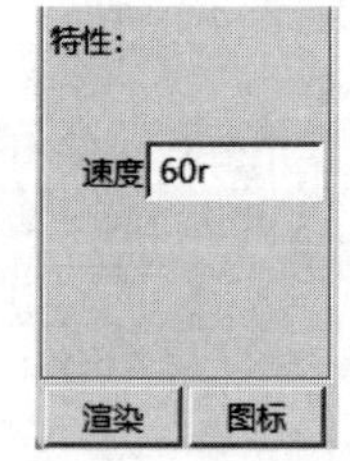

图 7-26 特性设置栏

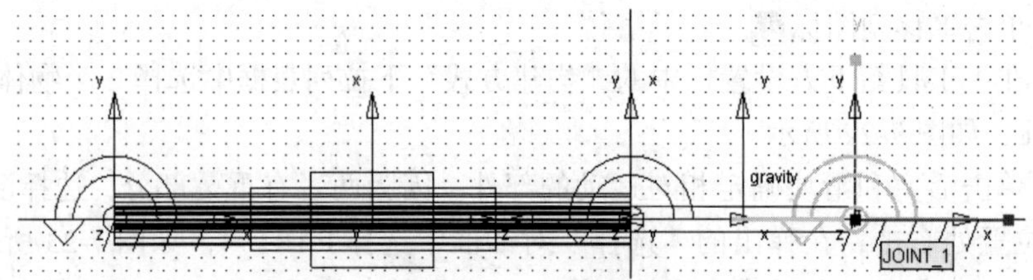

图 7-27 产生旋转运动

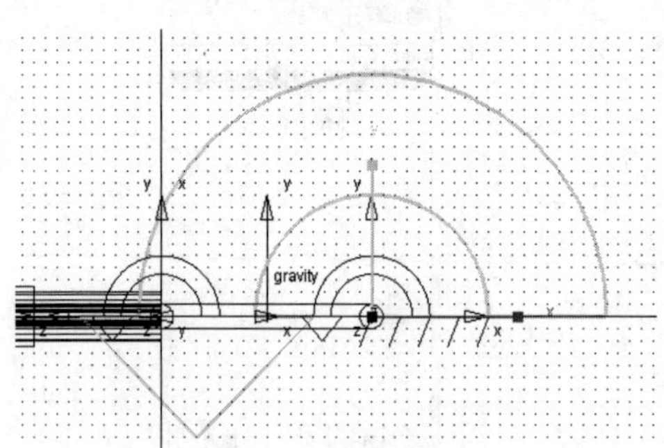

图 7-28 出现一较大运动方向箭头

7.1.6 进行仿真

（1）在主工具箱中单击仿真分析图标。

（2）打开仿真设置栏，设置终止时间为 0.008726[即旋转 30° 的时间，(pi/6)/60 = 0.008726]，步数为 100，如图 7-29 所示。

（3）单击开始仿真图标。

（4）模型开始运动，到了结束时间运动结束，如图 7-30 所示。

> **提示：** 如果曲柄逆时针转动，对旋转运动（Motion_1）右击，在弹出的快捷菜单中选择修改命令，在函数（时间）一栏的数据前面加上“–”。单击确定按钮重新仿真。

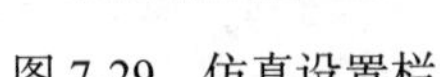
图 7-29　仿真设置栏

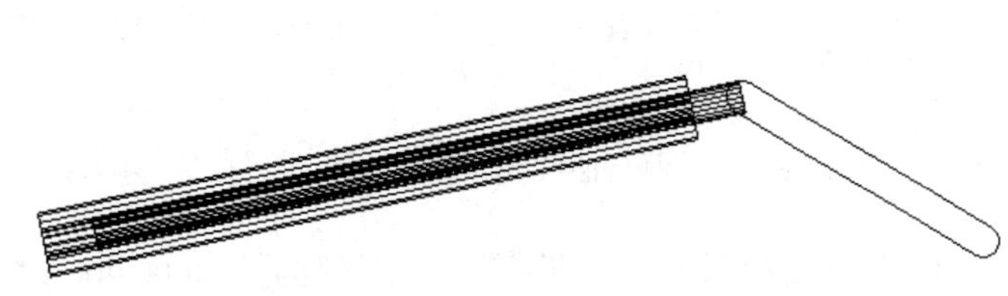

图 7-30　运动仿真

7.1.7　测量仿真结果

（1）在 Adams 中选择创建→测量→点到点→新建命令，如图 7-31 所示。

（2）打开参数设置对话框，如图 7-32 所示。为测量输入一个名称，如 rdot。在“终止点”文本框中输入 MARKER_8，即滑块左侧旋转副点处大地的标记点；在“起始点”文本框中输入 MARKER_10，即曲柄与活塞的连接点。

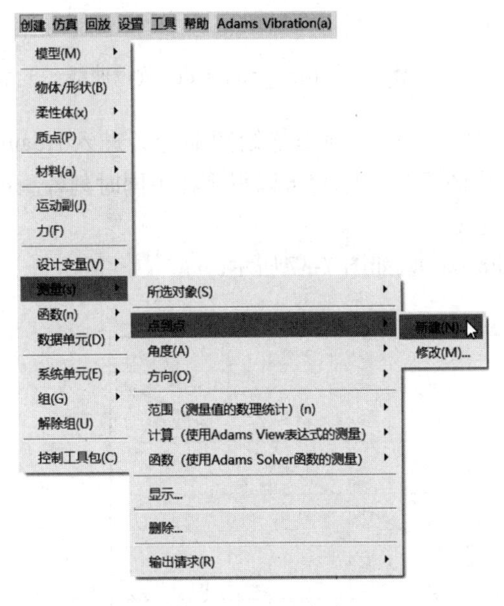

图 7-31　选择命令

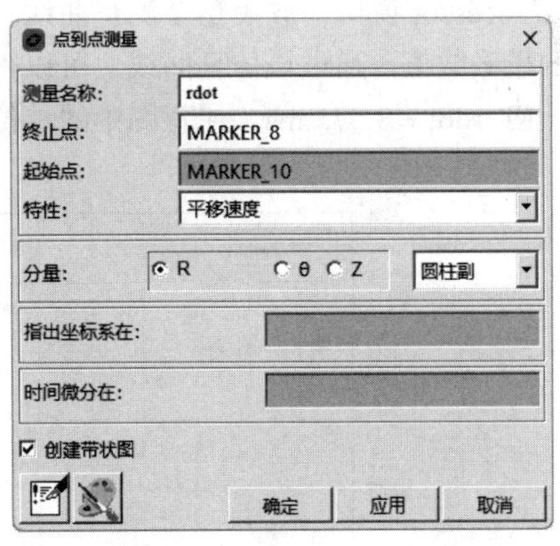

图 7-32　参数设置对话框

（3）在“特性”下拉列表框中选择平移速度以测量其速度。

（4）选择圆柱副坐标系，并选中“R”单选按钮。

（5）设置完毕单击“应用”按钮，弹出测量窗口，如图 7-33 所示。

（6）重复步骤（1）~ 步骤（3）新建测量 r_doubledot，在特性下拉列表框中选择平移加速度以测量加速度，测量结果如图 7-34 所示。

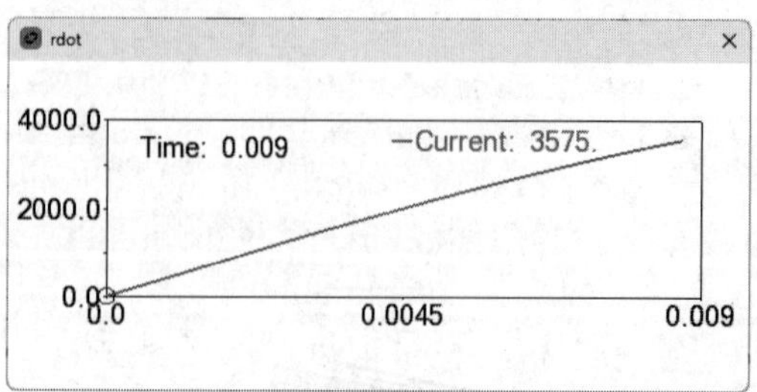

图 7-33 rdot 测量曲线测量窗口

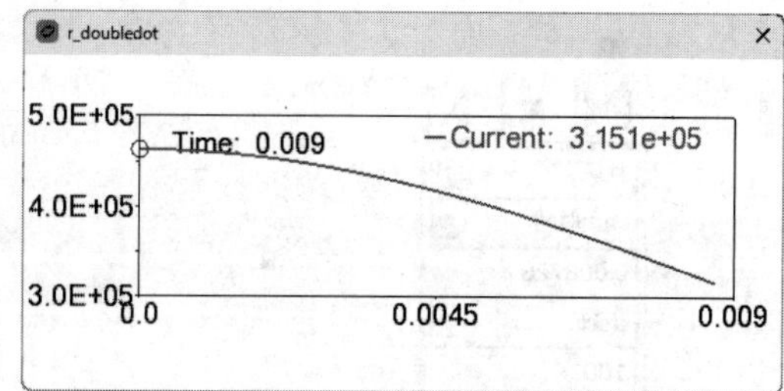

图 7-34 r_doubledot 测量曲线测量结果

（7）重复步骤（1）~ 步骤（3）新建测量 theta_dot，在特性下拉列表框中选择平移速度测量速度以及 theta 选项，测量结果如图 7-35 所示。

（8）重复步骤（1）~ 步骤（3）新建测量 theta_doubledot，在特性下拉列表框中选择平移加速度测量加速度以及 theta 选项，测量结果如图 7-36 所示。

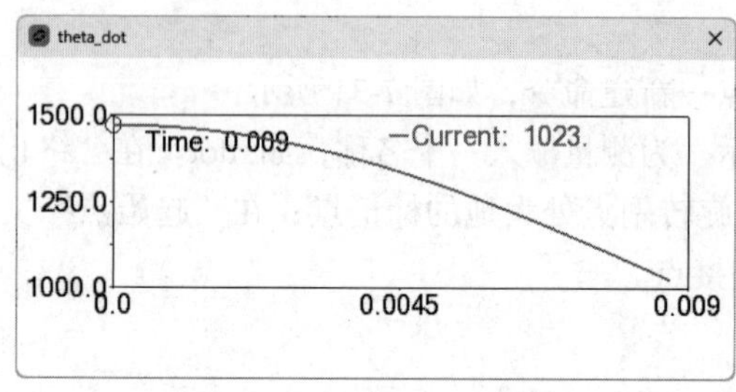

图 7-35 theta_dot 测量曲线

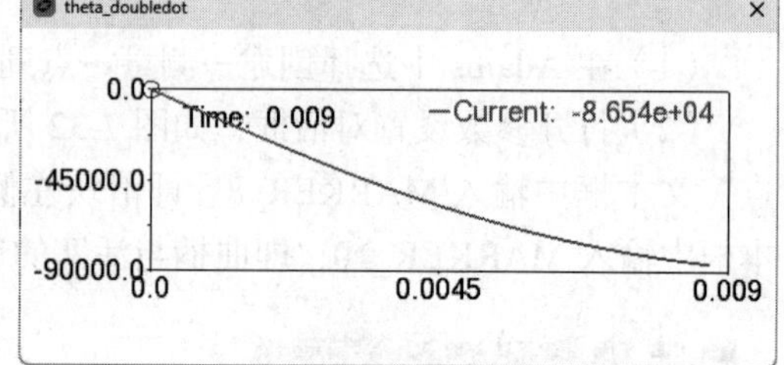

图 7-36 theta_doubledot 测量曲线

右击每个测量窗口，在弹出的快捷菜单中选择转换到完整绘图命令，进入 Adams PostProcessor 窗口，放大整个测量曲线，单击绘图跟踪图标可以得到在不同时刻各测量点的精确数值。通过该仿真曲线，可以得到：

☑ rdot = 3.575m/s（注意图中的单位是 mm/sec），如图 7-37 所示。

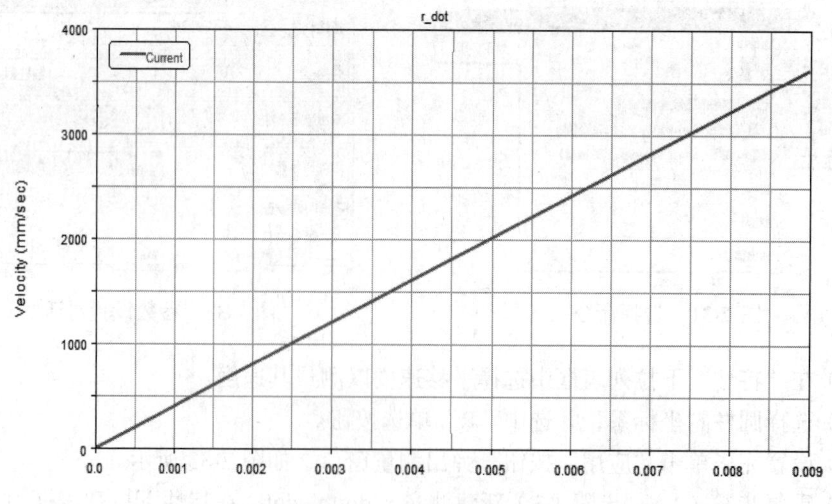

图 7-37 rdot 测量曲线

☑ r_doubledot = 315.11m/s^2，如图 7-38 所示。

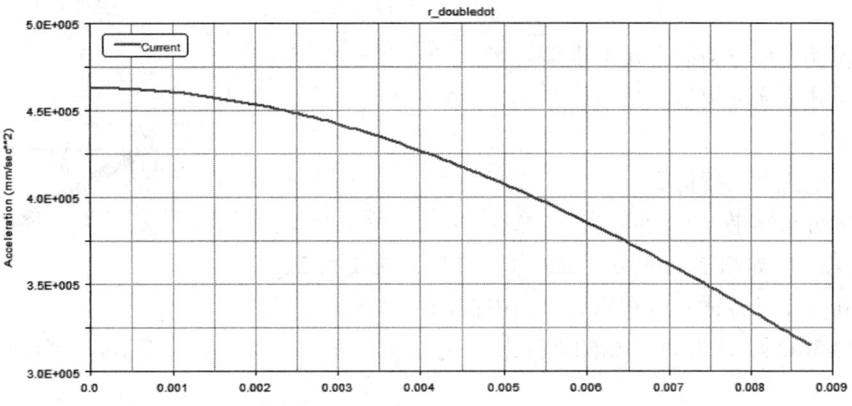

图 7-38　r_doubledot 测量曲线

☑ theta_dot = 1023.4deg/sec ≈ 17.86rad/s，如图 7-39 所示。

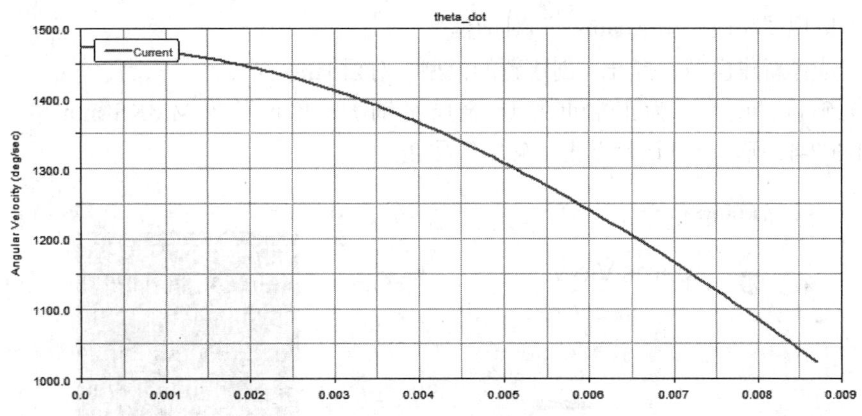

图 7-39　theta_dot 测量曲线

☑ theta_doubledot = −86542.26deg/sec^2 ≈ −1510.45rad/s^2，如图 7-40 所示。

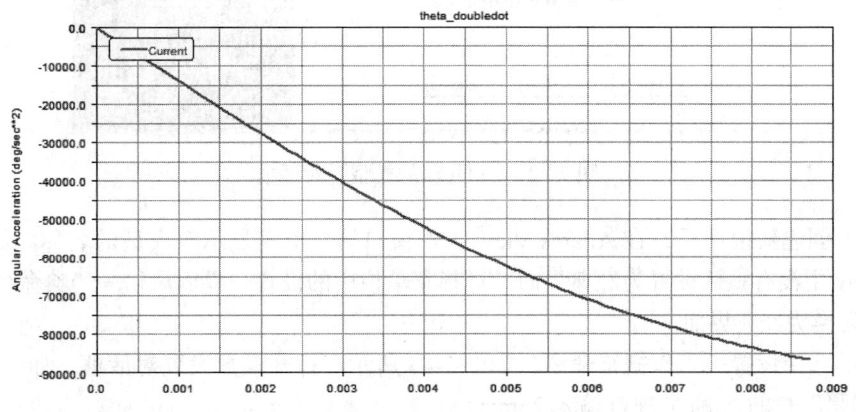

图 7-40　theta_doubledot 测量曲线

7.2 单摆机构

本实例主要分为以下几个步骤：

（1）建立实体模型。

（2）建立链接。

（3）建立和运行仿真。

（4）分析结果。

单摆结构如图 7-41 所示，*AB* 为匀质杆，质量为 2kg，长为 450mm，*A* 点固定，在垂直平面内摆动，当 $\theta = 30°$ 时角速度为 3rad/s，求此时 *A* 点的支撑力。

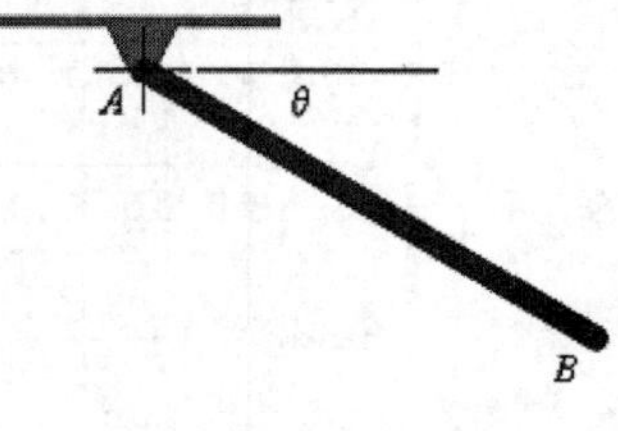

图 7-41 单摆结构

7.2.1 运行 Adams

（1）通过“开始”→“所有程序”运行 Adams View 2024，或直接双击桌面上的快捷方式 Adams View 2024，运行 Adams 2024。

（2）出现“欢迎使用 Adams...”对话框。

（3）选择新建模型，打开“创建新的模型”对话框。

（4）确认“重力”为正常重力（- 全局 Y 轴），“单位”为 MMKS-mm，kg，N，s，deg，如图 7-42 所示。确认后单击“确定”按钮。

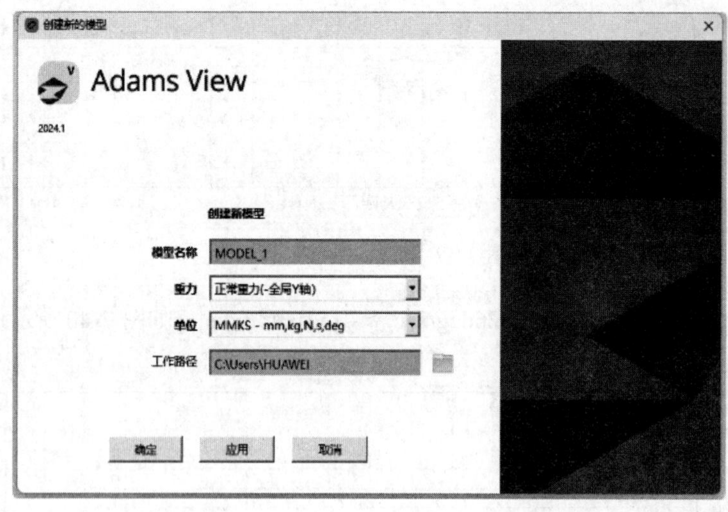

图 7-42 “创建新的模型”对话框

（5）创建新模型后，在 Adams View 工作窗口的左上角显示有模型的名称。如果 Adams View 中没有默认设置为经典界面，选择菜单栏中的设置→界面风格→经典命令，可以将界面切换为经典界面。

（6）选择设置→工作栅格命令，如图 7-43 所示。打开参数设置对话框，如图 7-44 所示，“间隔”栏的 X 和 Y 项都输入 25mm。

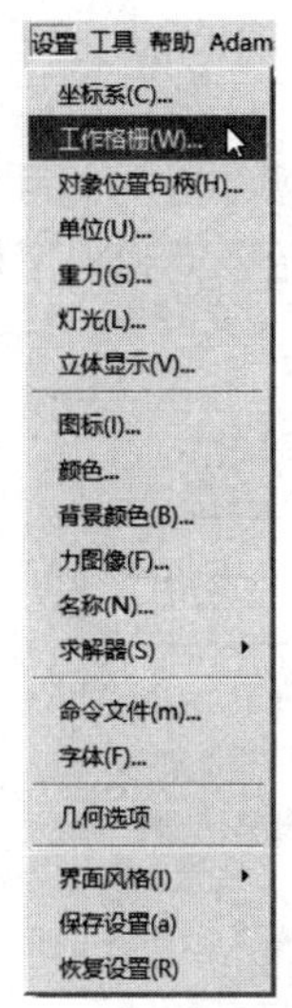

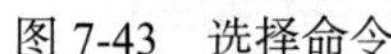

图 7-43　选择命令

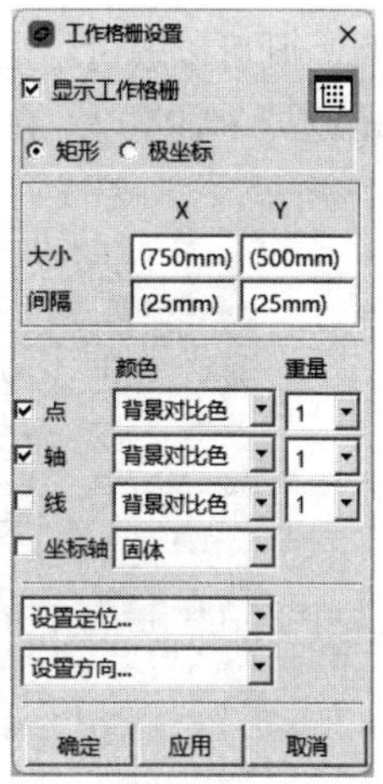

图 7-44　参数设置对话框

7.2.2　建立摆臂

（1）右击主工具箱中的几何建模工具集图标，弹出级联图标。

（2）单击连接图标。

（3）打开参数设置对话框，如图 7-45 所示，确认在主工具箱下方设置栏的文本框中显示新建部件。

（4）选中“长度”复选框，输入 45.0cm，即摆臂长度。

（5）选中“宽度”复选框，输入 2.0cm。

（6）选中“深度”复选框，输入 2.75cm。

（7）按 F4 键打开坐标窗口，单击（–225,0,0）作为摆臂的左侧起点，然后单击右侧水平方向任一点，Adams 自动生成摆臂，如图 7-46 所示。

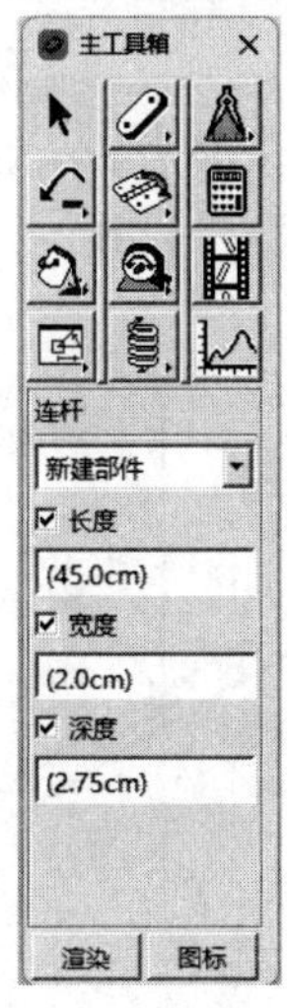

图 7-45　参数设置对话框

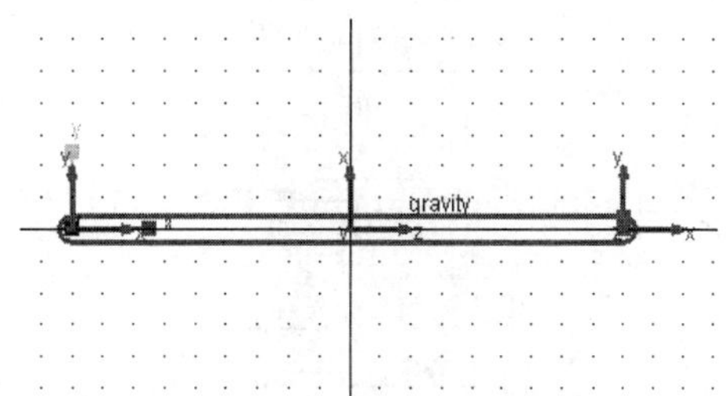

图 7-46　生成摆臂

7.2.3 设置摆臂质量

设置质量，既可以通过给出材料和尺寸让 Adams 自动计算，也可以手动给出。

（1）右击摆臂 PART_2，在弹出的快捷菜单中选择修改命令，弹出“修改物体”对话框，如图 7-47 所示。

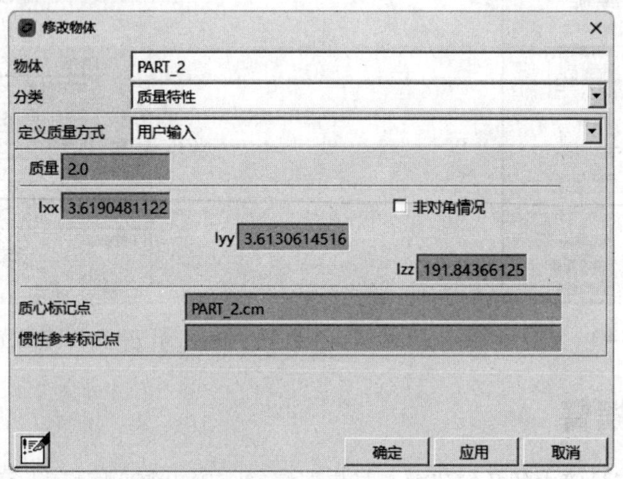

图 7-47 “修改物体”对话框

（2）在“定义质量方式”下拉列表框中选择用户输入。

（3）在“质量”文本框中输入 2.0。

（4）输入完毕单击“确定”按钮。

7.2.4 设置摆臂位置

（1）在主工具箱中单击定位图标。

（2）打开参数设置栏，如图 7-48 所示，在“角”文本框中输入 30，此时摆臂高亮显示。

（3）单击顺时针箭头，摆臂转向与水平方向成 30°，如图 7-49 所示。

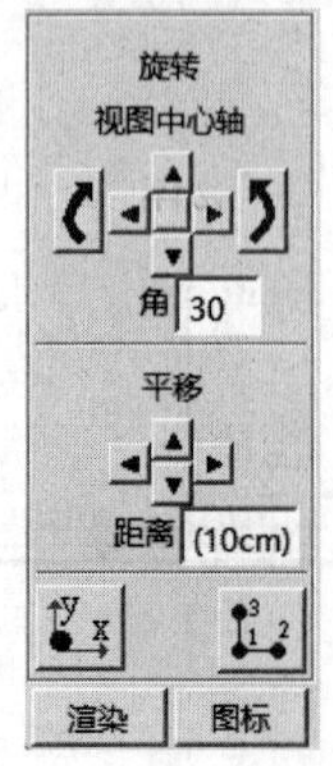

图 7-48 参数设置栏

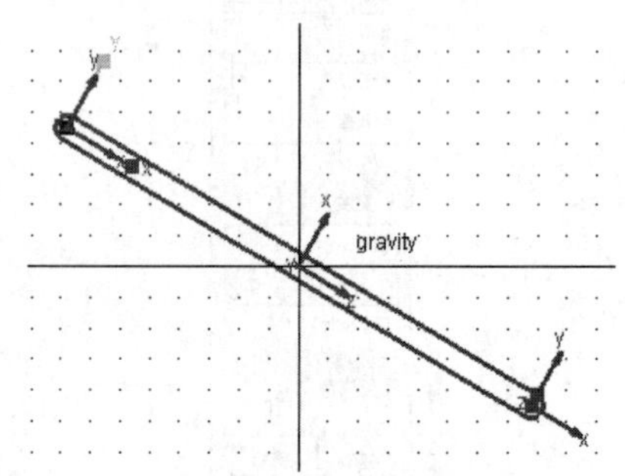

图 7-49 摆臂转向

7.2.5　建立单摆支点

（1）在主工具箱中单击旋转副图标。

（2）打开参数设置栏，如图 7-50 所示，确认在主工具箱下方设置栏中的“构建方式”下拉列表框中选择 1 个位置和垂直栅格。

（3）单击摆臂的左端点 PART_2 MARKER_1。

（4）在大地和摆臂之间生成一个旋转副支点，如图 7-51 所示。

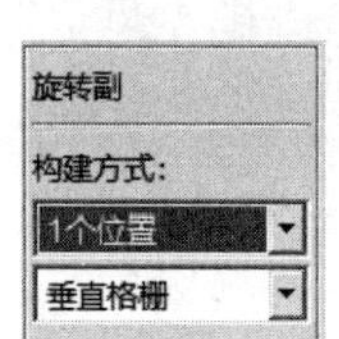

图 7-50　参数设置栏

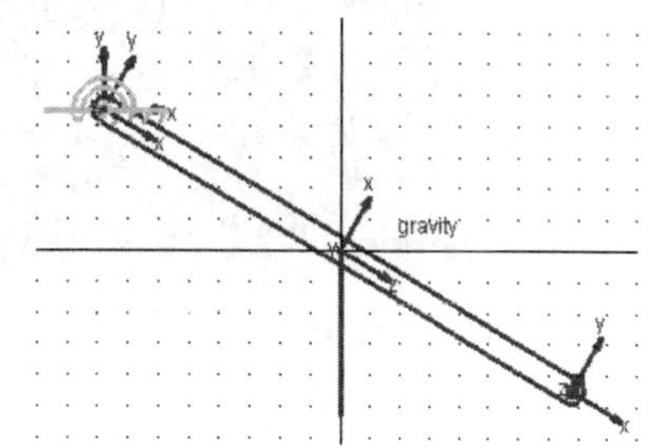

图 7-51　生成一个旋转副支点

7.2.6　设置初始运动

（1）右击摆臂，在弹出的快捷菜单中选择修改命令，如图 7-52 所示。

（2）打开“修改物体”对话框，如图 7-53 所示。将“分类”设为速度初始条件。

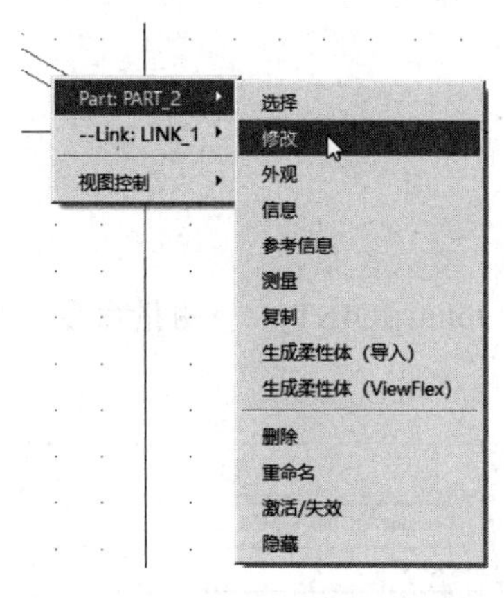

图 7-52　快捷菜单

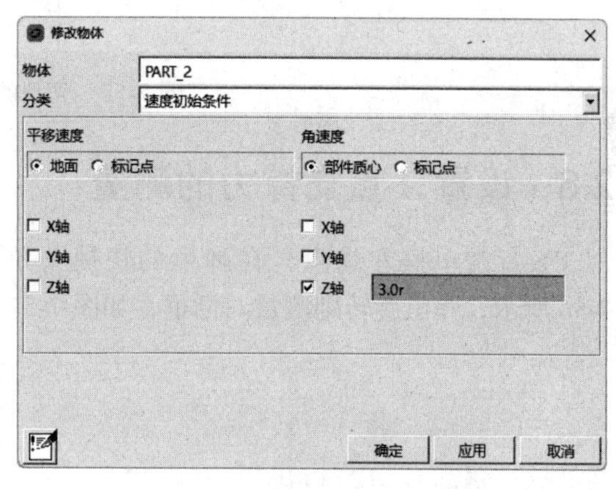

图 7-53　“修改物体”对话框

（3）将“角速度”设为部件质心。

（4）在下面的选项中选择 Z 轴，并输入 3.0r。

（5）输入完成后先单击“应用”按钮，再单击“确定”按钮。

7.2.7　验证模型

通过验证模型可以发现建模过程中的错误，Adams 会自动检测一些错误，如未连接的约束、动力系统中无质量的部件、无约束的部件等，并警告可能引发的问题。

（1）在 Adams 窗口的右下角，右击信息图标 i。

（2）在弹出的级联图标中单击验证图标 ✓，弹出信息窗口，如图 7-54 所示。

（3）模型验证无误后，关闭信息窗口。完整的模型如图 7-55 所示。

模型建立完毕，下面建立测量窗口并运行仿真。

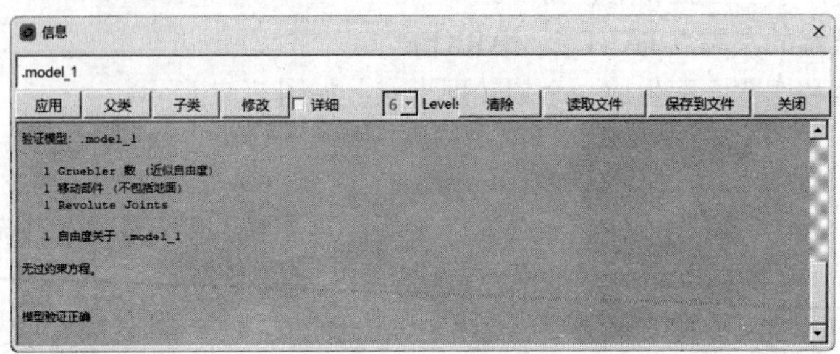

图 7-54　信息窗口

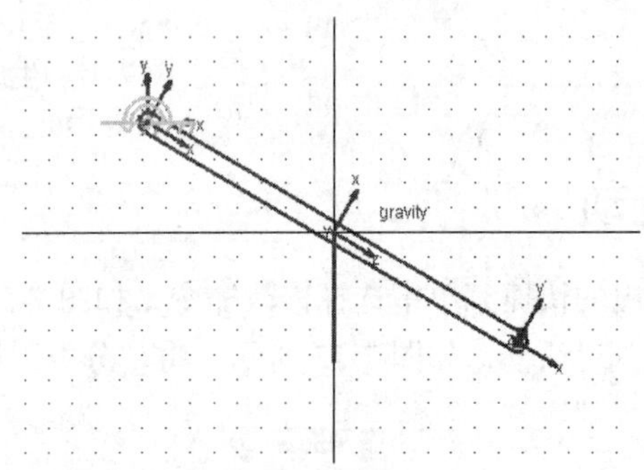

图 7-55　完整的模型

7.2.8　设置 *A* 点支撑力的测量

（1）右击单摆左端点，在弹出的快捷菜单中选择 Joint: JOINT_1→测量命令，如图 7-56 所示，弹出旋转副测量对话框，如图 7-57 所示。

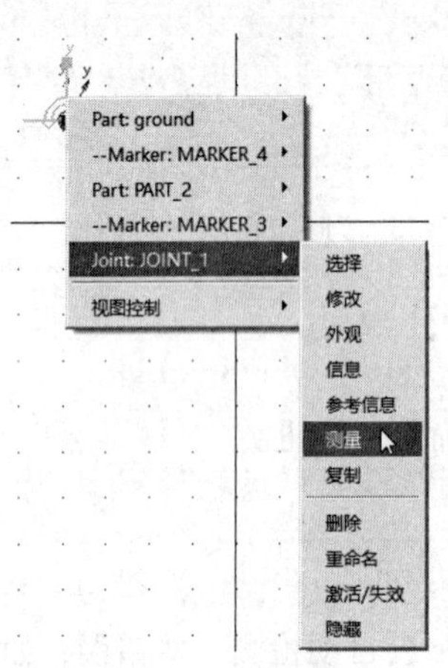

图 7-56　快捷菜单

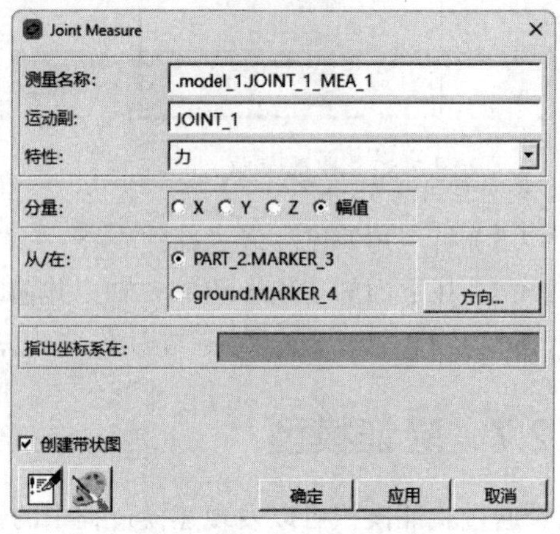

图 7-57　旋转副测量对话框

（2）将“特性”设为力，“分量”设为幅值。

（3）设定完毕单击“确定”按钮。

（4）打开一个空白测量窗口，如图 7-58 所示。

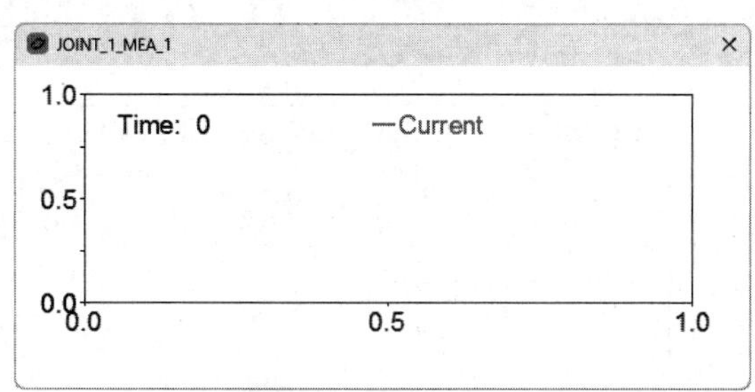

图 7-58 空白测量窗口

7.2.9 运行仿真

（1）单击主工具箱中的仿真分析图标，打开参数设置栏，如图 7-59 所示，将终止时间设为 0.5，步数（Steps）设为 50。

（2）单击开始仿真图标，单摆开始摆动，测量窗口出现测量曲线，如图 7-60 所示。

图 7-59 参数设置栏

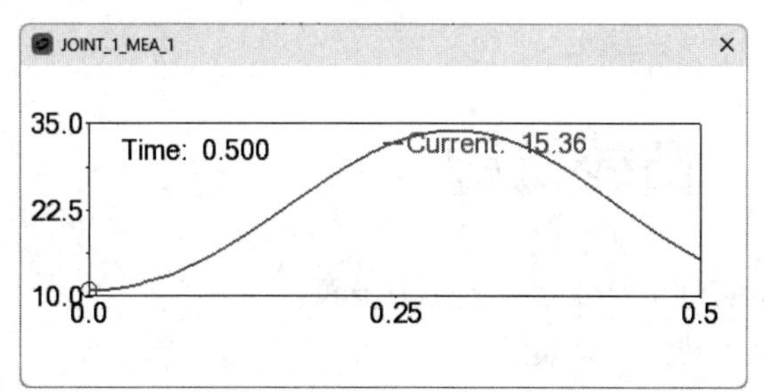

图 7-60 测量曲线

（3）仿真结束，单击返回图标。

7.2.10 得到支撑力

（1）在测量窗口的空白处右击，在弹出的快捷菜单中选择 Plot: scht1→转换到完整绘图命令，如图 7-61 所示，在 Adams PostProcessor 环境下绘制测量曲线。

（2）单击绘图跟踪图标。要求计算时的条件即为开始仿真时的条件，把光标置于仿真曲线的开始位置。

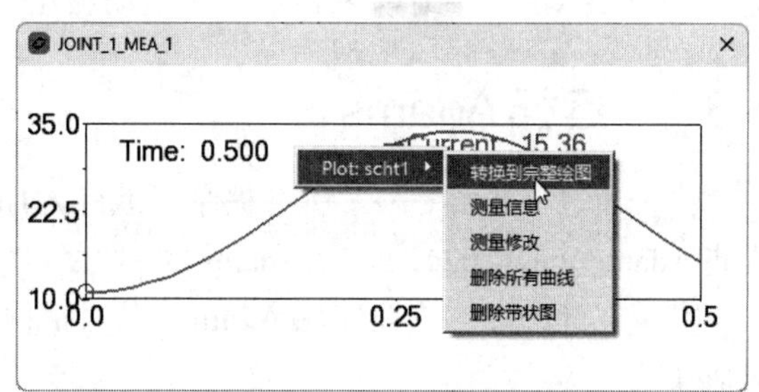

图 7-61 快捷菜单

（3）窗口顶端，X为仿真时间，Y为支撑力（即要计算的支撑力），结果显示为15.3655N，如图7-62所示。

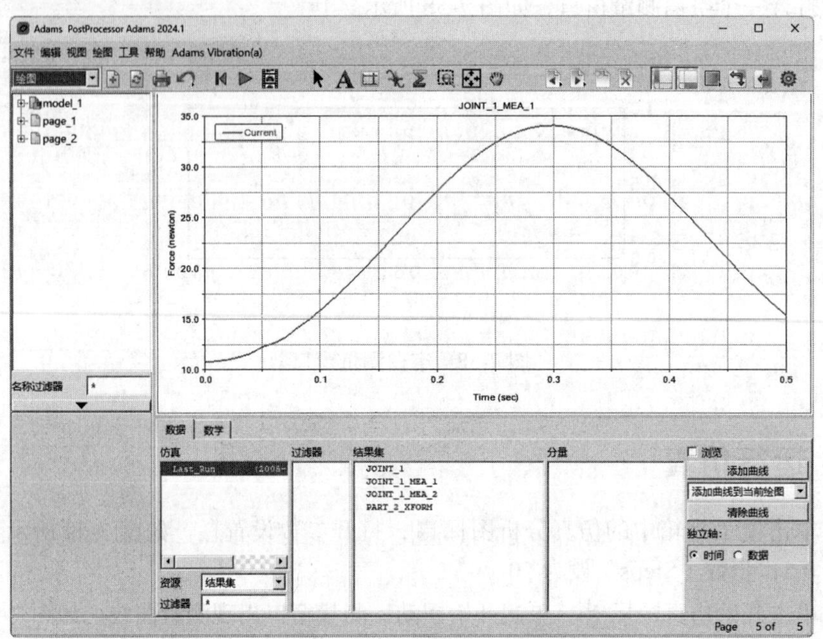

图7-62　测量曲线

7.3　凸轮机构

本实例主要分为以下几个步骤：

（1）建立实体模型。

（2）建立广义线。

（3）建立链接和接触条件。

（4）建立和运行仿真。

（5）分析结果。

凸轮机构如图7-63所示，模型包括3个部件（包括大地）、一个转动副、一个平移副、一个运动和几个标记点。

图7-63　凸轮机构

7.3.1　运行Adams

（1）通过“开始”→“所有程序”运行Adams View 2024，或直接双击桌面上的快捷方式Adams View 2024，运行Adams 2024。

（2）在弹出的“欢迎使用Adams...”对话框中选择新建模型，打开“创建新的模型”对话框。

（3）确认“重力”为正常重力（-全局Y轴），“单位”为MMKS -mm，kg，N，s，

deg，如图 7-64 所示。确认后单击“确定”按钮。

（4）创建新模型后，在 Adams View 工作窗口的左上角显示有模型的名称。如果 Adams View 中没有默认设置为经典界面，选择菜单栏中的设置→界面风格→经典命令，可以将界面切换为经典界面。

（5）选择设置→工作栅格命令，打开参数设置对话框，如图 7-65 所示。在“间隔”栏的 X 和 Y 项都输入 10mm。

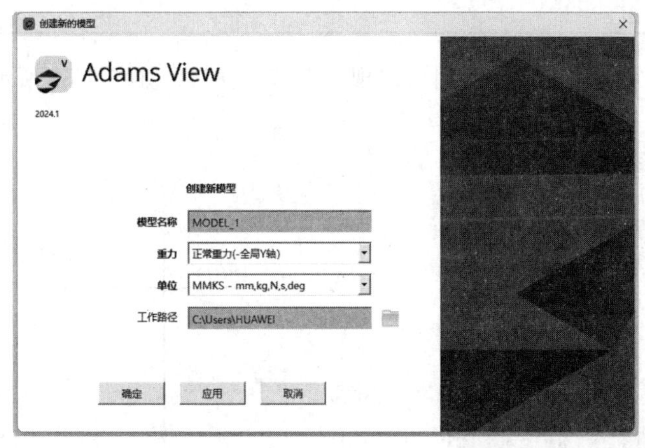

图 7-64　“创建新的模型”对话框

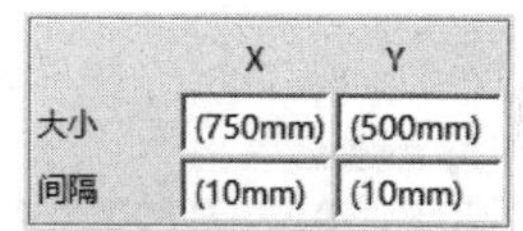

图 7-65　参数设置对话框

（6）单击主工具箱中的选择图标。

（7）单击主工具箱中的缩放图标，使栅格布满整个屏幕。

7.3.2　建立凸轮部件

（1）按 F4 键弹出坐标窗口。

（2）右击主工具箱中的几何建模工具集图标，弹出级联图标。

（3）单击多义线图标。

（4）打开参数设置栏，如图 7-66 所示，确认在文本框中显示新建部件。选中“闭合”复选框，绘制封闭的多义线。

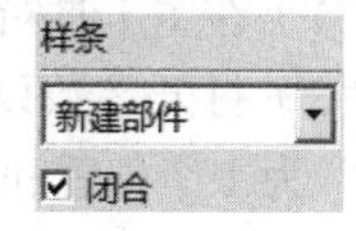

图 7-66　参数设置栏

（5）按表 7-1 在屏幕上单击 13 个点，注意，最后一点跟第一个点重合。

表 7-1　凸轮曲线点坐标

点	x	y	z
1	0	0	0
2	–50	–30	0
3	–70	–70	0
4	–80	–120	0
5	–70	–160	0
6	–50	–180	0
7	0	–190	0

（续）

点	x	y	z
8	50	–180	0
9	70	–160	0
10	80	–120	0
11	70	–70	0
12	50	–30	0
13	0	0	0

（6）选择完毕各点后，右击生成该曲线。此时会出现一个信息窗口，如图 7-67 所示，提示该物体没质量。

（7）关闭信息窗口，封闭曲线如图 7-68 所示。

图 7-67　信息窗口

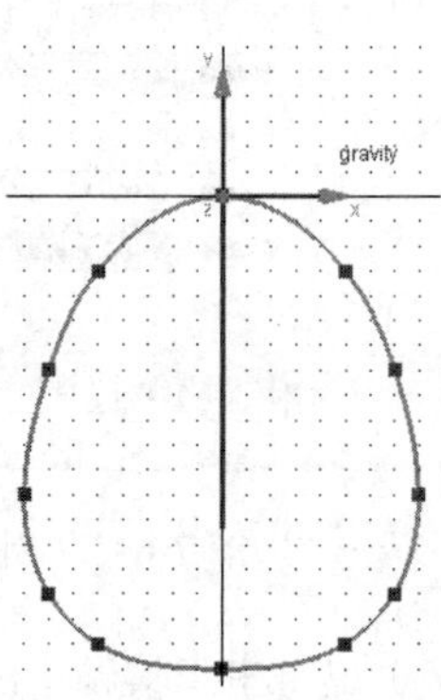

图 7-68　封闭曲线

7.3.3　建立转动副

（1）在主工具箱中单击链接副图标。

（2）打开参数设置对话框，如图 7-69 所示。确认在主工具箱下方设置栏中的“构建方式”为 1 个位置和垂直栅格。

（3）单击（0,–130,0）。

（4）在大地和凸轮之间生成一个旋转副支点，如图 7-70 所示。

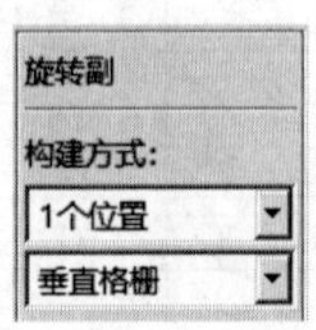

图 7-69　参数设置对话框

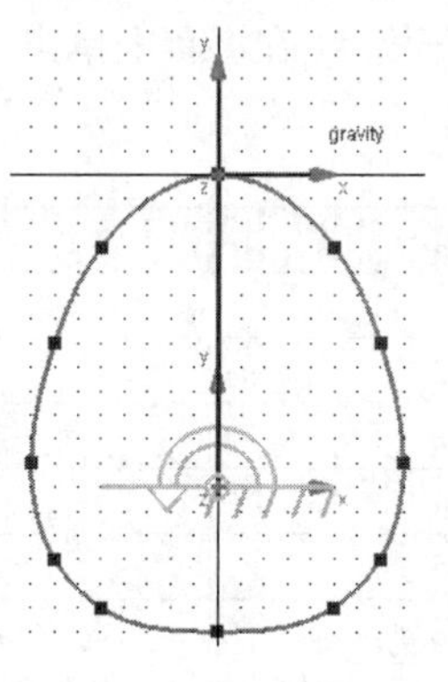

图 7-70　生成旋转副支点

7.3.4 建立其他部件

（1）单击多义线图标。

（2）打开参数设置栏，如图 7-71 所示，取消选中“闭合”复选框，绘制不封闭的多义线。

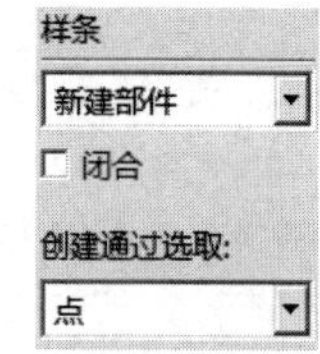

图 7-71　参数设置栏

（3）按表 7-2 在屏幕上单击 11 个点。

（4）选择完毕上述 11 个点后，右击建立开放的曲线，此时会出现一个信息窗口，如图 7-72 所示，提示该部件没有质量，关闭该窗口。未封闭的曲线如图 7-73 所示。

表 7-2　部件曲线点坐标

点	x	y	z
1	–250	50	0
2	–200	40	0
3	–150	40	0
4	–100	30	0
5	–50	10	0
6	0	0	0
7	50	10	0
8	100	30	0
9	150	40	0
10	200	40	0
11	250	50	0

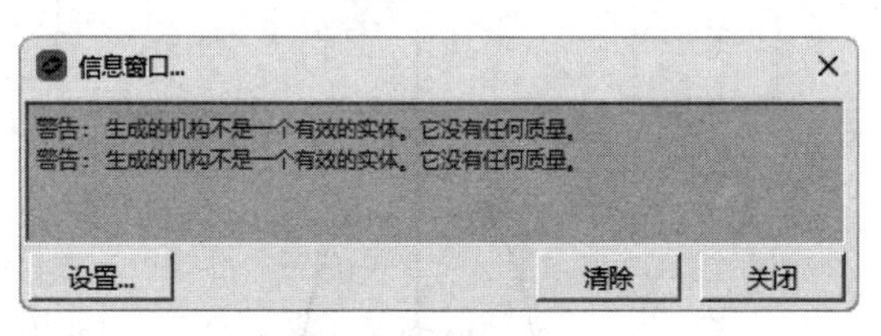

图 7-72　信息窗口

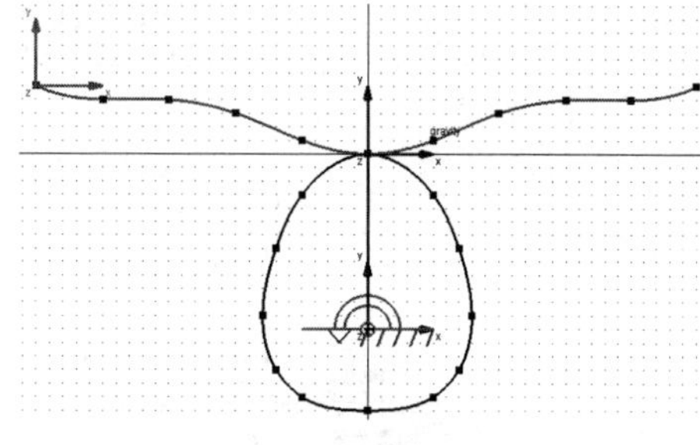

图 7-73　未封闭的曲线

（5）在主工具箱中右击几何建模工具集图标，在弹出的级联图标中单击立方体图标。

（6）打开参数设置栏，如图 7-74 所示，设置立方体为添加到现有部件。

（7）单击开放的曲线以添加物体。

（8）定义盒子的顶点为（–250,50,0）。

（9）按住鼠标左键并拖至盒子的右上顶点（250,180,0）释放鼠标左键。新建实体如图 7-75 所示。

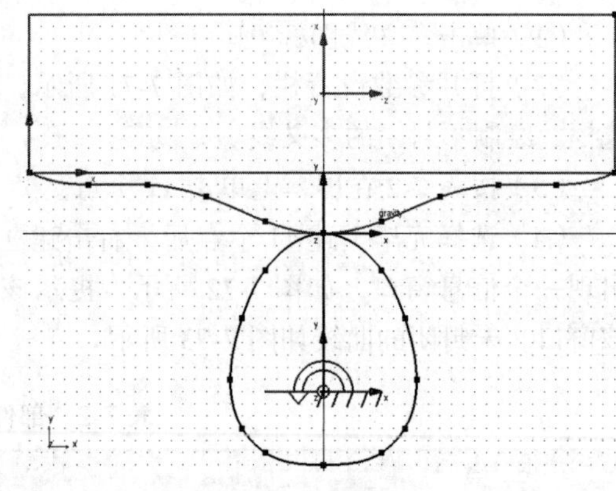

立方体

添加到现有部件

图 7-74　参数设置栏

图 7-75　新建实体

7.3.5　建立平移副

（1）右击主工具箱中的添加约束工具集图标，弹出级联图标。

（2）单击平移副图标。

（3）打开参数设置栏，如图 7-76 所示，确认“构建方式”设为 1 个位置和选取特征。

（4）单击平移副的位置（0,160,0）。

（5）沿 y 向向上移动光标，设置平移副方向。

（6）完成大地与其他部件间的连接，建立平移副，如图 7-77 所示。

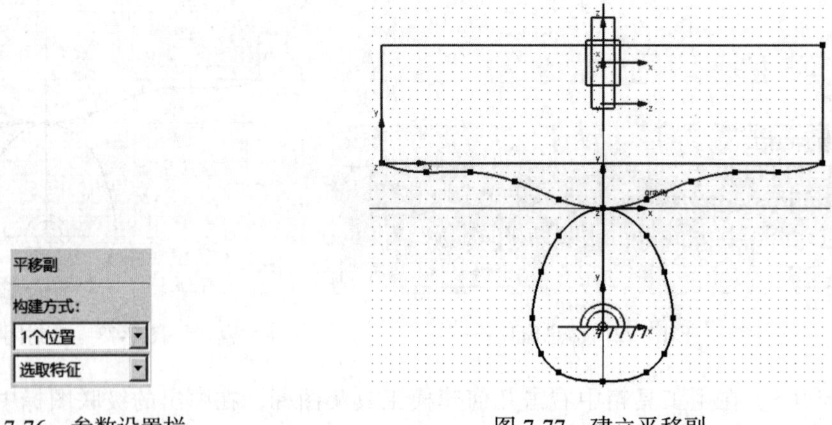

图 7-76　参数设置栏

图 7-77　建立平移副

7.3.6　添加线 – 线约束

（1）右击主工具箱中的铰链图标，在弹出的级联图标中单击凸轮接触图标。

（2）单击凸轮部件，再单击其他部件曲线部分，建立如图 7-78 所示的线 – 线接触。

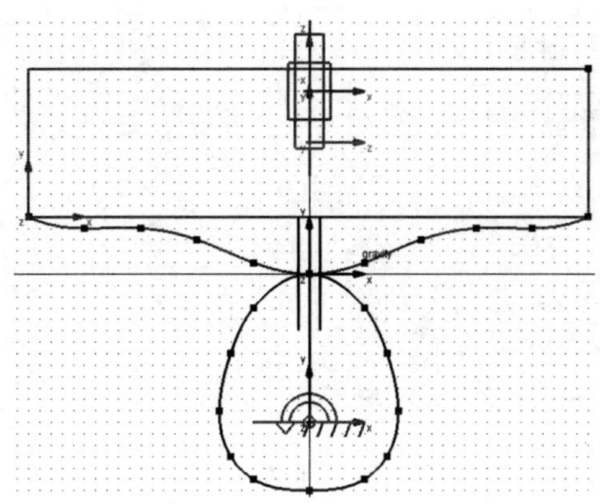

图 7-78 建立线 – 线接触

7.3.7 添加运动约束

（1）在主工具箱中单击旋转驱动图标。

（2）打开参数设置对话框，如图 7-79 所示。在速度文本框中输入 360d，即设置 360°/s。

（3）单击凸轮的旋转副位置，出现一较大的运动方向箭头，如图 7-80 所示。

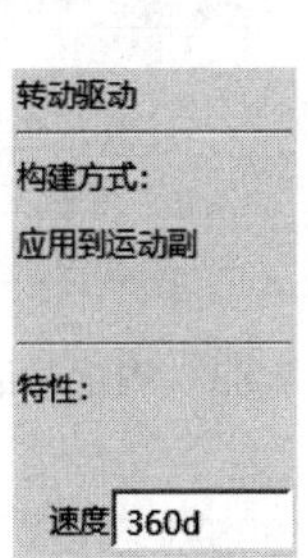

图 7-79 参数设置对话框

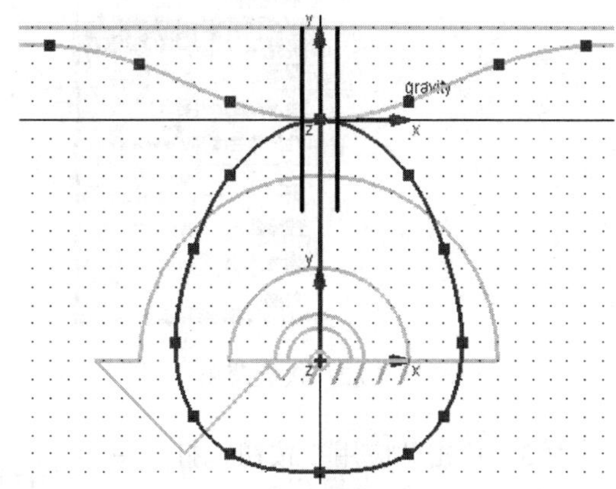

图 7-80 建立旋转运动

7.3.8 验证模型

（1）在 Adams 窗体的右下角，右击信息图标 i。

（2）在弹出的级联图标中单击验证图标，弹出“信息”窗口，如图 7-81 所示。

（3）模型验证无误后，关闭信息窗口。

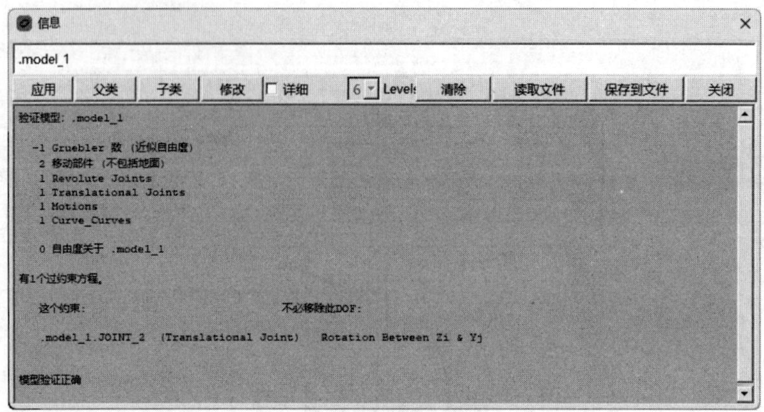

图 7-81 “信息”窗口

7.3.9 建立测量

（1）右击其他部件，弹出快捷菜单，如图 7-82 所示，选择测量命令。

（2）打开测量对话框，如图 7-83 所示，将“特性”设为质心位置，“分量”设为 Y，测量 y 向位移。

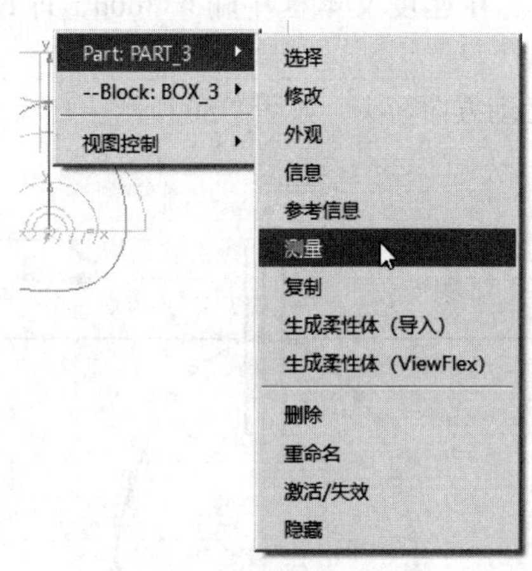

图 7-82 快捷菜单

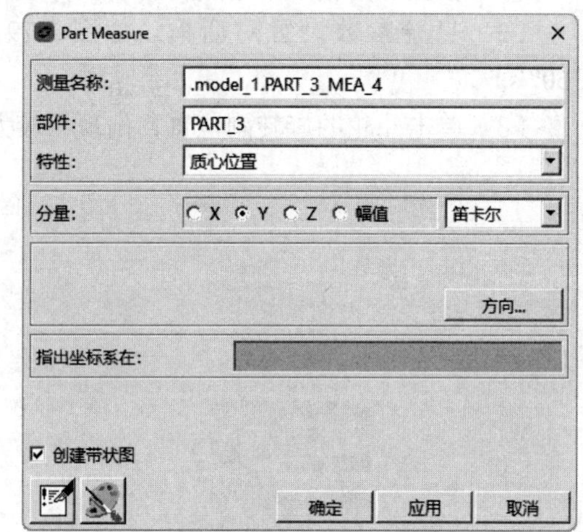

图 7-83 测量对话框

（3）单击“应用”按钮，打开一个空白测量窗口，如图 7-84 所示。

（4）重复上述步骤，将特性设为质心速度，新建测量速度。

（5）重复上述步骤，将特性设为质心加速度，新建测量加速度。

（6）建立 3 个测量窗口后，单击“取消”按钮关闭测量对话框，窗体如图 7-85 所示。

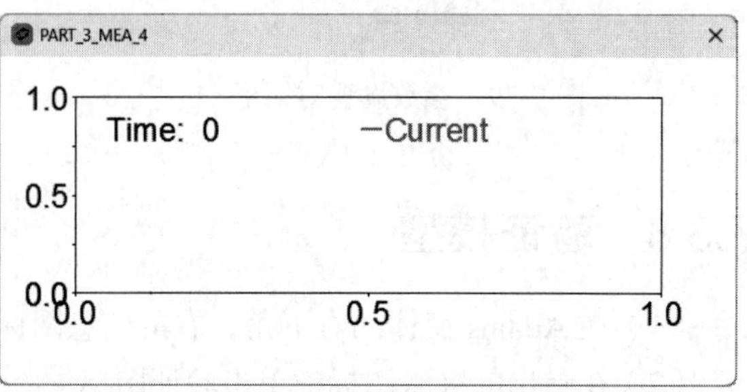

图 7-84 空白测量窗口

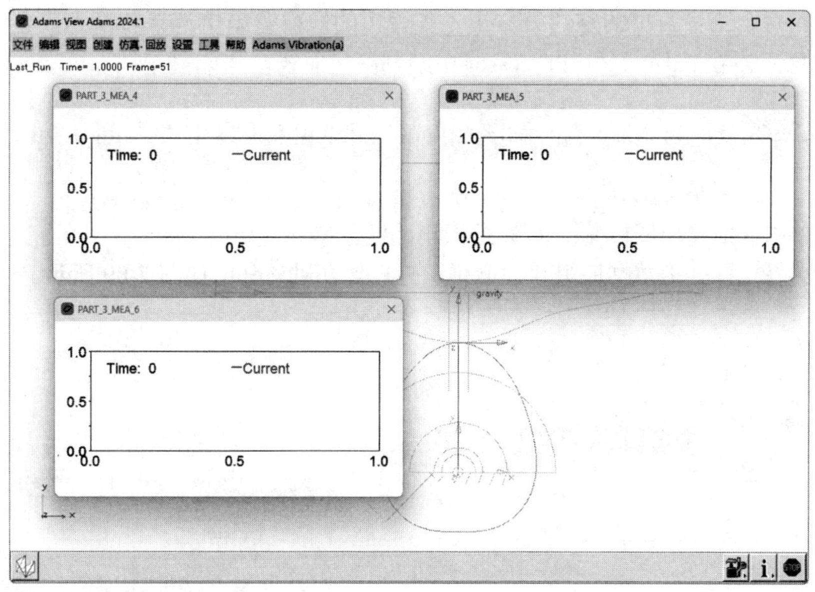

图 7-85　窗体

7.3.10　运行仿真

（1）单击主工具箱中的仿真分析图标▦，打开参数设置栏，如图 7-86 所示，将终止时间设为 1，步数设为 50。

（2）单击开始仿真图标▶，凸轮开始转动，其他部件上下运动。

（3）仿真结束，单击返回图标⏮。仿真结果如图 7-87 所示。

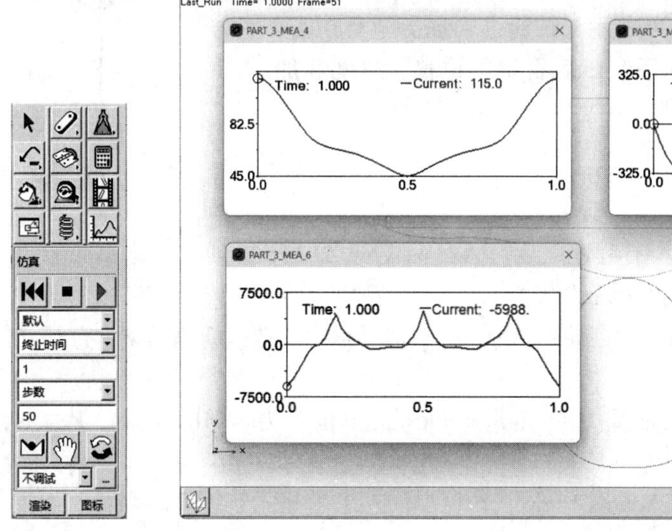

图 7-86　参数设置栏

图 7-87　仿真结果

（4）在每个测量窗口的空白处右击，在弹出的快捷菜单中选择转换到完整绘图命令，如图 7-88 所示。在 Adams PostProcessor 中绘制测量曲线。

提示：如果仿真时出错，可以把 Simulation 下的默认改为动力学。

（5）单击绘图跟踪图标，可以显示仿真曲线上任一点的精确数值。

（6）单击返回建模图标，可以返回到建模窗口。

（7）选择文件→把数据库另存为命令，打开保存对话框，如图 7-89 所示。

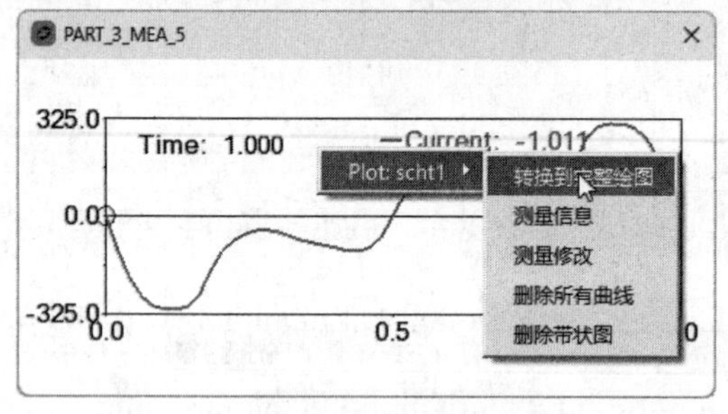

图 7-88 快捷菜单

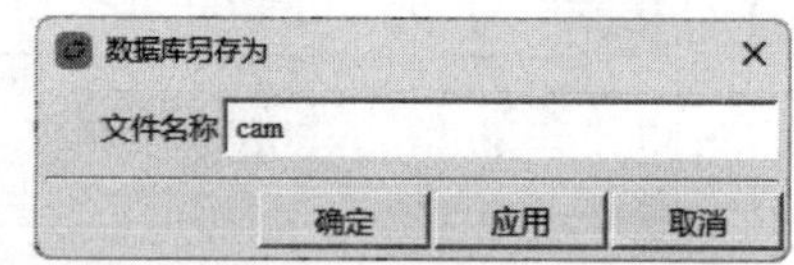

图 7-89 保存对话框

（8）在“文件名称”文本框输入文件名字，如 cam。

（9）单击“确定”按钮，生成 Adams 二进制文件。

7.4 自由降落的石块

本节通过对一自由降落的石块进行仿真分析，进一步了解 Adams 中坐标系统、标记点、几何实体、测量等概念。

自由降落的石块如图 7-90 所示，试通过 Adams 进行仿真，计算在初始速度为 0 的情况下，1s 后石块的位移、速度和加速度。

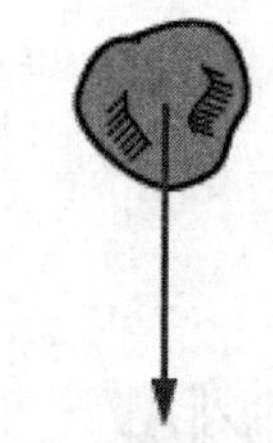

图 7-90 自由降落的石块

7.4.1 运行 Adams

（1）通过“开始”→“所有程序”运行 Adams View 2024，或直接双击桌面上的快捷方式 Adams View 2024，运行 Adams 2024。

（2）在如图 7-91 所示的“欢迎使用 Adams...”对话框中，选择新建模型，打开“创建新的模型”对话框。

（3）确认“重力”为正常重力（- 全局 Y 轴），“单位”为 MMKS -mm，kg，N，s，deg，单击“确定”按钮。

（4）创建新模型后，在 Adams View 工作窗口的左上角显示有模型的名称。如果 Adams View 中没有默认设置为经典界面，选择菜单栏中的设置→界面风格→经典命令，可以将界面切换为经典界面。

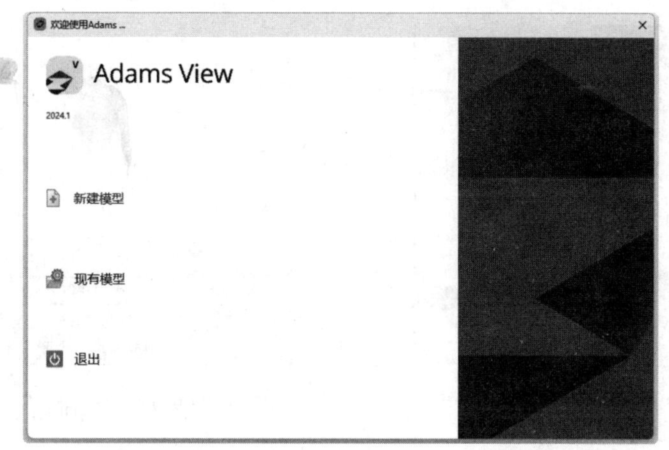

图 7-91　“欢迎使用 Adams...”对话框

7.4.2　建立模型

（1）按 F4 键，或者选择视图→坐标窗口命令，打开坐标窗口，以便查看模型的尺寸。

（2）在主工具箱中右击几何建模工具集图标，在弹出的级联图标中单击球体工具图标，如图 7-92 所示。

（3）打开参数设置栏，如图 7-93 所示，设置球体半径为 5cm。

（4）在屏幕中心，即全局坐标系中心单击建立球体。

（5）如果显示的球体太小，接下来调整视图大小。

（6）单击主工具箱中的选择图标。

（7）在主工具箱中单击缩放图标。

（8）按住鼠标左键在屏幕上拖动，调整视图的大小，如图 7-94 所示。

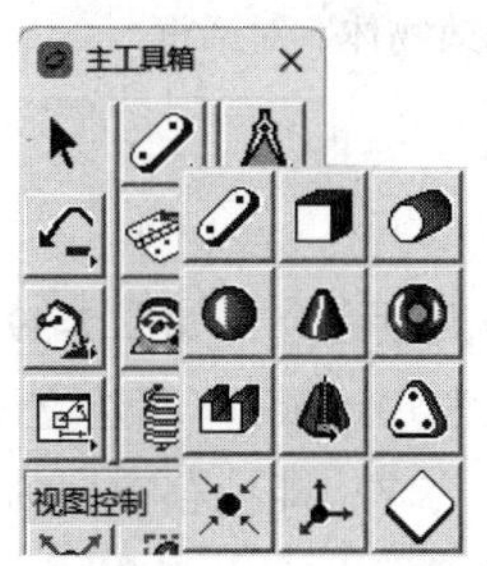

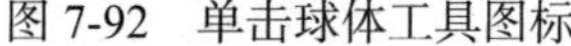

图 7-92　单击球体工具图标

图 7-93　设置球体半径

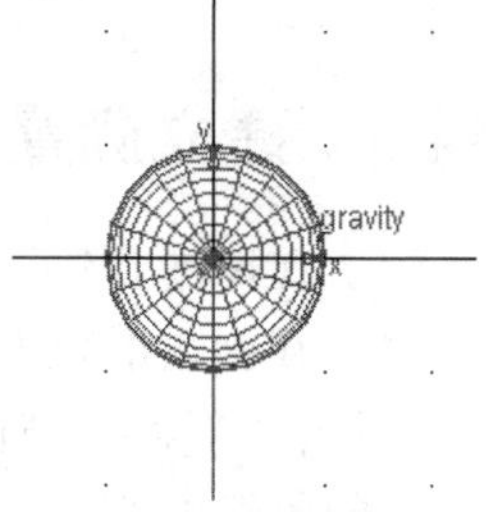

图 7-94　球体

（9）给球体命名。在球体上右击，在弹出的快捷菜单中选择 Part:PART_2 →重命名命令，如图 7-95 所示。

（10）打开“重命名”对话框，在“新名称”文本框中输入 model_1.Stone，如图 7-96 所示。

（11）输入完毕单击“确定”按钮。

（12）设置球体的质量。在球体上右击，在弹出的快捷菜单中选择 Part:Stone →修改命令，如图 7-97 所示。

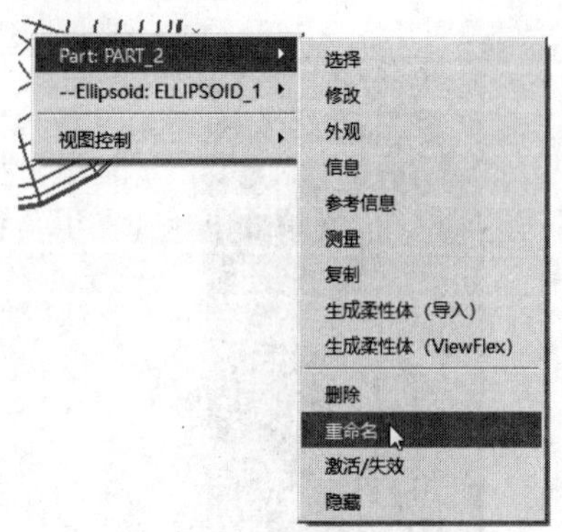

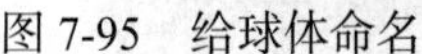

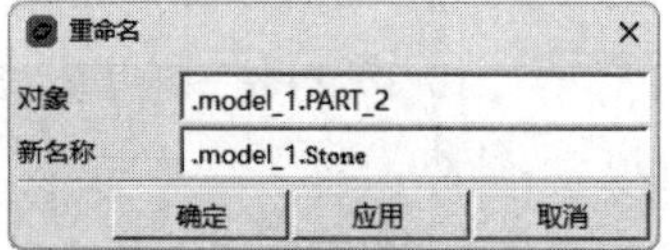

图 7-95　给球体命名　　图 7-96　“重命名”对话框

（13）在弹出的“修改物体”对话框中修改球体的属性，设置“定义质量方式”为用户输入，“质量”为 1.0 kg，如图 7-98 所示。

（14）输入完毕单击“确定”按钮。

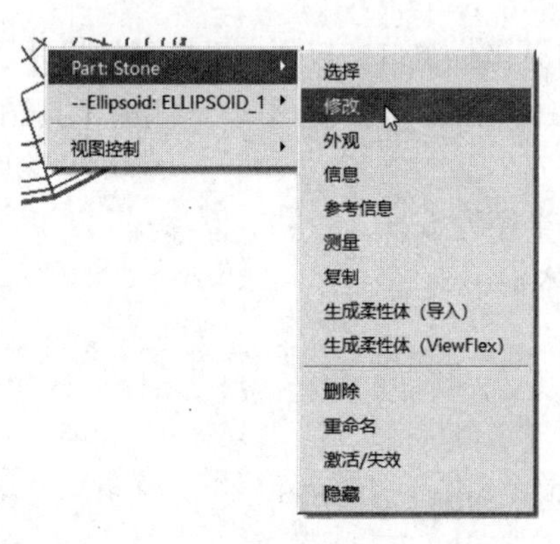

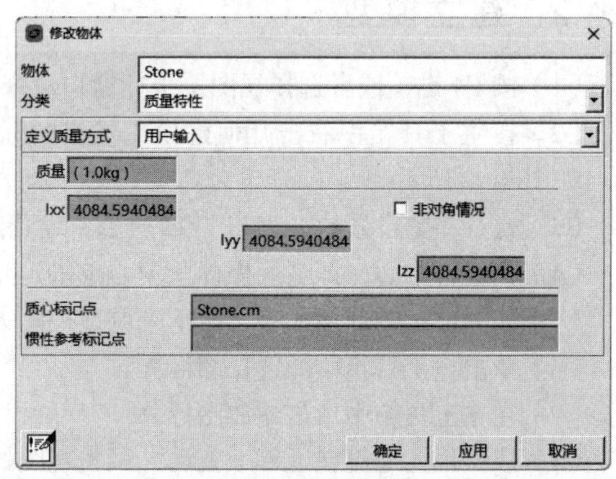

图 7-97　选择修改命令　　图 7-98　“修改物体”对话框

7.4.3　建立测量

（1）在球体上右击，在弹出的快捷菜单中选择 Part:Stone→测量命令，如图 7-99 所示。

（2）在弹出的建立位移测量对话框中设置，“测量名称”为 displace，即建立 y 向的位移测量；“特性”为质心位置，即测量中心点的位移；“分量”为 Y，即位移方向为 y 向；选中“创建带状图”复选框，如图 7-100 所示。

（3）设置完毕单击“确定”按钮。

（4）此时在屏幕上弹出一个空白测量窗口，如图 7-101 所示，因为还没有进行仿真计算，所以没有任何输出。

（5）建立位移测量后，根据计算要求还需要对速度建立测量。

（6）重复步骤（1）。

（7）在弹出的建立速度测量对话框中设置速度测量，“测量名称”为 velocity，即建立 y 向的速度测量；“特性”为质心速度，即测量中心点的速度；“分量”为 Y，即速度方向为 y 向；选中“创建带状图”复选框，如图 7-102 所示。

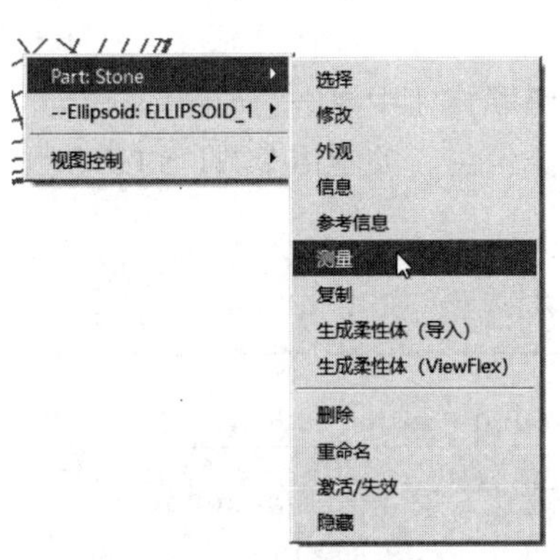

图 7-99　选择命令

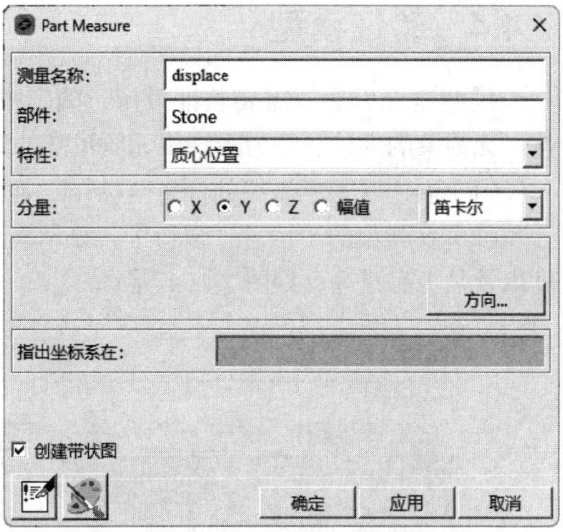

图 7-100　建立位移测量对话框

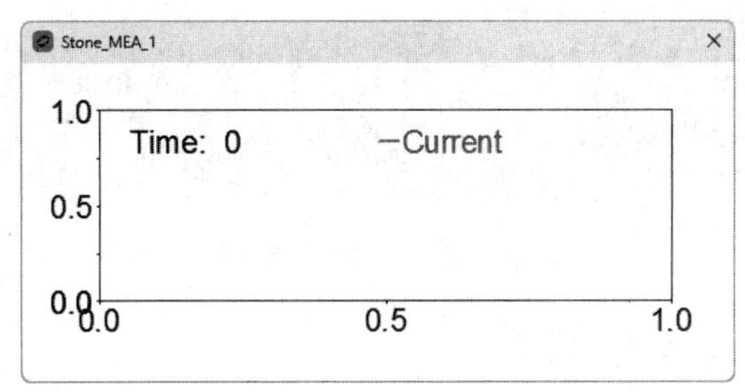

图 7-101　空白测量窗口

（8）设置完毕单击“确定”按钮。此时在屏幕上弹出一个空白测量窗口，因为还没有进行仿真计算，所以没有任何输出。

（9）重复上述步骤建立加速度测量，“测量名称”为 acceleration，即建立 y 向的加速度测量，如图 7-103 所示。

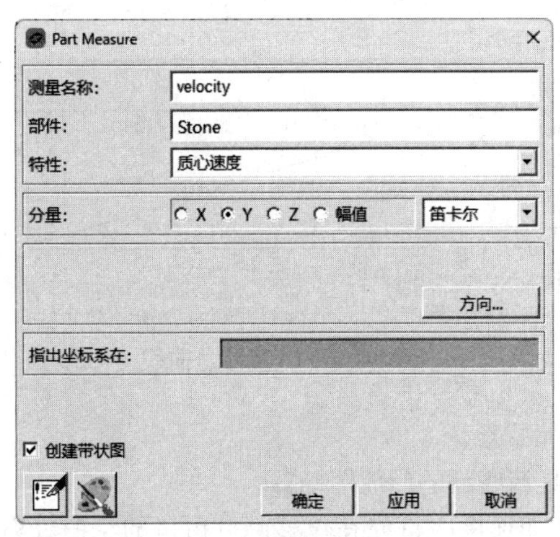

图 7-102　建立速度测量对话框

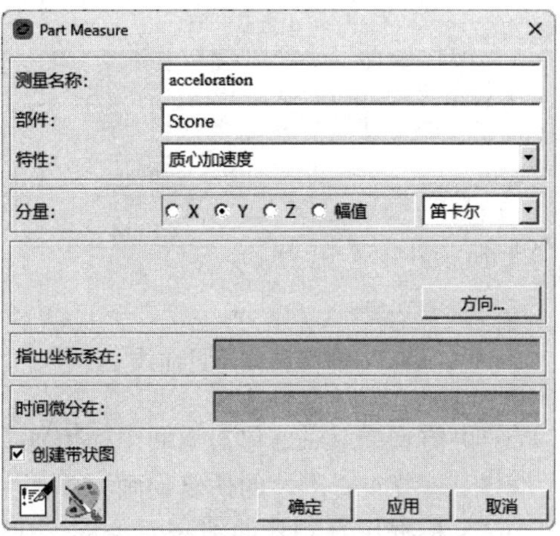

图 7-103　建立加速度测量对话框

7.4.4 验证模型

模型建立以后，需要验证模型，确定模型中是否存在一些错误条件，如不匹配的连接、无约束的部件、动力系统中无质量部件等。

（1）右击状态栏右侧的信息图标 i，在弹出的级联按钮中单击验证图标✓。

（2）在弹出的“信息”窗口中，显示模型的相关信息，如刚体个数、约束个数、自由度以及是否有错等，如图 7-104 所示。

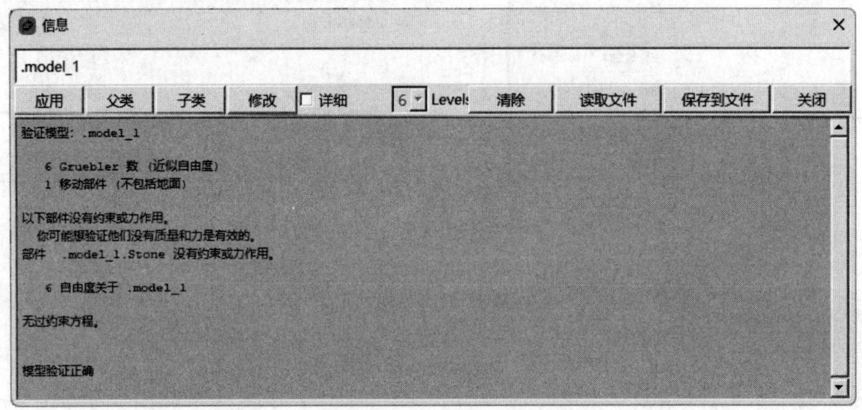

图 7-104 “信息”窗口

（3）经验证无误后，关闭“信息”窗口。

7.4.5 运行仿真

（1）在主工具箱中单击仿真分析图标。

（2）在主工具箱下方设置栏设置仿真参数：终止时间为 1.0s，步数为 50。

（3）单击开始仿真图标▶。石块开始自由降落，同时在位移、速度、加速度测量的窗口出现测量曲线，如图 7-105～图 7-107 所示。

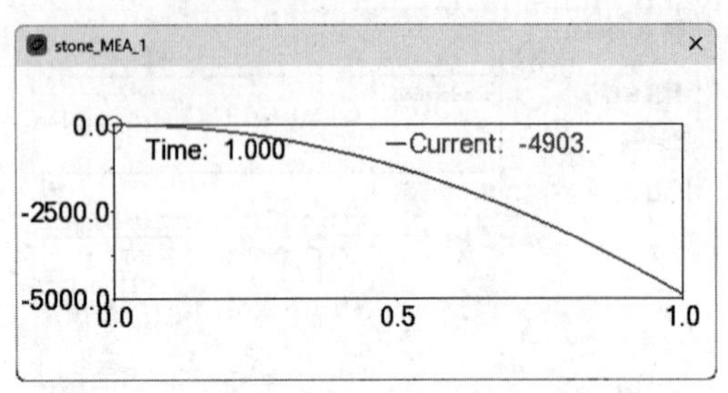

图 7-105 位移测量曲线

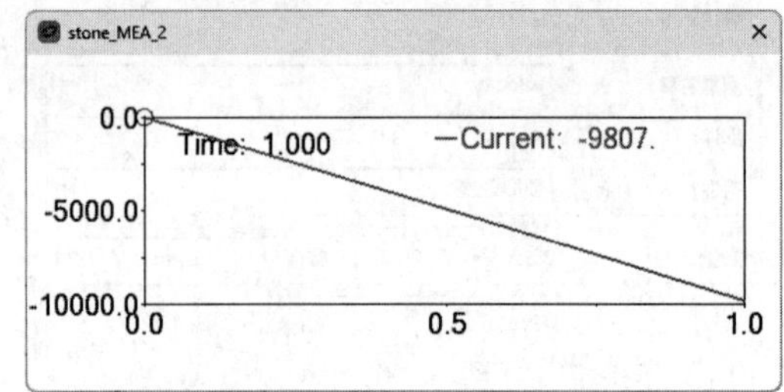

图 7-106 速度测量曲线

（4）仿真结束后，单击返回图标⏮回到初始状态。

（5）若要查看刚才的仿真动画，单击主工具箱底部的回放图标。

（6）根据仿真测量曲线查看位移、速度和加速度。首先在位移测量窗口的空白处右击，在弹出的快捷菜单中选择 Plot:scht1 →转换到完整绘图命令，如图 7-108 所示。

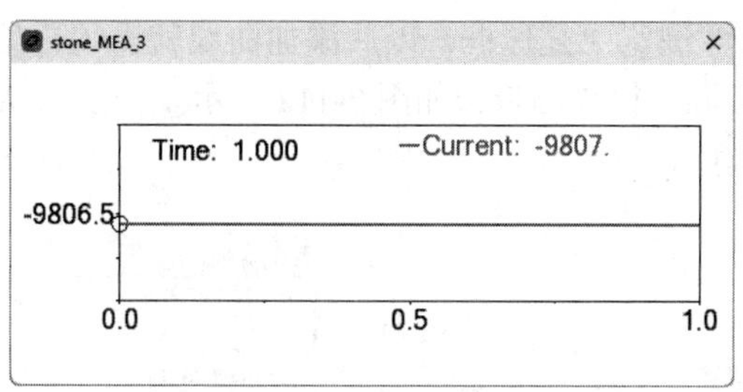

图 7-107　加速度测量曲线

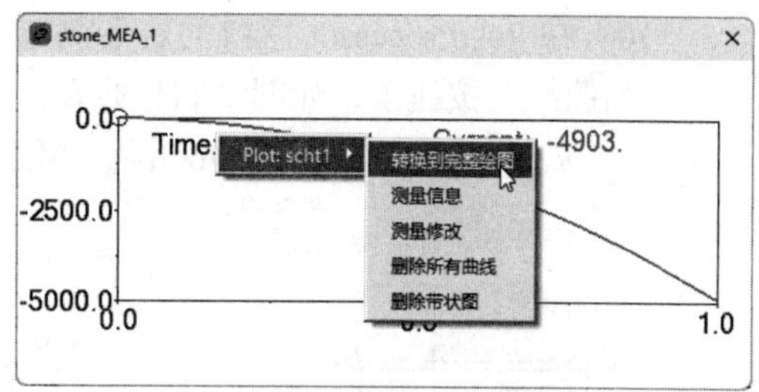

图 7-108　选择命令

（7）Adams 切换至 PostProcessor 窗口，位移测量曲线在更大的窗口中显示，如图 7-109 所示，如果单击关闭 Adams PostProcessor 窗口图标 ×，可以切换至 Adams View 窗口。

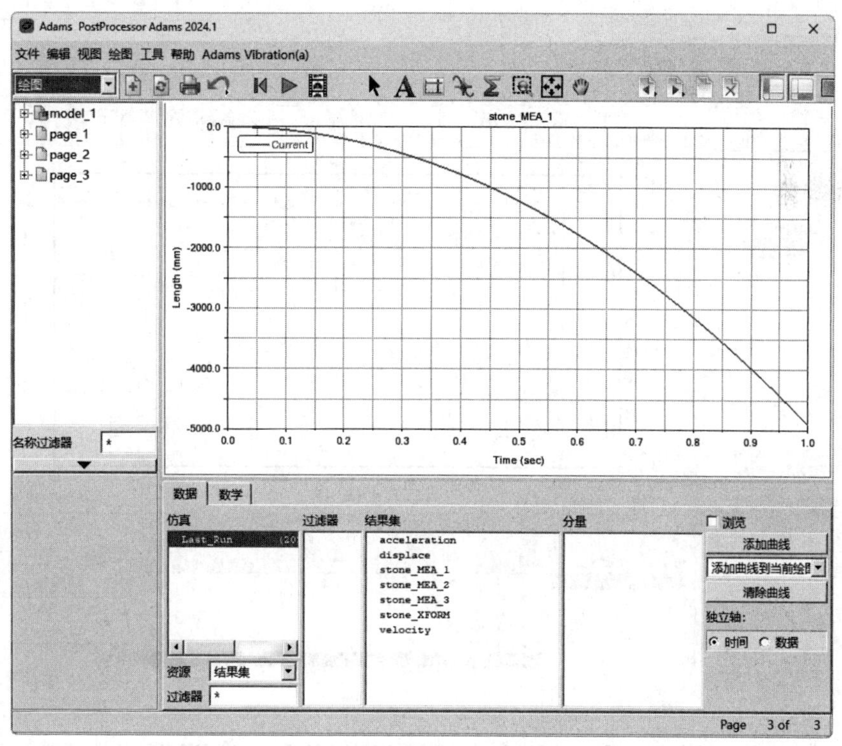

图 7-109　PostProcessor 窗口

（8）在 Adams PostProcessor 窗口中，单击绘图跟踪图标，在主工具栏下侧将出现一排数字标签，显示当前点的坐标值和运算的结果，如图 7-110 所示。

X:	Y:	Slope:	Min:	Max:	Avg:	RMS:	# of Points:
0.3	-441.3013	-2941.995	-4903.3271	0.0	-1650.7881	2225.5552	51

图 7-110　数字标签

（9）若要求石块自由降落 1s 后的位移，把光标移动至曲线坐标为 X = 1.0 处，此时在数字标签部分，Y 的显示值为 –4903.3271，单位为 mm，即通过 Adams 仿真运算得到的结果。

（10）在 PostProcessor 窗口的右下侧选中“浏览”复选框，以后添加曲线就无须再单击“添加曲线”按钮了，如图 7-111 所示。“资源”设为测量，如图 7-112 所示。

（11）从测量列表中选择 velocity，如图 7-113 所示。

图 7-111　选中“浏览”

图 7-112　设置“资源”

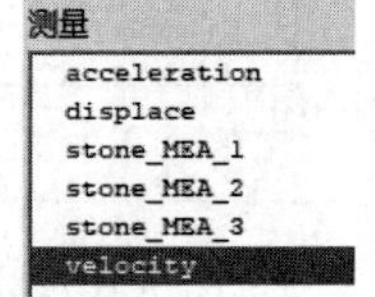

图 7-113　选择 velocity

（12）窗口中显示速度测量曲线，如图 7-114 所示。

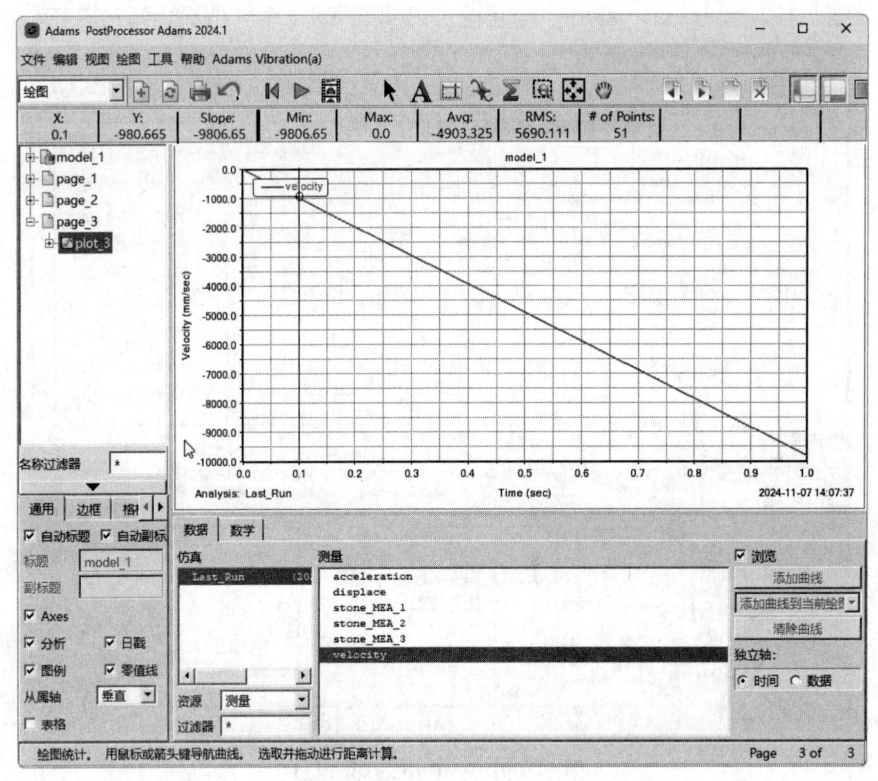

图 7-114　速度测量曲线

（13）将光标移动至横坐标为 1.0 处，在数字标签处显示的数值 Y 为 –980.665，单位为 mm/s，即为仿真计算得到的速度值。

（14）选择测量列表中的 acceleration，显示加速度测量曲线，如图 7-115 所示。

（15）将光标移动至横坐标为 1.0 处，在数字标签处显示的数值 Y 为 –9806.65，单位为 mm/s^2，即为仿真计算得到的加速度值。

（16）根据 Adams 的仿真结果，得到自由降落的石块 1s 后的位移、速度和加速度分别为：位移 ≈ –4903.3mm；速度 ≈ –980.67mm/s；加速度 ≈ $-9806.7mm/s^2$。

（17）由于 7.5 节的实例中将用到石块模型，所以保存文件，名称为 stone。

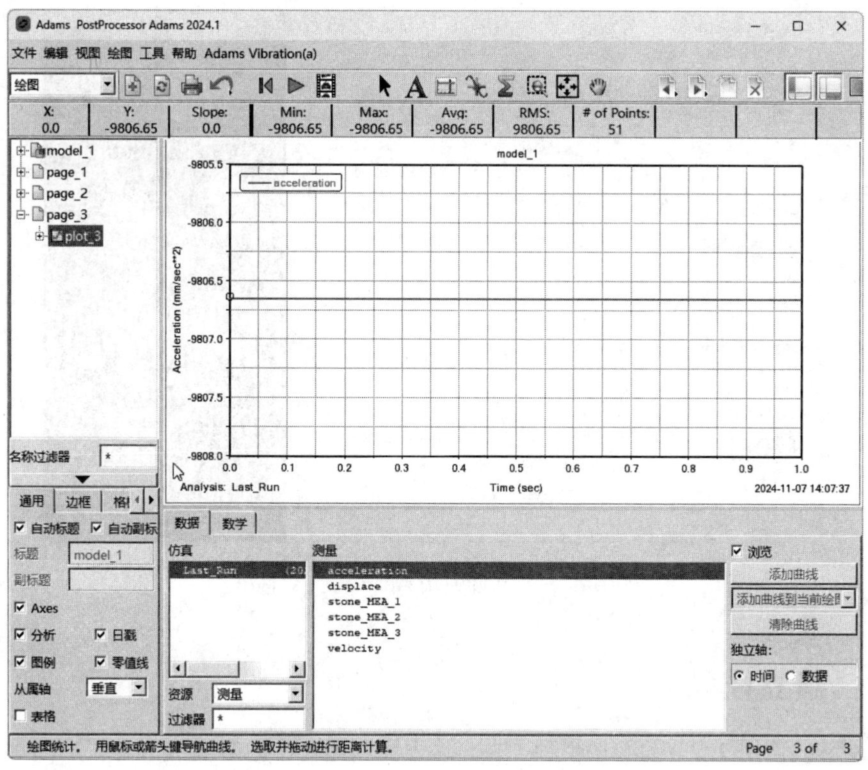

图 7-115　加速度测量曲线

7.5　投射石块

本例的初始条件为以初速度 6m/s、倾斜角度 60° 投射一石块，如图 7-116 所示，要求对投射的水平距离 R 进行仿真求解。

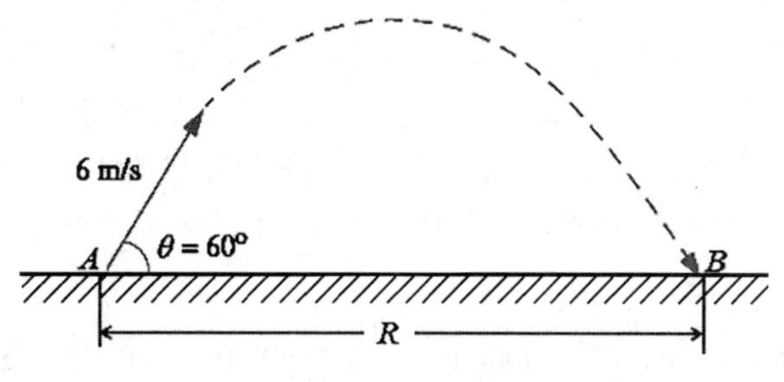

图 7-116　投射石块

7.5.1　运行 Adams

通过“开始”→“所有程序”运行 Adams View 2024，或直接双击桌面上的快捷方式 Adams View 2024，运行 Adams 2024，如图 7-117 所示。在弹出的“欢迎使用 Adams...”对话框中选择现有模型，打开 7.4 节已保存的文件 stone。

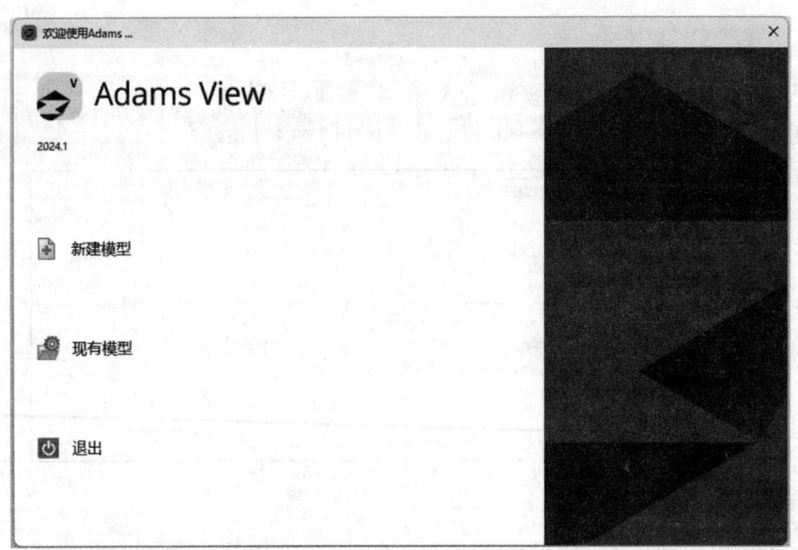

图 7-117 “欢迎使用 Adams...”对话框

7.5.2 建立模型

本例继续使用 7.4 节的石块模型，在石块下面新建一个地基。

（1）选择设置→工作栅格命令。

（2）打开“工作栅格设置”对话框，修改“大小”X 为 4000mm，“大小”Y 为 3000mm，在“间隔”栏各设为 50mm，如图 7-118 所示。设置完毕单击“确定”按钮。

（3）单击主工具箱中的缩放图标，使工作栅格布满整个屏幕。

（4）按 F4 键，或选择视图→坐标窗口命令。

（5）在主工具箱中右击“实体”按钮，单击立方体工具图标，如图 7-119 所示。

（6）打开参数设置对话框，在主工具箱下方的设置栏中设置参数。

☑ 选择在地面上。

☑ 选中“长度”复选框，在“长度”栏输入 350.0cm。

☑ 选中“高度”和“深度”复选框，均输入 10.0cm，参数设置如图 7-120 所示。

（7）单击地基的顶点（0,–150,0），石块与地基的位置如图 7-121 所示。

（8）根据要求，以 6m/s、60° 倾斜角投射，可以计算出石块的水平方向速度分量和垂直方向速度分量，即

$$V_x = 6000 \times \cos 60° = 3000\text{mm/s}，\quad V_y = 6000 \times \sin 60° = 5196\text{mm/s}$$

（9）设置石块的初始条件。单击主工具箱中的选择图标。

（10）右击石块，在弹出的快捷菜单中选择 Part: Stone →修改命令，如图 7-122 所示。

（11）打开“修改物体”对话框，在其中设置分类为速度初始条件，修改初始速度。

在平移速度下选择 X 轴，并输入 3000（mm/sec）。

在平移速度下选择 Y 轴，并输入 5196（mm/sec），如图 7-123 所示。

（12）设置完毕单击“确定”按钮。

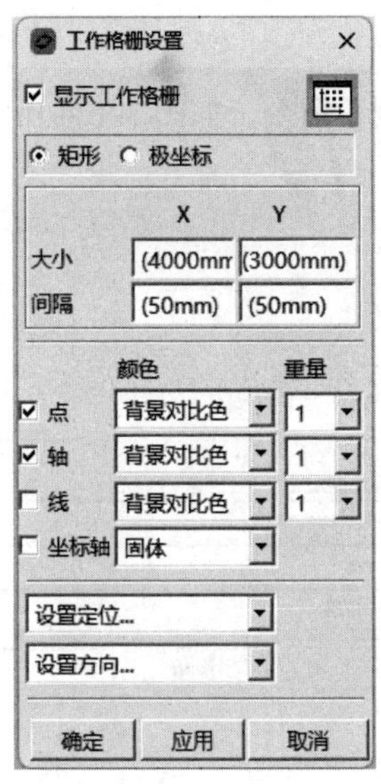

图 7-118　“工作栅格设置”对话框

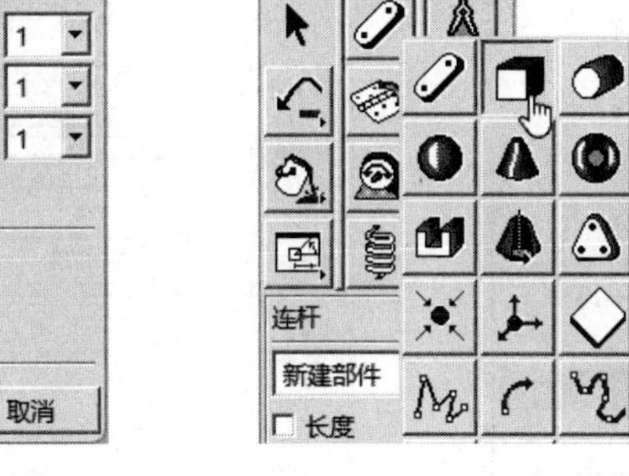

图 7-119　单击立方体工具图标

图 7-120　参数设置

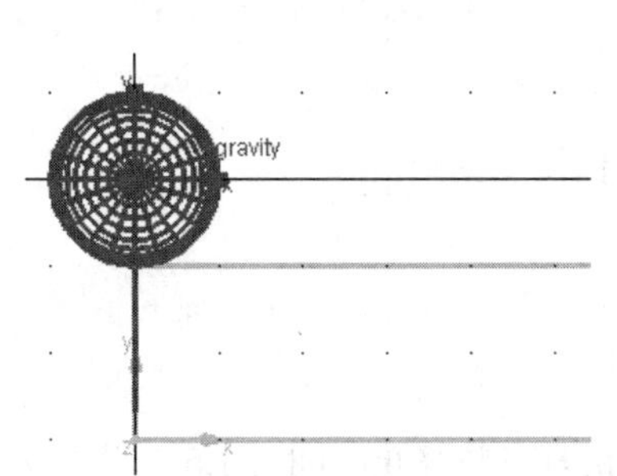

图 7-121　石块与地基的位置

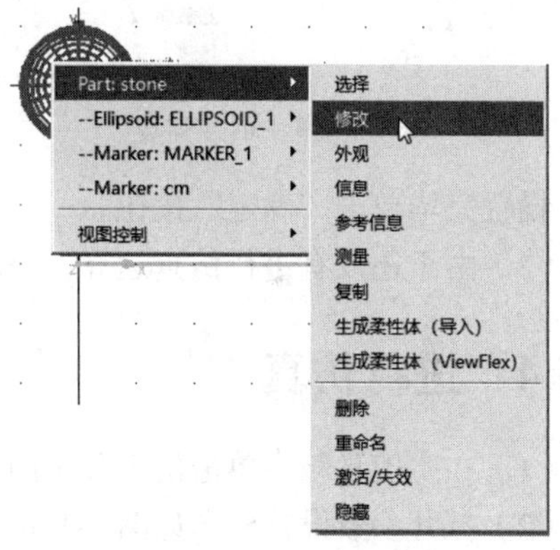

图 7-122　修改石块初始条件

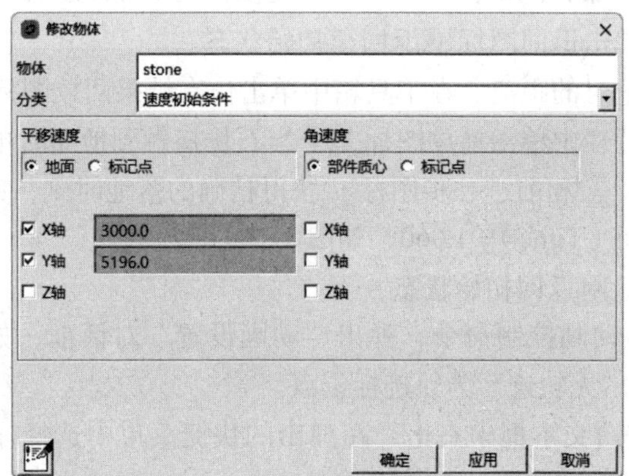

图 7-123　修改初始速度

7.5.3 建立测量

（1）右击石块，在弹出的快捷菜单中选择 Part: Stone →测量命令，如图 7-124 所示。

（2）在测量对话框中，如图 7-125 所示建立测量。

☑ 测量名称：R_displacement。

☑ 特性：质心位置。

☑ 分量：X。

☑ 选中“创建带状图”复选框。

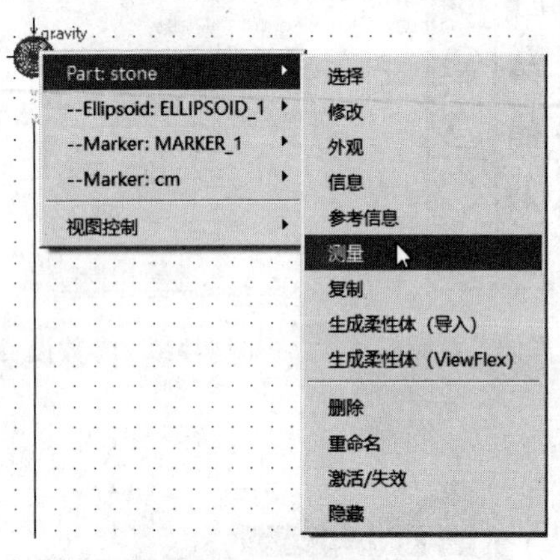

图 7-124 选择命令

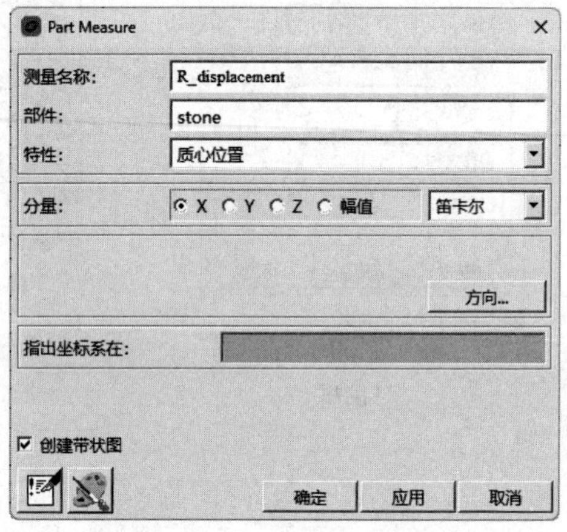

图 7-125 测量对话框

设置完毕单击“确定”按钮。

（3）由于还没有进行仿真运算，将打开一个空白测量窗口。

7.5.4 进行仿真

（1）在主工具箱中单击仿真分析图标。

（2）打开参数设置栏，如图 7-126 所示，设置仿真参数终止时间为 1.5；步长为 0.02。

（3）设置完毕，单击开始仿真图标。

（4）Adams 仿真开始，测量窗口中开始出现位移测量曲线，如图 7-127 所示。

（5）仿真完毕，单击返回图标返回至初始状态。

（6）查找石块落地时的距离。在工具箱中单击仿真结果回放图标。

（7）在打开的设置栏中单击播放图标。当石块接触到地面时单击停止图标。

（8）利用后退一步和前进一步图标获得精确的落地时刻，如图 7-128 所示。注意测量窗口中此时的时间（Time）= 1.060，如图 7-129 所示。

（9）单击返回图标返回初始状态。

（10）选择回放→动画控制命令，弹出“动画设置”对话框，如图 7-130 所示。选中“图标”复选框，设置“无轨迹”为轨迹标记点。

（11）在下侧的空白文本框中右击，在弹出的快捷菜单中选择标记点→浏览命令，如图 7-131 所示。

（12）打开数据库导航，选择 Stone/cm，如图 7-132 所示。选择完毕单击“确定”按钮。

图 7-126 参数设置栏

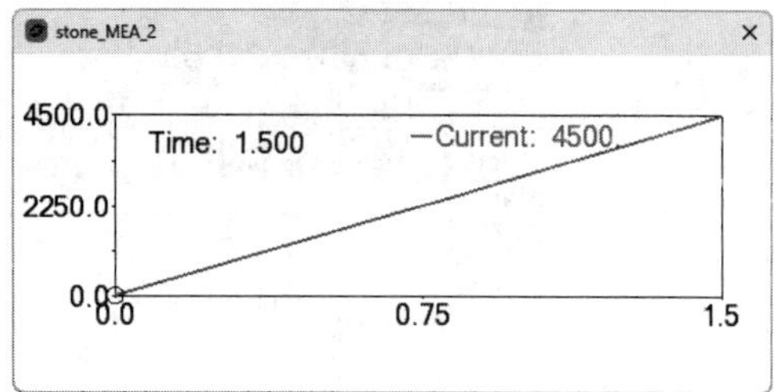

图 7-127 位移测量曲线

图 7-128 石块落地时刻

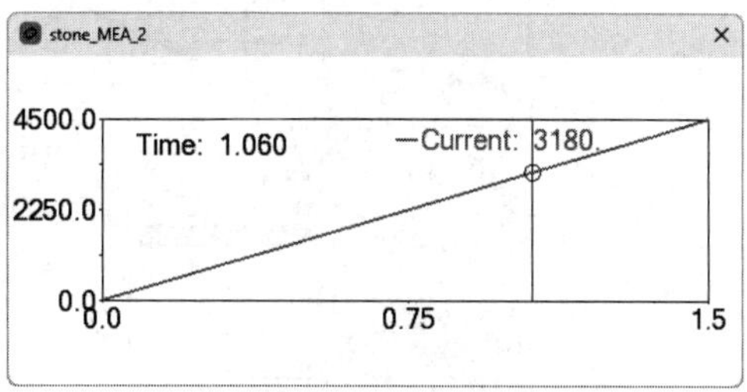

图 7-129 石块落地时刻测量窗口

图 7-130 “动画设置”对话框

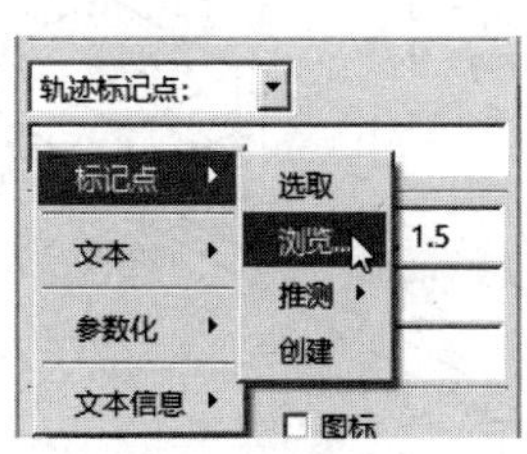

图 7-131 选择命令

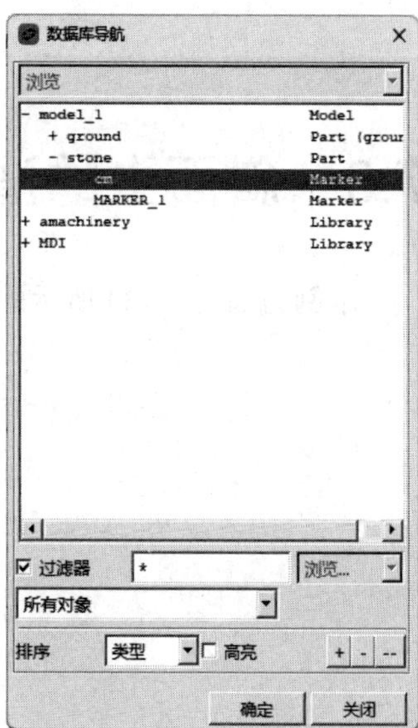

图 7-132 选择标记点

（13）标记点名字自动添加到“动画设置”对话框中，单击动画播放图标▶，在屏幕上绘制出该标记点的运动轨迹。完成后关闭“动画设置”对话框。

（14）在测量窗口中右击，在弹出的快捷菜单中选择 Plot: scht1 →转换到完整绘图命令。窗口将切换至 Adams PostProcessor 窗口。

（15）在 PostProcessor 窗口工具栏单击绘图跟踪图标，出现数字标签栏。

（16）把鼠标移动到石块落地的时刻，即时间（Time）= 1.06s，查看 Y 的值为 3180mm，即本例的仿真结果，如图 7-133 所示。

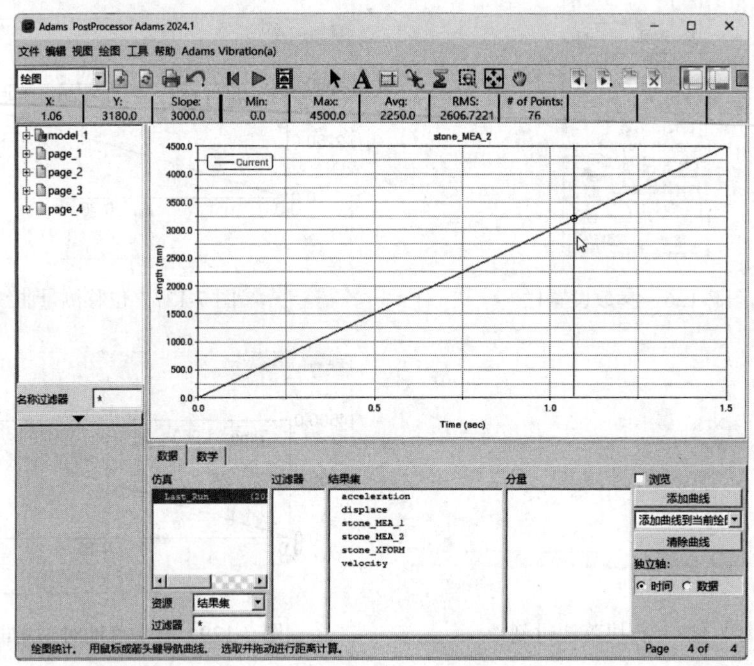

图 7-133 仿真结果

7.6 斜面上的滑块

本例为如图 7-134 所示的斜面计算滑块能滑下来的最小倾斜度。

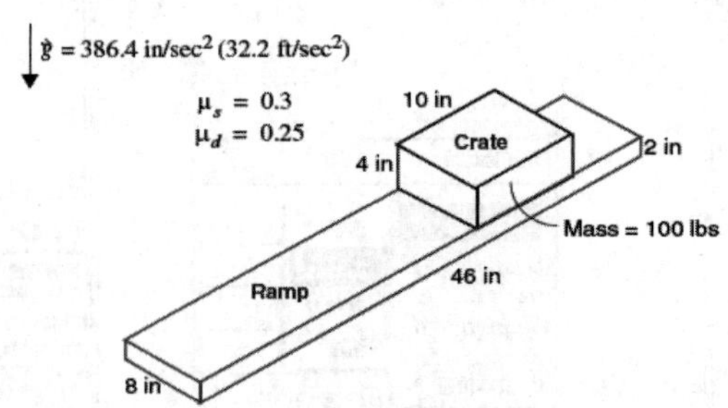

图 7-134 斜面

7.6.1　运行 Adams

（1）运行 Adams 2024，在“欢迎使用 Adams...”对话框中选择新建模型，打开“创建新的模型”对话框。

（2）确认“重力”为正常重力（- 全局 Y 轴），“单位”为 IPS-inch，1bm，1bf，s，deg，如图 7-135 所示。确认后单击“确定”按钮。

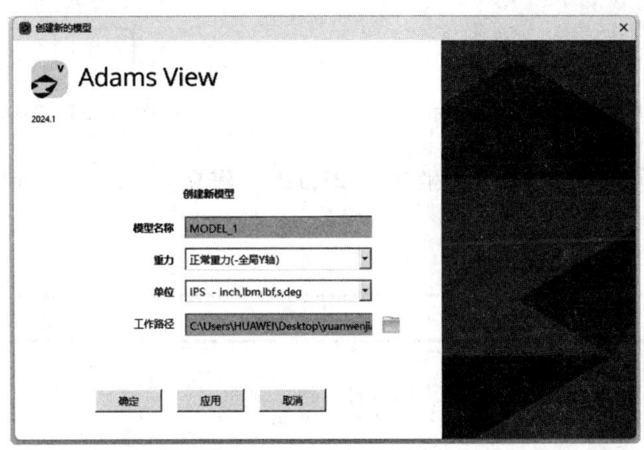

图 7-135　“创建新的模型”对话框

（3）创建新模型后，在 Adams View 工作窗口的左上角显示有模型的名称。如果 Adams View 中没有默认设置为经典界面，选择设置→界面风格→经典命令，可以将界面切换为经典界面。

（4）选择设置→工作栅格命令，如图 7-136 所示。

（5）打开参数设置对话框，如图 7-137 所示。设置间隔在 X 和 Y 方向均为 1。

（6）查看窗口左下角的坐标系标记，确认是 xy 平面。可以通过调整工具箱中视角控制图标来选择视角，如图 7-138 所示。

图 7-136　设置菜单

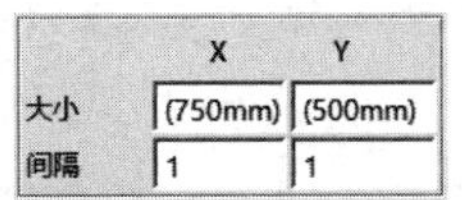

图 7-137　参数设置对话框

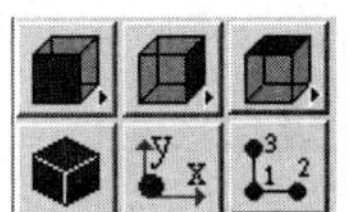

图 7-138　视角控制图标

（7）建模之前按 F4 键打开坐标窗口。

7.6.2　建立模型

（1）在主工具箱中右击几何建模工具集图标，在弹出的级联图标中单击立方体工具图标，如图 7-139 所示。

（2）在主工具箱下方的参数设置栏设置实体参数：选择在地面上，长度为 46in，高度为 2in，深度为 8in，如图 7-140 所示。

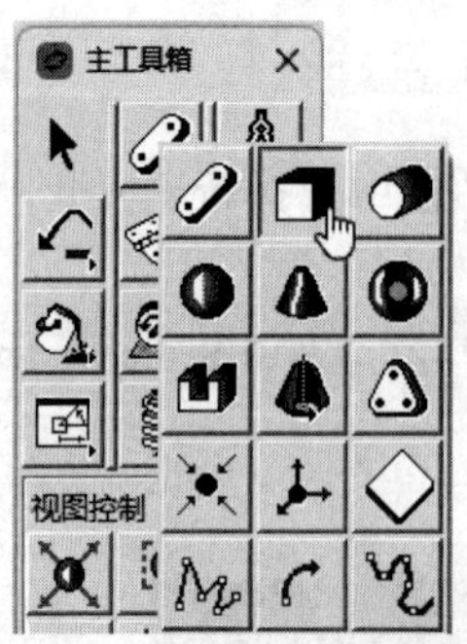

图 7-139　单击立方体工具图标

图 7-140　实体参数

（3）设置完毕，在屏幕上单击坐标（–23,0,0），建立一固定在地面上的长方体，作为本题中的斜面，如图 7-141 所示。

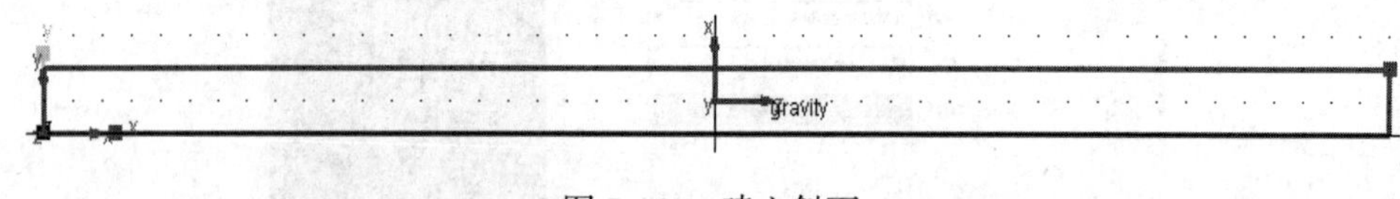

图 7-141　建立斜面

（4）用立方体工具建立滑块。如图 7-142 所示设置实体参数，选择新建部件，长度为 10in，高度为 4in，深度为 8in。

（5）设置完毕，单击坐标（6,2,0），在斜面上方建立滑块，如图 7-143 所示。

（6）右击斜面，在弹出的快捷菜单中选择 Block: BOX_1 →重命名命令，如图 7-144 所示。在打开的重命名对话框中输入 Ramp。

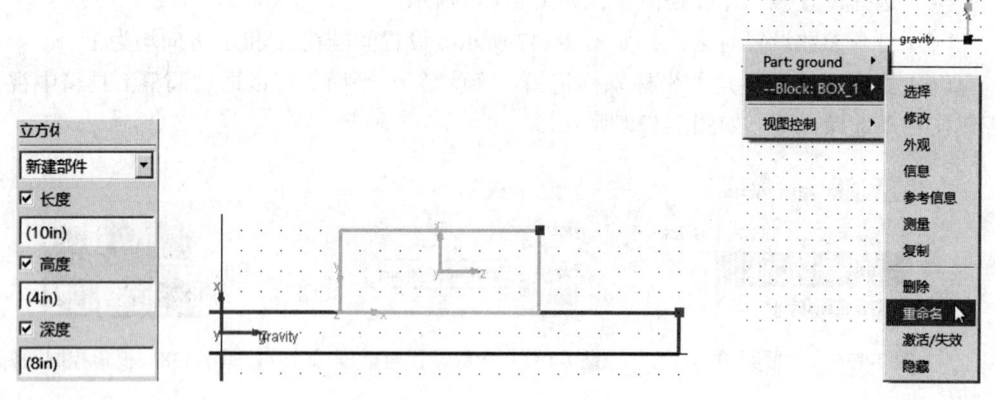

图 7-142　实体参数　　图 7-143　建立滑块　　图 7-144　斜面重命名命令

（7）右击滑块，在弹出的快捷菜单中选择 Part: PART_2 →重命名命令，如图 7-145 所示，在打开的重命名对话框中输入 crate。

（8）右击滑块 crate，在弹出的快捷菜单中选择 Part: crate →修改命令，如图 7-146 所示。

（9）在打开的“修改物体”对话框中设置定义质量方式为用户输入，质量为 100lbm，如图 7-147 所示，lbm 为英制质量单位，即磅质量。

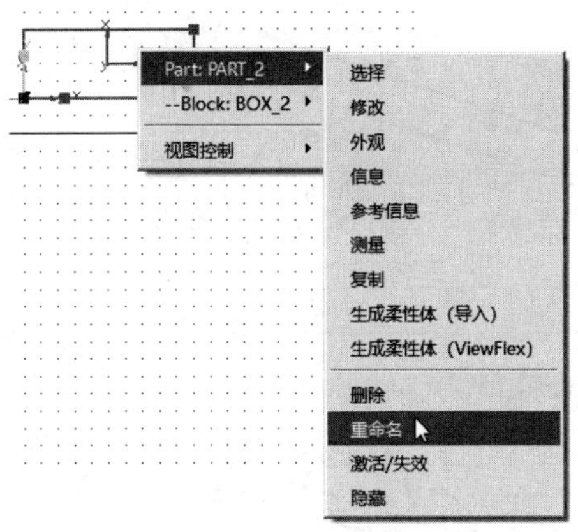

图 7-145　滑块重命名命令

图 7-146　修改滑块属性命令

（10）设置完毕单击“确定”按钮。由于斜面固定在地面上，不能直接旋转斜面。这里通过改变斜面角标记点方位实现。

（11）右击斜面的角标记点（即建立斜面时鼠标单击的位置），在弹出的快捷菜单中选择 Merker：MARKER_1 →修改命令，如图 7-148 所示。

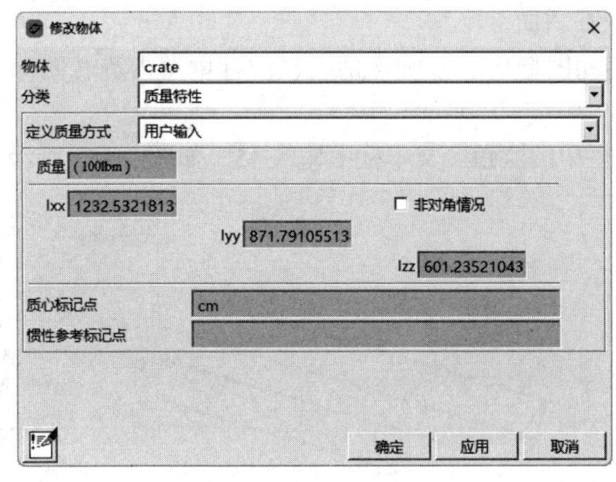

图 7-147　修改物体质量

图 7-148　快捷菜单

（12）在打开的“标记点修改”对话框中，将方向一栏中由（0,0,0）改为（15.0,0.0,0.0），如图 7-149 所示。

（13）设置完毕单击“确定”按钮，此时斜面倾斜 15°，如图 7-150 所示。

（14）为了后面选择的方便，先转动一下视角。单击主工具箱中的视角旋转图标，在主窗口中拖动鼠标旋转视角，看清楚 3 个坐标轴，如图 7-151 所示。

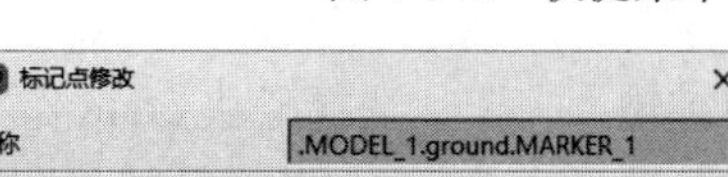

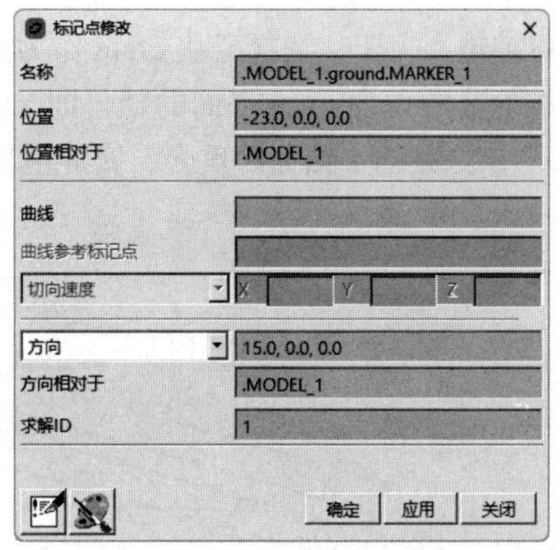

图 7-149　修改角标记点的方位

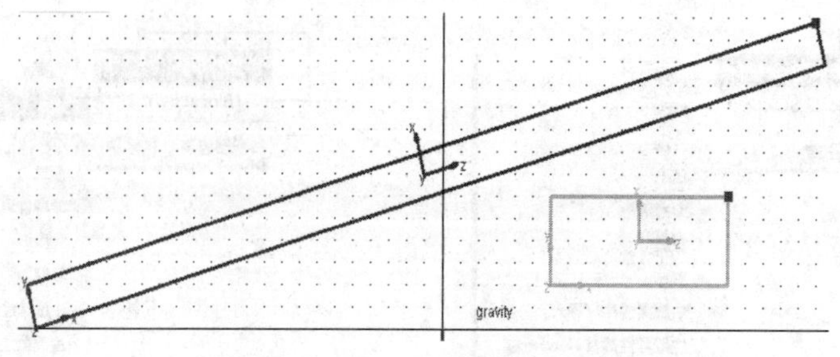

图 7-150　斜面倾斜 15°

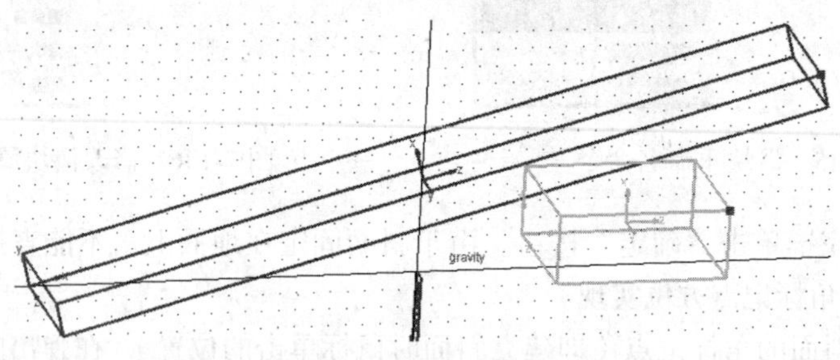

图 7-151　旋转视角

接下来需要旋转滑块，以保证滑块在斜面上。

（15）在主工具箱中右击旋转和移动图标，在弹出的级联图标中单击旋转图标，如图 7-152 所示。

（16）在主工具箱下方的参数设置栏中的“角”文本框中输入 15，如图 7-153 所示。

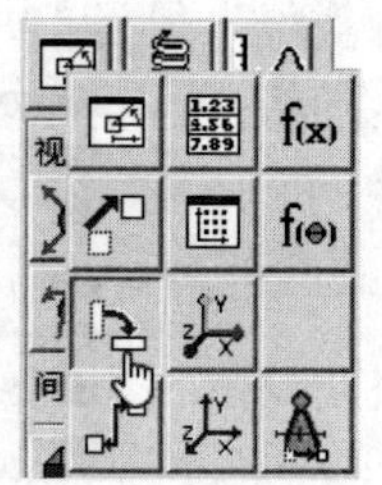

图 7-152　单击旋转图标

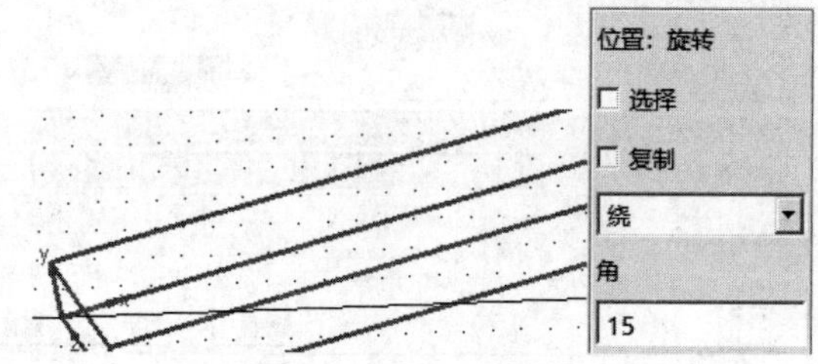

图 7-153　设置参数

（17）输入完毕，选择滑块 crate 作为旋转对象。

（18）选择垂直于 xy 平面的轴，即 z 轴，作为旋转轴。单击斜面的角标记点，并使方向箭头与该点处的 z 轴方向重合，完成滑块的旋转，如图 7-154 所示。

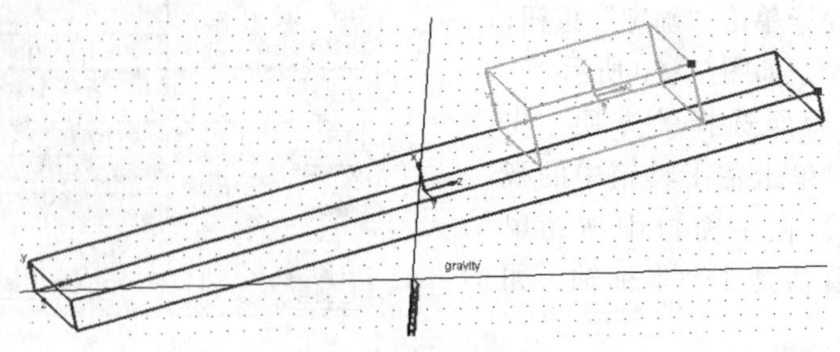

图 7-154　旋转滑块

（19）旋转完毕，单击主工具箱中的视角图标，回到正视图状态，如图 7-155 所示。

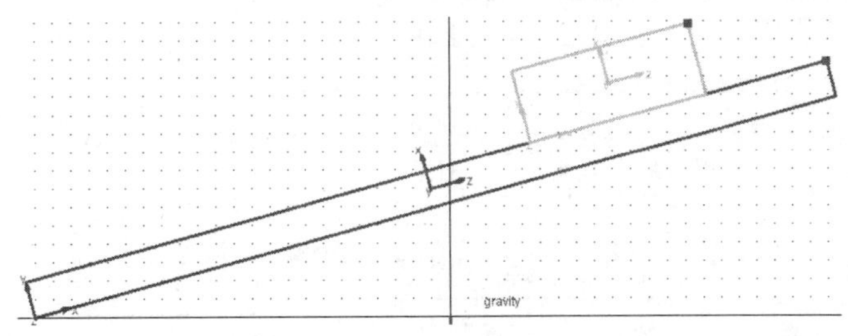

图 7-155　正视图状态

7.6.3　添加约束

（1）右击主工具箱中的添加约束工具集图标，在弹出的级联图标中单击平移副图标，如图 7-156 所示。

（2）在平移副的参数设置栏中，选择 1 个位置，如图 7-157 所示。

（3）单击滑块的左下角标记点作为约束的位置，方向沿斜面方向。

（4）建立后的平移副如图 7-158 所示。

图 7-156　添加约束工具集

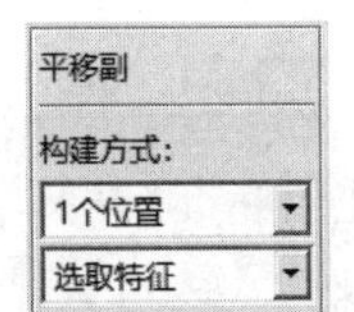

图 7-157　设置平移副

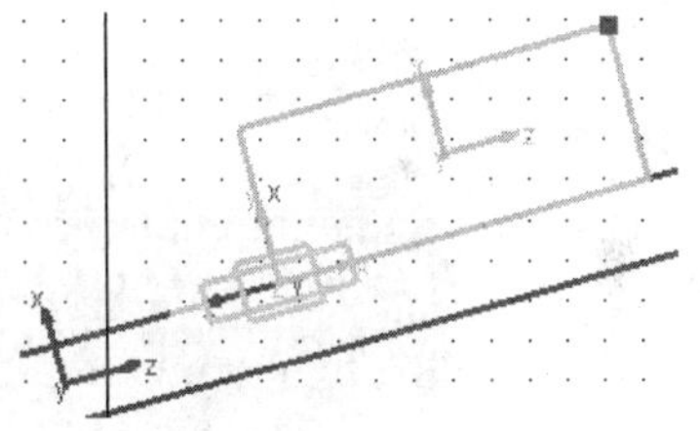

图 7-158　建立后的平移副

7.6.4　建立测量

（1）右击滑块，在弹出的快捷菜单中选择 Part: crate →测量命令，如图 7-159 所示。

（2）在打开的测量对话框中，设置如下测量参数，如图 7-160 所示。

☑ 特性：质心加速度。

☑ 分量：X。

☑ 指出坐标系在：MARKER_2（滑块左下角标记点）。

（3）建立完毕出现一个空白测量窗口，如图 7-161 所示。

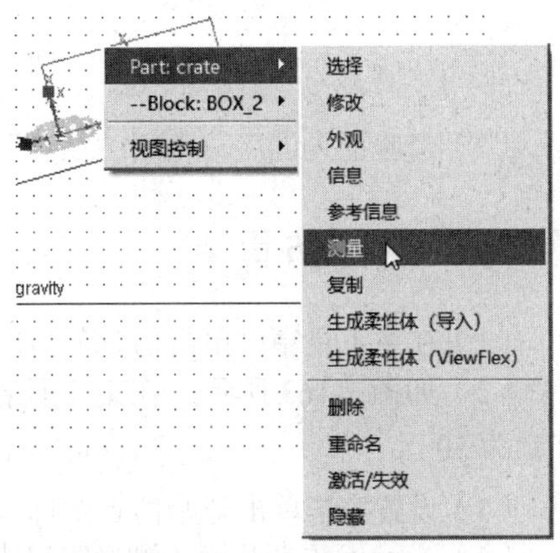

图 7-159　选择命令

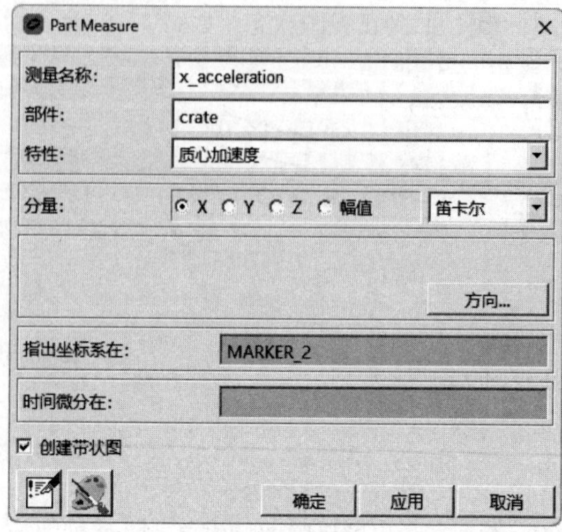

图 7-160 测量对话框

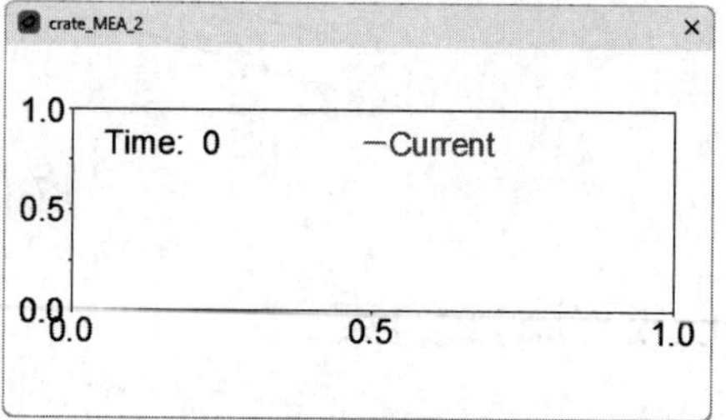

图 7-161 空白测量窗口

7.6.5 验证模型

（1）右击状态栏右侧的信息图标 i，在弹出的级联图标中单击验证图标。

（2）在弹出的“信息”窗口中，显示模型的相关信息，如刚体个数、约束个数、自由度以及是否有错等，如图 7-162 所示。

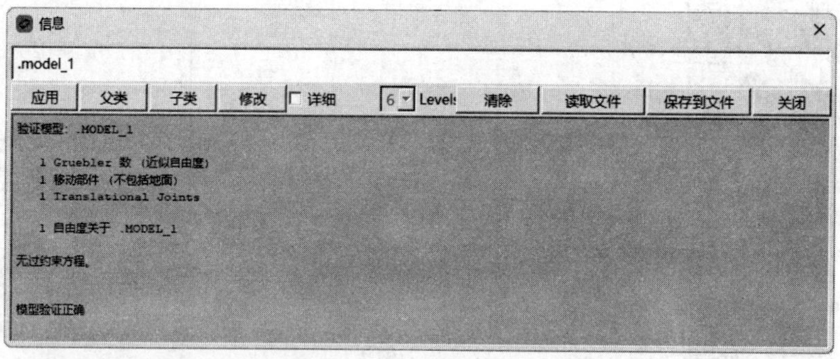

图 7-162 “信息”窗口

（3）经验证无误后，关闭“信息”窗口。

7.6.6 运行仿真

（1）在主工具箱中单击仿真分析图标。

（2）如图 7-163 所示，在主工具箱下面的参数设置栏设置仿真参数：终止时间为 1，步数为 50。

（3）设置完毕单击开始仿真图标。

（4）Adams 仿真开始，测量窗口中开始出现测量曲线，如图 7-164 所示。

（5）仿真完毕单击返回图标，返回至初始状态。

图 7-163　仿真参数

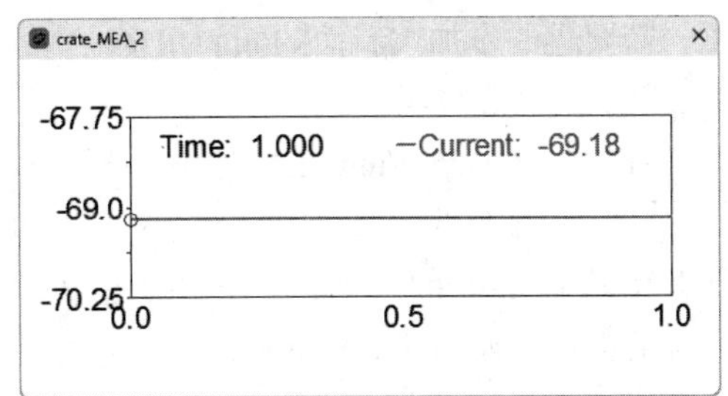

图 7-164　测量曲线

7.6.7　改进模型

下面给滑块和斜面间添加摩擦。

（1）右击平移副，在弹出的快捷菜单中选择 Joint: JOINT_1→修改命令，如图 7-165 所示。

（2）打开“修改运动副”对话框，如图 7-166 所示，单击右下方的摩擦图标。

（3）在打开的摩擦参数对话框中，将静摩擦系数设为 0.3，动摩擦系数设为 0.25，其他参数不变。

（4）在“摩擦输入力”选项中，只选中“反作用力”复选框。摩擦参数设置如图 7-167 所示。

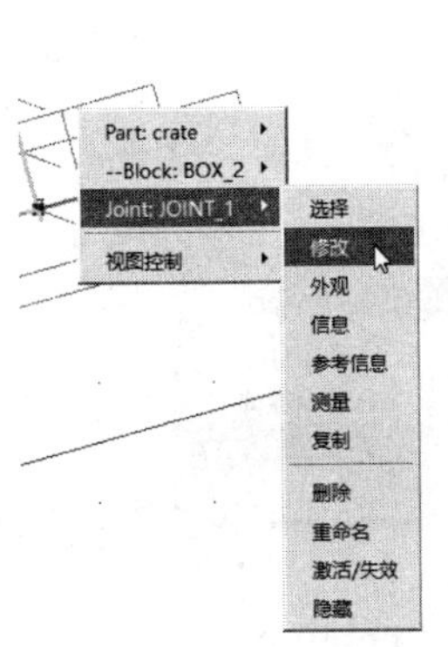

图 7-165　修改平移副

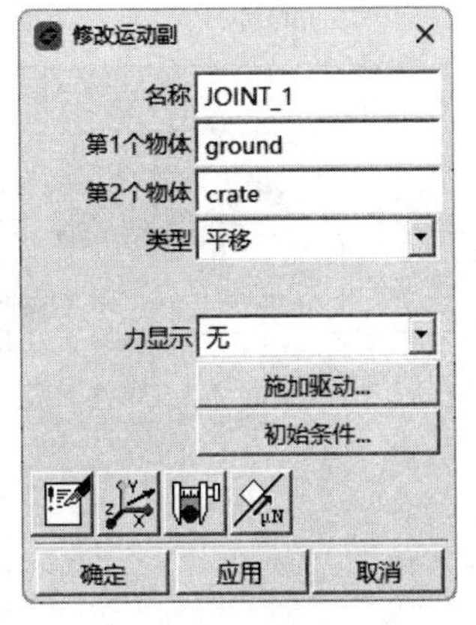

图 7-166　“修改运动副”对话框

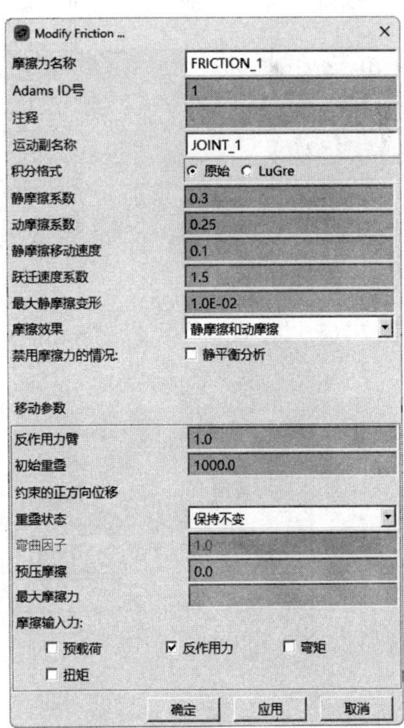

图 7-167　摩擦参数设置对话框

（5）重新对模型进行仿真计算，此时滑块在斜面上的位移几乎为零。为了让滑块滑下，需要进一步加大斜面的倾斜角度。为了让所有部件包括滑块、斜面以及平移副等都一起旋转，需要建立一个组。

（6）在 Adams View 菜单栏中，选择创建→组→新建命令，如图 7-168 所示。

（7）在打开的“组”对话框中，建立组名称为 rotated_objects，在组中的对象栏右击，在弹出的快捷菜单中选择所有→浏览命令，在数据库导航中选择模型中除 Part（ground）以外的部件，如图 7-169 所示。

（8）选择完毕单击“确定”按钮，选中的部件自动记录到“组”对话框中。

（9）在主工具箱中右击旋转和移动工具图标，在级联图标中单击精确定位图标，如图 7-170 所示。

（10）在打开的“精确移动”对话框中，设置“修改”为组，在后面的文本框中右击，在弹出的快捷菜单中选择组→推测→ rotated_objects 命令，如图 7-171 所示。

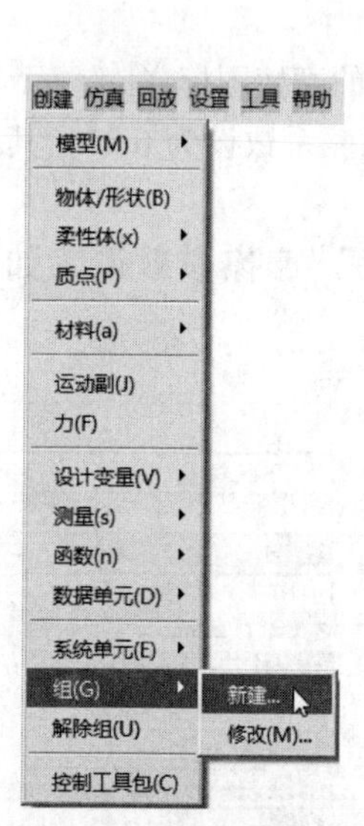

图 7-168　建立组命令

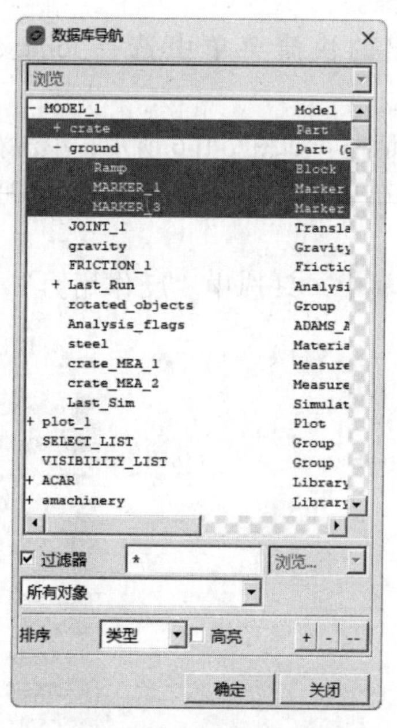

图 7-169　选择组中的部件

图 7-170　选择精确定位图标

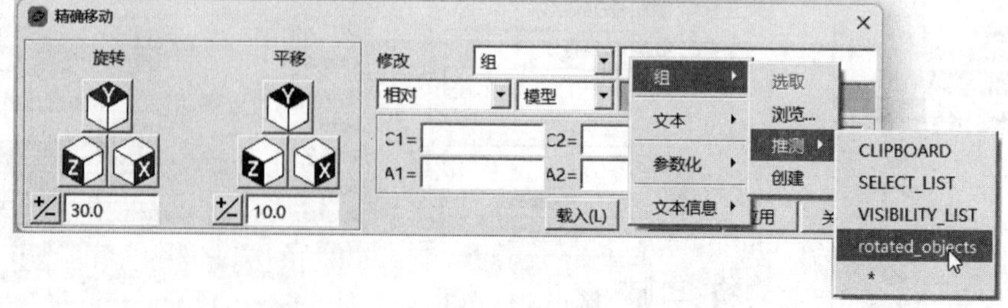

图 7-171　选择组

（11）设置下面的参数为“围绕”和“标记点”，在后面的文本框中输入斜面的角标记

点，如图 7-172 所示。

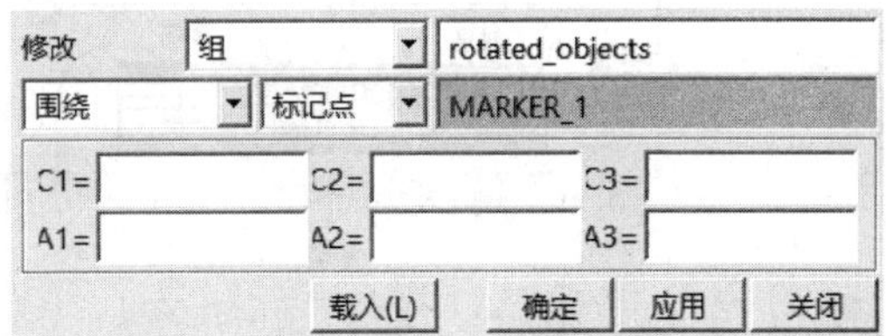

图 7-172　设置参数

（12）在左侧“旋转”按钮下方文本框中输入 5，即在原来旋转 15° 的基础上再旋转 5°。

（13）精确定位对话框设置如图 7-173 所示。

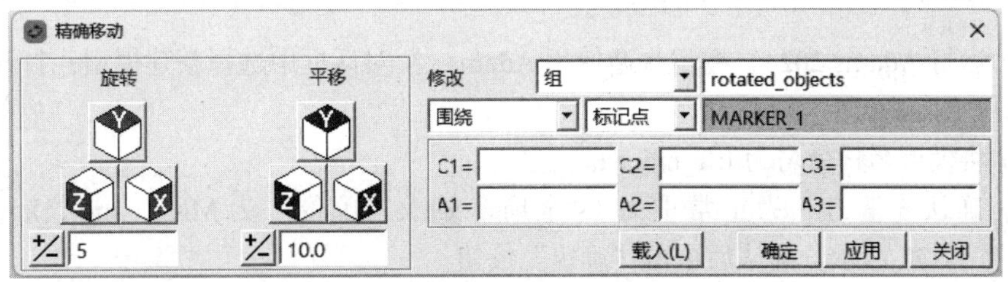

图 7-173　精确定位对话框

（14）设置完毕，单击“旋转”下方的 Z 图标，实现组的逆向旋转，关闭对话框。

（15）斜面定位完毕，单击开始仿真图标开始仿真。滑块在斜面上滑动。

（16）重复上述步骤，从倾斜角度 20° 开始逐次递减 0.5°，旋转该组，并进行仿真，可以发现在 17.5° 时滑块仍然可以滑动，当旋转至 16° 时滑块不能滑动。

7.7　起重机

本例利用 Adams View 建立如图 7-174 所示的起重机，起重机尺寸如图 7-175 和图 7-176 所示。

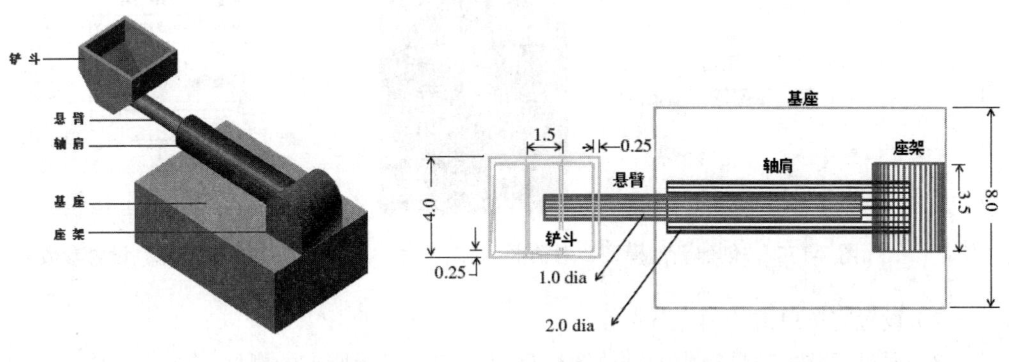

图 7-174　起重机

图 7-175　起重机俯视图尺寸

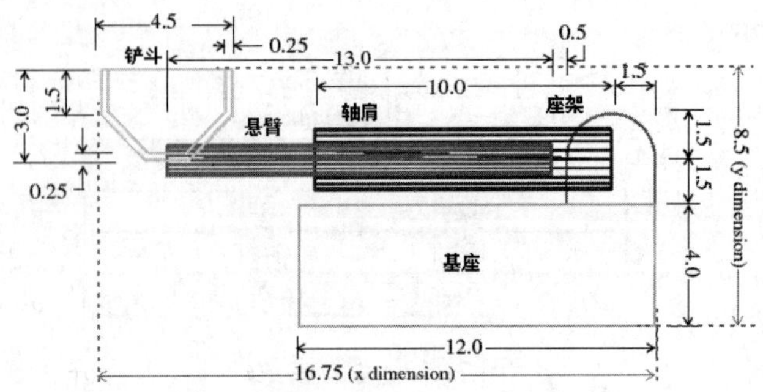

图 7-176　起重机主视图尺寸

7.7.1　运行 Adams

（1）运行 Adams 2024，在“欢迎使用 Adams...”对话框中选择新建模型，打开“创建新的模型”对话框。

（2）将模型名称命名为 lift_mecha。

（3）确认“重力”为正常重力（- 全局 Y 轴），“单位”为 MKS - mm，kg，N，s，deg，如图 7-177 所示。确认后单击“确定”按钮。

（4）创建新模型后，在 Adams View 工作窗口的左上角显示有模型的名称。如果 Adams View 中没有默认设置为经典界面，选择设置→界面风格→经典命令，可以将界面切换为经典界面。

（5）选择设置→工作栅格命令。

（6）在打开的“工作栅格设置”对话框中设置“大小”在 X 和 Y 方向均为 20m，“间隔”在 X 和 Y 方向均为 1m，如图 7-178 所示。

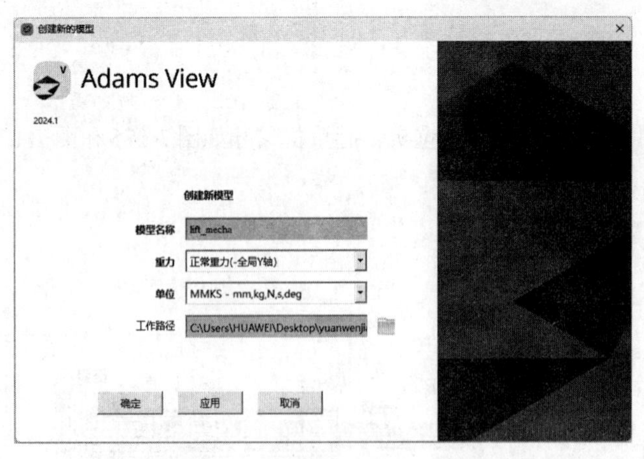

图 7-177　“创建新的模型”对话框

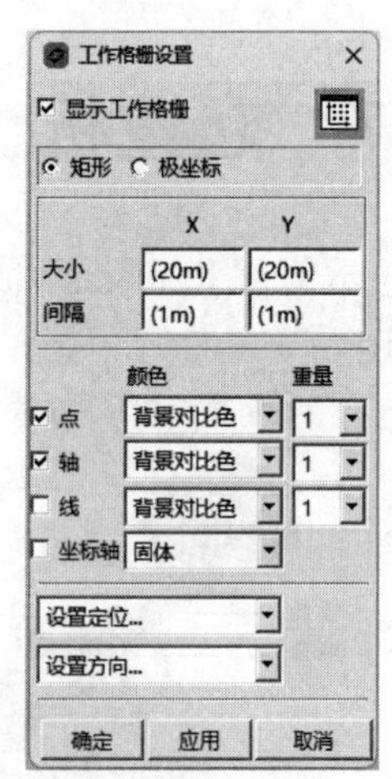

图 7-178　设置参数

（7）设置完毕单击“确定”按钮。

（8）通过调整主工具箱中的缩放图标使窗口内显示所有的栅格。

（9）按 F4 键打开坐标窗口。

7.7.2　建立模型

（1）查看窗口左下角的坐标系标记，确认在 xy 平面。

（2）默认状态下，Adams 的图标单位是 mm，本例中需要设为 m。选择设置→ Icons 命令，在打开的参数设置对话框中设置“新的尺寸”为 1，如图 7-179 所示。

（3）在主工具箱中右击几何建模工具集图标，在级联图标中单击立方体图标。

（4）设置实体单元尺寸，选择新建部件，长度为 12，高度为 4，深度为 8。

（5）设置完毕，在屏幕上中心坐标处单击鼠标，建立基座部分。

（6）用立方体工具建立 Mount 座架部件，设置参数新建部件，长度为 3，高度为 3，深度为 3.5，如图 7-180 所示。

（7）设置完毕，在 Base 基座右上角建立 Mount 部件，如图 7-181 所示。

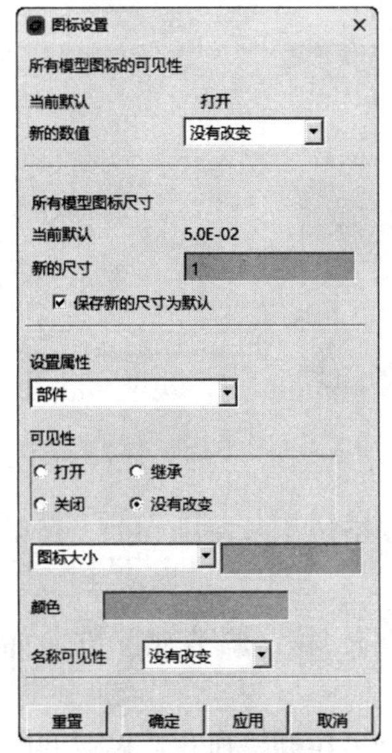

图 7-179　设置图标

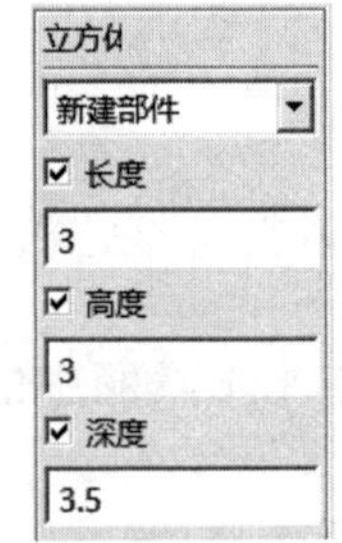

图 7-180　实体 Base 尺寸

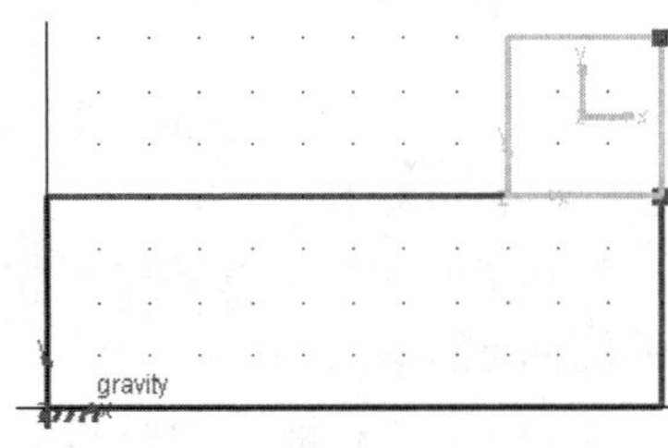

图 7-181　建立 Mount 部件

（8）单击立体视角图标，查看模型，立体视图如图 7-182 所示。可以看出，Mount 并不在 Base 的中间位置。下面对 Mount 位置进行调整。

（9）在主工具箱中右击旋转和移动图标，在级联图标中单击移动图标。

（10）在打开的参数设置栏中选择矢量，设置距离为 2.25，如图 7-183 所示，实现 Mount 移动至 Base 中间位置。

（11）设置完毕，选择座架实体，移动方向箭头按 z 轴方向，完成座架的移动，移动后的座架如图 7-184 所示。

（12）右击座架，在弹出的快捷菜单中选择 Part: PART_3 →重命名命令，如图 7-185 所示，重命名为 mount，如图 7-186 所示。

创建轴肩之前，设置栅格位于座架中心处。

（13）选择设置→工作栅格命令，在打开的参数设置对话框中选择“设置定位 ...”以及“选取 ...”，如图 7-187 所示。

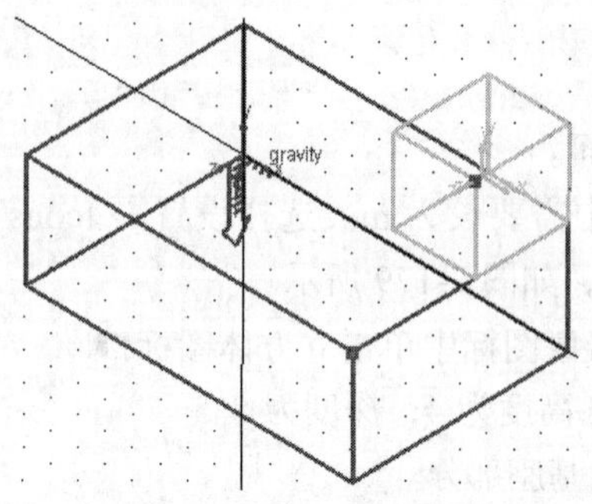

图 7-182 立体视图

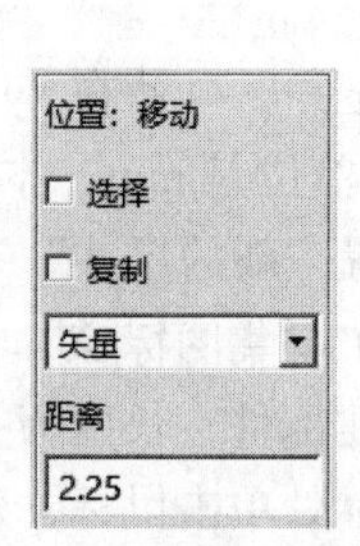

图 7-183 参数设置栏

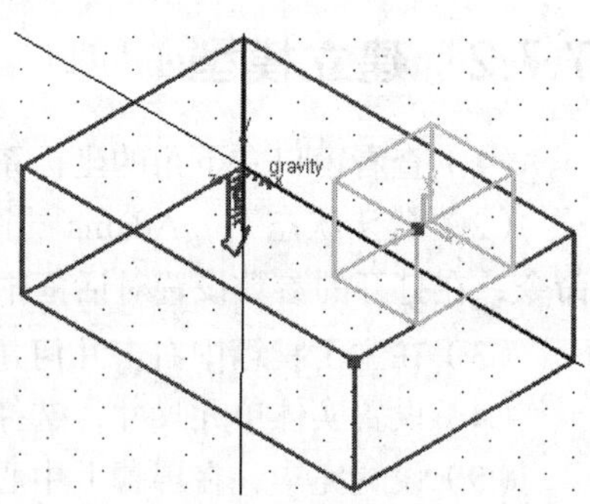

图 7-184 移动后的座架

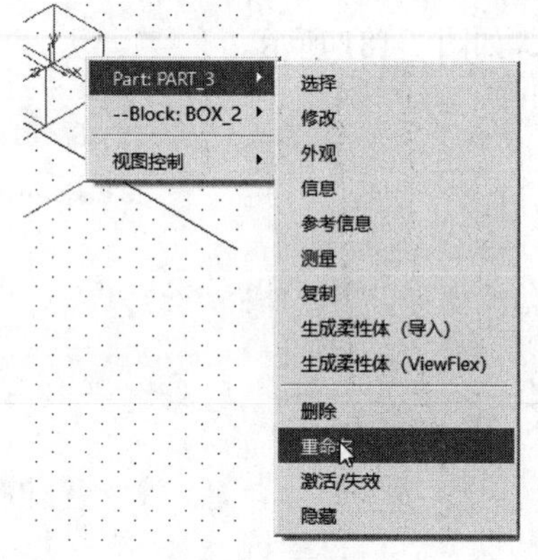

图 7-185 快捷菜单

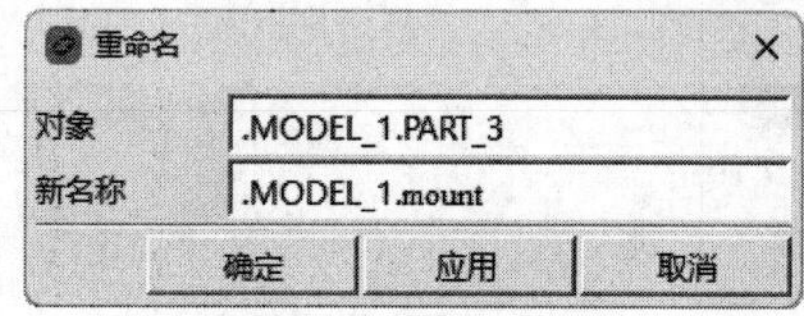

图 7-186 重命名

图 7-187 设置参数

（14）选择 Mount.cm，并选择 x 轴和 y 轴方向，选择完毕栅格位于基座中心处，栅格位置如图 7-188 所示。

（15）为了确认是否设置正确，单击主工具箱中的视角图标，调整视图方向如图 7-189 所示。

（16）为了精确建立轴肩，把栅格间距改为 0.5。选择设置→工作栅格命令，修改间隔在 X 和 Y 方向均为 0.5。

（17）在几何建模工具集中单击圆柱图标，设置新建部件参数，长度为 10m，半径为 1m，如图 7-190 所示。

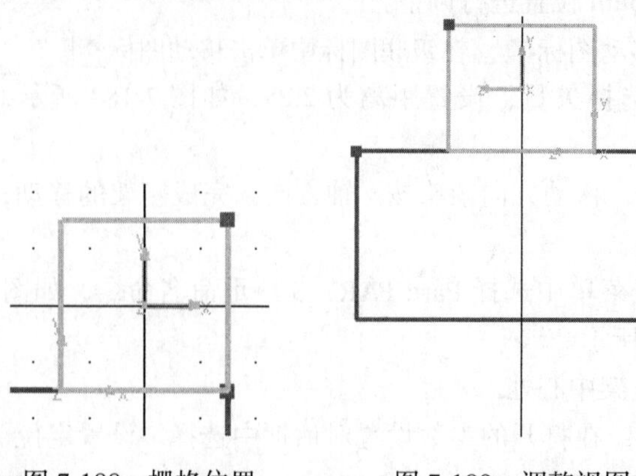

图 7-188 栅格位置　　图 7-189 调整视图方向

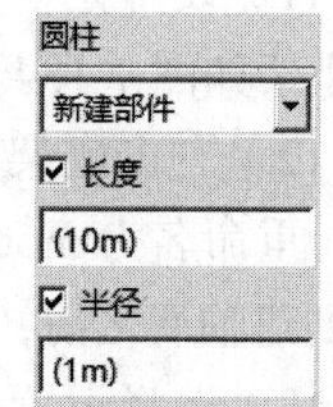

图 7-190 设置参数

（18）设置完毕选择座架的中心点，单击左侧确定轴肩方向，建立轴肩，单击三维视图按钮，显示结果如图 7-191 所示。

（19）右击轴肩，在打开的快捷菜单中选择 Part:PART_4 →重命名命令，如图 7-192 所示，在打开的“重命名”对话框中命名为 shoulder，如图 7-193 所示。

（20）利用圆柱（Cylinder）r 工具设置新建部件悬臂的参数，长度为 13，半径为 0.5，如图 7-194 所示。

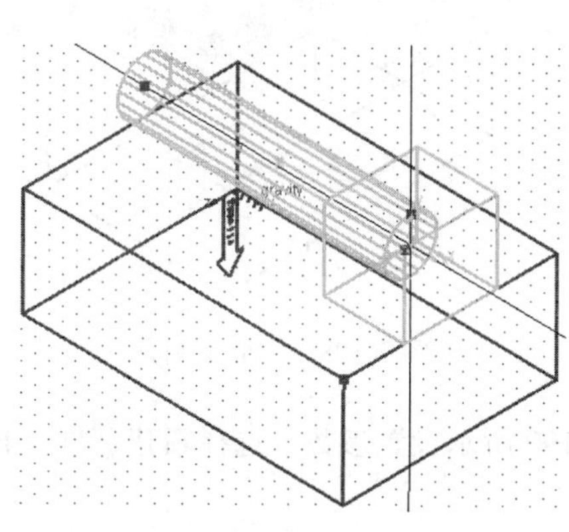

图 7-191　建立轴肩显示结果

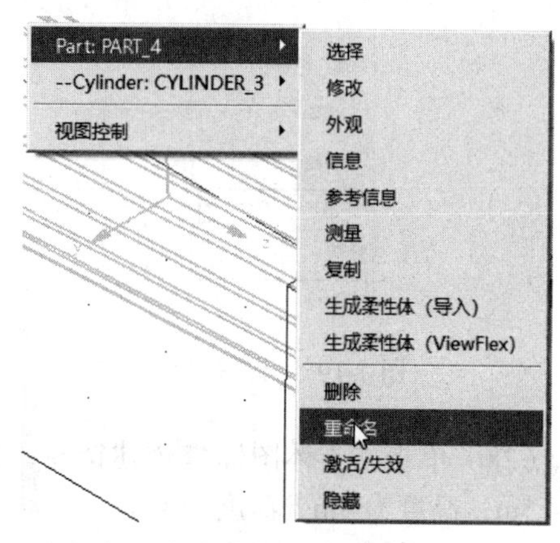

图 7-192　快捷菜单

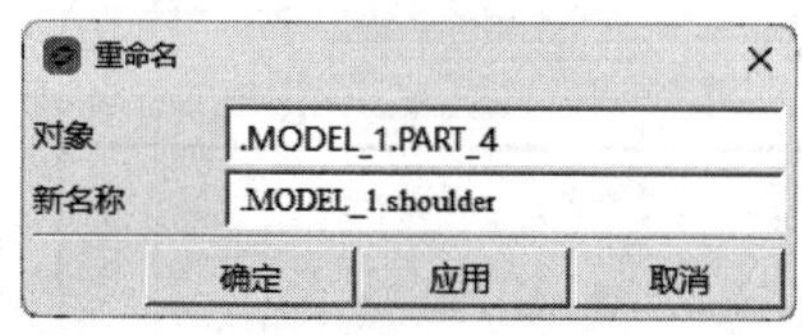

图 7-193　重命名

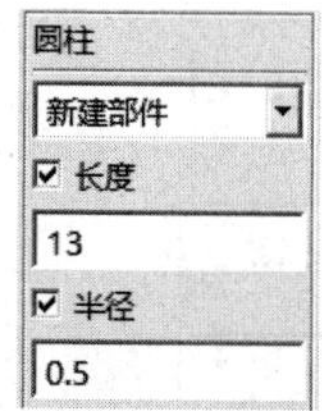

图 7-194　设置参数

（21）选择 Mount.cm 作为创建点，方向同轴肩，建立悬臂如图 7-195 所示。

（22）选择悬臂，设移动方向沿 x 轴负向，实现悬臂的移动如图 7-196 所示。

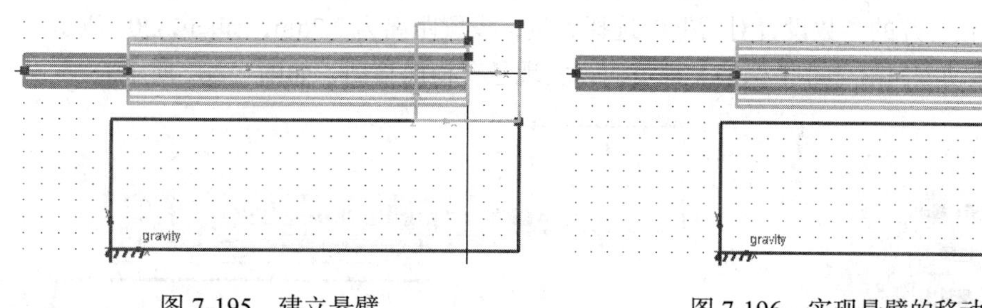

图 7-195　建立悬臂　　图 7-196　实现悬臂的移动

（23）右击新建的悬臂，在弹出的快捷菜单中选择 PART_5 →重命名命令，重命名为 boom。

（24）在主工具箱中右击旋转和移动图标，在级联图标中单击移动图标。

（25）在打开的参数设置栏中选择矢量，设置距离为2m，如图7-197所示。

（26）右击几何建模工具集图标，在弹出的级联图标中单击倒圆角工具，设置圆角半径为1.5m。

（27）选择座架上侧的两条边，选择完毕右击，完成倒圆角，如图7-198所示。

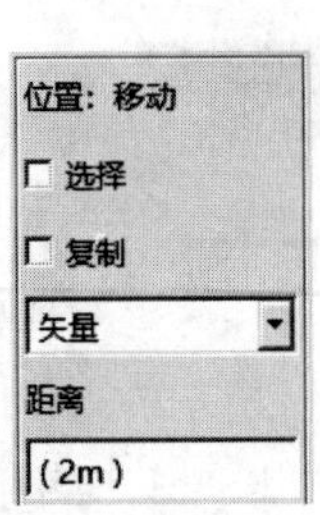

图7-197 设置参数

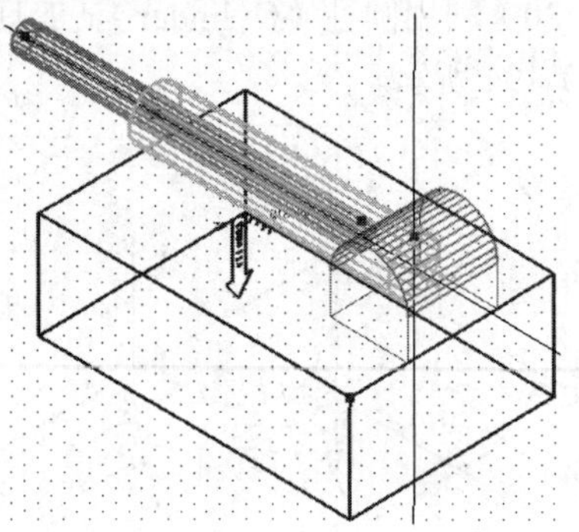

图7-198 完成倒圆角

（28）单击立方体图标创建铲斗，如图7-199所示设置参数，选择新建部件，长度为4.5m，高度为3m，深度为4m。

（29）选择悬臂左侧中心点，命名为bucket，建立铲斗如图7-200所示。

图7-199 设置参数

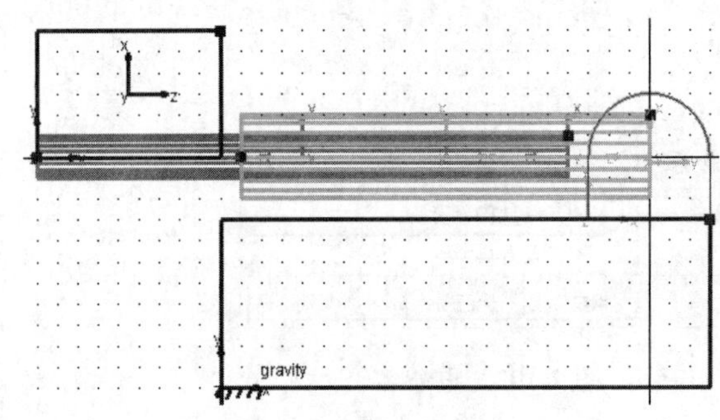

图7-200 建立铲斗

（30）在主工具箱中右击旋转和移动图标，在级联图标中单击移动图标。

（31）在打开的参数设置对话框中选择矢量，设置距离为2.25m，如图7-201所示。选择铲斗，移动方向沿全部坐标系x轴负向，实现悬臂横向移动，如图7-202所示。

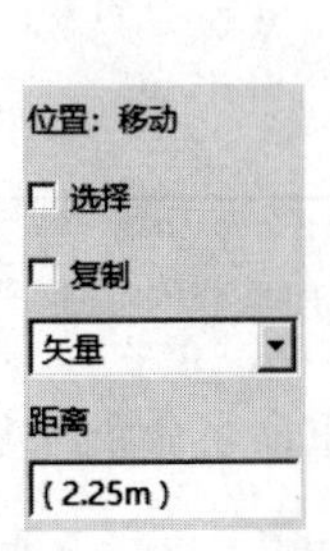

图7-201 设置参数

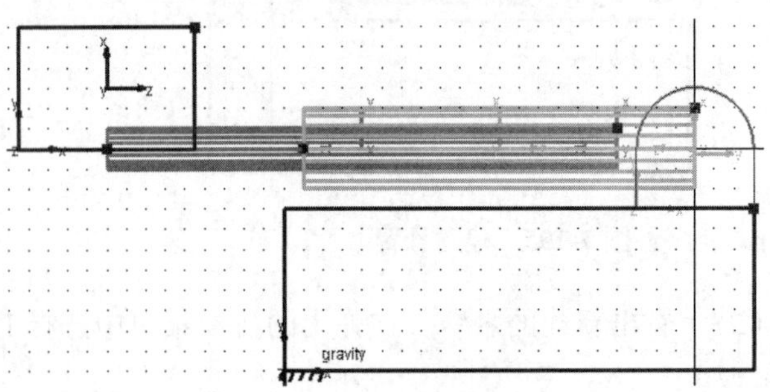

图7-202 实现悬臂横向移动

（32）在主工具箱中单击三维视图图标以查看铲斗在 z 轴的方位。

（33）单击移动图标，设置参数中选择矢量，距离为 2.0m，选择铲斗，移动方向沿全部坐标系 z 轴负向，实现悬臂的纵向移动。

（34）移动完毕，单击主工具箱中的渲染按钮 渲染 ，三维效果如图 7-203 所示。再次单击渲染按钮，效果图则以线框形式显示，如图 7-204 所示。

（35）右击几何建模工具集图标，在弹出的级联图标中单击倒角工具图标，在打开的参数设置对话框中设置倒角 Width 为 1.5m，如图 7-205 所示。

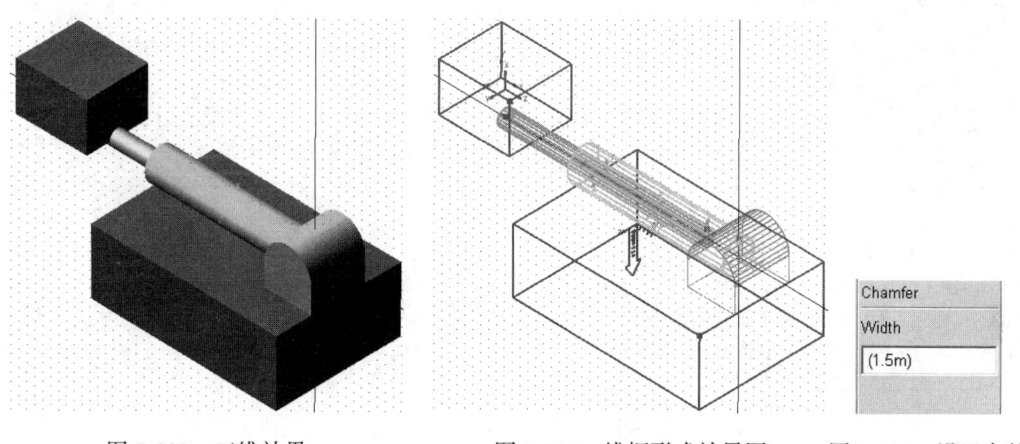

图 7-203　三维效果　　图 7-204　线框形式效果图　　图 7-205　设置参数

（36）选择铲斗下侧的两条边，选择完毕右击，完成的倒角如图 7-206 所示。

（37）在主工具箱中右击几何建模工具集图标，在级联图标中单击抽壳图标，在打开的参数设置栏中设置参数，厚度为 0.25m，如图 7-207 所示。

（38）选择铲斗作为挖空对象，选择铲斗上表面作为工作表面，选择完毕右击，完成挖空操作，挖空的铲斗如图 7-208 所示。

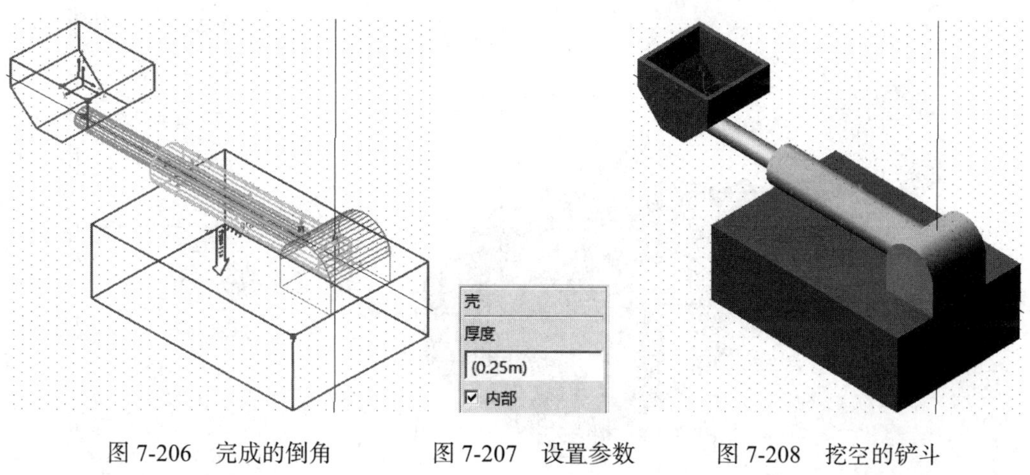

图 7-206　完成的倒角　　图 7-207　设置参数　　图 7-208　挖空的铲斗

（39）右击窗口右下角的信息图标 i ，在级联图标中单击模型部件拓扑关系图标，查看是否有多余的部件，根据模型要求，包括大地部件（ground），共有 6 个部件，如

图 7-209 所示。

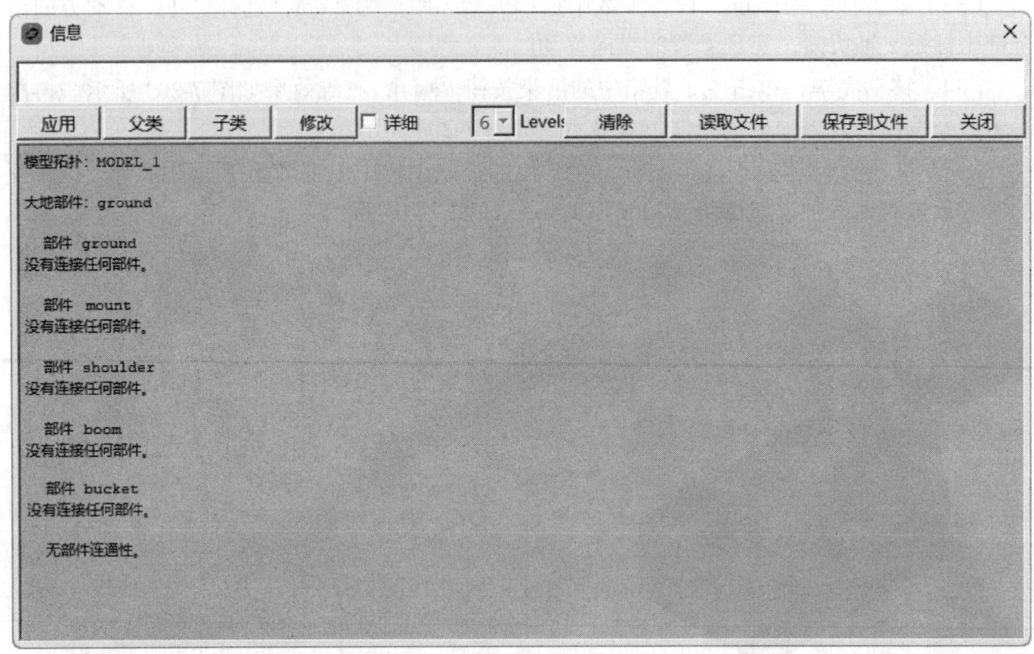

图 7-209 “信息”窗口

7.7.3 添加约束

模型建立完毕，接下来添加模型中的约束，如图 7-210 所示。

（1）在主工具箱中单击转动副图标，在打开的参数设置栏中设置参数，选择 2 个物体 -1 个位置和选取部件，如图 7-211 所示。

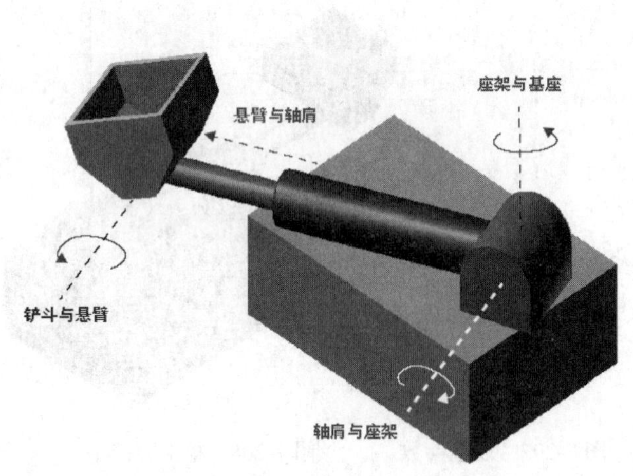

图 7-210 模型中的约束

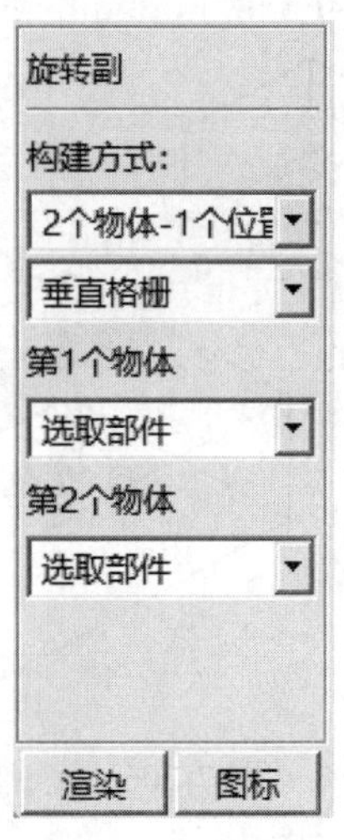

图 7-211 设置参数

选择基座和座架，然后选择座架中心 Mount.cm，旋转轴沿 y 轴正向，建立座架与基座间的转动副，如图 7-212 所示。

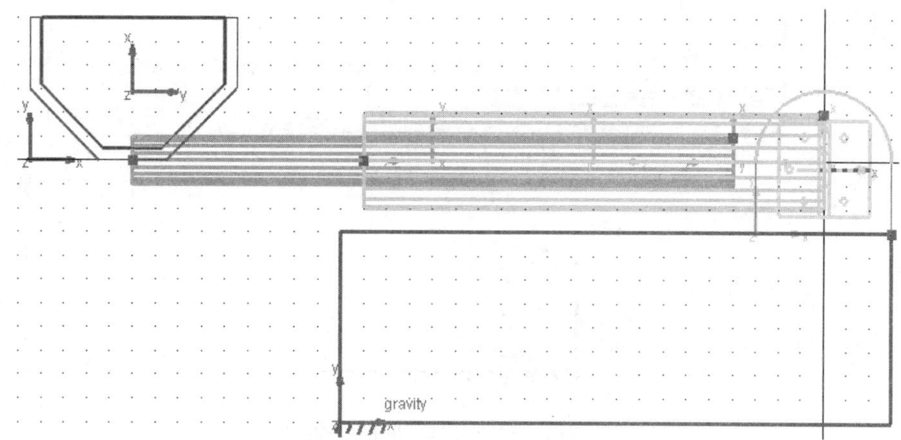

图 7-212　座架与基座间的转动副

（2）用转动副工具建立轴肩与座架间的转动副，参数设置为 2 个物体 -1 个位置和垂直栅格，选择轴肩和座架，再选择座架中心点，建立转动副，如图 7-213 所示。

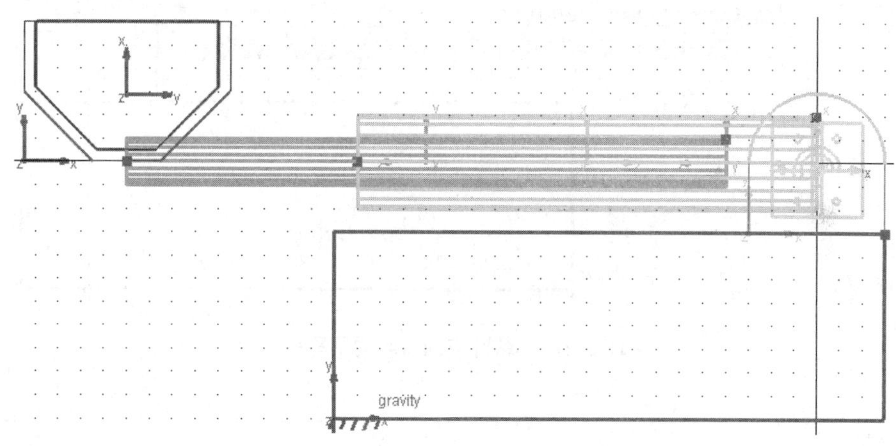

图 7-213　轴肩与座架间的转动副

（3）用转动副工具建立铲斗与悬臂间的转动副，参数设置为 2 个物体 -1 个位置和垂直栅格，选择铲斗和悬臂，再选择铲斗下侧中心点，建立转动副，如图 7-214 所示。

（4）在主工具箱中单击平移副图标，设置 2 个物体 -1 个位置和选取部件，选择悬臂和轴肩，然后选择悬臂中心标记点，移动方向沿 x 轴正向，建立悬臂与轴肩间的平移副，如图 7-215 所示。

（5）右击窗口右下角的信息图标 i，在级联图标中单击模型约束拓扑关系图标，查看是否有部件未按要求约束，如图 7-216 所示，确定全部正常约束后关闭“信息”窗口。

（6）模型验证完毕，选择仿真按钮运行仿真，可以看到受重力作用，模型各部件可以正常运动。

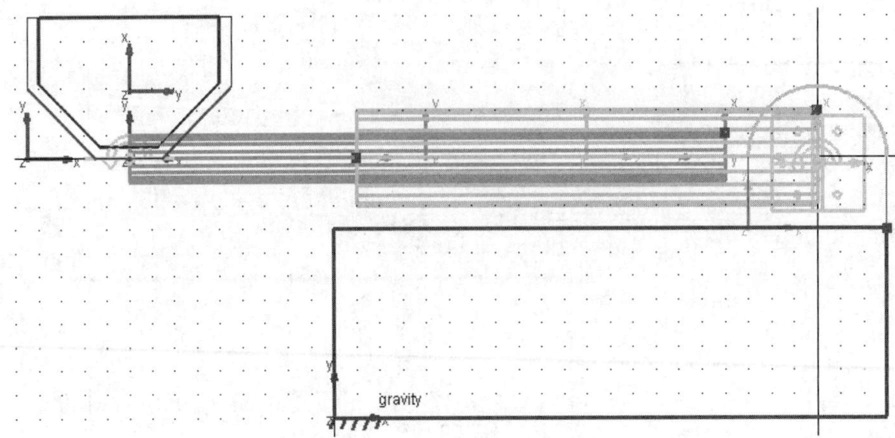

图 7-214　铲斗与悬臂间的转动副

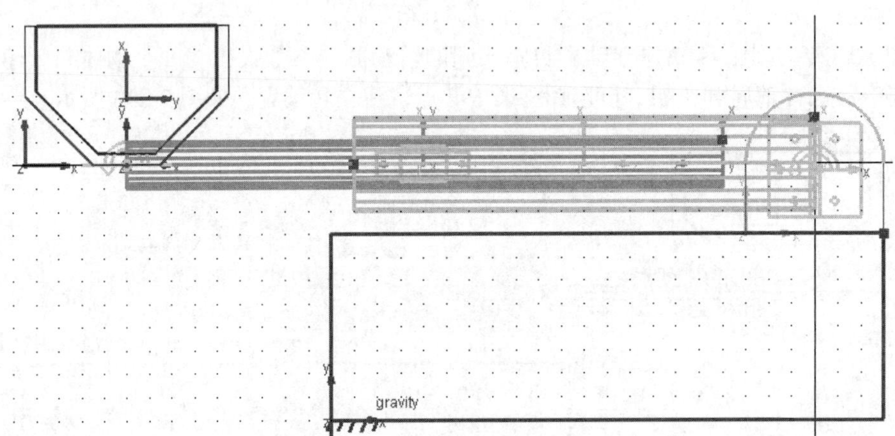

图 7-215　悬臂与轴肩间的平移副

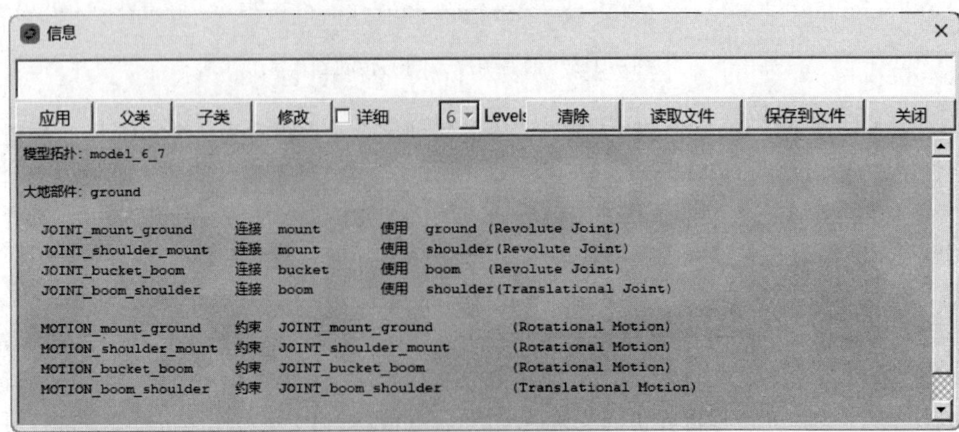

图 7-216　“信息”窗口

7.7.4　添加运动

（1）单击主工具箱中的旋转运动图标，右击座架中心标记点，由于此处有多个连接，在弹出的选择窗口内选择 JOINT_1（mount 与 ground 之间的约束），如图 7-217 所示，给座架与基座的转动副添加旋转运动。

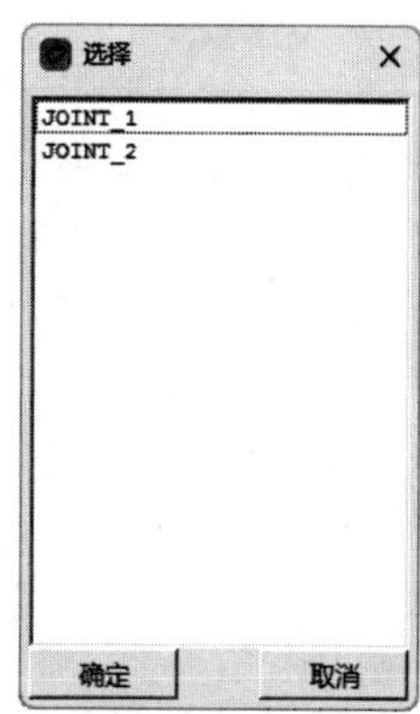

图 7-217　选择约束

（2）单击俯视图图标，可以清楚地看见旋转运动的箭头图标，如图 7-218 所示。

（3）右击该运动，在弹出的快捷菜单中选择 Motion_1 →重命名命令，为便于区分，更名为 .lift_ mecha.MOTION__mount_ground，如图 7-219 所示。

（4）更名完毕，右击该运动，在弹出的快捷菜单中选择 MOTION__mount_ground →修改命令。

（5）在修改运动函数对话框中修改函数（时间）为 360.0d*time，如图 7-220 所示。

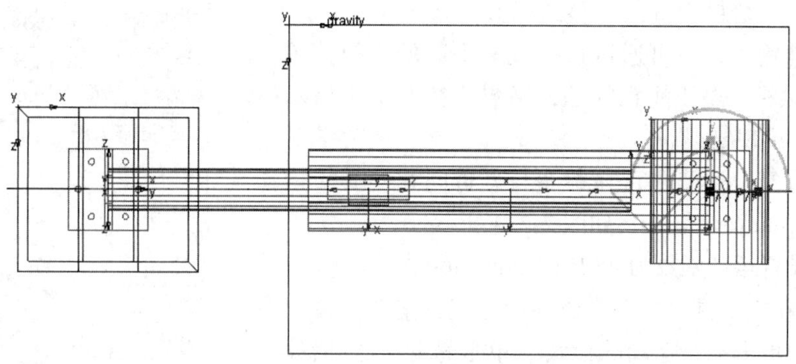

图 7-218　座架与基座的旋转运动

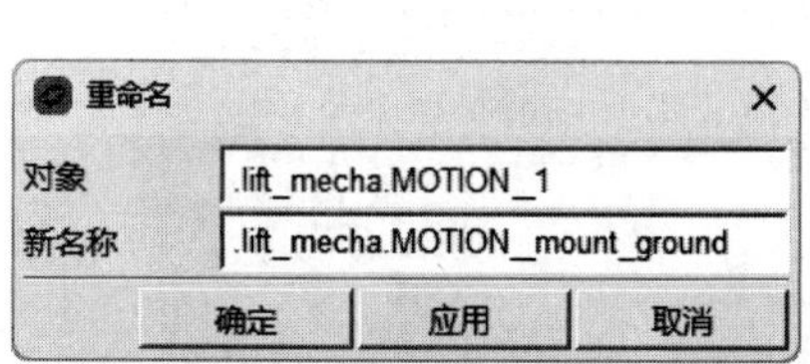

图 7-219　给运动更名

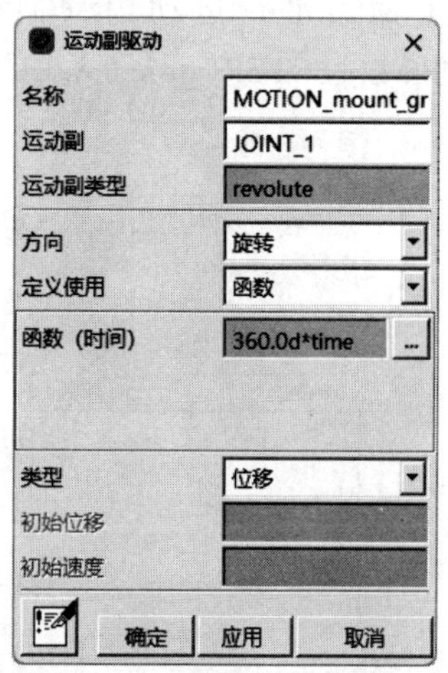

图 7-220　修改运动函数对话框

（6）重复上述步骤，在轴肩与座架间建立旋转运动 MOTION__shoulder_mount，如图 7-221 所示。

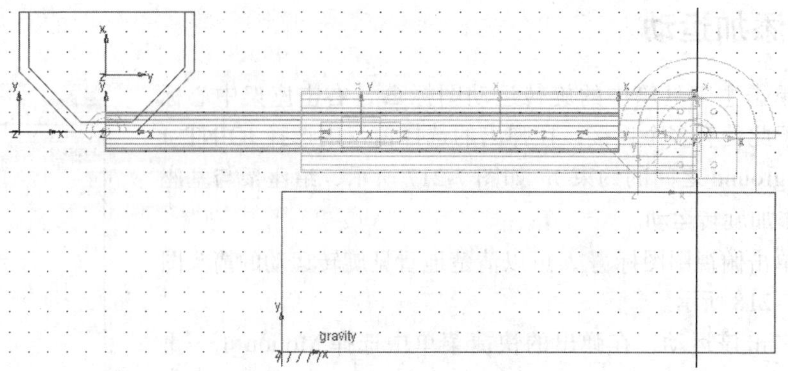

图 7-221 轴肩与座架间的旋转运动

（7）修改该运动的函数（时间）为 -STEP（time,0,0,0.10,30d），如图 7-222 所示。如果函数较长，在修改运动函数对话框中单击函数（时间）文本框后面的按钮，在函数编辑器窗口中输入完整的函数，如图 7-223 所示。函数可手动输入，也可通过选择数学函数的下拉菜单中的函数库实现，需要注意的是，函数应按照书中所示格式，否则会出现错误。

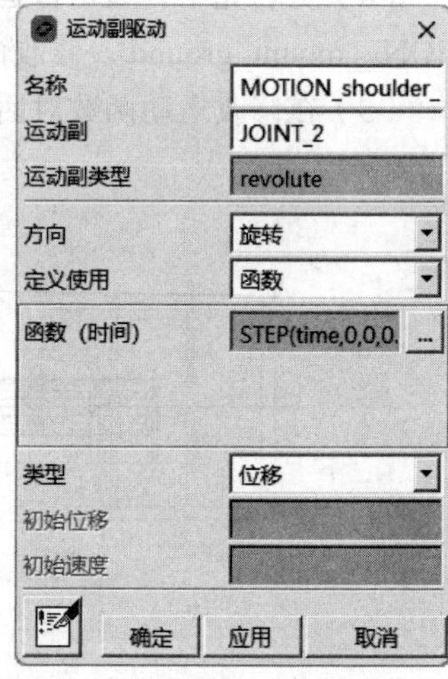

图 7-222 修改运动函数对话框

（8）重复上述步骤，在铲斗与悬臂间建立旋转运动 MOTION__bucket_boom，如图 7-224 所示。

（9）设置运动函数为 45d*（1-cos（360d*time））。

（10）在主工具箱中右击添加运行工具集图标，在级联图标中单击平行运动图标，单击悬臂中心平移副，在悬臂与座架间建立平行运动，如图 7-225 所示。

（11）命名平行运动为 MOTION__boom_shoulder，设置运动函数为 STEP（time,0.8,0,1,5）。

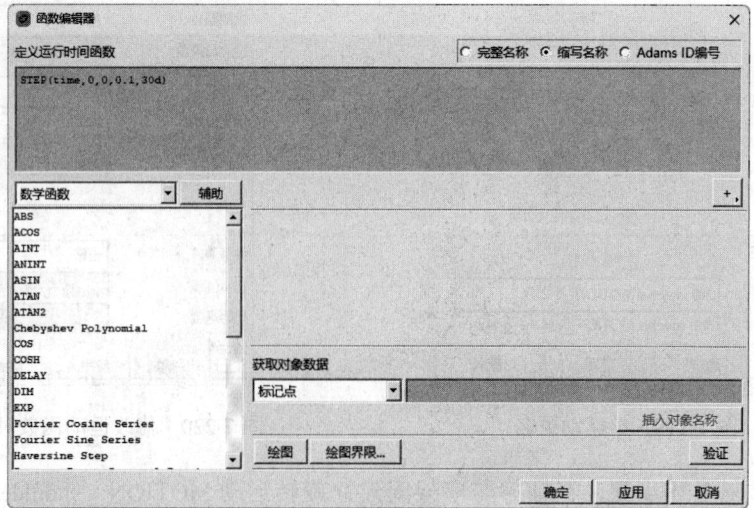

图 7-223 函数编辑器

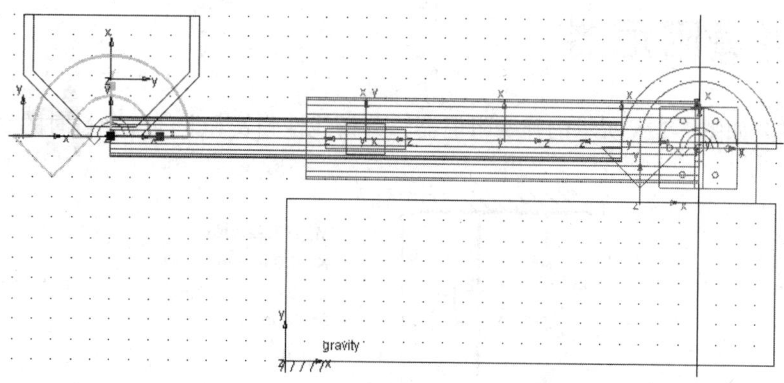

图 7-224 铲斗与悬臂间的旋转运动

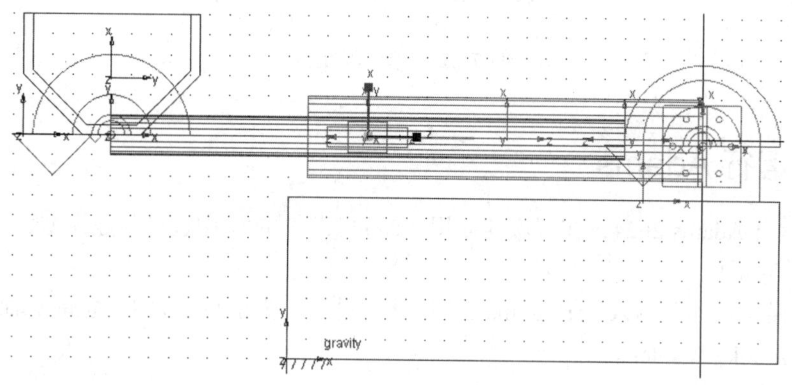

图 7-225 悬臂与座架间的平行运动

（12）所有的运动添加完毕，在主工具箱中单击仿真分析图标，设置仿真参数终止时间为 5，步数为 50，如图 7-226 所示，进行仿真。各部件运动方向的改变可以通过修改运动函数的正负来实现，例如，在 STEP（time,0.8,0,1,5）前加负号。

（13）座架在旋转的同时，轴肩沿座架旋转，悬臂沿轴肩伸缩，铲斗翻转，仿真界面如图 7-227 所示。

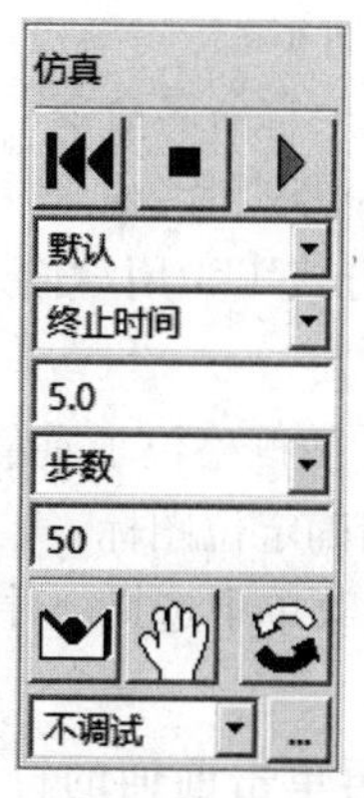

图 7-226 设置仿真参数

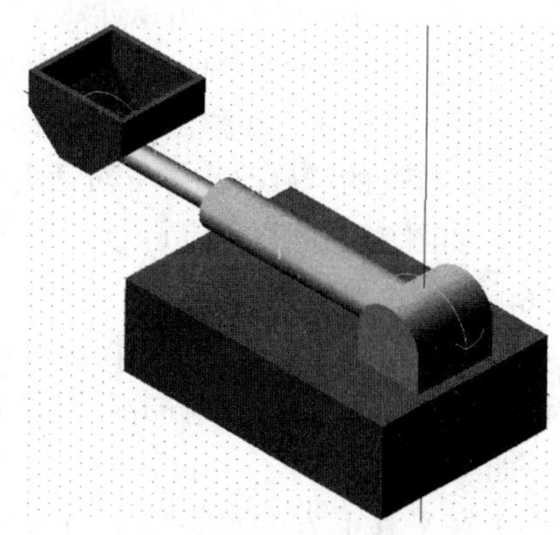

图 7-227 仿真界面

7.8 弹簧阻尼器

本例建立如图 7-228 所示的弹簧阻尼器，分析线性弹簧和非线性弹簧时的系统特性。

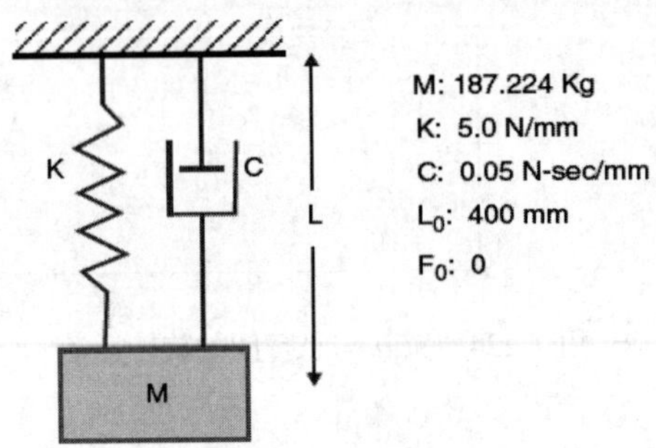

图 7-228　弹簧阻尼器

7.8.1　运行 Adams

（1）运行 Adams 2024，在“欢迎使用 Adams...”对话框中选择新建模型，打开“创建新的模型”对话框。

（2）“模型名称”输入 Spring_mass，确认“重力”为正常重力（- 全局 Y 轴），“单位”为 MMKS-mm,kg,N,s,deg。

（3）按 F4 键打开坐标窗口。

（4）创建新模型后，在 Adams View 工作窗口的左上角显示有模型的名称。如果 Adams View 中没有默认设置为经典界面，选择菜单栏中的设置→界面风格→经典命令，可以将界面切换为经典界面。

7.8.2　建立模型

（1）在主工具箱中单击立方体工具图标建立一质量块，用默认尺寸即可。

（2）在屏幕任意位置单击鼠标建立质量块，如图 7-229 所示。

（3）右击质量块，在弹出的快捷菜单中选择 Part:part_2 →重命名命令，更名为 mass。

（4）右击质量块，在弹出的快捷菜单中选择 Part:mass →修改命令。

（5）在打开的“修改物体”对话框中修改“定义质量方式”为用户输入，“质量”为 187.224，如图 7-230 所示。

（6）单击右视图图标查看质量块的位置，进行调整，使栅格位于质量块的中心。在主工具箱中右击旋转和移动工具图标，在级联图标中单击精确定位图标，在弹出的对话框中设置“修改”为部件，右击右侧文本框，在弹出的快捷菜单中选择部件→推测→ mass 命令，如图 7-231 所示。

（7）在平移下方的数字栏中输入 –100，或输入 100 再单击前面的符号图标，如图 7-232 所示。

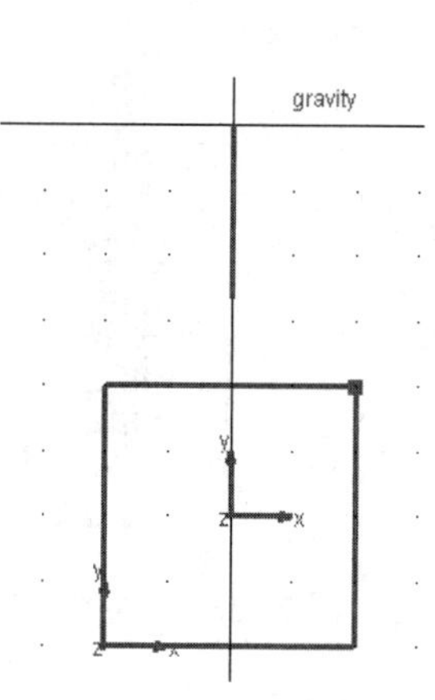

图 7-229 建立质量块

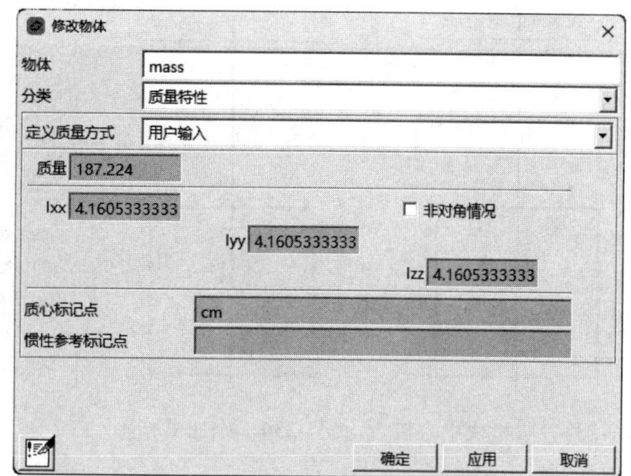

图 7-230 “修改物体”对话框

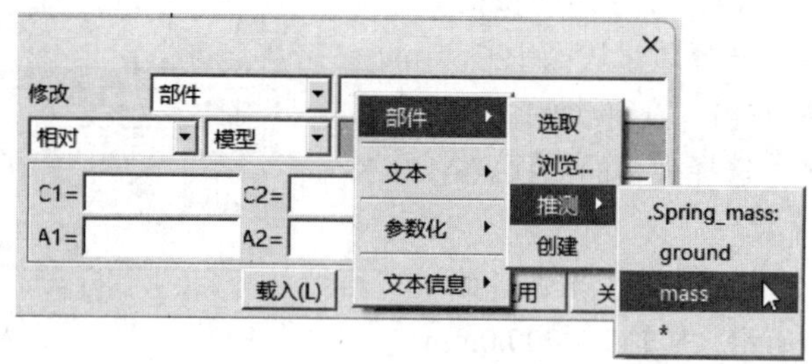

图 7-231 快捷菜单

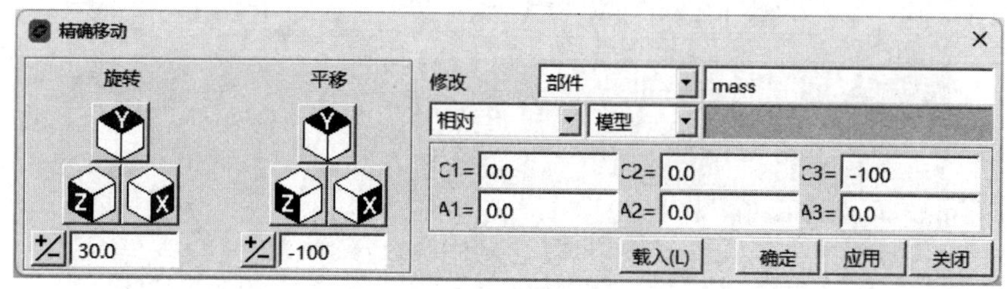

图 7-232 “精确移动”对话框

（8）设置完毕，单击 z 轴方向图标，使质量块中心位于工作栅格位置，如图 7-233 所示。

（9）单击正视图图标，显示栅格便于建模。

（10）为了确保质量块的运动只沿 y 轴移动，添加一平移副。单击主工具箱中的平移副图标，选择质量块和大地为对象，y 轴为运动方向，如图 7-234 所示。

（11）单击主工具栏中的弹簧阻尼器图标，设置参数 K 为 5，C 为 0.05，如图 7-235 所示。

（12）设置完毕，选择质量块中心点，并单击沿 y 轴向上 400mm 的位置，即相当于建立与大地连接的弹簧阻尼器，如图 7-236 所示。

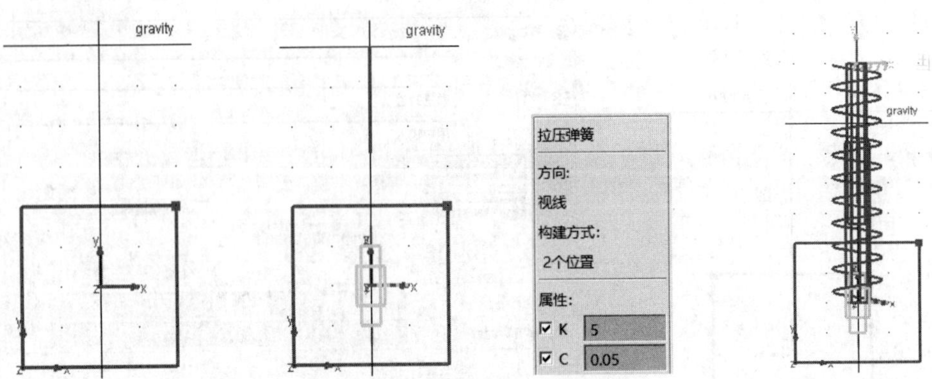

图 7-233 质量块中心位置 图 7-234 添加平移副 图 7-235 设置参数 图 7-236 建立弹簧阻尼器

（13）为了确定弹簧在空载时长度为 400mm，选择工具→测量距离命令，在“测量距离 ...”对话框中第 1 个位置栏右击，在弹出的快捷菜单中选择位置→选取命令，选择质量块的中心点 mass.cm，在第 1 个位置栏右击，在弹出的快捷菜单中选择位置→选取命令，选择弹簧的上顶点 MARKER_5，如图 7-237 所示。

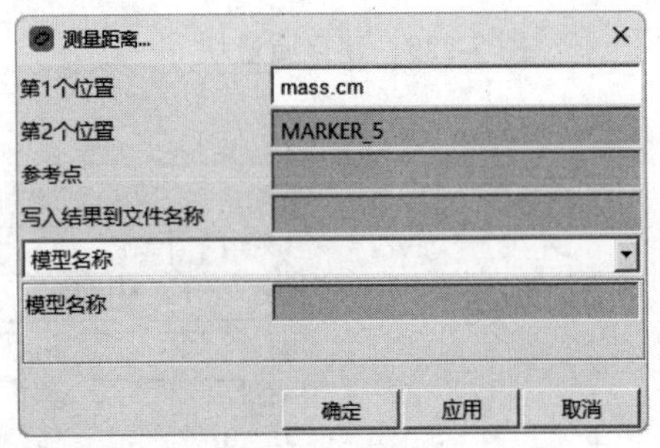

图 7-237 “测量距离 ...”对话框

（14）设置完毕单击“确定”按钮。测量“信息”窗口如图 7-238 所示，Y 轴 = –400.0mm。

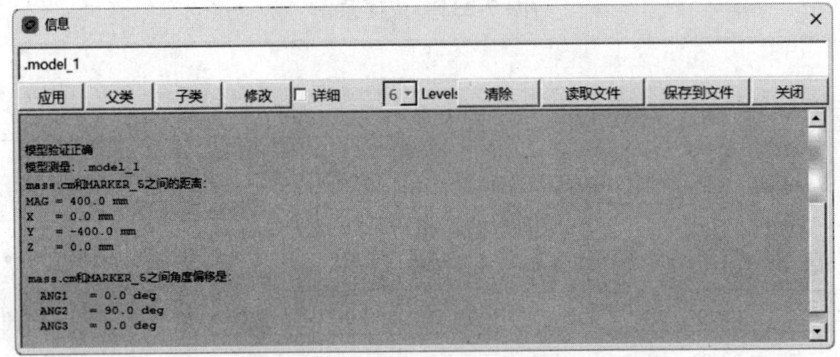

图 7-238 测量“信息”窗口

下面测试静平衡时弹簧力的大小。

（15）单击主工具箱中的仿真分析图标，单击主工具箱下侧的计算静平衡图标，计算成功出现系统提示，如图 7-239 所示。

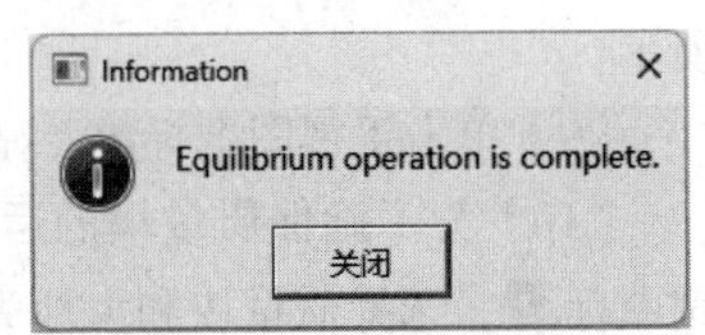

图 7-239 系统提示

（16）计算完毕单击返回图标，右击弹簧，在弹出的快捷菜单中选择 Spring:SPRING_1 →测量命令，如图 7-240 所示。

（17）在打开的“装配测量”对话框中，设置“特性”为力，“测量名称”为 SPRING_force，如图 7-241 所示，单击“确定”按钮，建立一测量力的窗口。为了只测量力的大小，

在测量窗口内右击，在弹出的快捷菜单中选择测量修改命令，在“创建或修改计算测量”对话框中加上绝对值函数 ABS()，如图 7-242 所示。

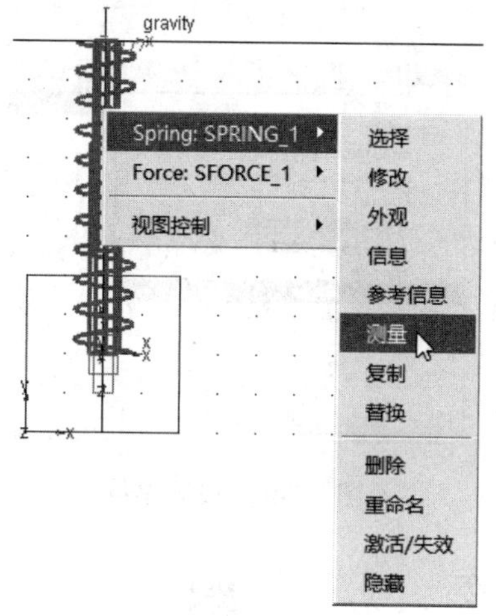

图 7-240　快捷菜单

图 7-241　“装配测量”对话框

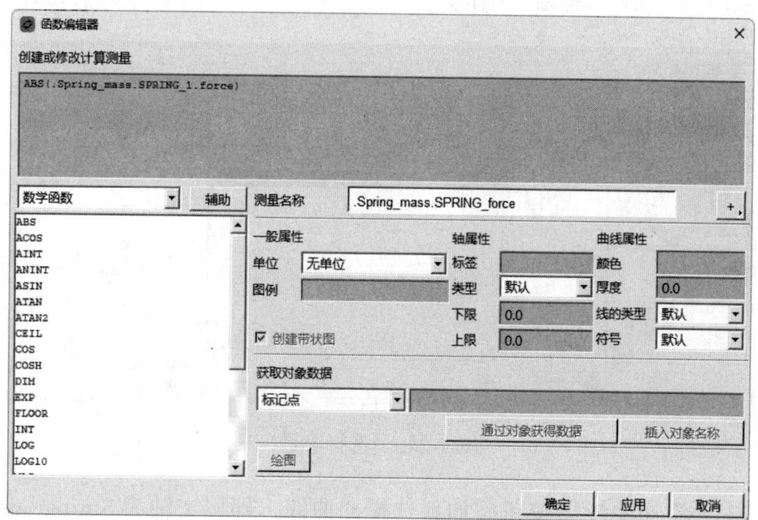

图 7-242　“创建或修改计算测量”对话框

（18）根据弹簧力测量曲线，起始位置即静平衡时弹簧力为 1836N，即质量块的重力：187.224kg*9807.65mm/s^2(≈1836N)。

（19）测量弹簧的变形曲线。右击弹簧，在弹出的快捷菜单中选择 Spring_1→测量命令，在打开的“装配测量”对话框设置“测量名称”为 Spring_displace，“特性”为变形，建立空白的位移测量窗口。

（20）单击主工具箱中的仿真分析图标，设置仿真时间终止时间为 2，步数为 50，开始仿真，弹簧变形曲线如图 7-243 所示。

（21）在力测量曲线窗口空白处右击，在弹出的快捷菜单中选择 plot:scht1→转换到完整绘图命令，切换到 Adams PostProcessor 窗口。

（22）单击“清除曲线”按钮清除窗口内的曲线。在“结果集”栏中设置参数，选择 spring_displace，选择分量下的 Q 分量，如图 7-244 所示。

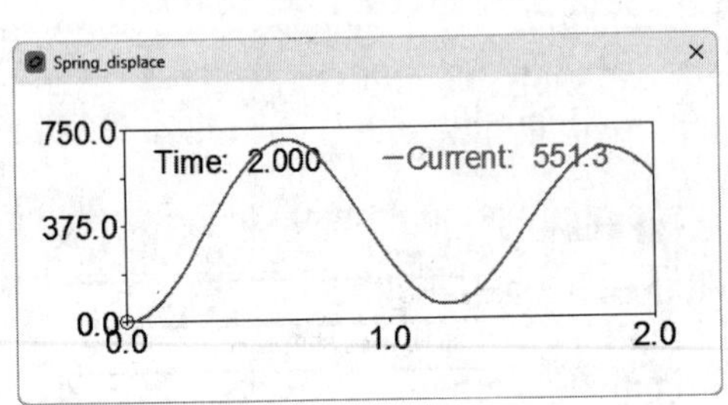

图 7-243　弹簧变形曲线

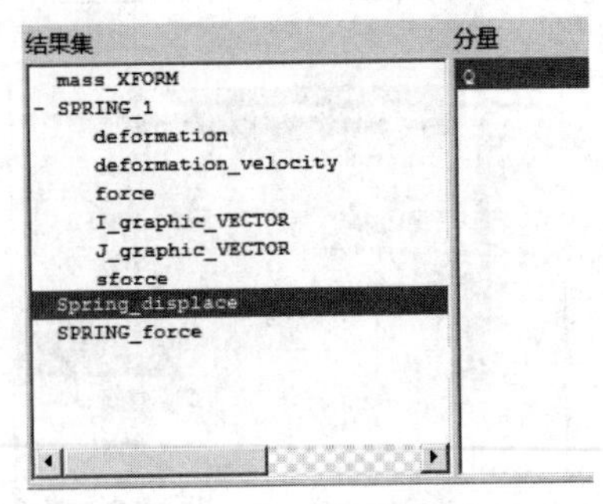

图 7-244　设置参数

（23）设置独立轴参数为数据，如图 7-245 所示。在弹出的窗口选择 Spring_displace，设置分量为 Q，如图 7-246 所示。

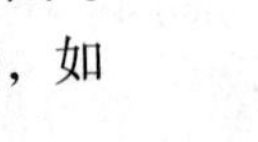

图 7-245　设置独立轴参数

（24）选择完毕单击“确定”按钮。

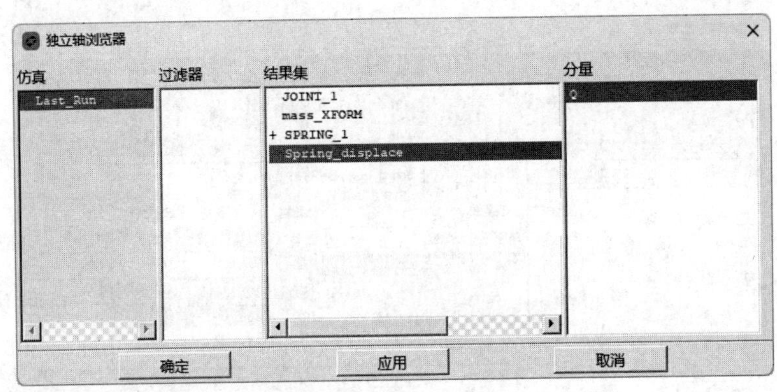

图 7-246　选择参数

（25）单击“添加曲线”按钮添加新选择的曲线，即以 x 轴为 Spring_ displace，y 轴为 Spring_force，如图 7-247 所示。

（26）计算模型的固有频率。单击 Adams PostProcessor 窗口右上角的 × 按钮返回建模界面。单击主工具箱中的仿真分析图标，单击主工具箱下侧的计算静平衡图标。

（27）计算完毕，选择仿真→交互控制命令，在仿真控制对话框中单击计算线性模态图标对模型进行计算，计算完毕出现提示窗口，如图 7-248 所示。

（28）单击“动画”按钮，打开“线性模态控制”对话框，如图 7-249 所示，可以得到固有频率为 0.8222Hz。

下面通过导入弹簧的刚度系数，把上面的线性弹簧改为非线性弹簧。

（29）新建文本文件 spring_data.txt，输入如图 7-250 所示曲线测试数据，即对应的位移和作用力。

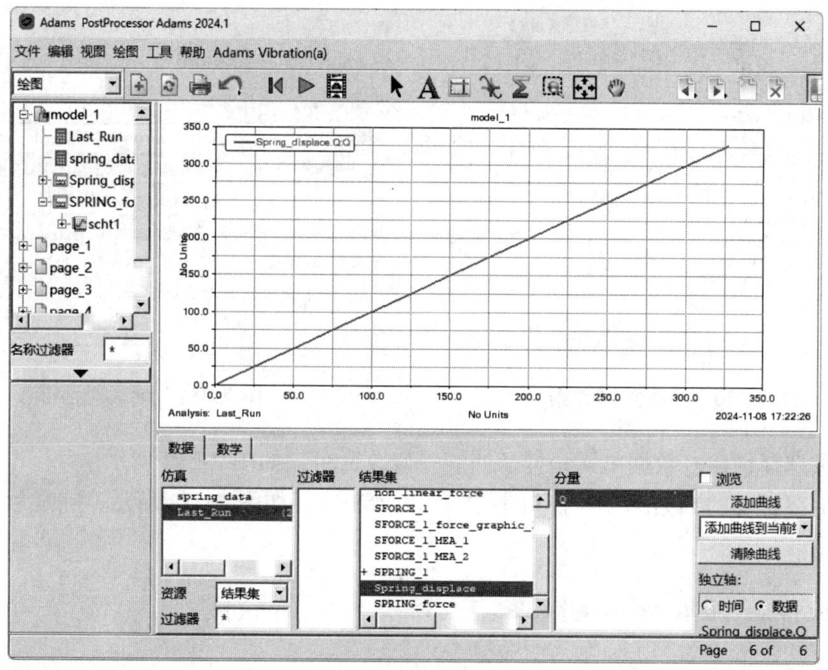

图 7-247　力与位移的关系曲线

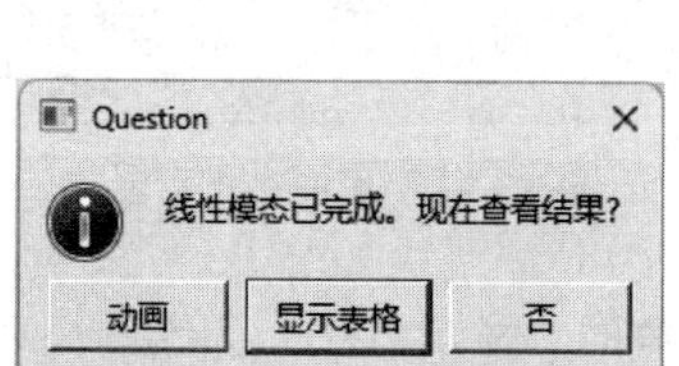

图 7-248　提示窗口

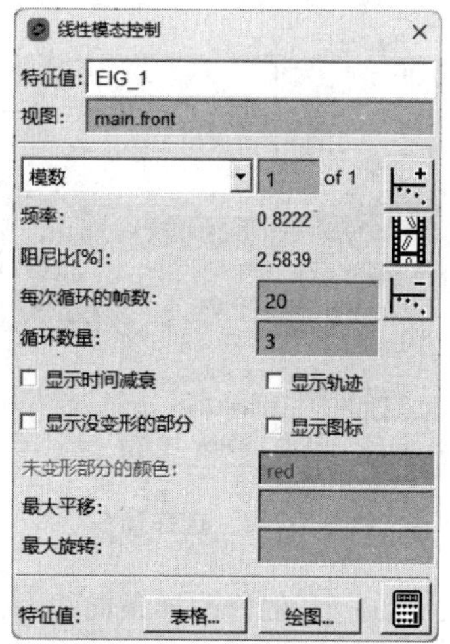

图 7-249　“线性模态控制”对话框

（30）选择文件→导入命令，设置如下参数后单击“确定”按钮，如图 7-251 所示。

☑ 文件类型（File Type）：试验数据（*.*）。

☑ 选择创建样条线。

☑ 读取文件：spring_data.txt。

☑ 独立的列索引：1。

☑ 单位：force。

☑ 模型名称：.Spring_mass。

图 7-250　曲线测试数据

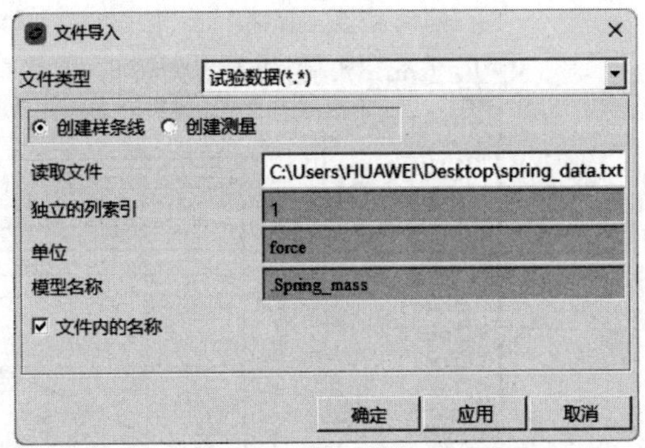

图 7-251　导入对话框

（31）选择创建→数据单元→样条曲线→修改命令，如图 7-252 所示。

（32）在打开的数据库导航窗口中选择 SPLINE_1，如图 7-253 所示，完成后单击“确定”按钮。

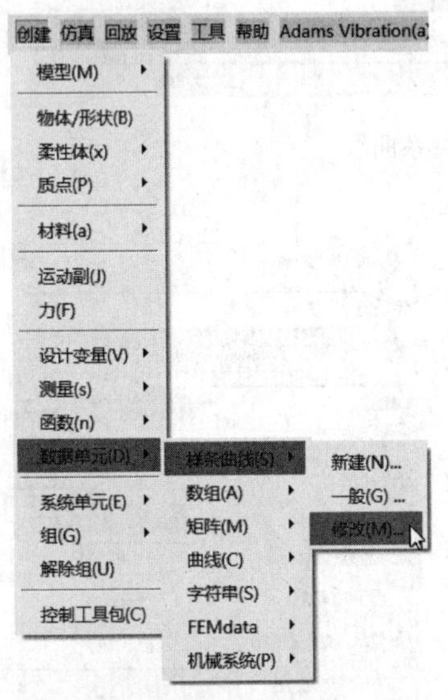

图 7-252　选择命令

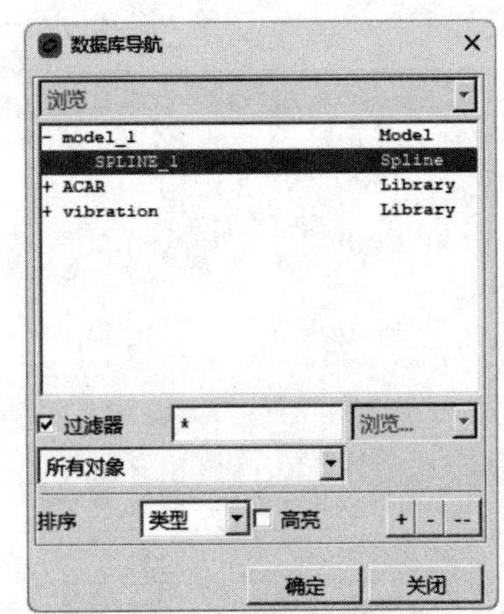

图 7-253　数据库导航窗口

（33）在打开的修改样条曲线对话框中设置右上角的“显示方法”为绘图，观察变形量（x 轴）与作用力（y 轴）的关系，如图 7-254 所示。

（34）右击弹簧，在弹出的快捷菜单中选择 Spring_1 →删除命令，在打开的对话框中单击“全部删除”按钮。

（35）右击主工具箱连接图标，在级联图标中单击力图标，参数设置如下。

☑ 运行方向：两个物体。

☑ 特性：常数。

如图 7-255 所示。

（36）选择质量块和大地为作用对象，选择质量块中心及其以上 400mm 位置作为作用点，建立作用力，如图 7-256 所示。

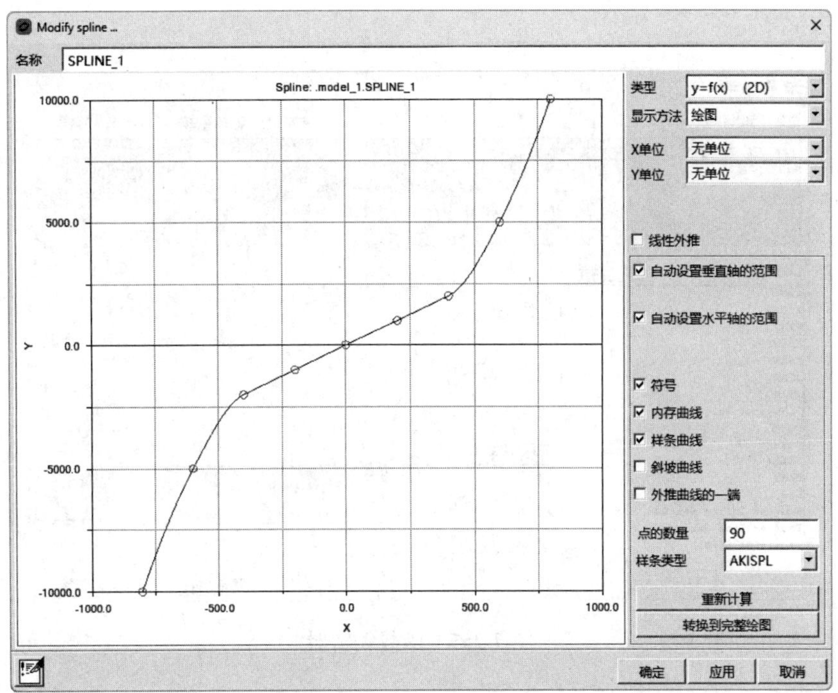

图 7-254　变形量（x 轴）与作用力（y 轴）的关系

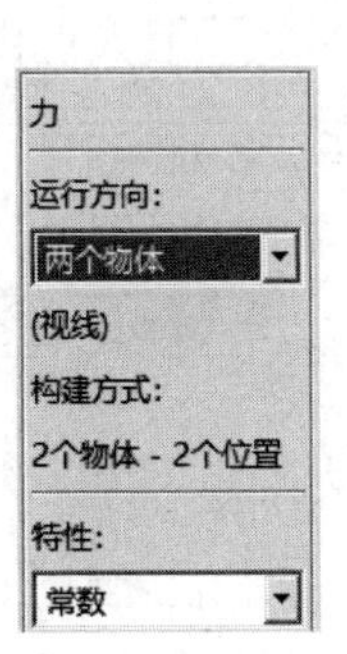

图 7-255　设置参数

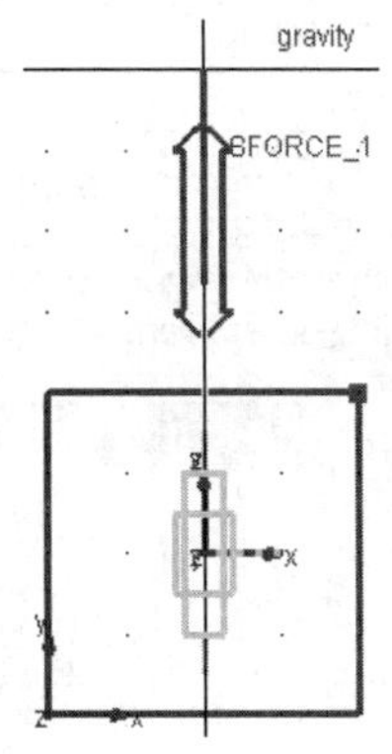

图 7-256　建立作用力

（37）在弹出的修改力函数对话框中，单击 Function Builder 按钮打开函数编辑器，并输入 -AKISPL（DM（Marker_8,cm）–400,0,Spline_1,0），如图 7-257 所示，其中 Marker_8 为对应于物体上方 400mm 处的标记点。

（38）重复步骤（16）~ 步骤（19），建立对非线性弹簧阻尼的测量力 non_linear_force 以及变形 non_linear_displace，对话框设置如图 7-258 和图 7-259 所示。

（39）单击主工具箱中的仿真分析图标▦，设置参数，终止时间为 5.0，步数为 200，进行仿真。

（40）力测量曲线以及变形测量曲线如图 7-260 和图 7-261 所示。

（41）进行仿真，观察作用力与变形量的关系，如图 7-262 所示。

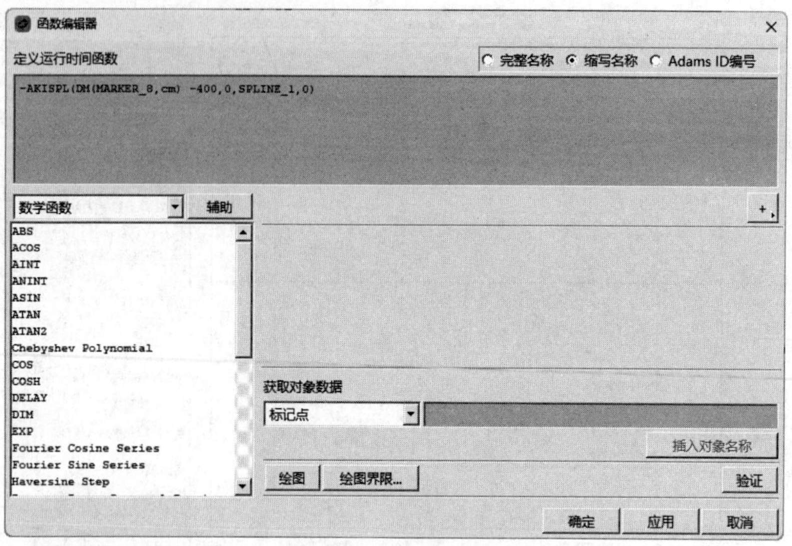

图 7-257　函数编辑器

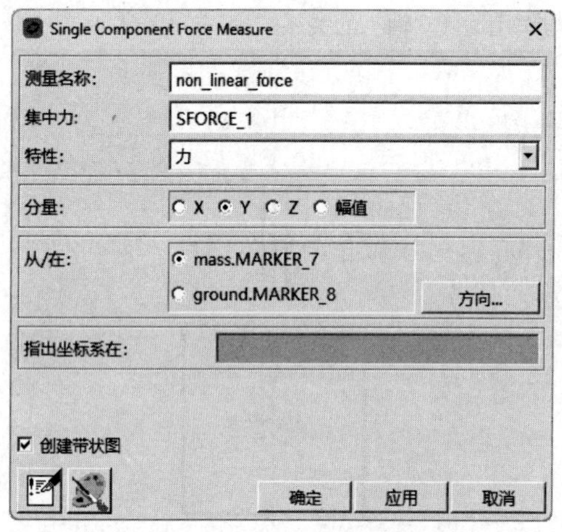

图 7-258　测量力对话框

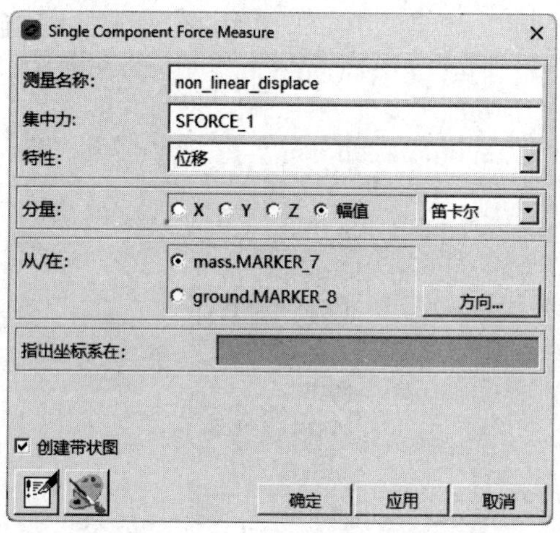

图 7-259　变形测量对话框

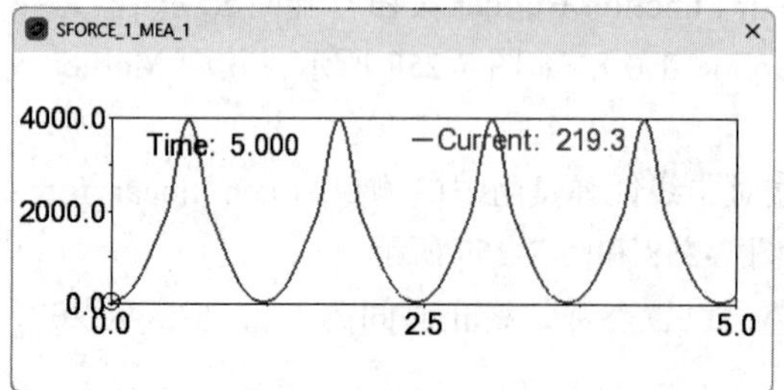

图 7-260　力测量曲线

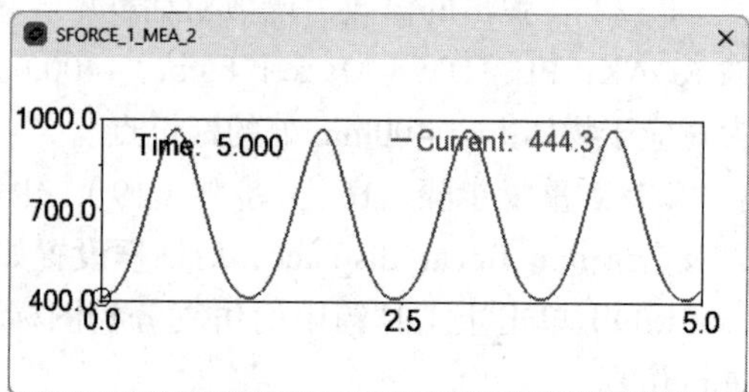

图 7-261　变形测量曲线

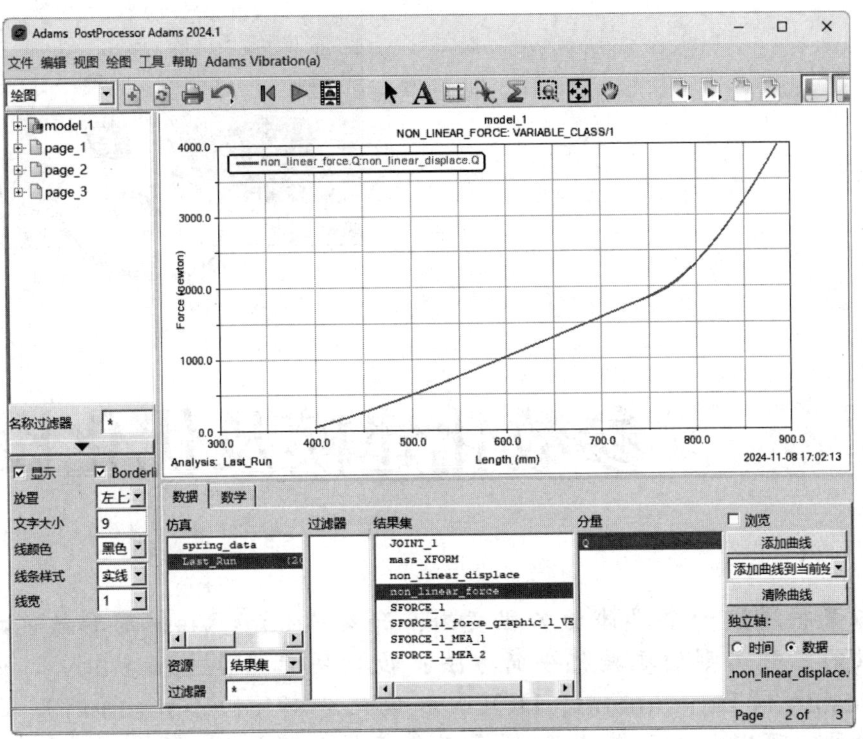

图 7-262　作用力与变形量的关系

第8章 参数化建模及优化设计

本章将通过一个具体的工程实例，介绍 Adams View 的参数化建模及其提供的三种类型的参数化分析方法：设计研究（Design Study）、试验设计（Design of Experiments，DOE）和优化分析（Optimization）。通过本章的学习，可以初步了解 Adams 参数化建模和优化的功能。

☑ Adams 参数化建模
☑ Adams 参数化分析
☑ 参数化建模实例——夹紧机构
☑ 优化设计实例——夹紧机构

任务驱动和项目案例

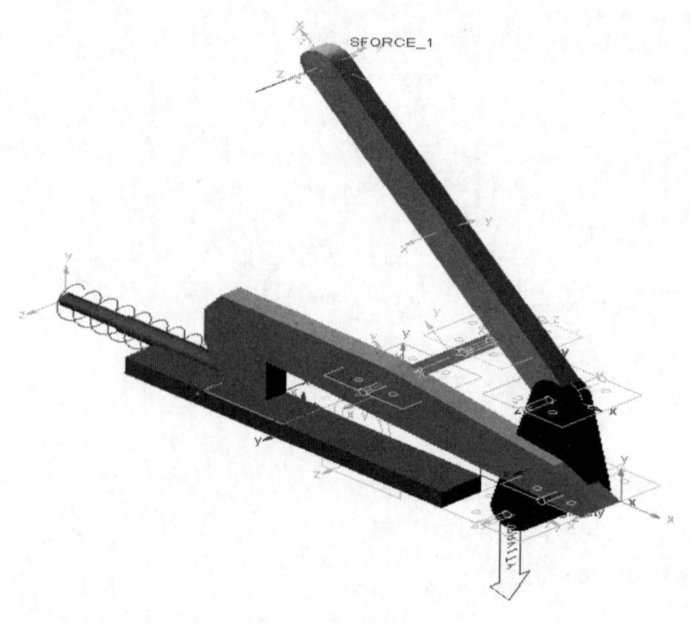

8.1 Adams 参数化建模

Adams 提供了强大的参数化建模功能。在建立模型时，根据分析需要确定相关的关键变量，并将这些关键变量设置为可以改变的设计变量。在分析时，只需要改变这些设计变量值的大小，虚拟样机模型自动得到更新。如果需要仿真根据事先确定好的参数进行，可以由程序预先设置好一系列可变的参数，Adams 自动进行系列仿真，以便于观察不同参数值下样机性能的变化。进行参数化建模时，确定好影响样机性能的关键输入值后，Adams View 提供了以下四种参数化的方法。

（1）参数化点坐标。在建模过程中，点坐标用于几何形体、约束点位置和驱动的位置。点坐标参数化时，修改点坐标值，与参数化点相关联的对象都得以自动修改。

（2）使用设计变量。通过使用设计变量，可以方便地修改模型中已被设置为设计变量的对象。如可以将连杆的长度或弹簧的刚度设置为设计变量，当设计变量的参数值发生改变时，与设计变量相关联的对象的属性也得到更新。

（3）参数化运动方式。通过参数化运动方式，可以方便地指定模型运动方式和轨迹。

（4）使用参数表达式。使用参数表达式是模型参数化的最基本的一种参数化途径。当以上三种方法不能表达对象间的复杂关系时，可以通过参数表达式进行参数化。

参数化的模型可以使用户方便地修改模型而不用考虑模型内部之间的关联变动，而且可以达到对模型优化的目的。参数化机制是 Adams 中重要的机制。

8.2 Adams 参数化分析

参数化分析有利于了解各设计变量对样机性能的影响。在参数化分析过程中，根据参数化建模时建立的设计变量，采用不同的参数值进行一系列的仿真，根据返回的分析结果进行参数化分析，得出一个或多个参数变化对样机性能的影响，然后进一步对各种参数进行优化分析，得出最优化的样机。Adams View 提供了三种类型的参数化分析方法，包括设计研究（Design Study）、试验设计（Design of Experiments，DOE）和优化分析（Optimization）。

8.2.1 设计研究

建立好参数化模型后，在仿真过程中，当取不同的设计变量，或者当设计变量值的大小发生改变时，样机的性能将会发生变化。而样机的性能怎样变化，这是设计研究主要考虑的内容。在设计研究过程中，设计变量按照一定规则在一定范围内取值，根据设计变量值的不同，进行一系列仿真分析。在完成设计研究后，输出各次仿真分析的结果。通过各次分析结果的研究，用户可以得到以下内容：

（1）设计变量的变化对样机性能的影响。

（2）设计变量的最佳取值。

（3）设计变量的灵敏度，即样机有关性能对设计变量值的变化的敏感程度。

8.2.2 试验设计

试验设计（Design of Experiments，DOE）考虑在多个设计变量同时发生变化时，各设计变量对样机性能的影响。试验设计包括设计矩阵的建立和试验结果的统计分析等。最初的试验设计用在物理试验上面，但对于虚拟试验的效果也很好。传统上的DOE是费时费力的。使用Adams的DOE可以增加获得结果的可信度，并且在得到结果的速度上比试错法试验或者一次测试一个因子的试验更快，同时更有助于用户更好地理解和优化机械系统的性能。

对于简单的设计问题，可以将经验知识、试错法或者施加强力的方法混合使用来探究和优化机械系统的性能。但当设计方案增加时，这些方法就不能得出快速系统化、公式化的答案了。一次改变一个因素（Factors，也称设计参数）不能给出因素之间相互影响的信息，而进行多次仿真同时测试多个不同的因素会得到大量的输出数据让用户评估。为了减少耗时的工作，Adams Insight提供一个定制计划和分析工具进行一系列的试验，并且Adams Insight帮助确定相关的数据进行分析，并自动完成整个试验设计过程。

总之，Adams中的DOE是安排试验和分析试验结果的一整套步骤和统计工具，试验的目的是测量虚拟样机模型的性能、制造过程的产量或者成品的质量。

DOE一般有以下5个基本步骤。

（1）确定试验目的。如确定哪个变量对系统影响最大。

（2）为系统选择想考查的因素集，并设计某种方法来测量系统的响应。

（3）确定每个因素的值，在试验中将因素改变以考查对试验的影响。

（4）进行试验，并将每次运行的系统性能记录下来。

（5）分析在总的性能改变时，哪些因素对系统的影响最大。

对设计试验过程的设置称为建立矩阵试验（设计矩阵）。设计矩阵的列表示因素，行表示每次运行，矩阵中每个元素表示对应因素的水平级（Levels，即可能取值因子），是离散的值。设计矩阵给每个因素指定每次运行时的水平级数，只有根据水平级数才能确定因素在运算时的具体值。

创建设计矩阵通常有以下五种方法：

☑ Perimeter Study：测试分析模型的健壮性。

☑ DOE Screening（2-level）：确定影响系统行为的某因素和某些因素的组合；确定每个因素对输出会产生多大的影响。

☑ DOE Response Surface（RSM）：对试验结果进行多项式拟合。

☑ Sweep Study：在一定范围内改变各自的输入。

☑ Monte Carlo：确定实际的变化对设计功能上的影响。

创建好设计矩阵后，需要确定试验设计的类型。在Adams Insight中有六种内置设计类型创建设计矩阵，也可以导入自己创建的设计矩阵。可以自由选择设计矩阵，为系统创建最有效率的试验。

当使用内置的设计类型时，Adams Insight根据选择的设计类型生成相应的设计矩阵。这六种设计类型是Full Factorial、Plackett-Burman、Fractional Factorial、Box-Behnken、Center Composite Faced（CCF）和D-Optimal。

- ☑ Full Factorial 是所有设计类型中综合程度最高的，使用到了因素水平的所有可能的组合。
- ☑ Plackett-Burman 设计类型适用于在大量的因素中筛选影响最大的因素。该设计所需要的传统设计类型运行的次数最少，但不允许用户估计这些因素之间的相互的影响。
- ☑ Fractional Factorial 和 Plakett-Burman 使用的是 Full Factorial 专门的子集，因而也被看作简化的 Factorial。它普遍用于筛选重要变量并主要用于两个水平的因素，能够估计其对系统的影响。
- ☑ Box-Behnken 设计类型使用设计空间中平面上的点。这样该设计就适用于模型类型为二次的 RSM 试验。Box-Behnken 对每个因素需要 3 个水平。
- ☑ Center Composite Faced（CCF）设计类型使用的是每个数据轴上的点（开始点）、设计空间的角点（顶点）和一个以上的中心点。CCF 比 Box-Behnken 相比较运行的次数更多，适用于二次 RSM 试验的模型类型。
- ☑ D-Optimal 设计类型产生的是将系数不确定性降到最低的模型。这种设计类型由根据最小化规则从大量候选因素中随机抽取的行所组成。D-Optimal 指明了在试验中运行的总次数，将以前试验中已存在的行提供给新的试验，并对每个因素指定不同的水平。这些特性使得 D-Optimal 在很多情况，特别是在试验费用惊人的情况下，成为最佳选择。

8.2.3　优化分析

Adams 环境提供了参数化建模与系统优化功能。在建立模型时，根据分析需要确定相关的关键变量，并将这些关键变量设置为可以改变的设计变量。

优化是指在系统变量满足约束条件下使目标函数取最大值或者最小值。目标函数是用数学方程来表示模型的质量、效率、成本、稳定性等。使用精确数学模型时，最优的函数值对应着最佳的设计。目标函数中的设计变量对需要解决的问题来说应该是未知量，并且设计变量的改变将会引起目标函数的变化。在优化分析过程中，可以设定设计变量的变化范围，施加一定的限制以保证最优化设计处于合理的取值范围。

另外对于优化来说，还有一个重要的概念是约束。有了约束才使目标函数的解为有限个，有了约束才能排除不满足条件的设计方案。

一般来说，优化分析问题可以归结为：在满足各种设计条件和在指定的变量变化范围内，通过自动地选择设计变量，由分析程序求取目标函数的最大值或最小值。

虽然 Insight 也有优化的功能，但两者有区别且互相补充。试验设计主要通过改变这些设计变量值的大小，利用相对灵敏度分析结果研究哪些因素的影响比较大，并且还调查这些因素之间的关系；而优化分析着重于获得最佳目标值。试验设计可以对多个因素进行试验分析，确定哪个因素或者哪些因素的影响较大，然后利用优化分析的功能对这些影响较大的因素进行优化，这样可以有效提供优化分析算法的运算速度和可靠性。

8.3 参数化建模实例——夹紧机构

由于多体动力学仿真系统是复杂的系统，仿真模型中各个部件之间存在着复杂的关系，因此在仿真建模时需要提供一个良好的创建模型、修改模型机制，在对某个模型数据进行改变时，与之相关联的数据也随之改动，最终达到优化模型的目的。Adams 为多体动力学仿真建模提供了这样一个机制——参数化建模机制，它为用户设计、优化模型提供了极大的方便。

在 8.1 节中对参数化建模做了简要的介绍，本节将主要以夹紧机构为例，着重介绍点坐标的参数化建模。

8.3.1 夹紧机构模型简介

如图 8-1 所示是一种夹紧机构。夹紧机构包括摇臂、手柄、锁钩、连杆和固定支架等。其中，摇臂和大地之间，摇臂和手柄之间，手柄、连杆和锁钩之间为铰链副；锁钩和固定支架之间为点—面约束副；固定支架与大地固结在一起；在手柄有一个作用力，用于驱动机构运动，使其产生夹紧力；在锁钩和大地之间有一弹簧，用于测量夹紧机构的夹紧力。这种夹紧机构广泛应用于各种连接中，如集装箱门的锁紧等。试用虚拟样机技术对夹紧机构进行参数化建模和优化设计分析。

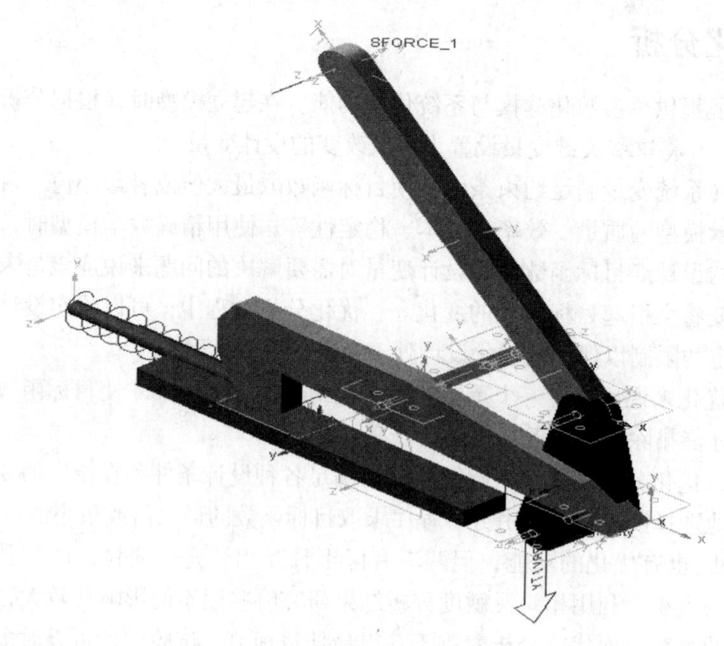

图 8-1 夹紧机构

8.3.2 启动 Adams View 设置操作环境

（1）双击桌面上 Adams View 的快捷图标，打开 Adams View，在“欢迎使用 Ad-

ams...”对话框中选择“创建新的模型”项，在“创建新的模型”对话框中输入文件名 Latch，单击“确定”按钮，如图 8-2 所示。

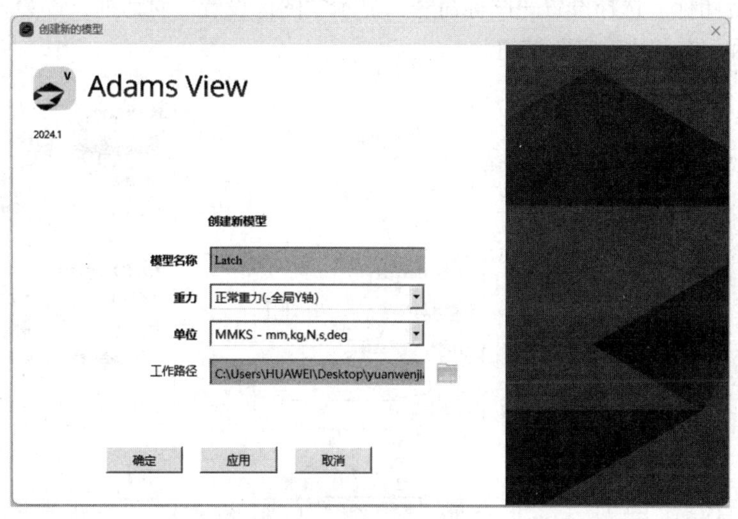

图 8-2　“创建新的模型”对话框

（2）创建新模型后，在 Adams View 工作窗口的左上角显示有模型的名称。如果 Adams View 中没有默认设置为经典界面，选择菜单栏中的设置→界面风格→经典命令，可以将界面切换为经典界面。

（3）设置背景。选择设置→背景颜色命令，如图 8-3 所示，Adams View 将显示一个“编辑背景颜色”对话框，自定义背景颜色为白色，取消渐进显示，如图 8-4 所示，单击“确定”按钮。

（4）设置单位。选择设置→单位命令，如图 8-5 所示，弹出“单位设置”对话框，设置长度为厘米，采用自定义单位系统，如图 8-6 所示，单击“确定”按钮。

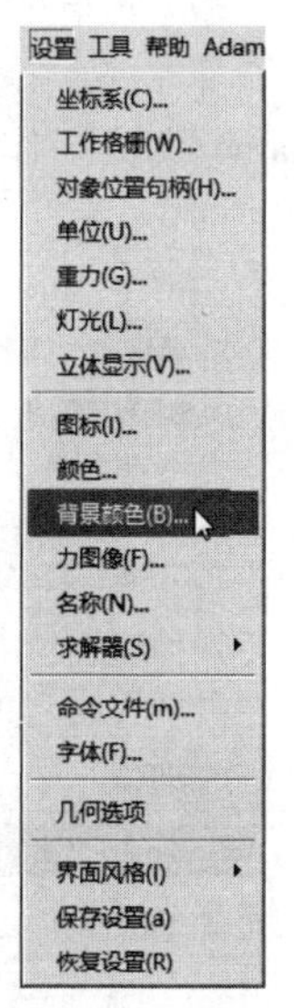

图 8-3　选择背景颜色

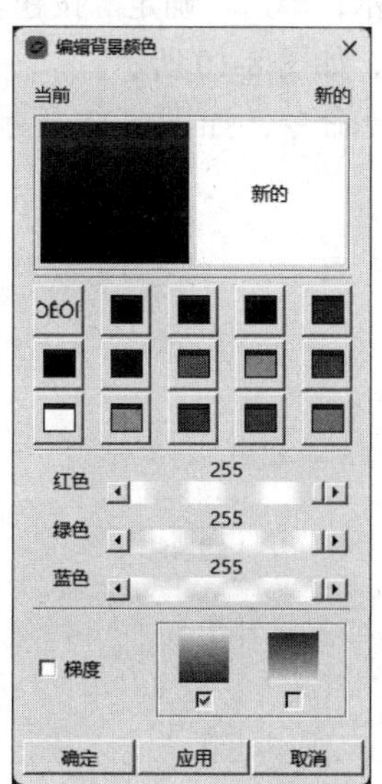

图 8-4　背景颜色设置对话框

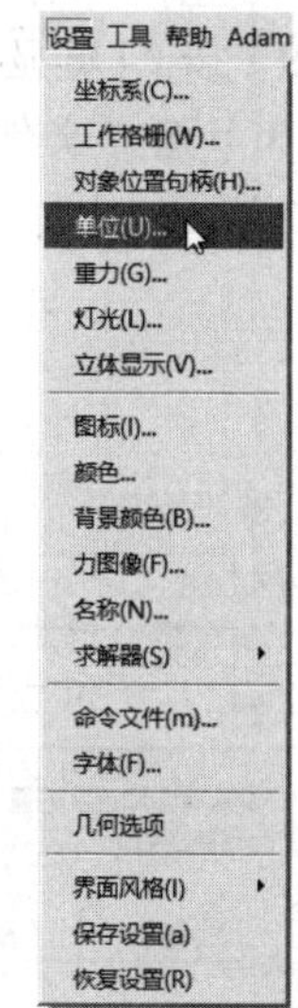

图 8-5　选择单位

（5）设置工作栅格。选择设置→工作栅格命令，显示“工作栅格设置”对话框；设置大小为 25，间隔为 1，如图 8-7 所示，单击“确定”按钮，设置好工作栅格。

（6）设置图标。选择设置→图标命令，显示“图标设置”对话框，设置新的尺寸为 2，如图 8-8 所示，单击“确定”按钮。

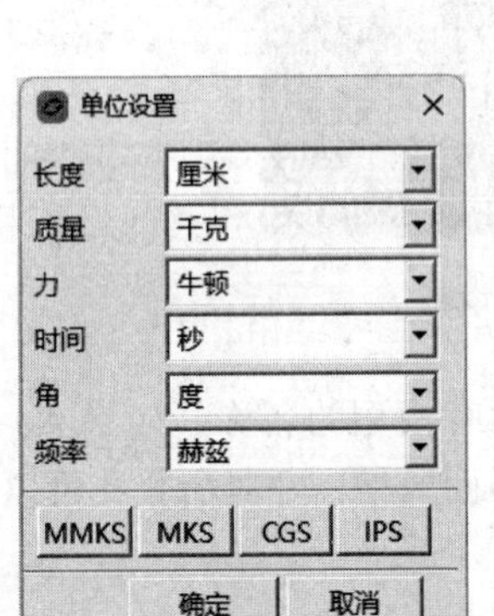

图 8-6 “单位设置”对话框

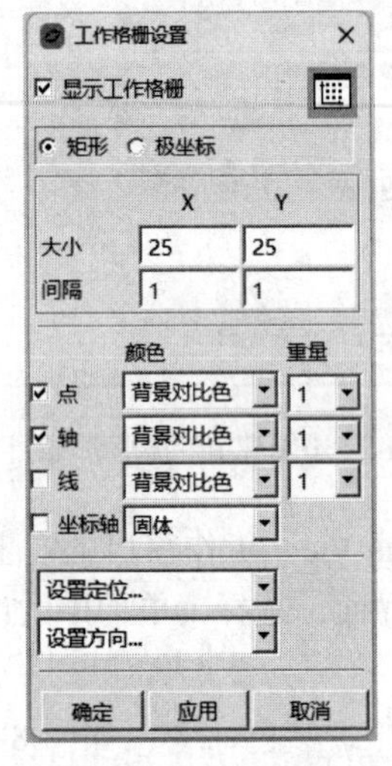

图 8-7 “工作栅格设置”对话框

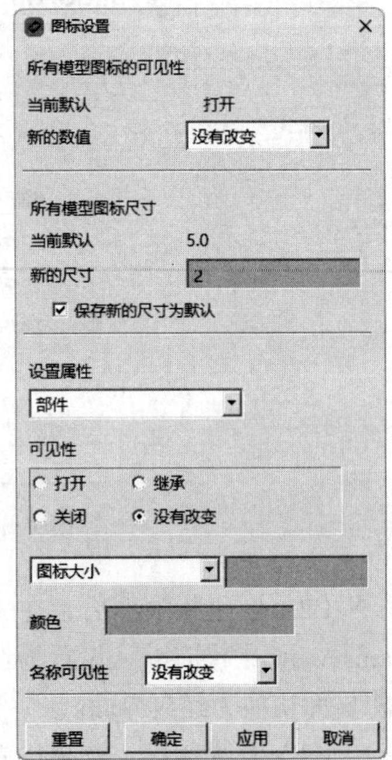

图 8-8 “图标设置”对话框

（7）调整视图。在主工具箱中选择动态选择视图工具放大栅格。

（8）检查重力设置。选择设置→重力命令。当前的重力设置应该为：X = 0.0，Y = −980.665，Z = 0.0，如图 8-9 所示，单击“确定”按钮。

（9）按 F4 键显示坐标窗口，如图 8-10 所示。

（10）选择文件→选择路径命令，如图 8-11 所示，设置 Adams 默认工作路径，如图 8-12 所示。

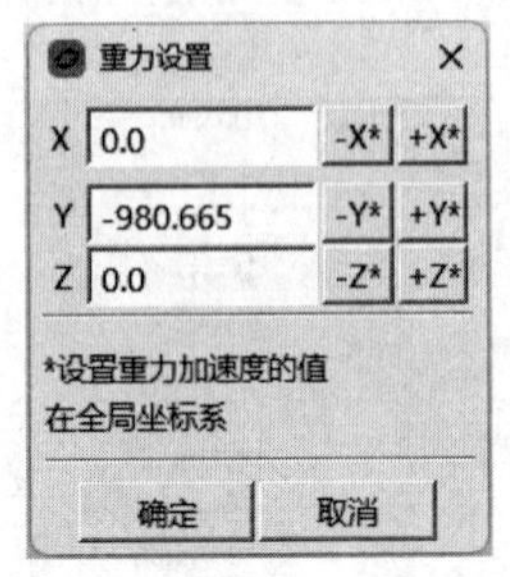

图 8-9　重力设置对话框

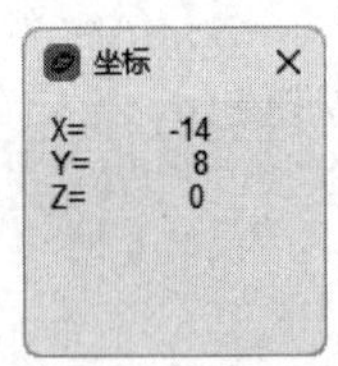

图 8-10　坐标窗口

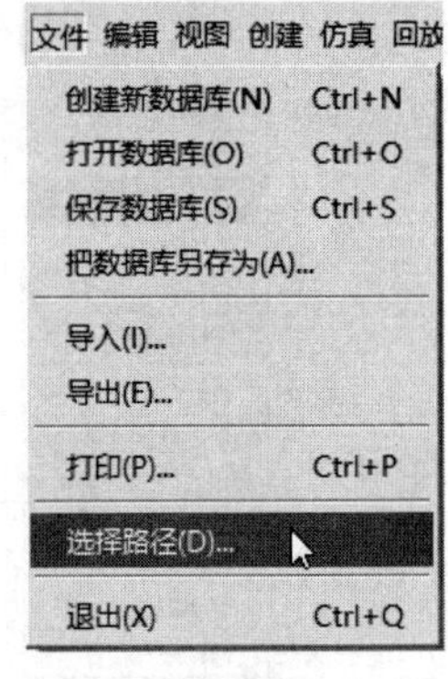

图 8-11　文件菜单

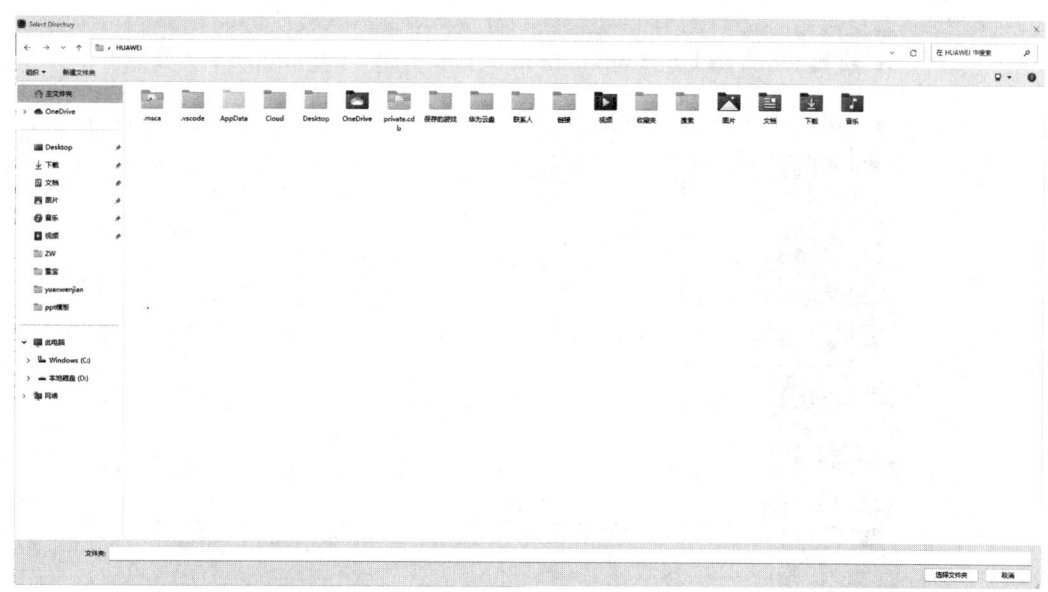

图 8-12　设置 Adams 默认工作路径

8.3.3　建立夹紧机构模型

1. 创建参数化点

在主工具箱的几何建模工具集中选择点工具；使用默认设置：添加到地面和不能附着，根据表 8-1 的坐标值，产生 A、B、C、D、E、F 6 个设计点，如图 8-13 所示。

表 8-1　定义参数化点及其坐标

设计点	变量名	x 坐标	y 坐标	z 坐标
A	POINT_1	0	0	0
B	POINT_2	3	3	0
C	POINT_3	2	8	0
D	POINT_4	–10	22	0
E	POINT_5	–1	10	0
F	POINT_6	–6	5	0

2. 创建摇臂

在几何建模工具集中选择工具，在参数设置栏设置厚度 = 1，半径 = 1。根据状态栏的提示，依次选取 POINT_1、POINT_2、POINT_3、POINT_1，右击创建摇臂，摇臂模型如图 8-14 所示。

右击摇臂，在弹出的快捷菜单中选择 Part:PART_2 →重命名命令，如图 8-15 所示；在弹出的对话框中输入新名称 .Latch.pivot，如图 8-16 所示，单击“确定”按钮。

3. 创建手柄

在几何建模工具集中选择工具，依次选取 POINT_3 及 POINT_4 创建手柄，创建手柄后的模型如图 8-17 所示。

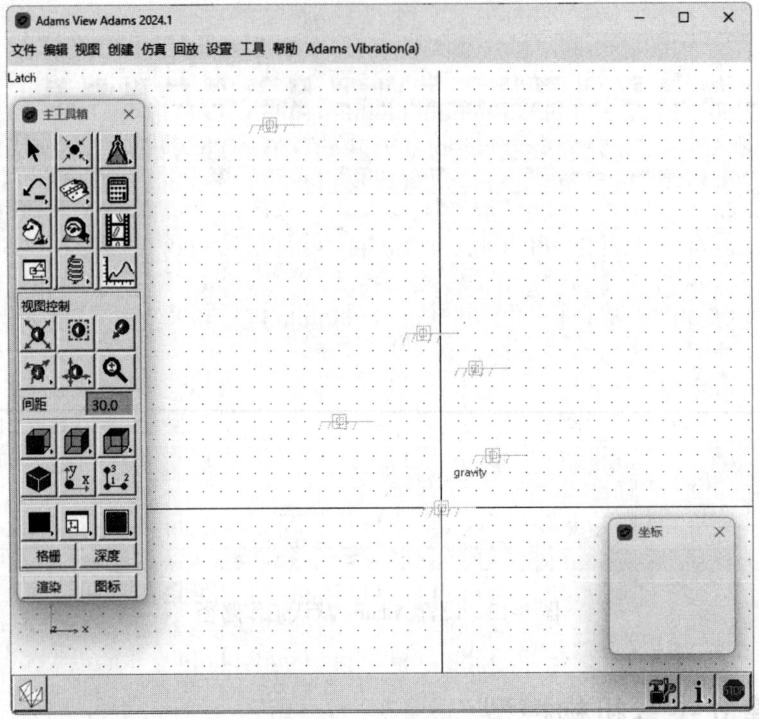

图 8-13　6 个设计点

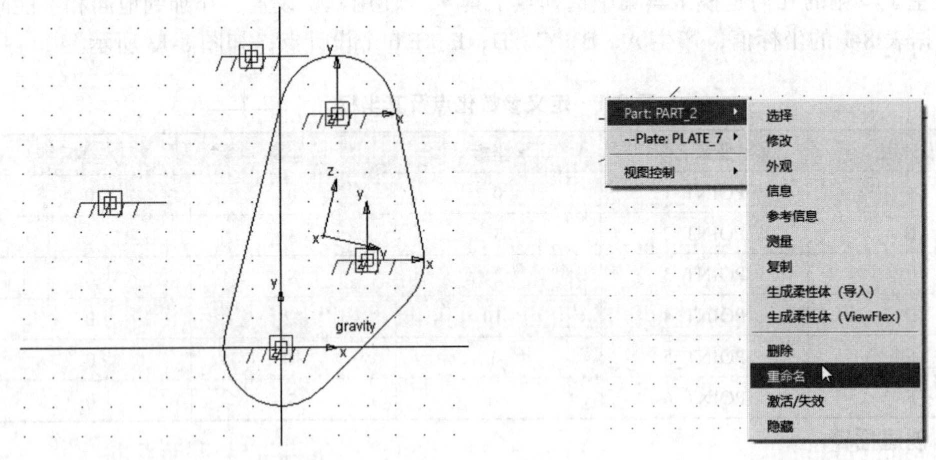

图 8-14　摇臂模型　　　　图 8-15　快捷菜单

右击手柄，在弹出的快捷菜单中选择 Part:PART_3 →重命名命令，在弹出的对话框中输入新名称 .Latch.handle。

4. 创建锁钩

在几何建模工具集中选择工具，在长度中输入 1，根据表 8-2 给出的参数化坐标值，依次在屏幕上选取各点，右击完成创建锁钩，创建锁钩后的模型如图 8-18 所示。

右击锁钩，将锁钩改名为 .Latch.hook。

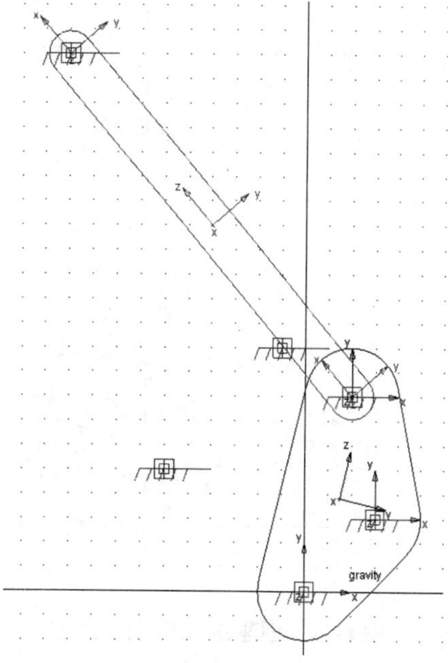

图 8-16 “重命名”对话框

图 8-17 创建手柄后的模型

表 8-2 锁钩建模坐标值

点坐标	x 坐标	y 坐标	z 坐标
1	5	3	0
2	3	5	0
3	–6	6	0
4	–14	6	0
5	–15	5	0
6	–15	3	0
7	–14	1	0
8	–12	1	0
9	–12	3	0
10	–5	3	0
11	4	2	0

用鼠标选择锁钩，可以看到锁钩上出现许多亮点（热点），用光标拖动亮点可以改变锁钩形状。在主工具箱中选择“撤销”命令，可以放弃最后一步操作。

5. 创建连杆

在几何建模工具集中选择工具，依次选取 POINT_5 及 POINT_6 创建连杆，创建连杆后的模型如图 8-19 所示。

右击连杆，将连杆改名为 .Latch.slider。

6. 创建夹紧固定支架

在几何建模工具集中选择工具，在参数设置栏将构建方式选项由“新建部件”改为“在地面上”，依次选取点（–2,1,0）、（–18,0,0）创建固定支架，创建固定支架后的模型如图 8-20 所示。

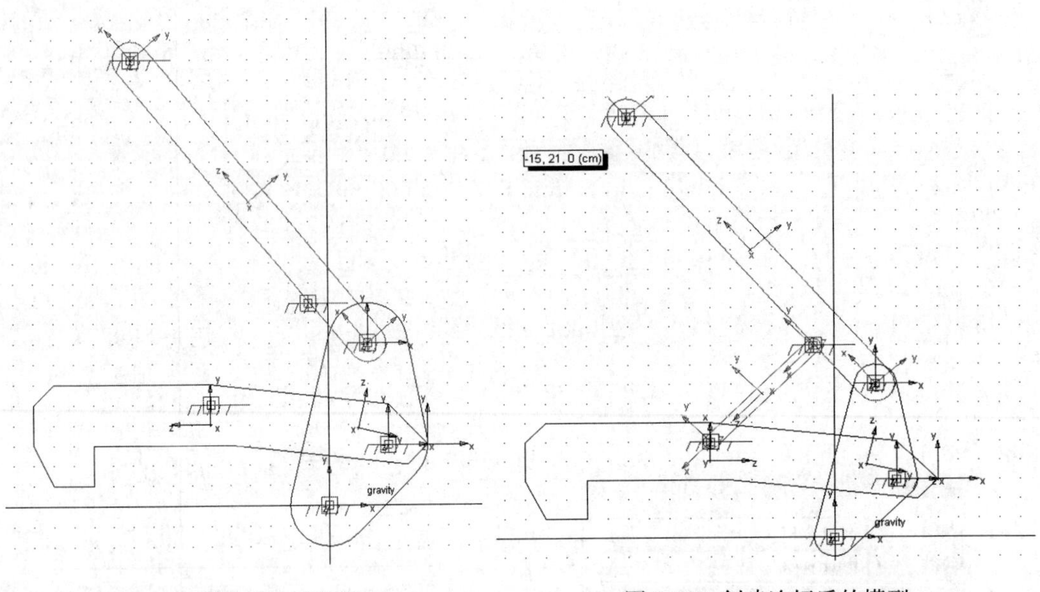

图 8-18　创建锁钩后的模型　　　　图 8-19　创建连杆后的模型

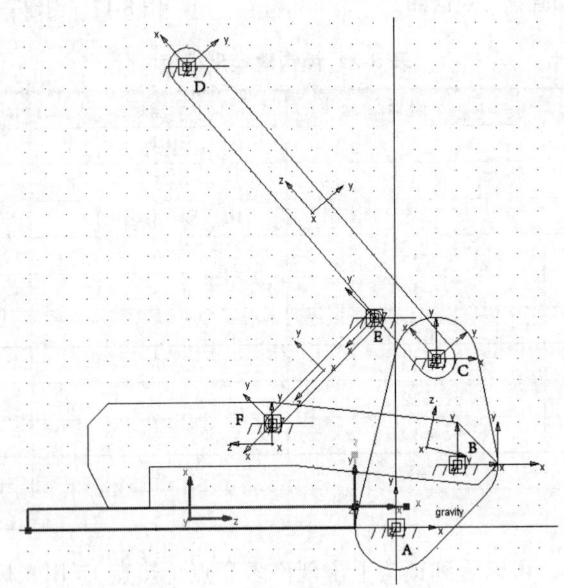

图 8-20　创建固定支架后的模型

右击固定支架，将固定支架改名为 .Latch.ground.block。

7. 添加铰链副

如图 8-20 所示，夹紧机构在 A 点处通过铰链副将摇臂同基础框架连接，在 B 点处通过铰链副将锁钩与摇臂连接，在 C 点处通过铰链副将手柄与摇臂连接，在 D、F 点处通过铰链副将连杆分别同手柄和锁钩连接。

在 A 点处将摇臂同基础框架连接。在主工具箱的添加约束工具集中，选择旋转副，在参数设置栏选择 1 个位置、垂直栅格，选取 POINT_1 点。

添加锁钩与摇臂铰链副。在主工具箱的添加约束工具集中，选择旋转副，在参数设置栏选择 2 个物体 –1 个位置、垂直栅格，依次选择摇臂、锁钩及 POINT_2 点，完成设置。

添加手柄与摇臂旋转副，选取旋转副后选择摇臂、手柄及 POINT_3。

添加连杆与手柄旋转副，选取旋转副后选择连杆、手柄及 POINT_5。

添加连杆与锁钩旋转副，选取旋转副后选择连杆、锁钩及 POINT_6。

8. 创建点一面约束副（低副）

在主工具箱中选择动态选择视图工具，局部放大锁钩。

选择创建→运动副命令，如图 8-21 所示，显示约束工具集，如图 8-22 所示。选择工具，在参数设置栏设置 2 个物体 –1 个位置及选取几何特性。依次选取固定支架、锁钩、点（–12,1,0），向上拖动鼠标，出现如图 8-23 所示的箭头方向时，单击。

图 8-21　创建菜单

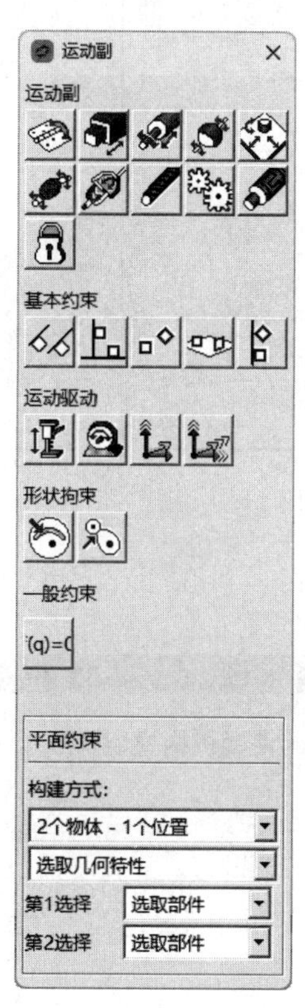

图 8-22　约束工具集

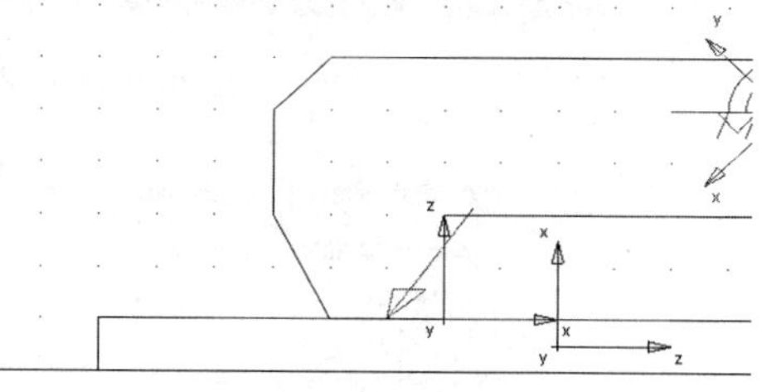

图 8-23　创建低副

在主工具箱中，选择工具恢复视图。

9. 创建弹簧

在主工具箱施加力工具集中，选择拉压弹簧阻尼器工具。在参数设置栏选择弹簧刚性系数 K，输入 800，选择阻尼系数 C，输入 0.5。

选取点（–14,1,0）处的锁钩顶点，注意应选取在锁钩的顶点上（hook.Extrusion_9.V16），而不是坐标点上，再选取点（–23,1,0）。

10. 创建手柄力

在主工具箱施加力工具集中，选择单作用力工具，设置空间固定、选取特征及常数，选择力，输入 80。

依次选取手柄、手柄末端点（handle.Marker_5）、点（–18,14,0），并且将手柄力设置为 80N。

11. 保存模型

完成建模，保存数据库。完成建模后的夹紧机构模型如图 8-24 所示。选择文件→把数据另存为命令，如图 8-25 所示，输入文件名称 Latch.bin，单击“确定”按钮，保存数据库。

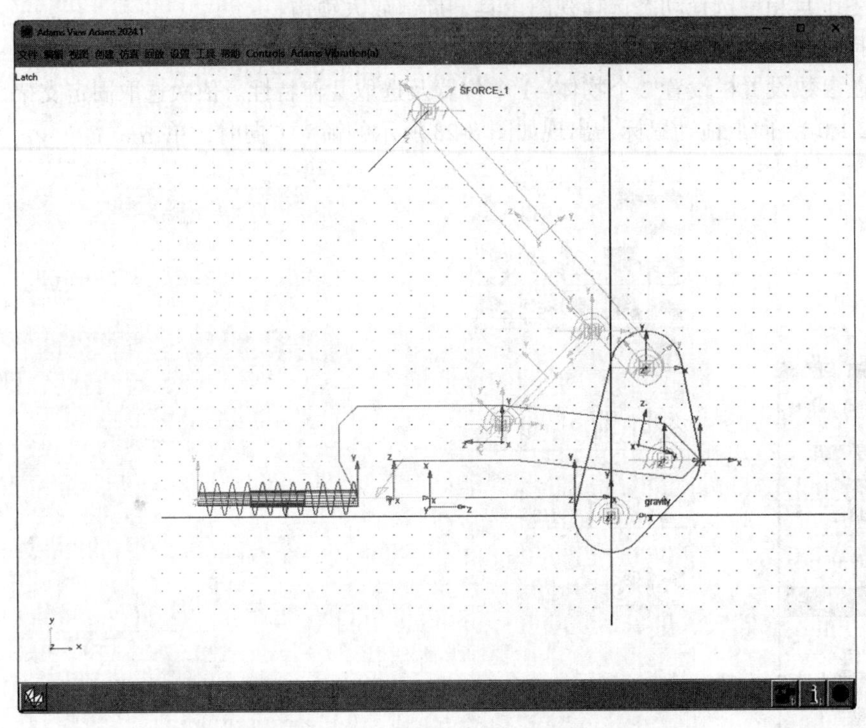

图 8-24　完成建模后的夹紧机构模型

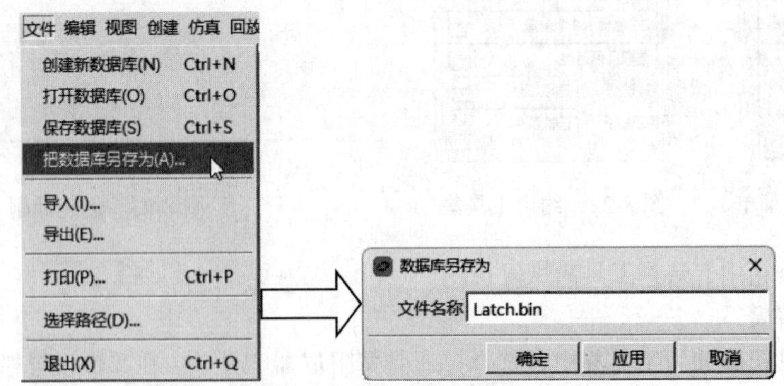

图 8-25　保存模型对话框

12. 仿真观看当前模型的运动情况

在主工具箱中，选择仿真分析工具，取终止时间 = 1.0，步数 = 50，开始仿真分析。如果需要，可以选择回放工具，重新观看仿真过程。

8.3.4　测试模型

1. 设置夹紧力的测量

在弹簧处右击，在弹出的快捷菜单中选择 Spring:SPRING_1→测量命令，如图 8-26 所示，显示“装配测量”对话框。设置“特性”为力，如图 8-27 所示，单击“确定”按钮，显示夹紧力测量窗口。

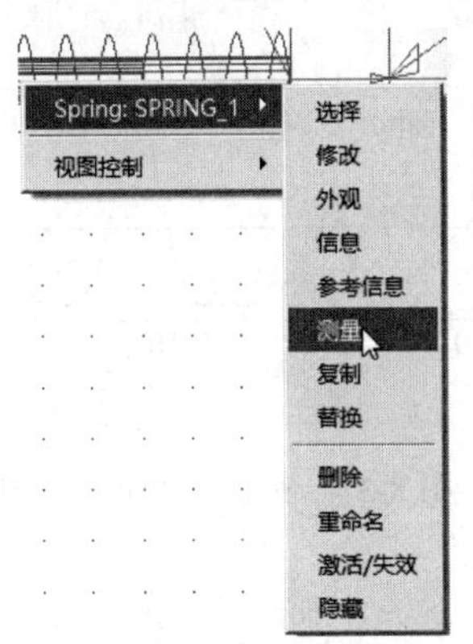

图 8-26　快捷菜单

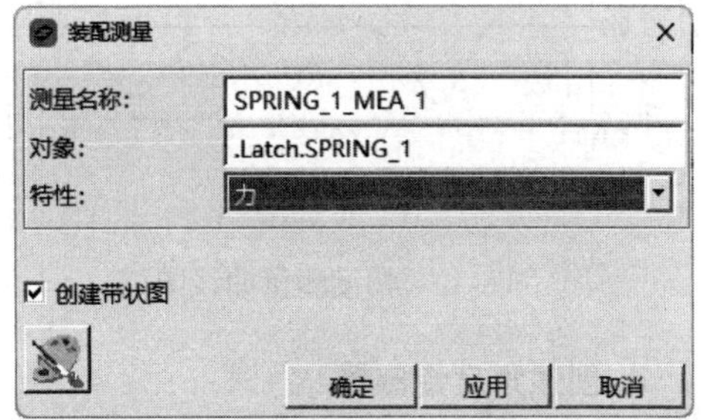

图 8-27　测量对话框

2. 角度的测量

选择创建→测量→角度→新建命令，如图 8-28 所示，显示“角的测量”对话框。

在“测量名称”栏，将测量名称改为 overcenter_angle。

在“开始标记点”栏右击，在弹出的快捷菜单中选择标记点→选取命令。选择在 POINT_5 处的任意一个标记（MAKER_5）。

在“中间标记点”栏右击，在弹出的快捷菜单中选择标记点→选取命令。选择在 POINT_3 处的任意一个标记（MAKER_3）。

在“最后标记点”栏右击，在弹出的快捷菜单中选择标记点→选取命令。选择在 POINT_6 处的任意一个标记（MAKER_6）。设置完成如图 8-29 所示，单击“确定”按钮，显示角度测量窗口。

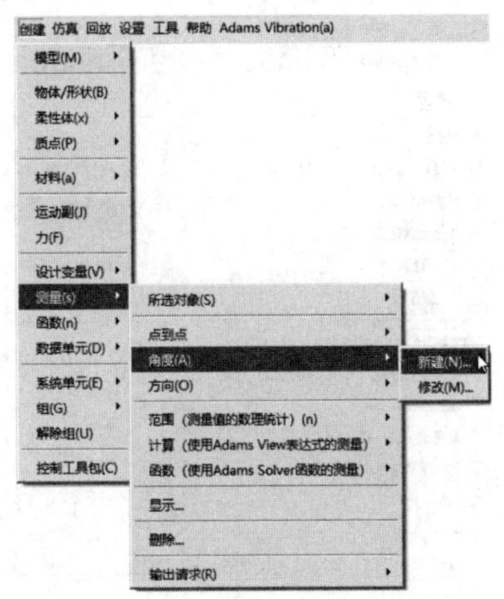

图 8-28　创建角度测量命令

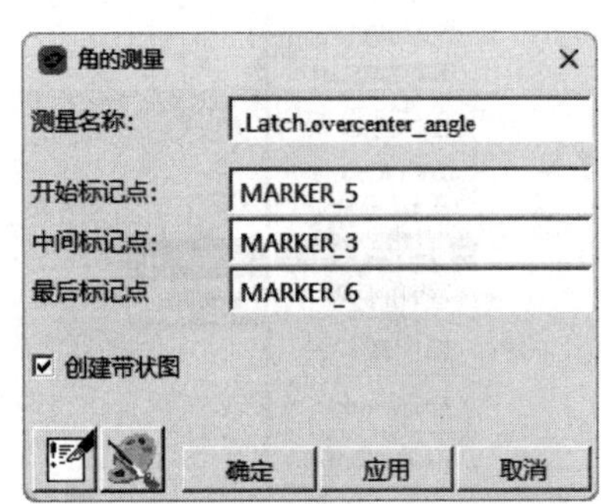

图 8-29　“角的测量”对话框

3. 样机仿真分析

在主工具箱中选择仿真分析工具，取终止时间 = 0.2，步数 = 100。单击按钮开始仿真分析。仿真时测量窗口可以实时显示结果，如图 8-30 和图 8-31 所示。

如果需要，可以选择回放工具回放仿真过程。图 8-30 和图 8-31 反映了夹紧系统在 80N 恒力作用下，角度和夹紧力随时间的变化值。

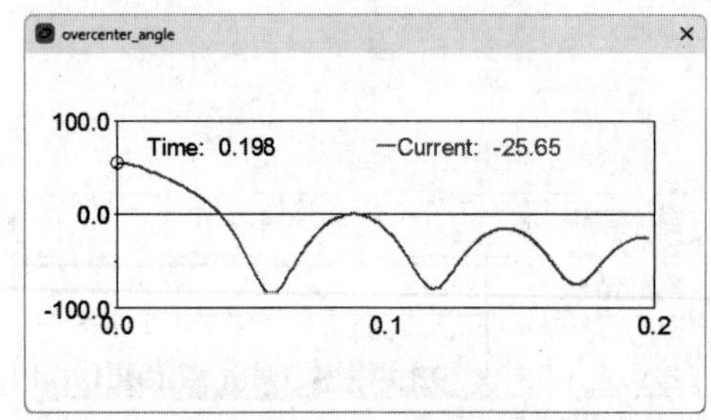

图 8-30　角度测量曲线图

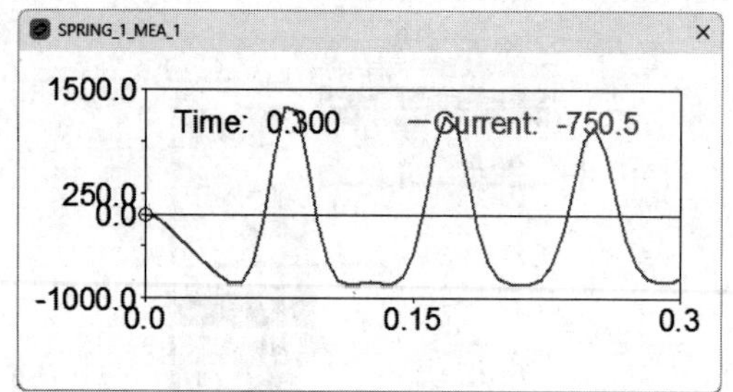

图 8-31　夹紧力测量曲线图

4. 创建角度传感器

选择仿真→传感器→新建命令，如图 8-32 所示，显示“创建传感器”对话框，如图 8-33 所示。

在对话框中设置或选择事件定义为 Run-Time 表达式，表达式为 .latch.overcenter_angle，事件评估为无，非弧度值选小于或等于，值为 1.0。其他设置如图 8-33 所示。单击“确定”按钮，完成创建传感器。

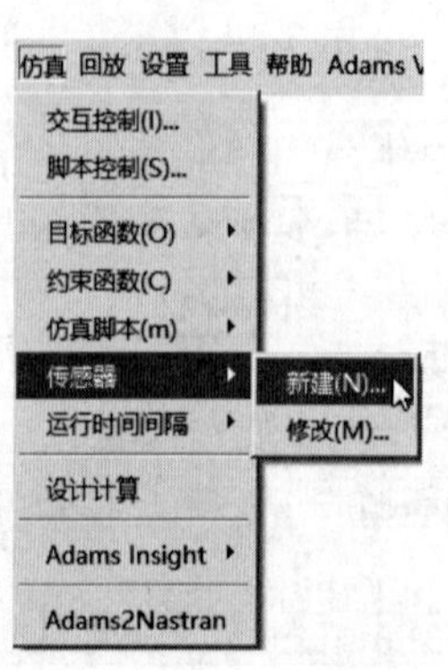

图 8-32　创建传感器命令

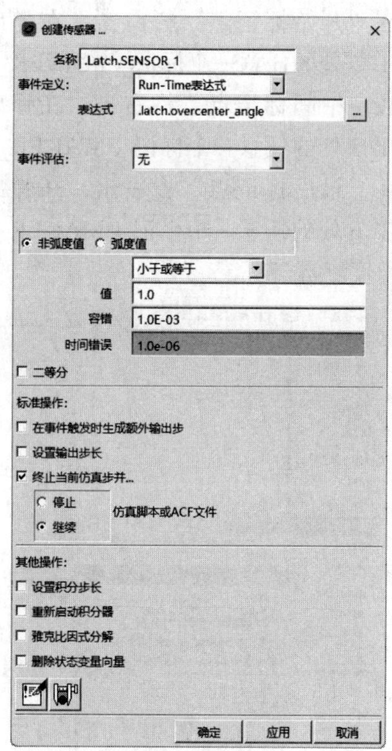

图 8-33　“创建传感器”对话框

保存当前数据库。选择文件→把数据库另存为命令，输入文件名称 test，单击“确定”按钮，保存数据库。

5. 进行样机仿真

在主工具箱中选择仿真分析工具，取终止时间 = 0.2，步数 = 100。

单击按钮，开始仿真分析。仿真时测量窗口显示如图 8-34 和图 8-35 所示测量结果。夹紧系统在 80N 恒力作用下，由于传感器的作用，使得手柄到达角度等于 0 时停止仿真分析。图 8-34 和图 8-35 反映了在最后一次仿真分析中，夹紧力及角度随时间的变化曲线。

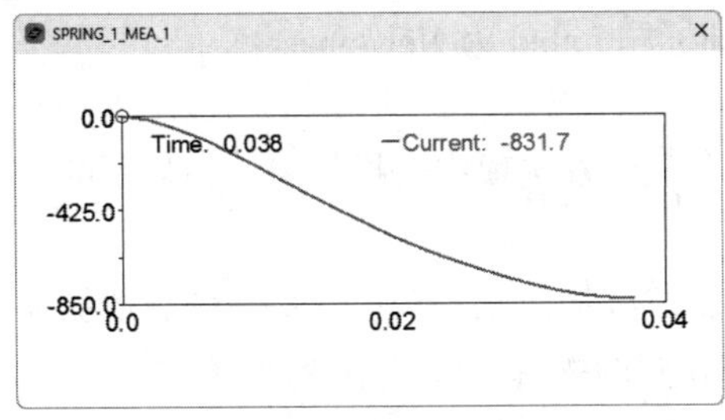

图 8-34　夹紧力随时间的变化曲线

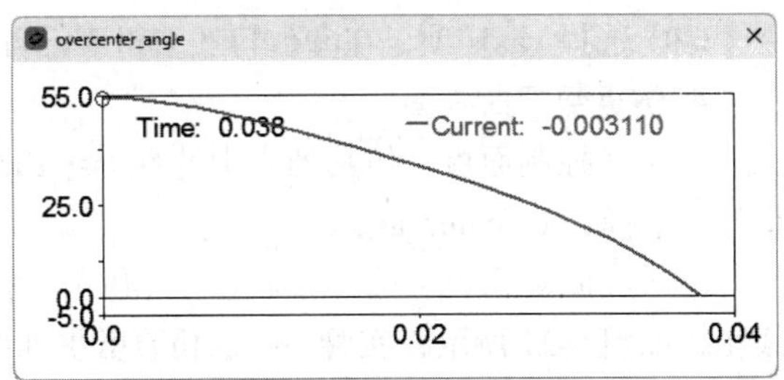

图 8-35　角度随时间的变化曲线

8.3.5　验证模型

1. 导入实验数据

在本例中直接利用 Adams 给出的一组实验数据。

（1）选择文件→导入命令，显示导入实验数据对话框。

（2）在“文件类型”栏，选择试验数据（*.*），选中“创建测量”单选按钮。

（3）在“读取文件”栏右击，在弹出的快捷菜单中选择浏览命令，选择 MSC.Software 的安装目录：aview\examples\latch\test_dat.csv。

（4）在“模型名称”文本框中输入 .Latch，如图 8-36 所示。单击“确定”按钮，导入实验数据。

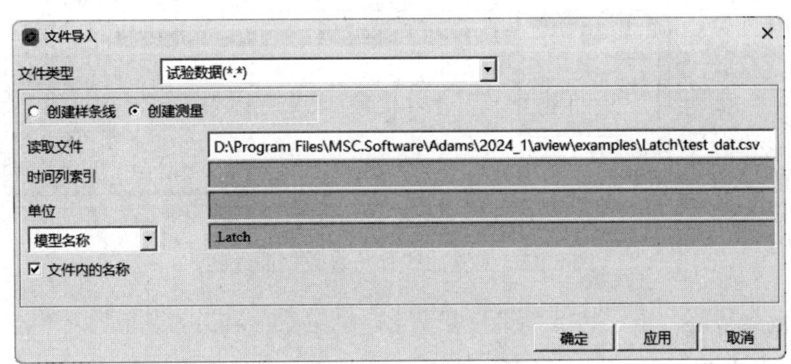

图 8-36　“文件导入”对话框

2. 绘制实验数据曲线图

（1）选择回放→后处理命令进入后处理程序。

（2）在窗口左上方选择 Plotting；在控制面板选择测量，在仿真列表中选择 test_dat；在独立轴选项中选择数据，在显示的对话框中选择 MEA_1，单击“确定”按钮。

（3）在测量列表中选择 MEA_2；单击“添加曲线”按钮，绘制实验数据曲线图。

3. 修改实验数据曲线图

（1）在窗口左侧的视图结构目录树中，选择 Page_1 下属的 plot_1 项；在参数特性编辑区设置标题 Title 为 Latch Force vs.Handle Angle。

（2）选择 haxis 项，在参数特性编辑区设置 y 轴标题 Label 为 Degrees。

（3）选择 vaxis 项，在参数特性编辑区设置 x 轴标题 Label 为 Newtons。

4. 仿真数据曲线图

（1）在控制面板，仿真列表中选择 last_run；在独立轴选项中选择数据，在显示的对话框中选择 overcenter_angle。

（2）在测量列表中选择 Spring_1_MEA_1；单击“添加曲线”按钮，绘制仿真数据曲线图，如图 8-37 所示，实验曲线与仿真数据曲线有较好的吻合。

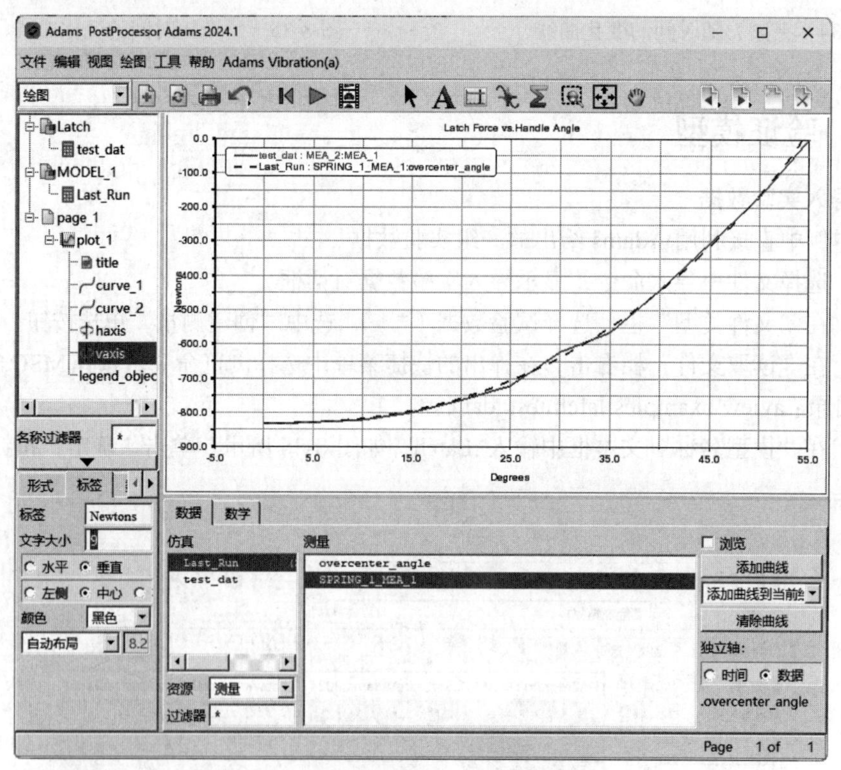

图 8-37　实验曲线和仿真数据曲线图

5. 保存数据文件

按 F8 键退出 PostProcessor 界面，然后选择文件→把数据库另存为命令，输入文件名称 va-lidate.bin。

8.4　优化设计实例——夹紧机构

本节通过夹紧机构的参数化模型具体说明参数化分析方法。

8.4.1　模型参数化

1. 建立设计变量

右击点 POINT_1（0,0,0），在弹出的快捷菜单中选择 Point:POINT_1→修改命令，显示表格编辑器窗口。

选择 POINT_1 的 Loc_X 单元格，在表格编辑器输入栏显示弹出式菜单，然后选择参数化→创建设计变量→实数命令，产生设计变量 .Latch.DV_1。

重复上述步骤，依次分别设定 POINT_1 的 Loc_Y，POINT_2 的 Loc_X 和 Loc_Y，POINT_3 的 Loc_X 和 Loc_Y，POINT_5 的 Loc_X 和 Loc_Y，POINT_6 的 Loc_X 和 Loc_Y，如图 8-38 所示，单击“应用”按钮。

Table Editor for Points in .Latch

	Loc_X	Loc_Y	Loc_Z
POINT 1	(DV_1)	(DV_2)	0.0
POINT 2	(DV_3)	(DV_4)	0.0
POINT 3	(DV_5)	(DV_6)	0.0
POINT 4	-10.0	22.0	0.0
POINT 5	(DV_7)	(DV_8)	0.0
POINT 6	(DV_9)	(DV_10)	0.0

图 8-38　设置设计变量

2. 观察设计变量

在表格编辑器中选择变量后，选择过滤器，在弹出的对话框中选择 Delta（△）类型项，单击“确定”按钮关闭对话框。目前数据库中的所有设计变量如图 8-39 所示，完成后关闭表格编辑器。

Table Editor for Real Variables in .Latch

	Real_Value	范围	Use_Range	Delta_Type
DV 1	0.0	-1.0, 1.0	yes	absolute
DV 2	0.0	-1.0, 1.0	yes	absolute
DV 3	3.0	-10.0, 10.0	yes	percent_relat...
DV 4	3.0	-10.0, 10.0	yes	percent_relat...
DV 5	2.0	-10.0, 10.0	yes	percent_relat...
DV 6	8.0	-10.0, 10.0	yes	percent_relat...
DV 7	-1.0	-10.0, 10.0	yes	percent_relat...
DV 8	10.0	-10.0, 10.0	yes	percent_relat...
DV 9	-6.0	-10.0, 10.0	yes	percent_relat...
DV 10	5.0	-10.0, 10.0	yes	percent_relat...
Latch.SPRING 1.stiffness coefficient	800.0	(NONE), (NONE)	yes	absolute
Latch.SPRING 1.damping coefficient	0.5	(NONE), (NONE)	yes	absolute
Latch.SPRING 1.free length	1.0	(NONE), (NONE)	yes	absolute
Latch.SPRING 1.preload	0.0	(NONE), (NONE)	yes	absolute

部件　标记点　点　运动副　力　驱动　变量　创建　过滤器...　排序方式...　写入

图 8-39　数据库中的所有设计变量

3. 储存数据库

选择文件→把数据库另存为命令，输入文件名称 Refine。

8.4.2 设计研究

1. 运行设计研究

（1）选择仿真→设计计算命令，如图 8-40 所示，显示“设计评价工具”对话框。

（2）选择和设置。选择测量、最大值，设置最大值为 SPRING_1_MEA_1，选择设计研究，设置设计变量为 DV_1，设置默认级别为 7，如图 8-41 所示。

（3）单击“显示”按钮，显示“求解设置”对话框，设置图表目标: 是，图标变量: 是，保存曲线: 是，显示报告: 是，如图 8-42 所示。单击“关闭”按钮“求解仿真”设置对话框。

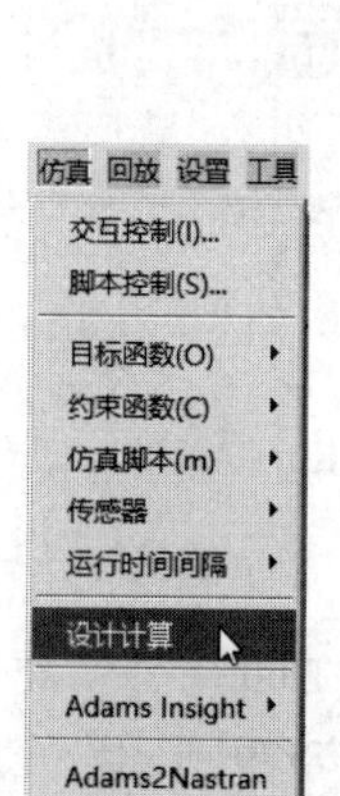

图 8-40 选择设计计算命令

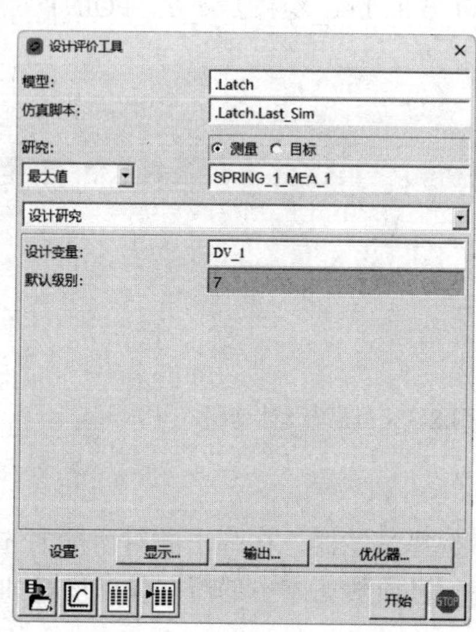

图 8-41 “设计评价工具”对话框

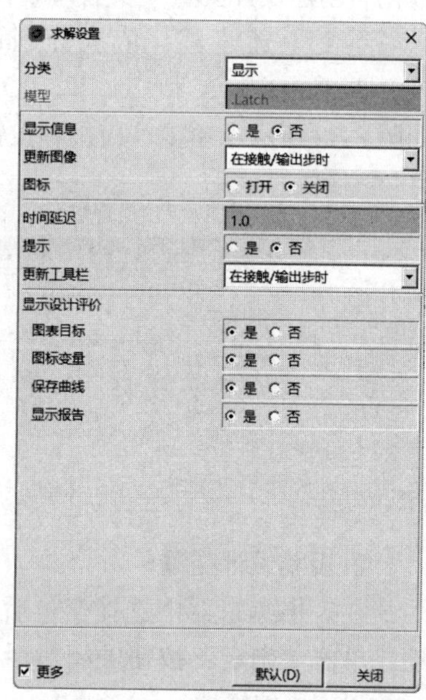

图 8-42 “求解设置”对话框

（4）调整夹紧机构在 Adams View 窗口中的视图尺寸，获得较佳的观看效果，然后单击“开始”按钮，开始运行设计研究。

在设置设计研究目标函数时，选择最小值选项，是因为在本模型中计算获得的夹紧力 SPRING_1_MEA_1 为负值，最小值实际上代表夹紧力的最大绝对值。

设计研究结果如图 8-43 ~ 图 8-45 所示。

根据信息窗口提供的设计研究报告，可以获得当 POINT_1 的 X 坐标（DV_1）取不同值时夹紧力的敏感度。DV_1 取初始值时的敏感度为 –88，而 DV_1 取 –1 时可以获得最佳的夹紧效果。

2. 设计研究结果分析

采用相同的方法，可以对所有的设计变量分别进行设计研究分析，得到其他设计点的设计研究结果，如表 8-3 所示。

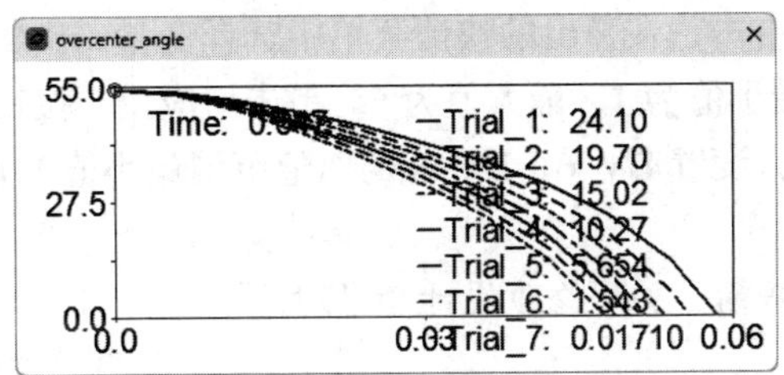

图 8-43　手柄角度随时间的变化曲线

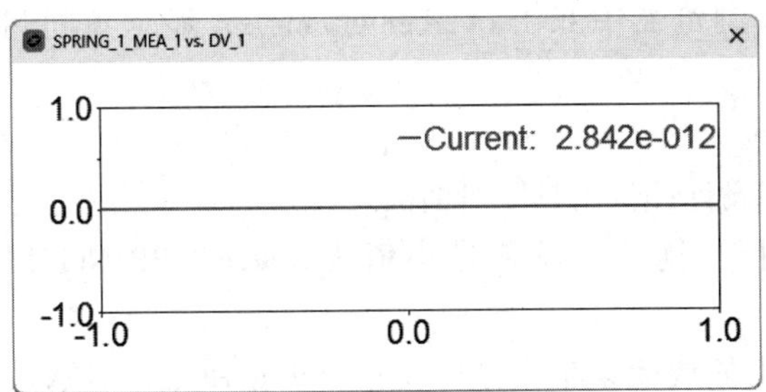

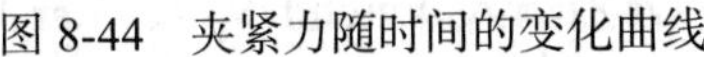

图 8-44　夹紧力随时间的变化曲线

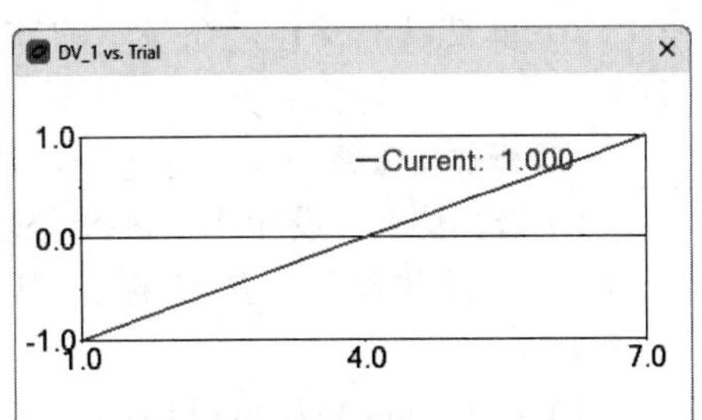

图 8-45　设计变量 DV_1 的取值

表 8-3　设计研究结果汇总表

设计变量	设计点	坐标方向	初始值	在初始值时的敏感度 /N · cm^{-1}	优化显著性
DV_1	POINT_1	X	0	–88	1
DV_2	POINT_1	Y	0	446	0
DV_3	POINT_2	X	3	140	2.7
DV_4	POINT_2	Y	3	–425	3.2
DV_5	POINT_3	X	2	–16	2.2
DV_6	POINT_3	Y	8	270	7.73
DV_7	POINT_5	X	–1	34	–1.1
DV_8	POINT_5	Y	10	–277	10.3
DV_9	POINT_6	X	–6	–56	–5.4
DV_10	POINT_6	Y	3	98	4.5

根据表 8-3 可以了解哪些设计变量对夹紧力有较大的影响，如从表 8-3 可知，DV_2、DV_4、DV_6、DV_8 的敏感度最大，这一结论为进一步优化设计奠定了基础。由此可知，可以着重对这 3 个位置进行调整，以获得进一步的优化设计结果。

8.4.3　优化设计与分析

1. 修改设计变量

（1）选择创建→设计变量→修改命令，在显示的数据库浏览器中双击 DV_2，显示修改设计变量对话框。

（2）在“值的范围”栏选择绝对最小和最大值，设置最小值为 –1，最大值为 1，如图 8-46 所示。单击“应用”按钮确认修改值。

（3）在“名称”栏右击，在弹出的快捷菜单中选择变量→浏览命令，显示数据库浏览器。双击 DV_4，设置最小值为 1，最大值为 6。单击“应用”按钮。

（4）重复以上操作，设置 DV_6、DV_8 的取值范围最小值为 6.5，最大值为 10，最小值为 9，最大值为 11。

（5）单击“确定”按钮，关闭修改设计变量对话框。

2. 显示测量图

（1）选择创建→测量→显示命令，在显示的数据库浏览器中，双击 SPRING_MEA_1，显示夹紧力测量图。

（2）重复以上操作，在显示的数据库浏览器中双击 overcenter_angle，显示角度测量图。

3. 运行优化分析

（1）选择仿真→设计计算命令，显示“设计评价工具”对话框。

（2）选择和设置。选择测量、最小值、优化，设置最小值为 .Latch. SPRING_1_MEA_1。

（3）在 Design Variable 栏右击，在弹出的快捷菜单中选择变量→浏览命令，显示数据库浏览器。单击 .Latch.DV_2，重复以上过程，再分别输入 .Latch.DV_4、.Latch.DV_6、.Latch.DV_8。

（4）选择自动保存项（默认值）。

（5）在优化目标 Goal 栏，选择测量值/目标值最小化项，通过寻找最小夹紧力 SPRING_ 1_MEA_1（即夹紧力的最大绝对值），获得最佳的夹紧机构，如图 8-47 所示。

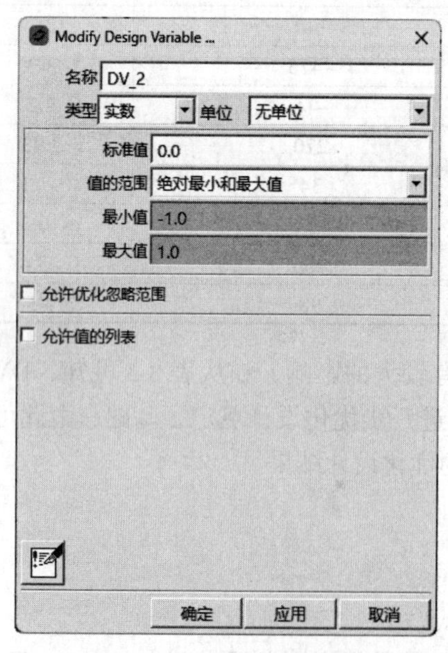

图 8-46　修改设计变量对话框

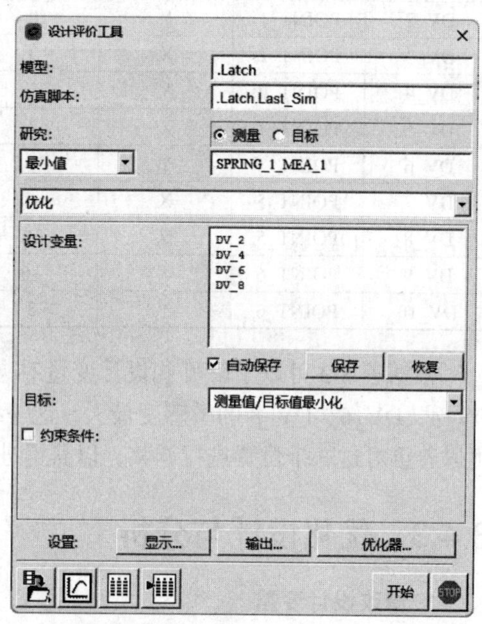

图 8-47　“设计评价工具”对话框

（6）单击“显示”按钮，显示“求解设置”对话框，如图 8-48 所示，设置图表目标：是，图标变量：是，保存曲线：是，显示报告：是。单击“关闭”按钮关闭“求解设置”

对话框。

（7）单击“输出”按钮，显示输出设置对话框，如图 8-49 所示。设置“保存文件”为“是”。

（8）单击“开始”按钮，开始优化计算。

（9）选择对话框底部的表格报告工具，显示表格化的分析报告。

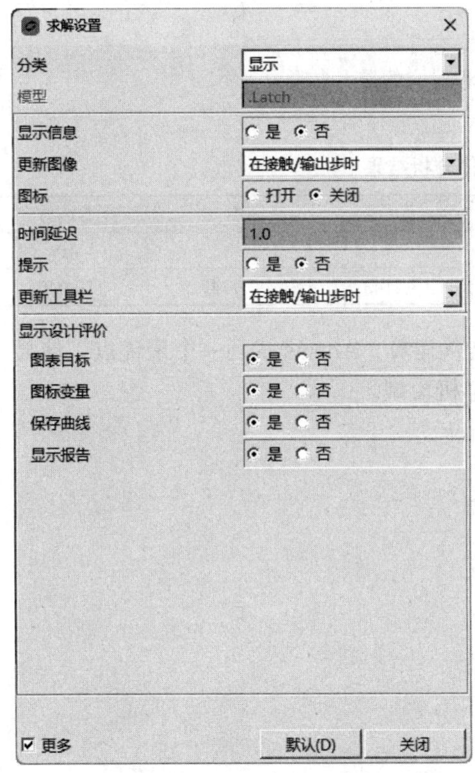

图 8-48　“求解设置”对话框

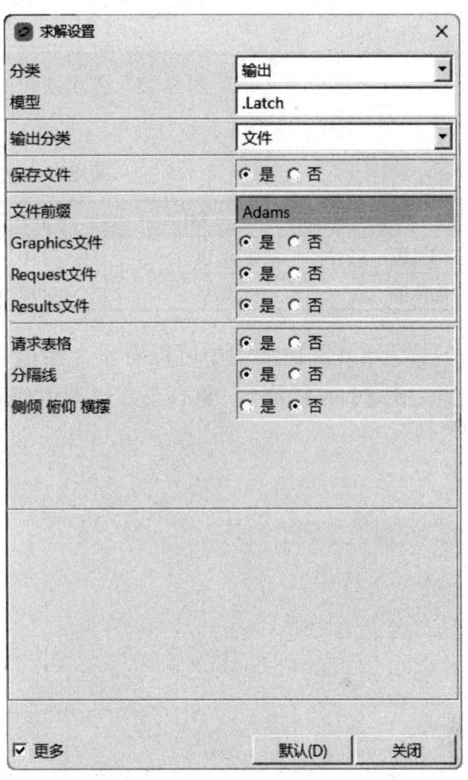

图 8-49　输出设置对话框

4. 优化结果分析

图 8-50 和图 8-51 表示各次迭代运算过程中，夹紧力及手柄角度的变化曲线，图 8-52 反映各次迭代运算过程所对应的最大夹紧力值。同时在信息窗口中给出了优化分析报告，其中主要优化分析结果如表 8-4 所示。

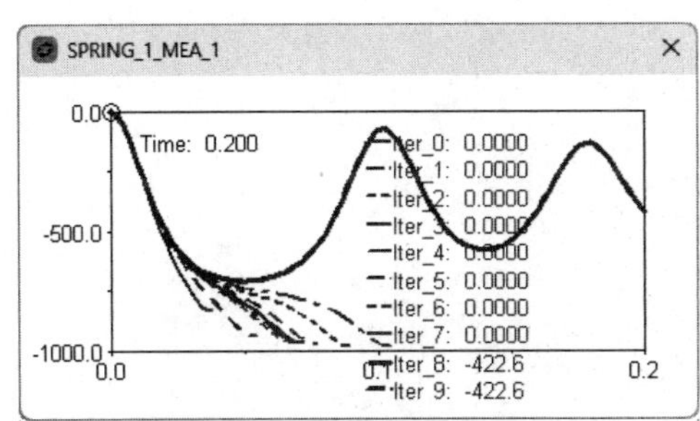

图 8-50　夹紧力的变化曲线

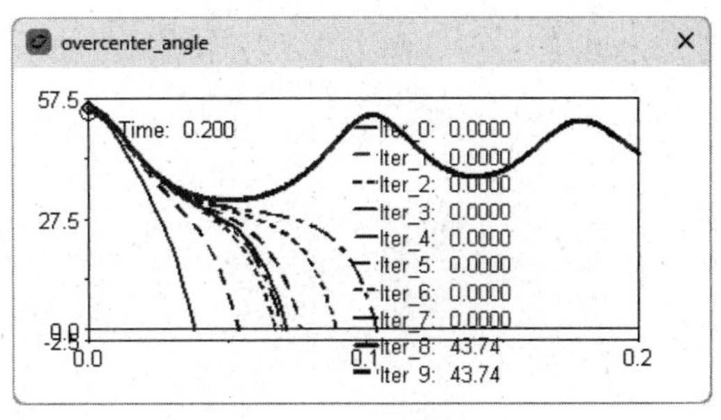

图 8-51　手柄角度的变化曲线

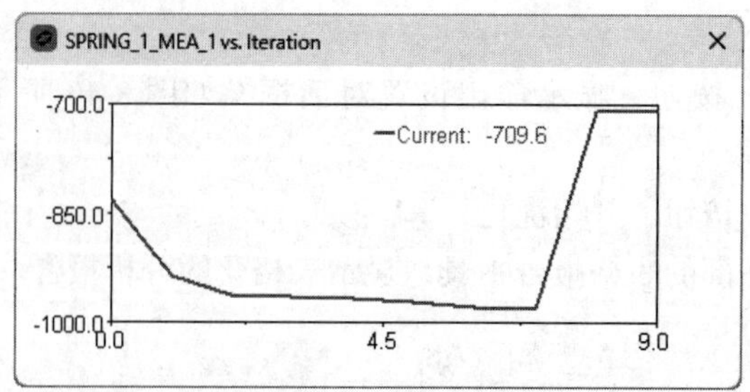

图 8-52　各次迭代运算过程对应的最大夹紧力

表 8-4　主要优化分析结果

	SPRING_1_MEA_1	DV_2	DV_4	DV_6	DV_8
初始值	−831.56	0	3	8	10
优化值	−980.05	−0.065971	3.2143	7.9747	10.049

从表 8-4 和曲线图中可以看出，经过 9 次迭代运算，Adams 找到一个最优点，使最大夹紧力由 831N 提高到 980N，并自动生成新的样机模型。

Adams Insight 试验优化设计

Adams Insight 是 MSC 公司的试验设计（Design of Experiments，DOE）软件。通过 Adams Insight，用户可以设计复杂的试验来评价机械系统的性能，它提供了一系列的统计工具以帮助用户更好地分析试验设计的结果。利用 Adams Insight，用户可以进行单目标或多目标优化，自变量可以是连续的，也可以是离散的。

☑ 运行 Adams Insight

☑ 参数化分析与回归分析

☑ 蒙特卡罗方法应用

任务驱动和项目案例

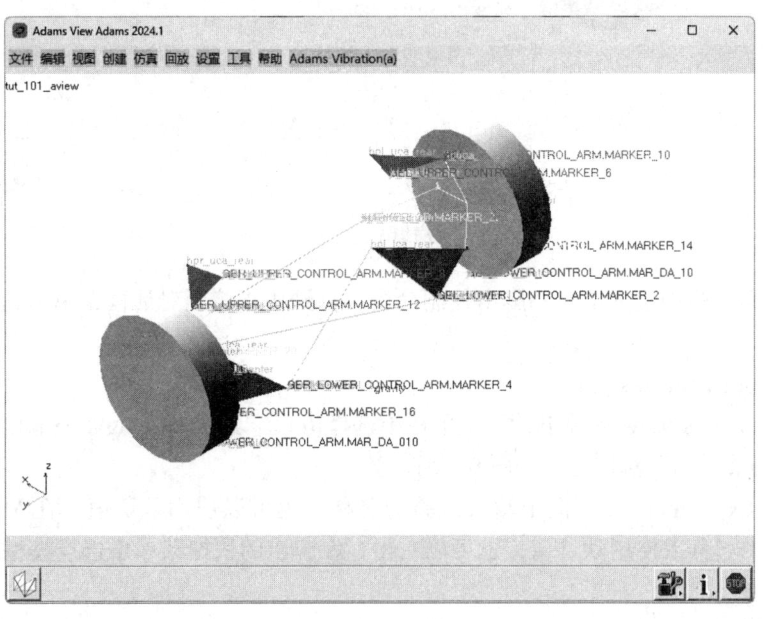

9.1 运行 Adams Insight

Adams Insight 可以单独运行，此时的设计因素和响应需要用户手动创建或从外部导入，它的强大功能在于可以和 Adams 的其他产品一起工作。

下面通过实例说明 Adams Insight 的工作过程。

（1）启动 Adams View。

（2）把 Adams 2024 软件安装目录下的 ainsight\examples\ain_tut_101_aview.cmd 文件复制到工作目录下。为了方便操作，把该文件附在资源包 yuanwenjian\ch_9\example 文件夹下，文件名为 ain_tut_101_aview.cmd。

（3）导入 ain_tut_101_aview.cmd 文件，如图 9-1 所示，导入的是一个双横臂独立前悬架模型，通过 Adams Insight 将研究如何通过调节硬点的位置，分析在车轮上下跳动时其对前束的影响。

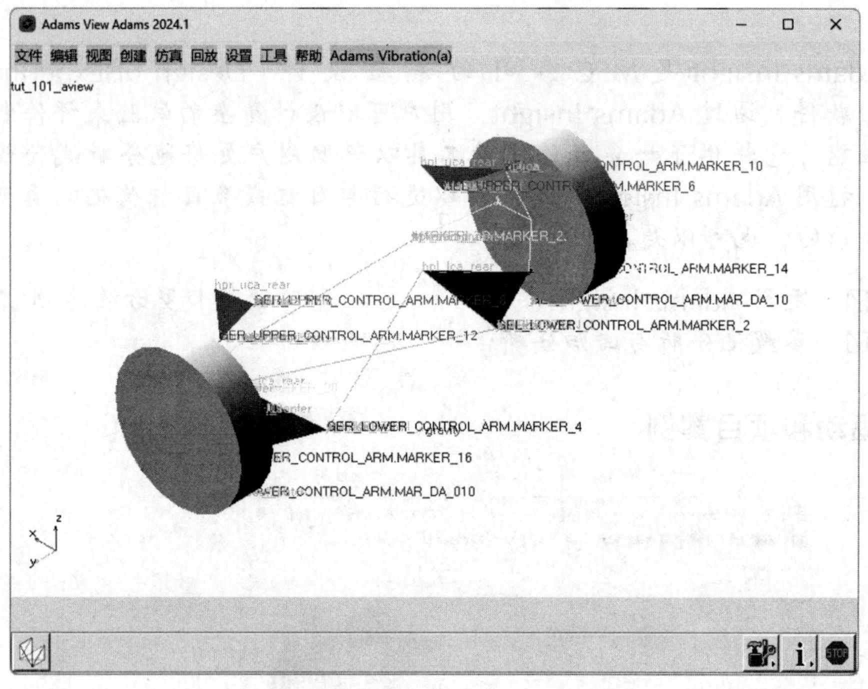

图 9-1　双横臂独立前悬架模型

（4）从菜单栏中选择仿真→脚本控制命令，打开仿真控制对话框，单击运行按钮进行仿真计算。

（5）启动 Adams Insight。

（6）在 Adams View 环境下，从菜单栏中选择仿真→ Adams Insight →输出命令，打开“Adams Insight 导出”对话框，如图 9-2 所示。

（7）在 Experiment 文本框中输入试验的名称，也可以使用默认值，在 Model 文本框中输入模型的名称或使用默认值，也可以右击，在弹出的快捷菜单中选择模型→浏览命令选择模型。

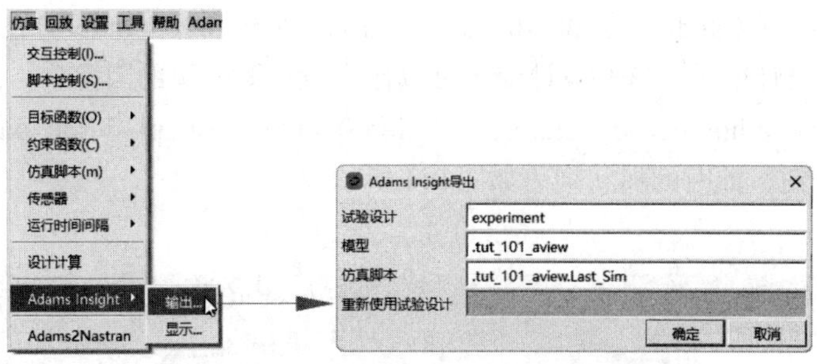

图 9-2 打开“Adams Insight 导出”对话框

（8）在仿真脚本文本框中采用默认值，或右击，在弹出的快捷菜单中选择仿真脚本→浏览命令选择模型。

（9）单击“确定”按钮，Adams View 将会启动 Adams Insight，如图 9-3 所示。在 Windows 中，Adams View 会打开“命令提示符”窗口，当用户关闭 Adams Insight 后，该窗口会自动关闭，不要手动关闭。

图 9-3 Adams Insight 界面

一个完整的试验设计（DOE）由以下 5 个部分组成：

☑ 确定试验目的。例如，用户想知道哪个参数的变化对系统的性能影响最大。

☑ 选择一组要研究的参数或因素，并且构造恰当的方式来近似地描述系统的性能，这种描述称为响应。

☑ 确定所选因素的范围，也称为水平。安排一组试验，在这些试验中因素会变化。

☑ 执行这些试验，记录下每次试验后系统的性能。

☑ 对整个试验过程中系统性能的变化进行分析，确定影响最大的因素。

下面结合 Adams Insight 对上述过程的实施进行具体介绍。

（10）在界面的树状列表中，单击 Factors 前面的“+”，将 Factors 展开为 Inclusions 和 Candidates。

（11）连续展开 Candidates/tut_101_aview/ground/hpl_tierod_outer。在 hpl_tierod_outer 下面会看到一组设计变量，这些设计变量可以作为设计矩阵里的因素。

（12）连续选择 hpl_tierod_outer.x、hpl_tierod_outer.y 和 hpl_tierod_outer.z，然后单击工具栏中的按钮，此时的树状列表如图 9-4 所示。

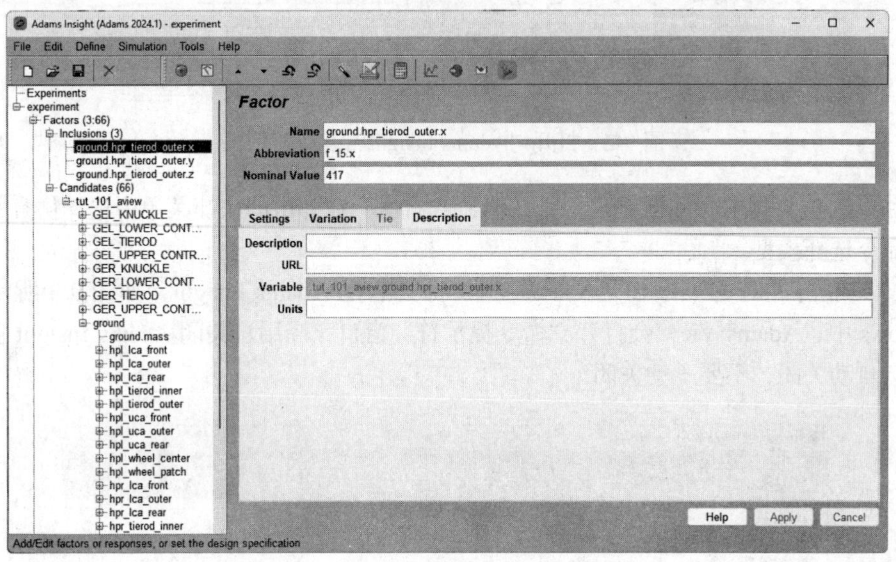

图 9-4　Adams Insight 的树状列表

（13）对选择因素的特性进行修改。从 Inclusions 列表中选择 hpl_tierod_outer.x 因素，在 Factor 栏中将 Abbreviation 设置为 tierod_outer.x，在 Description 标签中将 Units 设置为 mm，然后设置 Settings 标签，修改因素的特性如图 9-5 所示。设置完毕单击 Apply 按钮，即可保存修改。

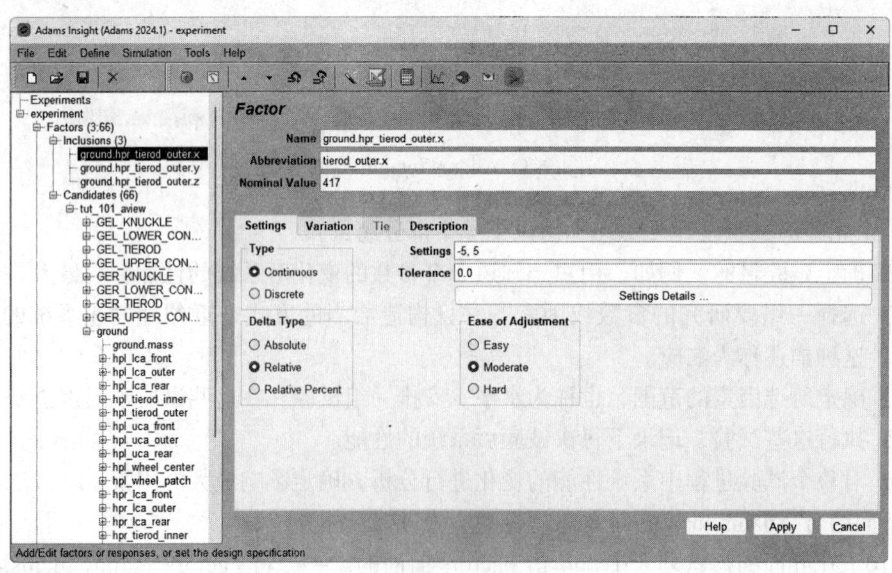

图 9-5　修改因素的特性

（14）对 hpl_tierod_outer.y 和 hpl_tierod_outer.z 也做与 hpl_tierod_outer.x 相似的修改。

步骤（10）~ 步骤（14）为 Adams Insight 中给定设计因素的过程。

（15）在界面的树状列表中，单击 Responses 前面的“+”，将 Responses 展开为 Inclusions 和 Candidates。

（16）连续展开 Candidates/tut_101_aview 会看到一组响应，这些响应可以作为设计矩阵里的因素。

（17）选择 toe_left_REQ 和 toe_right_REQ，把它们从 Candidates 列表中移到 Inclusion 列表中。

（18）从 Inclusions 列表中选择响应 toe_left_REQ，按如图 9-6 所示修改响应的属性。

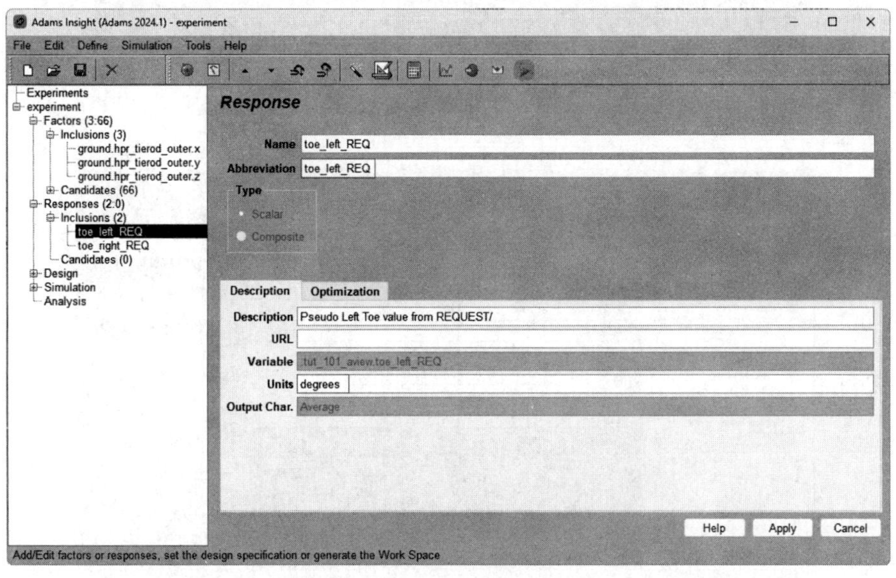

图 9-6 修改响应的属性

当 Adams Insight 和其他 MSC 产品一起工作时，Output Characteristics 下所有的属性都是不可修改的；当 Adams Insight 以 Standalone 模式运行时，这些属性都可以修改。

（19）修改完毕单击 Apply 按钮，即可保存修改。利用同样的方法修改响应 toe_right_REQ 的属性。

步骤（15）~ 步骤（19）为 Adams Insight 中给定目标的过程。

（20）单击工具栏中的（设计规范）按钮，弹出如图 9-7 所示的窗口，该窗口中的内容是 Adams Insight 的核心部分，本章后面将对该部分内容做详细介绍。

（21）前面选定了 3 个参数，并为每个参数指定了范围，这就构成了 Design Space（设计空间）。只需从菜单栏中选择 Define → Experiment Design → Create Work Space 命令，再单击工具栏中的列表按钮，即可得到 Adams View 中的 Work Space（工作空间），如图 9-8 所示。Adams View 会按照矩阵中的参数进行 8 次仿真。

（22）在确定了 Work Space 中的信息之后，选择菜单栏中的 Simulation → Build-Run-Load → All 命令，即可调用 Adams View 进行仿真计算。在仿真结束后，会出现一个 Information 对话框，单击“确定”按钮，得到仿真结果如图 9-9 所示。

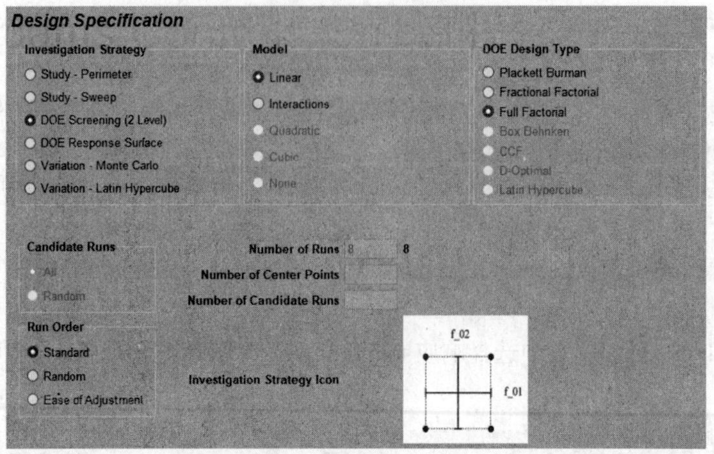

图 9-7　设计因素的属性窗口

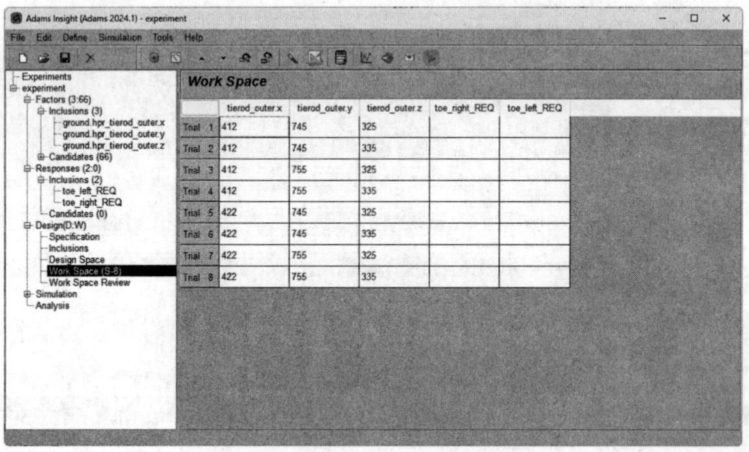

图 9-8　工作空间

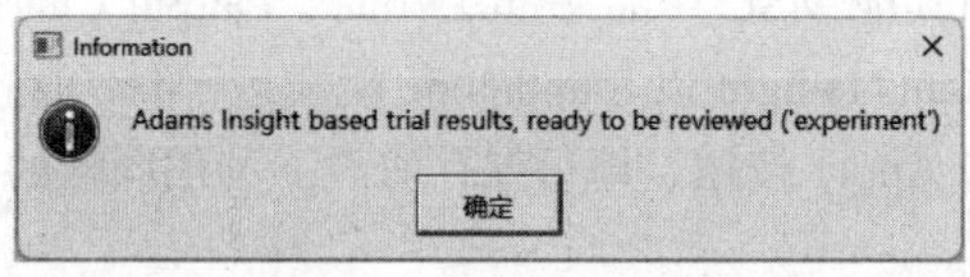

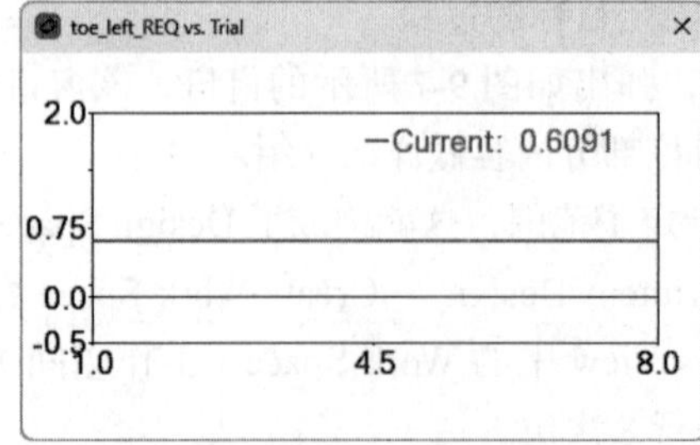

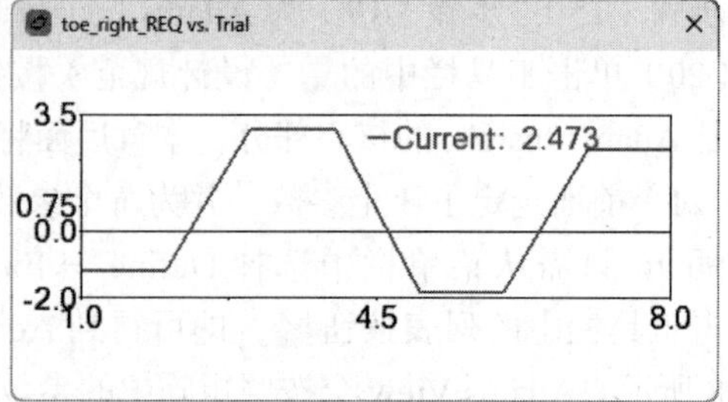

图 9-9　调用 Adams View 进行仿真计算的仿真结果

步骤（20）~ 步骤（22）为 Adams Insight 中给定一组试验的过程。

9.2 参数化分析与回归分析

9.2.1 参数化分析

在上面的例子中，设计因素是已经生成好的。读者在使用 Adams Insight 时，基本问题是如何把自己感兴趣的设计参数定义为设计因素，以及如何把感兴趣的问题定义为响应，也就是所谓的模型参数化问题。在生成设计因素进行 DOE（试验设计）时，需要注意以下几个问题。

☑ 进行 DOE 所基于的模型是一个稳健的模型，所谓稳健，是指模型在整个设计空间内都有确定性的解。这就需要满足两个条件，一是所有方案在物理上都是可行的；二是 Adams Solver 在求解时不会发散。

☑ 当模型中的变量在一定范围内变化时，好的模型都应该是稳健的，用户需要对这个范围的情况有大概了解。

☑ DOE 方法会在工作点附近对模型参数进行调整，用户需要保证工作点在稳健的设计空间之内。

在 Adams View 中有以下两类设计参数可以定义为设计因素。

☑ 结构点：结构点在 Adams 中默认为是参数化的，当它们改变时，模型会自动随之更新。

☑ 设计变量：在 Adams 中是利用设计变量来参数化模型的，即它一旦改变，与之相关联的模型特征都会自动更新。

在 Adams View 中有以下 5 类参数可以定义为响应。

☑ 测量特性。

☑ 请求特性。

☑ 结果特性。

☑ Adams View 的函数 Run-time。

☑ Adams View 的函数 Design-time 和变量。

下面通过实例深入了解具体操作步骤。

（1）启动 Adams View。

（2）导入模型 ain_tut_101_aview.cmd，它是一个双横臂独立前悬架模型。

（3）进行一个 1.0s、50 步的仿真（终止时间：1.0，步数：50）。

（4）改变悬架几何直接影响车轮上下跳动时前轮定位参数的变化。

（5）进行一个 2.0s、100 步的仿真，按 F8 键进入后处理模式，利用 Adams Post Processor 考查计算结果，如图 9-10 所示，用户定义的请求为 TCC，X 分量为 U2。

（6）在 Adams 界面中，从菜单栏中选择工具→表格编辑器命令，弹出如图 9-11 所示的对话框，在底部选中“点”单选按钮。

（7）把 hpl_tierod_outer 的横坐标由 417 改为 422。

（8）运行一个 2.0s、100 步的仿真，并把结果与前一次的仿真结果进行比较，如图 9-12 所示。

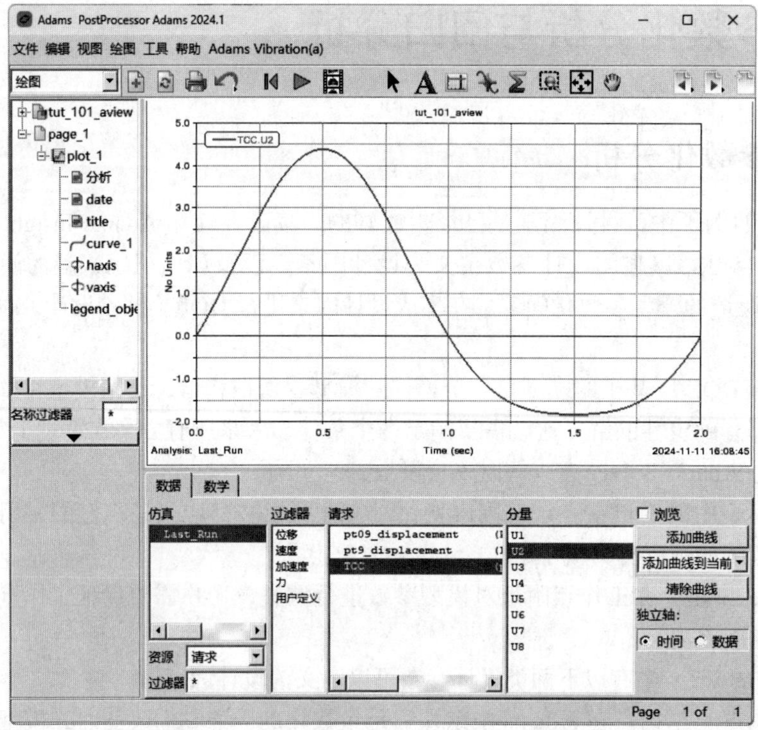

图 9-10　利用 Adams PostProcessor 考查计算结果

Table Editor for Points in .tut_101_aview

	Loc_X	Loc_Y	Loc_Z
hpl lca front	67.0	-400.0	180.0
hpl lca rear	467.0	-450.0	185.0
hpl lca outer	267.0	-750.0	130.0
hpr lca front	67.0	400.0	180.0
hpr lca rear	467.0	450.0	185.0
hpr lca outer	267.0	750.0	130.0
hpl uca front	367.0	-450.0	555.0
hpl uca rear	517.0	-490.0	560.0
hpl uca outer	307.0	-675.0	555.0
hpr uca rear	517.0	490.0	560.0
hpr uca outer	307.0	675.0	555.0
hpr uca front	367.0	450.0	555.0
hpl tierod outer	422	-750.0	330.0
hpl tierod inner	467.0	-400.0	330.0

图 9-11　模型中的硬点

通过这个例子，读者可以体会到在没有 Adams Insight 的情况下，只能手动改变参数，手动进行结果比较，当设计方案多了以后，这个过程是非常耗时的。下面的过程将说明在没有 Adams Insight 的情况下工程师是如何进行 DOE 的。读者可以通过该过程了解模型在给定设计空间内的性能，从而为下一步的 DOE 确定一个好的基本模型。进行该过程需要 Adams Solver 的数据文件，即 .adm 文件。需要在文本编辑器中手动编辑模型参数，并把它提交给 Adams Solver 进行分析。

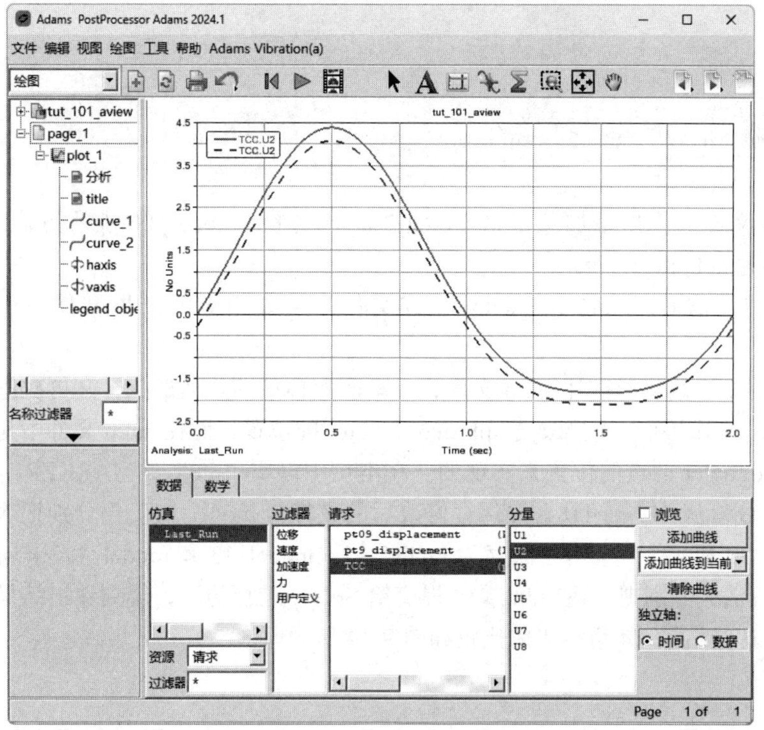

图 9-12　仿真结果的比较

（9）把 hpl_tierod_outer 的横坐标由 422 改回到 417。

（10）导出 .adm 文件。从菜单栏中选择文件→导出命令，弹出“文件导出”对话框，如图 9-13 所示，在文件类型下拉列表框中选择 Adams Solver 数据库（*.adm），其他选项接受系统默认值，然后单击“确定”按钮。

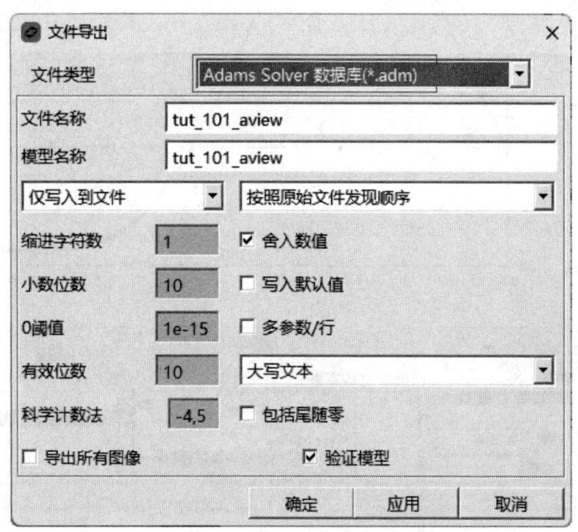

图 9-13　“文件导出”对话框

（11）把 .adm 文件提交给 Adams Solver。创建一个 Solver 的命令文件 run_default.acf，

内容如下：

```
model_1.adm
default_results
simulate/kinematic, end = 2, steps = 100
stop
```

该命令文件的作用是加载模型 model_1.adm，进行 2.0s、100 步的仿真，保存结果，文件的前缀为 default_results。

（12）进行仿真。双击 run_default.acf 文件，生成相应的结果文件 .aut、.gra、.msg 和 .req。

（13）用文本编辑器打开 .adm 文件，手动改变模型的几何形状，并再次进行仿真。在 Adams View 下用户可以直接改变 hpl_tierod_outer 的位置，而在 .adm 文件中是通过改变定义 hpl_tierod_outer 的点的位置来实现的。在本例中需要手动改变 MARKER/17 和 MARKER/18 的 X 分量从 417 到 418，并保存修改后的文件为 model_11。再分别把 X 分量从 417 改为 419、420 和 421，并相应保存为 model_12、model_13 和 model_4。采用步骤（11）、（12）中的方法，分别把上述 .adm 文件提交给 Solver 进行仿真，得到 4 组结果，在后处理模块中导入这些结果，4 组结果的比较如图 9-14 所示。

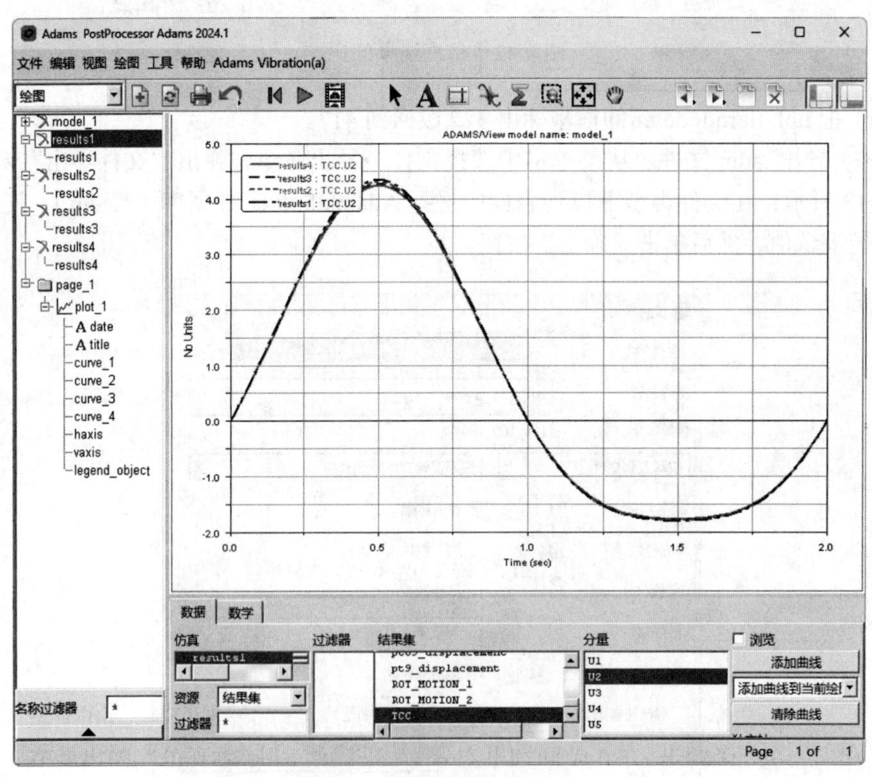

图 9-14　4 组结果的比较

（14）一种更专业的方式是用 .acf 文件来提交 4 组仿真，文件内容如下：

```
model_11
results1
simulate/kinematic, end = 2, steps = 100
file/model = model_12, output = results2
simulate/kinematic, end = 2, steps = 100
file/model = model_13, output = results3
simulate/kinematic, end = 2, steps = 100
file/model = model_14, output = results4
simulate/kinematic, end = 2, steps = 100
stop
```

进一步的 DOE 应当是把分析结果导入专业的统计分析软件，进行仿真结果的分析和处理。以上过程是非常有用的，尤其是在调用复杂的模型时，每一个 Adams 工程师都应当掌握，同时也说明了手动进行参数化研究的过程是相当繁琐的。

9.2.2 参数化过程

1. 扫描研究

扫描研究是 Adams Insight 提供的工具，利用它可以在 DOE 的开始阶段，通过对设计因素的线性扫描来理解设计变量对模型的影响，从而合理地确定因素的边界，具体操作过程如下。

（1）启动 Adams View，导入 ain_tut_101_aview.cmd 模型。

（2）导出模型到 Adams Insight 中，进行设置，如图 9-15 所示。

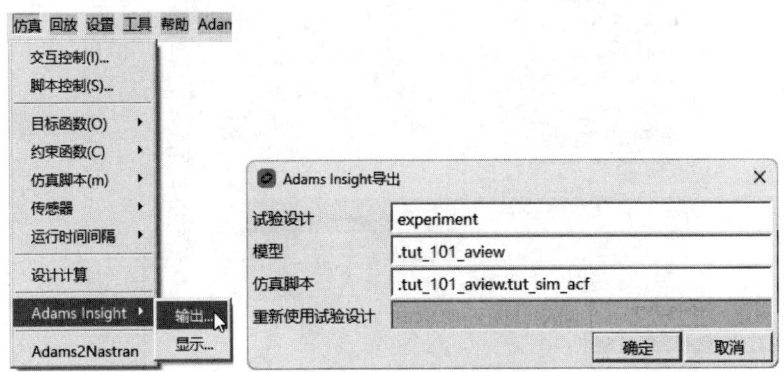

图 9-15　导出模型到 Adams Insight 中

（3）设置分析因素 hpl_tierod_outer.x，如图 9-16 所示，然后单击工具栏中的▲按钮，将 hpl_tierod_outer.x 上移到 Inclusions 树状列表中。

（4）选中两个分析响应，然后单击工具栏中的▲按钮，将 toe_left_REQ 和 toe_right_REQ 上移到 Inclusions 树状列表中。

（5）选择 toe_left_REQ 和 toe_right_REQ，单击工具栏中的 （设计规范）按钮，设置响应的属性，如图 9-17 所示。

（6）单击 Apply 按钮，应用设置。

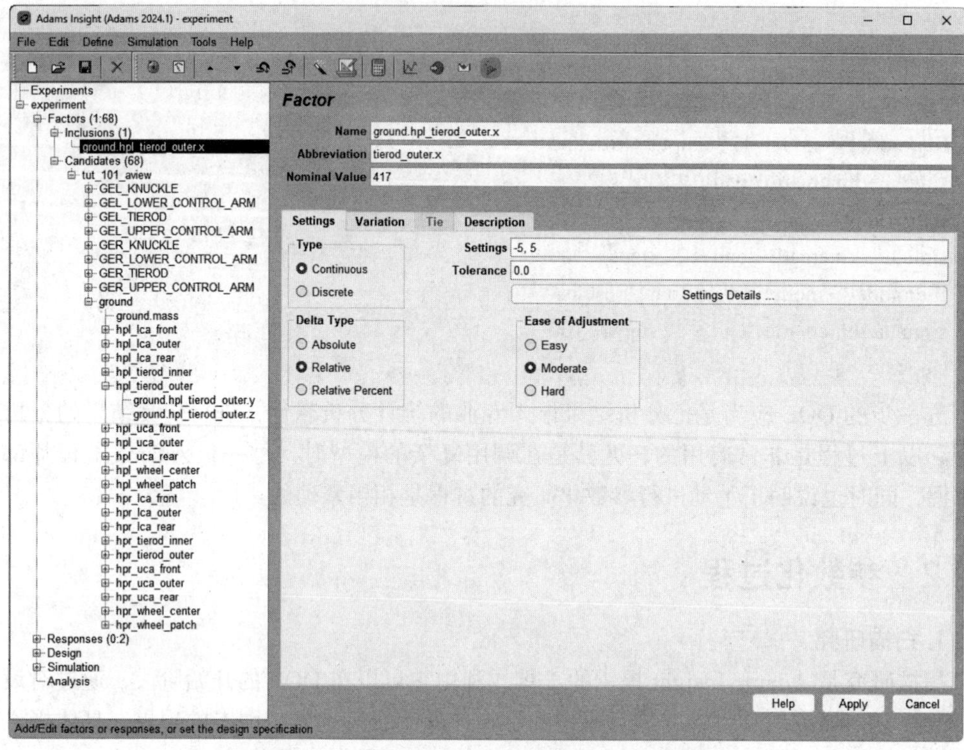

图 9-16　设置分析因素 hpl_tierod_outer.x

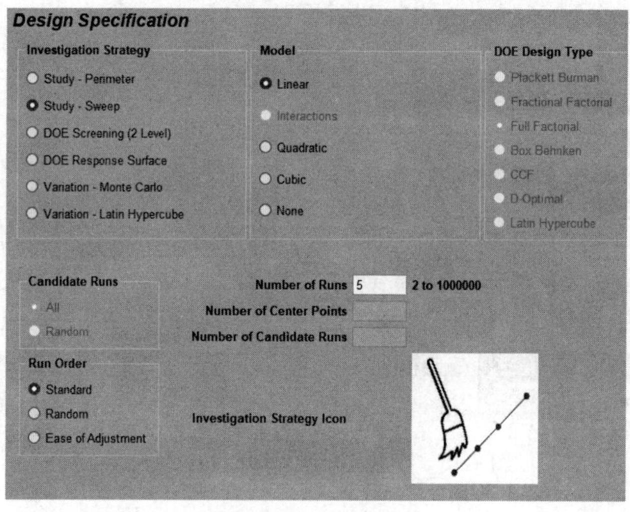

图 9-17　设置响应的属性

（7）创建 Work Space 并运行该模型。从菜单栏中选择 Define → Experiment Design → Create Design Space 命令，然后单击工具栏中的列表按钮，即可得到 Adams View 中的 Work Space（工作空间），如图 9-18 所示。在确定了 Work Space 的信息之后，就可以进行仿真了。单击 Adams Insight 工具栏中的“Run all simulations”按钮，Adams View 会按照矩阵中的参数进行 5 次仿真。

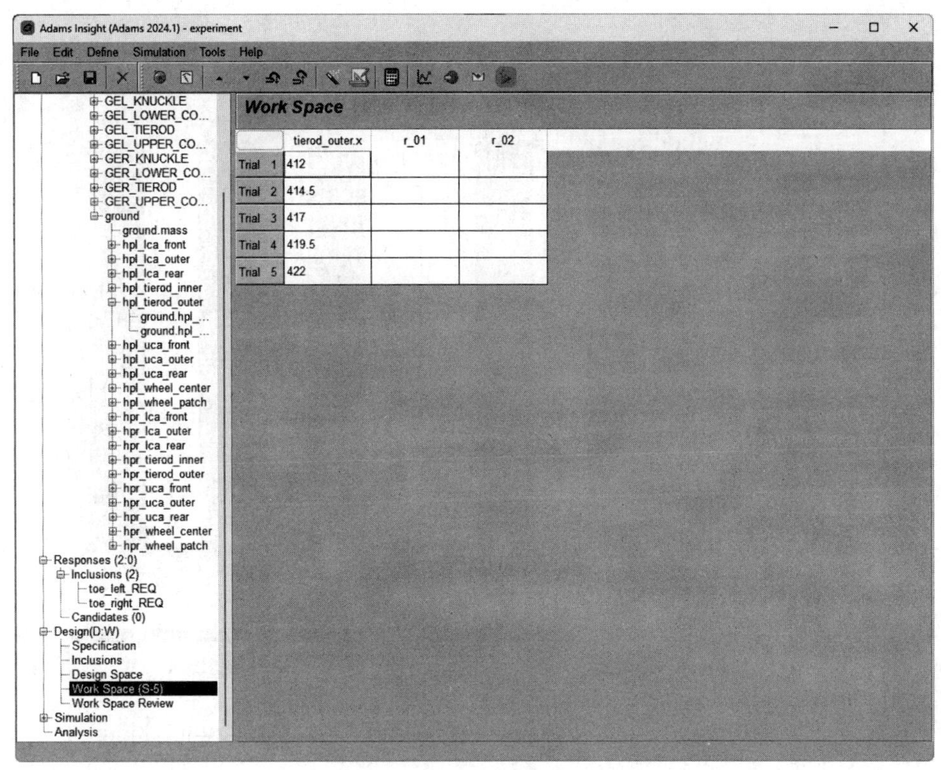

图 9-18　工作空间

（8）在 Adams View 窗口菜单栏中选择仿真（Simulate）→ Adams Insight →显示（Displaying）命令。

（9）在 Adams Insight 的树形列表中选择 Work Space Review，如图 9-19 所示，可以清楚地看到设计因素的改变对响应的影响。

这里需要指出的是，任何形式的设计研究、DOE、优化或变量扫描都需要正确了解设计变量的边界。只有这样才能保证 Design Space（设计空间）内所有的变量组合形式都是有物理意义的，且可以由 Adams Solver 进行正确求解。

2. 设计因素的创建

在 Adams View 中有两类变量会被 Adams Insight 自动创建为预备的设计因素（Potential Factor），即结构点（Construction Point）和设计变量（Design Variables）。其他如几何属性和 Marker 点的位置不会认为是参数化的，也不是默认的设计因素，如果用户需要，则要自己创建，举例说明如下。

（1）看一下在扫描研究中导入的模型，会看到有 68 个潜在的设计因素，它们都属于 ground part，如图 9-20 所示。

（2）返回 Adams View，从菜单栏中选择工具（Tools）→表格编辑器（Table Editor）命令，在弹出的窗口中可以看到模型的 20 个硬点，如图 9-21 所示，它们的 X、Y、Z 3 个坐标一共 60 个变量构成了全部的潜在设计因素。

（3）删除 hpl_tierod_outer，并重新导出模型到 Adams Insight 中，可以看到在删除了一个硬点之后，在扫描研究中只有 65 个潜在的设计因素。

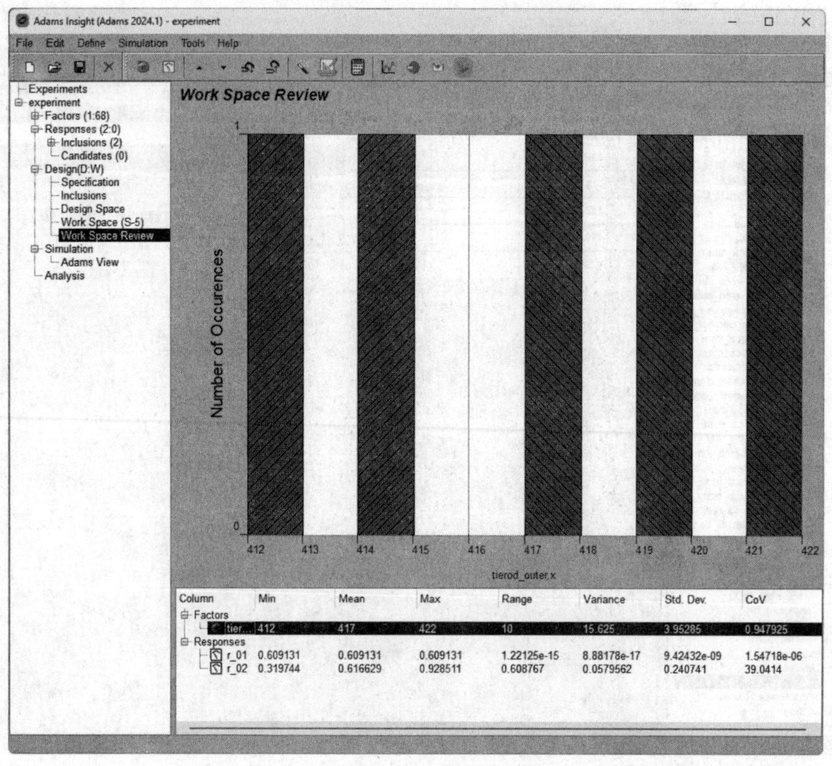

图 9-19　设计因素的改变对响应的影响

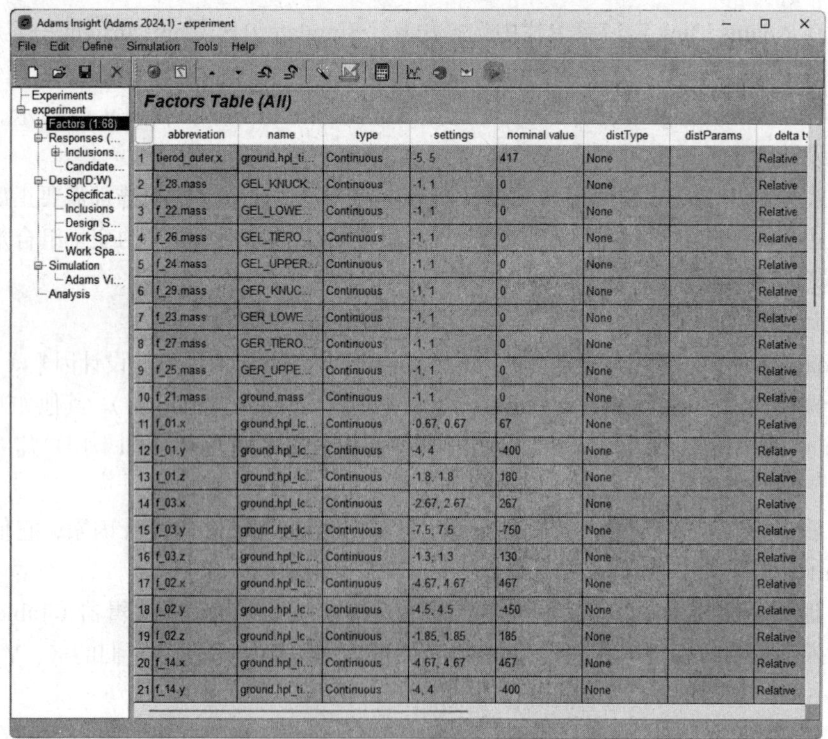

	abbreviation	name	type	settings	nominal value	distType	distParams	delta t
1	tierod_outer.x	ground.hpl_ti...	Continuous	-5, 5	417	None		Relative
2	f_28.mass	GEL_KNUCK...	Continuous	-1, 1	0	None		Relative
3	f_22.mass	GEL_LOWE...	Continuous	-1, 1	0	None		Relative
4	f_26.mass	GEL_TIERO...	Continuous	-1, 1	0	None		Relative
5	f_24.mass	GEL_UPPER...	Continuous	-1, 1	0	None		Relative
6	f_29.mass	GER_KNUC...	Continuous	-1, 1	0	None		Relative
7	f_23.mass	GER_LOWE...	Continuous	-1, 1	0	None		Relative
8	f_27.mass	GER_TIERO...	Continuous	-1, 1	0	None		Relative
9	f_25.mass	GER_UPPE...	Continuous	-1, 1	0	None		Relative
10	f_21.mass	ground.mass	Continuous	-1, 1	0	None		Relative
11	f_01.x	ground.hpl_lc...	Continuous	-0.67, 0.67	67	None		Relative
12	f_01.y	ground.hpl_lc...	Continuous	-4, 4	-400	None		Relative
13	f_01.z	ground.hpl_lc...	Continuous	-1.8, 1.8	180	None		Relative
14	f_03.x	ground.hpl_lc...	Continuous	-2.67, 2.67	267	None		Relative
15	f_03.y	ground.hpl_lc...	Continuous	-7.5, 7.5	-750	None		Relative
16	f_03.z	ground.hpl_lc...	Continuous	-1.3, 1.3	130	None		Relative
17	f_02.x	ground.hpl_lc...	Continuous	-4.67, 4.67	467	None		Relative
18	f_02.y	ground.hpl_lc...	Continuous	-4.5, 4.5	-450	None		Relative
19	f_02.z	ground.hpl_lc...	Continuous	-1.85, 1.85	185	None		Relative
20	f_14.x	ground.hpl_ti...	Continuous	-4.67, 4.67	467	None		Relative
21	f_14.y	ground.hpl_ti...	Continuous	-4, 4	-400	None		Relative

图 9-20　模型潜在的设计因素

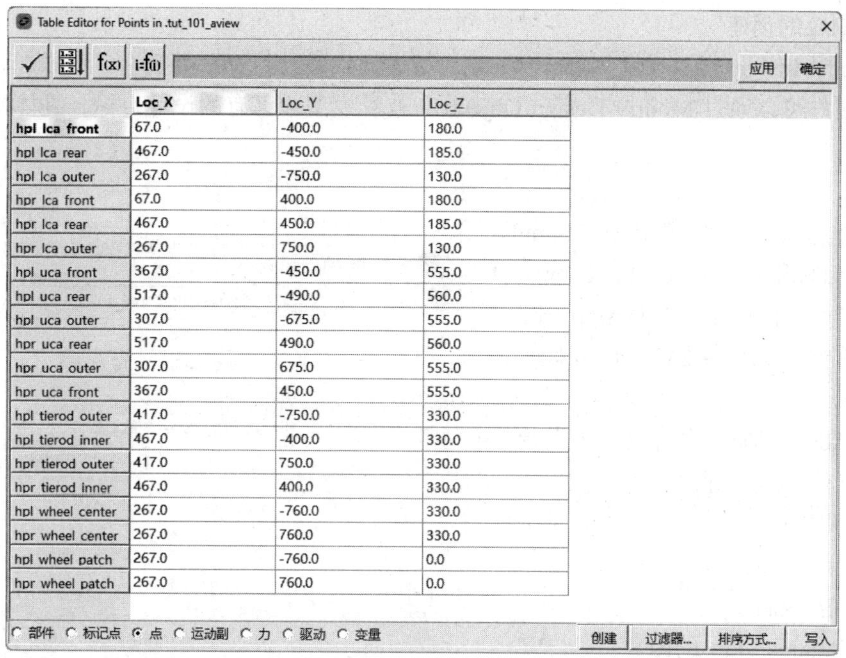

Table Editor for Points in .tut_101_aview

	Loc_X	Loc_Y	Loc_Z
hpl lca front	67.0	-400.0	180.0
hpl lca rear	467.0	-450.0	185.0
hpl lca outer	267.0	-750.0	130.0
hpr lca front	67.0	400.0	180.0
hpr lca rear	467.0	450.0	185.0
hpr lca outer	267.0	750.0	130.0
hpl uca front	367.0	-450.0	555.0
hpl uca rear	517.0	-490.0	560.0
hpl uca outer	307.0	-675.0	555.0
hpr uca rear	517.0	490.0	560.0
hpr uca outer	307.0	675.0	555.0
hpr uca front	367.0	450.0	555.0
hpl tierod outer	417.0	-750.0	330.0
hpl tierod inner	467.0	-400.0	330.0
hpr tierod outer	417.0	750.0	330.0
hpr tierod inner	467.0	400.0	330.0
hpl wheel center	267.0	-760.0	330.0
hpr wheel center	267.0	760.0	330.0
hpl wheel patch	267.0	-760.0	0.0
hpr wheel patch	267.0	760.0	0.0

图 9-21 模型的 20 个硬点

（4）返回到 Adams View 中，并创建一个设计变量。右击轮胎几何模型，在弹出的快捷菜单中选择 Cylinder：WHEEL→修改命令，打开“修改圆柱的几何形状”对话框，如图 9-22 所示。在长度文本框中右击，在弹出的快捷菜单中选择参数化→创建设计变量命令。

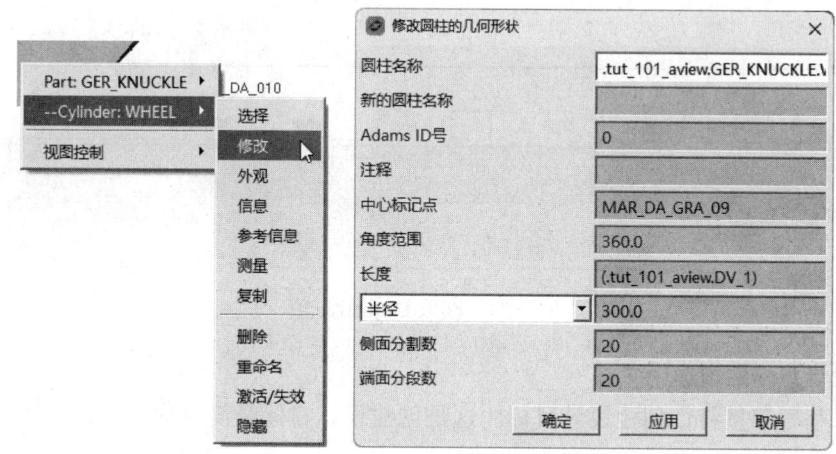

图 9-22 打开“修改圆柱的几何形状”对话框

（5）重新导出模型到 Adams Insight 中，可以看到在增加了一个设计变量后，在扫描研究中有 66 个潜在的设计因素。

在 Adams View 中对模型进行参数化的基本方法，会使 Adams Insight 自动将设计变量生成为潜在的设计因素。

3. 响应的创建

Adams Insight会自动在Adams View模型中搜索设计目标，并把它自动添加为潜在的响应。用户可以通过Modify Design Objective查看模型中已有的设计目标，具体操作步骤如下。

（1）导入ain_tut_101_aview.cmd模型。

（2）选择菜单栏中的仿真（Simulation）→目标函数（Object Function）→修改命令，打开Modify Design Objective对话框，如图9-23所示，来定义设计目标。

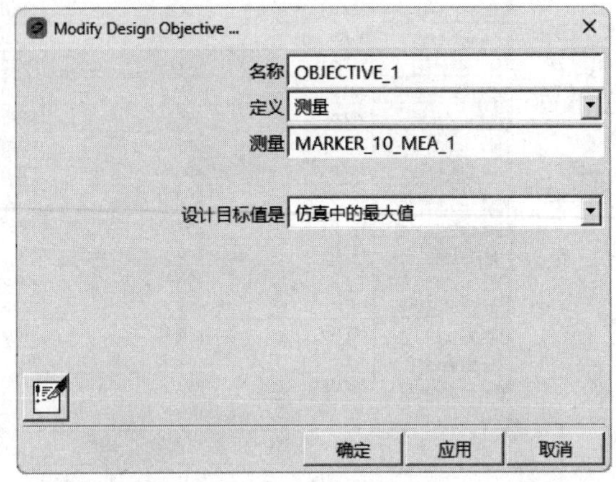

图9-23　Modify Design Objective对话框

在Adams View中有以下5类参数可以定义为设计目标。

☑ 测量特性。

☑ 请求特性。

☑ 结果特性。

☑ Adams View的函数。

☑ Adams View的宏和变量。

下面分别举例说明如何创建这五种设计目标，在此之前先介绍一个获取Objective值的命令。

（3）进行一个2.0s、100步的仿真。

（4）按F3键显示命令行，输入optimize objective evaluate objective_name = toe_left_REQ，按Enter键，得到如图9-24所示结果。

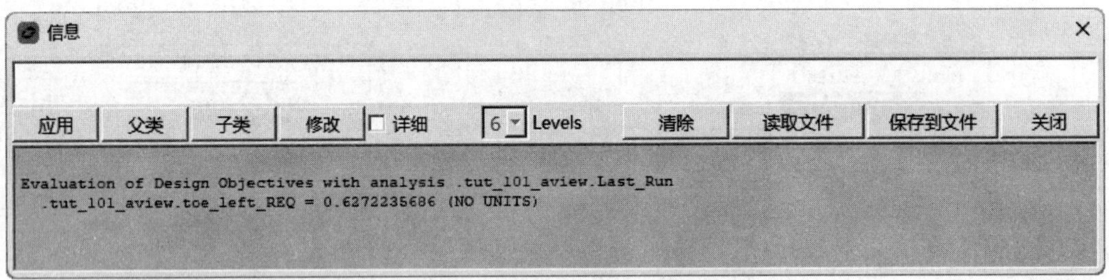

图9-24　获取Objective值

4. 设计目标的创建

（1）基于测量特性创建设计目标。这是创建设计目标最简单的方法，具体操作步骤如下。

❶ 导入ain_tut_101_aview.cmd模型。

❷ 右击球铰jl_uca_ball，在弹出的快捷菜单中选择-marker.MARKER_10→测量命令，创建一个测量来测量位移的幅值，特性为平移位移，如图9-25所示。

❸ 从菜单栏中选择仿真（Simulation）→目标函数（Object Function）→新建命令，基于测量创建设计目标，如图9-26所示进行设置。

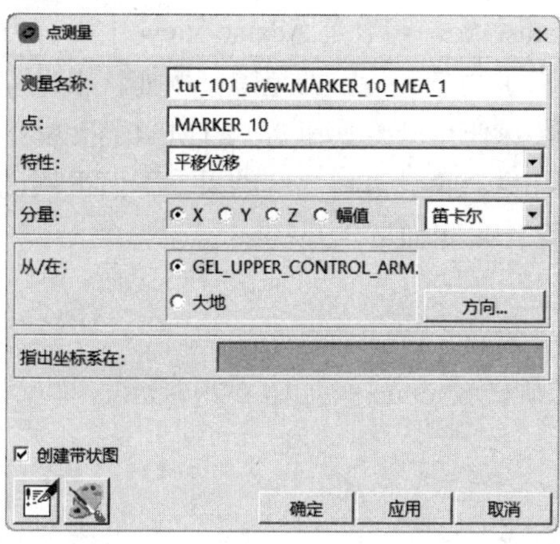

图 9-25　创建一个测量

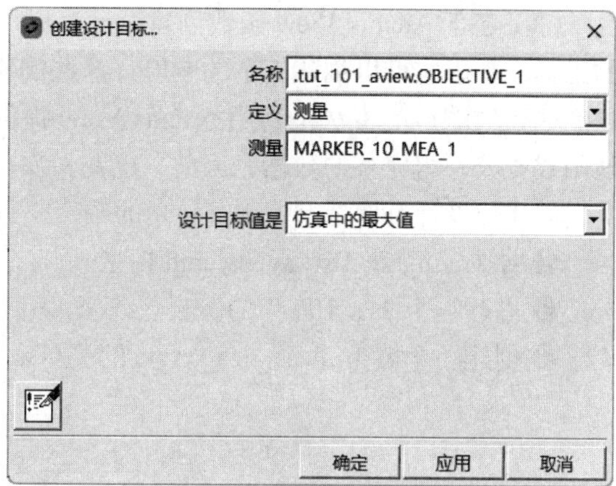

图 9-26　基于测量创建目标

❹ 进行一个 2.0s、100 步的仿真。

❺ 按 F3 键显示命令行，输入 optimize objective evaluate objective_name = .tut_101_aview.OBJECTIVE_1，按 Enter 键，得到如图 9-27 所示结果。

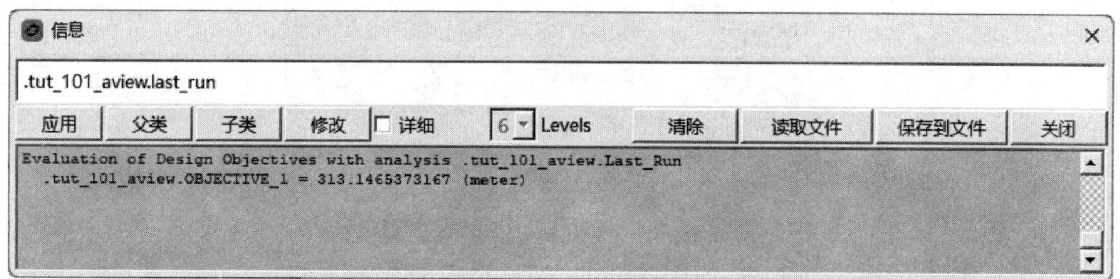

图 9-27　基于测量创建目标的结果

（2）基于请求或结果集特性创建设计目标。该方法也很容易实现，如图 9-28 所示，用户只需在“名称”文本框内输入请求的名称，在“定义”下拉菜单中选择“结果集分量（请求）”或“现有的结果集分量（请求）”选项即可，模型中的目标：toe_left_REQ 和 toe_right_REQ 就是基于请求创建的。

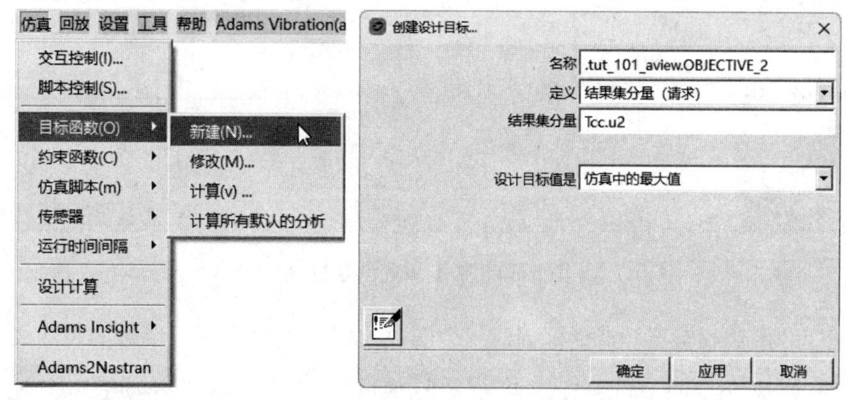

图 9-28　基于请求或结果集特性创建目标

（3）基于 Adams View 函数创建设计目标。Adams View 函数是 Adams View 中强有力的工具，基于它可以创建复杂的响应，这些响应超出了测量和请求的范围。例如，用户可以创建频域响应的方法是利用 Adams View 提供的快速傅里叶变换函数 FFTMAG()。由于该函数要求一组完整的数据，因此只能在一次仿真结束后再计算所要的结果。下面举例说明，创建的设计目标是上控制臂转角的幅值，具体操作步骤如下。

❶ 导入 ain_tut_101_aview.cmd 模型。

❷ 进行一个 2s、100 步的仿真。

❸ 创建一个名为 meas_uca_angle 的测量来跟踪旋转铰 jl_uca，如图 9-29 所示。

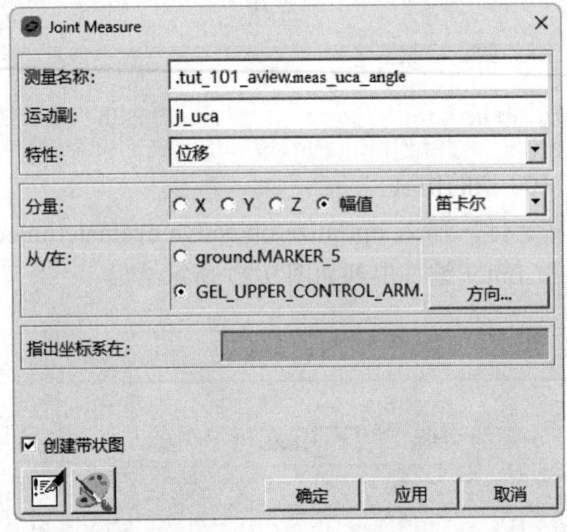

图 9-29　创建一个测量

❹ 基于 Adams View 的函数创建设计目标，命名为 OBJECTIVE_max_freq_mag，如图 9-30 所示。

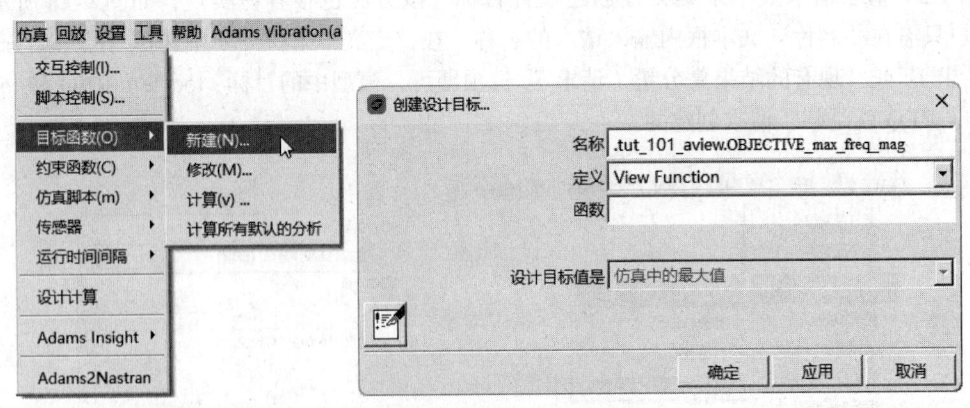

图 9-30　基于函数创建目标

❺ 利用“函数编辑器”对话框创建一个函数，如图 9-31 所示，函数的表达式如下：

```
MAX( FFTMAG(.tut_101_aview.jl_uca_MEA_meas_uca_angle, COLS(.model_1 .jl_uca_MEA_
meas_uca_angle)))
```

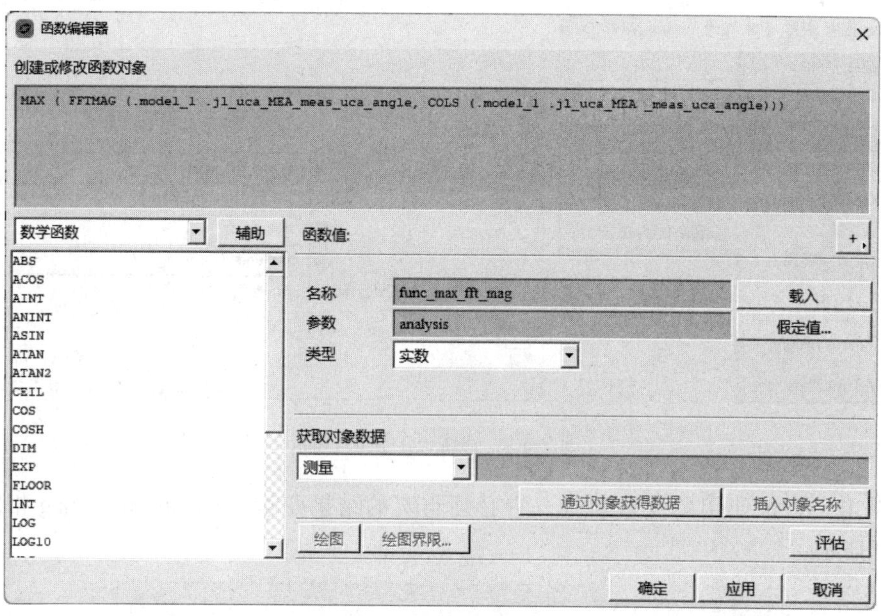

图 9-31　“函数编辑器”对话框

设定的参数为 analysis；给定的函数名称为 func_max_fft_mag。单击“评估”按钮，检查测试函数表达式是否正确，最后单击“确定”按钮。

❻ 单击“确定”按钮，创建设计目标。

❼ 进行一个 2.0s、100 步的仿真。

（4）基于 Adams View 宏和变量创建目标。利用宏创建目标是 Adams View 提供的最强有力的方式，与利用 Adams View 的函数创建方法相比，它具有以下优点：

☑ 函数是单一表达式，既长又复杂。宏可以有很多行，可以进行连续的计算。

☑ 宏具有与 C 或 Fortran 子程序同样的形式，可读性更强。

☑ 宏可以直接调用 Adams View 的环境变量。

下面举例说明，如何利用宏创建一个与前述基于函数的目标相同的目标。

❶ 导入 ain_tut_101_aview.cmd 模型。

❷ 进行一个 2s、100 步的仿真。

❸ 创建一个新的目标，命名为 obj_max_freq_macro，如图 9-32 所示。

❹ 在宏文本框中右击，在弹出的快捷菜单中选择创建命令，弹出“创建 Adams View 宏 ...”对话框。

❺ 将宏命名为 mac_find_max_freq_mag，输入的宏命令如下：

```
variable set variable_name = the_fft&
real_value =( eval ( FFTMAG ( meas_uca_angle, COLS ( meas_uca_angle ))))
！ 创建并初始化一个变量，使其等于 Measure 的 FFT
variable set variable_name = max_mag real_value =( eval ( max ( the_fft )))
！ 创建并包含一个变量使其等于 FFT 的最大值
variable set variabl_name = var_max_mag real_value =( eval ( max_mag ))
！ 把前述变量的值传递给变量 var_max_mag
```

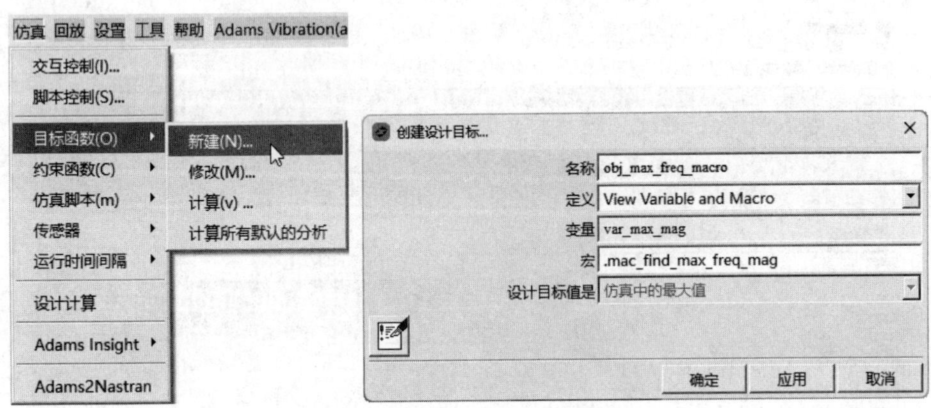

图 9-32　创建一个新的目标

❻ 定义目标使用的变量名称，它必须与宏的结果变量名称 var_max_mag 相同，如图 9-33 所示。

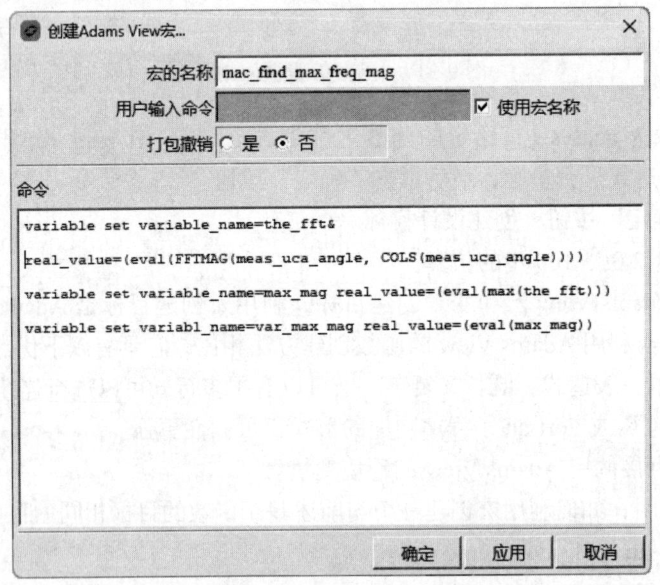

图 9-33　“创建 Adams View 宏 ...”对话框

❼ 测试该目标的值，它应该与基于函数创建的目标有相同的结果。

9.2.3　回归分析

前面介绍的内容偏重于方差分析（Analysis of Variance，ANOVA），即分析各个有关因素对试验响应的影响。下面将介绍 Adams Insight 的回归分析功能，所谓回归分析，是研究因素和响应相关关系的一种数学工具，它能帮助用户根据一个设计变量的响应值去估计另一设计变量的响应值。

Adams Insight 提供了以下 4 类模型来拟合因素和响应之间的关系：

☑ 线性模型。

☑ 交互模型。

☑ 二次模型。

☑ 三次模型。

假设一个单一响应两个因素的模型，以上 4 种模型的表达式如下：

☑ 线性：$A+BX_1+CX_2$。

☑ 交互：$A+BX_1+CX_2+DX_1X_2$。

☑ 二次：$A+BX_1+CX_2+DX_1X_2+EX_1^2+FX_2^2$。

☑ 三次：$A+BX_1+CX_2+DX_1X_2+EX_1^2+FX_2^2+GX_1X_2^2+HX_2X_1^2+IX_1^3+JX_2^3$。

这 4 种模型未知数的个数分别为 3、4、6、10。

下面举例说明，如何利用 Adams Insight 进行回归分析，在本例中将单独运行 Adams Insight，具体操作步骤如下：

（1）启动 Adams Insight。

（2）新建文件，从菜单栏中选择 File → New 命令。

（3）创建两个设计因素。从菜单栏中选择 Define → Factor 命令，按如图 9-34 所示创建设计因素。设置完毕单击 Apply 按钮保存设置。

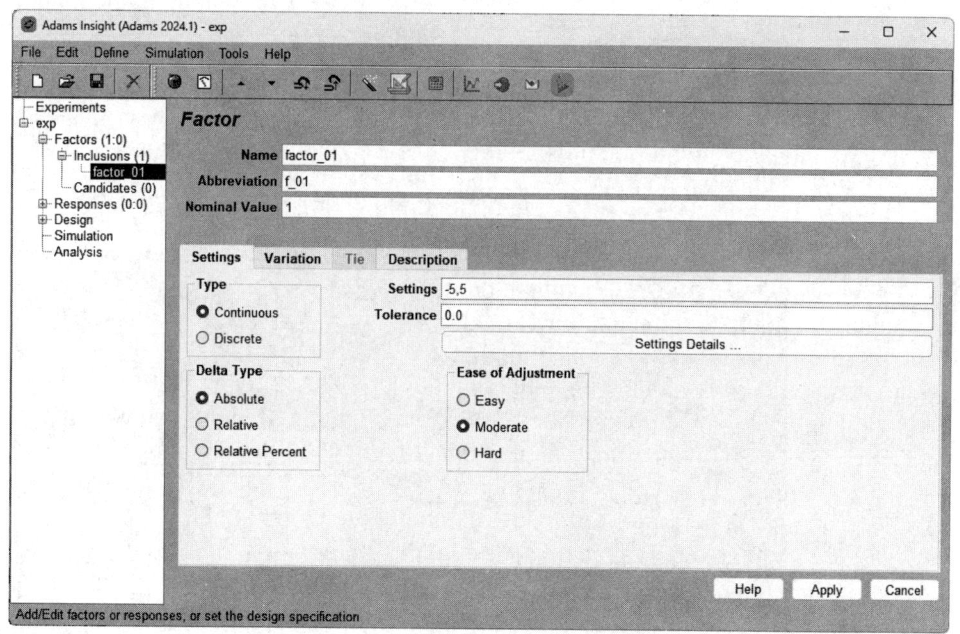

图 9-34 创建设计因素

（4）创建一个响应。从菜单栏中选择 Define → Response 命令，在弹出的对话框中，将 Abbreviation 属性设置为 response_1，其他保留默认设置，如图 9-35 所示，单击 Apply 按钮保存设置。

（5）创建一个试验。从菜单栏中选择 Define → Experiment Design → Set Design Specification 命令，在弹出的对话框中给定设计类型，如图 9-36 所示。设置完毕单击 Apply 按钮保存设置。

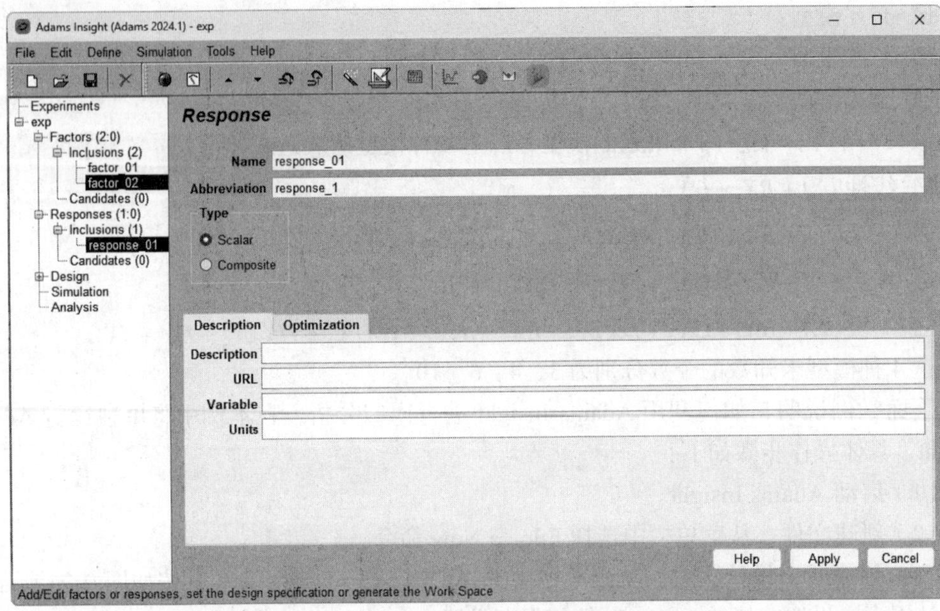

图 9-35　创建一个响应

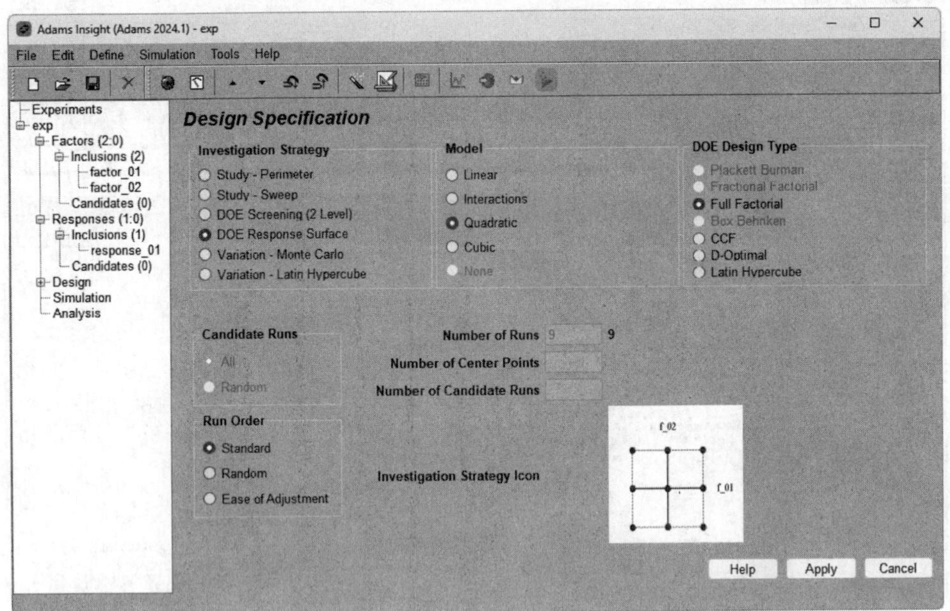

图 9-36　给定设计类型

（6）单击工具栏中的列表按钮，打开工作空间，可以看到此时试验已经创建，但是还没有响应，如图 9-37 所示，需要填入响应值。一种方法是从 Adams Insight 导出工作空间为 CSV 的文件，然后利用表格计算工具，如 Excel 计算得出响应值；另一种方法是利用 Adams Insight 提供的计算器进行计算。

（7）从菜单栏中选择工具（Tools）→ Work Space → Column Calculator 命令，打开工作空间计算器，如图 9-38 所示。

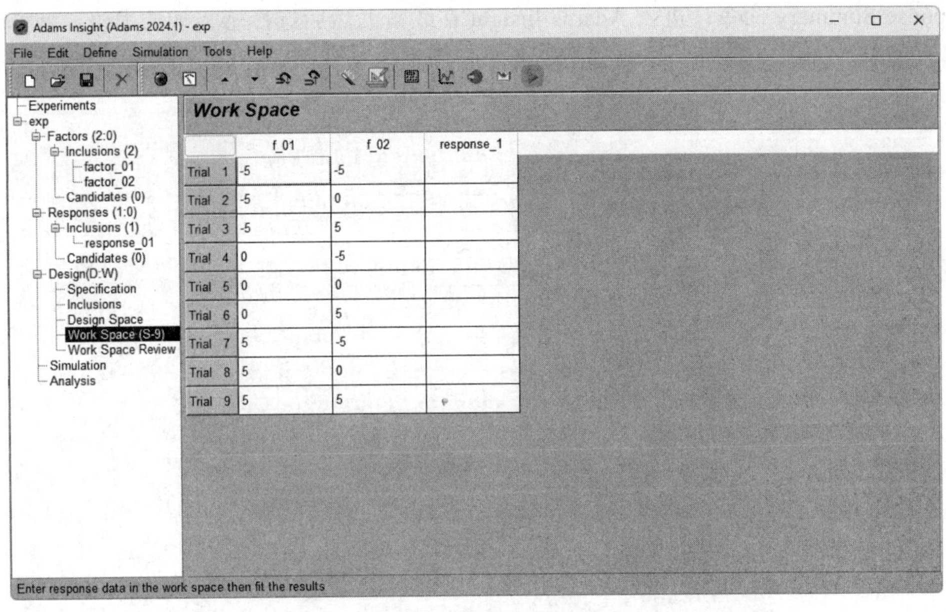

图 9-37　工作空间

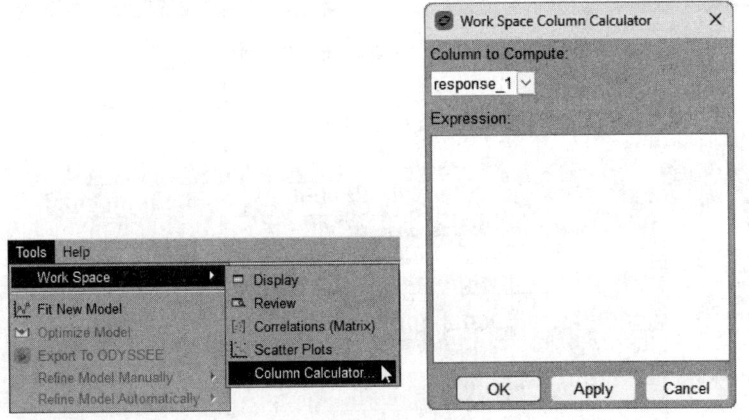

图 9-38　打开工作空间计算器

（8）在 Expression 文本框中输入如下表达式：

```
3+7*f_01+f_02+4*f_01*f_02+5*f_02**2
```

即：

$$\text{Response} = 3 + 7X_1 + X_2 + 4X_1X_2 + 5X_2^2$$

单击 OK 按钮，赋值后的工作空间如图 9-39 所示。

（9）拟合模型。单击工具栏中的按钮。

（10）分析结果。在树状列表中选择 Analysis → Model，在 Regression 列表中选择 response_01，拟合结果如图 9-40 所示，这些统计结果表明了拟合的好坏。

对这些统计术语，可以参考 Adams Insight 提供的在线帮助。Adams 2024 的帮助都是超文本链接，用起来很方便。例如，从菜单栏中选择 Help → Adams Insight →索引→

Response Summary 命令，进入 Adams Insight 在线帮助然后选择感兴趣的术语，就可以得到相关解释，如图 9-41 所示。下面分析几个常用术语及其含义。

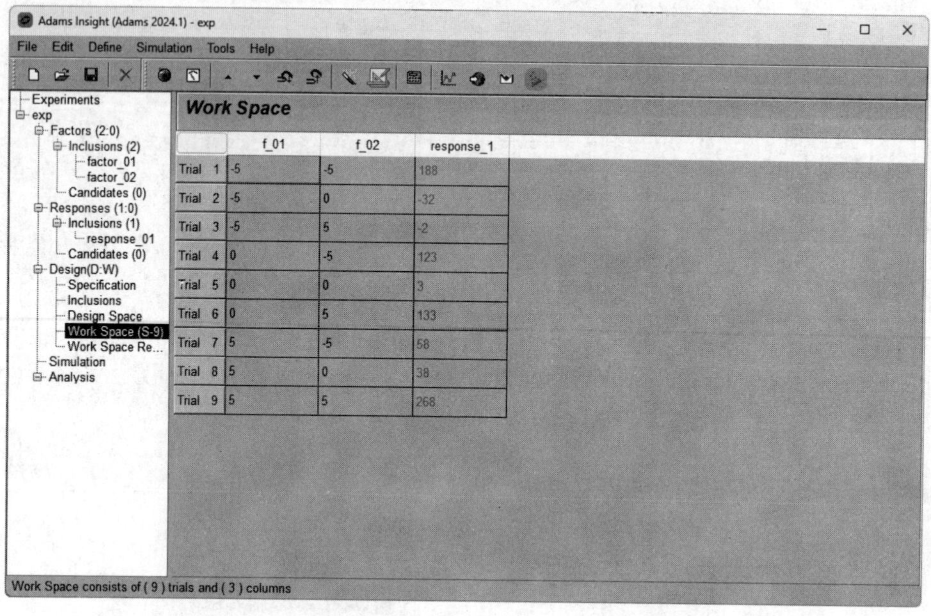

图 9-39　赋值后的工作空间

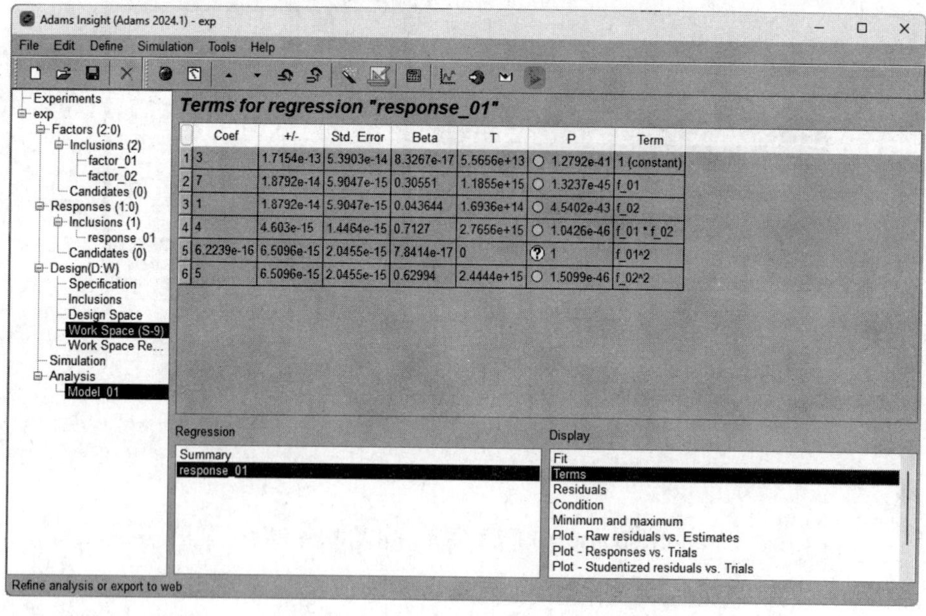

图 9-40　拟合结果

（11）在 Regression 列表中选择 Summary，从 Display 列表中选择 Rules-of-thumb summary，如图 9-42 所示。Term 后面的 ? 符号表明该项的拟合可能有问题，Term 是指拟合表达式中的各项，如一次项、二次项。

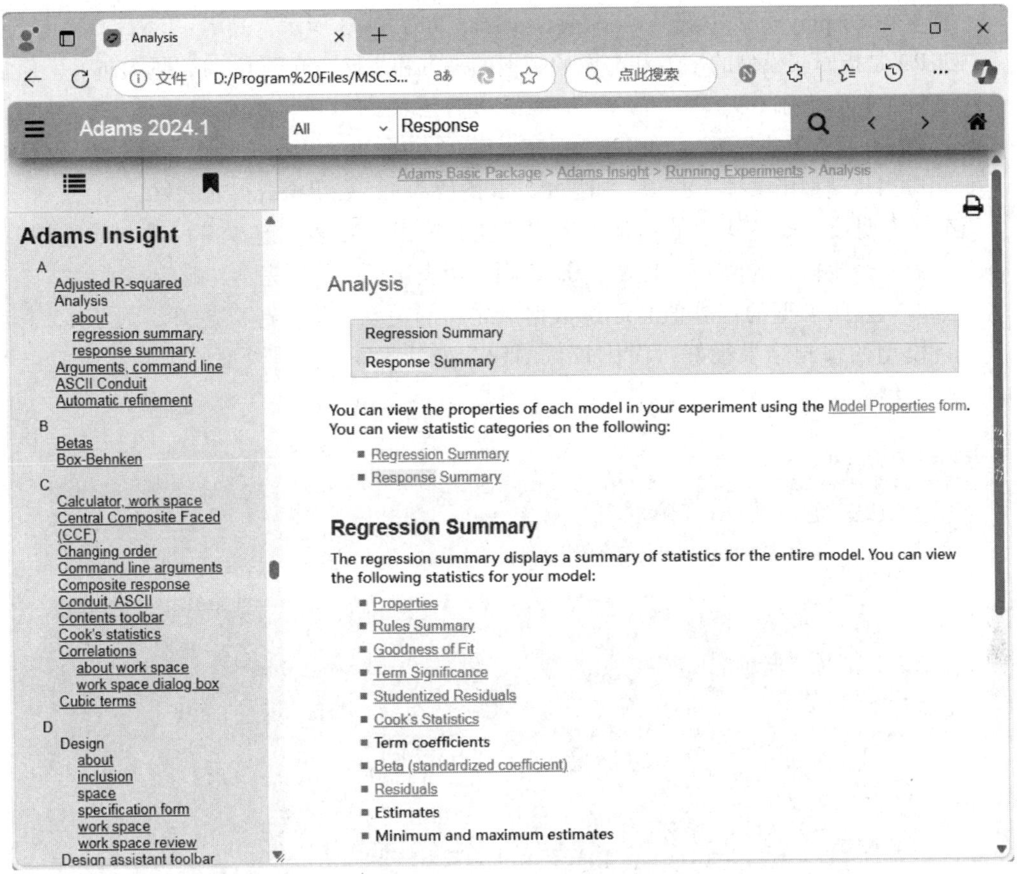

Analysis

D:/Program%20Files/MSC.S...

Adams 2024.1　All　Response

Adams Basic Package > Adams Insight > Running Experiments > Analysis

Adams Insight

A
Adjusted R-squared
Analysis
about
regression summary
response summary
Arguments, command line
ASCII Conduit
Automatic refinement

B
Betas
Box-Behnken

C
Calculator, work space
Central Composite Faced (CCF)
Changing order
Command line arguments
Composite response
Conduit, ASCII
Contents toolbar
Cook's statistics
Correlations
about work space
work space dialog box
Cubic terms

D
Design
about
inclusion
space
specification form
work space
work space review
Design assistant toolbar

Analysis

Regression Summary
Response Summary

You can view the properties of each model in your experiment using the Model Properties form. You can view statistic categories on the following:

- Regression Summary
- Response Summary

Regression Summary

The regression summary displays a summary of statistics for the entire model. You can view the following statistics for your model:

- Properties
- Rules Summary
- Goodness of Fit
- Term Significance
- Studentized Residuals
- Cook's Statistics
- Term coefficients
- Beta (standardized coefficient)
- Residuals
- Estimates
- Minimum and maximum estimates

图 9-41　Adams Insight 在线帮助

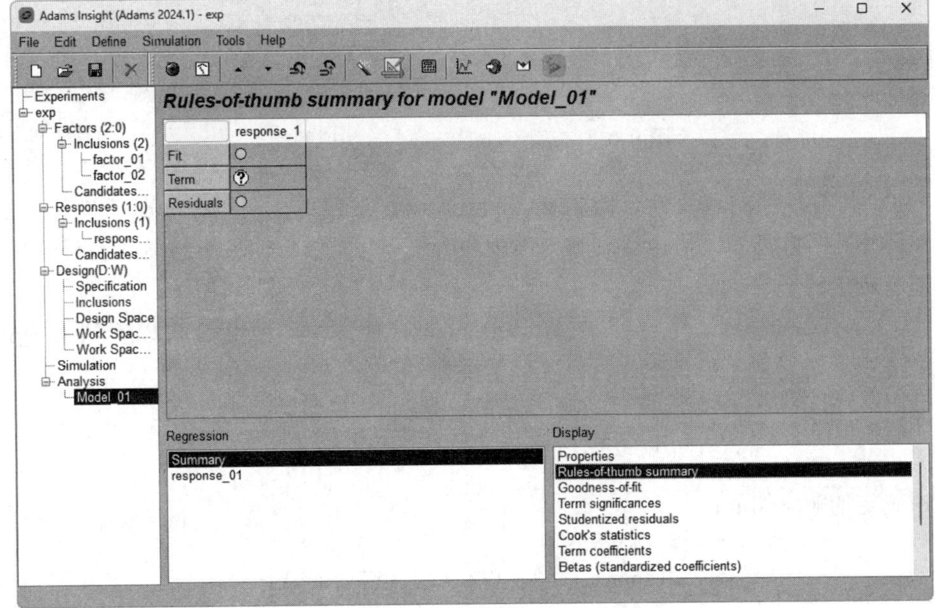

图 9-42　拟合结果分析

（12）在 Display 列表中选择 Goodness-of-fit，如图 9-43 所示，其中：

☑ R2 是指回归模型的平方和与原始数据的平方和之比，介于 0 ~ 1，越大越好，通常好的拟合大于 0.9。

☑ R2adj 通常要小于 R2，如果 R2 很高，而 R2adj 很低，表明模型中有些项是多余的，应当从模型中去掉一些项。如果 R2adj 的值为 1，表明拟合得非常好。

☑ P 表明拟合表达式中的项是否有用。如 P 等于 0.02 表明至少有一项与响应相关。而一个比较高的值，如 P 等于 0.3，则表明表达式中的项完全与响应无关。

☑ R/V 表明模型的计算值与原始数据点之间的关系。该值越高越好，大于 10 表明模型的预测结果很好，而比较低的值，如低于 4，表明模型的预测结果完全不可信。

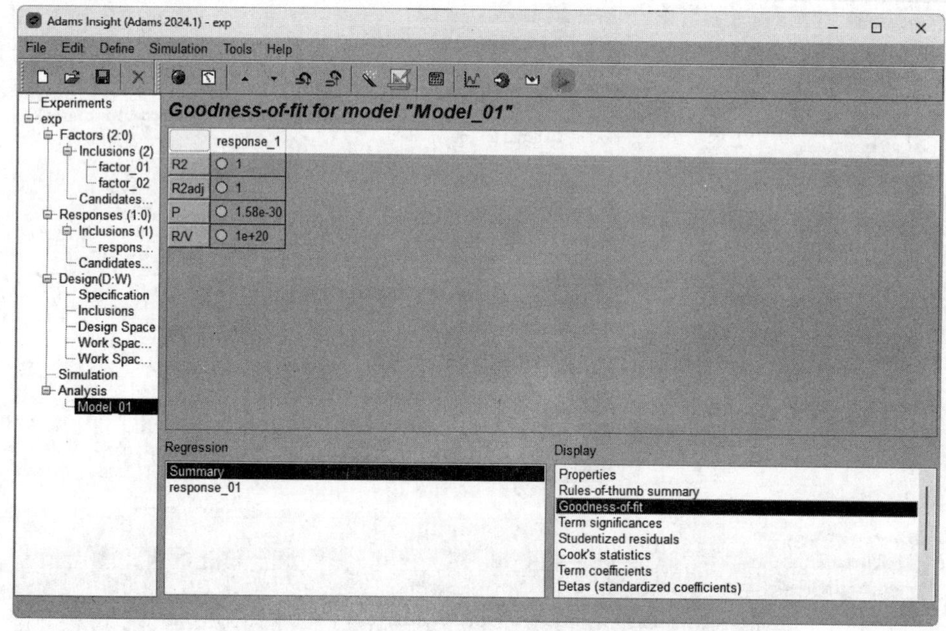

图 9-43　查看 Goodness-of-fit 各项的值

（13）判断各项的重要性，即 Term significance。在 Display 列表中选择 Term significances，如图 9-44 所示。可以看到在 5 项中（有一项是常数）值很小的项都表明很好，即对响应有较大的影响。

（14）在 Display 列表中选择 Term coefficients，如图 9-45 所示，可以看到 Adams Insight 根据数据确定的系数都很好。对于数学模型：

$$A+BX_1+CX_2+DX_1X_2+EX_1^2+FX_2^2$$

所确定的响应如下：

$$\text{Response}=3+7X_1+X_2+4X_1X_2+5X_2^2$$

可以看到 Adams Insight 利用最小二乘法确定的系数 A、B、C、D、E、F 都是正确的。

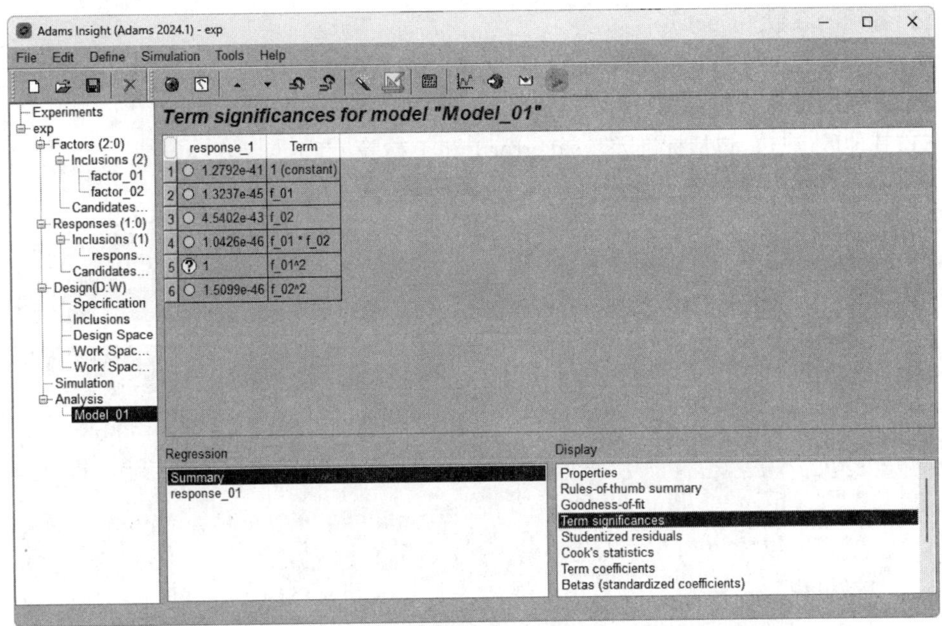

图 9-44 查看 Term significances 各项的值

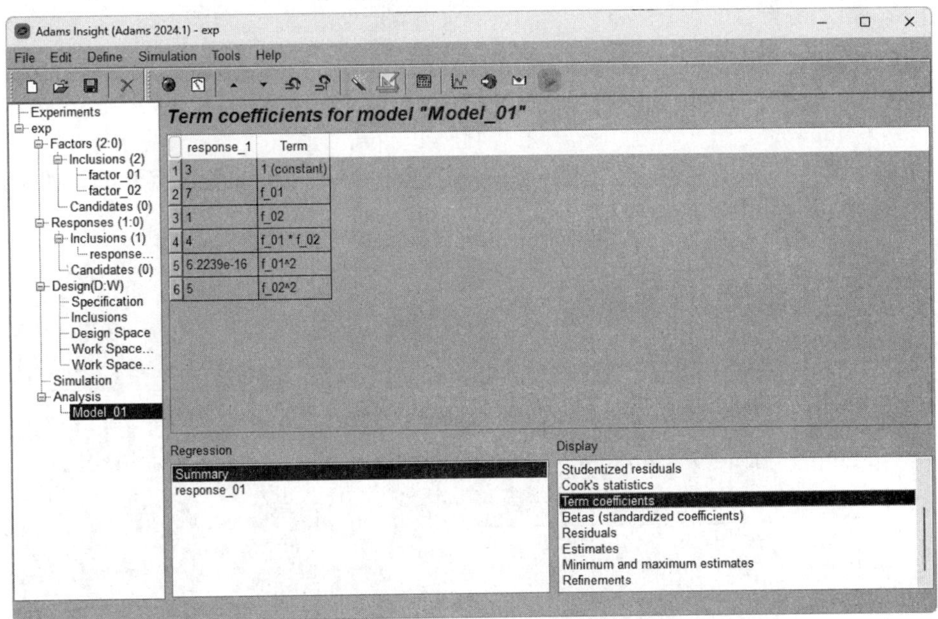

图 9-45 查看 Term coefficients 各项的值

（15）在 Summary 列表中查看残差（Residuals），它直接表明预测值和原始值的差别，在本试验中，这些值都为零。

在左边列表中的 response_01 里包含了一项 Terms，以一种简洁的方式给出了上面介绍的内容。在 Regression 列表中选择 response_01，在 Display 列表中选择 Terms，如图 9-46 所示，它包括如下内容。

☑ 各项的系数（Coef）。

☑ 各项是否重要的概率（P）。

☑ 各项的定义（Term）。

☑ 其他的信息，包括标准差（std error）和 T 检验（T）。

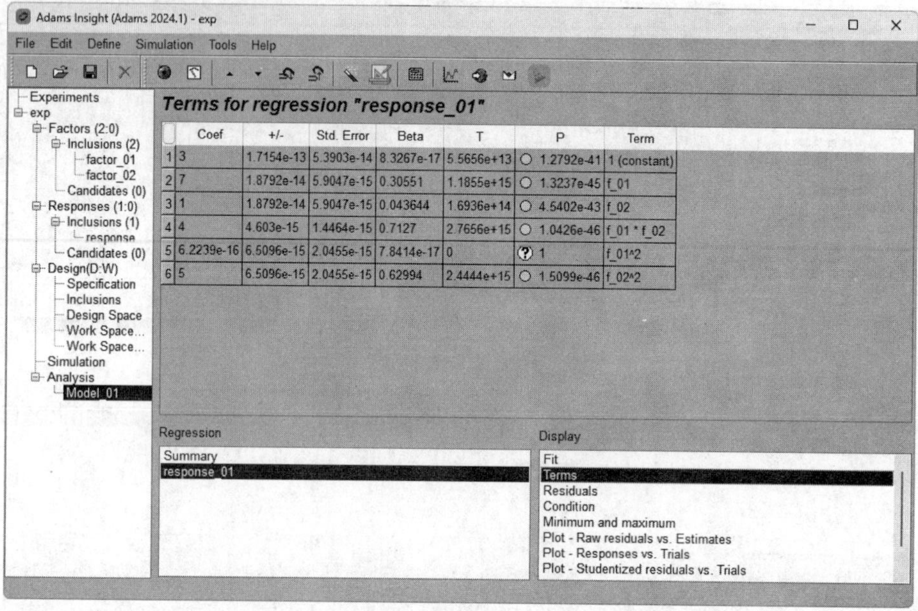

	Coef	+/-	Std. Error	Beta	T	P	Term
1	3	1.7154e-13	5.3903e-14	8.3267e-17	5.5656e+13	1.2792e-41	1 (constant)
2	7	1.8792e-14	5.9047e-15	0.30551	1.1855e+15	1.3237e-45	f_01
3	1	1.8792e-14	5.9047e-15	0.043644	1.6936e+14	4.5402e-43	f_02
4	4	4.603e-15	1.4464e-15	0.7127	2.7656e+15	1.0426e-46	f_01 * f_02
5	6.2239e-16	6.5096e-15	2.0455e-15	7.8414e-17	0	1	f_01^2
6	5	6.5096e-15	2.0455e-15	0.62994	2.4444e+15	1.5099e-46	f_02^2

图 9-46　查看 Terms for regression 各项的值

Fit 显示模型的统计特性，如图 9-47 所示。其中 R2 和 R2adj 是最重要的，如果这两个结果不好，再考虑其他的统计指标。

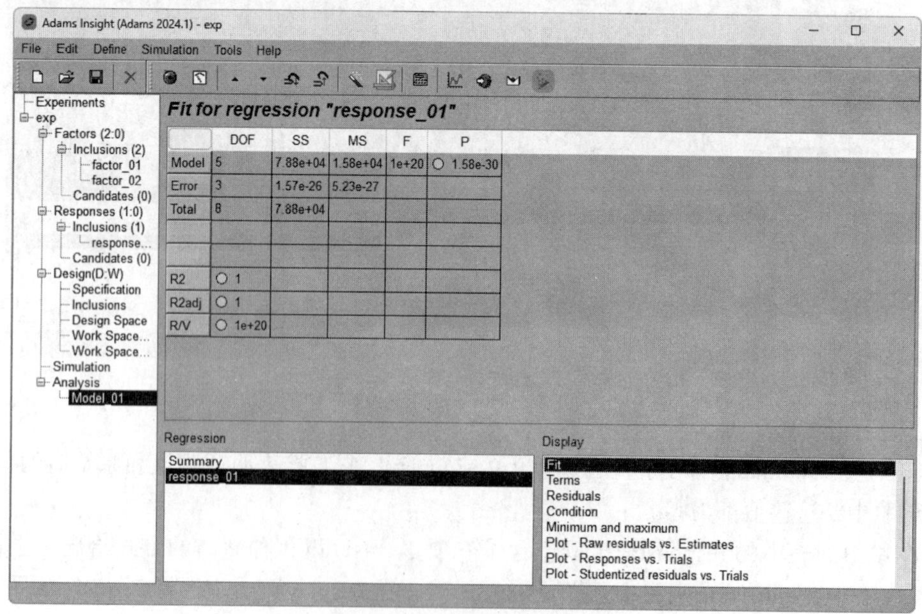

	DOF	SS	MS	F	P
Model	5	7.88e+04	1.58e+04	1e+20	1.58e-30
Error	3	1.57e-26	5.23e-27		
Total	8	7.88e+04			
R2	1				
R2adj	1				
R/V	1e+20				

图 9-47　模型的统计特性

Residuals 显示拟合模型给出的估计值与真实值的差异，如图 9-48 所示。除了要求差异小以外，各个运行之间差异的一致性也很重要，若误差主要体现在几个运行上，说明所设定的模型过于简单或阶次偏低。

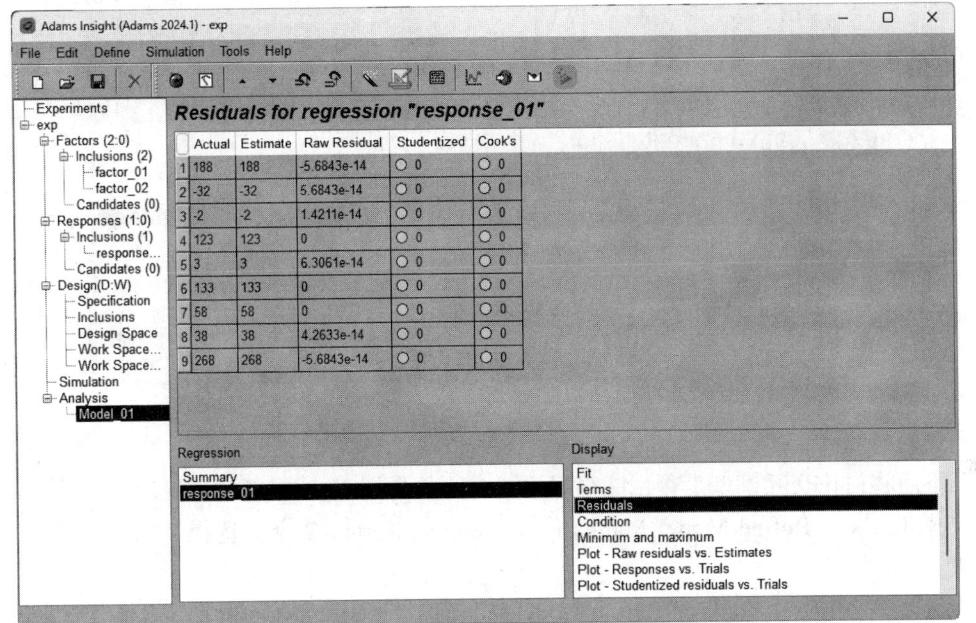

图 9-48　估计值与真实值的差异

上述试验中的情况（R2 = 1，P = 1.58E−30），在真实世界中是不会发生的。如果统计指标表明模型存在问题，用户可以对模型进行改进。

选择菜单栏中的 Tools → Refine Model Manually 命令，在弹出的子菜单中有以下几个选项：

☑ Remove Outliers（删除离群点）：可以从结果中把某一个运行的结果完全去掉，例如，在实际调整模型时，如果不恰当地改变了设计因素，可以把那次的结果去掉。

☑ Remove Terms（删除项）：去掉拟合模型中的某一项。例如，在模型中设定了一个交互项，而实际试验中设计因素之间没有相互影响。

☑ Transform Response（响应变换）：可以对结果进行运算。

☑ Change Order（改变阶次）：可以改变整个模型的阶次。

下面将去掉模型中无用的项来改进模型。

在 Regression 列表中选择 response_01，再在 Display 列表中选择 Terms 时，可以看到第 5 项是有问题的，即 X_1^2 项。从响应表达式中把该项去掉，从菜单栏中选择 Tools → Refine Model Manually → Remove Terms 命令，如图 9-49 所示，选择 f_01^2 作为移除项。

通过比较删除前后的 P 统计值，可以看到模型已经得到了改进。

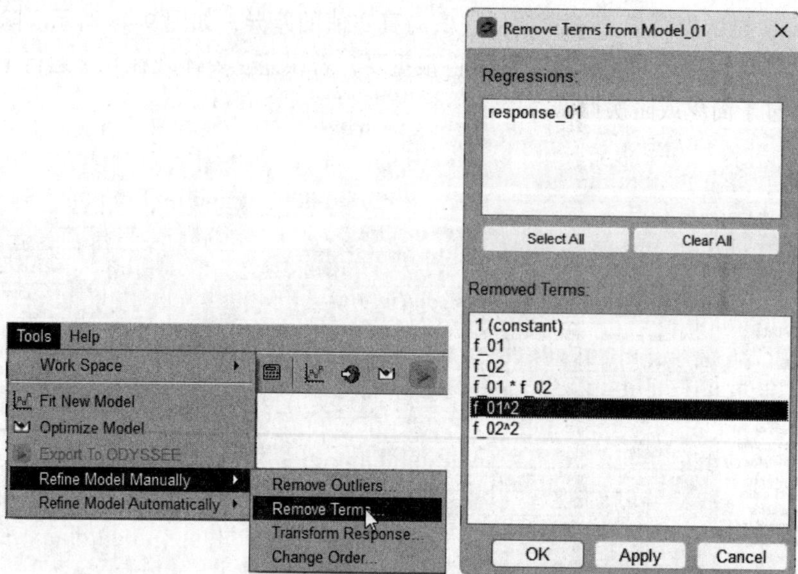

图 9-49 选择移除项

下面将讨论交互模型是否也能很好地拟合。首先把 X_1^2 项重新放回模型中，从菜单栏中选择 Tools → Refine Model Manually → Remove Terms 命令，选择 f_01^2，单击 OK 按钮。

从菜单栏中选择 Tools → Refine Model Manually → Change Order 命令，弹出如图 9-50 所示的对话框，选中 Interactions 单选按钮，单击 OK 按钮。

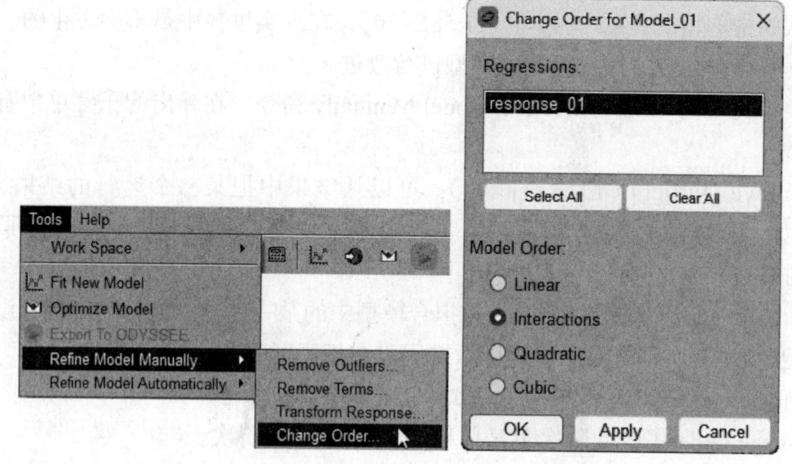

图 9-50 Change Order 对话框

接着检查 response_01 下 Fit 和 Terms 的结果，会发现拟合结果很差，如图 9-51 和图 9-52 所示。

上述结果说明，Interactions 模型无法适合当前的设计空间。

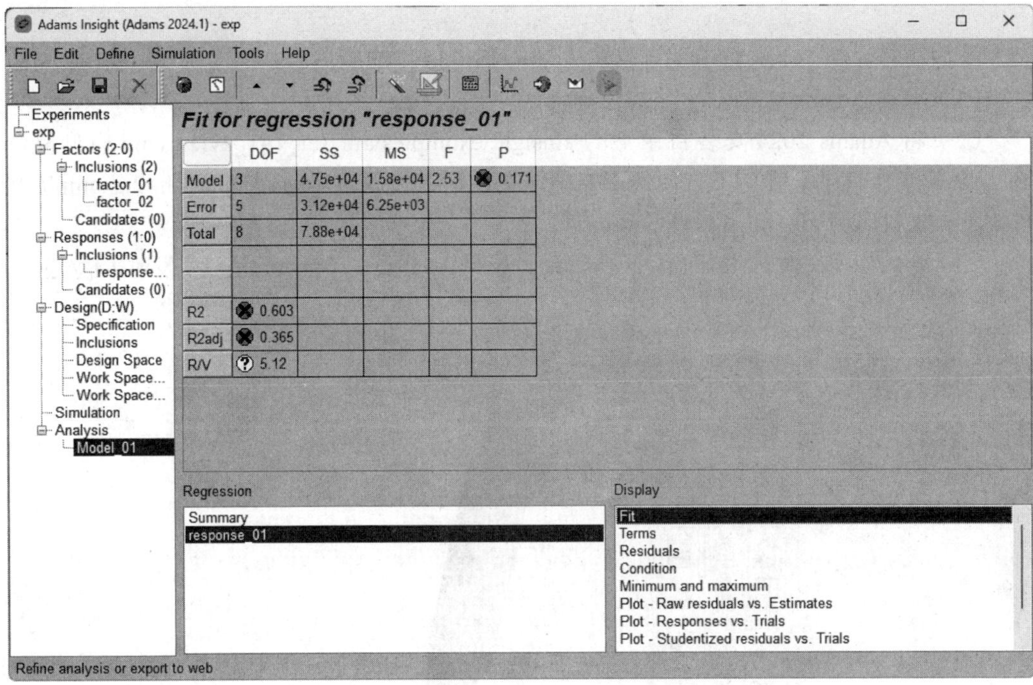

图 9-51　response_01 下的 Fit

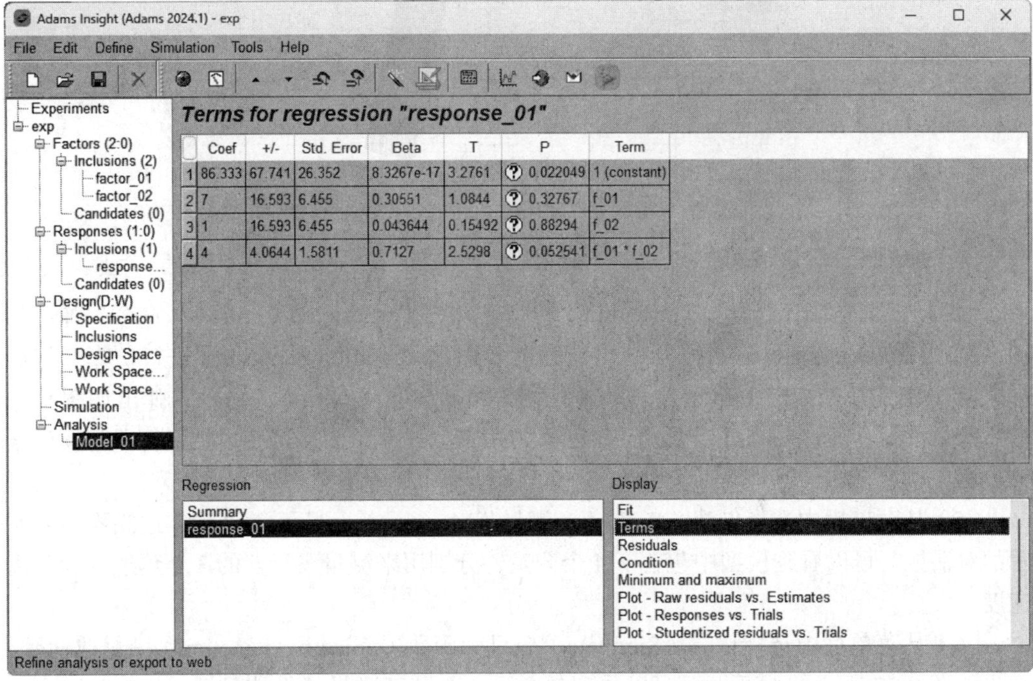

图 9-52　response_01 下的 Terms

9.3 蒙特卡罗方法应用

下面简单介绍一下蒙特卡罗方法在 Adams Insight 中的应用。

（1）启动 Adams View。

（2）将 Adams 2024 安装目录下的 ainsight\examples\ain_tut_141_aview.cmd 模型复制到 Adams 工作目录下。为了方便使用，把该文件附在资源包 yuanwenjian\ch_9\example 文件夹下，文件名为 ain_tut_141_aview.cmd。

（3）导入模型文件 ain_tut_141_aview.cmd，如图 9-53 所示，导入的是一个发射车辆模型。

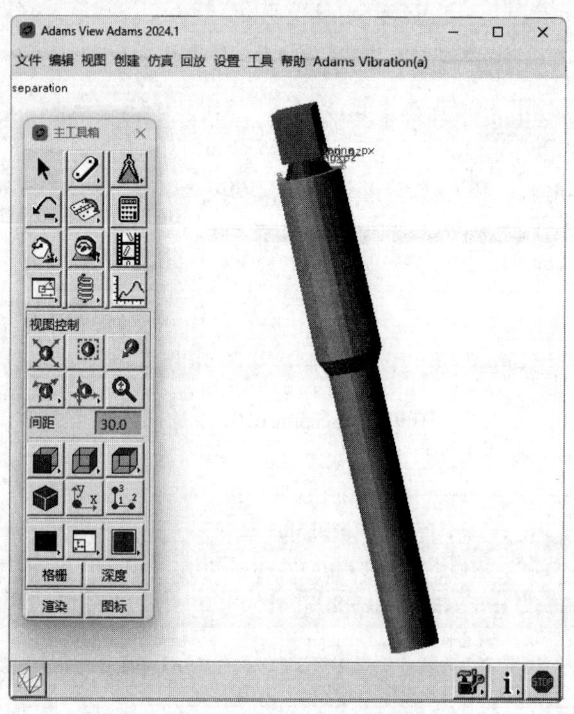

图 9-53　导入的发射车辆模型

（4）从菜单栏中选择仿真（Simulate）→脚本控制（Scripted Controls）命令，弹出如图 9-54 所示的对话框，选择默认的仿真脚本名称：.separation.Sep_script 进行仿真。然后从菜单栏中选择回放（Review）→动画控制（Animation Controls）命令，弹出如图 9-55 所示的对话框。通过动画可以看到 4 个弹簧力用来描述 4 个力，这些力把飞行器与发射车辆分离。

（5）从菜单栏中选择创建（Build）→测量（Measure）→显示命令，弹出如图 9-56 所示的对话框，可以看到模型中包含了 4 个测量，分别用来测量飞行器的 3 个角速度和分离速度。

（6）从菜单栏中选择仿真（Simulate）→目标函数（objective Function）→修改命令，弹出如图 9-57 所示的对话框，可以看到包含了 4 个基于测量的设计目标。从 Information 中可以看到这 4 个目标的值等于仿真结束时的值。

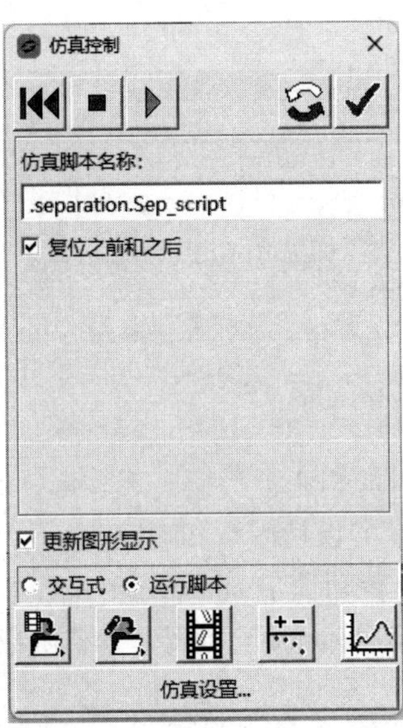

图 9-54　“仿真控制”对话框

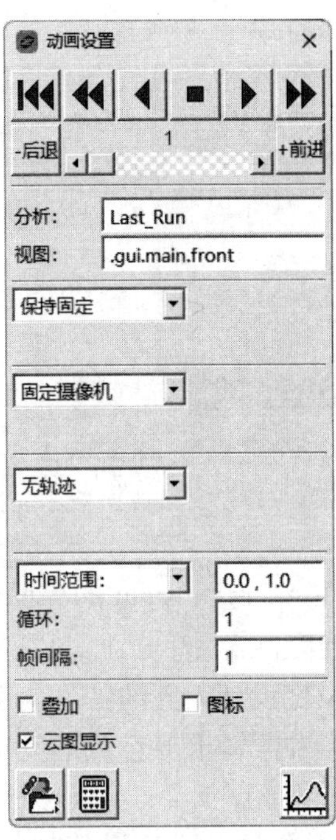

图 9-55　“动画设置”对话框

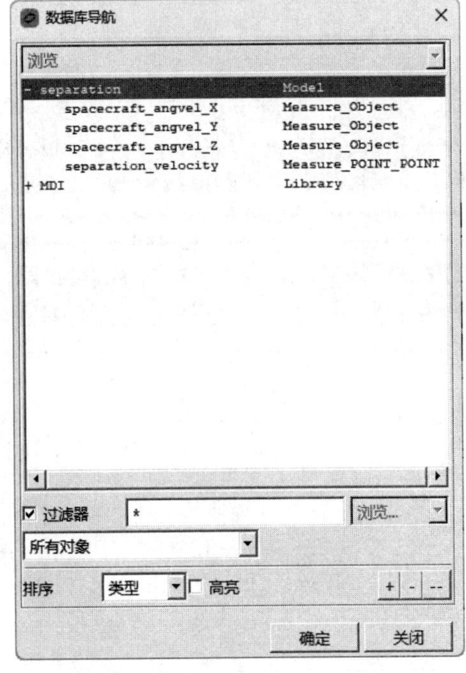

图 9-56　“数据库导航”对话框 1

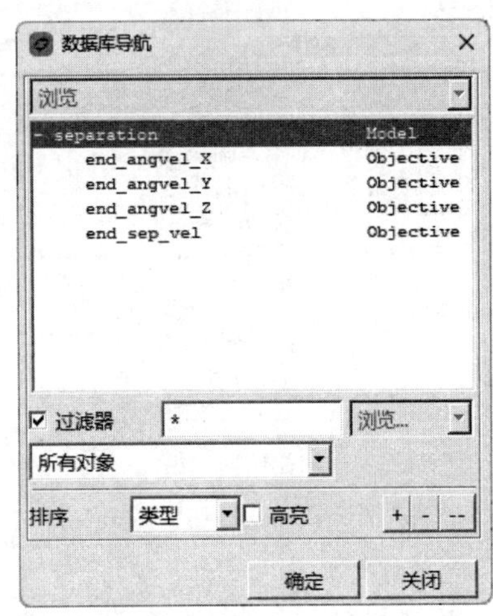

图 9-57　“数据库导航”对话框 2

接下来的内容将介绍如何通过 Adams Insight 了解模型的性能。

（7）把模型导入 Adams Insight 中。从菜单栏中选择仿真（Simulate）→ Adams Insight →输出命令，如图 9-58 所示，接受系统默认设置，单击“确定”按钮。

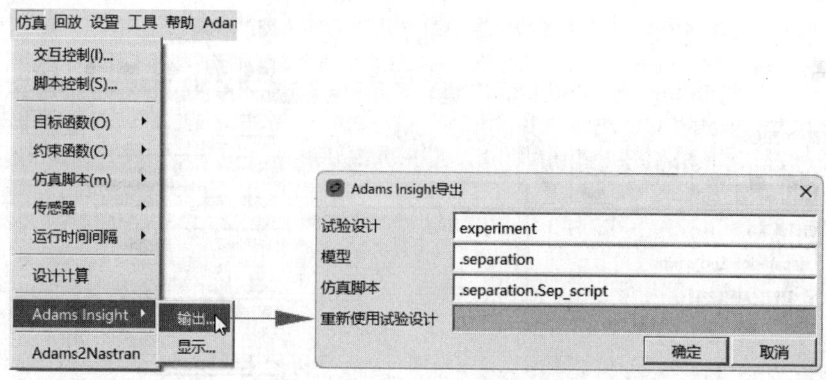

图 9-58 导入模型到 Adams Insight

（8）在 Adams Insight 的界面中包含了 8 个设计因素和 4 个响应。连续选择所有的设计因素和响应，然后单击工具栏中的▲按钮，包含所有的设计因素和响应。

（9）设定设计因素的特性。设置飞行器 X 方向的转动惯量 spacecraft_lxx，如图 9-59 所示。注意和蒙特卡罗有关的设定，具体包括公差（Tolerance）和概率分布函数（Variation Distribution）。

（10）其他的设计因素特性如下：飞行器的转动惯量 spacecraft_lyy 和 spacecraft_lzz 的公差分别为 30 和 35；飞行器质量 spacecraft_mass 的公差为 23，概率分布为均匀分布；4 个弹簧刚度的公差为 200。

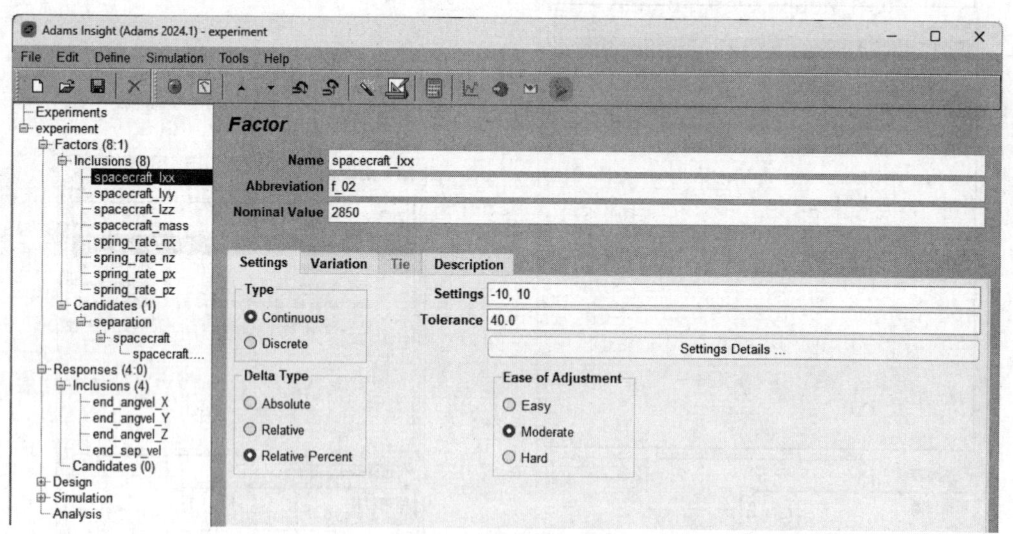

图 9-59 设计因素的特性

（11）设定试验。设定试验内容如图 9-60 所示。

（12）创建工作空间。单击工具栏中的列表按钮，打开工作空间，从中可以看到当前的响应列为空，如图 9-61 所示。

（13）在左边的树状列表中选择 Design → Work Space Review，可以看到各个设计因素的直方图。如图 9-62 所示为设计因素 f_01 的直方图。

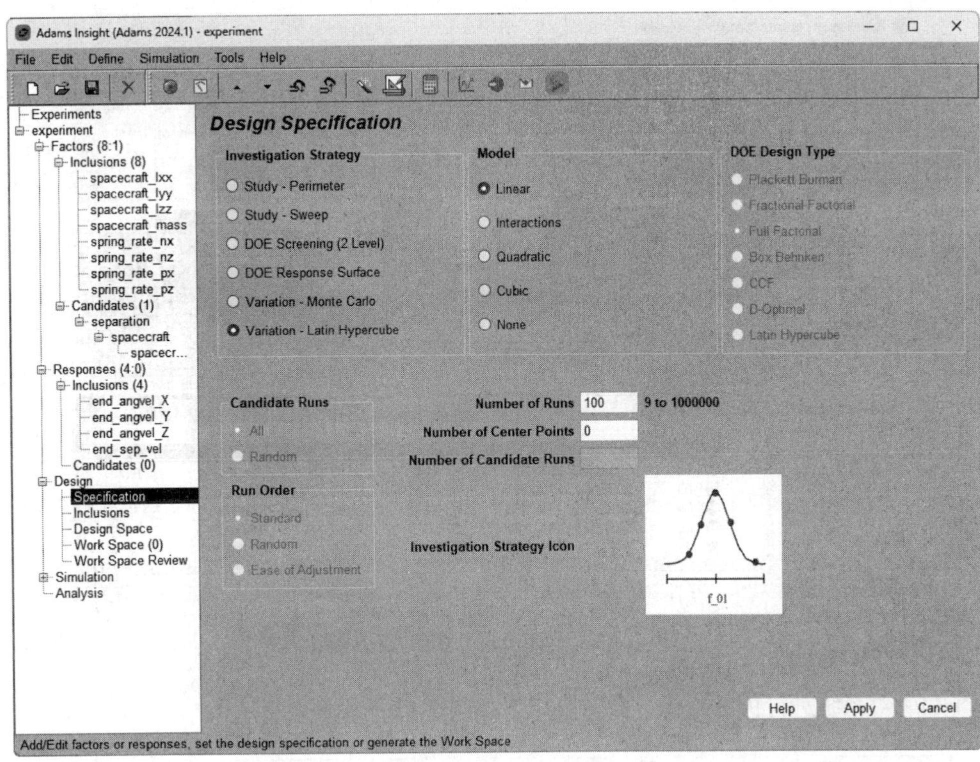

图 9-60　设定试验

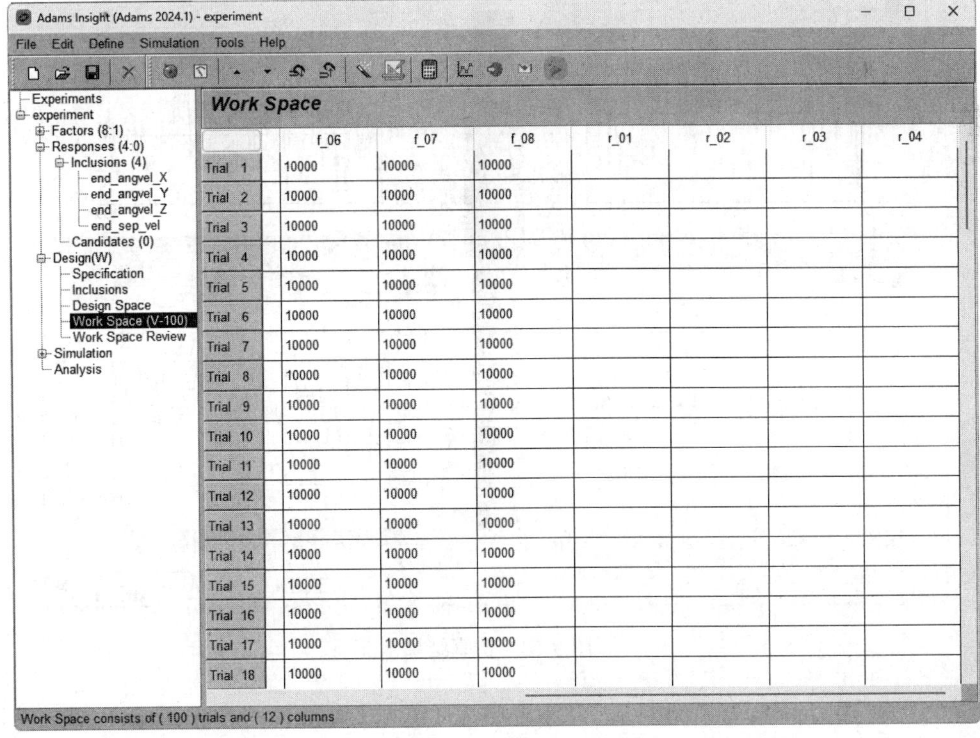

图 9-61　创建工作空间

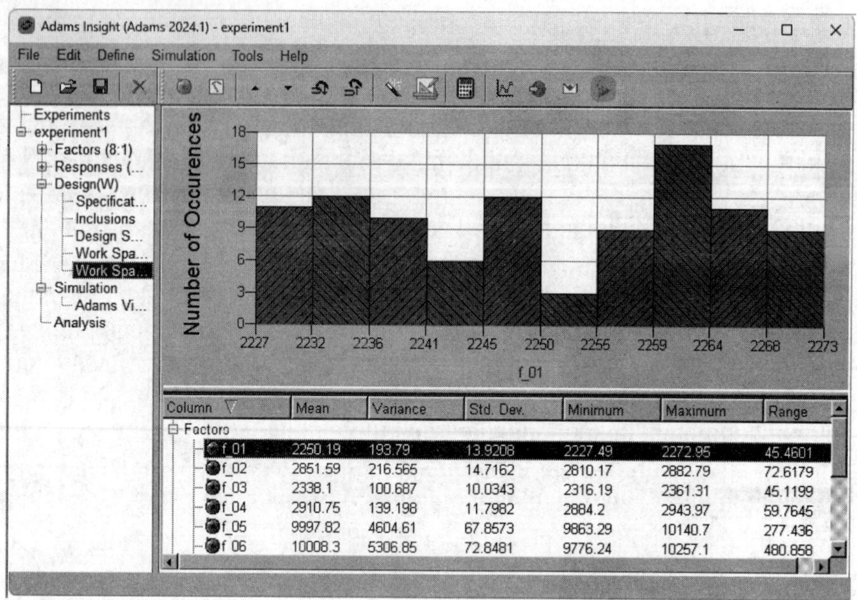

图 9-62　设计因素 f_01 的直方图

（14）对系统进行仿真分析，其仿真结果如图 9-63 所示。

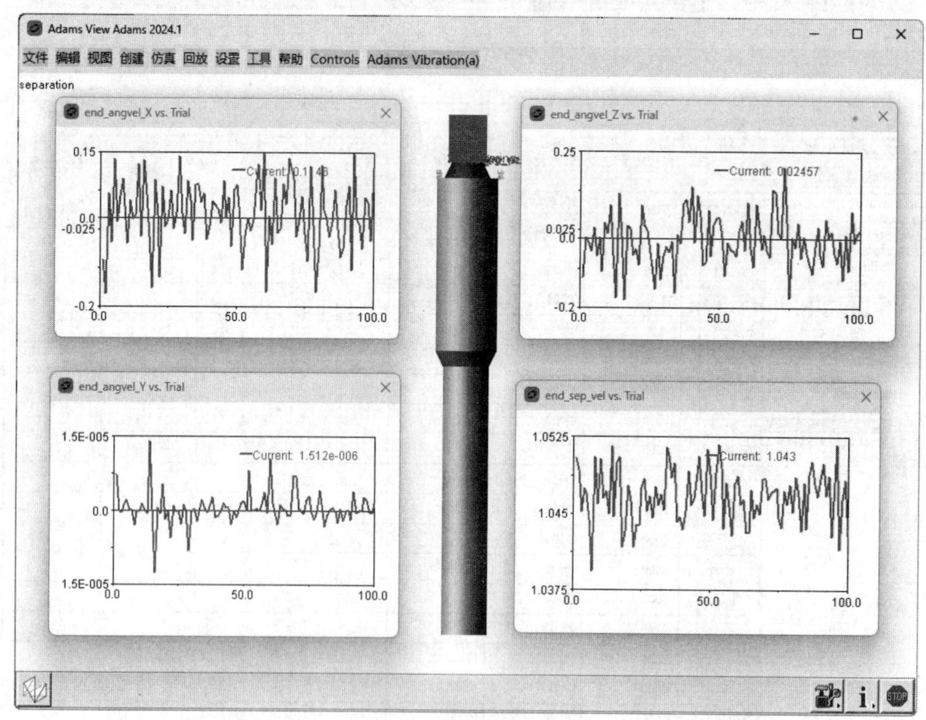

图 9-63　仿真结果

（15）在 Adams View 界面中，从菜单栏中选择仿真（Simulate）→ Adams Insight →显示命令。

（16）在左边的树状列表中选择 Design → Work Space，可以看到仿真结果，此时的响应列不再为空。

（17）在左边的树状列表中选择 Design → Work Space Review。选择第一个响应 r_01，如图 9-64 所示。可以看到在直方图下的表格中给出了均值、方差、标准差、最小值、最大值及变化的范围。

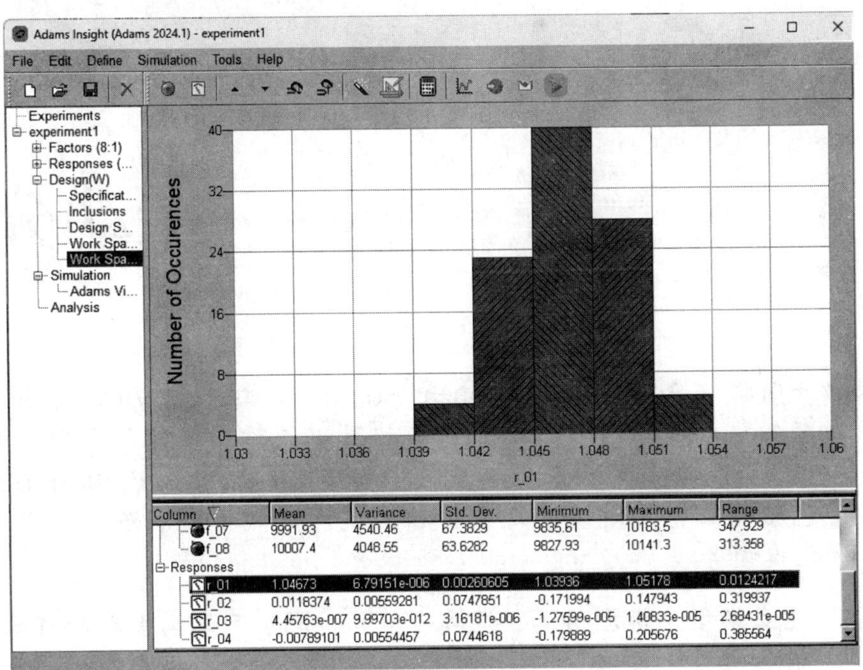

图 9-64　选择响应 r_01

第10章 振动分析

振动分析模块 Adams Vibration 是 Adams 针对 Car、View 等模块添加的频域分析功能插件。利用振动分析模块可以进行受迫振动分析，并根据分析结果预测振动带来的后果。本章将详细讲解 Adams Vibration 的使用过程，主要包括建立输入通道、建立输出通道、测试模型和验证模型、精化模型和优化模型等。

- ☑ 建立模型、模型仿真、建立输入通道、建立输出通道
- ☑ 测试模型和验证模型
- ☑ 精化模型和优化模型

任务驱动和项目案例

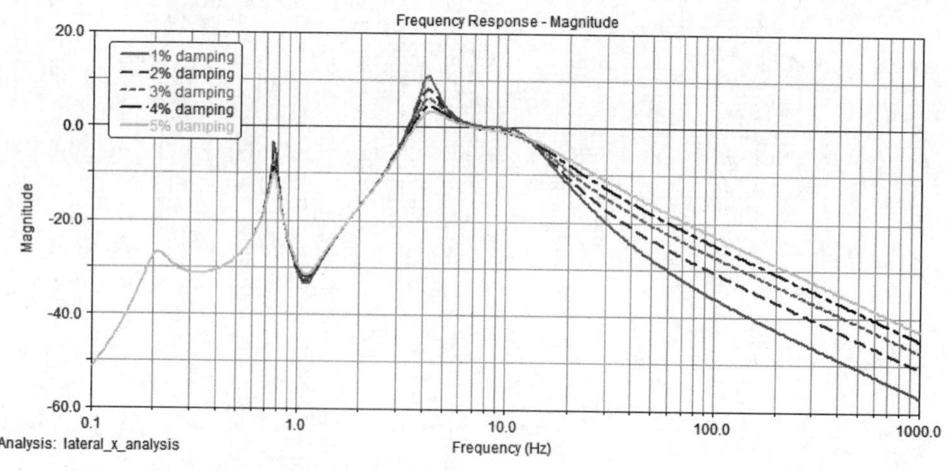

Adams Vibration 振动分析模块通过利用激振器的虚拟测试，代替产品昂贵的物理模型进行振动分析，从而达到更快、更有效地设计开发的目的。物理模型的振动测试通常是在设计产品的最后阶段进行，而通过 Adams Vibration 振动分析模块可以在产品的设计初期进行，大大降低了设计时间和成本。利用 Adams Vibration 振动分析模块可以实现以下功能：

（1）分析模型在不同作用点下的频域受迫响应。

（2）增加了水力学、控制模块和用户自定义系统在频率分析中的影响。

（3）从 Adams 线性模型到 Adams Vibration 振动分析模块的完全快速传递。

（4）为振动分析建立输入 / 输出通道。

（5）指定频域输入函数，如正弦扫描、功率谱（PSD）等。

（6）建立用户自定义、基于频率的作用力。

（7）求解特定频域的系统模态。

（8）计算频率响应函数求幅频特性。

（9）动态显示受迫响应及单个模态响应。

（10）列表显示系统各阶模态对受迫响应的影响。

（11）列表显示系统各阶模态对动态、静态和发散能量的影响。

利用 Adams Vibration 振动分析模块，可以把不同的子系统装配起来，进行线性振动分析，利用 Adams 后处理工具把结果以图表或动画的形式显示出来。如图 10-1 所示为 Adams Vibration 振动分析模块的处理过程。要进行振动分析，首先通过 Adams Aircraft、Adams Car、Adams Engine、Adams Rail、Adams View 等模块对模型进行前处理，然后利用 Adams Vibration 振动分析模块进行振动分析，最后通过 Adams PostProcessor 对结果进行后处理，包括绘制和动画显示受迫振动和频率响应函数，生成模态坐标列表，显示其他的时间和频率数据。

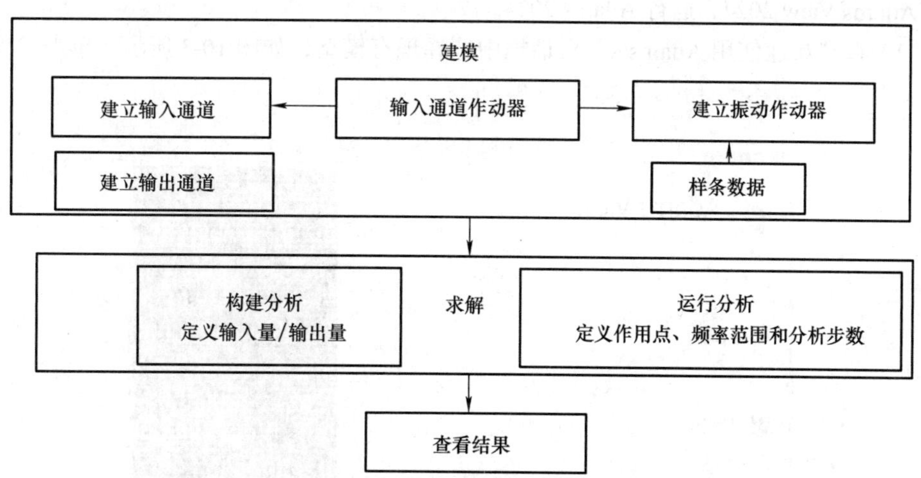

图 10-1　Adams Vibration 振动分析模块的处理过程

本章通过对卫星太阳能帆板展开前的操作以及与发射机座的分离等过程的振动分析，了解 Adams Vibration 振动分析模块的具体操作步骤（见图 10-2）。

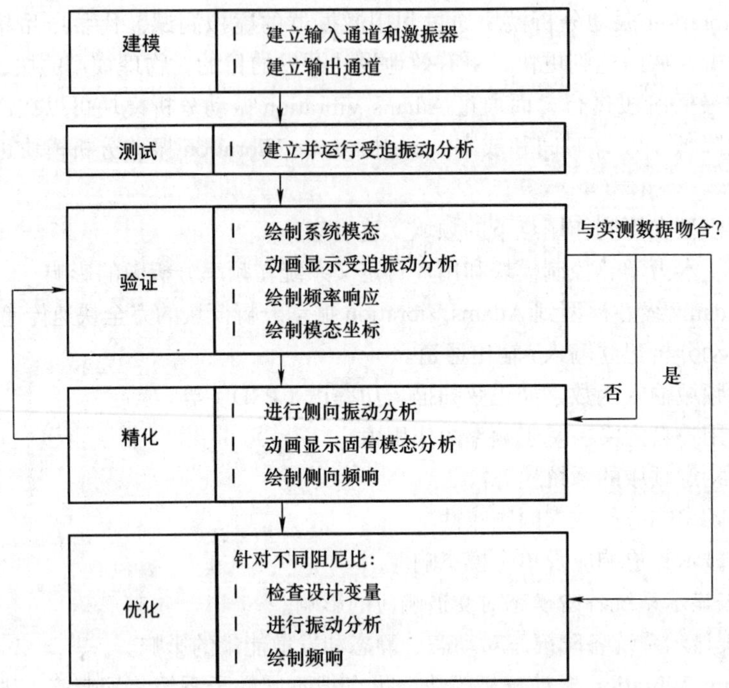

图 10-2　振动分析模块的操作步骤

10.1　建立模型

（1）通过“开始”→“所有应用”运行 Adams View 2024，或直接双击桌面上的快捷方式 Adams View 2024，运行 Adams 2024。

（2）在“欢迎使用 Adams...”对话框中选择现有模型，如图 10-3 所示，单击“确定”按钮。

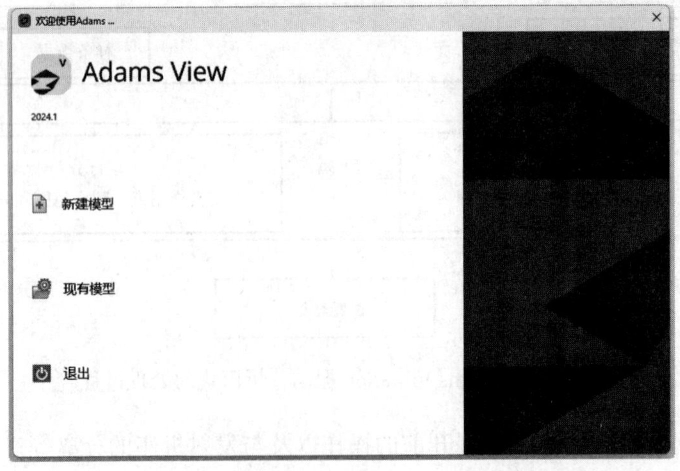

图 10-3　欢迎对话框

（3）在“打开存在的模型”对话框文件名称栏中右击，在搜索中找到 examples 下的 tutorial_ satellite 并单击，选中 satellite.cmd 文件后单击“打开”按钮，如图 10-4 所示。

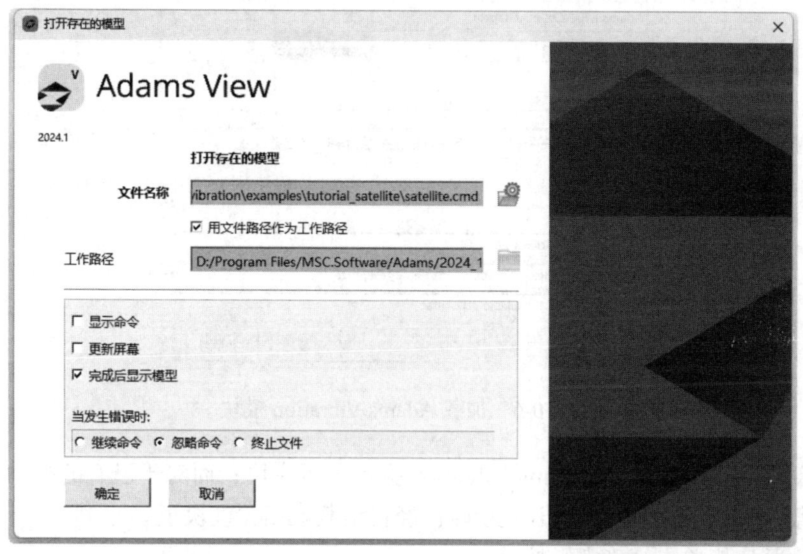

图 10-4 “打开存在的模型”对话框

（4）在 View 主窗口内显示卫星模型，在主工具栏中单击渲染按钮可渲染模型，如图 10-5 所示。

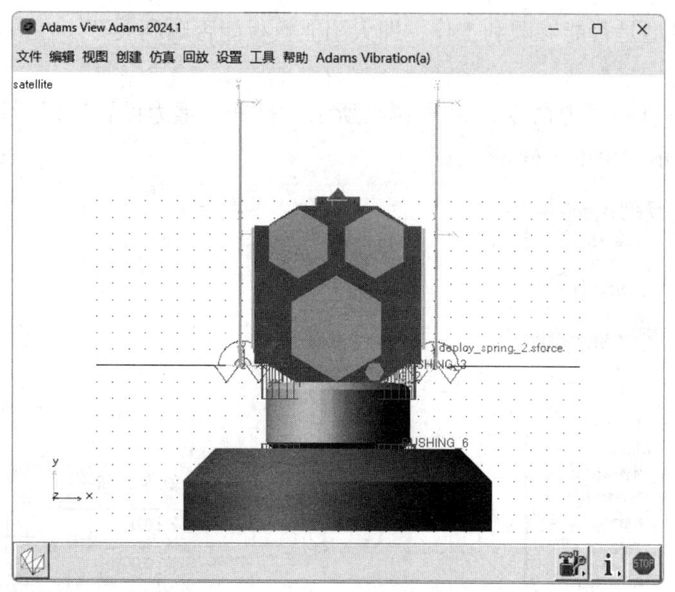

图 10-5 卫星模型

（5）由于 Adams Vibration 是插件模块，需要单独添加。选择工具→插件管理器命令，在弹出的对话框中，选中 Adams Vibration 栏“载入”项下的“是”选项以加载 Adams Vibration 模块，如图 10-6 所示。

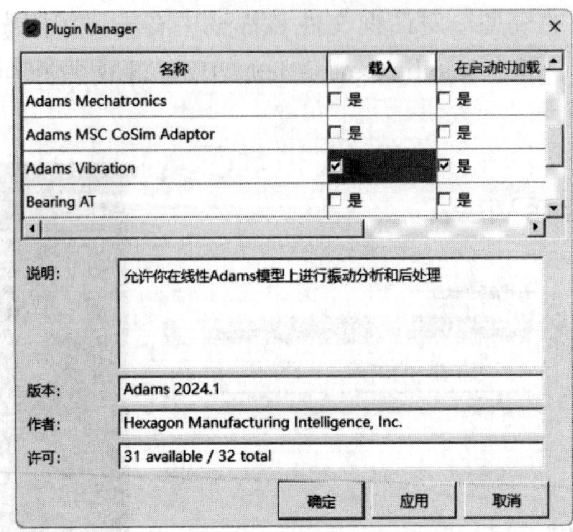

图 10-6　加载 Adams Vibration 模块

对于新模型，需要载入 Adams Vibration 振动分析模块；而对于已有的振动分析模型，则无须再载入该模块，因为在打开模型时已经自动载入相关模块了。

（6）选择完毕单击“确定”按钮。

10.2　模型仿真

首先验证模型是否能够顺利工作，即太阳能帆板能否顺利展开。在仿真之前先关掉重力的影响。

（1）选择设置→重力命令，如图 10-7 所示，打开“重力设置”对话框。全部设置为 0，如图 10-8 所示，单击“确定”按钮。

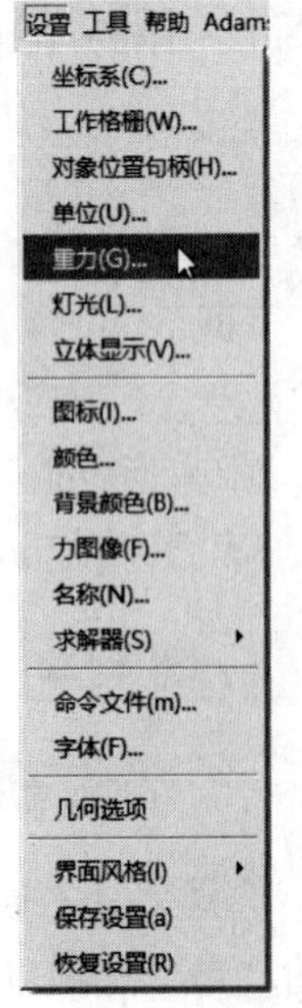

图 10-7　设置菜单

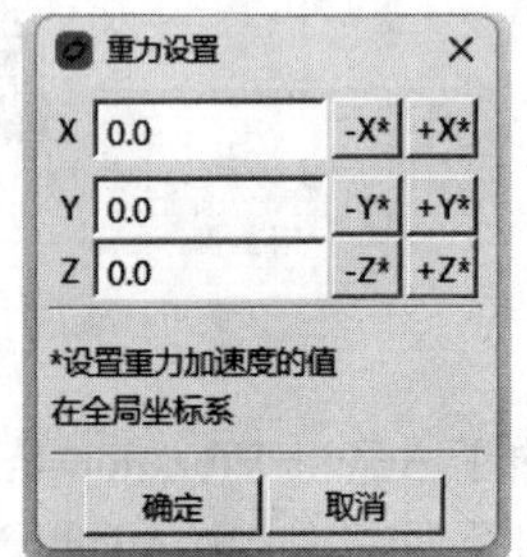

图 10-8　“重力设置”对话框

（2）在主工具箱中，选择仿真分析工具▦，观察无重力影响时的运行过程。在打开的参数设置栏中设置终止时间为 5.0，步数为 200，如图 10-9 所示。

（3）单击开始仿真按钮▶，太阳能帆板会逐渐展开，并保持在仿真状态。单击重置按钮⏮，返回初始状态。

（4）选择设置→重力命令，如图 10-7 所示，打开“重力设置”对话框。单击 -Y 按钮，如图 10-10 所示，单击“确定”按钮。

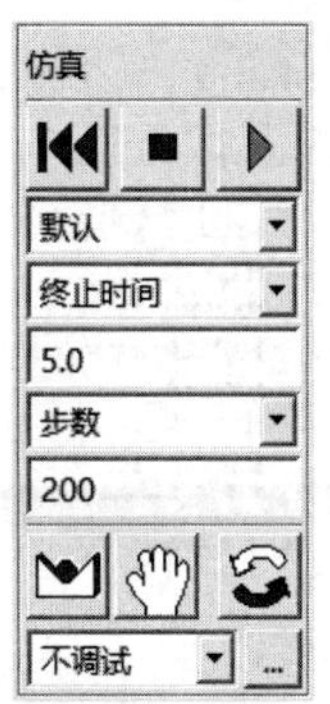

图 10-9　设置参数

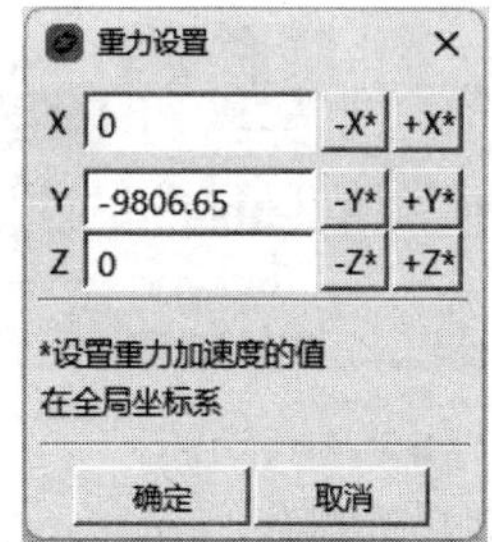

图 10-10　“重力设置”对话框

10.3　建立输入通道

在负载中心位置处的 x 轴和 y 轴方向建立两个输入通道及其激振器以产生振动，并绘制频率响应曲线。两个激振器对模型产生两个方向相互垂直的指定范围频率内的正弦作用力，x 方向的输入使卫星横向振动，y 方向的输入使卫星纵向振动。

（1）在菜单栏选择 Adams Vibration →创建→输入通道→新建命令，如图 10-11 所示。弹出“创建振动输入通道”对话框，如图 10-12 所示。

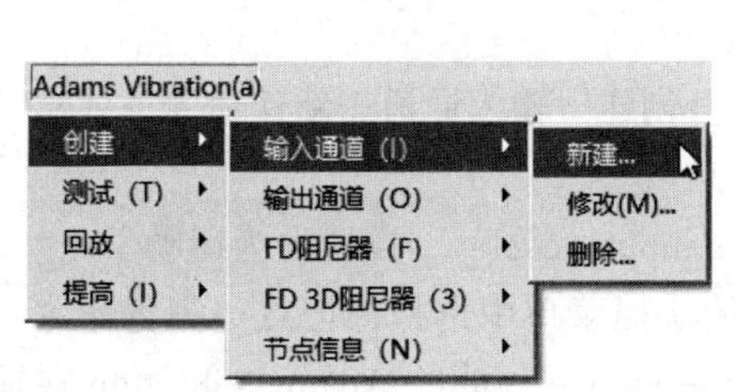

图 10-11　创建输入通道

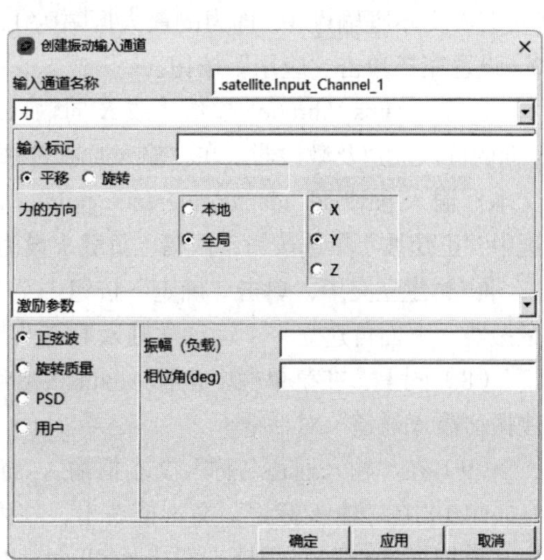

图 10-12　“创建振动输入通道”对话框

（2）在“输入通道名称”文本框中输入 .satellite.input_x。

（3）在“输入标记”文本框右击，在弹出的快捷菜单中选择标记点→浏览命令，如图 10-13 所示，弹出“数据库导航”对话框，如图 10-14 所示。

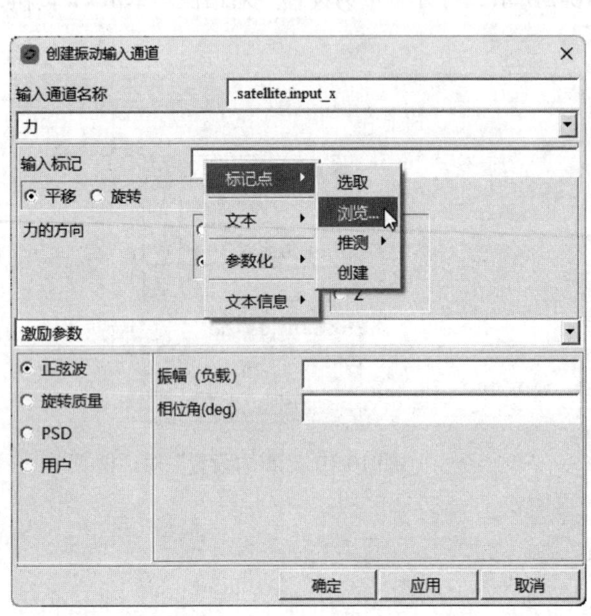

图 10-13　快捷菜单

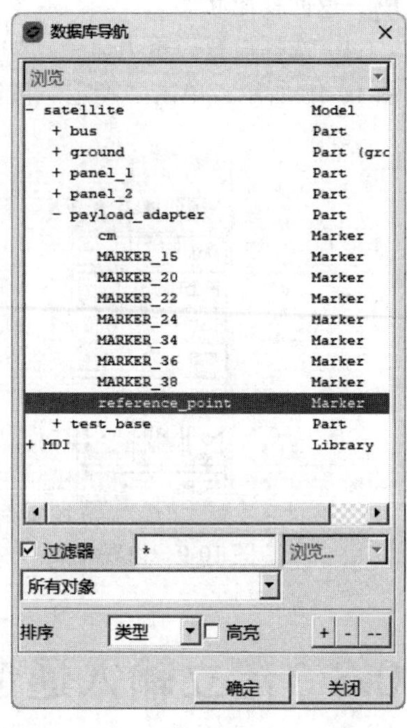

图 10-14　“数据库导航”对话框

（4）双击 payload_adapter/reference_point，Adams Vibration 在输入标记点文本框中插入该标记点。

（5）在如图 10-15 所示对话框中选择“平移”单选按钮。力的方向选项选择全局 X，添加 X 方向作用力。在下拉列表框中选择激励参数，选中“正弦波”单选按钮，在振幅（负载）文本框输入 1，即力的最大振幅为 1，在相位角（deg）文本框输入 0，即相位角为 0。设置完毕单击“应用”按钮。

（6）Adams Vibration 模块生成 X 向输入通道及其激振器，保留对话框继续建立下一个 y 向的输入通道及激振器。在“输入通道名称”文本框输入 .satellite.input_y。在“输入标记”文本框输入 payload_adapter/reference_point，设置力的方向为全局 Y，添加 Y 方向作用力。选中“正弦波”单选按钮，振幅（负载）设为 1，相位角（deg）设为 0，如图 10-16 所示。

（7）建立完毕，单击“确定”按钮。至此，Adams Vibration 建立了两个输入通道及其激振器。下面再建立一个运动学输入通道及其激振器。

（8）同上，在菜单栏中选择 Adams Vibration→创建→输入通道→新建命令，弹出“创建振动输入通道”对话框。

（9）在“输入通道名称”文本框输入 .satellite.input_accel_y，设置力为运动学。

（10）在“输入标记”文本框右击，在弹出的快捷菜单中选择标记点→浏览命令，弹出“数据库导航”对话框。双击 payload_adapter/reference_point，Adams Vibration 在输入标记点文本框中插入该标记点，如图 10-17 所示。

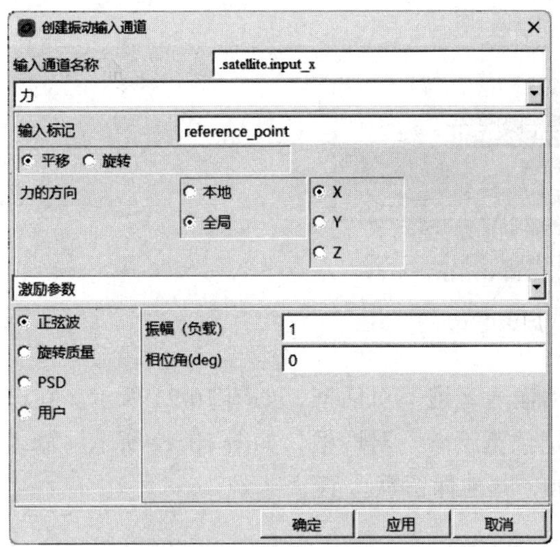

图 10-15　设置 X 向输入通道

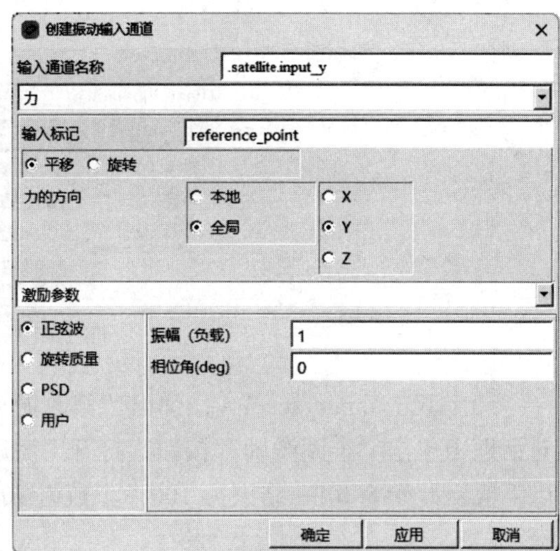

图 10-16　设置 Y 向输入通道

（11）选中全局、平移、加速度和 Y。在激励参数项中选择正弦波，在幅值栏中输入 9806.65，在相位角（deg）栏中输入 0。确认如图 10-18 所示后，单击“确定”按钮。

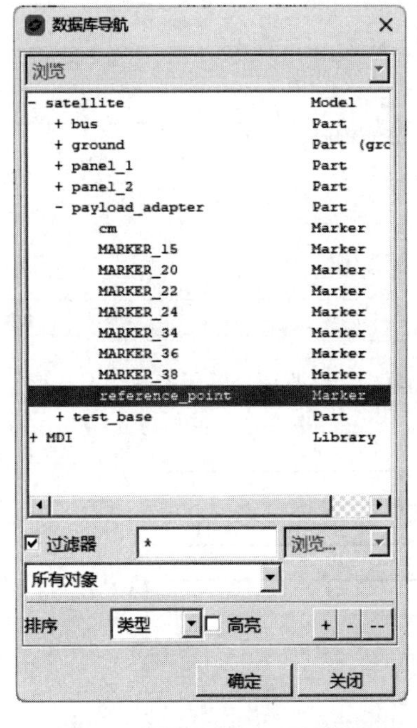

图 10-17　“数据库导航”对话框

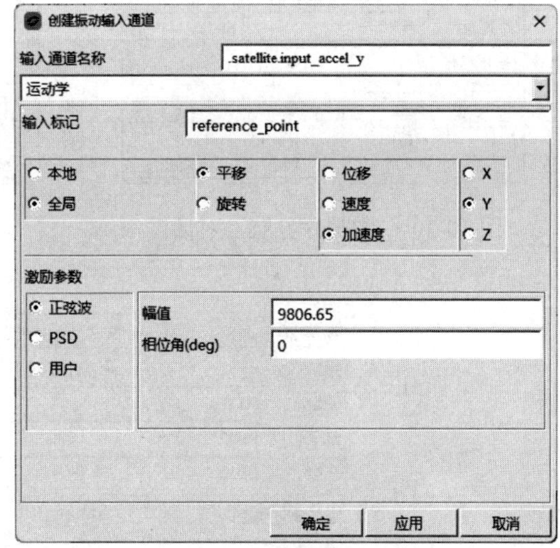

图 10-18　创建振动输入通道

若要查看建立的激振器，可以进行以下操作。

（1）在主菜单中选择 Adams Vibration→创建→输入通道→修改命令，如图 10-19 所示，弹出“数据库导航”对话框，如图 10-20 所示。

（2）双击模型名字 satellite，显示出输入通道列表。

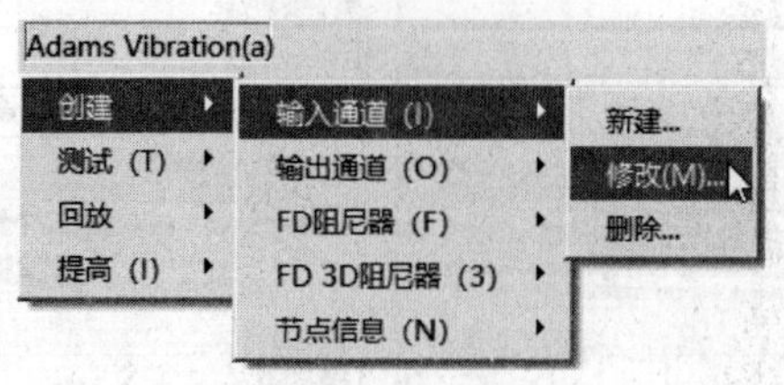

图 10-19　创建菜单

（3）双击 input_accel_y，弹出“修改振动输入通道”对话框，如图 10-21 所示。在该对话框中单击“绘图激励”按钮，打开“激励预览绘图”对话框，如图 10-22 所示。输入以下值：开始为 0.1，结束为 100，步数为 100，其他保留默认值。

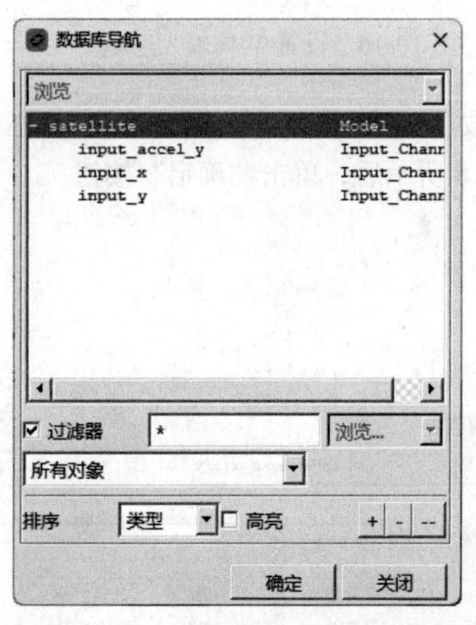

图 10-20　“数据库导航”对话框

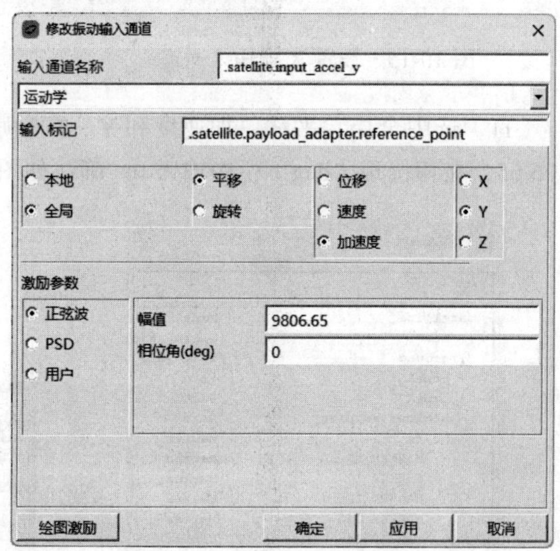

图 10-21　“修改振动输入通道”对话框

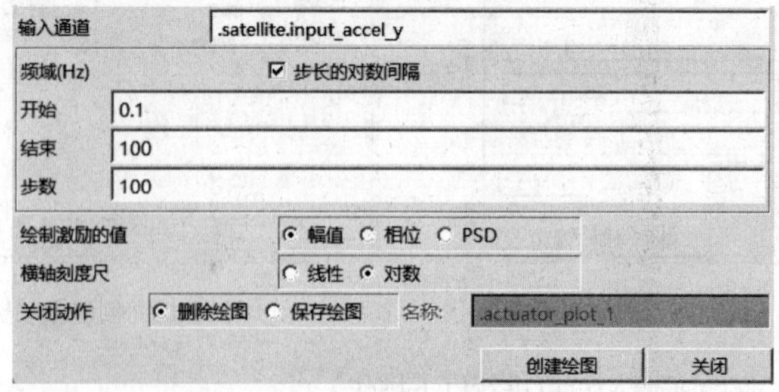

图 10-22　激励预览绘图对话框

（4）在“激励预览绘图”对话框中单击“创建绘图”按钮绘制曲线，如图 10-23 所示。

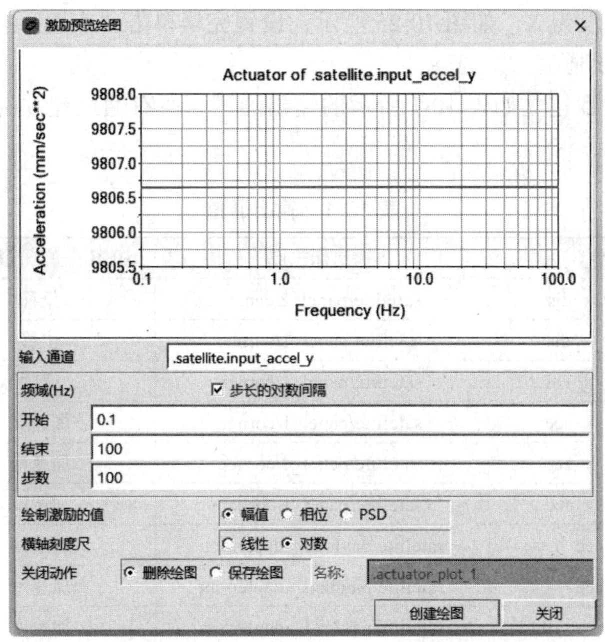

图 10-23　“激励预览绘图”对话框

10.4　建立输出通道

输出通道用以检测系统频率响应，可以在频域直接报告结果。建立输出通道的步骤如下。

（1）在菜单栏中选择 Adams Vibration→创建→输出通道→新建命令，如图 10-24 所示，打开“创建振动输出通道”对话框，如图 10-25 所示。

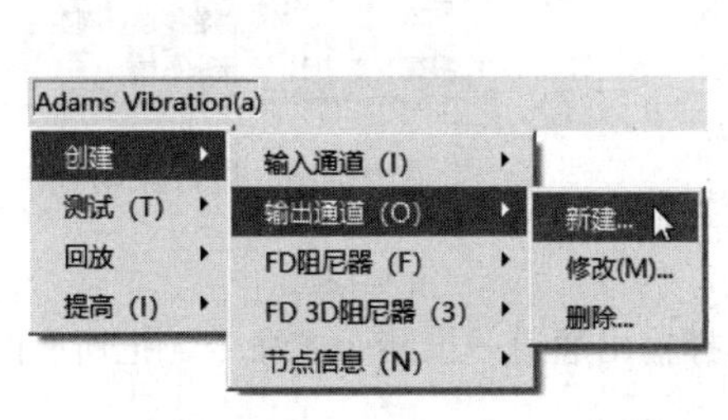

图 10-24　创建菜单

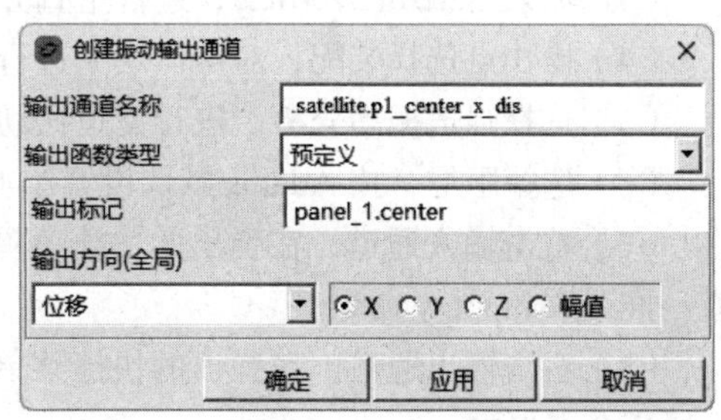

图 10-25　“创建振动输出通道”对话框

（2）在“输出通道名称”栏输入 .satellite.p1_center_x_dis，给输出通道命名。

（3）设置“输出函数类型”为预定义，即输出函数类型为预定义类型。

（4）右击“输出标记”文本框，在弹出的快捷菜单中选择标记点→浏览命令，弹出数据库浏览器。

（5）双击 satellite/panel_1/center 即为输出标志点。

（6）全局分量设为 X，如图 10-25 所示，设置完毕单击“应用”按钮。Adams Vibration 建立了一个输出通道。

（7）按以上步骤建立如表 10-1 所示的输出通道，所有通道建立完成后单击“确定”按钮。

表 10-1　输出通道

输出通道名字	输出标志点	位移 / 速度 / 加速度	方向
satellite.p2_center_x_dis	satellite/panel_2/center	位移	x
satellite.p1_corner_x_dis	satellite/panel_1/corner	位移	x
satellite.p1_corner_x_vel	satellite/panel_1/corner	速度	x
satellite.p1_corner_x_acc	satellite/panel_1/corner	加速度	x
satellite.p1_corner_y_acc	satellite/panel_1/corner	加速度	y
satellite.p1_corner_z_acc	satellite/panel_1/corner	加速度	z
satellite.ref_x_acc	satellite/payload_adapter/cm	加速度	x
satellite.ref_y_acc	satellite/payload_adapter/cm	加速度	y
satellite.ref_z_acc	satellite/payload_adapter/cm	加速度	z

10.5　测试模型

建立输入 / 输出通道后，就可以对模型建立和运行振动分析了。建立和运行受迫振动分析的步骤如下。

（1）在菜单栏中选择 Adams Vibration →测试→振动分析命令，如图 10-26 所示，弹出“执行振动分析”对话框。

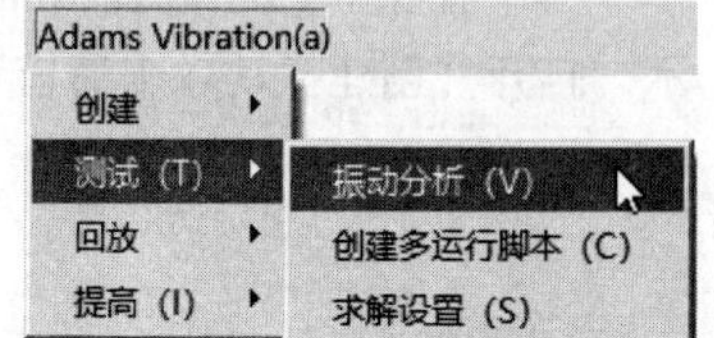

图 10-26　进行振动分析

（2）选择新的振动分析。

（3）输入 .satellite.vertical，进行垂直方向的分析。

（4）操作点选择装配，对整体模型进行线性化。

（5）选择强迫振动分析，进行受迫振动分析。

（6）选择阻尼，按 Adams 默认设置添加阻尼。

（7）右击输入通道，在弹出的快捷菜单中选择输入通道→推测→ input_y 命令。

（8）右击输出通道，在弹出的快捷菜单中选择输出通道→推测→ * 命令，把所有的输出通道全部选中。

（9）选择 Logarithmic Spacing of Steps。

（10）设置频域（Hz）的开始为 0.1。

（11）设置频域的结束为 1000。

（12）步数设为 400。

（13）如果想计算模态能量，可以单击“模态能量计算”按钮进行设置。

（14）设置完成，如图 10-27 所示，单击“确定”按钮。

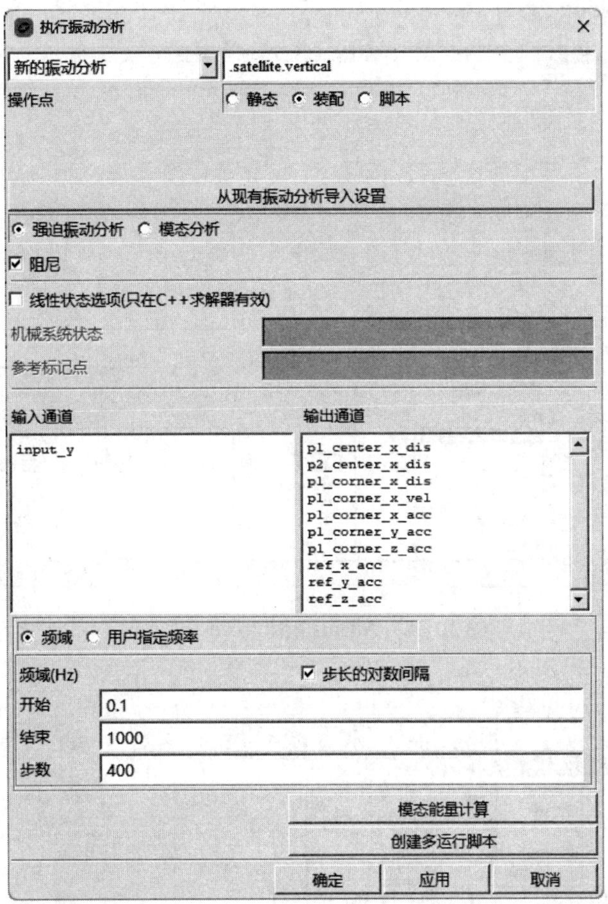

图 10-27 设置振动分析

Adams Vibration 开始进行振动分析，这一过程运行较快。若无错误信息提示，即为正确完成振动分析。

10.6 验证模型

下面通过 Adams PostPrecessor 对振动分析的数据进行分析。

10.6.1 绘制系统模态

（1）在菜单栏中选择回放→后处理命令，或者直接按 F8 键，打开 Adams PostProcessor 窗口，如图 10-28 所示。

（2）在控制面板中，选择资源为系统模态，如图 10-29 所示。

（3）在仿真列表中选择 vertical_analsis，特征值列表中选择 EIGEN_1，如图 10-30 所示。

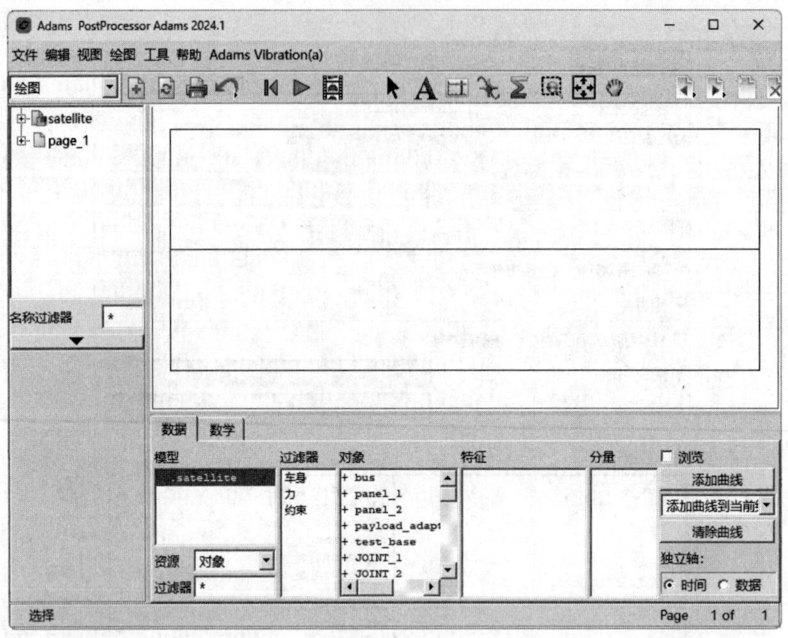

图 10-28　Adams PostProcessor 窗口

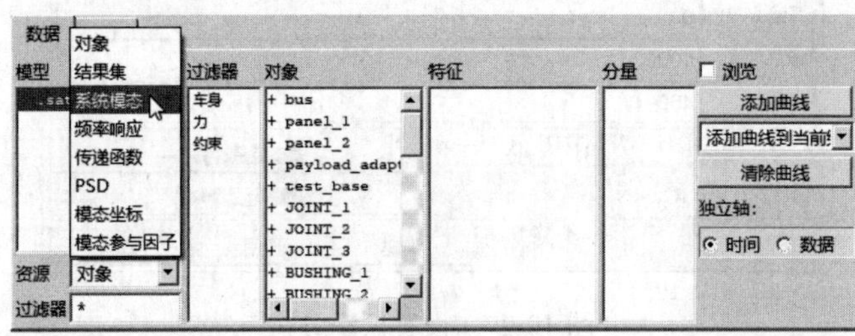

图 10-29　选择参数 1

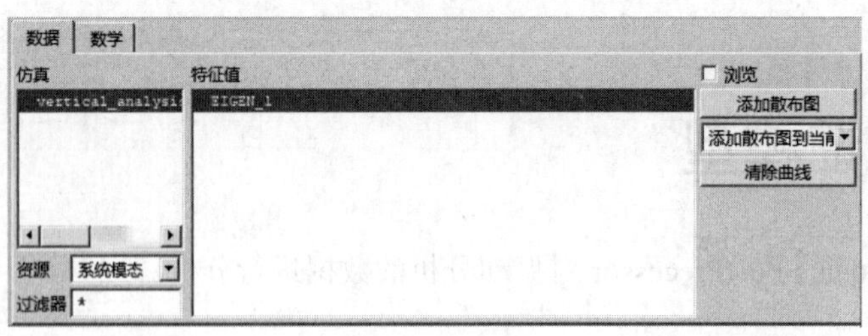

图 10-30　选择参数 2

（4）单击“添加散布图”按钮，Adams PostProcessor 绘制系统模态，如图 10-31 所示。

（5）在菜单栏下的工具栏中单击绘图跟踪图标。当光标在各模态标记点上移动时，在绘图区上部显示其实部和虚部及频率具体数值，如图 10-32 所示。

（6）在菜单栏中选择绘图→使用特征值表创建散点图命令，如图 10-33 所示，弹出“数据”对话框。选择 vertical_analysis，再选择 EIGEN_1，如图 10-34 所示。

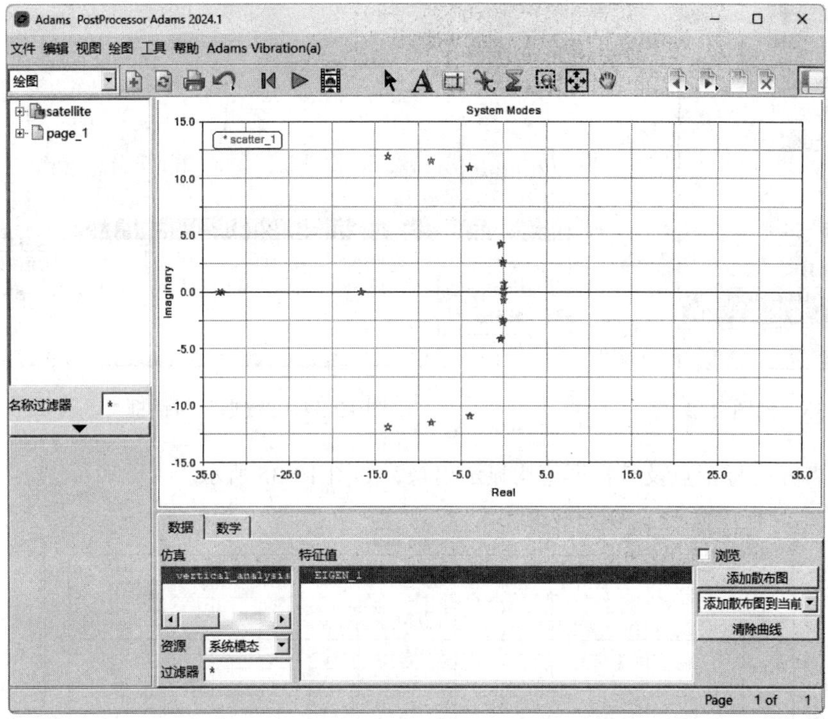

图 10-31　模态图

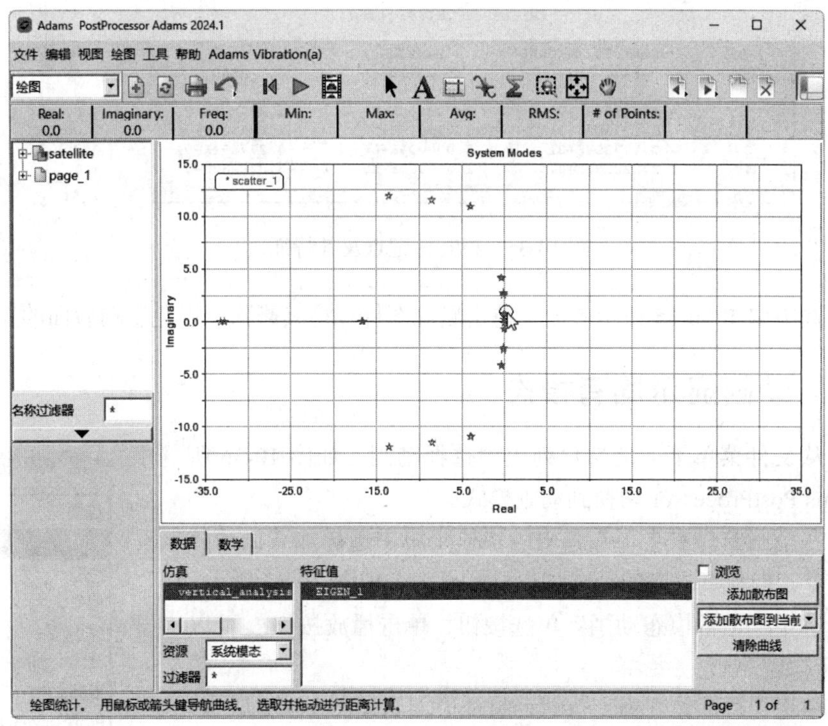

图 10-32　显示具体数值

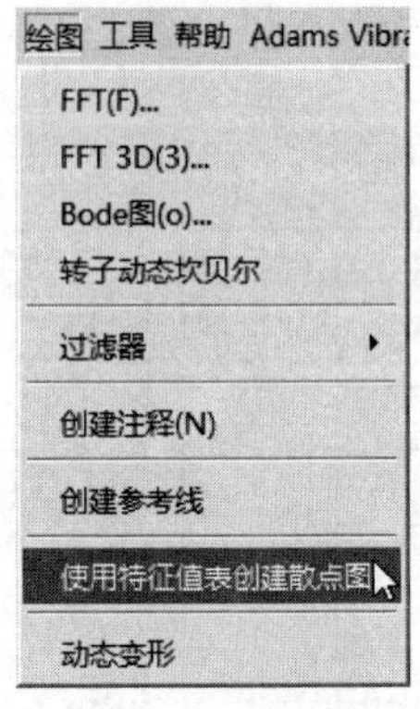

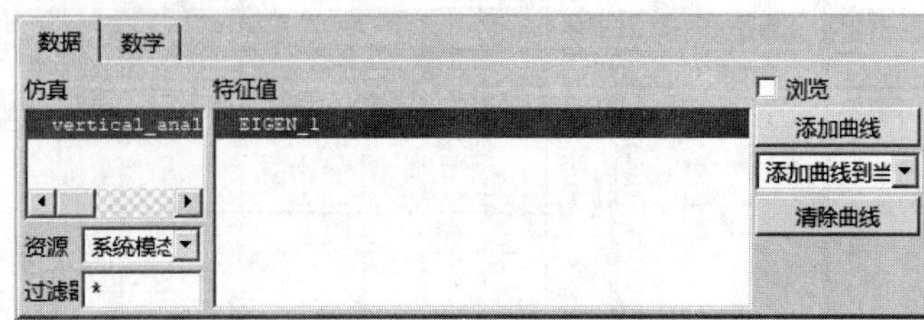

图 10-33　绘图菜单　　　　图 10-34　“数据”对话框

（7）各模态标记点及其特征值均显示出来，如图 10-35 所示。

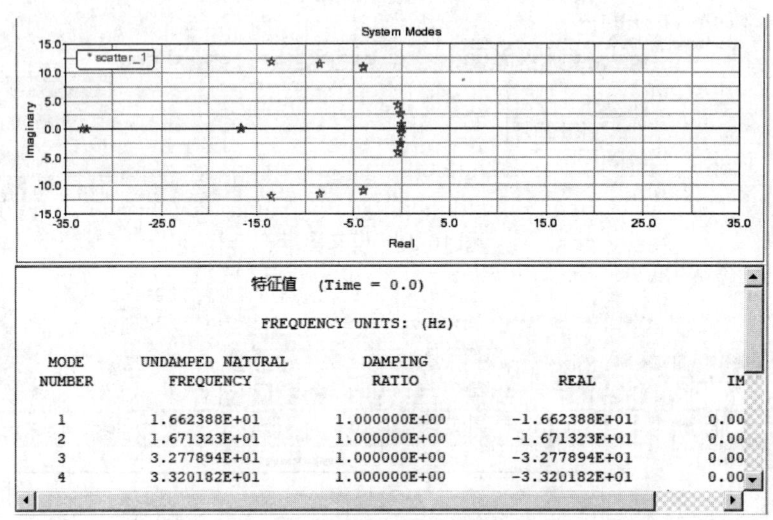

图 10-35　模态标记点及其特征值

（8）选中如图 10-35 所示界面，单击删除图标将其删除，以免影响后面的操作。

10.6.2　动画显示固有模态

（1）从文件菜单下方的选项列表中选择动画，如图 10-36 所示，Adams PostProcessor 切换到动画模式。

（2）在动画窗口右击，在弹出的快捷菜单中选择加载振动分析动画命令，把垂直方向的动画过程显示出来，如图 10-37 所示。

（3）选中“正常模态动画”单选按钮，单击播放按钮可以查看各阶模态。

（4）单击“特征值表格”按钮，特征值列表如图 10-38 所示。前 4 阶模态是过阻尼，其余为欠阻尼。

（5）关闭“特征值信息”窗口。

图 10-36　选择动画选项

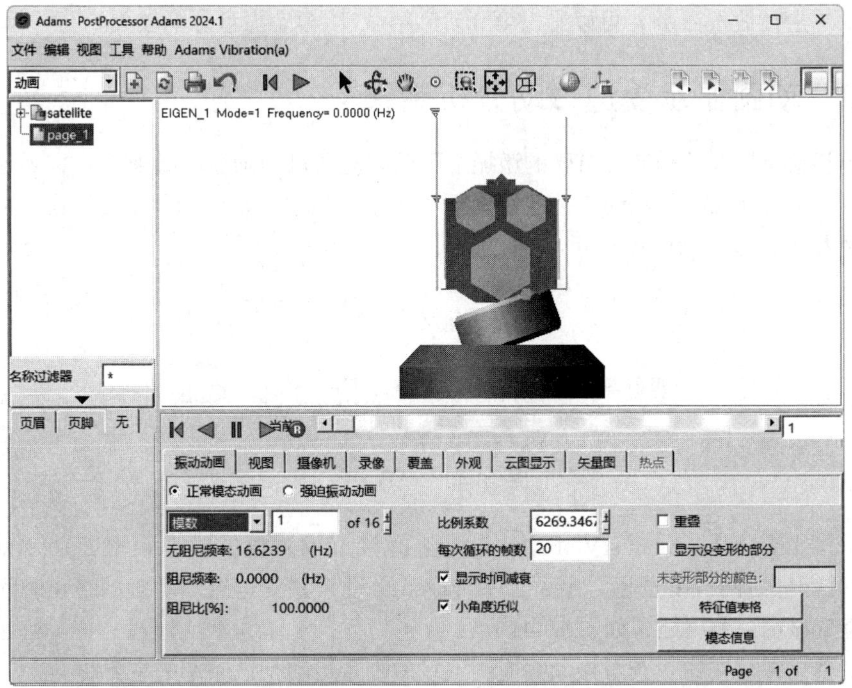

图 10-37　模态动画

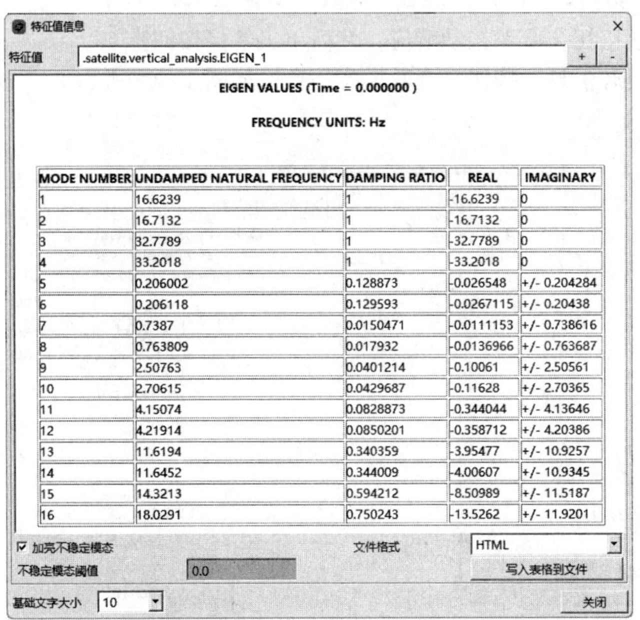

特征值信息

特征值 .satellite.vertical_analysis.EIGEN_1

EIGEN VALUES (Time = 0.000000)

FREQUENCY UNITS: Hz

MODE NUMBER	UNDAMPED NATURAL FREQUENCY	DAMPING RATIO	REAL	IMAGINARY
1	16.6239	1	-16.6239	0
2	16.7132	1	-16.7132	0
3	32.7789	1	-32.7789	0
4	33.2018	1	-33.2018	0
5	0.206002	0.128873	-0.026548	+/- 0.204284
6	0.206118	0.129593	-0.0267115	+/- 0.20438
7	0.7387	0.0150471	-0.0111153	+/- 0.738616
8	0.763809	0.017932	-0.0136966	+/- 0.763687
9	2.50763	0.0401214	-0.10061	+/- 2.50561
10	2.70615	0.0429687	-0.11628	+/- 2.70365
11	4.15074	0.0828873	-0.344044	+/- 4.13646
12	4.21914	0.0850201	-0.358712	+/- 4.20386
13	11.6194	0.340359	-3.95477	+/- 10.9257
14	11.6452	0.344009	-4.00607	+/- 10.9345
15	14.3213	0.594212	-8.50989	+/- 11.5187
16	18.0291	0.750243	-13.5262	+/- 11.9201

加亮不稳定模态　文件格式 HTML

不稳定模态阈值 0.0　写入表格到文件

基础文字大小 10　关闭

图 10-38　特征值列表

（6）在模数文本框，利用$\div$查看各阶模态，如图 10-39 所示。

图 10-39　模数文本框

（7）单击播放按钮▶，可以看出第 9 阶和第 15 阶模态振型影响较大。

10.6.3 动画显示受迫振动分析结果

本节将接近第 9 阶模态 2.5Hz 的激振力下的响应通过动画显示出来。

（1）在如图 10-37 所示窗口的控制面板中选中“强迫振动动画”单选按钮，在频率文本框中输入 2.5，如图 10-40 所示。

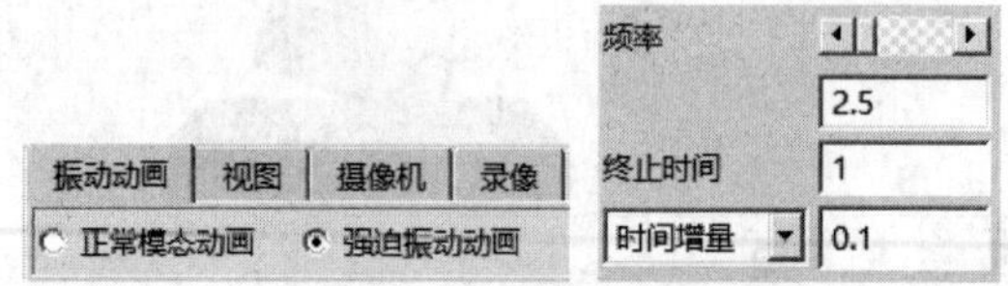

图 10-40 设置参数

（2）按 Enter 键，Adams Vibration 自动选择接近输入值的模态频率 2.5119Hz。选中“自动设置循环时间”复选框，Adams Vibration 自动设置受迫振动动画的终止时间和运行步数，至少显示一个周期，如图 10-41 所示。

（3）单击播放按钮。查看振动响应，卫星的垂直运动是该频率的主要影响。

（4）在频率文本框中输入 10，如图 10-42 所示，Adams Vibration 自动选择接近输入值的模态频率 10.0000Hz，并把该模态响应放大动画显示。

（5）单击播放按钮，查看振动响应，然后单击暂停按钮⏸。

（6）单击“模态信息”按钮，查看模态信息，如图 10-43 所示。

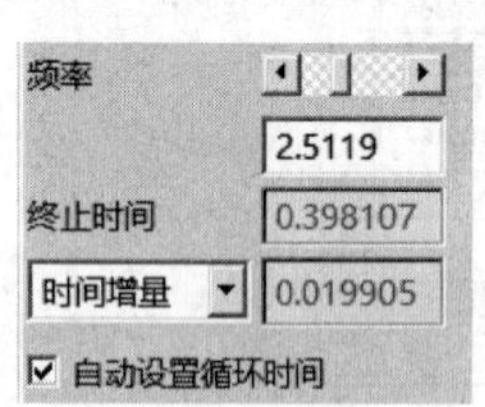

图 10-41 自动选择模态频率

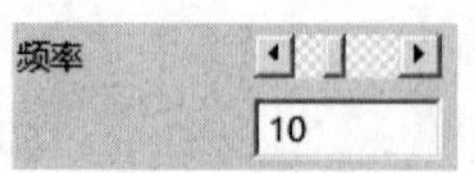

图 10-42 输入新频率

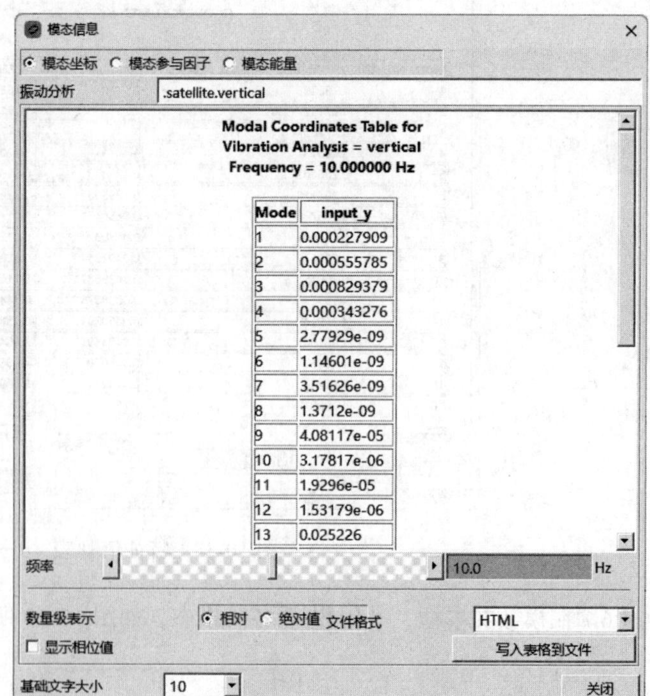

图 10-43 模态信息

（7）选中“模态参与因子”单选按钮，显示每个输出通道中各阶影响，如图 10-44 所示。

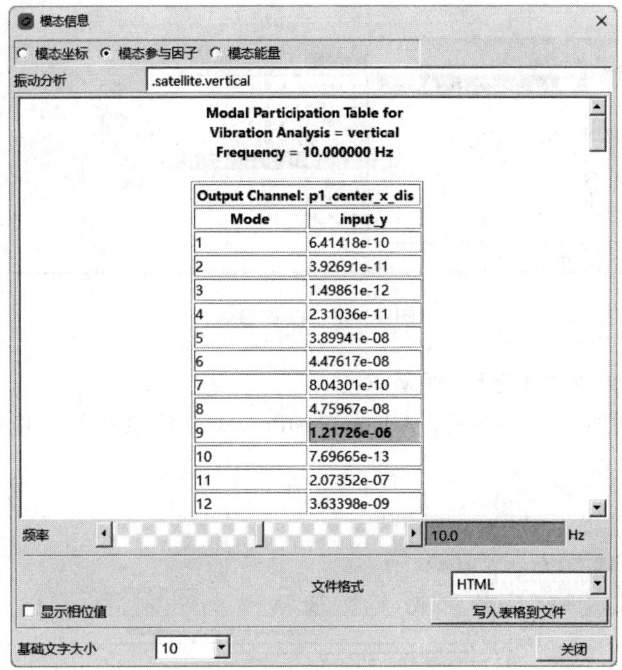

图 10-44　显示各阶影响

（8）选中“模态能量”单选按钮，显示选择的相应阶模态能量。

10.6.4　绘制频率响应

（1）从文件菜单下方的选项列表中选择绘图，如图 10-45 所示。此时会弹出警告提示框，提醒动画将被删除，如图 10-46 所示，单击“确定”按钮，Adams PostProcessor 切换到曲线绘制模式。

（2）右击 Page Layout 图标，如图 10-47 所示。

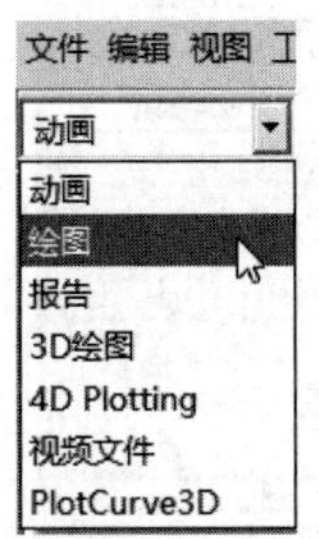

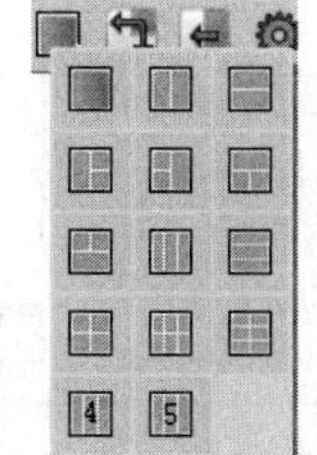

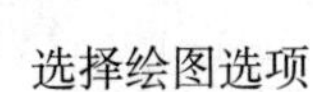
图 10-45　选择绘图选项　　图 10-46　警告提示框　　图 10-47　右击 Page Layout 图标

（3）在打开的 Adams PostProcessor 窗口下方控制面板中，设置资源为频率响应。在振动分析列表中选择 vertical。在输入通道列表中选择 Input_y。在输出通道列表中选择

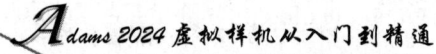

p1_corner_y_acc。选中“幅值”单选按钮，即绘制响应幅值。单击“添加曲线”按钮，添加响应曲线，如图 10-48 所示。

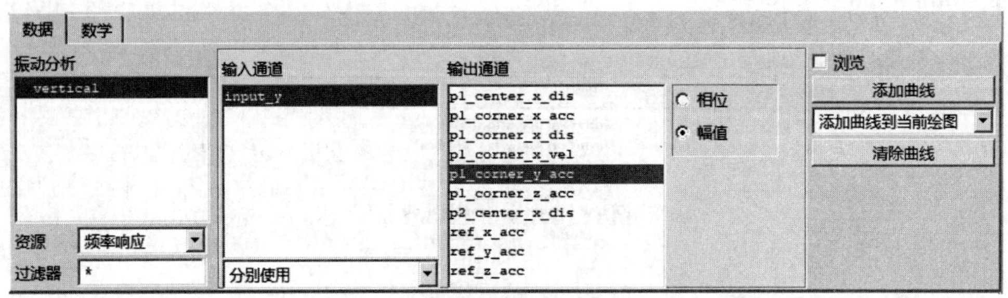

图 10-48　设置参数

（4）在输出通道列表中选择 ref_y_acc。

（5）单击“添加曲线”按钮，Adams PostProcessor 绘制频率响应幅值，如图 10-49 所示。

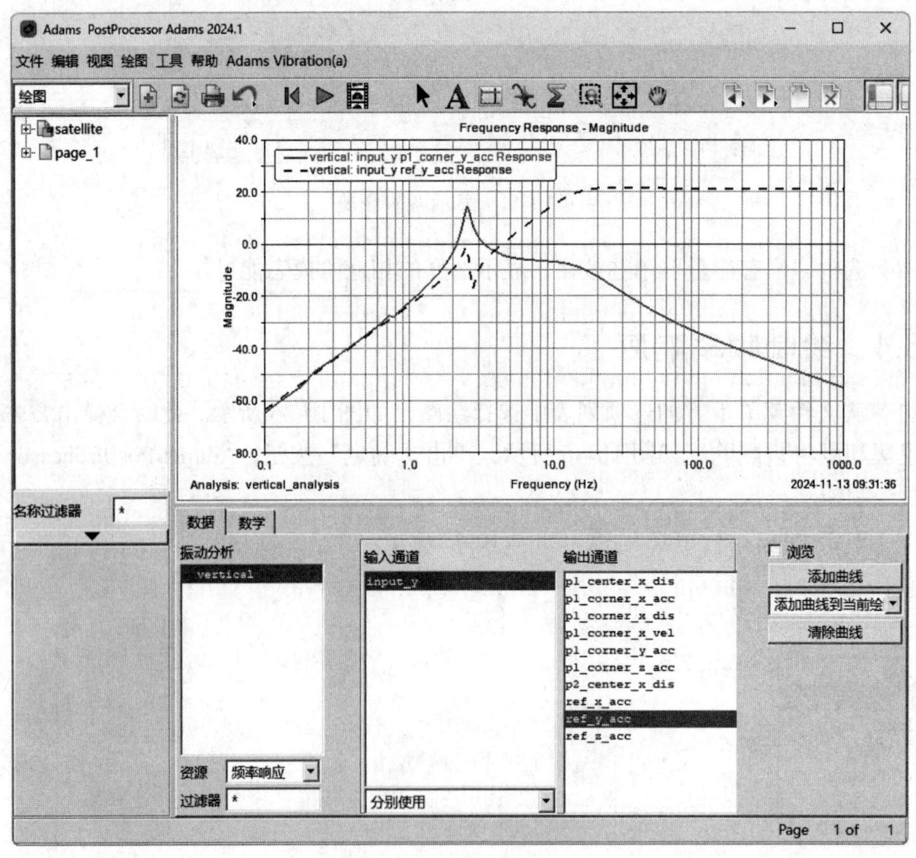

图 10-49　频率响应幅值

如果想在同一页面上分上下两页同时显示幅值和相位，在页面布局图标上右击，选择 2 视图图标。视图区会分为幅值和相位图，如图 10-50 所示。

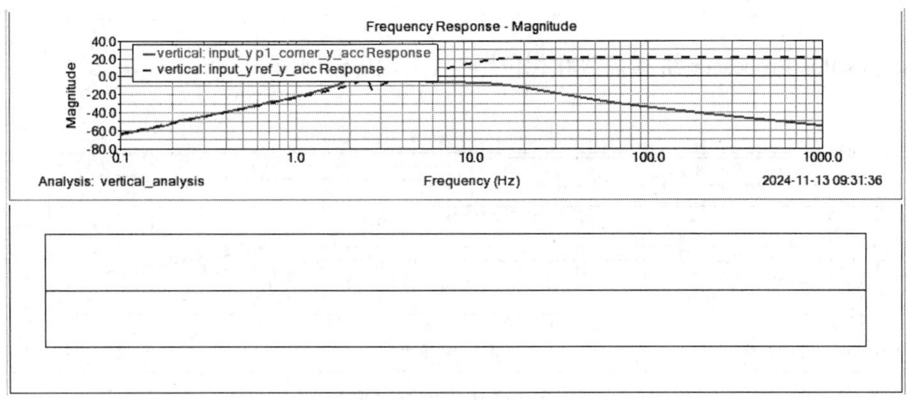

图 10-50　幅值和相位图

绘制幅值和相位图步骤如下：

❶ 单击新分出的相位空白绘图区。

❷ 资源设为频率响应。

❸ 在振动分析列表中选择 vertical。

❹ 在输入通道列表中选择 input_y。

❺ 在输出通道列表中选择 p1_corner_y_acc。

❻ 选中“相位”单选按钮，即绘制响应相位。

❼ 单击“添加曲线”按钮，如图 10-51 所示。

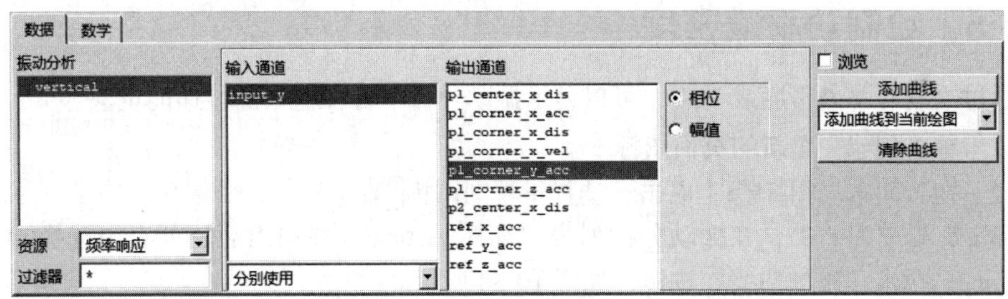

图 10-51　设置参数 1

❽ 在输出通道列表中选择 ref_y_acc。

❾ 单击“添加曲线”按钮，如图 10-52 所示。

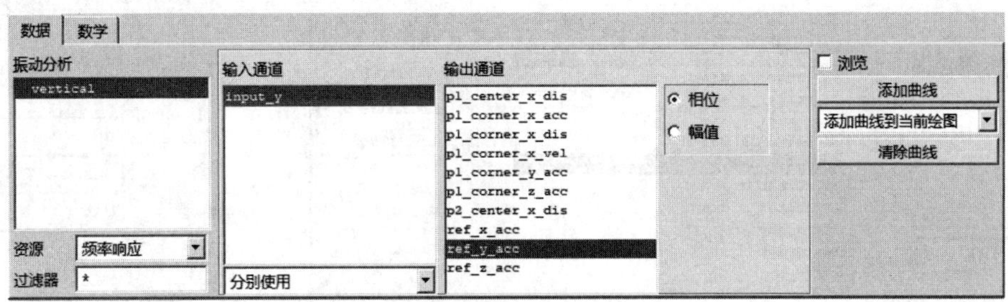

图 10-52　设置参数 2

Adams PostProcessor 绘制幅值和相位图，如图 10-53 所示。

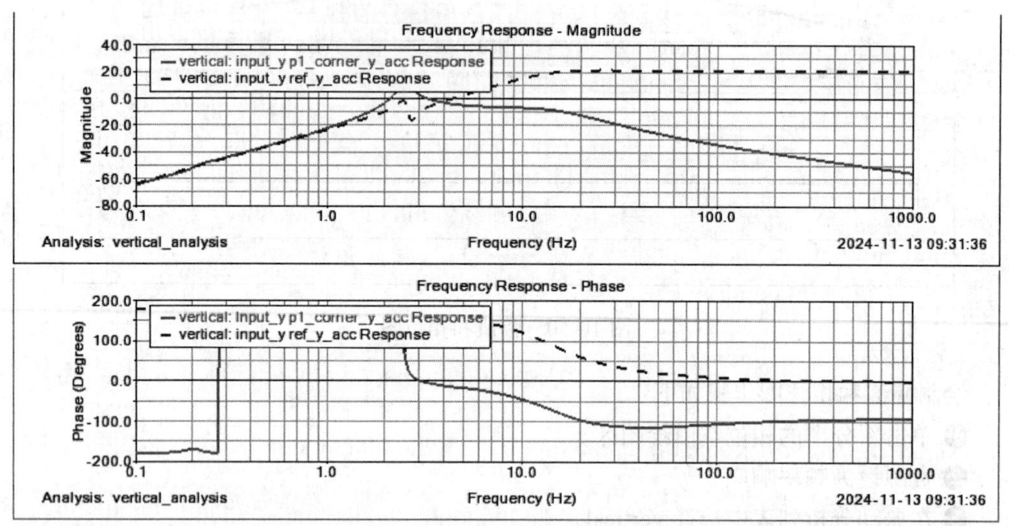

图 10-53　幅值和相位图

从图 10-53 中可以看出影响垂直加速度响应最大的两个模态频率在 2.5Hz 和 10Hz 之间。

10.6.5　绘制功率谱密度

通过绘制功率谱密度或 PSD，可以显示振动分析中各种输入的传递能量。

（1）单击创建一个新的页面图标。

（2）在页面布局图标上右击，选择 1 视图图标。

（3）资源设为 PSD，在振动分析列表中选择 vertical，在输出通道列表中选择 p1_corner_y_acc。单击“添加曲线”按钮，如图 10-54 所示。

（4）在输出通道列表中选择 p1_corner_y_acc。单击横坐标轴，在形式下的比例选项中选择 dB，如图 10-55 所示。

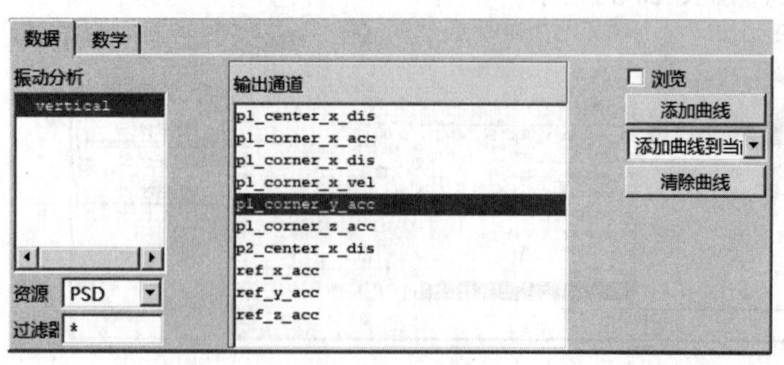

图 10-54　设置参数 1

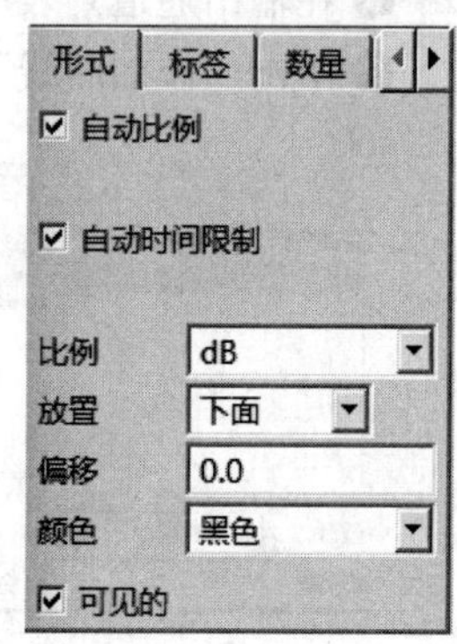

图 10-55　设置参数 2

Adams PostProcessor 绘制功率谱曲线图，如图 10-56 所示。

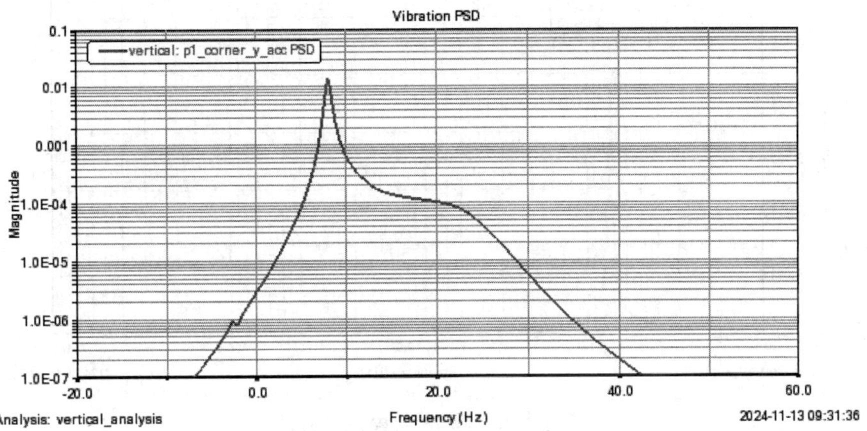

图 10-56 功率谱曲线图

10.6.6 绘制模态坐标

绘制模态坐标可以发现对系统振动响应影响最大的模态，步骤如下。

（1）单击创建一个新的页面图标。

（2）资源设为模态坐标，在振动分析列表中选择 vertical，在输入通道列表中选择 input_y，模态坐标系定义设为模态，模态设为 9。单击“添加曲线”按钮，Adams PostProcessor 绘制第 9 阶模态坐标图，如图 10-57 所示。

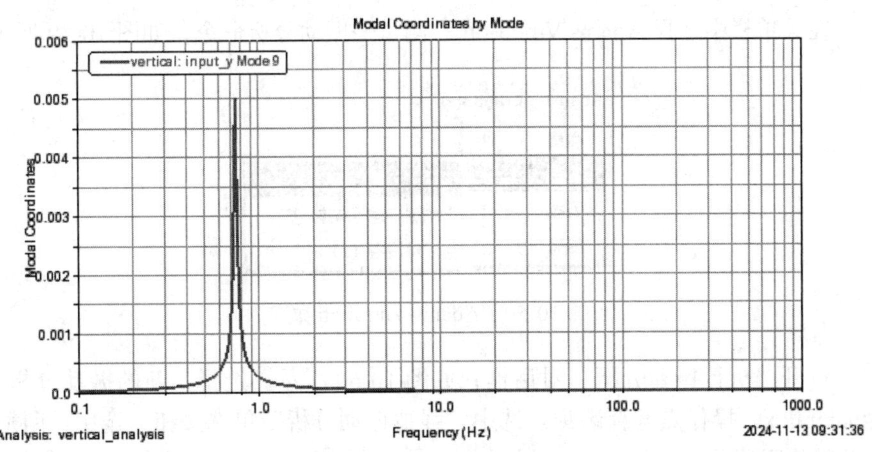

图 10-57 第 9 阶模态坐标图

（3）模态设为 15，单击“添加曲线”按钮，Adams PostProcessor 绘制第 15 阶模态坐标图，如图 10-58 所示。

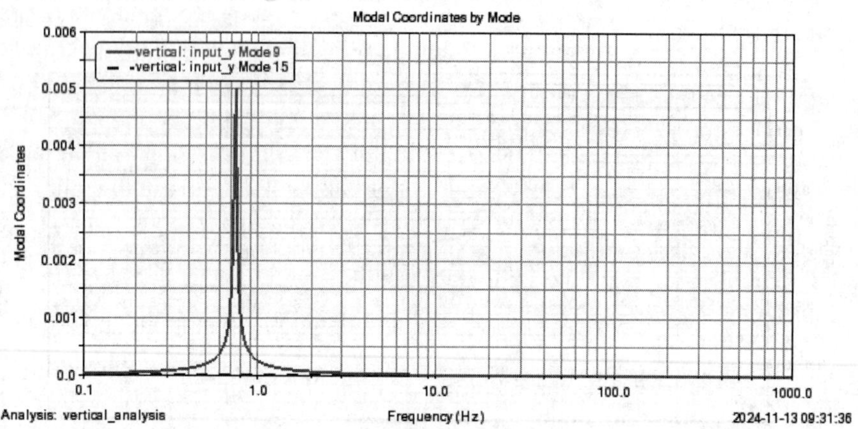

图 10-58　第 15 阶模态坐标图

10.7　精化模型

下面对模型的横向振动响应进行分析，查看影响横向振动最大的模态，并绘制频响函数。

10.7.1　受迫振动分析

（1）在 Adams PostProcessor 工具箱中单击关闭 Adams PostProcessor 窗口按钮 ×，返回建模环境。

（2）在菜单栏中选择 Adams Vibration →测试→振动分析命令，如图 10-59 所示。

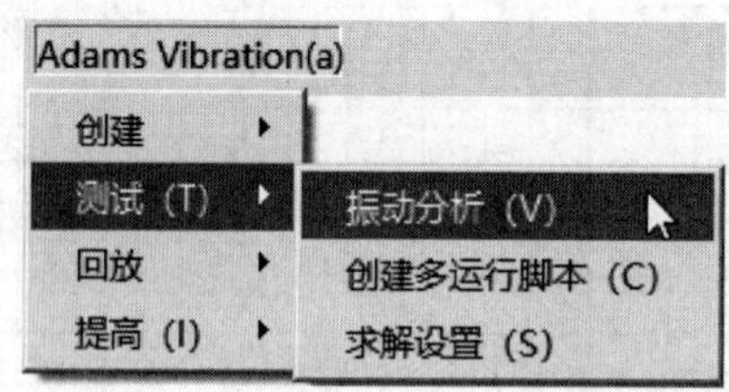

图 10-59　Adams Vibration 菜单

（3）打开“执行振动分析”对话框，如图 10-60 所示。选择“新的振动分析”选项，命名为 lateral_x。操作点选择装配。选中“强迫振动分析”单选按钮。选中“阻尼”复选框，打开默认阻尼。

（4）在输入通道栏中右击，在弹出的快捷菜单中选择输入通道→推测→ Input_x 命令。

（5）在输出通道栏中右击，在弹出的快捷菜单中选择输出通道→推测→ * 命令，选中所有输出通道。

（6）选中“步长的对数间隔”复选框。在频域（Hz）栏，设置开始为 0.1，结束为 1000，步数为 400，如图 10-60 所示。设置完毕单击“确定”按钮，Adams Vibration 进行受迫振动分析。

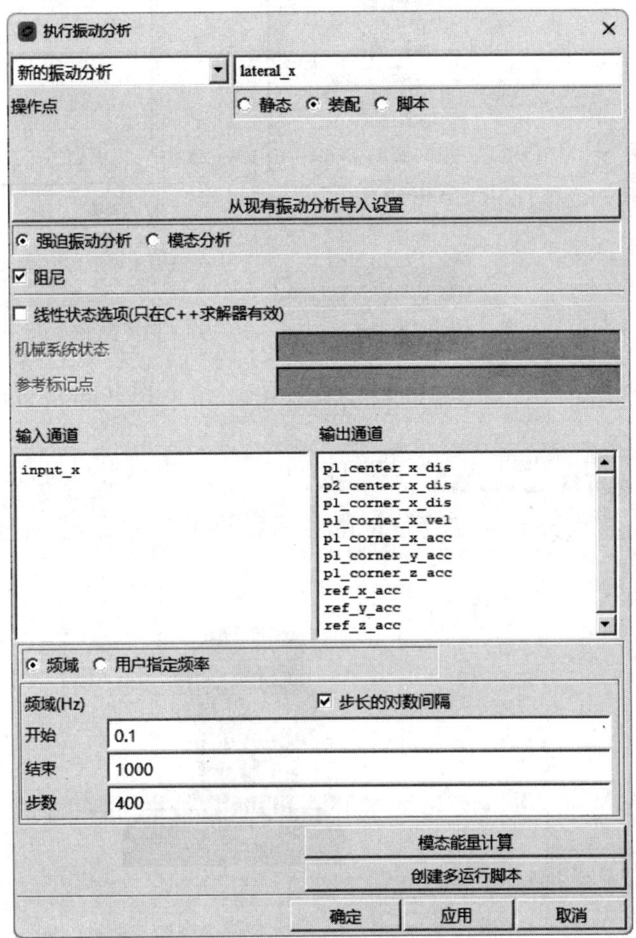

图 10-60　“执行振动分析”对话框

10.7.2　动画显示固有模态

（1）在菜单栏中选择回放→后处理命令，或者按 F8 键。

（2）在打开的 Adams PostProcessor 窗口中单击创建一个新的页面图标。

（3）在文件菜单下方的选项列表中选择动画，如图 10-61 所示。

（4）在动画窗口右击，在弹出的快捷菜单中选择加载振动分析动画命令，如图 10-62 所示。

（5）在打开的数据库导航对话框中选择 lateral_x，如图 10-63 所示。返回到 Adams PostProcessor 界面，选择“正常模态动画”选项。在模数文本框，利用查看各阶模态。

（6）单击播放按钮，查看第 8、11 和 14 阶模态振形，如图 10-64 所示。

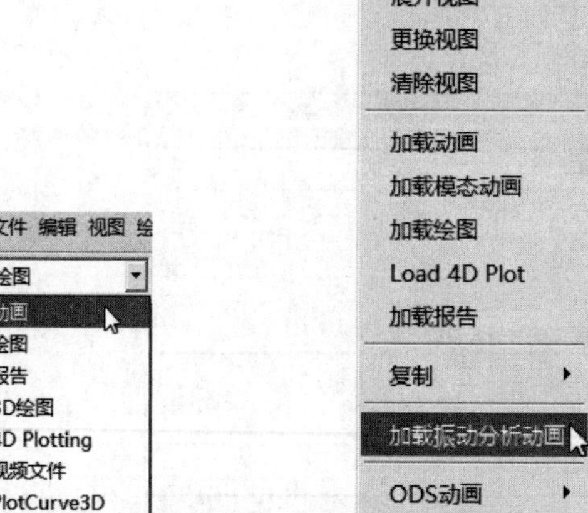

图 10-61　选择动画选项　　图 10-62　快捷菜单

图 10-63　“数据库导航”对话框

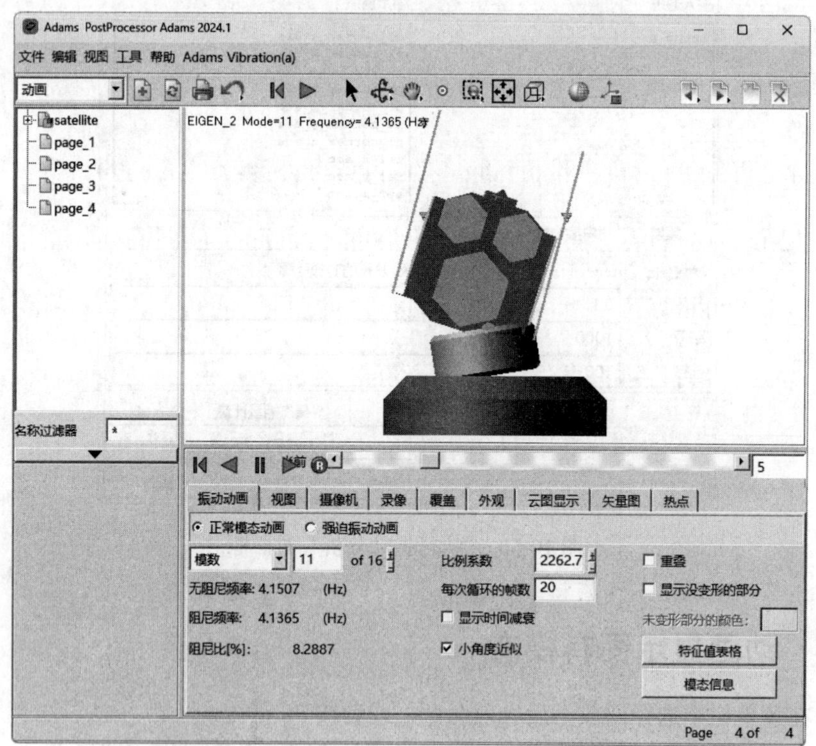

图 10-64　模态振形

10.7.3　绘制受迫振动频率响应

（1）在文件菜单下方的选项列表中选择绘图，如图 10-65 所示。此时会弹出警告提示框，提醒动画将被删除，如图 10-66 所示，单击“确定”按钮，Adams PostProcessor 切换到曲线绘制模式。

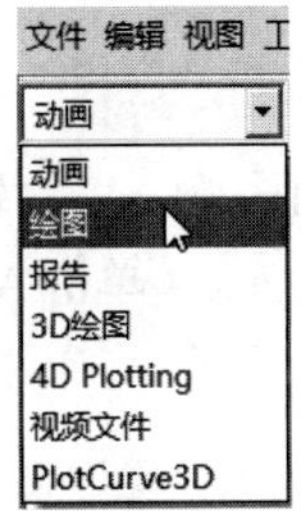

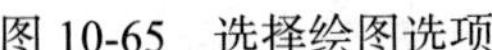

图 10-65　选择绘图选项

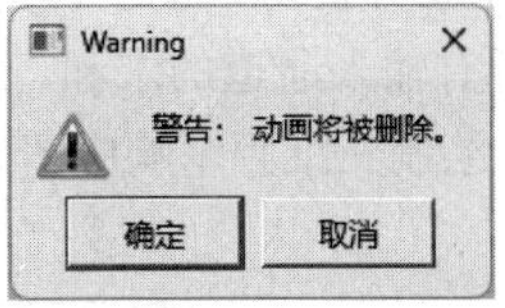

图 10-66　警告提示框

（2）单击创建一个新的页面图标。

（3）在打开的对话框中将资源设置为频率响应。在振动分析列表中选择 lateral_x。在输入通道列表中选择 input_x。在输出通道列表中选择 p1_corner_x_acc。选择“幅值”选项。单击“添加曲线”按钮，显示响应曲线，如图 10-67 所示。

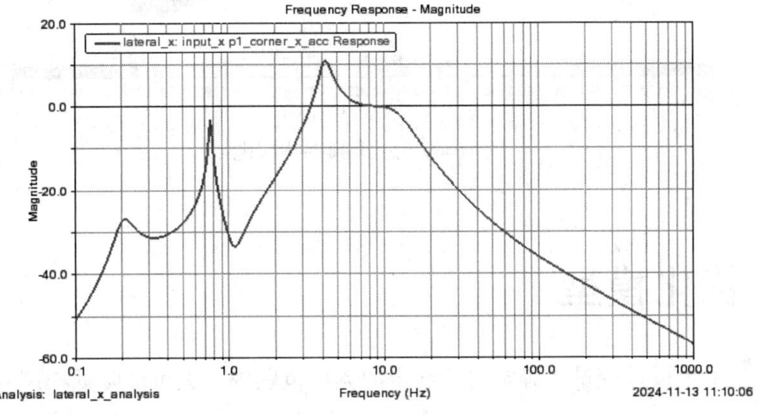

图 10-67　响应曲线

（4）在输出通道列表中选择 ref_x_acc。单击“添加曲线”按钮，Adams PostProcessor 绘制频率响应幅值，如图 10-68 所示。

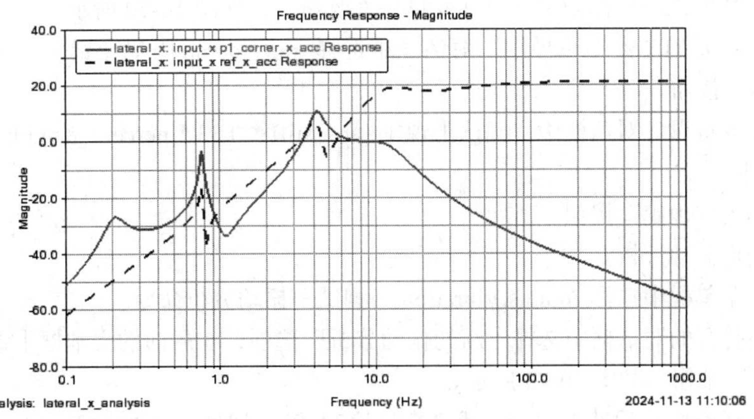

图 10-68　频率响应曲线

绘制三维频响图步骤如下：

❶ 在文件菜单下方的选项列表中，选择 PlotCurve3D。

❷ 在振动分析对话框中，选择所有分析包括 vertical 和 lateral_x。在输入通道下拉选项中选择所有输入通道的求和。设置输出通道为 p1_corner_x_acc。单击 Add Surface 按钮添加图形。绘制三维频率响应图如图 10-69 所示。

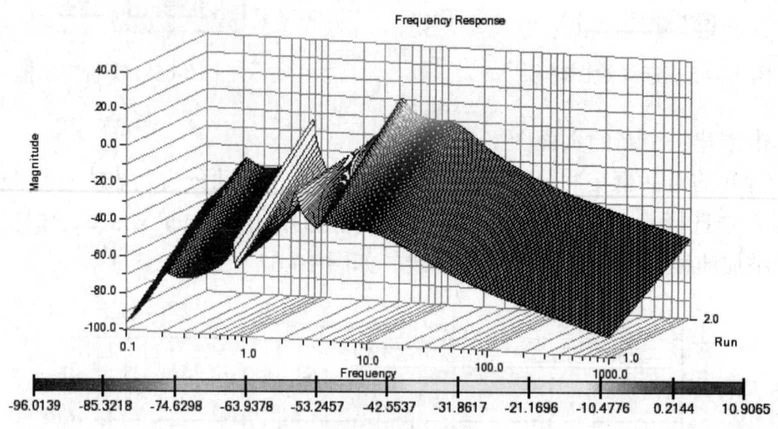

图 10-69　三维频率响应图

10.8　优化模型

下面通过修改设计变量来确定对于给定的频率范围内最大可能降低噪声的阻尼值。

10.8.1　1% 的总阻尼

首先修改设计变量 trans_damp。

（1）单击关闭 Adams PostProcessor 窗口按钮 × 返回建模模式。

（2）在菜单栏中选择创建→设计变量→修改命令，如图 10-70 所示。

（3）在打开的“数据库导航”对话框中选择 trans_damp 阻尼变量，如图 10-71 所示，单击“确定”按钮。

（4）在变量设计对话框中，确认出现（trans_stiff * 0.33 * percent_damping * 1.0E-02），如图 10-72 所示。

（5）单击“确定”按钮。

然后进行振动分析。

（1）在菜单栏中选择 Adams Vibration →测试→振动分析命令。

（2）在打开的对话框中选择“新的振动分析”选项，在后面的文本框中输入 lateral_x，单击“确定”按钮，如图 10-73 所示。

（3）选择回放→后处理命令，或者直接按 F8 键，切换到 Adams PostProcessing 窗口，显示振动分析结果，如图 10-74 所示。

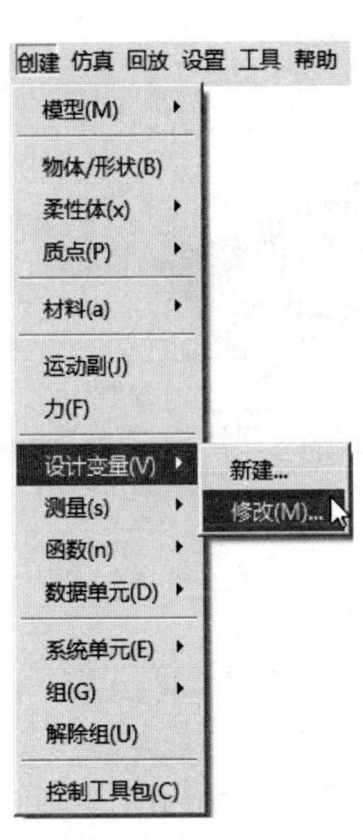

图 10-70　创建菜单

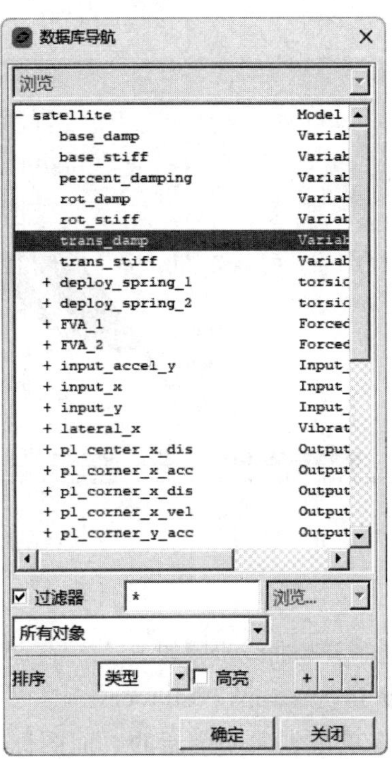

图 10-71　“数据库导航”对话框

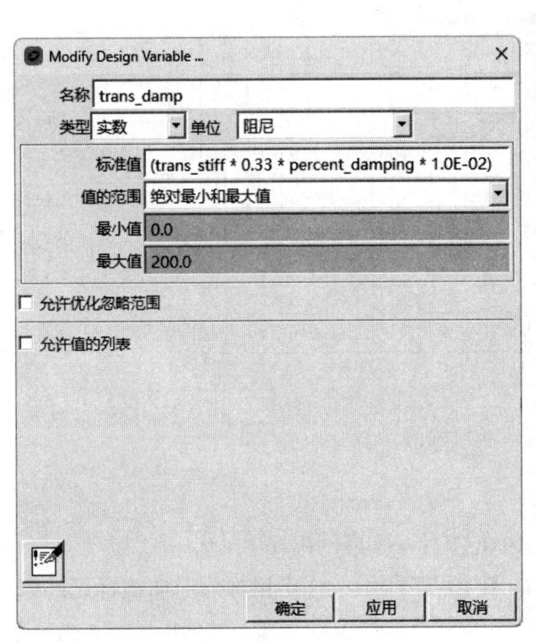

图 10-72　变量设计对话框

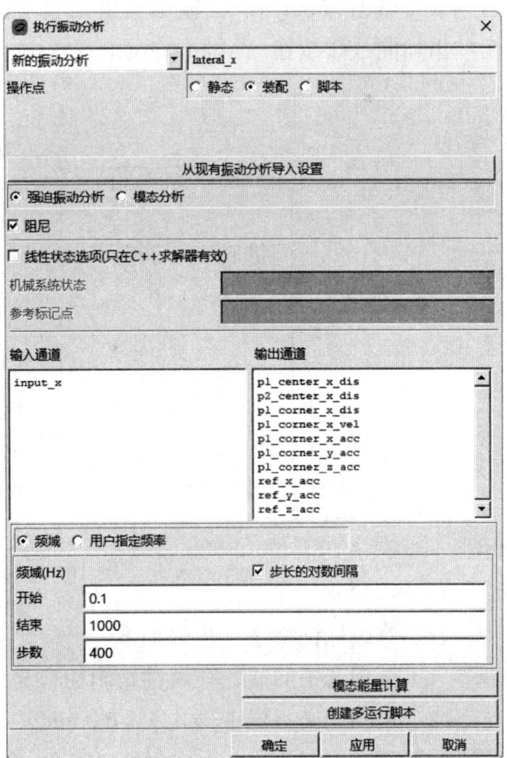

图 10-73　振动分析

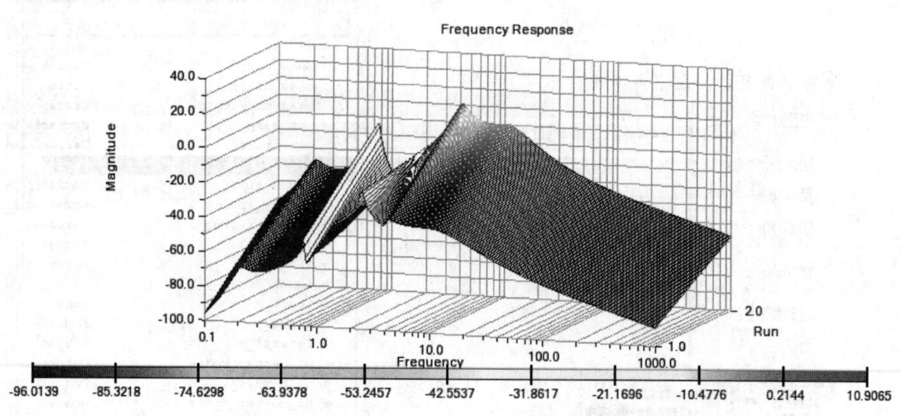

图 10-74　振动分析结果

绘制频响曲线步骤如下：

❶ 运行 Adams PostProcessor。

❷ 单击创建一个新的页面图标，并在文件（File）菜单下方的选项列表中选择绘图。

❸ 在数据选项卡中将资源设为频率响应。在振动分析列表中选择 lateral_x。在输入通道列表中选择 input_x。在输出通道列表中选择 p1_corner_x_acc。选择"幅值"选项。单击"添加曲线"按钮。Adams PostProcessor 绘制频率响应幅值，如图 10-75 所示。

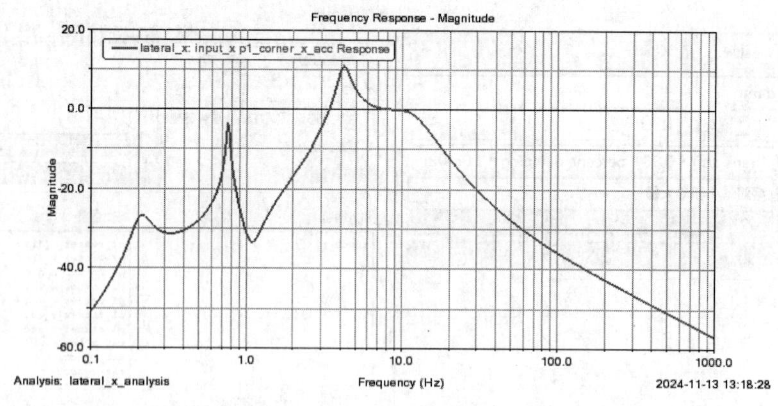

图 10-75　频率响应幅值

若要修改标记文字，步骤如下：

（1）鼠标选中曲线，在属性编辑窗口显示标记文字，如图 10-76 所示。

（2）在图例文本框中输入 1% damping，如图 10-77 所示，移走鼠标后对曲线标记的修改即可生效。

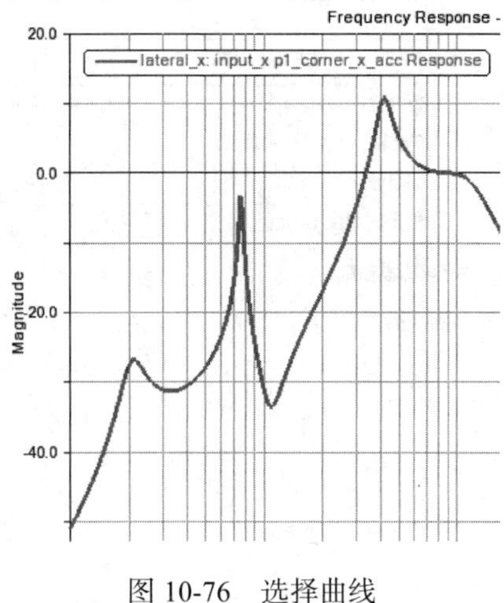

图 10-76 选择曲线

图例	1% damping
线颜色	红色
线条样式	实线
线宽	2.0
符号	无
符号间隔	1
热点	否

图 10-77 修改文字

10.8.2 2%、3%、4%、5% 的总阻尼

按表 10-2 依次把阻尼设计变量改为 2%、3%、4% 和 5%，并进行振动分析，绘制频率响应曲线。

表 10-2 不同阻尼值

阻尼设计变量	公 式
2%	trans_stiff * 0.33 * percent_damping * 2.0E-002
3%	trans_stiff * 0.33 * percent_damping * 3.0E-002
4%	trans_stiff * 0.33 * percent_damping * 4.0E-002
5%	trans_stiff * 0.33 * percent_damping * 5.0E-002

以 2% 阻尼为例，重新修改阻尼设计变量 trans_damp。

（1）单击关闭 Adams PostProcessor 窗口按钮 × 返回建模模式。

（2）选择创建→设计变量→修改命令，在打开的“数据库导航”对话框中选择 trans_damp 阻尼变量，如图 10-78 所示，单击“确定”按钮。

（3）在打开的修改设计变量对话框中，将（trans_stiff * 0.33 * percent_damping * 1.0E-002）改为（trans_stiff * 0.33 * percent_damping * 2.0E-002），如图 10-79 所示，阻尼扩大为原来的 2 倍。

（4）单击“确定”按钮。

（5）在菜单栏中选择 Adams Vibration →测试→振动分析命令。

（6）在打开的对话框中选择振动分析选项，确认后面的文本框中为 lateral_x，单击“确定”按钮开始振动分析。

（7）打开 Adams PostProcessor 窗口，添加阻尼修改为 2% 后的频率响应曲线。

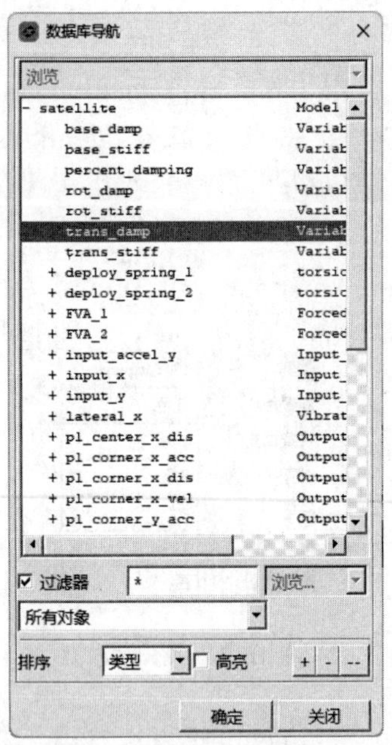

图 10-78 “数据库导航”对话框

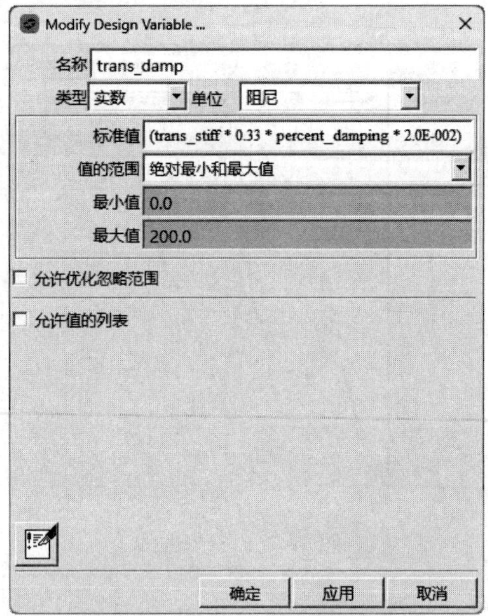

图 10-79 修改设计变量对话框

注意:

☑ 在首次修改阻尼设计变量后，也可以单击“应用”按钮，而不单击“确定”按钮，这样每次从 PostProcessor 界面返回建模界面就可以直接修改阻尼值。

☑ 阻尼设计变量修改完成以后，需要重新进行振动分析，否则显示的曲线仍为修改之前的仿真结果。

依照上述方法分别添加阻尼设计变量为 3%、4% 和 5% 时的频率响应曲线，并依次修改曲线标记，最终结果如图 10-80 所示。

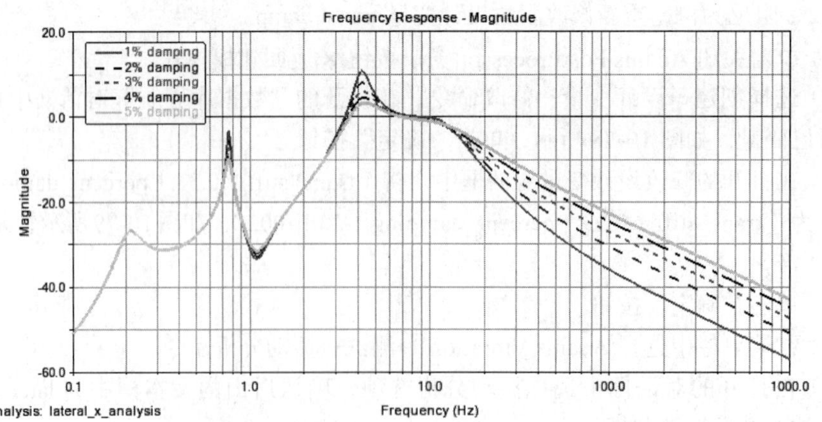

图 10-80 不同阻尼值频率响应曲线

第11章

控制仿真

Adams 提供了两种对机电一体化系统进行控制仿真分析的方法。一种是利用 Adams View 提供的控制工具箱，它提供了简单的线性控制模块和滤波模块，可以方便地实现前置滤波、PID 控制和其他连续时间单元的模拟仿真；另一种方法是使用 Adams Controls 模块进行控制仿真分析。

- ☑ Adams Controls 设计流程
- ☑ Adams Controls 应用实例
- ☑ Adams Controls 和 MATLAB 集成建模

任务驱动和项目案例

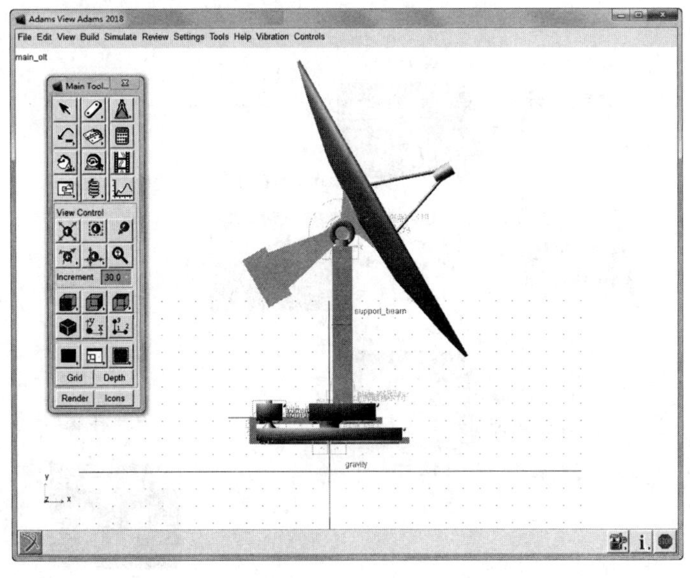

11.1　Adams Controls 设计流程

通过 Adams Controls 模块在 Adams 模型中添加控制系统，可以实现添加复杂的控制系统并进行过程仿真、直接从 Adams 数据中建立机械系统仿真模型、分析仿真结果等。

在模型的设计过程中，机械设计师和控制设计师虽然采取不同的方法和工具，但目标是一致的。在使用 Adams Controls 模拟以前，机械设计师和控制设计师各自进行不同的设计验证和实验，制造虚拟样机，出现问题后各自重新设计，如图 11-1 所示。

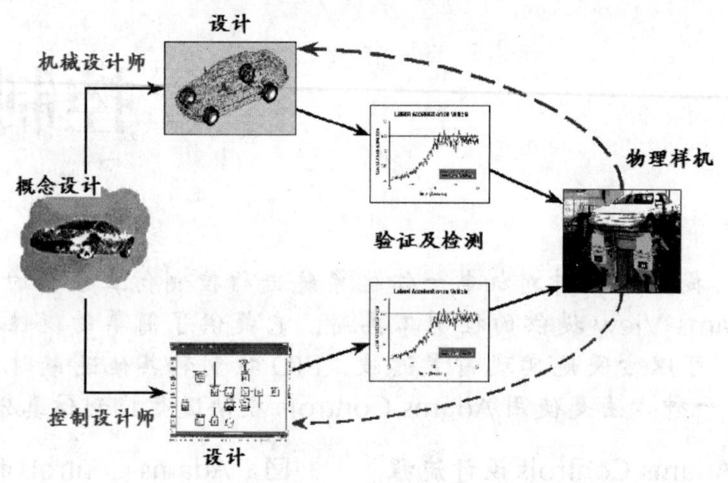

图 11-1　使用 Adams Controls 模块以前的设计

使用 Adams Controls 模块以后，机械设计师和控制设计师可以共享一个虚拟样机，进行同样的设计验证和测试，两者协调一致，既可以节省时间又增加了可靠性，设计过程如图 11-2 所示。

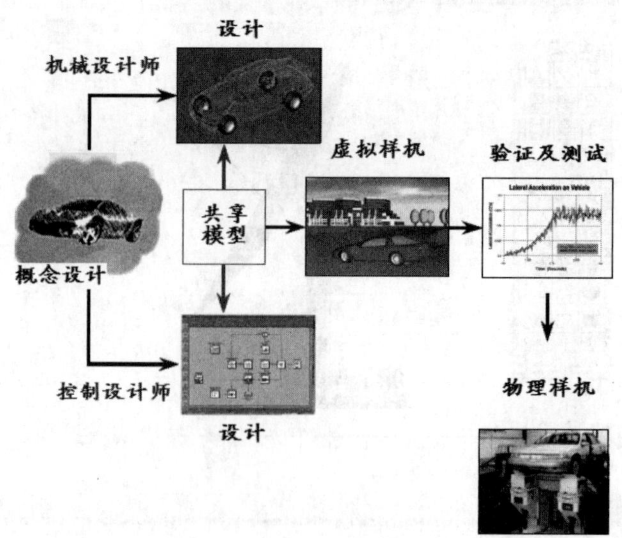

图 11-2　使用 Adams Controls 模块以后的设计

Adams Controls 控制系统有以下两种使用方式：

☑ 交互式：在 Adams Car、Adams Chassis、Adams View 等模块中添加 Adams Controls，通过运动仿真查看控制系统和模型结构变化效果。

☑ 批处理式：为了获得更快的仿真结果，直接利用 Adams Solver 这个强有力的分析工具运行 Adams Controls。

设计 Adams Controls 控制系统主要分为 4 个步骤。

（1）建模：机械系统模型既可以在 Adams Controls 下直接建立，也可以从外部输入已经建好的模型。模型要完整包括所需的所有几何条件、约束、力以及测量等。

（2）确定输入、输出：确定 Adams 的输入、输出变量，可以在 Adams 和控制软件之间形成闭环回路，如图 11-3 所示。

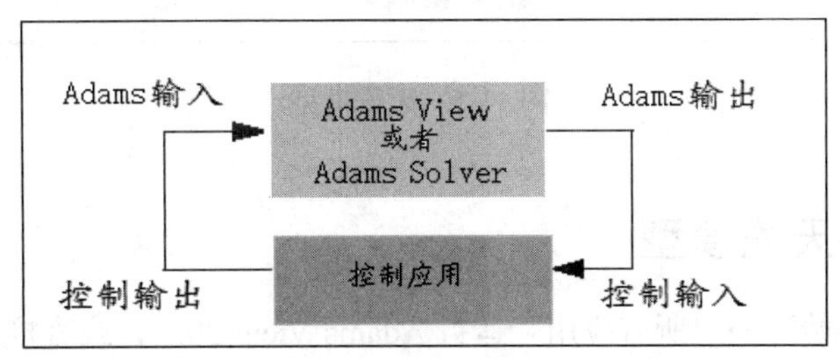

图 11-3　输入、输出变量

（3）建立控制模型：通过一些控制软件（如 MATLAB、Easy5 或者 Matrix 等）建立控制系统模型，并将其与 Adams 机械系统连接起来。

（4）仿真模型：使用交互式或批处理式仿真机械系统与控制系统连接在一起的模型。

通过 Adams Controls 控制系统构建的计算机仿真系统模型如图 11-4 所示。

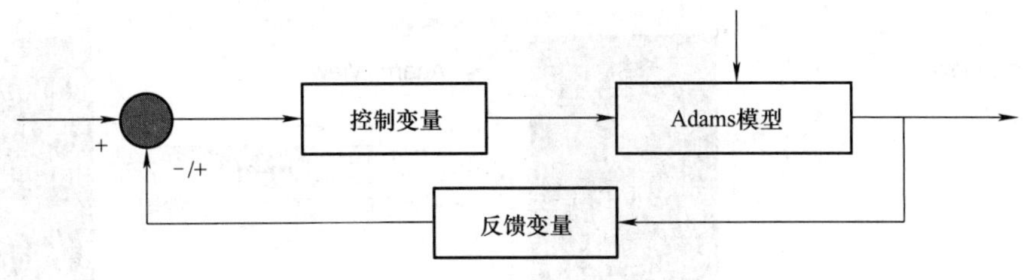

图 11-4　计算机仿真系统模型

11.2　Adams Controls 应用实例

本节通过如图 11-5 所示的天线模型，说明 Adams Controls 控制系统的应用方法。天线通过旋转副约束与高位轴承连接，高位轴承通过固定副约束与支撑杆连接，天线支撑杆通过固定副约束与转盘连接，转盘通过旋转副约束与大地连接，减速齿轮通过旋转副约束与大地连接，定位电动机通过旋转副约束与大地连接。

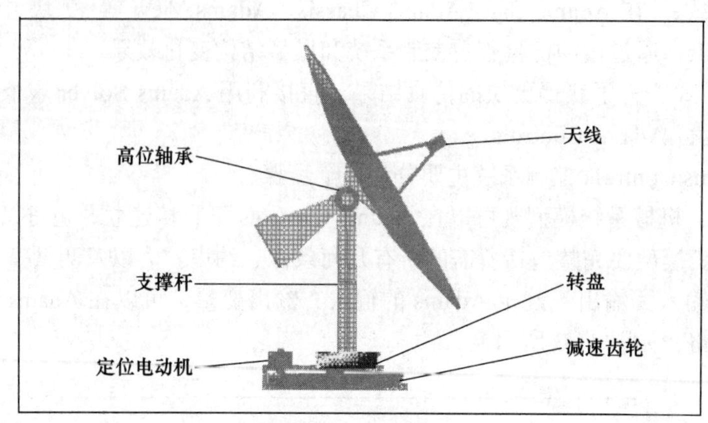

图 11-5　天线模型

11.2.1　导入天线模型

（1）通过“开始”→“所有应用”运行 Adams View 2024，或直接双击桌面上的快捷方式 Adams View 2024，运行 Adams 2024。

（2）在“欢迎使用 Adams...”对话框中选择现有模型，如图 11-6 所示。

（3）在“打开存在的模型”对话框中，在文件名称栏内右击，在弹出的快捷菜单中选择浏览命令，如图 11-7 所示。在 Adams 安装目录下的 \controls\examples\antenna 目录中选择 antenna.cmd 文件。选择完毕的对话框如图 11-8 所示，单击“确定”按钮。

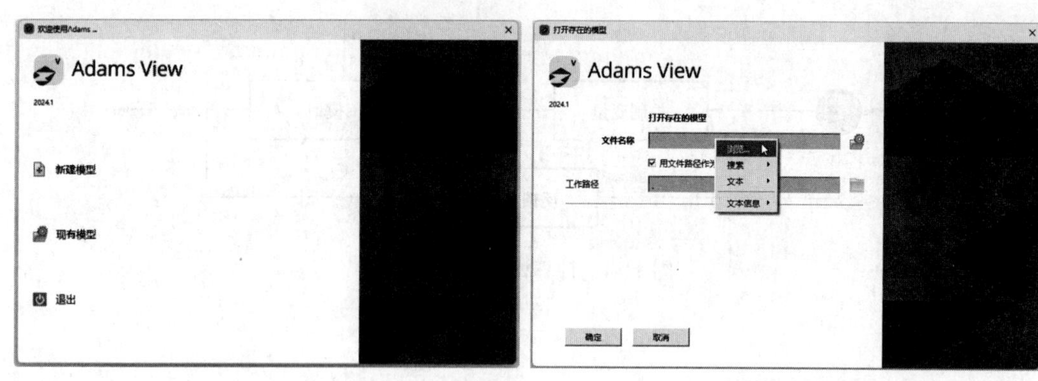

图 11-6　欢迎对话框　　图 11-7 “打开存在的模型”对话框

（4）选择设置→背景颜色命令，如图 11-9 所示，Adams View 将显示一个“编辑背景颜色”对话框，自定义背景颜色为白色，如图 11-10 所示，单击“确定”按钮。

（5）模型载入完毕后，单击主工具箱中选择图标，再单击渲染按钮 渲染，天线模型从线框模式显示转换为三维形状，如图 11-11 所示。

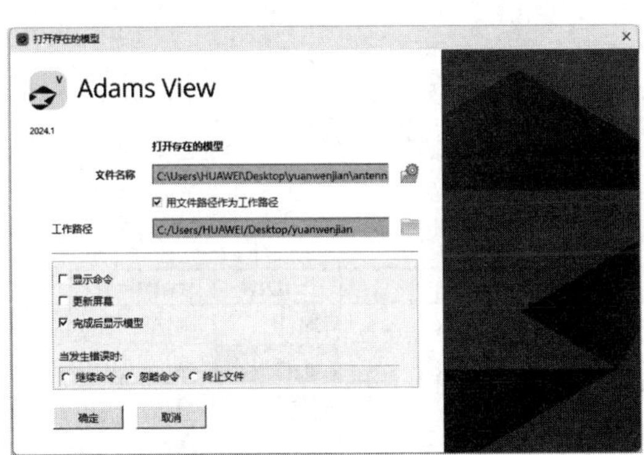

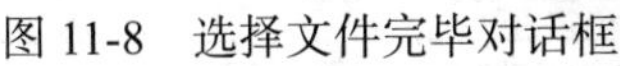

图 11-8　选择文件完毕对话框

图 11-9　设置菜单

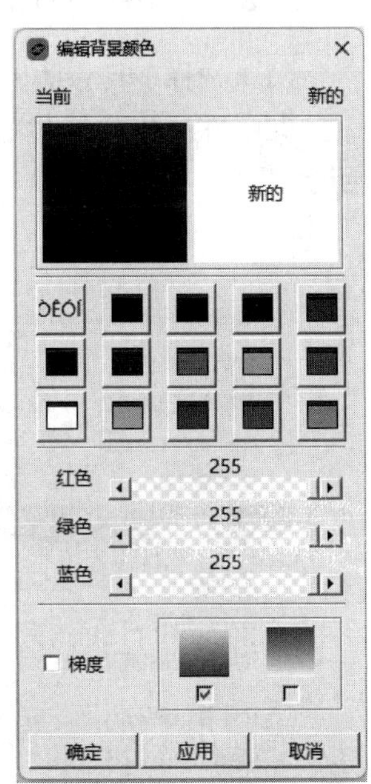

图 11-10　背景颜色设置对话框

图 11-11　天线模型

11.2.2 加载 Adams Controls 模块

（1）选择工具→插件管理器命令，如图 11-12 所示。

（2）在弹出的插件配置对话框中 Adams Controls 右侧的载入选中“是”，如图 11-13 所示。

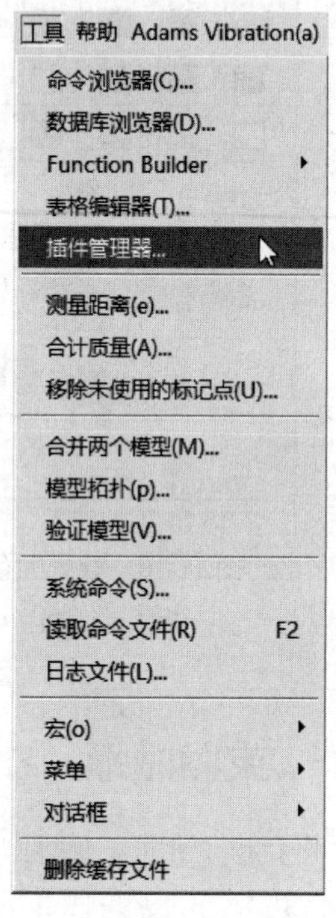

图 11-12　工具菜单

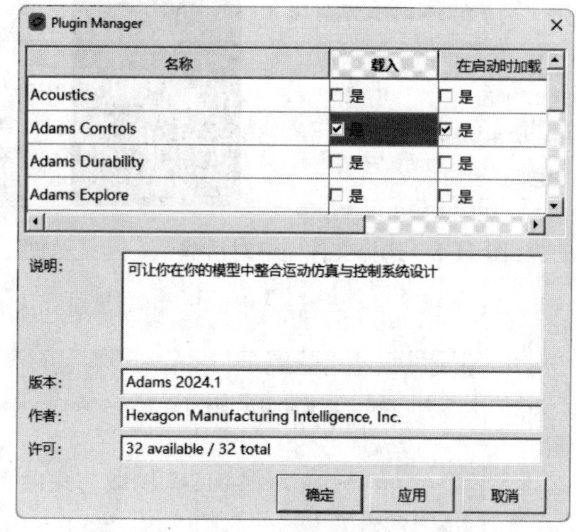

图 11-13　插件配置对话框

（3）单击“确定”按钮。添加了 Adams Controls 插件后，在 Adams 菜单栏中多了 Controls 项，如图 11-14 所示。

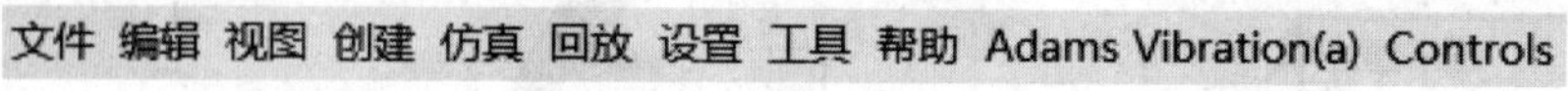

文件 编辑 视图 创建 仿真 回放 设置 工具 帮助 Adams Vibration(a) Controls

图 11-14　菜单栏

11.2.3 运行实验仿真

（1）选择仿真→交互控制命令，如图 11-15 所示。

（2）在弹出的“仿真控制”对话框中设置终止时间为 0.5，步数为 250，选中“在平衡状态开始”复选框，如图 11-16 所示。

（3）设置完毕，单击▶按钮开始仿真，天线模型在旋转的同时上下摆动。

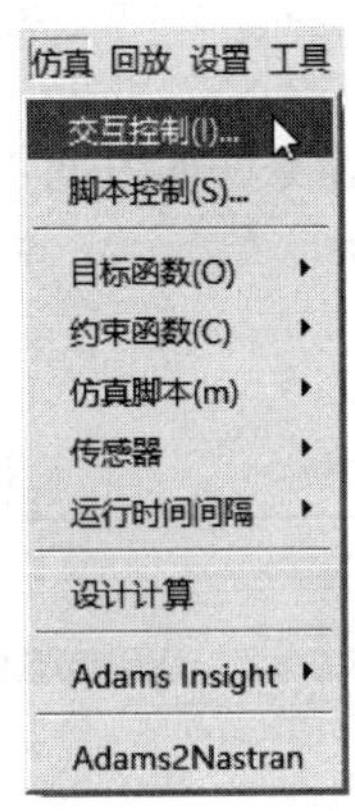

图 11-15　仿真菜单

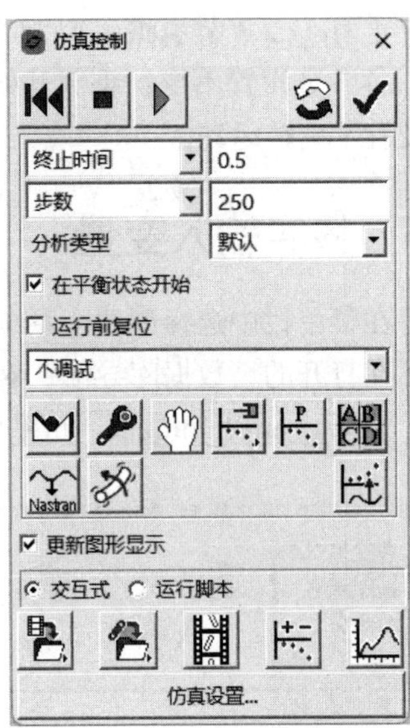

图 11-16　“仿真控制”对话框

11.2.4　取消驱动

在验证模型无误后，准备添加控制系统之前，要取消模型的一些定位运动，然后再添加控制力矩。

（1）选择编辑→失效命令，如图 11-17 所示，弹出“数据库导航”对话框，如图 11-18 所示。

（2）双击 main_olt，“数据库导航”对话框中选项展开后如图 11-19 所示，在下面的部件和运动列表中选择 azimuth_motion_csd，单击“确定”按钮，取消该运动。

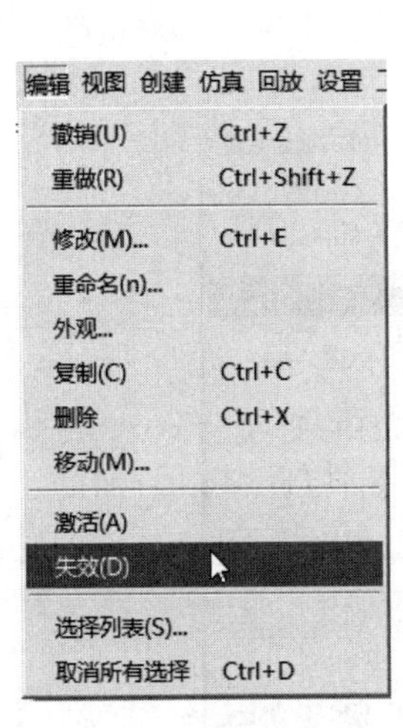

图 11-17　编辑菜单

图 11-18　“数据库导航”对话框

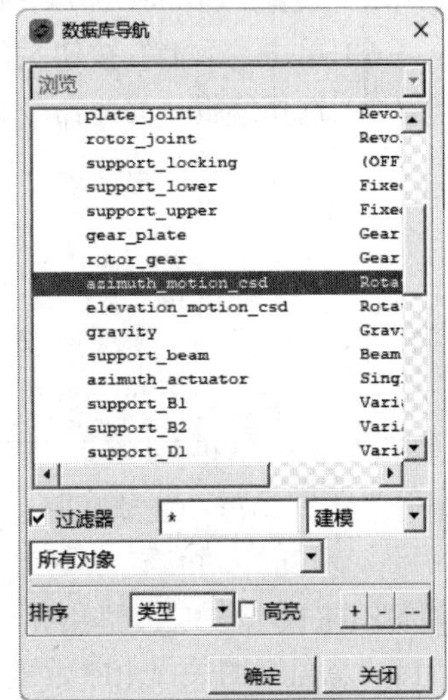

图 11-19　选项展开

（3）重复11.2.3节步骤（1）、（2），使仿真界面返回至开始状态。

（4）各参数设置不变，重新开始仿真。观察天线模型的运动情况，天线模型只会上下摆动，没有了旋转运动。

11.2.5 核实输入变量

（1）在菜单栏中选择创建→系统单元→状态变量→修改命令，如图11-20所示。

（2）在打开的“数据库导航”对话框中双击main_olt。

（3）选择control_torque，如图11-21所示。

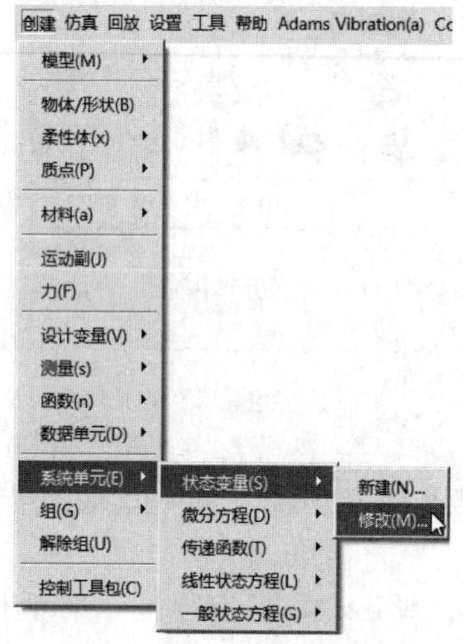

图11-20 创建菜单

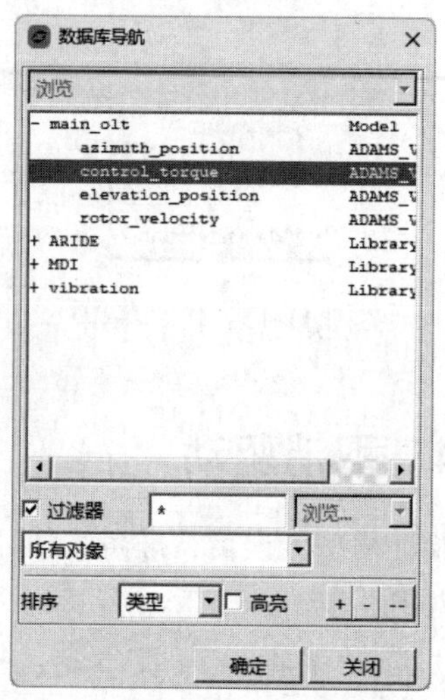

图11-21 “数据库导航”对话框

（4）单击“确定”按钮，弹出“修改状态变量”对话框，如图11-22所示。

（5）设置F（time，...）中的值为0.0，在后面的控制过程中，控制力矩将获取新数值。

（6）单击“取消”按钮关闭该对话框。

（7）选择编辑→修改命令，如图11-23所示。

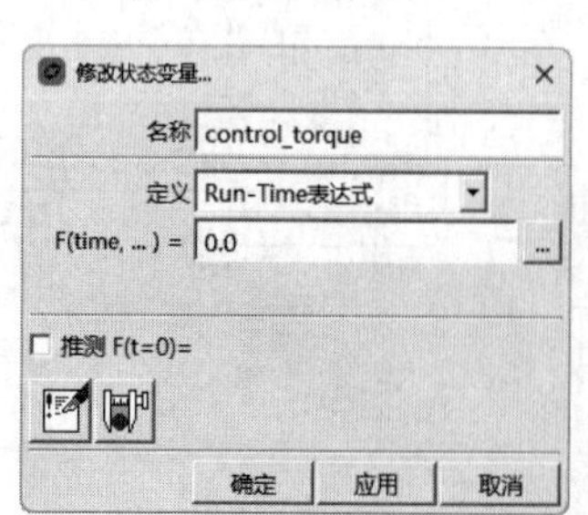

图11-22 “修改状态变量”对话框

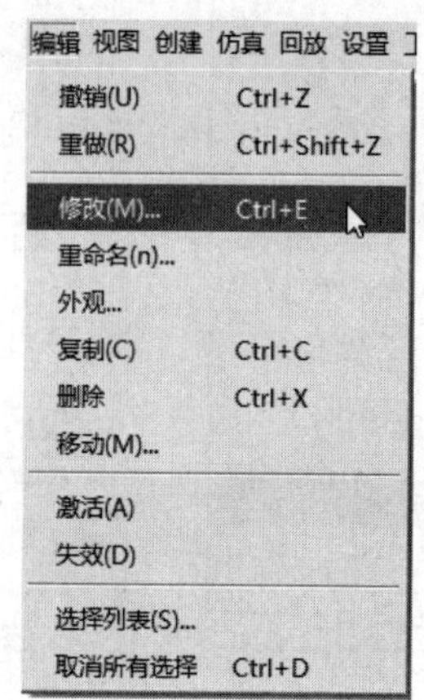

图11-23 编辑菜单

（8）在打开的“数据库导航”对话框中双击 main_olt，选择 azimuth_actuator（即控制力矩的名），如图 11-24 所示，单击“确定”按钮。

（9）弹出“修改扭矩”对话框，如图 11-25 所示，其中力矩函数为 VARVAL（.main_olt.control_torque）。

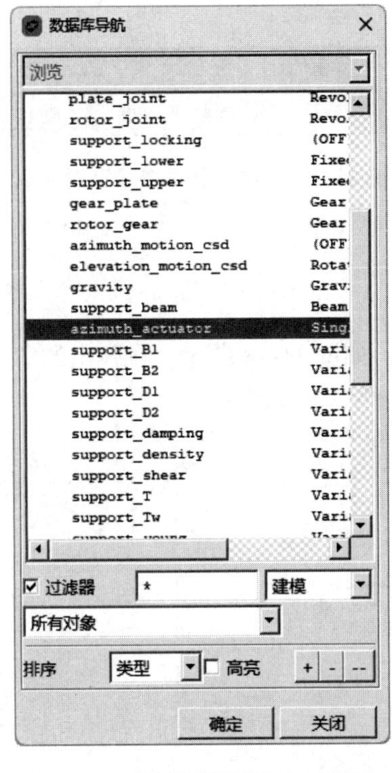

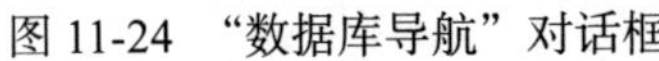
图 11-24 “数据库导航”对话框

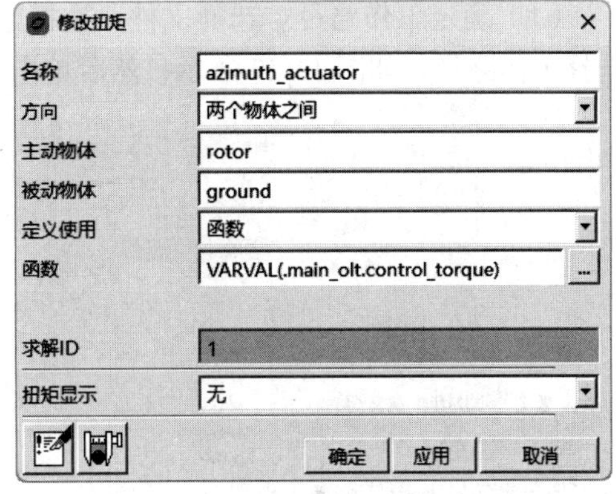

图 11-25 “修改扭矩”对话框

（10）单击“取消”按钮关闭该修改对话框。

11.2.6 核实输出变量

（1）在菜单栏中选择创建→系统单元→状态变量→修改命令。

（2）在打开的“数据库导航”对话框中双击 main_olt。

（3）选择 azimuth_position。

（4）单击“确定”按钮，弹出“修改状态变量”对话框，如图 11-26 所示，F（time,...）函数值为 AZ(MAR70,MAR26)。

（5）单击“取消”按钮关闭该对话框。

（6）在菜单栏中选择创建→系统单元→状态变量→修改命令。

（7）在打开的“数据库导航”对话框中双击 main_olt，选择 rotor_velocity。

（8）单击“确定”按钮，弹出“修改状态变量”对话框，如图 11-27 所示，函数值为 WZ(MAR21,MAR22,MAR22)。

（9）单击“取消”按钮关闭该对话框。

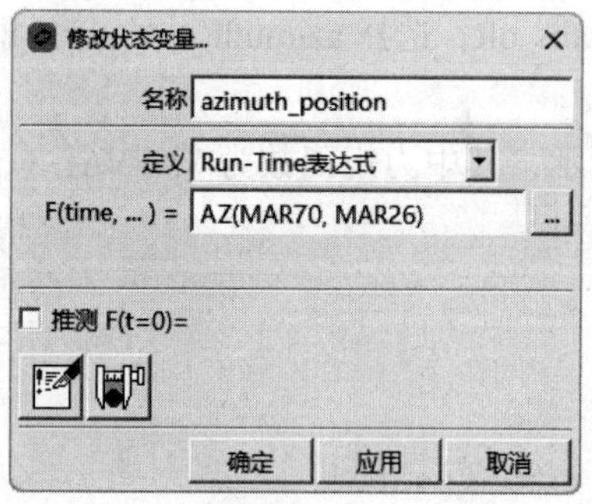

图 11-26 “修改状态变量”对话框 1

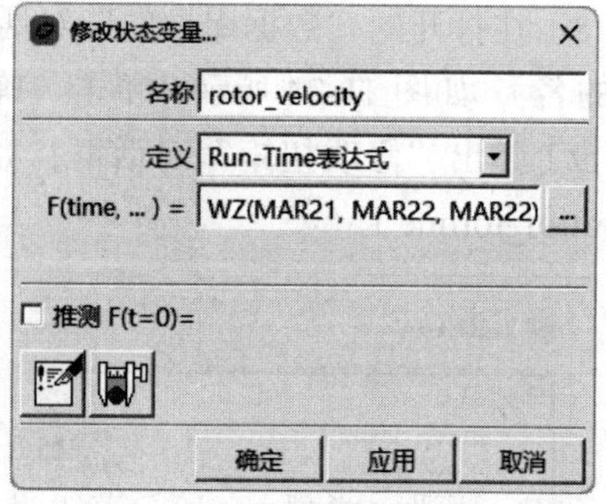

图 11-27 “修改状态变量”对话框 2

11.2.7 导出 Adams 模型

（1）确定工作路径。选择文件→选择路径命令，如图 11-28 所示，在弹出的对话框中选择工作路径，如图 11-29 所示，然后单击“选择文件夹”按钮。

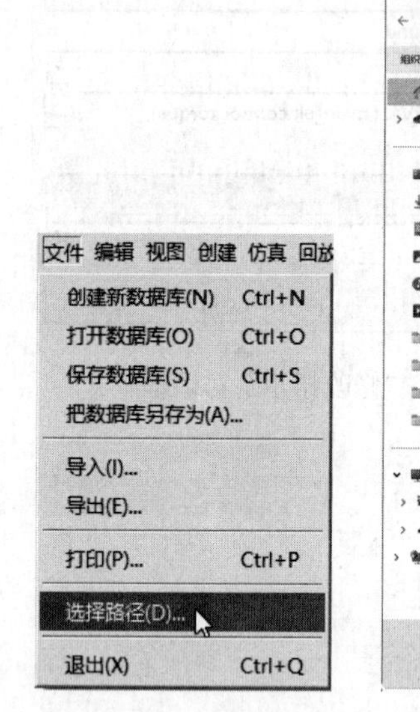

图 11-28 文件菜单

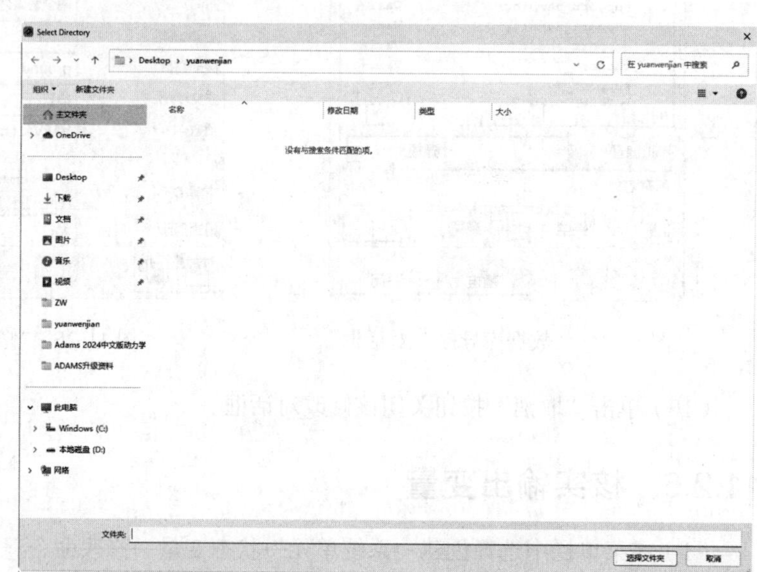

图 11-29 选择工作路径

（2）选择 Controls→机械系统导出命令，如图 11-30 所示。弹出“Adams Controls 机械系统导出”对话框，如图 11-31 所示。

（3）在文件前缀栏输入 ant_test。

（4）单击“机械系统输入”按钮，选择 tmp_MDI_PINPUT。

（5）单击“确定”按钮。

（6）单击“机械系统输出”按钮，选择 tmp_MDI_POUTPUT。

（7）单击“确定”按钮。

（8）目标软件选择控制程序 MATLAB。

（9）分析类型设为非线性，初始静态分析设为否，设置完成的对话框如图 11-32 所示。

图 11-30　Controls 菜单　　　　图 11-31　“Adams Controls 机械系统导出”对话框

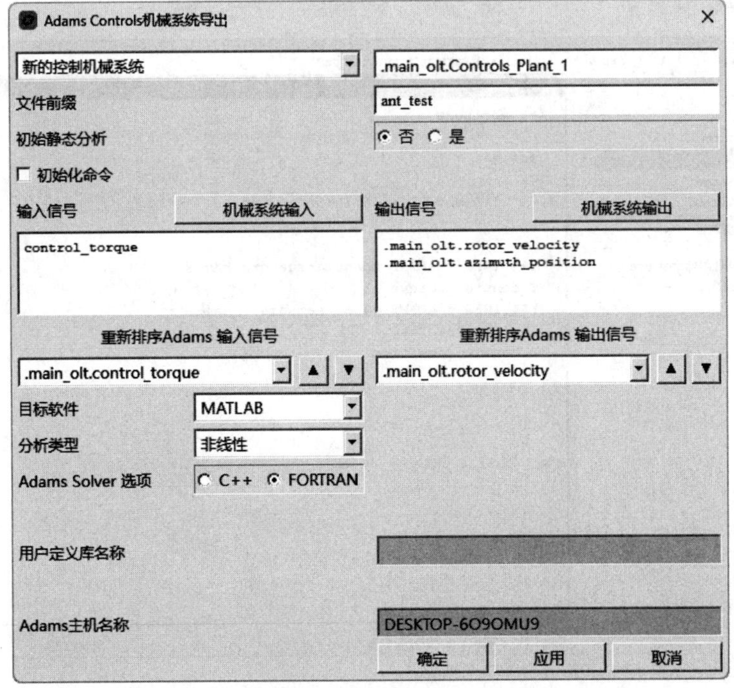

图 11-32　设置完成的对话框

（10）单击“确定”按钮确认设置完毕。

Adams Controls 保存输入、输出信息在 ant_test.m 文件中，并生成 ant_test.cmd 命令文件和 ant_test.adm 数据文件，生成的文件保存在如图 11-29 所示选择的工作路径中。

Adams Controls 会为 Adams 模型生成线性输出模型，存于 Adams_a、Adams_b、Adams_c 和 Adams_d 共 4 个矩阵中。

11.3　Adams Controls 和 MATLAB 集成建模

本节说明如何把 Adams Controls 导出的模型输入 MATLAB 中。

11.3.1　运行 MATLAB

（1）启动 MATLAB 应用程序。

（2）进入 11.2.7 小节 Adams 中输出文件的目录，即输出模型文件 ant_test.m 所在的目录。

（3）在操作提示符下，输入 ant_test，MATLAB 界面如图 11-33 所示。

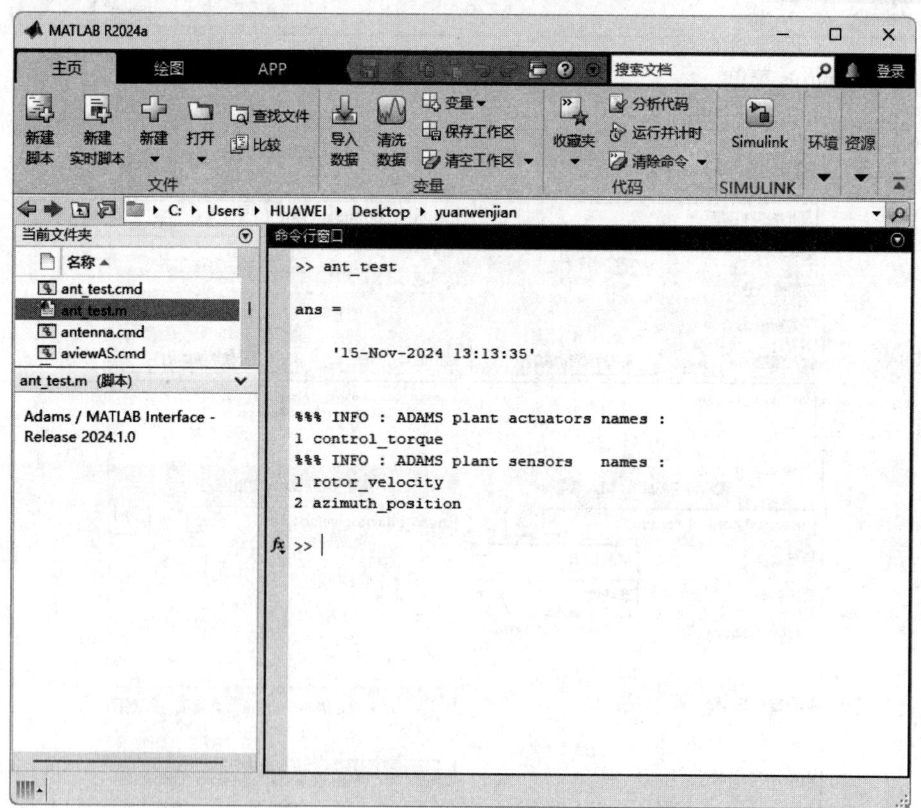

图 11-33　MATLAB 界面

（4）输入 who 查看文件中定义的变量，如图 11-34 所示。

（5）如果想查看变量的值，可以直接输入变量名，如图 11-35 所示。

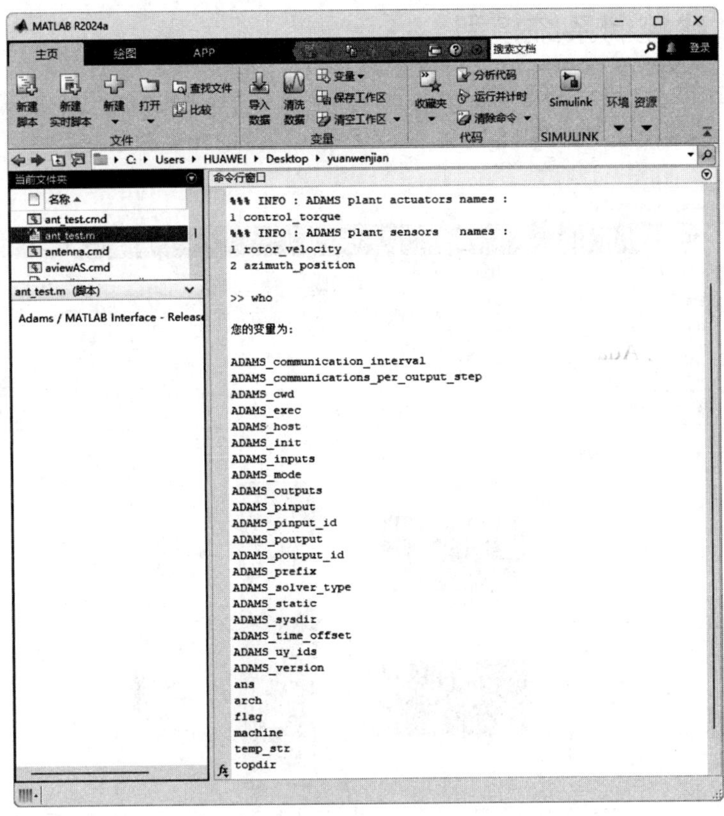

图 11-34　MATLAB 显示变量界面

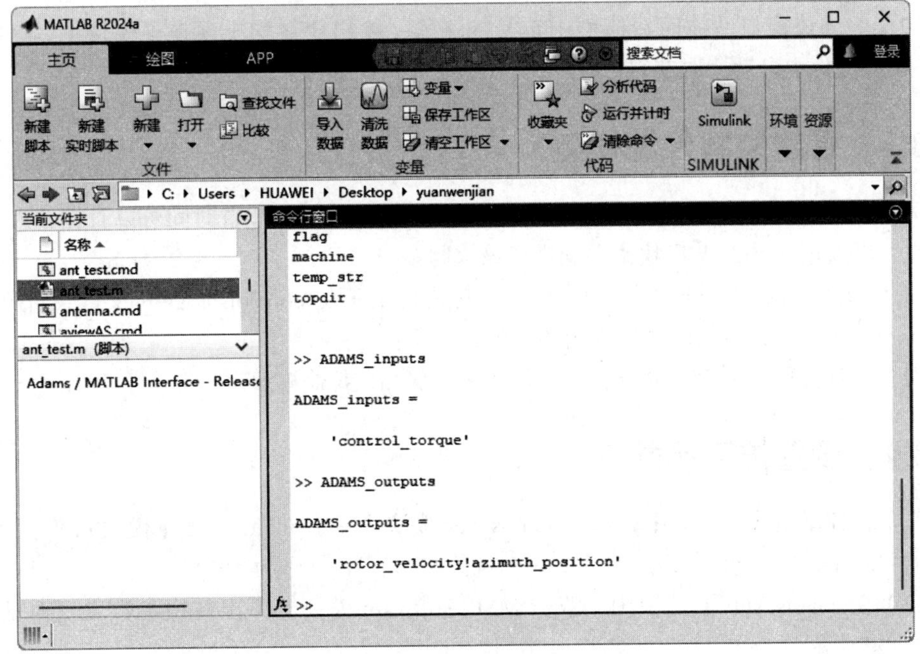

图 11-35　查看变量的值

11.3.2 创建控制系统模型

（1）在 MATLAB 提示符下输入 adams_sys。在 MATLAB Simulink 模块中新建一个 adams_sys.mdl 控制模块（见图 11-36），显示子系统内部的元素和结构。

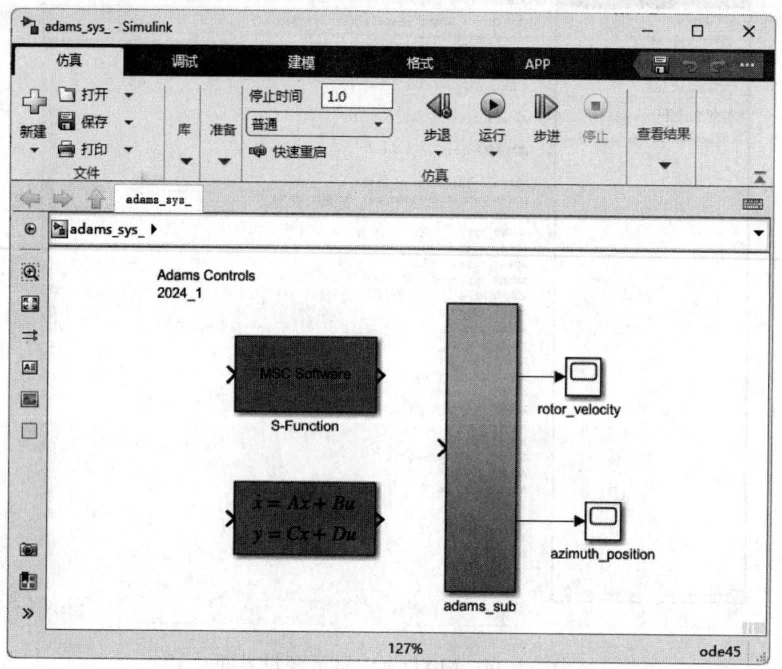

图 11-36　控制模块

（2）关闭该窗口。前面在模型中定义的输入、输出变量均出现在子模块中，名字从 ant_text.m 文件中自动读取获得。

11.3.3 搭建控制系统模型

完整的控制系统在 Adams 目录下的 antenna.mdl 中，为了节省时间可以直接调入该文件，也可以通过 Simulink 模块集手动搭建该控制系统。

（1）选择文件→打开命令，从 Adams 安装目录下的 controls\examples 目录打开 antenna.mdl，载入后，控制模块流程图如图 11-37 所示。

（2）选择文件→另存为命令，输入任意名字保存该控制模块。

11.3.4 设置仿真参数

（1）在控制模块流程图中，双击 adams_sub 模块，显示 adams_sub 子模块元素结构图，如图 11-38 所示。

（2）在 adams_sub 子模块中，双击 MSC Software 模块，弹出模块参数设置对话框，如图 11-39 所示。

（3）在 Output files prefix 栏输入‘mytest’，名字用单引号括起来。

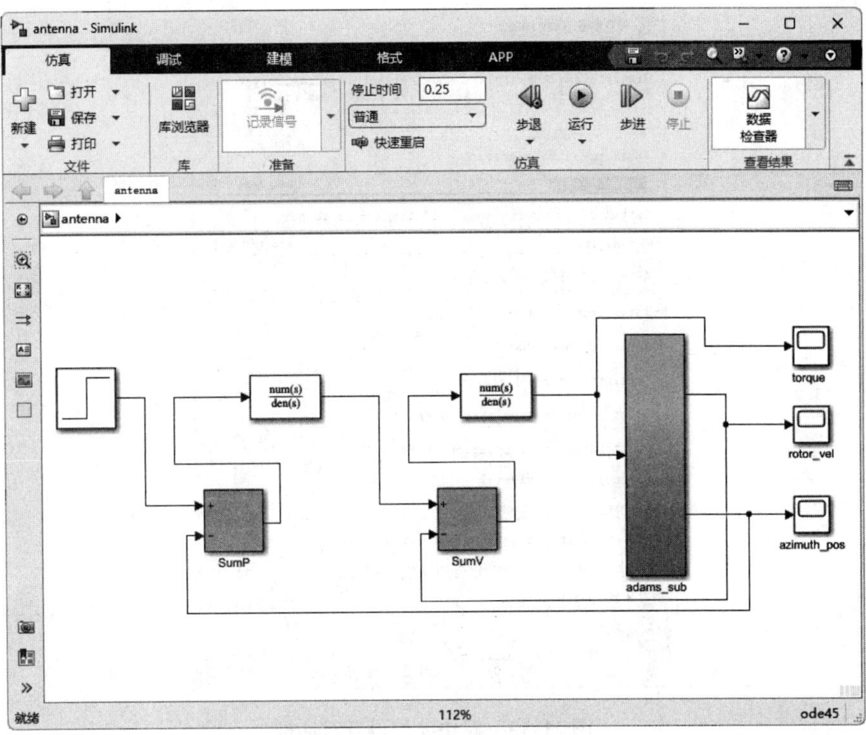

图 11-37 控制模块流程图

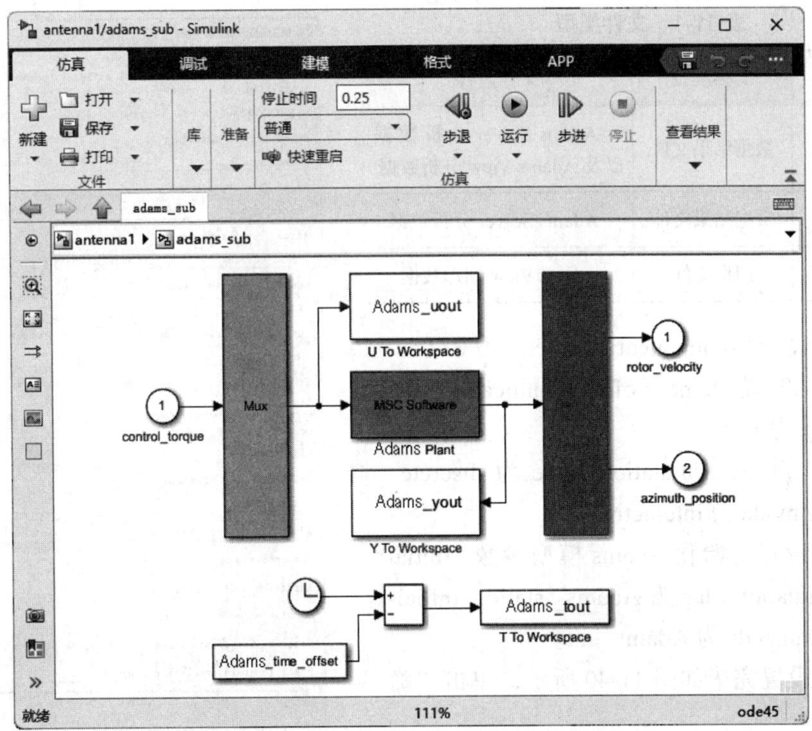

图 11-38 adams_sub 子模块元素结构图

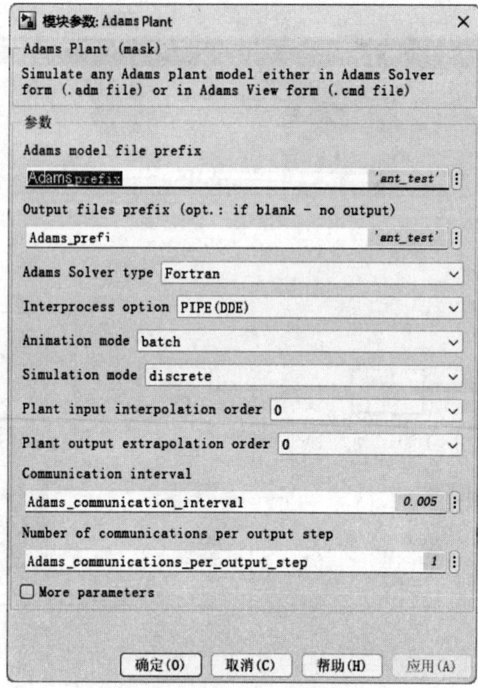

图 11-39　模块参数设置对话框

Adams Controls 用包含该名字的 3 种文件格式来保存仿真结果，见表 11-1。

表 11-1　文件类型

文件名字	文件类型	文件内容
mytest.res	数据结果文件	Adams Solver 分析数据以及 Adams View 分析数据
mytest.req	数据结果文件	Adams Solver 分析数据
mytest.gra	图形文件	Adams View 图形数据

（4）设置 Communication Interal 为 0.005。

（5）设置 Number of communications per output step 为 1。

（6）设置 Simulation mode 为 discrete，Animation mode 为 interactive。

（7）设置初始化 Adams 模型参数：Initial Static Simulation Flag 为 Adams_ static，Initialization commands 为 Adams_init。

（8）设置完毕如图 11-40 所示，单击“确定”按钮。

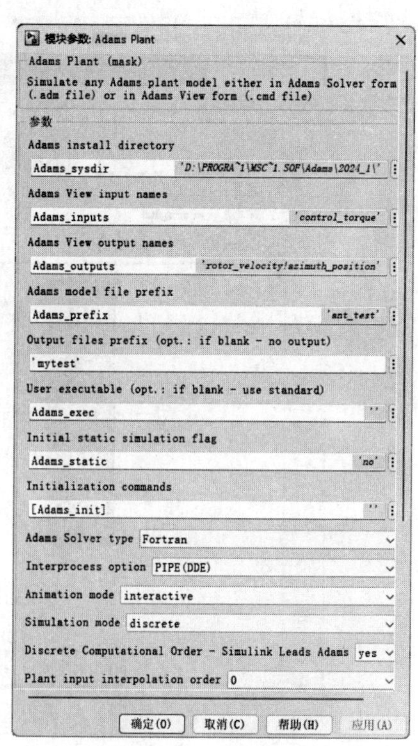

图 11-40　设置参数

11.3.5　运行模型仿真

（1）在 MATLAB Simulink 窗口选择仿真→准备→模型设置命令设置仿真参数。

（2）打开配置参数对话框，设置仿真时间、求解器类型等，如图 11-41 所示。

（3）设置完毕单击“确定”按钮。

（4）选择仿真→运行命令开始仿真，在屏幕上可以看到 Adams Controls 在进行动态仿真。

图 11-41　配置参数对话框

11.3.6　绘制仿真结果

仿真结束后可以在 MATLAB 中绘制仿真结果。

在 MATLAB 提示符下输入：

```
plot（Adams_tout, Adams_uout）
```

添加标签：

```
xlabel（'time in seconds'）
ylabel（'Control Torque Input，N-mm'）
title（'Adams Controls Torque Input from MATLAB to Adams'）
```

绘制的控制力矩曲线如图 11-42 所示。

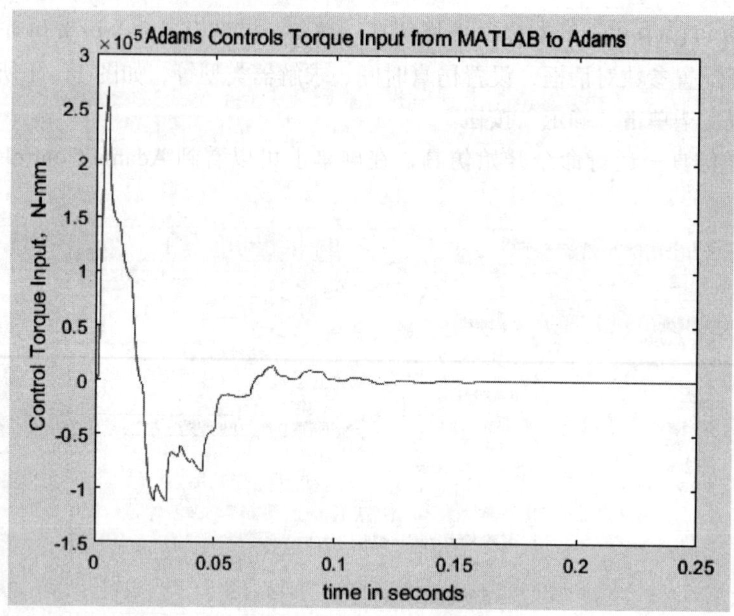

图 11-42　控制力矩曲线

仿真结果也可以在 Adams View 中绘制。

（1）导入 ant_test.cmd 文件。选择文件→导入命令，在弹出的“文件导入”对话框中，将文件类型设为 Adams Request 文件，读取文件设为 mytest.res，模型名称设为 main_olt，如图 11-43 所示，设定完毕单击“确定”按钮。

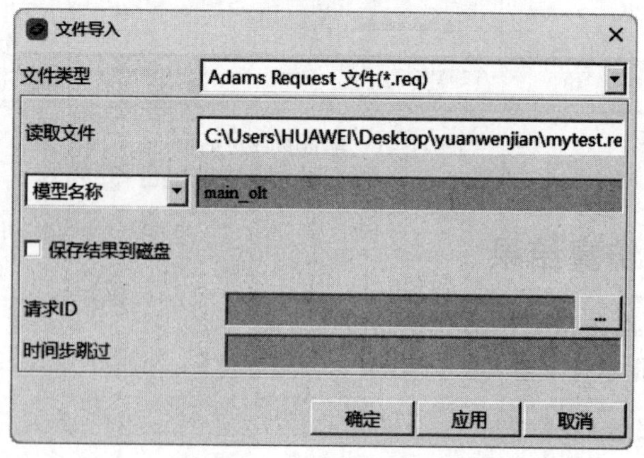

图 11-43　“文件导入”对话框

（2）选择回放→后处理命令或者单击主工具箱中的图标，打开 PostProcessor 窗口。

设置资源为结果集，仿真为 mytest，结果集为 control_torque，分量为 Q。单击“添加曲线”按钮，添加数据结果曲线界面如图 11-44 所示。

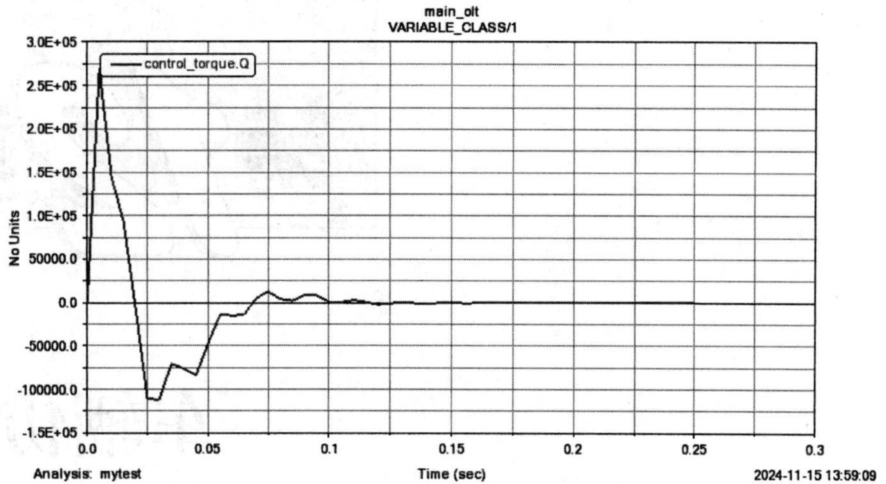

图 11-44　添加数据结果曲线界面

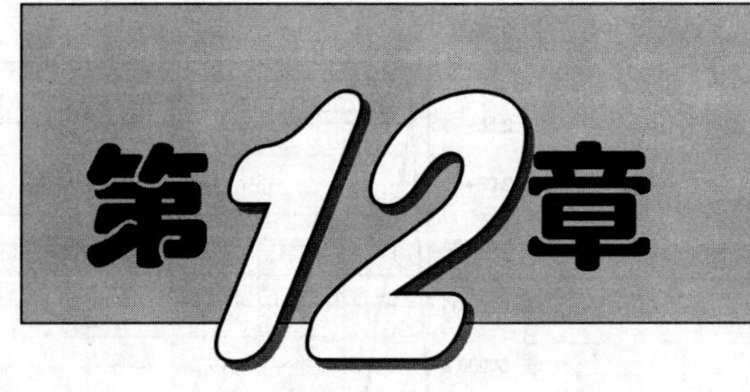

车辆仿真

Adams Car 是基于模板的建模和仿真工具。用户只需在模板中输入必要的数据，Adams Car 就可以自动建立子系统和整车装配模型。本章将以汽车为例，简要讲解 Adams 中专业车辆模块 Adams Car，并通过创建悬架系统、整车装配等来展示如何应用这个专业模块进行设计和仿真。

- ☑ 用户创建模板、创建悬架系统
- ☑ 分析弹性体对悬架装配的影响
- ☑ 包含弹性体的整车装配
- ☑ 创建轮胎模型、整车动力学仿真分析

任务驱动和项目案例

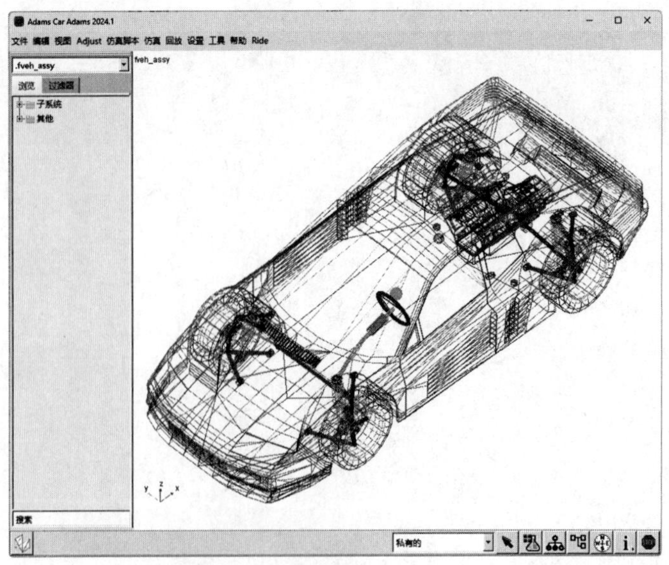

Adams Car 可以用于几乎任何一种车辆的设计中。使用 Adams Car，工程师可以创建整车的虚拟样机，修改各种参数并快速观察车辆的运转状态，动态显示仿真数据结果。

在专家模式中使用 Adams Car，工程师可以根据本公司的工程经验建立用户自定义模板，以帮助新来的工程师应用该模板进行各种工况标准的整车性能仿真试验。运用 Adams Car 在制造试验物理样机之前对设计进行研究，以降低费用并缩短将产品推向市场的时间。使用模板，可以标准化车辆设计过程。按照特定的车辆设计过程，用户自定义模板，并与设计小组共享。简化模型可以建立并减少数据输入，加快设计进程。其应用范围涵盖紧凑型或者全尺寸客车、豪华轿车、轻型客车、重型卡车、公共汽车、军用车辆等。

12.1　用户创建模板

Adams Car 中的模板定义了车辆模型的拓扑结构。创建模板即定义部件，研究部件之间的连接及与其他模板和试验台如何交换信息。

在模板这一级工作时，最重要的是创建部件、研究部件之间的连接和模板之间的信息交换。在其他级工作时，不能修改这些信息。其他信息如力特性、质量特性则不是最重要的，因为可以在子系统级进行调整。

下面将创建麦弗逊前悬架的模板，并基于该模板进行悬架的运动学分析，通过这一过程，用户可以掌握创建模板的基本过程。

在 Adams Car 中创建模型拓扑结构的过程如下。

（1）创建硬点。硬点定义了模型的关键位，是建模的基本单元。通过它们可以参数化更高级实体的位置和方位。创建硬点只需输入相应的坐标，这些坐标可以是来自 CAT 模型的装配图，也可以是基于实车测试得到的。

（2）创建部件。在创建好硬点之后就可以基于硬点创建部件。在创建部件之后，可以给新的部件添加几何，在 Adams Car 中包括以下四种类型的部件。

☑ 刚性体。

☑ 柔体。

☑ 底座部件，无质量的部件，在装配过程中会被其他部件替换。

☑ 开关部件，无质量的部件，用于连接，其作用就像开关。

（3）创建部件之间的连接。部件之间的连接包括铰链、橡胶衬套和参数。这些连接决定了部件之间如何相互作用。连接可以有两种模式，即铰链－运动学模式和衬套－弹性模式，后者要考虑衬套的弹性变形特性对悬架运动学和动力学的影响。

12.2　创建悬架系统

本节将在 Adams Car 中建立一个基于双 A 臂设计且存储于模板中的前悬架系统作为子系统。

12.2.1 创建前悬架子系统

启动 Adams Car 模块。

（1）选择“开始”→“所有应用”→ Adams 2024.1 → Adams Car 命令，启动 Adams Car 模块，启动欢迎界面如图 12-1 所示。

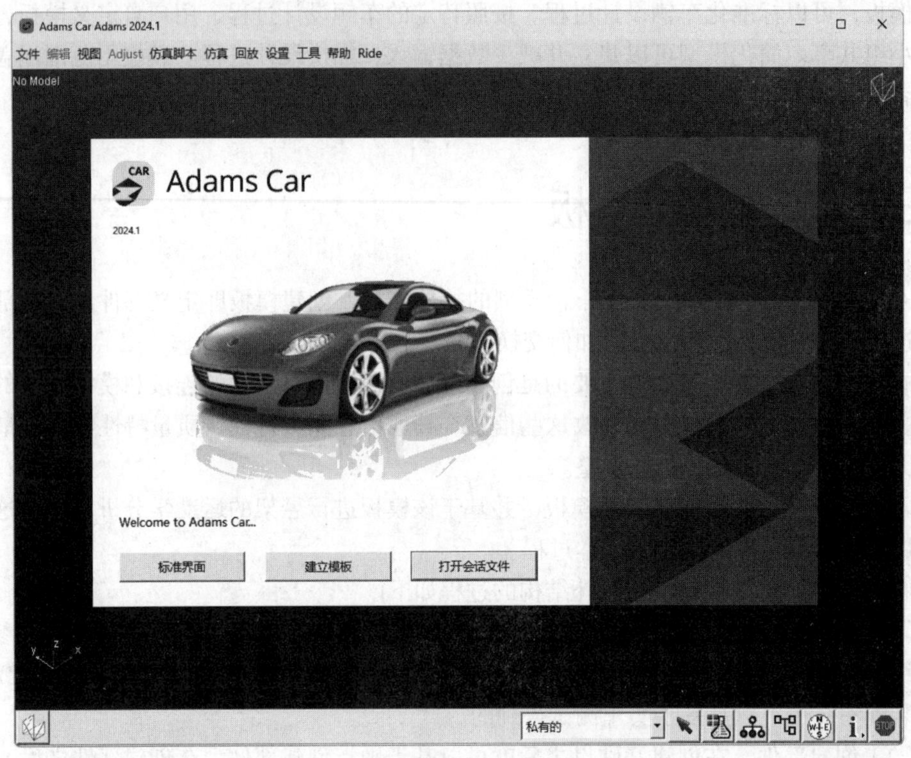

图 12-1 Adams Car 启动欢迎界面

（2）单击“标准界面”按钮。

（3）选择设置→背景颜色命令，如图 12-2 所示，Adams Car 将显示一个“编辑背景颜色”对话框，自定义背景颜色为白色，如图 12-3 所示，单击“确定”按钮。

（4）选择文件→新建→Subsystem 命令，如图 12-4 所示，弹出 New Subsystem 对话框，如图 12-5 所示。

（5）设置子系统名称为 UAN_FRT_SUSP，次要角色为前。在模板名称栏右击，在弹出的快捷菜单中选择搜索→ <acar_shared>/templates.tbl，如图 12-6 所示。

（6）在弹出的对话框中选择 _double_wishbone.tpl，如图 12-7 所示，单击“打开”按钮。

（7）确认没有选中“从默认位置移动”复选框。

（8）单击注释工具，弹出 Entity Comment 对话框，如图 12-8 所示。

（9）在用户注释栏中，输入 Baseline UAN Front Suspension，单击“确定”按钮。

（10）确认输入如图 12-9 所示，然后单击“确定”按钮。

（11）在 Adams Car 工作区域呈现前悬架子系统样图，如图 12-10 所示。

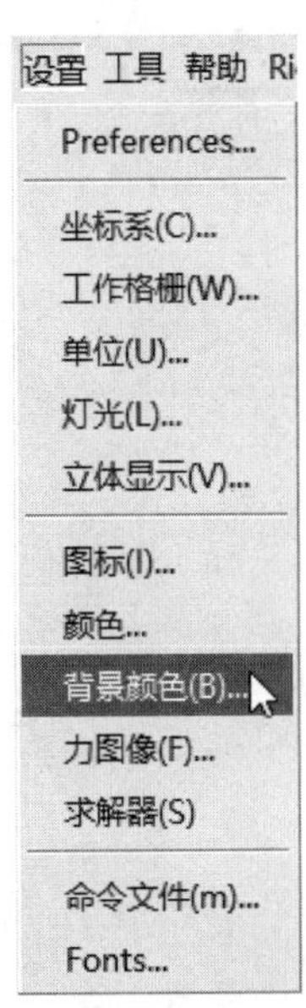

图 12-2　设置菜单

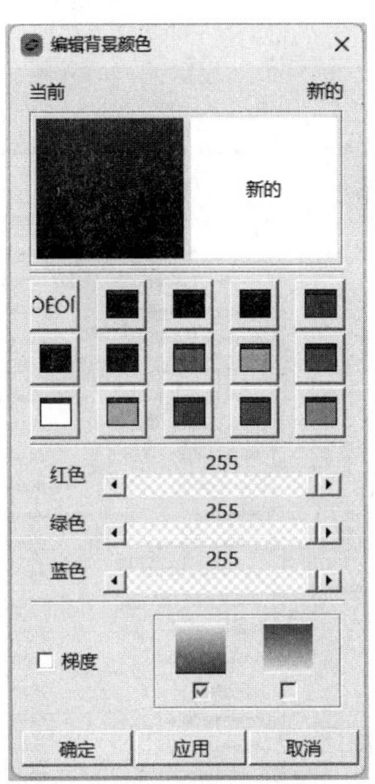

图 12-3　“编辑背景颜色”对话框

图 12-4　文件菜单

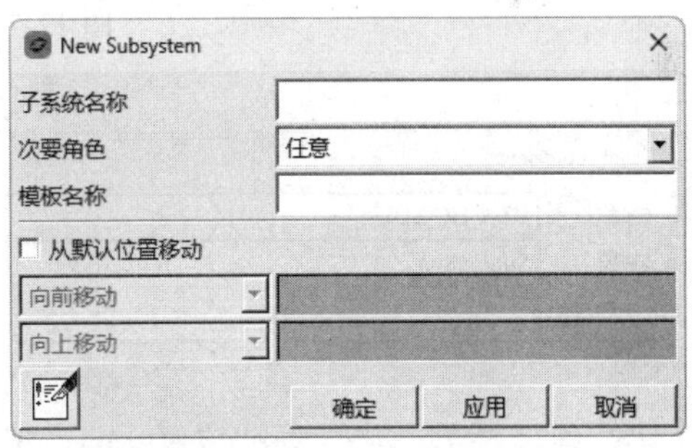

图 12-5　New Subsystem 对话框

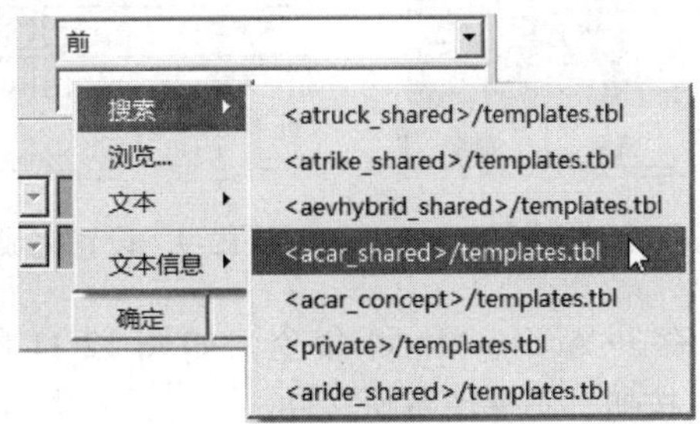

图 12-6　快捷菜单

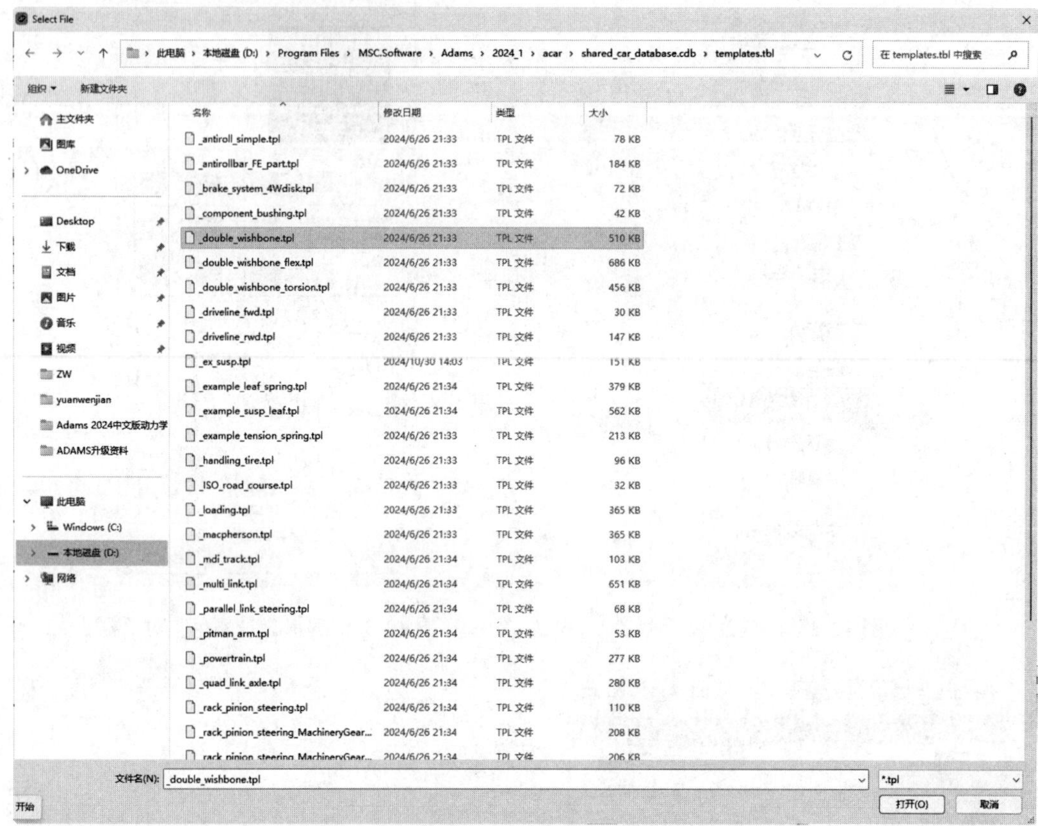

图 12-7　选择文件

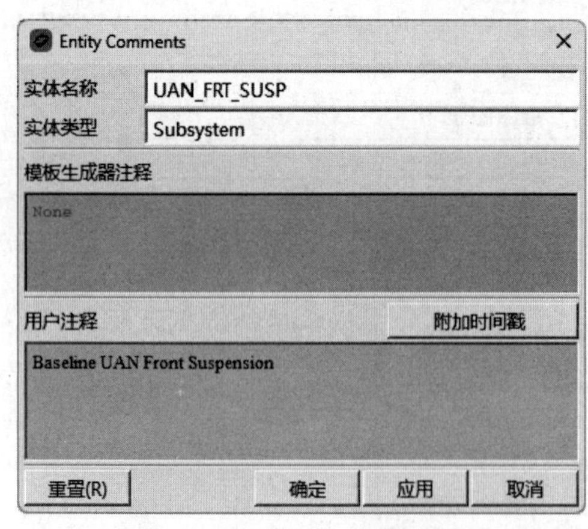

图 12-8　Entity Comment 对话框

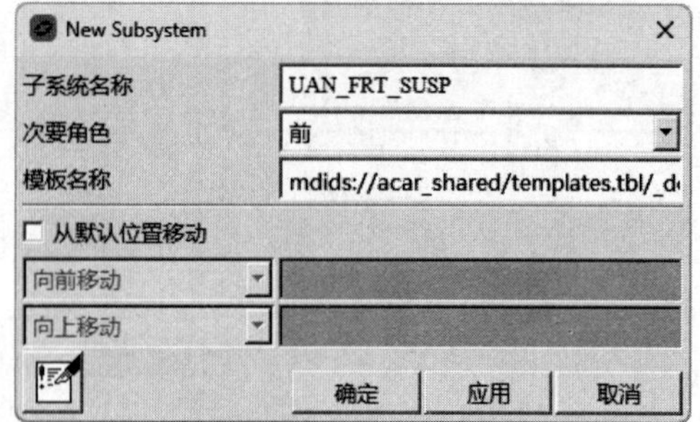

图 12-9　设置完成 New Subsystem 对话框

（12）选择文件→保存→Active Model 命令，如图 12-11 所示，打开提示框，如图 12-12 所示，单击“否”按钮，不保留备份文件。

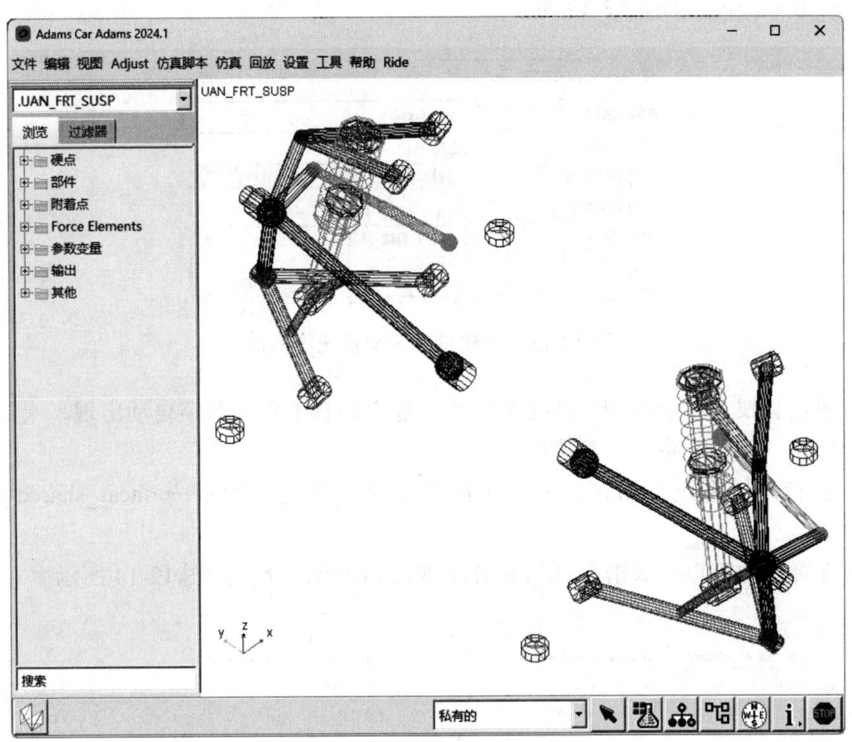

图 12-10　前悬架子系统样图

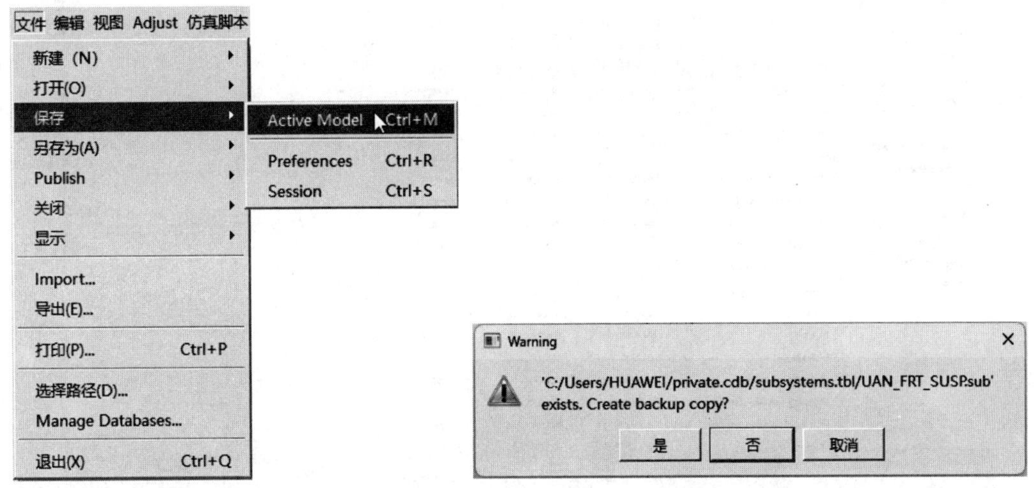

图 12-11　文件菜单　　　　图 12-12　提示框

12.2.2　创建悬架和转向系统

（1）选择菜单栏中的文件→新建→ Suspension Assembly 命令。

（2）在弹出的 New Suspension Assembly（新建悬架装配系统）对话框中的装配体名称栏输入 my_assembly，如图 12-13 所示。

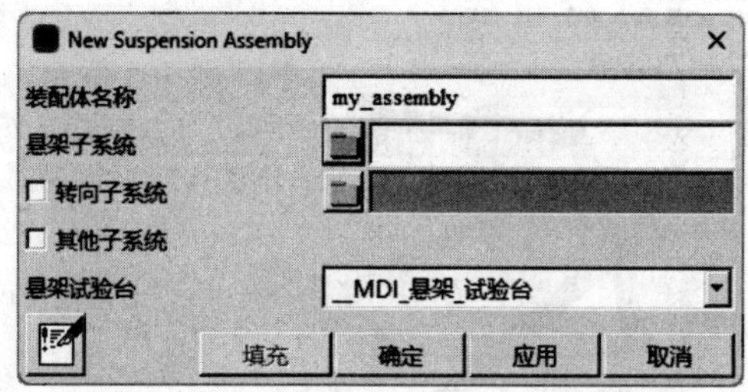

图 12-13　新建悬架装配系统对话框

（3）单击悬架子系统右侧文件夹按钮，建立的悬架系统名字自动出现。

（4）选中“转向子系统”复选框。

（5）在转向子系统栏右击，在弹出的快捷菜单中选择搜索→ <acar_shared>/subsystems.tbl。

（6）在弹出的窗口中双击 MDI_FRONT_STEERING.sub，如图 12-14 所示。

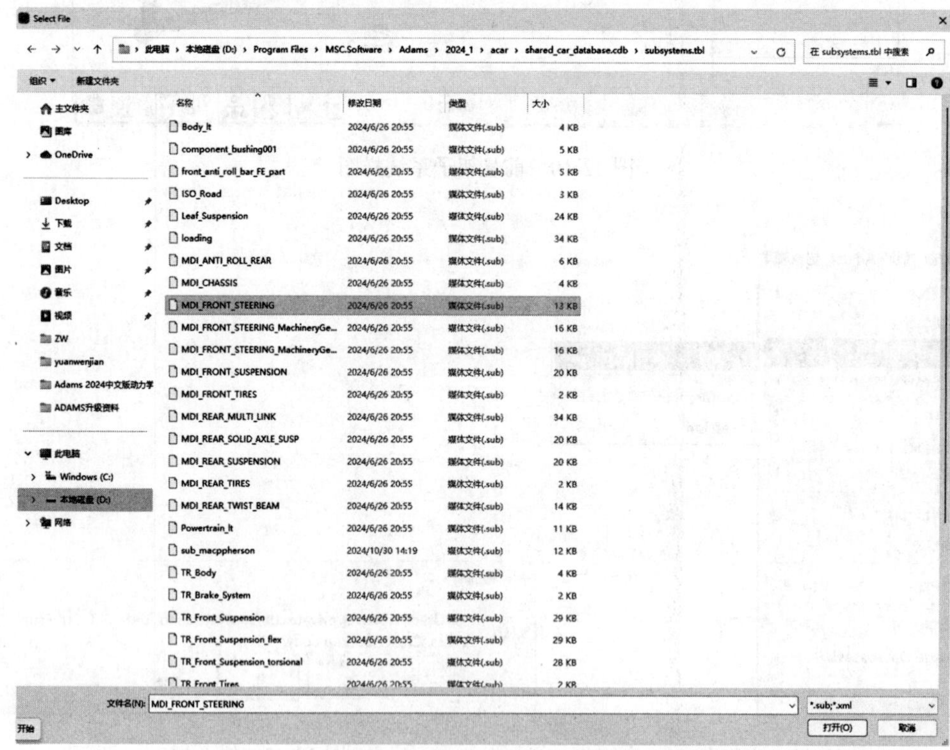

图 12-14　选择文件对话框

（7）确认如图 12-15 所示的设置后，单击“确定”按钮。

（8）弹出信息窗口，如图 12-16 所示。单击“关闭”按钮，关闭弹出的信息窗口。完成了转向装配系统的创建，如图 12-17 所示。

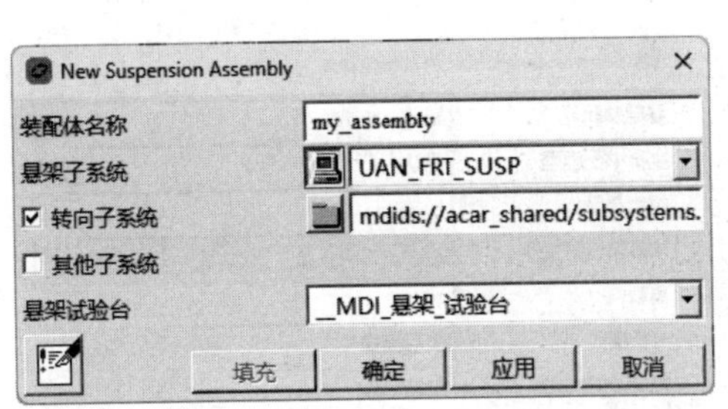

图 12-15　设置完成新建悬架装配系统对话框

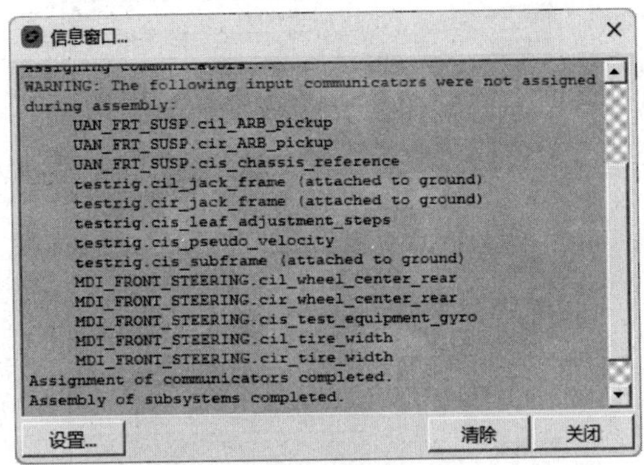

图 12-16　信息窗口

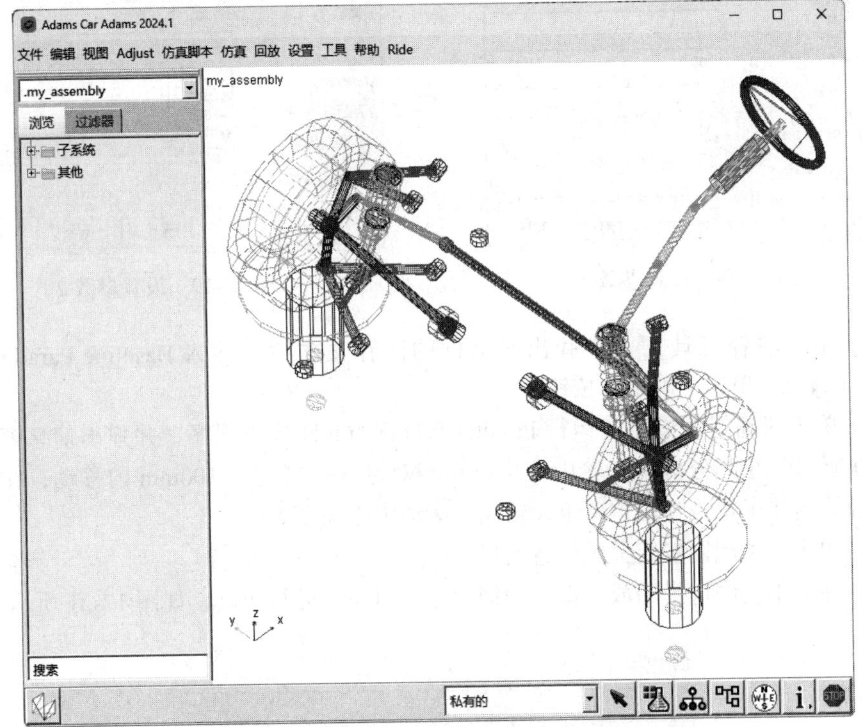

图 12-17　转向装配系统完成创建

12.2.3　定义车辆参数仿真

（1）选择菜单栏中的仿真脚本→悬架装配→ Suspension Parameters 命令，在弹出的对话框输入如图 12-18 所示的参数和选项，单击“确定”按钮，这样驱动力就添加到前轮里。

（2）选择菜单栏中的仿真→ Suspension Analysis → Parallel Wheel Travel 命令。

（3）在弹出的对话框中输入如图 12-19 所示参数。

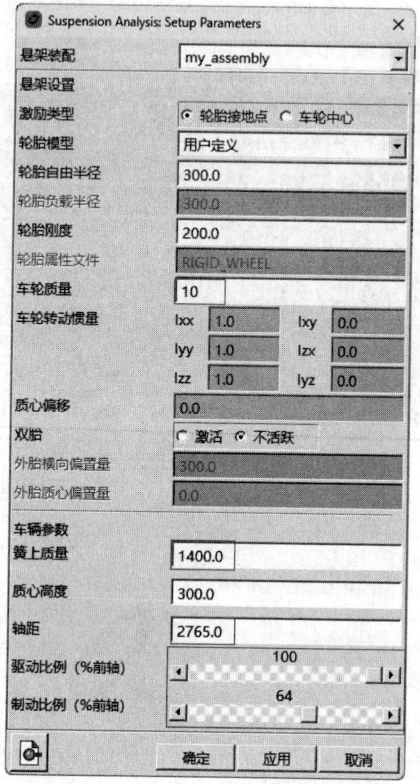

图 12-18　设置参数 1

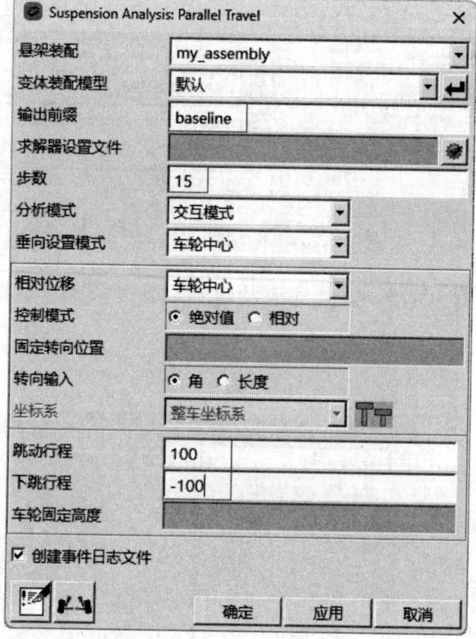

图 12-19　设置参数 2

（4）单击注释工具，在弹出对话框的注释文本栏中输入 Baseline Parallel Wheel Travel Analysis，单击“确定”按钮。

（5）单击“确定”按钮，运行 Parallel Wheel Travel 分析程序，并弹出信息窗口，如图 12-20 所示，在此分析中车轮中心可以在相对输入位置的 ±100mm 内移动，在此移动过程中计算出如车轮外倾角、束角、轮速、滚动中心高度等。

（6）单击“关闭”按钮关闭信息窗口。

（7）在菜单栏中选择回放→动画控制命令，对模型运行仿真，如图 12-21 所示。

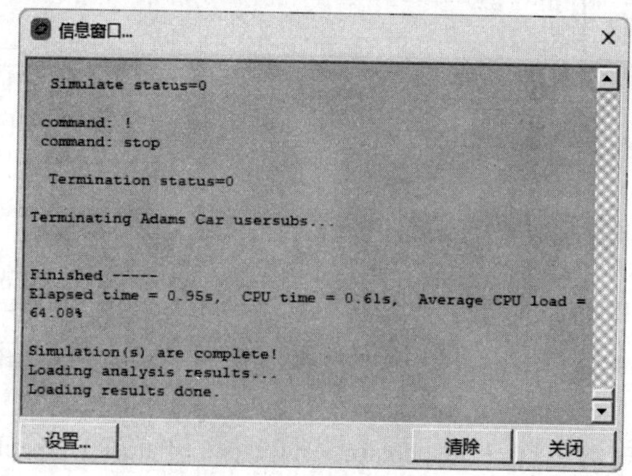

图 12-20　信息窗口

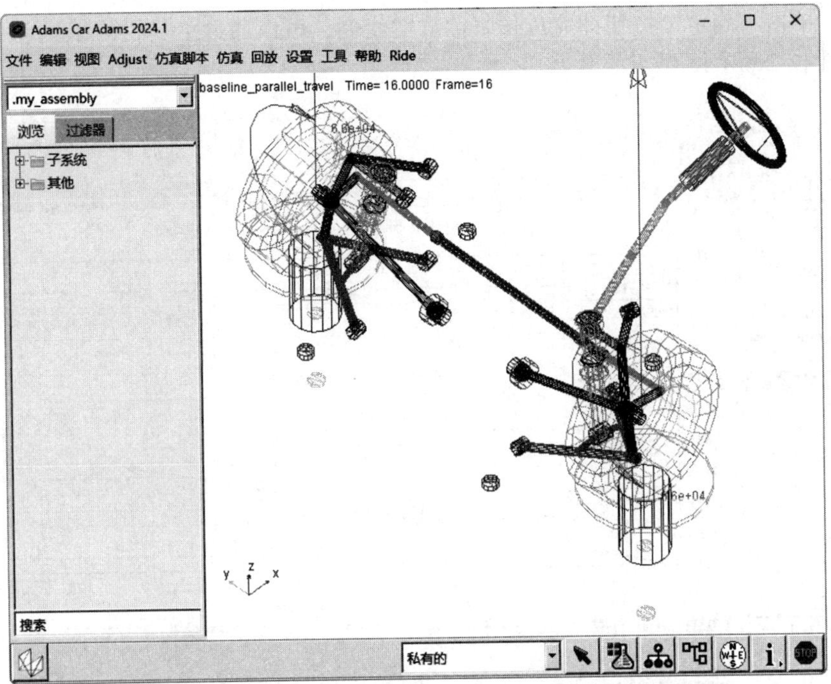

图 12-21　对模型运行仿真

12.2.4　绘制仿真曲线

（1）从菜单栏中选择回放→ PostProcessing Window 命令，或者按 F8 键进入 Adams PostProcessor 进行曲线绘制。

（2）在菜单栏中选择绘图→ Create Plots 命令。

（3）在弹出的对话框中 Plot Template 栏右击，在弹出的快捷菜单中选择搜索→ <acar_shared>/plot_configs.tbl。

（4）在选择文件对话框中双击 mdi_suspension_short.plt。

（5）设置 Plot Title 为 Baseline Parallel Wheel Travel Analysis-UAN_FRT_SUSP，如图 12-22 所示。

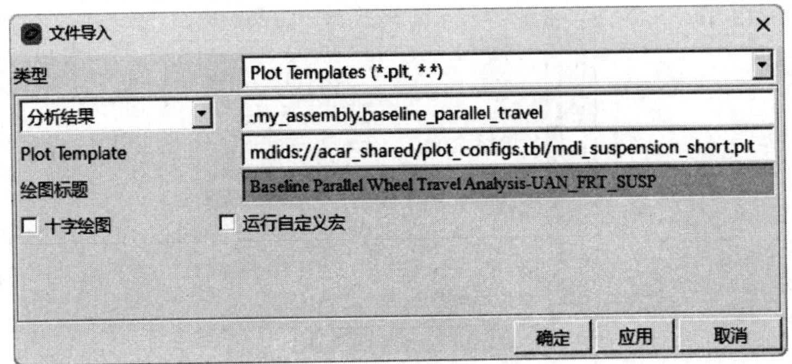

图 12-22　“文件导入”对话框

（6）单击“确定”按钮即完成仿真曲线的绘制，可以通过工具栏的、图标翻页查看，如图 12-23 所示。

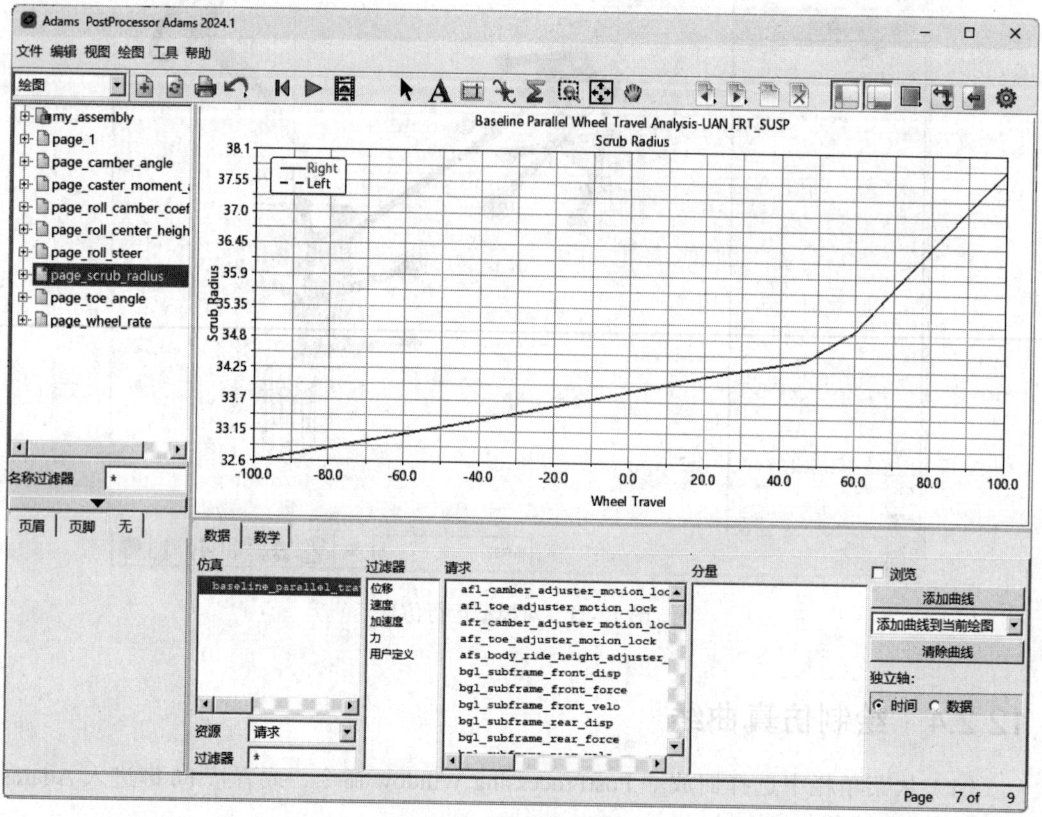

图 12-23　绘制仿真曲线

（7）在如图 12-23 所示窗口左侧树状目录区，按住鼠标左键选择所有曲线。选择编辑→删除命令，删除这些文件，如图 12-24 所示。

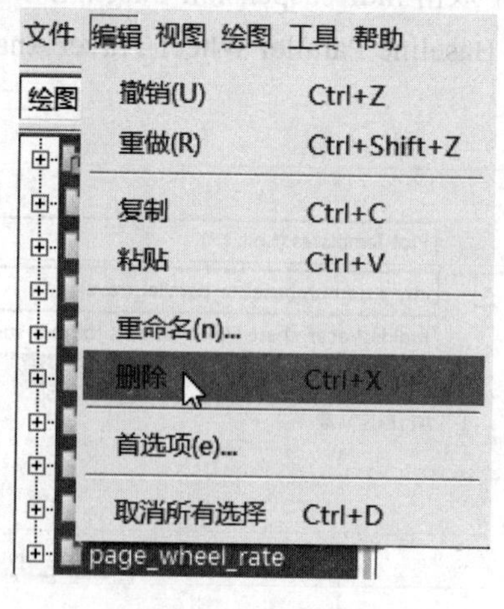

图 12-24　编辑菜单

12.2.5　分析基本推力

创建一个载荷文件给左右轮施加不等的制动力以用来仿真各个转向角。为了计算不等的制动力，我们给质量为 1400kg 的车辆一个负 0.5g 的加速度，其前轮的制动比为 64%，后轮的制动比为 36%，前左轮分配前制动力的 55%，前右轮分配前制动力的 45%，前轮总的制动力为 4395N，左前轮制动力为 2417N，右前轮制动力为 1978N。

12.2.6　定义和施加载荷文件

（1）按 F8 键从 Adams PostProcessor 返回到 Adams View。

（2）在菜单栏中选择仿真脚本→悬架装配→ Create Static Load case 命令，在弹出的对话框中输入如图 12-25 所示参数。

（3）输入完毕单击“确定”按钮，Adams Car 建立名为 brake_pull.lcf 的文件被保存到本地工作目录下，然后即可以用载荷文件来研究悬架及转向系统的特性。

（4）在菜单栏中选择仿真→ Suspension Analysis → External Files 命令，在弹出的对话框中输入如图 12-26 所示参数。

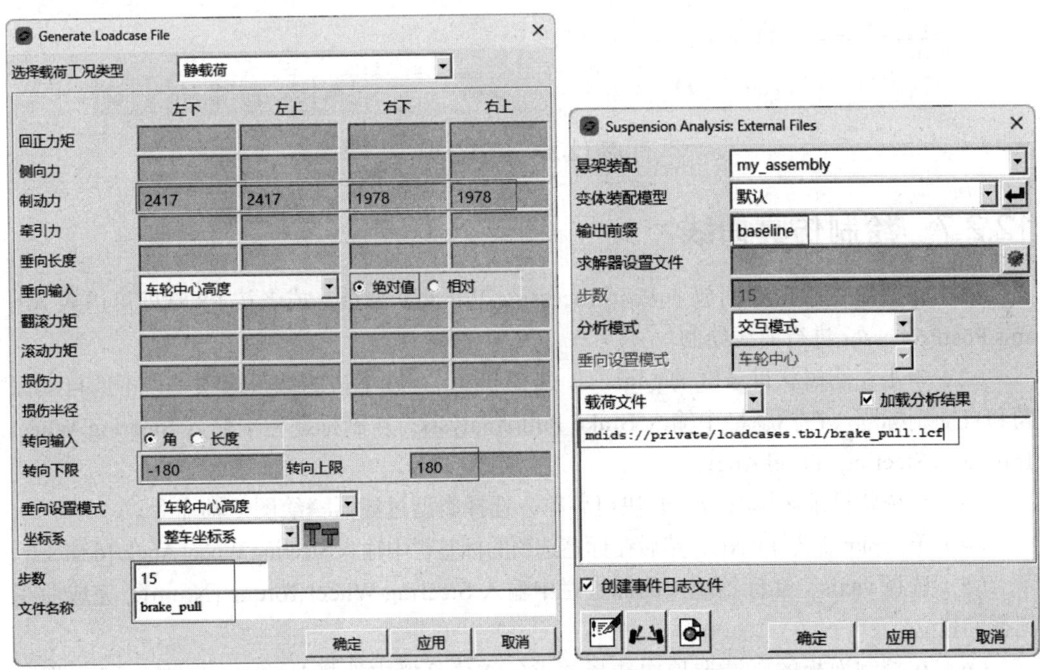

图 12-25　载荷文件对话框　　　　图 12-26　设置分析选项

（5）单击注释工具，在弹出的对话框的注释文本中输入 Baseline Pull Analysis，单击“确定”按钮。回到如图 12-26 所示对话框，单击“确定”按钮。

（6）Adams Car 对悬架系统进行分析，并弹出信息窗口，关闭此窗口。

（7）选择菜单栏中的回放→动画控制命令，对模型进行仿真分析，如图 12-27 所示。

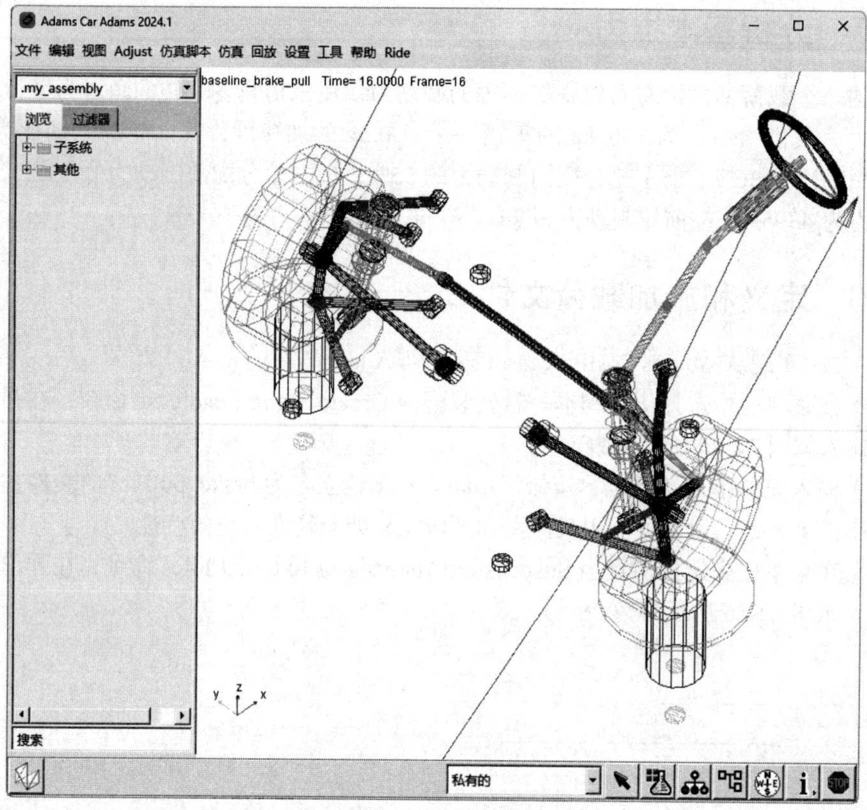

图 12-27 仿真分析

12.2.7 绘制仿真曲线

（1）在菜单栏中选择回放→PostProcessing Window 命令，或者按 F8 键即可进入 Adams PostProcessor 进行曲线绘制。

（2）单击左侧树状目录区的 page_1。选择 plot_1，在下边的编辑选项中，不选自动标题和自动副标题。在标题栏中输入 Brake Pull Analysis，在副标题栏中输入 Steering Wheel Torque vs Steering Wheel Angle。

（3）在树状目录区域右击打开快捷菜单，选择类型过滤器→绘图→轴命令。

（4）单击plot_1选择haxis，然后在标签选项的标签栏中输入Steering Wheel Angle [degrees]。

（5）选择 vaxis，在标签选项的标签栏中输入 Steering Wheel Torque [Nmm]，完成曲线图框的建立。

（6）在控制面板的资源选项中选择请求。在仿真栏中选择 baseline_brake_pull。把独立轴设为数据。

（7）在弹出的对话框的过滤器栏中选择用户定义。在结果集列表中选择 steering_displacements，在分量列表中选择 angle_front，如图 12-28 所示，单击“确定”按钮。

（8）在过滤器列表选项中选择用户定义，在请求列表中双击 testrig，然后选择 steering_wheel_input 选项。在分量列表中选择 steering_wheel_input_torque 选项，如图 12-29 所示。然后单击“添加曲线”按钮，转向轮扭矩与转角的关系曲线如图 12-30 所示。

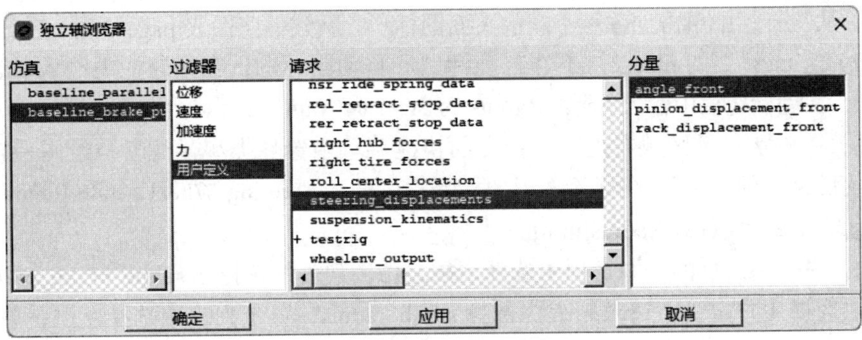

图 12-28　输出曲线选项对话框 1

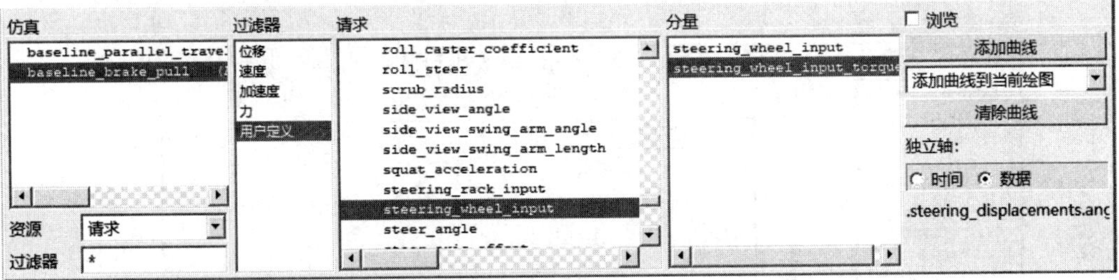

图 12-29　输出曲线选项对话框 2

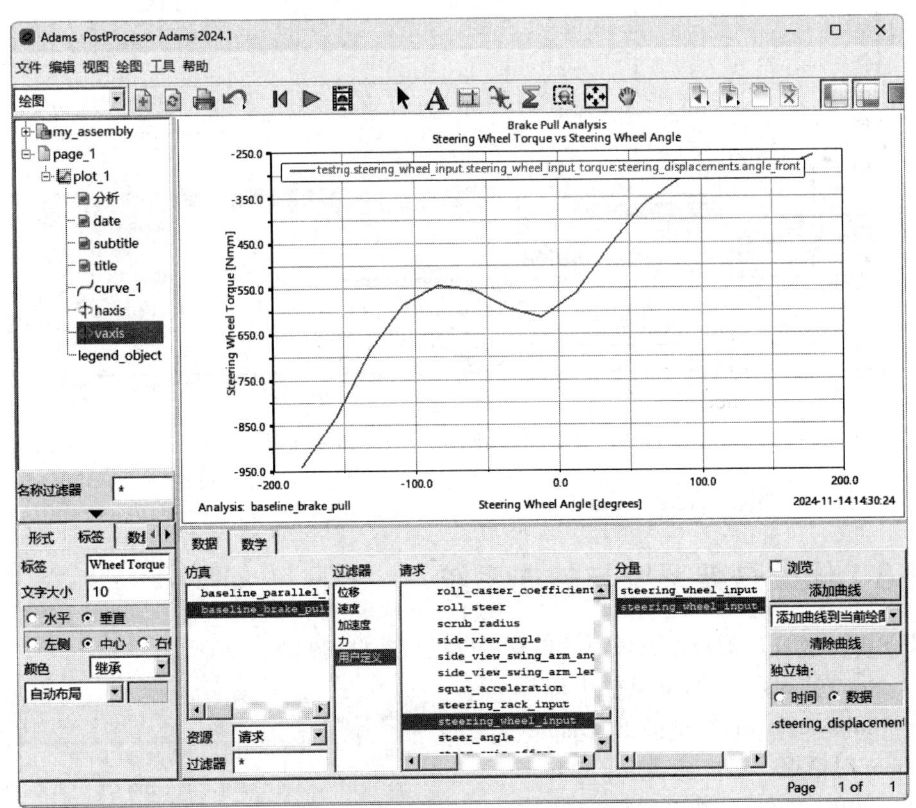

图 12-30　转向轮扭矩与转角的关系曲线

（9）从工具栏中单击创建一个新的页面图标，新建一张图表 page_2。

（10）选 page_2 的 plot_2，不选自动标题和自动副标题，在标题栏中输入 Brake Pull Analysis，在副标题栏中输入 Scrub Radius vs Steering Angle。

（11）在树状目录区域右击，在弹出的快捷菜单中选择类型过滤器→绘图→轴命令，选择树状目录下的 haxis，在标签选项的标签栏中输入 Steering Wheel Angle [degrees]，同样将垂直轴命名为 Scrub Radius[mm]。

（12）在控制面板的资源选项中选择请求，仿真列表中选择 baseline_brake_pull，过滤器列表中选择用户定义，请求列表中选择 scrub_radius，分量列表中选择左侧，单击“添加曲线”按钮，即完成了转向角与刮擦半径之间的关系曲线，如图 12-31 所示。

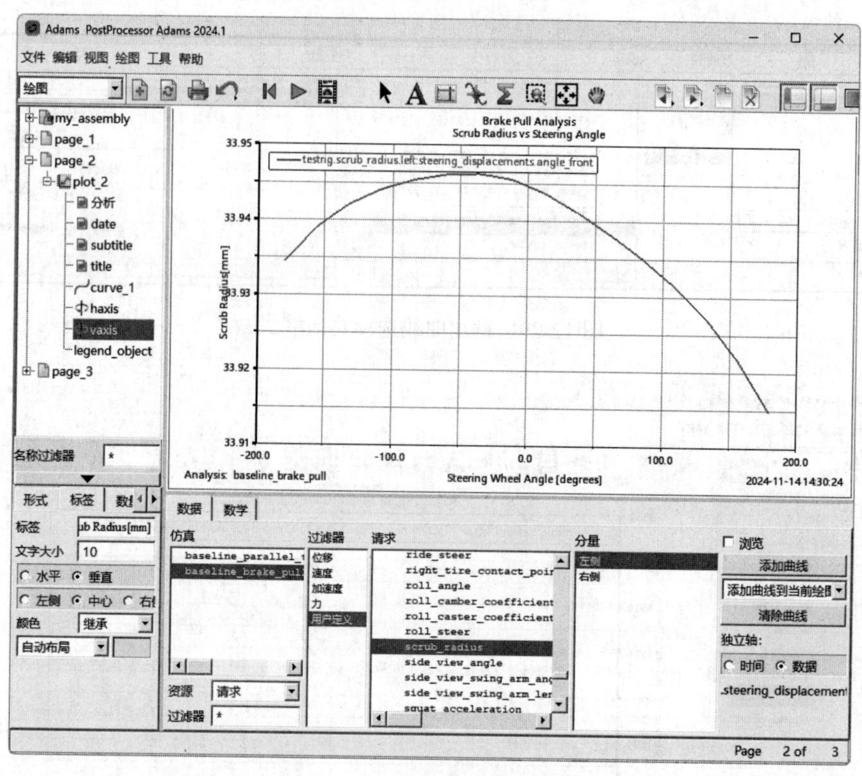

图 12-31　转向角与刮擦半径之间的关系曲线

（13）按 F8 键返回 Adams Car 界面。

12.2.8　修改悬架系统与转向系统

在 Adams Car 中通过改变硬点的位置可以进行模型的修改。

（1）从 Adams Car 的菜单栏中选择 View → Subsystem 命令，弹出 Display Subsystem 对话框，已经包含 my_assembly.UAN_FRT_SUSP，单击“确定”按钮，如图 12-32 所示。

图 12-32　Display Subsystem 对话框

（2）从菜单栏中选择 Adjust→硬点→表格命令，弹出 Hardpoint Modification Table（硬点修改表）对话框，把 hpl_tierod_outer 的 loc y 由原来的 –750 改为 –775，即向外移动 25mm，把 hpl_uca_outer 的 loc y 由原来的 –675 改为 –700，即向外移动 25mm，如图 12-33 所示，单击“确定”按钮关闭对话框。

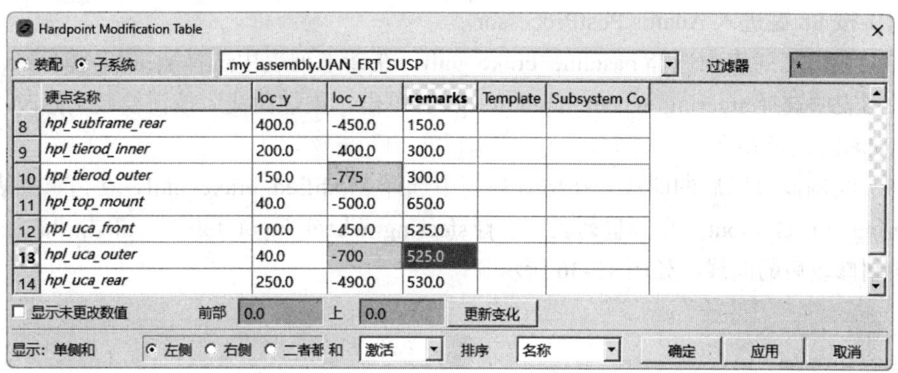

图 12-33　硬点修改表对话框

（3）从菜单栏中选择文件→保存命令，打开提示框，单击“否”按钮，不保留备份文件，如图 12-12 所示。

12.2.9　分析修改后的系统模型

（1）从菜单栏中选择仿真→ Suspension Analysis → External 文件命令，在弹出对话框的输出前缀栏中输入 modified，如图 12-34 所示。

（2）选择注释工具，在弹出对话框的注释文本栏中输入 Steering axis moved 25mm outboard，如图 12-35 所示，单击“确定”按钮。

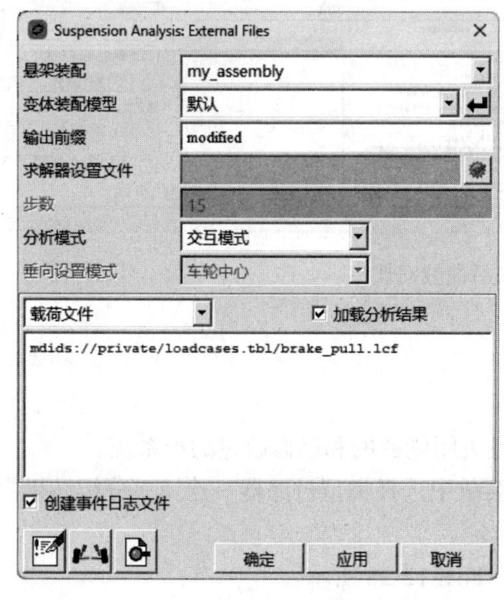

图 12-34　设置参数

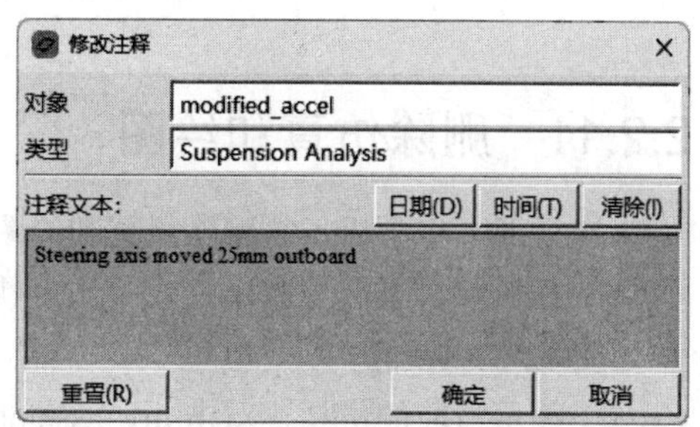

图 12-35　输入文本

（3）返回到如图 12-34 所示对话框，再次单击“确定”按钮。

（4）Adams Car 开始分析修改后的悬架和转向系统模型，分析完毕关闭信息窗口。

12.2.10 比较分析结果

（1）按 F8 键进入 Adams PostProcessor。

（2）在仿真列表中选择 baseline_brake_pull，在请求列表中选择 steering_wheel_input，在分量列表中选择 steering_wheel_input_torque，单击“添加曲线”按钮绘制未修改以前的曲线，如图 12-30 所示。

（3）绘制修改以后的曲线。在仿真列表中选择 Modified_brake_pull，在请求列表中选择 steering_wheel_input，在分量列表中选择 steering_wheel_input_torque，单击“添加曲线”按钮绘制修改后的曲线，如图 12-36 所示。

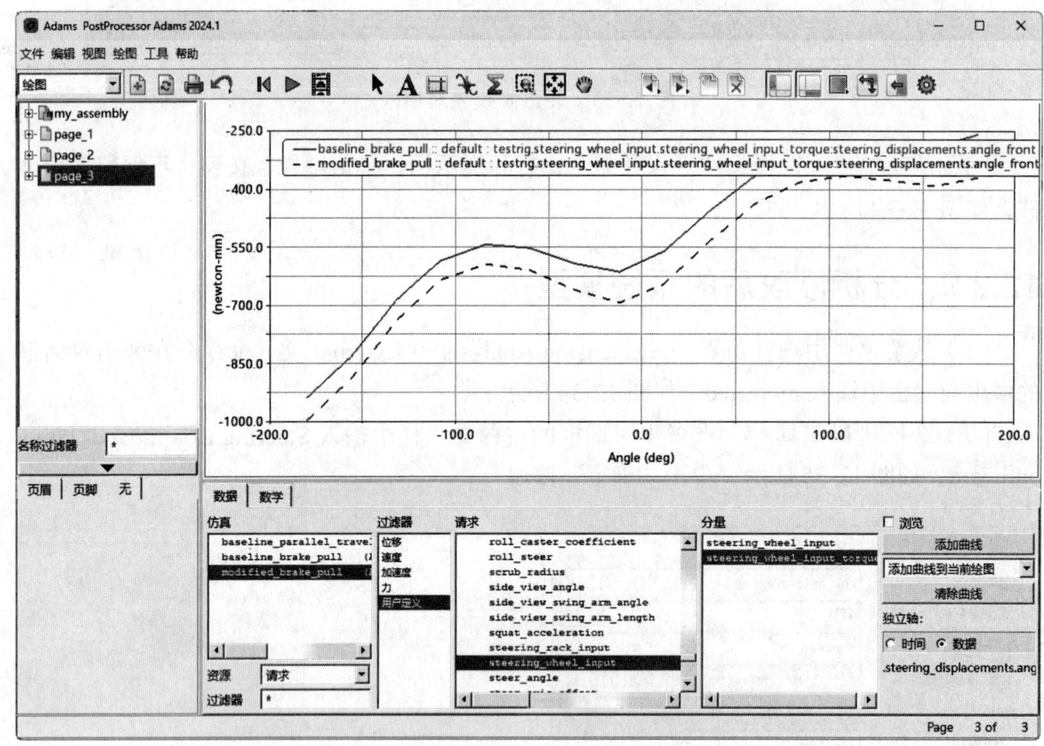

图 12-36 修改前后曲线对比

12.2.11 删除仿真和绘图

为进行下一步分析，须删除仿真和绘图并且关闭创建的和已修改过的子系统。

（1）在树状目录区域右击，在弹出的快捷菜单中选择类型过滤器→建模→分析结果命令，如图 12-37 所示。

（2）显示当前的仿真，双击 my_assembly，如图 12-38 所示。

（3）在菜单栏中选择编辑→删除命令即删除仿真。

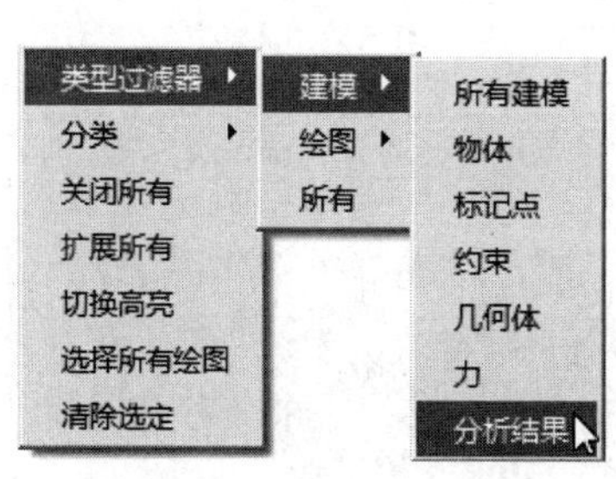

图 12-37　快捷菜单

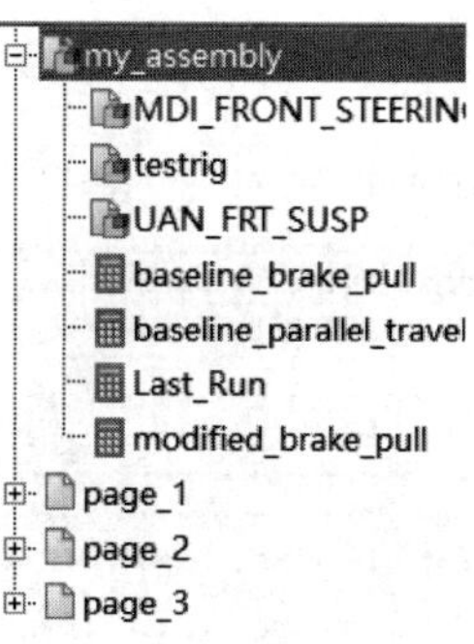

图 12-38　双击对象

（4）关闭绘图窗口返回 Adams Car。

（5）从菜单栏中选择文件→关闭→ Assembly 命令，默认是当前系统，单击“确定”按钮退出。

12.3　分析弹性体对悬架装配的影响

本节将创建包含弹性下控制臂的悬架装配，并学习如何处理装配中的弹性体，如何执行分析查看结果等，对比弹性杆和刚性杆的不同点。

12.3.1　创建悬架装配

（1）在 Adams Car 窗口中从菜单栏中选择文件→新建→ Suspension Assembly 命令，在弹出对话框的装配体名称栏中输入 susp_assy，在悬架子系统栏中单击按钮，在后面的文本框中右击，在打开的快捷菜单中选择搜索→ <acar_shared>/subsystems.tbl，如图 12-39 所示，在随后打开的选择文件对话框中选择 TR_Front_Suspension.sub，设置完成后的 New Suspension Assembly 对话框如图 12-40 所示。

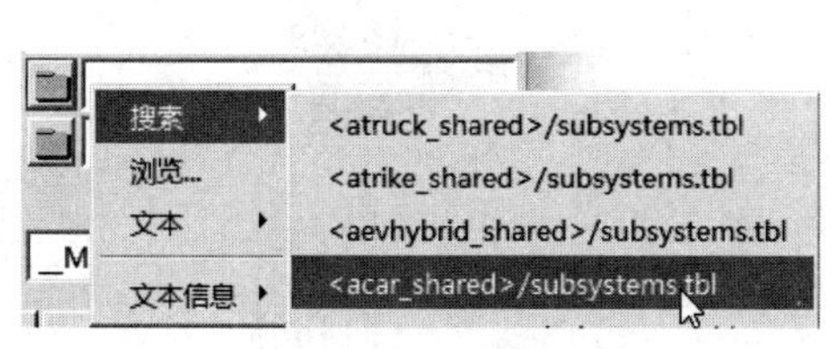

图 12-39　快捷菜单

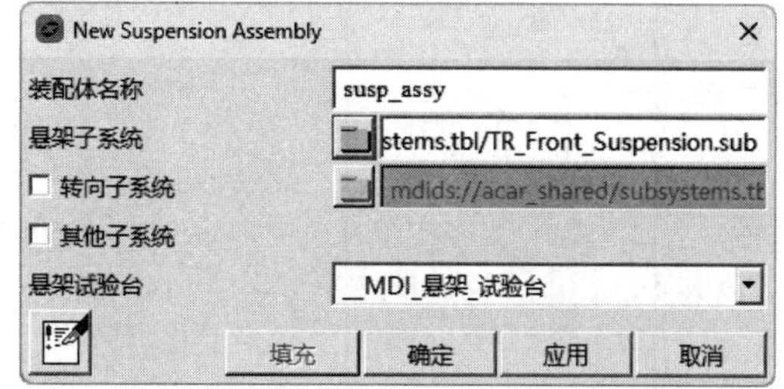

图 12-40　New Suspension Assembly 对话框

（2）单击“确定”按钮，出现信息窗口，如图 12-41 所示；单击“关闭”按钮，关闭信息窗口，即呈现模型图，如图 12-42 所示。

（3）在图形界面右击，打开快捷菜单，选择 Shaded<S>，如图 12-43 所示，查看阴影效果，如图 12-44 所示。

信息窗口...

```
Assigning communicators...
WARNING: The following input communicators were not assigned during assembly:
     testrig.cil_jack_frame (attached to ground)
     testrig.cir_jack_frame (attached to ground)
     testrig.cis_leaf_adjustment_steps
     testrig.cis_steering_rack_joint
     testrig.cis_steering_wheel_joint
     testrig.cis_pseudo_velocity
     testrig.cis_subframe (attached to ground)
     TR_Front_Suspension.cil_tierod_to_steering (attached to ground)
     TR_Front_Suspension.cir_tierod_to_steering (attached to ground)
     TR_Front_Suspension.cil_ARB_pickup
     TR_Front_Suspension.cir_ARB_pickup
     TR_Front_Suspension.cis_chassis_reference
Assignment of communicators completed.
Assembly of subsystems completed.
Suspension assembly ready.
```

设置...　清除　关闭

图 12-41　信息窗口

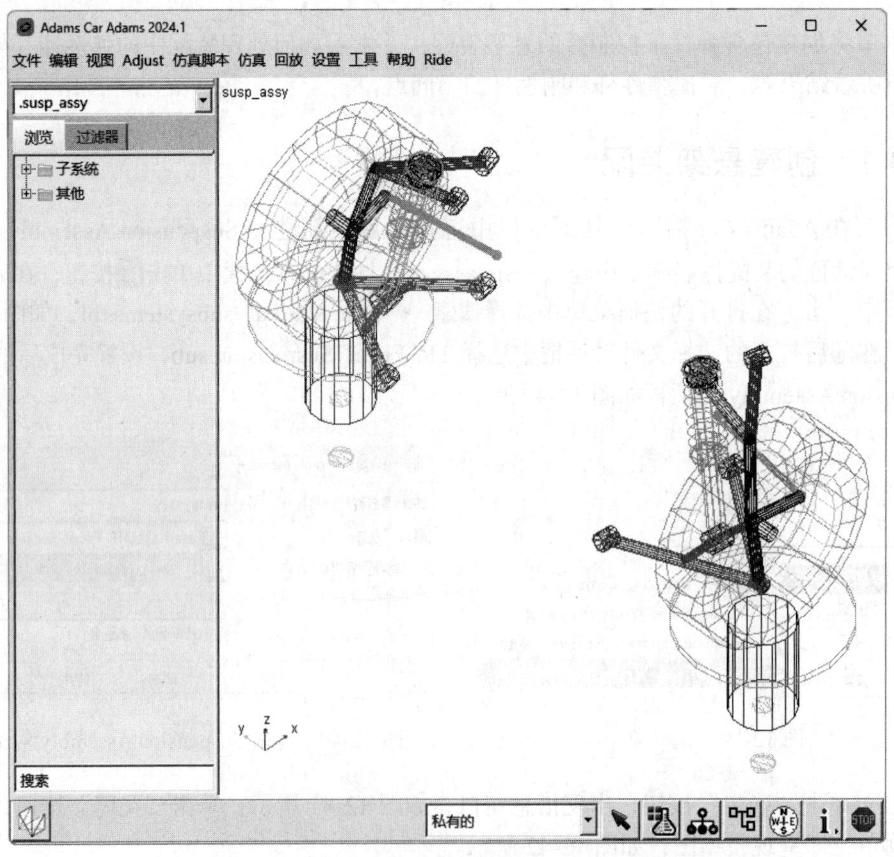

图 12-42　双 A 臂（Double-wishbone）悬架系统模型图

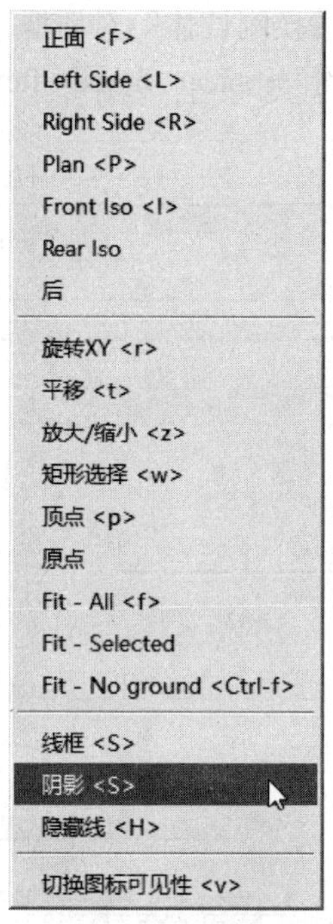

图 12-43　快捷菜单

图 12-44　阴影效果

12.3.2　创建弹性体

（1）右击左上侧红色控制杆，在弹出的快捷菜单中选择模型中的 ger_lower_control_arm→修改命令，如图 12-45 所示，弹出修改通用零件对话框，如图 12-46 所示。

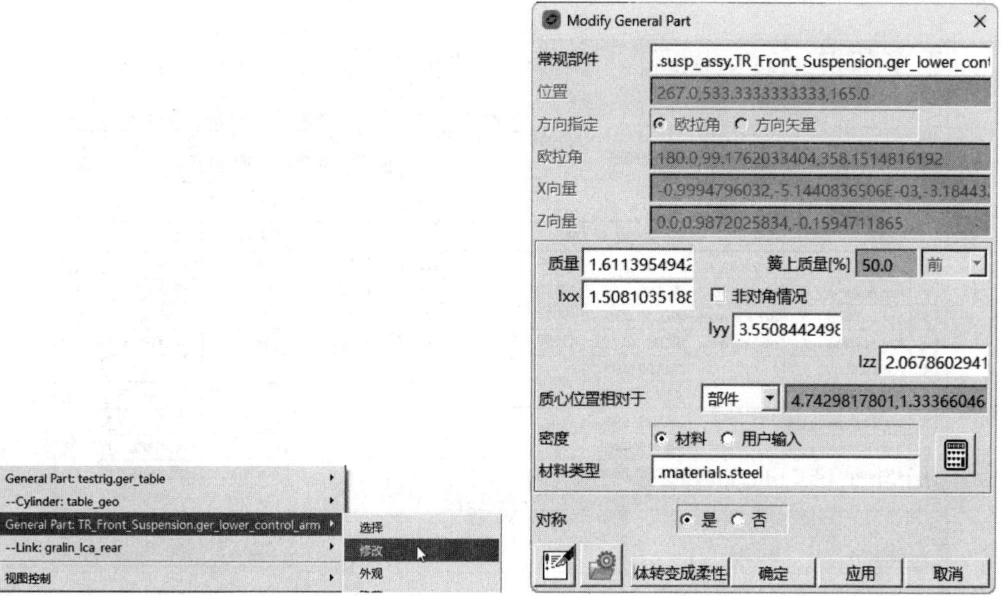

图 12-45　快捷菜单　　　　图 12-46　修改通用零件对话框

（2）单击“刚体转变成柔性”按钮，弹出“柔性体替换刚性体”对话框，如图 12-47 所示，在 MNF 文件栏右击，在弹出的快捷菜单中选择搜索→ <acar shared>/flex_bodys.tbl，在弹出的对话框中双击 LCA_right_tra.mnf，选中该文件。

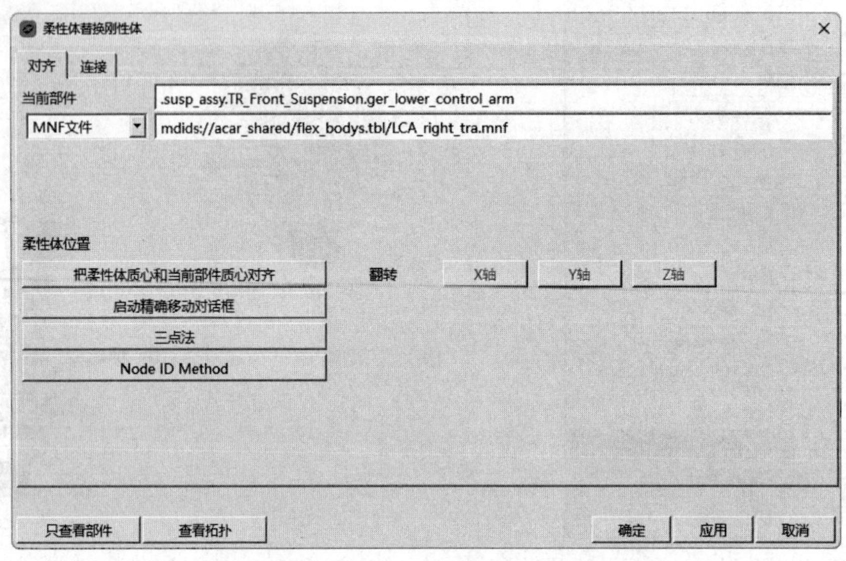

图 12-47 “柔性体替换刚性体”对话框

（3）单击连接标签，选择对齐列，然后选择“保留标记点表达式”按钮，再单击“确定”按钮，Adams 自动完成从刚体到柔体的转换，如图 12-48 所示。

（4）单击“确定”按钮关闭“柔性体替换刚性体”对话框。

（5）重复步骤（1）~ 步骤（4），把 gel_lower_control_arm 通过 LCA_left_tra.mnf 转换至柔体。

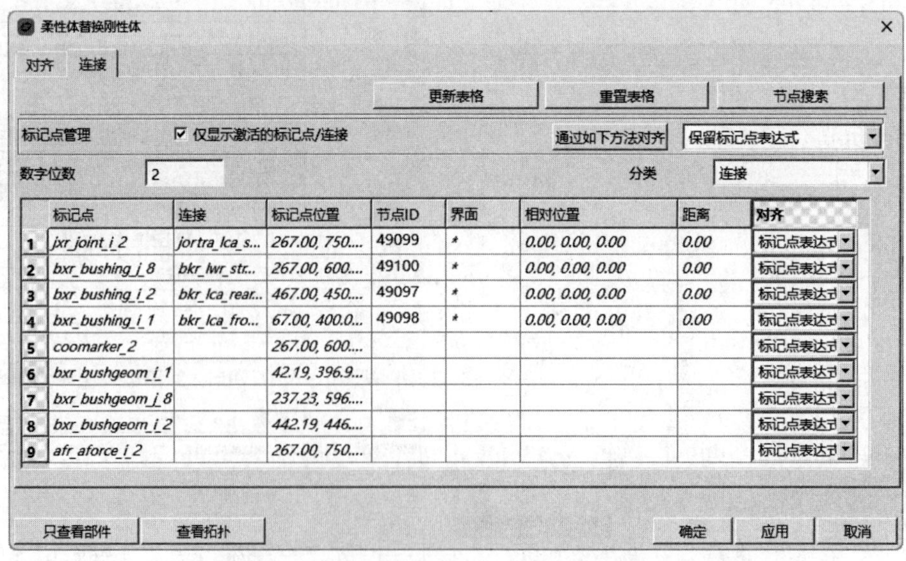

图 12-48 “柔性体替换刚性体”对话框连接标签页

12.4　包含弹性体的整车装配

12.4.1　创建整车装配

（1）从菜单栏中选择文件→新建→ Full-Vehicle Assembly 命令，在装配体名称栏输入 fveh_assy，在后面的空白处右击，在弹出的快捷菜单中选择搜索→ <acar_shared>/subsystems.tbl，如图 12-49 所示，选择 Brake Subsystem 和 Powertrain Subsystem，依次在弹出的对话框中输入如图 12-50 所示的参数。

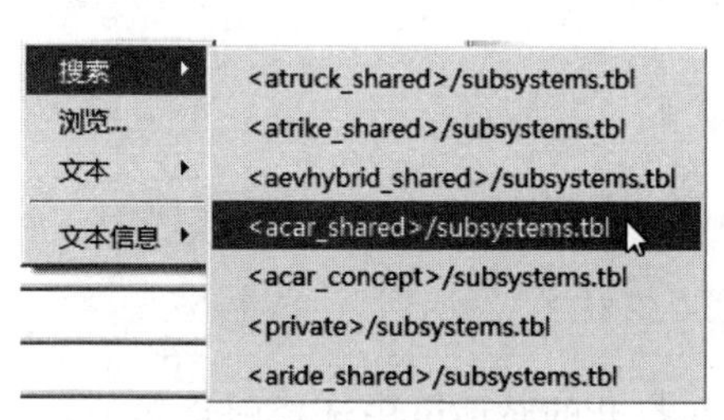

图 12-49　快捷菜单

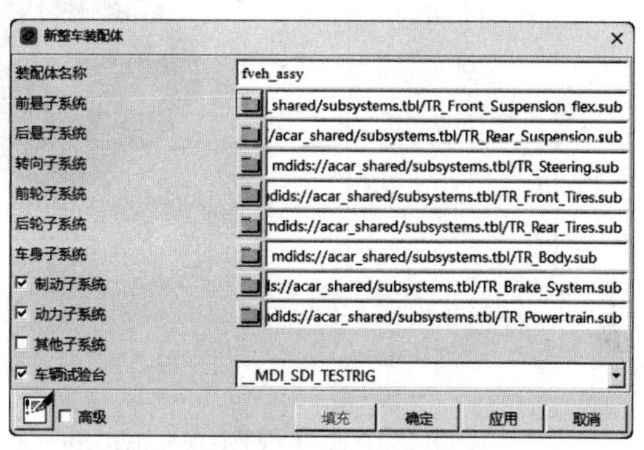

图 12-50　整车参数

（2）单击“确定”按钮，出现信息窗口，单击“关闭”按钮，关闭信息窗口，在 Adams Car 工作区域呈现整车模型。

（3）如果习惯用白色作底，可以通过菜单栏中的设置→背景颜色命令，在弹出的对话框中选择白色即可，如图 12-51 所示。

右击，打开快捷菜单，如图 12-52 所示，选择阴影 <S>，白色背景的整车模型如图 12-53 所示。

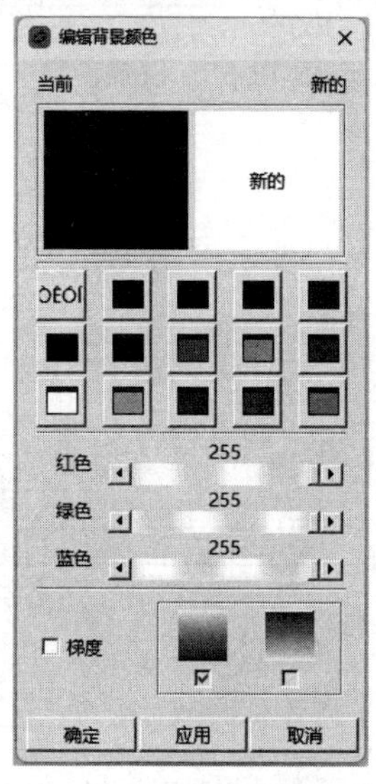

图 12-51　设置背景颜色

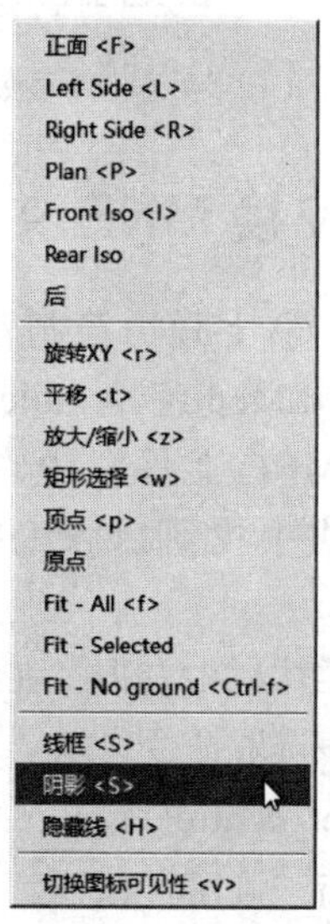

图 12-52　快捷菜单

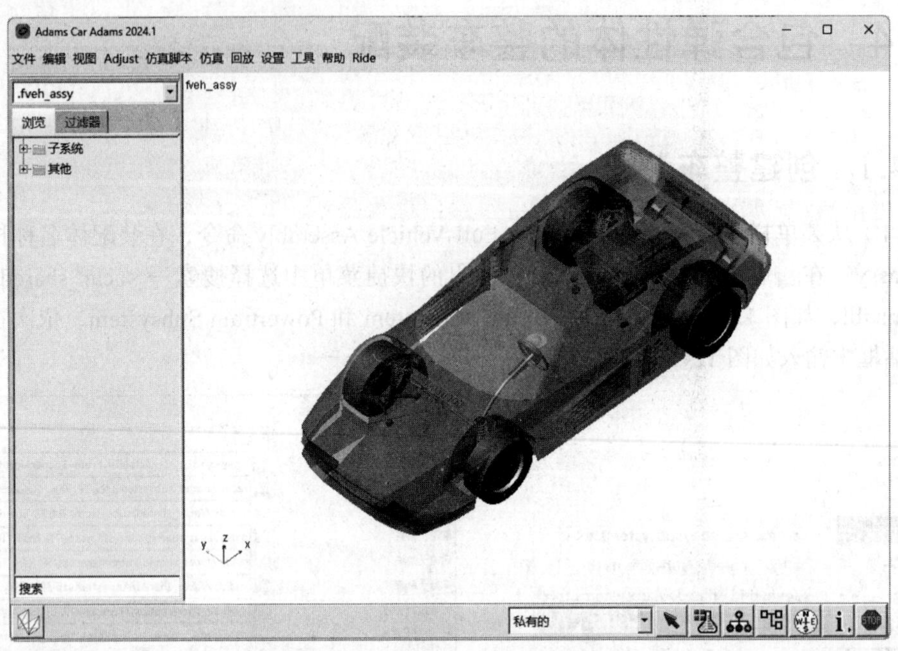

图 12-53　白色背景的整车模型

（4）从菜单栏中选择视图→ Subsystem 命令，在打开的对话框中选择前悬架子系统 fveh_assy. TR_Front_Suspension_flex，单击“确定”按钮确认，如图 12-54 所示。

（5）从菜单栏中选择仿真脚本→ Model Simplification → Kinematic Toggle 命令，在弹出的对话框中设置当前模式为运动学，单击“确定”按钮，如图 12-55 所示。

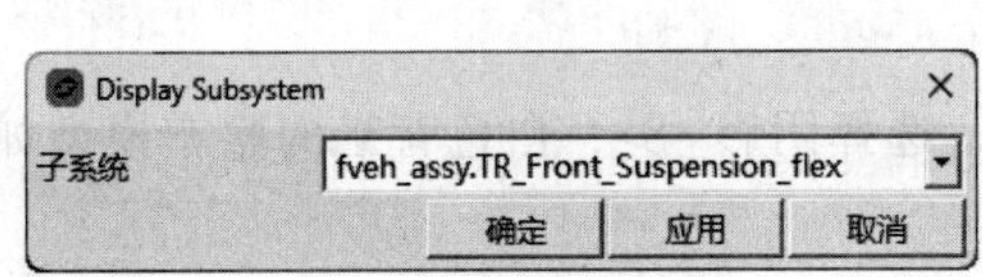

图 12-54　设置参数

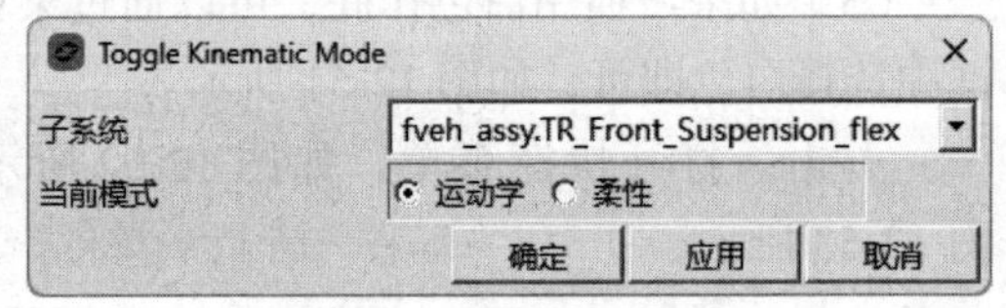

图 12-55　设置参数

12.4.2　交换 MNF 文件

（1）双击右下弹性控制臂 fbl_lower_control_arm，弹出 Modify Flexible Body 对话框。

（2）在 MNF 文件栏中右击，选择搜索在共享文件夹中找到 LCA_left_tra.mnf，单击“打开”按钮。

（3）在柔体栏中右击，在打开的快捷菜单中选择柔体→选取命令，从屏幕上拾取左下控制臂 fbr_lower_control_arm，如图 12-56 所示。

（4）单击“确定”按钮，显示更换后的前悬架系统，如图 12-57 所示。

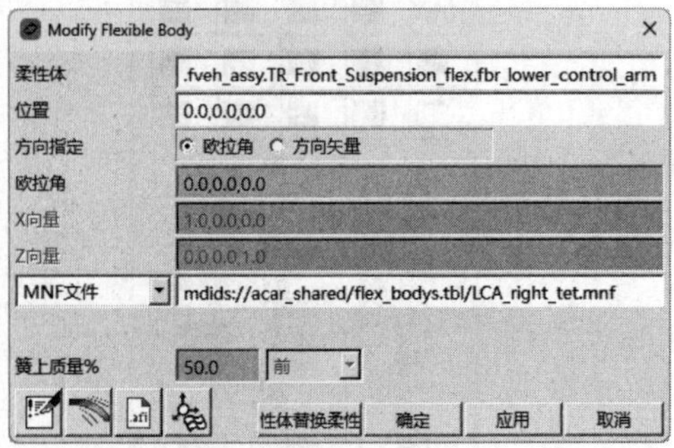

图 12-56　“Modify Flexible Body”对话框

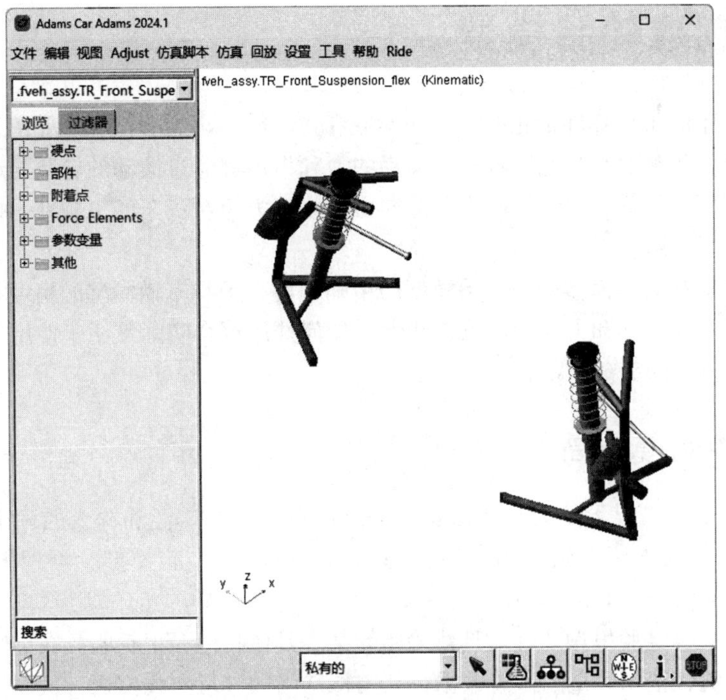

图 12-57　更换后的前悬架系统

（5）从菜单栏中选择视图→ Assembly 命令，在打开的对话框中选择 fveh_assy，单击“确定”按钮，返回到整车装配界面，更换后的整车模型如图 12-58 所示。

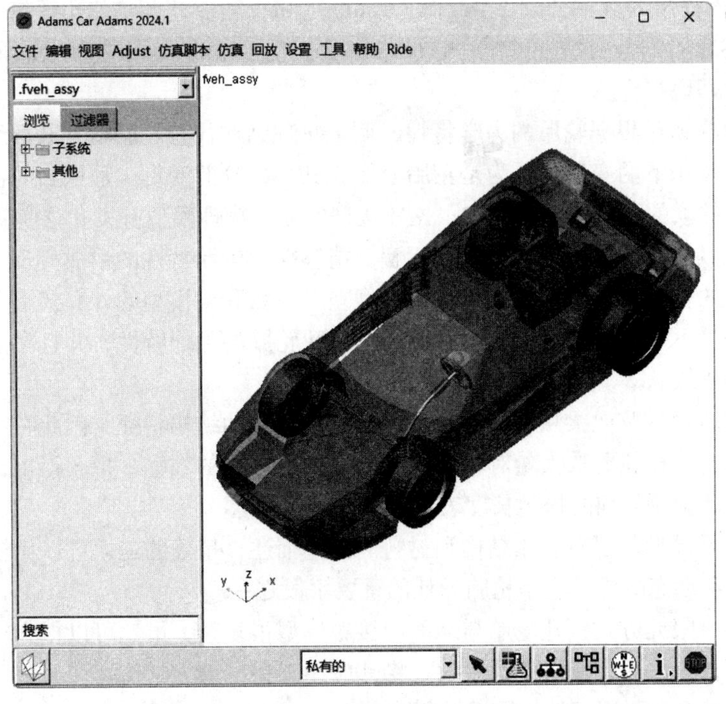

图 12-58　更换后的整车模型

12.5 创建轮胎模型

轮胎是汽车的重要部件，轮胎的结构参数和力学特性决定着汽车主要的行驶性能。除空气和重力外，几乎所有其他影响汽车运动的力和力矩都通过滚动的轮胎与地面相互作用而产生。轮胎所受的垂直力、纵向力、侧向力和回正力矩对汽车的平顺性、操纵稳定性和安全性起着重要作用。

在任何整车动力学模型中，轮胎模型的精确程度必须与车辆模型的精度相匹配。由于轮胎具有结构的复杂性和力学性能的非线性，如何选用符合实际又便于使用的轮胎模型仍是整车动力学模拟的关键问题。

12.5.1 轮胎模型简介

对轮胎在不同工况下的力学特性建模，已进行了较为广泛和深入的理论研究和试验研究。轮胎建模的方法大致分为三种，分别为经验－半经验模型、物理模型和有限元模型。

（1）经验－半经验模型。针对具体轮胎的某一具体特性，把轮胎放在试验台架上进行不同工况的试验，根据大量的试验数据，利用特殊函数进行曲线拟合，从而创建轮胎力学模型，这种建模方法称为经验模型。半经验模型是针对轮胎经验模型中某一环节引入部分的分析式所建的模型，模型所需众多参数，仍然是在对轮胎进行大量试验所得的试验数据基础上，用经验公式拟合得到的。

经验－半经验模型也是不断发展和完善的。目前应用最广泛的有荷兰 Delft 工业大学的 Pacejka 等人提出的魔术公式（Magic Formula）和我国吉林大学郭孔辉院士利用指数函数建立的描述轮胎六分力特性的统一轮胎半经验模型（UuiTire），这些公式的计算结果与试验数据能很好地吻合。

（2）物理模型是根据轮胎的力学特性，用一物理结构代替轮胎或其某一组成部分，物理结构在外力作用下的变形被认为是轮胎变形或其某部分的变形。最原始的物理模型就是把轮胎简化为并联的弹簧和阻尼环节；比较典型的复杂物理模型有梁和弦模型。

物理模型具有解析表达式，具有解析解，能够探讨轮胎特性的形成机理。其缺点是对轮胎特性描述的精确程度较经验－半经验模型差，且弦和梁模型的计算式十分复杂，在当时的计算机条件下难以实现。其建模结果能够反映轮胎的侧偏特性，并且在某些工况下与试验结果较为一致。

由于模型所设的弦或梁从物理含义上并不代表轮胎的结构特征，因此弦或梁模型的物理参数不易确定，往往要从大量对轮胎直接进行试验取得的数据中拟合得出，例如，弦模型的参数是以试验所得到的松弛长度表示的。

（3）有限元模型基于对轮胎结构和材料的详细描述，精确的建模可以比较准确地计算出轮胎的稳态和动态响应，它是轮胎设计的重要手段之一。

但是利用有限元方式创建轮胎与地面的接触模型很复杂，虽然可以得到轮胎某些力学特性的数值解，但占用计算机资源太大，将其应用于整车动力学仿真往往是不现实的，因此目前有限元模型主要用于轮胎设计及制造。

12.5.2　Adams Tire

在 Adams 软件里轮胎既不是刚性体也不是柔体，而是一组数学函数。Adams/Solver 通过 DIFSUB 和 GFOSUB 调用这些函数。

Adams Tire 分为两大类——用于操稳分析的轮胎模型；用于耐久性分析的轮胎模型。

用于操稳分析的轮胎模型包括以下内容。

（1）魔术公式轮胎（MF-tire）模型。该模型由荷兰 TNO 公司开发并进行技术支持，在 Adams 2007 中的版本是 MF5.2。它完全支持 STI1.4，包含了稳态和非稳态的侧偏特性，根据仿真工况的不同可以在稳态和非稳态之间切换模型。TNO 自己开发了一套用于拟合 MF 轮胎模型参数的商业化软件 MF-TOOLS。魔术公式轮胎模型已经成为汽车行业中分析操稳性能的标准。它的精度很高，但是其参数的拟合需要较多的试验数据。

（2）Pacejka89 和 Pacejka94 模型。这两个模型基于魔术公式，是由 MSC 公司自己开发的。这两个模型在低速时有较大误差，而且由于回正力矩是直接拟合，即与侧向力没有关系，因此在大侧偏角时有较大误差，尤其是侧偏和纵滑联合工况。它们的主要区别在于 Pacejka89 采用的是 Pacejka 坐标系，Pacejka94 采用的是 SAE 坐标系。

（3）Fiala 模型。该模型是建立在弹性基础上的梁模型，不能考虑外倾，而且没有松弛长度。

（4）UA 模型。该模型可以考虑外倾和松弛长度，在只需要几个参数的情况下，能够取得非常好的精度。

（5）5.2.1 轮胎模型。该模型是 Adams 早期研发的轮胎模型。5.2.1 是其版本号，现在已经很少使用。

上述模型均使用点接触模型，轮胎在任何时候只有一个点与地面相互作用，即并不是真实地求解轮胎和地面的接触问题，只能用于二维路面。

在 Adams Tire 中用于耐久性分析的轮胎模型是三维接触模型，它考虑了轮胎胎侧截面的几何，并把轮胎沿着轮胎宽度方向离散，用等效贯穿体积的方法来计算垂直力，可以用于三维路面。该模型需要单独的许可，但是如果用户只购买 Durability Tire，将只能用 Fiala 模型计算操稳性。

除了上述两类模型之外，Adams Tire 还包括 FTIRE（Flexible Ring Tire Model）模型和 SWIFT（Short Wave Intermediate Frequency Tire Model）模型。

FTIRE 模型是由德国 Esslingen 大学的 Michael Gipser 领导小组开发的，从名称可以看出它是基于柔性环模型的，从本质来说是一个物理模型，柔性是指与刚性相对。

如图 12-59 所示为轮胎的环模型。将轮胎简化为环模型有其结构上的背景。现代轮胎基本上为子午线轮胎，子午线轮胎从结构上来看，是由高强度周向布置的带束和子午线方向布置的胎体构成，因此作为一种近似，可将其简化为弹性基础上的圆环进行分析。其中，环代表胎冠部分，弹性基础（由

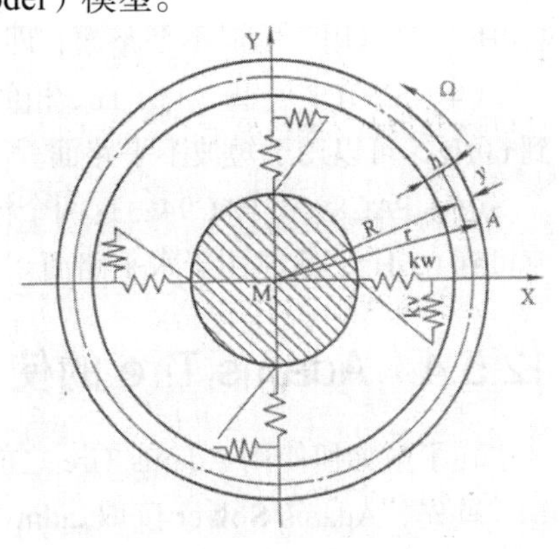

图 12-59　轮胎的环模型

径向和周向弹簧代表）代表胎侧和充气效应。圆环和刚性轮辋之间由弹簧连接。轮胎的面内动力学特性就可以借助这种模型进行分析。目前环模型已经成为轮胎力学研究的热点，也是国际上仿真轮胎在短波不平路面动特性的主流模型。

SWIFT 模型是由荷兰 Delft 工业大学和 TNO 公司联合开发的。它是一个刚性环模型，所谓刚性，是指在环模型的基础上只考虑轮胎的 0 阶转动和 1 阶错动这两阶模态，此时轮胎只做整体的刚体运动而并不发生变形，在只关心轮胎的中低频特性时，这样是可以满足要求的。由于不需要计算胎体的变形，刚性环模型的计算效率大大提高，可以用于硬件在环仿真进行主动悬架和 ABS 的开发。在处理面外动力学问题时，SWIFT 使用了魔术公式，因此可以用于研究一些复杂的工况，如不平路面的侧偏和 ABS 制动。在处理轮胎与地面的接触问题时，SWIFT 采用了等效路形的方法。SWIFT 模型所用的等效路形是由一个专门的包容模型算出来的。所以 SWIFT 模型要自带一个包容模型来提供等效路形，这也是它的缺点之一。

12.5.3 轮胎模型的选择

由于轮胎结构和材料的复杂性与非线性，以及使用工况的多样性，目前还没有一个轮胎模型可以适用于所有工况的仿真，每个轮胎模型都有其优点和缺点，也有其适用的范围。如果轮胎模型选择不正确，即超出了其适应的范围，就无法得到正确的结果。

下面给出几种常用轮胎模型的特点及适用范围。

（1）MF-Tire 模型。这是目前 Adams Tire 中描述稳态和非稳态侧偏精度最好的模型。采用的是 ISO 坐标系，它考虑了轮胎高速旋转时的陀螺耦合、侧偏和纵滑的相互影响，以及外倾对侧偏和纵滑的影响，适用范围是，有效频率可到 8Hz，只能用于平路面（路面起伏的波长必须大于轮胎的周长）。

（2）UA 模型。由于 MF-Tire 的参数获取非常昂贵，一套参数的试验和拟合费用在 20 万元左右，所以 UA 模型是目前使用较多的模型，它采用的是 SAE 坐标系，考虑了非稳态效果，侧偏和纵滑的相互影响是通过摩擦椭圆考虑的，考虑了外倾，但不能计算翻倒力矩（即绕轮胎前进方向的力矩）。

（3）FFire 模型。与经验－半经验模型不同，FFire 是物理模型。只要模型参数正确，就能够用于面内和面外的工况，它使用的是 ISO 坐标系，适用范围是，有效频率可到 120Hz，可以用于短波不平路面，即障碍物的尺寸小于轮胎的印迹。

（4）SWIFT 模型。与 FTire 相似，它使用的是 ISO 坐标系，适用范围是，有效频率可到 60Hz，可以用于短波不平路面。

（5）PAC89 和 PAC94。这两个模型都是稳态侧偏模型，不能用于非稳态工况，有效频率可到 0.5Hz，只能用于水平路面。

12.5.4 Adams Tire 的使用

在了解如何使用 Adams Tire 之前，要先了解在 Adams 中轮胎模型是如何工作的。

首先，Adams Solver 读取 .adm 文件，找到和轮胎有关的信息后就会调用 Adams Tire。Adams Tire 会搜索轮胎特性文件 .tir 和路面特性文件，读入轮胎模型参数并保存在静态内

存中。轮胎模型会读取路面特性文件。上述过程即所谓的初始化过程。

其次，在仿真过程中，轮胎模型会调用路面模型，获取轮胎与地面的接触点以及摩擦系数，计算与地面相互作用产生的力和力矩，并把结果作用于轴头，同时生成用于后处理的结果文件。

最后，用户可以使用 Adams Tire 提供的轮胎模型，也可以自己创建轮胎模型。关于如何创建用户自己的轮胎模型，可以参见其帮助手册。

使用 Adams Tire 中的轮胎模型的操作步骤如下。

（1）定义轮胎。在不同的产品中创建轮胎的方式是不同的。但无论是什么产品，都会生成一个 Adams Solver 文件（.adm），它包含了必要的注释来描述轮胎。描述每个轮胎模型最基本的注释是 GFORCE，它描述了作用于轮轴的力。

（2）指定轮胎特性文件。轮胎特性文件指定了使用 Adams Tire 中的哪种轮胎模型。该文件包含了生成轮胎力和力矩所需的参数。在 .adm 文件中包含了一个字符串注释，以指向该特性文件。

（3）指定路面特性文件。路面特性文件包含的数据用以指定路形和摩擦系数。在 .adm 文件中包含了一个字符串注释，以指向该特性文件。

12.6 整车动力学仿真分析

下面介绍如何在 Adams Car 环境中进行整车的动力学仿真。在 Adams Car 中，整车模型必须包含如下子系统：

☑ 前后悬架。

☑ 转向系统。

☑ 前后轮胎。

☑ 车身（刚性或柔性）。

此外，Adams Car 还会包含一个 Test Rig，在开环、闭环和准静态分析中必须选择 _MDI_SDI_TESTRIG。用户可以在整车模型中包含其他的子系统，如制动器子系统、动力总成等。下面通过 3 个实例说明如何进行整车动力学仿真。

12.6.1 单移线

（1）启动 Adams Car，进入标准界面模式。

（2）在菜单栏中选择文件→打开→ Assembly 命令，在弹出对话框的装配体名称文本框中右击，在弹出的快捷菜单中选择搜索→ <acar_shared>assemblies.tbl → MDI_Demo_Vehicle.asy 命令。

（3）单击“确定”按钮，打开整车模型，如图 12-60 所示。

（4）在菜单栏中选择仿真→ Full-Vehicle Analysis → Open-loop steering events → Single Lane Change 命令，在弹出的对话框中设置相关内容，如图 12-61 所示，并单击“确定”按钮。

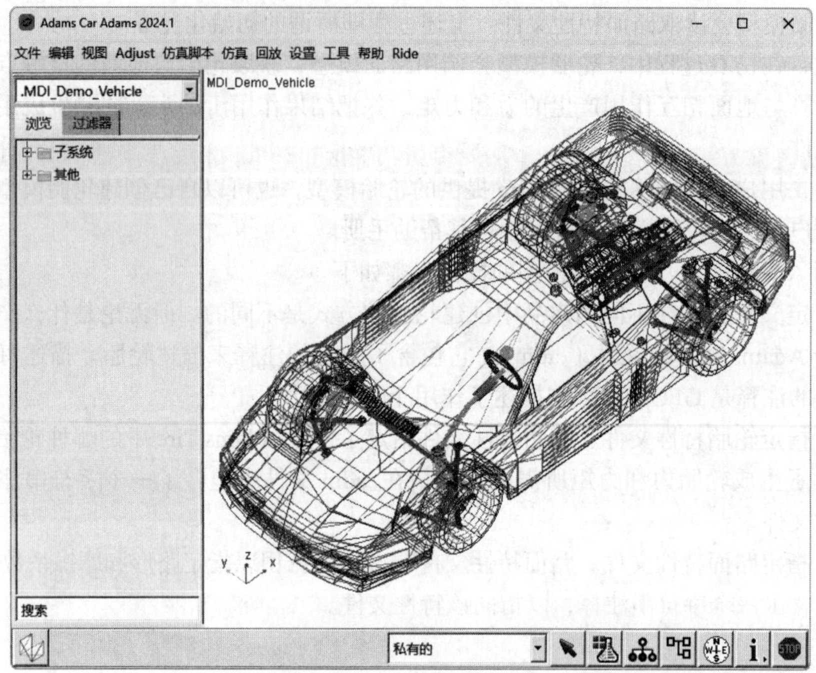

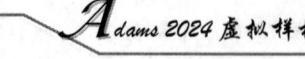

图 12-60　整车模型 MDI_Demo_Vehicle

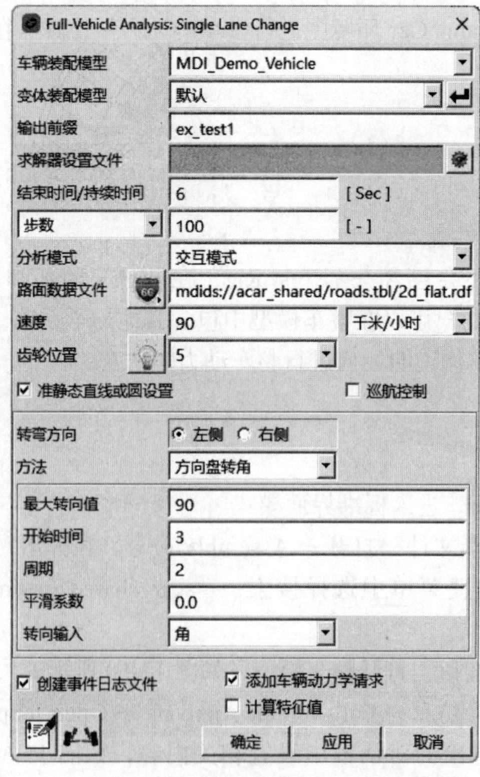

图 12-61　设置单移线仿真参数

（5）Adams Car 求解。在求解过程中首先根据特征文件更新力元，包括弹簧和阻尼器。作为整车模型的一部分，Driver Test Rig 会按照设定的输入对整车施加输入，在这里输入的是转向盘转角，仿真结束后单击“关闭”按钮。

单移线试验方法是研究汽车超车时瞬态闭环响应特性的一种重要试验方法，由于闭环试验的复杂性，实际中常用单正弦角代替，从而排除驾驶员主观因素的影响。一般让汽车以最高车速的 70%（或 90km/h）直线行驶，然后给方向盘一个正弦转角输入，同时记录汽车的横摆角速度、车身侧倾角、侧向加速度、质心轨迹等值。在单移线仿真中首先要考查的是车身的侧向加速度和车身的侧倾角。当有试验数据来验证模型时，这两项是考查模型正确与否的重要指标。

（6）根据换道要求，仿真中汽车以车速为 90km/h 的初始车速进行单移线输入试验仿真。

在菜单栏中选择回放→ PostProcessing Windows 命令，或者按 F8 键进入 PostProcessing，具体仿真结果如图 12-62 ~ 图 12-69 所示。

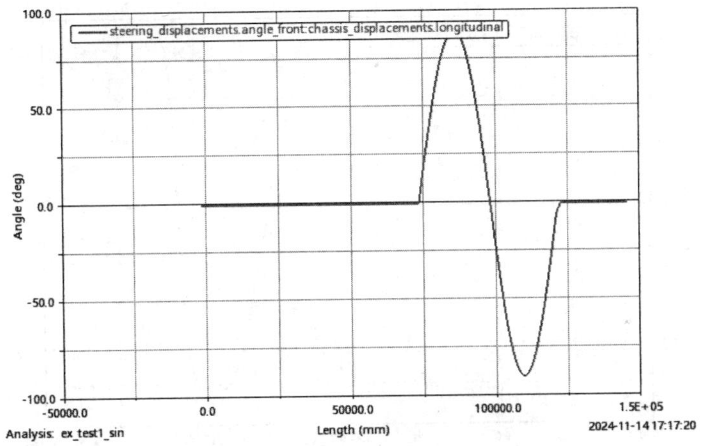

图 12-62　方向盘转角

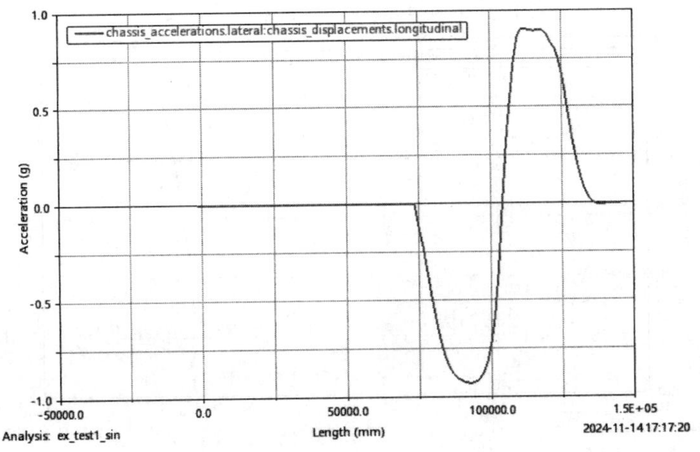

图 12-63　侧向加速度响应

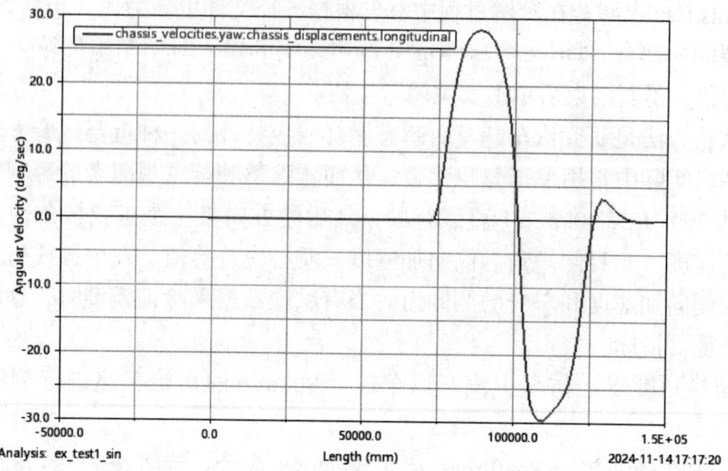

图 12-64　横摆角速度响应

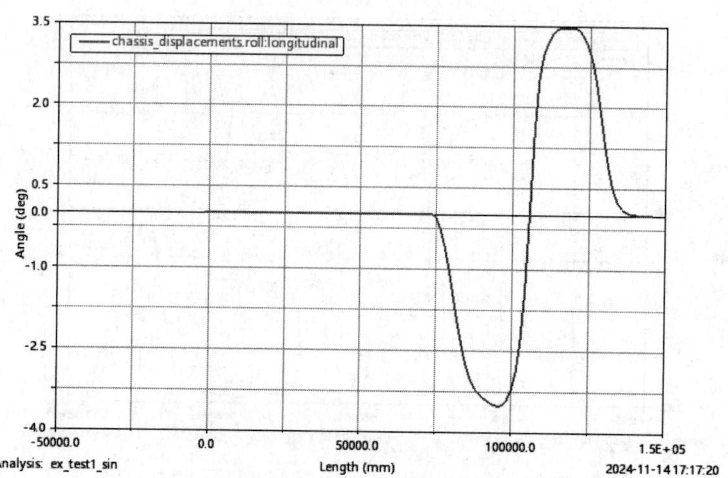

图 12-65　侧倾角响应

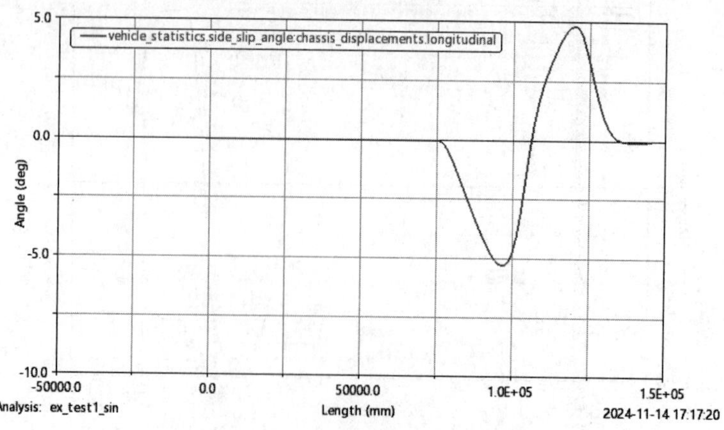

图 12-66　质心侧偏角响应

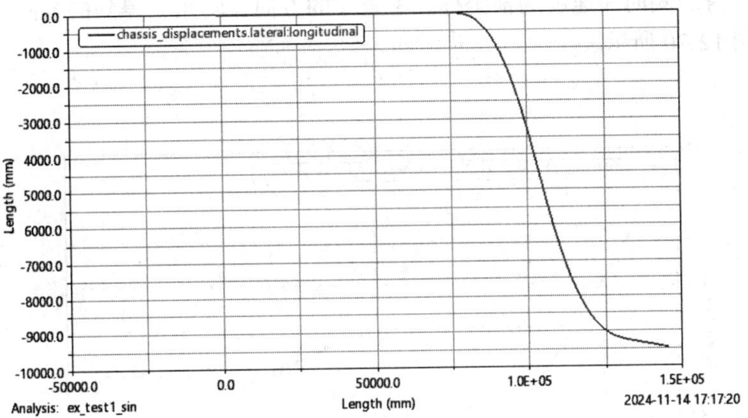

图 12-67　质心轨迹

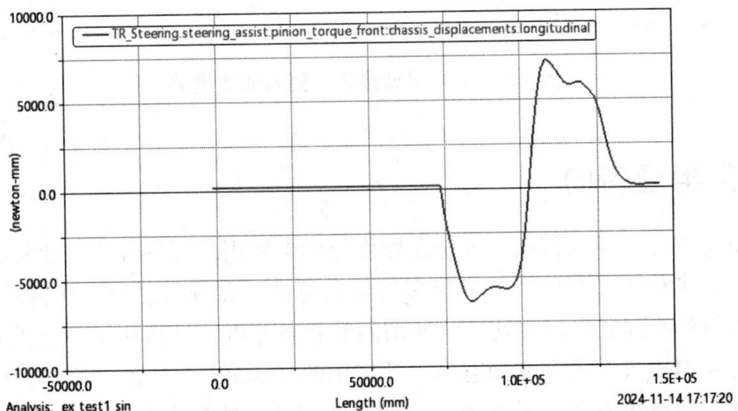

图 12-68　方向盘力矩

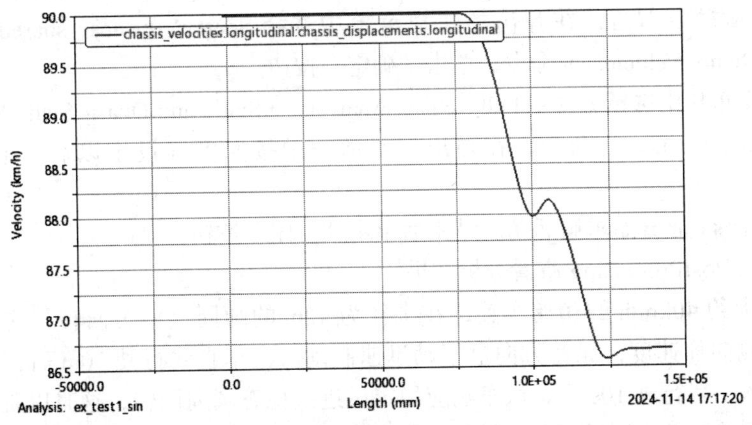

图 12-69　车速

仿真结果表明正弦输入可以较好地表达单移线试验，该车在换道试验中有较好的操控特性。

（7）以车身的侧向加速度为横坐标，考查车的方向盘转角，得到的方向盘转角 – 侧向加速度图如图 12-70 所示。

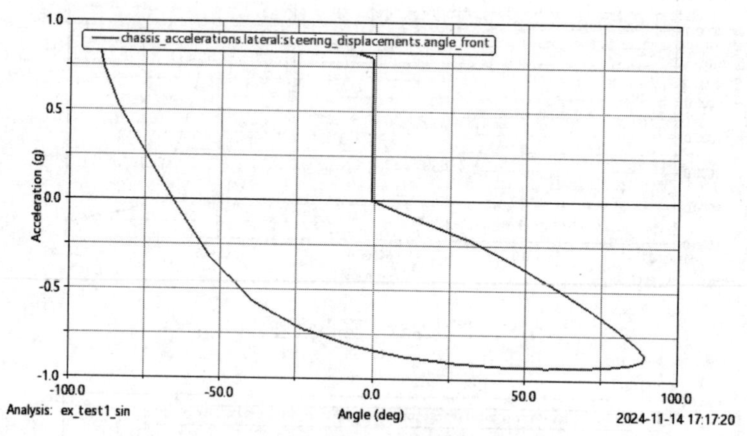

图 12-70　方向盘转角 – 侧向加速度图

12.6.2　常半径转向

在本例中将进行常半径转向，这是在操稳分析中使用最多的分析，通常在准静态下进行分析，通过它来检验整车的不足和过多的转向特性。在分析过程中保持转弯半径不变，改变车速从而得到不同的侧向加速度。所谓的准静态分析，是指在每一个积分步长，整车系统是通过力 – 力矩方法来平衡静态力，即使用的是 Static 求解器，这样相对于动态分析计算速度更快，但是没有考虑动态效果，如换档带来的冲击（车速不是不断增加的）。仿真工况则是通过 CONSUB 实现的。其具体操作步骤如下。

（1）在菜单栏中选择文件→打开→ Assembly 命令，在弹出的对话框的 Asserrmbly Name 文本框中右击，在弹出的快捷菜单中选择 Search → <acar_shared>assemblies.tbl → MDI_Demo_Vehicle.asy 命令，单击“确定”按钮。

（2）在菜单栏中选择仿真→ Full-Vehicle Analysis → Static and Quasi- Static Maneuvers → Constant Radius Cornering 命令，在弹出的对话框中按照实际设定以后，单击“确定”按钮。

（3）Adams Car 开始求解，仿真结束后单击“关闭”按钮。

（4）进入 PostProcessing 查看分析结果。

汽车以大约 40km/h 的初始车速，在半径为 42m 的圆周上稳态回转，这时汽车获得 0.3*g* 左右的侧向加速度，保持方向盘不动迅速制动。汽车直线行驶 50m 后，给一个转向盘角阶跃输入，待行驶 10s 后，汽车响应稳定后进入稳态圆周回转，这时以阶跃形式施加制动。以不同的制动力矩进行仿真计算，得到不同制动加速度下的汽车响应仿真结果，如图 12-71 ~ 图 12-80 所示。

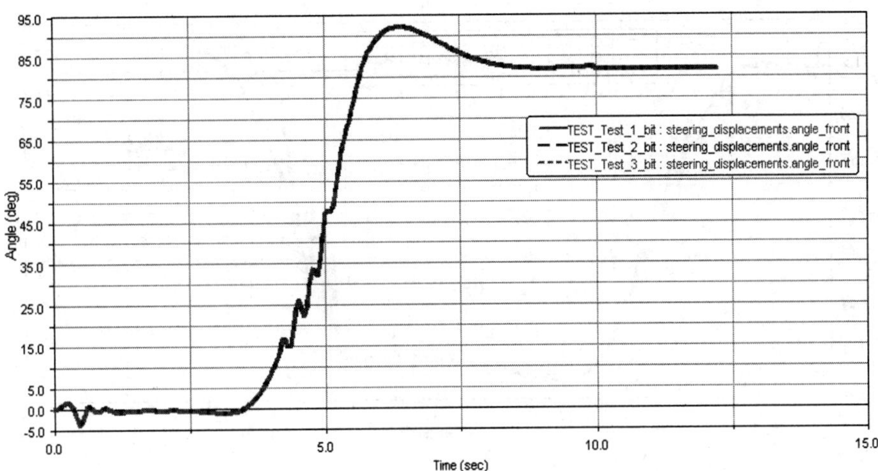

图 12-71　方向盘转角

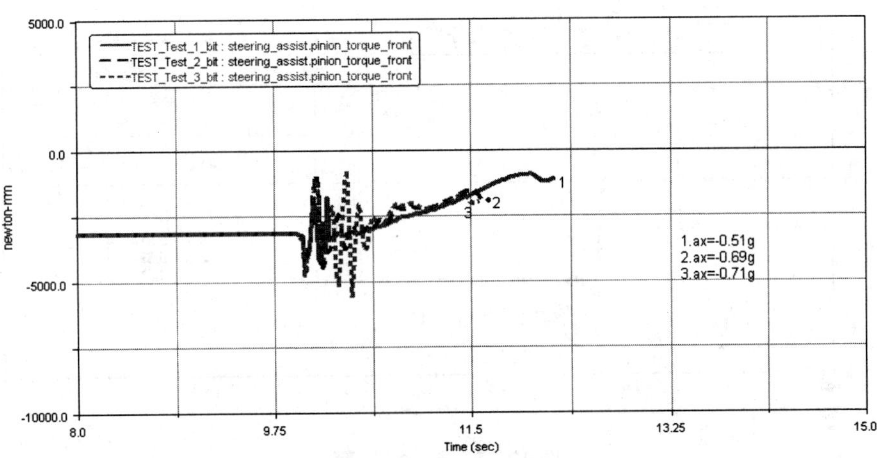

图 12-72　方向盘转矩

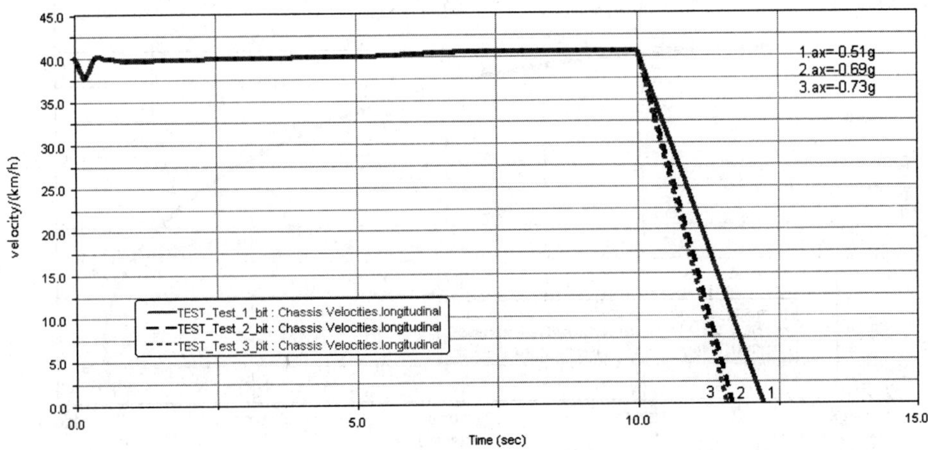

图 12-73　车速

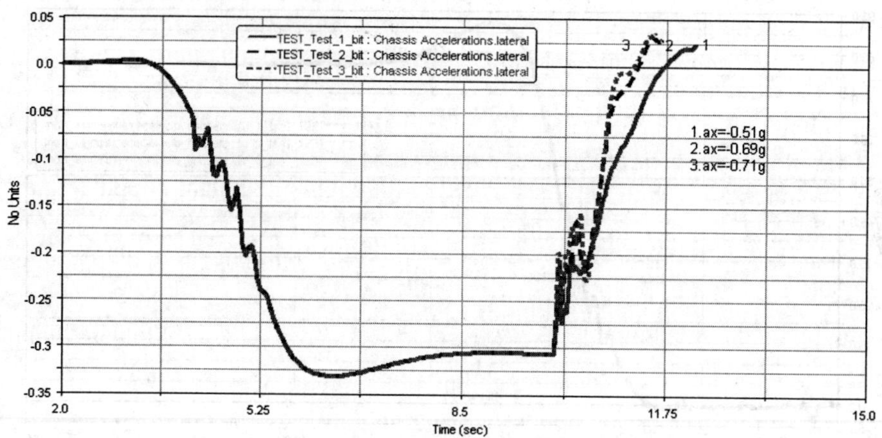

图 12-74　侧向加速度响应

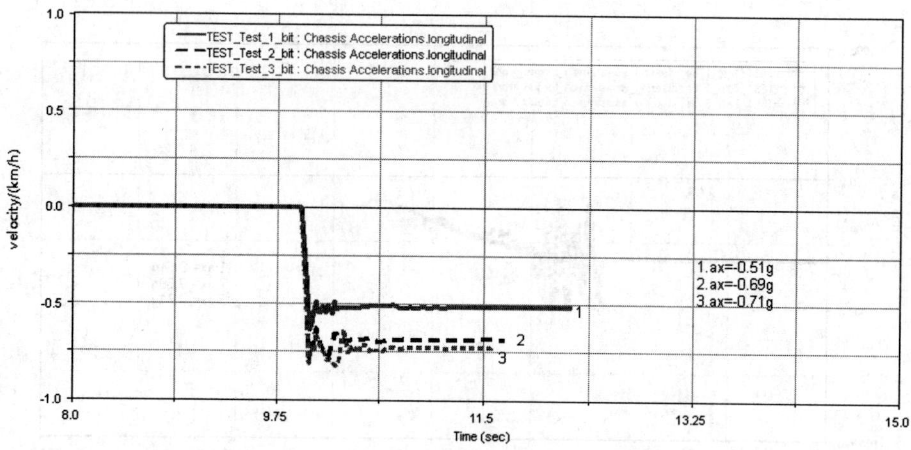

图 12-75　制动减速度

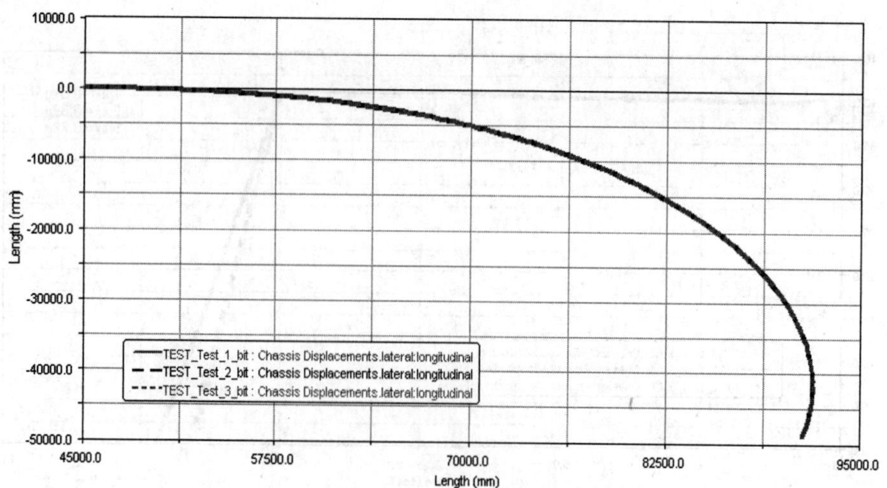

图 12-76　质心轨迹

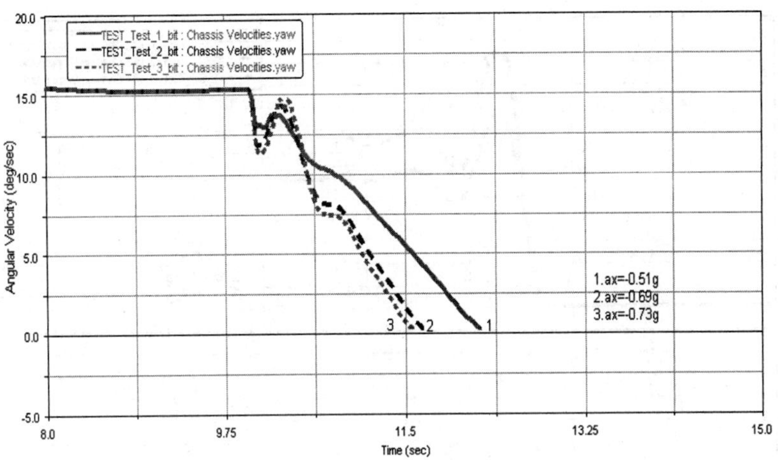

图 12-77　横摆角速度响应

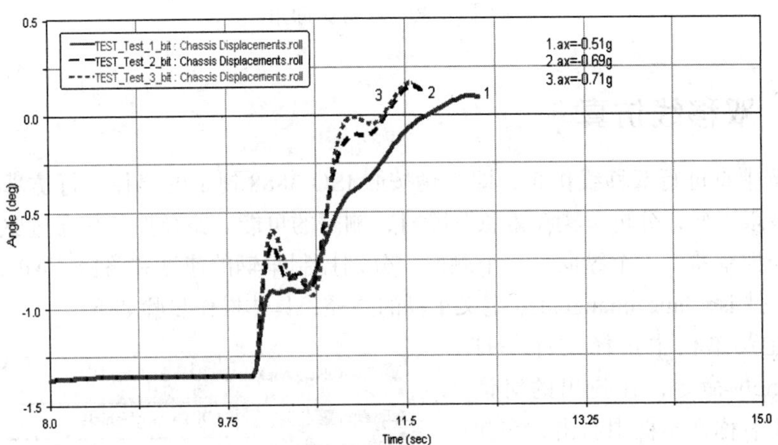

图 12-78　侧倾角响应

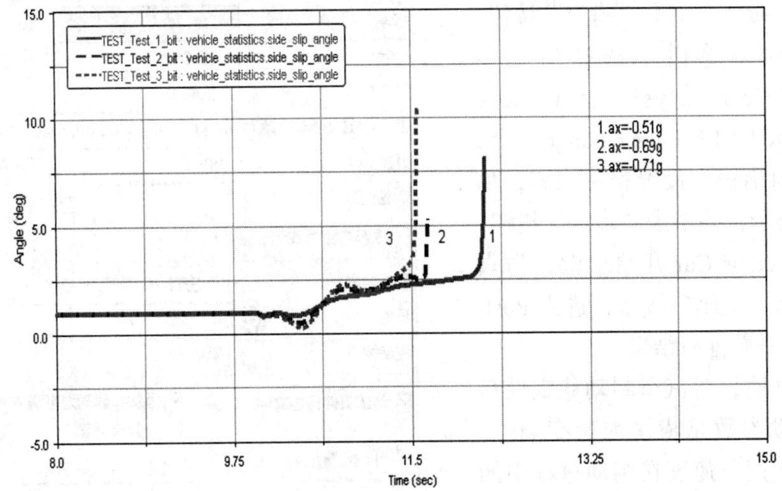

图 12-79　质心侧偏角响应

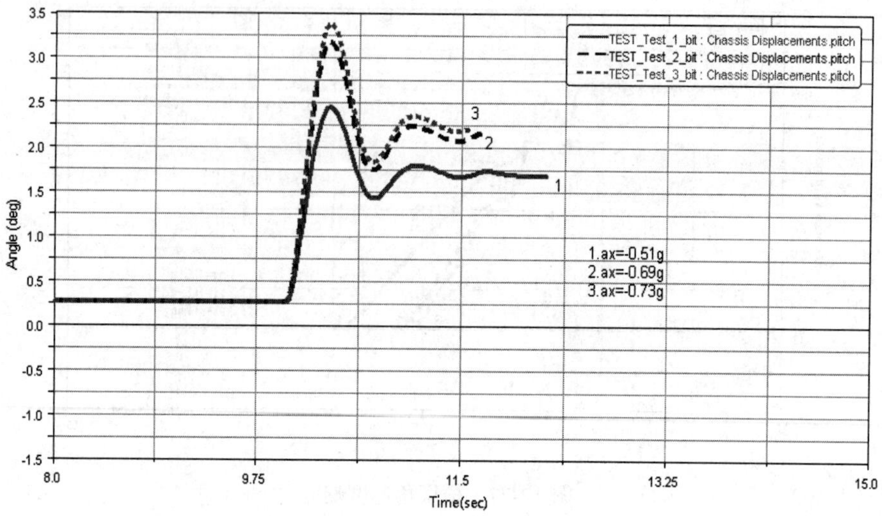

图 12-80　车身俯仰角

12.6.3　双移线仿真

在本例中将进行双移线仿真，即车辆按照 ISO 3888 规定的路径进行仿真。该分析属于操稳的极限工况，分析车辆在紧急避障时，侧翻的可能。路径控制是通过驱动样机实现的，有两个控制器，一个纵向，一个侧向，分别控制车辆的速度和路径。Adams Car 通过一个外部文件 iso_lane_change.dcd 定义车辆的路径，具体操作步骤如下。

（1）在菜单栏中选择文件→打开→Assembly 命令，在弹出的对话框的装配体名称文本框中右击，在弹出的快捷菜单中选择搜索→<acar_shared>assemblies.tbl → MDI_Demo_Vehicle.asy 命令，单击“确定”按钮。

（2）在菜单栏中选择仿真→Full-Vehicle Analysis → Course Events→DOUBLE Lane Change 命令，在弹出的对话框中设置相关内容，如图 12-81 所示，并单击“确定”按钮。

（3）Adams Car 开始求解，仿真结束后单击“关闭”按钮，进入 Post-Processing 查看分析结果。

试验证明，对汽车制动稳定性最敏感的运动参数是横摆加速度响应。所以，以横摆角速度在制动过程中的响应为评价参数，并以制动过程中横

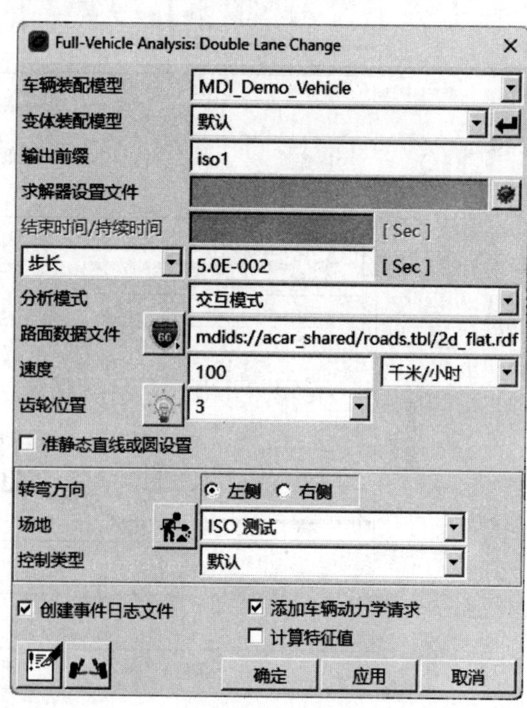

图 12-81　设置双移线仿真参数

摆角速度响应的最大值 R_{max} 和初始稳态回转的稳定值 r_0（15.24deg/s）之比 R_{max}/r_0 作为评价指标（在制动减速度为 0.81g 时，出现峰值），得到如表 12-1 所示的结果。

表 12-1 不同制动减速度时的评价参数

制动减速度（g）	R_{max}（deg/s）	R_{max}/r_0
0.51	13.77	0.90
0.69	14.33	0.94
0.73	14.74	0.97

附录

附录 A 设计过程函数

表 A-1 数学函数

函数	功　能
ABS（x）	数字表达式 x 的绝对值
DIM（x1，x2）	x1>x2 时，返回 x1 与 x2 之间的差值；x1<x2 时，返回 0
EXP（x）	数字表达式 x 的指数值
LOG（x）	数字表达式 x 的自然对数值
LOG10（x）	数字表达式 x 以 10 为底的对数值
MAG（x，y，z）	求向量 [x，y，z] 的模
MOD（x1，x2）	数字表达式 x1 对另一个数字表达式 x2 取余数
RAND（x）	返回 0 ~ 1 的随机数
SIGN（x1，x2）	符号函数，当 x2>0 时，返回 ABS（x）；当 x2<0 时，返回 –ABS（x）
SQRT（x）	数字表达式 x 的平方根值
SIN（x）	数字表达式 x 的正弦值
SINH（x）	数字表达式 x 的双曲正弦值
COS（x）	数字表达式 x 的余弦值
COSH（x）	数字表达式 x 的双曲余弦值
TAN（x）	数字表达式 x 的正切值
TANH（x）	数字表达式 x 的双曲正切值
ASIN（x）	数字表达式 x 的反正弦值
ACOS（x）	数字表达式 x 的反余弦值
ATAN（x）	数字表达式 x 的反正切值
ATAN2（x1，x2）	两个数字表达式 x1、x2 的四象限反正切值
INT（x）	数字表达式 x 取整
AINT（x）	数字表达式 x 向绝对值小的方向取整
ANINT（x）	数字表达式 x 向绝对值大的方向取整
CEIL（x）	数字表达式 x 向正无穷的方向取整
FLOOR（x）	数字表达式 x 向负无穷的方向取整
NINT（x）	最接近数字表达式 x 的整数值
RTOI（x）	返回数字表达式 x 的整数部分

表 A-2 位置和方向函数

函数	功　能
LOC_ALONG_LINE	返回两点连线上与第一点距离为指定值的点
LOC_CYLINDRICAL	将圆柱坐标系下坐标值转换为笛卡儿坐标系下坐标值
LOC_FRAME_MIRROR	返回指定点关于指定坐标系下平面的对称点
LOC_GLOBAL	返回参考坐标系下的点在全局坐标系下的坐标值
LOC_INLINE	将一个参考坐标系下的坐标值转换为另一参考坐标系下的坐标值，并归一化

（续）

函数	功　能
LOC_LOC	将一个参考坐标系下的坐标值转换为另一参考坐标系下的坐标值
LOC_LOCAL	返回全局坐标系下的点在参考坐标系下的坐标值
LOC_MIRROR	返回指定点关于指定坐标系下平面的对称点
LOC_ON_AXIS	沿轴线方向平移
LOC_ON_LINE	返回两点连线上与第一点距离为指定值的点
LOC_PERPENDICULAR	返回平面法线上距离指定点单位长度的点
LOC_PLANE_MIRROR	返回特定点关于指定平面的对称点
LOC_RELATIVE_TO	返回特定点在指定坐标系下的坐标值
LOC_SPHERICAL	将球面坐标转换为笛卡儿坐标
LOC_X_AXIS	坐标系 x 轴在全局坐标中的单位矢量
LOC_Y_AXIS	坐标系 y 轴在全局坐标中的单位矢量
LOC_Z_AXIS	坐标系 z 轴在全局坐标中的单位矢量
ORI_ALIGN_AXIS	将坐标系按指定方式旋转至与指定方向对齐所需旋转的角度
ORI_ALONG_AXIS_EUL	将坐标系按指定方式旋转至与全局坐标系一个轴方向对齐所需旋转的角度
ORI_ALL_AXES	将坐标系旋转至由平面上的点定义的特定方向（第一轴与指定平面上两点连线平行，第二轴与指定平面平行）时所需旋转的角度
ORI_ALONG_AXIS	将坐标系旋转至其一轴线沿指定轴线方向时所需旋转的角度
ORI_FRAME_MIRROR	返回坐标系旋转镜像到指定坐标系下所需旋转的角度
ORI_GLOBAL	返回参考坐标系在全局坐标系下的角度值
ORI_IN_PLANE	将坐标系旋转至特定方向（与指定两点连线平行、与指定平面平行）时所需旋转的角度
ORI_LOCAL	返回全局坐标系在参考坐标系下的角度值
ORI_MIRROR	返回坐标系旋转镜像到指定坐标系下所需旋转的角度
ORI_ONE_AXIS	将坐标系旋转至其一轴线沿两点连线方向时所需旋转的角度
ORI_ORI	将一个参考坐标系转换为另一参考坐标系所需旋转的角度
ORI_PLANE_MIRROR	返回坐标系旋转生成关于某平面的镜像所需旋转的角度
ORI_RELATIVE_TO	返回全局坐标系下角度值相对指定坐标系的旋转角度

表 A-3　建模函数

函数	功　能
DM	返回两点之间的距离
DX	返回在指定参考坐标系中两点间的 x 坐标值之差
DY	返回在指定参考坐标系中两点间的 y 坐标值之差
DZ	返回在指定参考坐标系中两点间的 z 坐标值之差
AX	返回在指定参考坐标系中两点间关于 x 轴的角度差
AY	返回在指定参考坐标系中两点间关于 y 轴的角度差
AZ	返回在指定参考坐标系中两点间关于 z 轴的角度差
PSI	按照 313 旋转顺序，返回指定坐标系相对于参考坐标系的第一旋转角度
THETA	按照 313 旋转顺序，返回指定坐标系相对于参考坐标系的第二旋转角度
PHI	按照 313 旋转系列，返回指定坐标系相对于参考坐标系的第三旋转角度
YAW	按照 321 旋转顺序，返回指定坐标系相对于参考坐标系的第一旋转角度
PITCH	按照 321 旋转顺序，返回指定坐标系相对于参考坐标系的第二旋转角度的相反数
ROLL	按照 321 旋转顺序，返回指定坐标系相对于参考坐标系的第三旋转角度

表 A-4　字符串函数

函数	功　能
STATUS_PRINT	将文本字符串返回到状态栏
STR_CASE	将字符串按指定方式进行大小写变换
STR_CHR	返回 ASCII 码为指定值的字符
STR_COMPARE	返回两字符在字母表上的位置差
STR_DATE	按一定格式输出当前时间和日期
STR_DELETE	从字符串中一定位置开始删除指定个数的字符
STR_FIND	返回字符串在另一字符串中的位置索引
STR_FIND_COUNT	返回字符串在另一字符串中出现的次数
STR_FIND_N	返回字符串在另一字符串中重复出现指定次数时的位置索引
STR_INSERT	将字符串插入到另一字符串的指定位置
STR_IS_SPACE	判断字符串是否为空
STR_LENGTH	返回字符串长度
STR_MATCH	判断字符串中所有字符是否均可以在另一字符串中找到

表 A-5　矩阵和数组函数

函数	功　能
ALIGN	将数组转换到从特定值开始
ALLM	返回矩阵元素的逻辑值
ANGLES	将方向余弦矩阵转换为指定旋转顺序下的角度矩阵
ANYM	返回矩阵元素的逻辑和
APPEND	将一个矩阵中的行添加到另一个矩阵
CENTER	返回数列最大、最小值的中间值
CLIP	返回矩阵的一个子阵
COLS	返回矩阵列数
COMPRESS	压缩数组、删除其中的空值元素（零、空字符及空格）
CONVERT ANGLES	将 313 旋转顺序转换为用户自定义的旋转顺序
CROSS	返回两矩阵的向量积
DET	返回方阵的行列式值
DIFF	返回给定数据组的逼近值
DIFFERENTIATE	曲线微分
DMAT	返回对角线方阵
DOT	返回两矩阵的内积
ELEMENT	判断元素是否属于指定数组
EXCLUDE	删除数组中某元素
FIRST	返回数组的第一个元素
FIRST_N	返回数组的前 N 个元素
INCLUDE	向数组中添加元素
INTEGR	返回数据积分的逼近值
INTERATE	拟合样条曲线后再积分
INVERSE	方阵求逆
LAST	返回矩阵最后一个元素
LAST_N	返回矩阵最后 N 个元素
MAX	返回矩阵元素的最大值

（续）

函数	功　能
MAXI	返回矩阵元素最大值的位置索引
MEAN	返回矩阵元素的平均值
MIN	返回矩阵元素的最小值
MINI	返回矩阵元素最小值的位置索引
NORM2	返回矩阵元素平方和的平方根
NORMALIZE	矩阵归一化处理
RECTANGULAR	返回矩阵所有元素的值
RESAMPLE	按照指定内插算法对曲线重新采样
RESHAPE	按指定行数、列数提取矩阵元素，生成新矩阵
RMS	计算矩阵元素的均方根值
ROWS	返回矩阵行数
SERIES	按指定初值、增量和数组长度生成数组
SERIES2	按指定初值、终值和增量数生成数组
SHAPE	返回矩阵行数、列数
SIM_TIME	返回仿真时间
SORT	依据一定顺序对数组元素排序
SORT_BY	依据一定的排列位置索引对数组元素排序
SORT_INDEX	依据一定顺序的数组元素排列位置索引
SSQ	返回矩阵元素平方和
STACK	合并相同列数的矩阵成一个新矩阵
STEP	生成阶跃曲线
SUM	矩阵元素求和
TILDE	数组的 TILDE 函数
TMAT	符合指定方向顺序的变换矩阵
TRANSPOSE	求矩阵转置
UNIQUE	删除矩阵中的重复元素
VAL	返回数组中与指定值最接近的元素
VALAT	返回数组中与另一数组指定位置对应处的元素
VALI	返回数组中与指定数值最接近元素的位置索引
AKIMA_SOLINE	使用 Akima 迭代插值法生成内插样条曲线
CSPLINE	生成三次内插样条曲线
CUBIC_SPLINE	生成三阶内插多项式曲线
DETREND	返回最小二乘拟合曲线与输入数据的差值
HERMITE_SPLINE	使用埃尔米特插值法生成内插样条曲线
LINEAR_SPLINE	线性插值生成内插样条曲线
NOTAKNOT_SPLINE	生成三次光顺连续插值样条曲线
SPLINE	生成插值样条曲线
FFTMAG	返回快速傅里叶变换后的幅值
FFTPHASE	返回快速傅里叶变换后的相位
FILTER	返回按指定格式滤波处理后的数据
FREQUENCY	返回快速傅里叶变换频率数
HAMMING	采用 HAMMING 窗处理数据
HANNING	采用 HANNING 窗处理数据
WELCH	采用 WELCH 窗处理数据
PSD	计算功率谱密度

表 A-6 字符串函数

函数	功　　能
STATUS_PRINT	将文本字符串返回到状态栏
STR_CASE	将字符串按指定方式进行大小写变换
STR_CHR	返回 ASCII 码为指定值的字符
STR_COMPARE	返回两字符在字母表上的位置差
STR_DATE	按一定格式输出当前时间和日期
STR_DELETE	从字符串中一定位置开始删除指定个数的字符
STR_FIND	返回字符串在另一字符串中的位置索引
STR_FIND_COUNT	返回字符串在另一字符串中出现的次数
STR_FIND_N	返回字符串在另一字符串中重复出现指定次数时的位置索引
STR_INSERT	将字符串插入另一字符串的指定位置
STR_IS_SPACE	判断字符串是否为空
STR_LENGTH	返回字符串长度
STR_MATCH	判断字符串中所有字符是否均可以在另一字符串中找到
STR_PRINT	将字符串写入 aview.log 文件
STR_REMOVE_WHITESPACE	删除字符串中所有的头尾空格
STR_SPLIT	从字符串中出现指定字符处切断字符串
STR_SPRINTF	按 C 语言规则定义的格式得到字符串
STR_SUBSTR	在字符串中从指定位置开始截取指定长度的子字符串
STR_TIMESTAMP	以默认格式输出当前时间及日期
STR_XLATE	将字符串中所有子串用指定子串代替

表 A-7 数据库函数

函数	功　　能
DB_CHANGED	标记数据库元素是否被修改
DN_CHILDREN	查询对象中符合指定类型的子对象
DB_COUNT	查询对象中给定域数值的个数
DB_DEFAULT	查询指定类型的默认对象
DB_DELETE_DEPENDENTS	返回与指定对象具有相关性的对象数组
DB_DEPENDENTS	返回与指定对象具有相关性且属于指定类型的所有对象
DB_EXIT	判断指定字符串表示的对象是否存在
DB_FIELD_FILTER	将对象按指定方式过滤
DB_FIELD_TYPE	返回在指定对象域中数据类型的字符串
DB_FILTER_NAME	名称满足指定过滤参数的对象字符串
DB_FILTER_TYPE	数据类型满足指定过滤参数的对象字符串
DB_IMMEDIATE_CHILDREN	返回属于指定对象子层的所有对象数组
DB_OBJECT_COUNT	返回名称与指定值相同的对象个数
DB_OF_CLASS	判断对象是否属于指定类别

表 A-8 GUI 函数组

函数	功能
ALERT	返回自定义标题的警告对话框
FILE_ALERT	返回自定义文件名的警告对话框
SELECT_FIELD	返回按指定对象类型确定的域
SELECT_FILE	返回符合指定格式选项的文件名
SELECT_MULTI_TEXT	返回多个选定字符串
SELECT_OBJECT	返回一个按指定路径、名称和类型确定的对象
SELECT_OBJECTS	返回所有按指定路径、名称和类型确定的对象
SELECT_TEXT	返回单个选定字符串
SELECT_TYPE	返回指定类型对象的列表
TABLE_COLUMN_SELECTED_CELLS	返回选定的某单元在表格给定列中所在行的位置
TABLE_GET_CELLS	返回在表格指定行、列范围内满足指定条件的内容
TABLE_GET_DIMENSION	返回指定表格的行数或列数

表 A-9 系统函数组

函数	功能
CHDIR	判断是否成功转换到指定目录
EXECUTE_VIEW_COMMAND	判断是否成功执行 Adams/View
FILE_EXISTS	判断是否存在指定文件
FILE_TEMP_NAME	返回一个临时文件名
GETCWD	返回当前工作路径
GETENV	返回表示环境变量值的字符串
MKDIR	判断是否成功创建自定义路径
PUTENV	判断是否成功设置环境变量
REMOVE_FILE	判断是否成功删除指定文件
RENAME_FILE	判断是否成功更改文件名
SYS_INFO	返回系统信息
UNIQUE_FILE_NAME	返回文件名

附录 B 运行过程函数

表 B-1 位移函数

函数	功能
DX	返回位移矢量在坐标系 x 轴方向的分量
DY	返回位移矢量在坐标系 y 轴方向的分量
DZ	返回位移矢量在坐标系 z 轴方向的分量
DM	返回位移距离
AX	返回一指定标架绕另一标架 x 轴旋转的角度
AY	返回一指定标架绕另一标架 y 轴旋转的角度

（续）

函数	功　能
AZ	返回一指定标架绕另一标架 z 轴旋转的角度
PSI	按照 313 旋转顺序，返回指定坐标系相对于参考坐标系的第一旋转角度
THETA	按照 313 旋转顺序，返回指定坐标系相对于参考坐标系的第二旋转角度
PHI	按照 313 旋转系列，返回指定坐标系相对于参考坐标系的第三旋转角度
YAW	按照 321 旋转顺序，返回指定坐标系相对于参考坐标系的第一旋转角度
PITCH	按照 321 旋转顺序，返回指定坐标系相对于参考坐标系的第二旋转角度的相反数
ROLL	按照 321 旋转顺序，返回指定坐标系相对于参考坐标系的第三旋转角度

表 B-2　速度函数

函数	功　能
VX	返回两标架相对于指定坐标系的速度矢量差在 x 轴的分量
VY	返回两标架相对于指定坐标系的速度矢量差在 y 轴的分量
VZ	返回两标架相对于指定坐标系的速度矢量差在 z 轴的分量
VM	返回两标架相对于指定坐标系的速度矢量差的幅值
VR	返回两标架的径向相对速度
WX	返回两标架的角速度矢量差在 x 轴的分量
WX	返回两标架的角速度矢量差在 y 轴的分量
WX	返回两标架的角速度矢量差在 z 轴的分量
WM	返回两标架的角速度矢量差的幅值

表 B-3　接触函数

函数	功　能
IMPACT	生成单侧碰撞力
BISTOP	生成双侧碰撞力

表 B-4　加速度函数

函数	功　能
ACCX	返回两标架相对于指定坐标系的加速度矢量差在 x 轴的分量
ACCY	返回两标架相对于指定坐标系的加速度矢量差在 y 轴的分量
ACCZ	返回两标架相对于指定坐标系的加速度矢量差在 z 轴的分量
ACCM	返回两标架相对于指定坐标系的加速度矢量差的幅值
WDTX	返回两标架的角加速度矢量差在 x 轴的分量
WDTY	返回两标架的角加速度矢量差在 y 轴的分量
WDTZ	返回两标架的角加速度矢量差在 z 轴的分量
WDTM	返回两标架的角加速度矢量差的幅值

表 B-5　样条函数

函数	功　能
CUBSPL	标准三次样条函数插值
CURVE	B 样条拟合或用户定义拟合
AKISPL	根据 Akima 拟合方式得到的插值

表 B-6　作用力函数

函数	功　　能
JOINT	返回运动副上的连接力或力矩
MOTION	返回由于运动约束而产生的力或力矩
PTCV	返回点线接触运动副上的力或力矩
CVCV	返回线线接触运动副上的力或力矩
JPRIM	返回基本约束引起的力或力矩
SFORCE	返回单个作用力施加在一个或一对构件上引起的力或力矩
VFORCE	返回 3 个方向组合力施加在一个或一对构件上引起的力或力矩
VTORQ	返回 3 个方向组合力矩施加在一个或一对构件上引起的力或力矩
GFORCE	返回 6 个方向组合力（力矩）施加在一个或一对构件上引起的力或力矩
NFORCE	返回一个由多点作用力施加在一个或一对构件上引起的力或力矩
BEAM	返回由梁连接施加在一个或一对构件上引起的力或力矩
BUSH	返回由衬套连接施加在一个或一对构件上引起的力或力矩
FIELD	返回一个由场力施加在一个或一对构件上引起的力或力矩
SPDP	返回一个由弹簧阻尼器施加在一个或一对构件上引起的力或力矩

表 B-7　合力函数

函数	功　　能
FX	返回两标架间作用的合力在 x 轴上的分量
FY	返回两标架间作用的合力在 y 轴上的分量
FZ	返回两标架间作用的合力在 z 轴上的分量
FM	返回两标架间作用的合力
TX	返回两标架间作用的合力矩在 x 轴上的分量
TY	返回两标架间作用的合力矩在 y 轴上的分量
TZ	返回两标架间作用的合力矩在 z 轴上的分量
TM	返回两标架间作用的合力矩

表 B-8　数学函数

函数	功　　能
CHEBY	计算切比雪夫多项式
FORCOS	计算傅里叶余弦级数
FORSIN	计算傅里叶正弦级数
HAVSIN	定义半正矢阶跃函数
INVPSD	依据功率谱密度生成时域信号
MAX	计算最大值
MIN	计算最小值
POLY	计算标准多项式
SHF	计算简谐函数
STEP	三次多项式逼近阶跃函数
STEP5	五次多项式逼近阶跃函数
SWEEP	返回按指定格式生成的变频正弦函数

表 B-9　数据单元存取

函数	功　　能
VARVAL	返回状态变量的当前值
ARYVAL	返回数组中指定元素的值
DIF	返回微分方程所定义变量的积分值
DIF1	返回微分方程所定义变量的值
PINVAL	返回输入信号中指定元素的运行值
POUVAL	返回输出信号中指定元素的运行值